一流学科建设研究生教学用书

化工应用数学分析
（第二版）

王金福　王铁峰　蓝晓程　编著

化学工业出版社
·北京·

内 容 简 介

《化工应用数学分析》（第二版）分为工程数学基础和化工相关微分方程解析方法两部分内容。工程数学基础部分介绍了化工数学模型、微分方程概论、场论初步、复变函数、积分变换等，选取了与化工科学研究和技术开发密切相关的知识点和相关理论及方法，内容力求基础知识的实用性。化工相关微分方程解析方法介绍了与常微分方程、常微分方程组、偏微分方程和偏微分方程组相关的基本理论和方法，内容从满足化工科学研究和工程技术开发的需要出发，以介绍解析求解方法为主，理论联系实际，注重化工专业的应用背景，注重对学生数学能力的培养。书中各章均有适量的习题，以帮助读者理解基本概念和基本方法。

本书可作为化工相关专业研究生"工程数学"课程的教材，也可作为化工领域科研及工程技术人员解决工程数学问题的参考书。

图书在版编目（CIP）数据

化工应用数学分析/王金福，王铁峰，蓝晓程编著
. —2 版 . —北京：化学工业出版社，2022.8
一流学科建设研究生教学用书
ISBN 978-7-122-41631-5

Ⅰ．①化…　Ⅱ．①王…②王…③蓝…　Ⅲ．①化学工业-应用数学-研究生-教材　Ⅳ．①TQ011

中国版本图书馆 CIP 数据核字（2022）第 099973 号

责任编辑：徐雅妮
责任校对：赵懿桐　　　　　　　　　　　　装帧设计：李子姮

出版发行：化学工业出版社（北京市东城区青年湖南街 13 号　邮政编码 100011）
印　　装：三河市延风印装有限公司
787mm×1092mm　1/16　印张 25¼　字数 633 千字
2022 年 10 月北京第 2 版第 1 次印刷

购书咨询：010-64518888　　　　　　　　售后服务：010-64518899
网　　址：http://www.cip.com.cn
凡购买本书，如有缺损质量问题，本社销售中心负责调换。

定　　价：89.00 元　　　　　　　　　　　　版权所有　违者必究

前　言

　　本书第一版自 2006 年 9 月出版以来，经 15 年的教学实践检验，获得了同行和广大读者的支持与认可。从这些年的使用情况来看，本书很适合作为化工相关专业研究生化工数学类课程的教材，同时也能满足化工领域相关人员技术开发和科学研究的参考需求。

　　本次修订再版保持了第一版的主体内容和特色，更正了第一版的疏漏和叙述不够清楚或者不够严谨之处，对部分习题进行了更新，并提供线上学习资料，读者可扫码使用。第二版增加了第 11 章 "化工过程数学建模案例分析"。自编者王金福和王铁峰于清华大学开设 "化工数学分析" 课程以来，每学期都会布置课程大作业，学生通过自选课题，针对化工过程中的具体问题，建立数学模型，并利用本门课程所学的基础理论知识获得模型的解析解。经过十几年的教学积累，课程大作业中涌现了不少优秀的建模案例。所增加的第 11 章，从课程大作业精选了 5 个典型的建模案例，经修改整理后供学生和读者参考，从而对具体的建模过程建立直观概念。

　　本书的修订再版工作由王金福总负责，蓝晓程负责整理第 11 章和更新习题，王铁峰对全书进行了订正和审校。助教张华海和王悦琳参与了订正工作，第 11 章 5 个典型案例的作者分别为褚玥、刘永辉、袁志宏、邓中活、张帆，在此表示衷心感谢。

　　限于编者的水平，不妥和疏漏之处在所难免，敬请读者不吝赐教，继续提出批评指正意见，以便后续再版时改正。

编者

2022 年 3 月

线上学习资料　微信扫码获取

增值服务码见封底

第一版前言

近半个世纪以来，化学工业和化学工程科学取得了前所未有的辉煌成就。化工学科的发展，已经使其成为石油化工、能源、环境、材料等诸多产业领域的科学与技术基础。正如近代哲学家卡尔·马克思所讲过的："一门科学，只有成功地运用数学时，才算是达到了真正完善的地步"，化学工程科学也正在逐步走向成熟和完善。目前，化工领域新技术、新工艺、新设备的研究和开发无不依靠数学理论的指导和计算科学的支撑，甚或化工研究中的一些创新概念往往也需要数学理论加以抽象和把握。数学在化工应用研究及工程技术开发中的重要性是不言而喻的。

为了加强研究生阶段化工相关专业的工程数学教学，满足广大研究生尤其是博士研究生在学位论文研究中对工程数学知识的需要，清华大学化工系于 2005 年为化工相关专业的研究生开设了"化工数学分析"一门课，取得了良好的教学效果。该课旨在提高学生利用数学理论和方法分析问题和解决问题的能力，结合化工专业数学的特点，合理取舍课程内容，重点讲解数学方法。该课程具有以下特色：①以工程数学为基础，以化工过程为对象；②以学位论文研究中的数学问题为重点；③以数学分析为主，重在方法学习。

本书是在"化工数学分析"课讲义的基础上，根据作者二十多年来在化工领域从事科学研究和教学实践过程中对化工工程数学的理解和认识，经进一步扩充和完善而写成。本书的特点是专业针对性强，工程数学知识面宽，理论联系化工实际。书中内容既包含了与工程数学相关的基础知识，还包含了与化工基础"三传一反"相关的各类微分方程及微分方程组的求解分析方法。本书既可用作化工相关专业研究生化工数学类课程的教材，又可作为化工领域的工程技术人员及科研人员在学位论文研究和工程技术研发过程中的参考书，同时也是化工领域常用工程数学分析方法的一本手册。

本书内容共分为十章。前五章为工程数学的基础知识部分，包括化工数学模型、微分方程概论、场论初步、复变函数、积分变换；后五章专门讨论与化学工程学科密切相关的各类常微分方程及常微分方程组、偏微分方程及偏微分方程组的求解方法，在介绍各类微分方程求解方法的同时穿插介绍工程数学中关于数理方程、特殊函数、变分法等的基本概念。书中各章均有适量的习题（习题详解可由编者或出版社责任编辑免费提供），以帮助读者理解基本概念和基本方法。书末附有积分变换表、特殊函数、参数估值算法框图等和习题参考答案，以供读者查阅使用。

本书作为研究生教材，讲授书中全部内容约需 64 学时。如将第 2 章、第 3 章和第 10 章作为自学内容，其它章节在内容上适当删减，也可以在 32 学时内完成主要内容的教学。

本书在编写过程中，得到了清华大学化工系领导的支持和鼓励，助教博士生高继贤为大部分章节配备了习题，博士后王铁峰、杨光育等参与了书稿的校审并提出不少建设性的意见，同时还得到了同事、家人的鼓励和支持，作者对此表示由衷的感谢。本书在编写过程中，参考了大量的文献，在此对参考文献的作者表示谢意。另外，还要特别感谢试用本书初稿的清华大学化工系 2005 级的研究生同学，正是他们在课堂上给予的鼓励与支持，才使本书在如此短的时间里得以完成。

由于本人学识和水平所限，书中难免有错误和不妥之处，敬请读者批评指正。

编　者

2006 年 4 月于北京

目 录

第1章

化工数学模型

　　化工是化学工业和化学工程的简称，因此，化工既可理解成一个行业，又可理解成一种学科。化工无论作为一个行业还是作为一种学科，在过去的一个世纪里得到了突飞猛进的发展。在这期间，数学和计算机技术在化工发展过程中起到了巨大的推动作用。可以说，没有数学就不会有今天的化学工业。

　　化学工业在发展初期，化学工程仅属于一种技艺，相关工艺和过程的开发主要依靠经验，凭借逐级试验放大开发工业化技术。直到 20 世纪中叶，化学工程才作为一门科学得到快速发展，尤其是自 1946 年第一台计算机问世以来，计算机技术的发展和计算能力的提高为化工技术的快速发展提供了条件和可能。计算机在化工领域的广泛应用，使化工技术逐渐从定性走向定量，化工过程开发由逐级放大走向模型放大。20 世纪 90 年代，化工过程计算机辅助设计软件的开发和应用快速发展，像 ASPEN Plus、PRO Ⅱ 等优秀化工流程模拟软件已趋于成熟和实用化，并在很多大型石油化工企业、化工设计部门投入使用。近几十年来，随着计算机技术的快速发展及流体力学相关理论的不断完善，计算流体力学 CFD 用于化工过程计算研究越来越受到重视。利用 CFD 对化工设备进行数值模拟研究，有利于更深入地了解化工设备内的流动和传递规律，为化工设备的优化操作、设计和放大提供理论指导。化工数学模拟和计算机技术的普遍应用，大大加快了化工过程新工艺、新技术的开发进程，促进了化工领域的技术进步，使化学工业得以快速稳步的发展。

　　数学是人们认识事物的重要工具，而数学模型则是将数学和实际事物联系起来的纽带。数学模型"源于现实，高于现实"，是对实际问题经过抽象和简化，反映实际问题某种特征本质的一种数学结构。这里所谓的数学结构可以是一种数学关系式（如代数方程、微分方程、经验关联式等），也可以是一种数据图表或数学语言描述。

　　如果所建立的数学模型是正确的，那么对源于实际系统的数学模型进行研究就等同于对实际系统的研究。例如，改变数学模型中的某些参数进行模型求解得到目标变量的变化规律，则相当于在实际系统中变化相关参数进行真实的试验。这种基于数学模型的计算研究和分析称作数学模拟或计算机模拟。数学模拟有常规实验不可比拟的优点，如易于实现、容易操作、速度快、成本低、可做灵敏度分析等。因而受到广泛重视，并在化工过程开发、过程优化和控制等方面得到越来越普遍的应用。

1.1　化工数学模型分类

　　在化工应用中，通常将数学模型限定为描述所研究对象或系统在某些方面的内在规律的数学表达式，如代数方程（组）、微分方程（组）、微积分方程等。化工数学模型种类繁多，形式多样，有必要对其进行合理分类。一般情况下，可将化工数学模型按其数学性质、建模方法或定量化程度进行分类。

1.1.1　按系统和数学性质分类

（1）确定性数学模型和随机性数学模型

确定性模型是指数学模型中的自变量与因变量之间存在确定的对应关系，大多数化工数学模型属于确定性模型。对于绝大多数描述反应和分离过程的数学模型来讲，其输入和输出变量之间均存在定量的对应关系，即使过程出现多态现象，也能采用合适的数学方法进行描述，仍应属于确定性问题。因此，确定性数学模型在化工领域是研究的重点。

随机性模型中的自变量与因变量之间不存在确定的对应关系，例如给随机性系统一个确定的输入，其输出将不是一个确定的量值，而只存在一个概率分布密度。对这样的系统，可以利用统计学的方法进行描述。反应工程中 RTD 示踪实验即是一个典型的随机性数学模型的应用示例，在反应器入口加入示踪，在反应器出口检测的响应仅是一个概率分布，但这种概率分布规律对反应器的设计和优化操作具有重要的指导意义。随机性模型在化工多相流计算模拟、分子模拟、反应过程的 Monte Carlo 模拟中也有着广泛的应用。

（2）线性模型和非线性模型

如果构成数学模型的原始数学表达式呈线性关系，满足线性函数的均匀性和叠加性，则此类数学模型被称为线性模型。线性模型所描述的系统称为线性系统。线性代数方程、线性常微分方程和偏微分方程均属于线性数学模型的范畴。线性问题的自变量和因变量之间的逻辑关系比较简单，容易解析求解和分析。

当数学模型中含有非线性项或构成模型的函数关系不满足线性函数的均匀性和叠加性，此类数学模型即为非线性模型。一般情况下，非线性模型难以解析求解，通常只能依靠数值方法进行模拟求解。化工中遇到的数学问题一般都比较复杂，大多数属于非线性问题。

（3）集中参数模型和分布参数模型

集中参数模型是指模型因变量不随空间坐标变化的一类数学模型，如理想混合反应器模型和无梯度微分反应器模型，反应过程参数在反应器内是均一的，不随空间位置变化，其目标参数只是反应过程空速（或空时）的函数。与集中参数模型相反，分布参数模型中的因变量不仅与时间变量有关，而且还与空间位置坐标有关，如时变传质传热模型、流动反应器模型等。集中参数模型一般由代数方程或常微分方程构成，而分布参数模型通常由偏微分方程构成。

（4）静态模型和动态模型

根据系统模型随时间的变化行为分为静态模型和动态模型。静态模型又称稳态模型，该类模型中的诸变量不随时间变化，并不包含时间变量。静态模型通常对应于化工过程中稳定的连续操作过程和对静态事物的描述。动态模型也称非稳态模型，它考察系统过程随时间的动态变化规律。在化工领域，描述间歇操作过程和动态传递过程的数学模型均属于非稳态模型。

（5）定常数学模型和时变数学模型

系统模型中的全部参数与时间无关，即所有参数为常数时此类模型称为定常数学模型。对于定常数学模型，在初始条件给定的情况下，系统输出的形状仅取决于输入的形状，而与输入的时刻无关。相反，若模型中某些模型参数是时间的函数，则该类模型称为时变数学模型。

定常数学模型用常系数（微分或差分）方程表示，而时变数学模型用变系数（微分或差分）方程表示。

1.1.2　按建模方法分类

根据数学建模方法不同，可将数学模型分为机理模型、经验模型和半经验模型。

根据物理和化学原理推导得出的数学模型称为机理模型。机理模型一般不包含待定参数，能够反映研究系统的实质和内在规律，适用范围宽。但是，机理模型的建模过程有赖于建模者对研究系统实质和内在规律的深刻认识，对物理模型认识、抽象和分析的任何局限都会直接影响所建模型的正确性和准确性。化工过程涉及的理想气体状态方程、过程衡算方程等均属于机理模型。在条件许可的情况下，应尽可能建立机理模型。

经验模型则是指根据实验观测数据而归纳得到的自变量与因变量之间的关联模型。因为经验模型仅是实验数据的关联，其关联函数形式在很大程度上可以随意选择，在化工中也有着广泛的应用。值得注意的是，经验模型只在实验区间内适用，将其外延是有风险的。另外，经验模型中的经验常数不可能有物理意义，经验模型本身也只能有实用价值，而不可能有理论意义。

具有一定物理意义的经验模型或含有经验常数的机理模型称为半经验模型，有时又称作半机理模型或混合模型。化工系统中，这一类模型也占有一定比重，例如传递过程模型、基于机理得到的反应动力学模型等。

1.1.3　按量化程度分类

根据数学模型的定量化程度，又可将数学模型分为数值模型、数量级模型、定性模型和布尔模型四种。

数值模型的参量之间具有严格的定量关系，这类模型在化工中用途很广。数量级模型对定量化的要求要低，其关注的是某些参量数值处于哪些数量级，而并不关心这些参数的精确数值。对于定性模型来讲，模型注重的是变量之间的定性关系，也即模型描述的是变量变化的方向，而不是具体量值。定性模型用于过程识别和过程控制是很有价值的。布尔模型只描述系统的"是-否"这种简单的逻辑关系。布尔模型在化工中也经常用到，如描述大系统的关联矩阵、采用"场""流"的概念分析化工过程等。

化工领域绝大多数的数学建模和模拟工作是属于数值问题，然而随着人工智能的出现，化工界已开始重视定性方法的重要性，将来在数量级模型和定性模型的应用方面也会得以推广。

1.2　传递过程基本方程

化工传递过程包括动量传递、能量传递和质量传递，是构成化学工程科学的重要基础。

在化工领域，很多过程和设备数学模型是建立在传递过程基本方程基础之上的。建立传递过程方程的基础是平衡原理和相关过程定理。在应用过程中，如果每次都要对传递过程进行分析建模将是非常麻烦费事的，而如果能熟练掌握传递过程的普适基本方程，在应用时加以适当简化和改造将会事半功倍。

1.2.1 连续性方程

化工传递过程所研究的体系一般都遵循质量守恒定律。并且，质量守恒定律不仅适用于单组分流体，而且也适用于多组分流体。

在直角坐标系中取如图 1-1 所示的无限小微元体，微元体体积为 $dxdydz$，假定流体的质量流率在某一方向存在微小变化 $(\partial \rho u_x / \partial x)dx$，而在三维空间上应满足质量守恒定律，即

$$[累计质量流率]+[输出质量流率]-[输入质量流率]=0$$

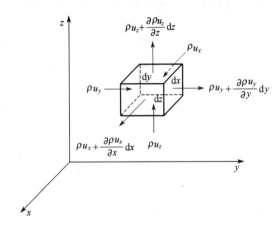

图 1-1　流体微元体示意图

将图 1-1 中所列出的相应质量流率代入质量守恒关系式，即可得到无源或无汇条件下的连续性方程

$$\frac{\partial \rho}{\partial t}+\frac{\partial \rho u_x}{\partial x}+\frac{\partial \rho u_y}{\partial y}+\frac{\partial \rho u_z}{\partial z}=0 \qquad (1.2\text{-}1)$$

如写成向量形式，则有

$$\frac{\partial \rho}{\partial t}+\boldsymbol{\nabla} \cdot (\rho \boldsymbol{u})=0 \qquad (1.2\text{-}2)$$

当流体为不可压缩流体时，也即介质密度 ρ 为常数时，连续性方程变为更简单的形式

$$\boldsymbol{\nabla} \cdot \boldsymbol{u}=0 \qquad (1.2\text{-}3)$$

将式（1.2-1）展开，可以得到连续性方程的另一种表达形式

$$\frac{\partial \rho}{\partial t}+u_x \frac{\partial \rho}{\partial x}+u_y \frac{\partial \rho}{\partial y}+u_z \frac{\partial \rho}{\partial z}+\rho\left(\frac{\partial u_x}{\partial x}+\frac{\partial u_y}{\partial y}+\frac{\partial u_z}{\partial z}\right)=0 \qquad (1.2\text{-}4)$$

式中前 4 项正好是密度的随体导数（也称质点导数）。

$$\frac{\mathrm{D}\rho}{\mathrm{D}t}=\left(\frac{\partial}{\partial t}+\boldsymbol{u} \cdot \boldsymbol{\nabla}\right)\rho \qquad (1.2\text{-}5)$$

因此，采用向量形式表示为

$$\frac{1}{\rho}\frac{\mathrm{D}\rho}{\mathrm{D}t}+\boldsymbol{\nabla} \cdot \boldsymbol{u}=0 \qquad (1.2\text{-}6)$$

式（1.2-6）中各项的物理意义明确，第一项表示流体微团的相对密度变化率，第二项表示流体微团的相对体积变化率。为了维持流体微团的质量守恒，流体微团的相对密度变化率必须等于负的相对体积变化率。

对于多组分流体体系，需对体系的每一组分分别建立连续性方程。由于多组分体系存在的质量分数梯度会引起分子扩散通量 j，因此多组分体系的质量通量是由对流通量和分子扩散通量两部分组成的。对于多组分体系往往还存在化学反应，因而在建立连续性方程时还需考虑源项。多组分连续性方程的一般形式为

$$\frac{\partial \rho_i}{\partial t} + \mathbf{\nabla} \cdot (j_i + \rho_i \boldsymbol{u}) = r_i \tag{1.2-7}$$

式中的分子扩散通量由 Fick 定律确定，如 x 方向的扩散通量为

$$j_i = -D_{ik}\rho \frac{\partial w_i}{\partial x} \tag{1.2-8}$$

在解决具体问题时，适当选择坐标系是很重要的，它往往可使控制方程得到降维，并可简化问题的边界条件，从而可以很大程度地方便问题的求解。对连续性方程进行坐标变换就可得到在柱坐标系和球坐标系中的表达式。

连续性方程在柱坐标系中的一般表达式为

$$\frac{\partial \rho}{\partial t} + \frac{1}{r}\frac{\partial}{\partial r}(r\rho u_r) + \frac{1}{r}\frac{\partial}{\partial \theta}(\rho u_\theta) + \frac{\partial}{\partial z}(\rho u_z) = 0 \tag{1.2-9}$$

连续性方程在球坐标系中的一般表达式为

$$\frac{\partial \rho}{\partial t} + \frac{1}{r^2}\frac{\partial}{\partial r}(r^2 \rho u_r) + \frac{1}{r\sin\theta}\frac{\partial}{\partial \theta}(\rho u_\theta \sin\theta) + \frac{1}{r\sin\theta}\frac{\partial}{\partial \phi}(\rho u_\phi) = 0 \tag{1.2-10}$$

1.2.2　动量衡算（运动）方程

化工研究和处理的对象大多数属于流体，对流体流动规律的认识非常重要。流体的运动方程是构成化工数学模型的重要基础方程之一，是化工"三传"过程的基础。流体运动方程是在牛顿力学的基础上建立的。按照牛顿力学第二定律，流动流体的动量随时间的变化率应等于作用在该流体上的诸外力之合力。在直角坐标系中，采用欧拉法可将流体运动方程写成

$$M\frac{\mathrm{D}\boldsymbol{u}}{\mathrm{D}t} = \boldsymbol{F} \tag{1.2-11}$$

式中，速度 $\boldsymbol{u}$ 的随体导数正好是流体质点的加速度；$\boldsymbol{F}$ 为流体所受外力的合力，一般可将外力分为质量力 $\boldsymbol{F}_b$ 和表面力 $\boldsymbol{F}_s$。

（1）质量力和表面力

作用在流体上的质量力属于非接触力，只与流体本身的物质存在有关，而与流体的接触环境无关。例如重力、超重力、静电力等均属于质量力的范畴。为了方便，我们在建模过程中质量力只考虑重力的存在并用符号 $\boldsymbol{G}$ 表示。在直角坐标系中，对于 $\mathrm{d}V = \mathrm{d}x\mathrm{d}y\mathrm{d}z$ 这样的微元体，流体所受质量力在 x、y、z 三个坐标方向上的分量分别为

$$\begin{cases} \mathrm{d}F_{bx} = \rho\, G_x \,\mathrm{d}x\mathrm{d}y\mathrm{d}z \\ \mathrm{d}F_{by} = \rho\, G_y \,\mathrm{d}x\mathrm{d}y\mathrm{d}z \\ \mathrm{d}F_{bz} = \rho\, G_z \,\mathrm{d}x\mathrm{d}y\mathrm{d}z \end{cases} \tag{1.2-12}$$

如果 x 和 y 轴取水平方向，$G_x = G_y = 0$，只有 z 方向的分量不为零，且 $G_z = -g$。

表面力是指流体微元表面所受到的作用力，是由流体微元体与外部流体相互作用而产生的。流体之间的相互作用力包括静压力和黏性力两种。在黏性流体中，表面力并不与作用表面的法线方向一致，因此需将表面力分解成一个垂直于作用面的法向应力和两个平行于作用面的切向应力，并分别简称为正应力和切应力。为了方便，通常将静压力和正应力归并到一起进行分析。

表面力作用在 $\mathrm{d}x\mathrm{d}y\mathrm{d}z$ 六面体微元上，微元体的每个表面上将存在三个力的分量，即一

个正应力 τ_{ii} 和两个切应力 τ_{ij} 和 τ_{ik}。为了方便，约定应力的下标中第一个字母表示应力分量作用面的法向，第二个字母表示应力本身的作用方向。

图 1-2 是对六面体微元表面力的分析示意，其中（a）给出的是背向三个表面的受力情况，（b）给出的是正向三个表面的受力情况。由图可以看到，作用于流体微元的表面力包括三个正应力和六个切应力。利用力学中的动量矩定理对黏性流体微元受到的切应力进行分析，可以得出对偶切应力应该相等，即

$$\begin{cases} \tau_{xy}=\tau_{yx} \\ \tau_{yz}=\tau_{zy} \\ \tau_{zx}=\tau_{xz} \end{cases} \tag{1.2-13}$$

因此，流体微元所受到的表面力可以用三个正应力和三个切应力来表述。

根据图 1-2 中对流体微元表面力的微分分析，可以归纳整理得到作用在流体微元三个坐标方向上的表面力分别为

$$\begin{cases} \mathrm{d}F_{sx}=\left(\dfrac{\partial\tau_{xx}}{\partial x}+\dfrac{\partial\tau_{yx}}{\partial y}+\dfrac{\partial\tau_{zx}}{\partial z}\right)\mathrm{d}x\,\mathrm{d}y\,\mathrm{d}z \\ \mathrm{d}F_{sy}=\left(\dfrac{\partial\tau_{xy}}{\partial x}+\dfrac{\partial\tau_{yy}}{\partial y}+\dfrac{\partial\tau_{zy}}{\partial z}\right)\mathrm{d}x\,\mathrm{d}y\,\mathrm{d}z \\ \mathrm{d}F_{sz}=\left(\dfrac{\partial\tau_{xz}}{\partial x}+\dfrac{\partial\tau_{yz}}{\partial y}+\dfrac{\partial\tau_{zz}}{\partial z}\right)\mathrm{d}x\,\mathrm{d}y\,\mathrm{d}z \end{cases} \tag{1.2-14}$$

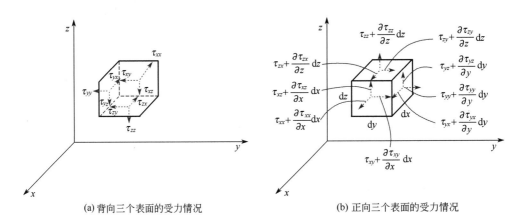

(a) 背向三个表面的受力情况　　　　(b) 正向三个表面的受力情况

图 1-2　流体微元表面力分析示意图

（2）应力表示的运动方程

将式(1.2-12)和式(1.2-14)代入式(1.2-11)，经化简整理可得用应力表示的流体微分运动方程

$$\begin{cases} \rho\dfrac{\mathrm{D}u_x}{\mathrm{D}t}=\rho G_x+\dfrac{\partial\tau_{xx}}{\partial x}+\dfrac{\partial\tau_{yx}}{\partial y}+\dfrac{\partial\tau_{zx}}{\partial z} \\ \rho\dfrac{\mathrm{D}u_y}{\mathrm{D}t}=\rho G_y+\dfrac{\partial\tau_{xy}}{\partial x}+\dfrac{\partial\tau_{yy}}{\partial y}+\dfrac{\partial\tau_{zy}}{\partial z} \\ \rho\dfrac{\mathrm{D}u_z}{\mathrm{D}t}=\rho G_z+\dfrac{\partial\tau_{xz}}{\partial x}+\dfrac{\partial\tau_{yz}}{\partial y}+\dfrac{\partial\tau_{zz}}{\partial z} \end{cases} \tag{1.2-15}$$

在上述三个运动方程中，除了三个质量力 **G** 一般为已知量外，其余变量均为未知量。方程中未知量包括密度、三个速度向量、三个正应力和三个切应力共有 10 个之多，因而用应力表示的运动方程是不封闭的。如要确定以上方程中变量之间的定量关系，必须寻求其它补充关系。

（3） 流体运动本构关系

流体运动中应力与形变速率的关系称为本构关系。对于一维黏性流体，应力与剪切速率之间符合著名的牛顿黏性公式

$$\tau = \mu \frac{\mathrm{d}u_x}{\mathrm{d}y} \tag{1.2-16}$$

对于三维流体流动，每一个切应力与相邻两个方向上的形变速率有关，可以推导得出三个切应力的本构关系

$$\begin{cases} \tau_{xy} = \tau_{yx} = \mu \left(\dfrac{\partial u_x}{\partial y} + \dfrac{\partial u_y}{\partial x} \right) \\[2mm] \tau_{yz} = \tau_{zy} = \mu \left(\dfrac{\partial u_y}{\partial z} + \dfrac{\partial u_z}{\partial y} \right) \\[2mm] \tau_{zx} = \tau_{xz} = \mu \left(\dfrac{\partial u_z}{\partial x} + \dfrac{\partial u_x}{\partial z} \right) \end{cases} \tag{1.2-17}$$

作用在流体微元表面上的正应力是由两部分组成的，其中一部分产生于流体静压力的作用，另一部分则为流体流动产生的剪切力的分量。将两者结合，即可导出正应力与压力和形变速率之间的关系

$$\begin{cases} \tau_{xx} = -p + 2\mu \left(\dfrac{\partial u_x}{\partial x} \right) - \dfrac{2}{3}\mu \left(\dfrac{\partial u_x}{\partial x} + \dfrac{\partial u_y}{\partial y} + \dfrac{\partial u_z}{\partial z} \right) \\[2mm] \tau_{yy} = -p + 2\mu \left(\dfrac{\partial u_y}{\partial y} \right) - \dfrac{2}{3}\mu \left(\dfrac{\partial u_x}{\partial x} + \dfrac{\partial u_y}{\partial y} + \dfrac{\partial u_z}{\partial z} \right) \\[2mm] \tau_{zz} = -p + 2\mu \left(\dfrac{\partial u_z}{\partial z} \right) - \dfrac{2}{3}\mu \left(\dfrac{\partial u_x}{\partial x} + \dfrac{\partial u_y}{\partial y} + \dfrac{\partial u_z}{\partial z} \right) \end{cases} \tag{1.2-18}$$

在上式推导中忽略了流体的体膨胀黏性系数，一般情况下体膨胀黏性系数与压力和剪切黏性系数相比是小量，只有在处理像激波层这样的极端问题时才需加以考虑。

（4） Navier-Stokes 方程

将上面推导出的切应力与正应力的表达式代入式(1.2-15)中应力表示的运动方程，经整理即可得到完整的流体运动微分方程式

$$\begin{cases} \rho \dfrac{\mathrm{D}u_x}{\mathrm{D}t} = \rho G_x - \dfrac{\partial p}{\partial x} + \mu \left(\dfrac{\partial^2 u_x}{\partial x^2} + \dfrac{\partial^2 u_x}{\partial y^2} + \dfrac{\partial^2 u_x}{\partial z^2} \right) + \dfrac{1}{3}\mu \dfrac{\partial}{\partial x} \left(\dfrac{\partial u_x}{\partial x} + \dfrac{\partial u_y}{\partial y} + \dfrac{\partial u_z}{\partial z} \right) \\[3mm] \rho \dfrac{\mathrm{D}u_y}{\mathrm{D}t} = \rho G_y - \dfrac{\partial p}{\partial y} + \mu \left(\dfrac{\partial^2 u_y}{\partial x^2} + \dfrac{\partial^2 u_y}{\partial y^2} + \dfrac{\partial^2 u_y}{\partial z^2} \right) + \dfrac{1}{3}\mu \dfrac{\partial}{\partial y} \left(\dfrac{\partial u_x}{\partial x} + \dfrac{\partial u_y}{\partial y} + \dfrac{\partial u_z}{\partial z} \right) \\[3mm] \rho \dfrac{\mathrm{D}u_z}{\mathrm{D}t} = \rho G_z - \dfrac{\partial p}{\partial z} + \mu \left(\dfrac{\partial^2 u_z}{\partial x^2} + \dfrac{\partial^2 u_z}{\partial y^2} + \dfrac{\partial^2 u_z}{\partial z^2} \right) + \dfrac{1}{3}\mu \dfrac{\partial}{\partial z} \left(\dfrac{\partial u_x}{\partial x} + \dfrac{\partial u_y}{\partial y} + \dfrac{\partial u_z}{\partial z} \right) \end{cases}$$

$$\tag{1.2-19}$$

将式(1.2-19)写成向量形式，则有

$$\rho\,\frac{\mathrm{D}\boldsymbol{u}}{\mathrm{D}t}=\rho\boldsymbol{G}-\boldsymbol{\nabla}\,p+\mu\,\boldsymbol{\nabla}^{2}\boldsymbol{u}+\frac{1}{3}\mu\,\boldsymbol{\nabla}\,(\boldsymbol{\nabla}\cdot\boldsymbol{u}) \tag{1.2-20}$$

对于不可压缩的牛顿流体，流场应满足连续性方程$\boldsymbol{\nabla}\cdot\boldsymbol{u}=0$，因而上式的最后一项等于零，即

$$\rho\,\frac{\mathrm{D}\boldsymbol{u}}{\mathrm{D}t}=\rho\boldsymbol{G}-\boldsymbol{\nabla}\,p+\mu\,\boldsymbol{\nabla}^{2}\boldsymbol{u} \tag{1.2-21}$$

式(1.2-21)是由 Navier 和 Stokes 分别各自独立推导得到的，因而被称为 Navier-Stokes 方程。Navier-Stokes 方程描述了流体在流场中随时间和空间位置的运动规律，在流体力学和化工过程模拟中有着广泛的应用。

有时根据具体问题，使用柱坐标系或球坐标系会更方便些，这时方程中的一些项会变为零而被消去，从而使方程得到简化。Navier-Stokes 方程在柱坐标系中的展开形式为

$$\begin{cases}\rho\left(\dfrac{\partial u_r}{\partial t}+u_r\,\dfrac{\partial u_r}{\partial r}+\dfrac{u_\theta}{r}\dfrac{\partial u_r}{\partial \theta}-\dfrac{u_\theta^2}{r}+u_z\,\dfrac{\partial u_r}{\partial z}\right)=\rho G_r-\dfrac{\partial p}{\partial r}+\mu\left\{\left[\dfrac{\partial}{\partial r}\dfrac{1}{r}\dfrac{\partial}{\partial r}(ru_r)\right]+\dfrac{1}{r^2}\dfrac{\partial^2 u_r}{\partial \theta^2}-\dfrac{2}{r^2}\dfrac{\partial u_\theta}{\partial \theta}+\dfrac{\partial^2 u_r}{\partial z^2}\right\}\\[3mm]\rho\left(\dfrac{\partial u_\theta}{\partial t}+u_r\,\dfrac{\partial u_\theta}{\partial r}+\dfrac{u_\theta}{r}\dfrac{\partial u_\theta}{\partial \theta}+\dfrac{u_r u_\theta}{r}+u_z\,\dfrac{\partial u_\theta}{\partial z}\right)=\rho G_\theta-\dfrac{1}{r}\dfrac{\partial p}{\partial \theta}+\mu\left\{\left[\dfrac{\partial}{\partial r}\dfrac{1}{r}\dfrac{\partial}{\partial r}(ru_\theta)\right]+\dfrac{1}{r^2}\dfrac{\partial^2 u_\theta}{\partial \theta^2}+\dfrac{2}{r^2}\dfrac{\partial u_r}{\partial \theta}+\dfrac{\partial^2 u_\theta}{\partial z^2}\right\}\\[3mm]\rho\left(\dfrac{\partial u_z}{\partial t}+u_r\,\dfrac{\partial u_z}{\partial r}+\dfrac{u_\theta}{r}\dfrac{\partial u_z}{\partial \theta}+u_z\,\dfrac{\partial u_z}{\partial z}\right)=\rho G_z-\dfrac{\partial p}{\partial z}+\mu\left[\dfrac{1}{r}\dfrac{\partial}{\partial r}\left(r\,\dfrac{\partial u_z}{\partial r}\right)+\dfrac{1}{r^2}\dfrac{\partial^2 u_z}{\partial \theta^2}+\dfrac{\partial^2 u_z}{\partial z^2}\right]\end{cases} \tag{1.2-22}$$

Navier-Stokes 方程在球坐标系中的展开形式为

$$\begin{cases}\rho\left(\dfrac{\partial u_r}{\partial t}+u_r\,\dfrac{\partial u_r}{\partial r}+\dfrac{u_\theta}{r}\dfrac{\partial u_r}{\partial \theta}+\dfrac{u_\phi}{r\sin\theta}\dfrac{\partial u_r}{\partial \phi}-\dfrac{u_\theta^2+u_\phi^2}{r}\right)=\rho G_r-\dfrac{\partial p}{\partial r}+\\[3mm]\qquad\qquad\qquad\qquad\mu\left(\boldsymbol{\nabla}^2 u_r-\dfrac{2}{r^2}u_r-\dfrac{2}{r^2}\dfrac{\partial u_\theta}{\partial \theta}-\dfrac{2}{r^2}u_\theta\cot\theta-\dfrac{2}{r^2\sin\theta}\dfrac{\partial u_\phi}{\partial \phi z}\right)\\[3mm]\rho\left(\dfrac{\partial u_\theta}{\partial t}+u_r\,\dfrac{\partial u_\theta}{\partial r}+\dfrac{u_\theta}{r}\dfrac{\partial u_\theta}{\partial \theta}+\dfrac{u_\phi}{r\sin\theta}\dfrac{\partial u_\theta}{\partial \phi}+\dfrac{u_r u_\theta}{r}-\dfrac{u_\phi^2\cot\theta}{r}\right)=\rho G_\theta-\dfrac{1}{r}\dfrac{\partial p}{\partial \theta}+\\[3mm]\qquad\qquad\qquad\qquad\mu\left(\boldsymbol{\nabla}^2 u_\theta+\dfrac{2}{r^2}\dfrac{\partial u_r}{\partial \theta}-\dfrac{u_\theta}{r^2\sin^2\theta}-\dfrac{2\cos\theta}{r^2\sin^2\theta}\dfrac{\partial u_\phi}{\partial \phi}\right)\\[3mm]\rho\left(\dfrac{\partial u_\phi}{\partial t}+u_r\,\dfrac{\partial u_\phi}{\partial r}+\dfrac{u_\theta}{r}\dfrac{\partial u_\phi}{\partial \theta}+\dfrac{u_\phi}{r\sin\theta}\dfrac{\partial u_\phi}{\partial \phi}+\dfrac{u_\phi u_r}{r}+\dfrac{u_\theta u_\phi\cot\theta}{r}\right)=\rho G_\phi-\dfrac{1}{r\sin\theta}\dfrac{\partial p}{\partial \phi}+\\[3mm]\qquad\qquad\qquad\qquad\mu\left(\boldsymbol{\nabla}^2 u_\phi-\dfrac{u_\phi}{r^2\sin^2\theta}+\dfrac{2}{r^2\sin\theta}\dfrac{\partial u_\phi}{\partial \phi}+\dfrac{2\cos\theta}{r^2\sin^2\theta}\dfrac{\partial u_\theta}{\partial \phi}\right)\end{cases} \tag{1.2-23}$$

1.2.3　能量传递方程

在化工过程研究和开发中，对体系进行能量衡算是经常遇到的问题。根据热力学第一定律推导得出的微分能量方程具有一定普适性，在反应和分离过程的研究开发中有着广泛的应用。下面应用欧拉方法从能量守恒定律出发来推导能量传递方程。

对于任何选定的控制体微元来说，单位时间内微元内流体总能量的增加应等于流过控制面流体的净流入能量和传给微元内流体的热量以及作用在微元流体上的外力所做功之和，即

$$\boxed{\begin{array}{c}\text{微元流体}\\\text{的总能量}\\\text{累积速率}\end{array}} = \boxed{\begin{array}{c}\text{净流入微}\\\text{元的能量}\\\text{速率}\end{array}} + \boxed{\begin{array}{c}\text{传给微}\\\text{元的热}\\\text{量速率}\end{array}} + \boxed{\begin{array}{c}\text{外力对微}\\\text{元流体的}\\\text{做功速率}\end{array}} \qquad (1.2\text{-}24)$$

选定如图 1-1 中所示的微元六面体作为控制体，在直角坐标系中确定上式中各项的表达式，综合归纳后即可得到能量方程。

(1) 净流入微元的能量速率

将单位质量流体的总能量 E 分成内能 U 和动能 K 两部分进行分析，其中动能为速度平方的二分之一，即 $K = u^2/2$。在 x 方向流入和流出控制面 $\mathrm{d}y\mathrm{d}z$ 的能量速率差应为

$$\rho u_x E \,\mathrm{d}y\mathrm{d}z - \left(\rho u_x E + \frac{\partial \rho u_x E}{\partial x}\mathrm{d}x\right)\mathrm{d}y\mathrm{d}z = -\frac{\partial \rho u_x E}{\partial x}\mathrm{d}x\mathrm{d}y\mathrm{d}z \qquad (1.2\text{-}25)$$

在 y 和 z 方向上，同样得到类似的结果，将三个方向的能量增加加和即得到净流入微元控制体的总能量增加速率

$$-\left[\frac{\partial \rho u_x E}{\partial x} + \frac{\partial \rho u_y E}{\partial y} + \frac{\partial \rho u_z E}{\partial z}\right]\mathrm{d}x\mathrm{d}y\mathrm{d}z \qquad (1.2\text{-}26)$$

(2) 传给微元流体的热量速率

流体微元受热存在传热和热源加热两种形式，传热包括与周围流体或环境的导热及热辐射两种形式。一般情况下，流体之间通过辐射传递的热量与导热和加热热源相比可以忽略，因此在这里仅考虑存在导热和热源的情况。根据傅里叶定律，单位时间内通过单位面积的在 x、y、z 三个方向上的导热分量为

$$q_x = -k\frac{\partial T}{\partial x}, \qquad q_y = -k\frac{\partial T}{\partial y}, \qquad q_z = -k\frac{\partial T}{\partial z} \qquad (1.2\text{-}27)$$

式中，k 是热导率，单位为 W/(m·K)。

考虑导热速率在 x、y、z 三个方向上均存在一定微分增量，分别对 x、y、z 三个方向的导热速率进行衡算，即可得到通过导热传给微元流体的热量速率

$$\left[\frac{\partial}{\partial x}\left(k\frac{\partial T}{\partial x}\right) + \frac{\partial}{\partial y}\left(k\frac{\partial T}{\partial y}\right) + \frac{\partial}{\partial z}\left(k\frac{\partial T}{\partial z}\right)\right]\mathrm{d}x\mathrm{d}y\mathrm{d}z \qquad (1.2\text{-}28)$$

如果流体微元内存在化学反应或其它产生热效应的现象，即可视为微元控制体存在内热源。定义单位时间和单位体积内热源生成的热量为热源发热率，用 $\dot{q}$ 表示，单位为 J/(m³·s)。由此可知，内热源传给微元流体的热量速率为

$$\dot{q}\,\mathrm{d}x\mathrm{d}y\mathrm{d}z \qquad (1.2\text{-}29)$$

(3) 外力对微元流体的做功速率

正如推导流体运动方程所指出的，作用于流体微元的外力包括质量力和表面力两种。前者对流体微元的做功速率为

$$\rho(\boldsymbol{G}\cdot\boldsymbol{u})\,\mathrm{d}x\mathrm{d}y\mathrm{d}z = \rho(u_x G_x + u_y G_y + u_z G_z)\,\mathrm{d}x\mathrm{d}y\mathrm{d}z \qquad (1.2\text{-}30)$$

而对于表面力做功的情况略微复杂一些，必须对三个方向的六个控制面进行分析。首先分析与 x 轴垂直的一对控制面。在上游控制面上，作用于流体微元上表面力做功的功率为

$$-(u_x\tau_{xx} + u_y\tau_{xy} + u_z\tau_{xz})\,\mathrm{d}y\mathrm{d}z$$

式中负号表示应力方向与速度方向相反。而在下游控制面上，表面力做功的功率为

$$\left[\left(u_x+\frac{\partial u_x}{\partial x}dx\right)\left(\tau_{xx}+\frac{\partial \tau_{xx}}{\partial x}dx\right)+\left(u_y+\frac{\partial u_y}{\partial x}dx\right)\left(\tau_{xy}+\frac{\partial \tau_{xy}}{\partial x}dx\right)+\left(u_z+\frac{\partial u_z}{\partial x}dx\right)\left(\tau_{xz}+\frac{\partial \tau_{xz}}{\partial x}dx\right)\right]dy\,dz$$

略去上式中的高阶小量，整理后减去上游控制面上的做功功率，即得到作用于流体微元一对控制面上的表面力所做功的净功率为

$$\frac{\partial}{\partial x}(u_x\tau_{xx}+u_y\tau_{xy}+u_z\tau_{xz})dx\,dy\,dz$$

同理可得分别作用在与 y 轴和 z 轴垂直的两对控制面上的表面力所做功的功率，将全部表面力的做功功率加和在一起，可得到表面力对整个微元流体的做功速率

$$\left[\frac{\partial}{\partial x}(u_x\tau_{xx}+u_y\tau_{xy}+u_z\tau_{xz})+\frac{\partial}{\partial y}(u_x\tau_{yx}+u_y\tau_{yy}+u_z\tau_{yz})+\frac{\partial}{\partial z}(u_x\tau_{zx}+u_y\tau_{zy}+u_z\tau_{zz})\right]dx\,dy\,dz$$

$$(1.2\text{-}31)$$

（4）微分能量方程

将推导得到的各项能量变化速率表达式(1.2-26)、式(1.2-28)、式(1.2-29)和式(1.2-31)代入衡算方程(1.2-24)可得

$$\frac{\partial}{\partial t}(\rho E)=-\frac{\partial}{\partial x}(\rho u_x E)-\frac{\partial}{\partial y}(\rho u_y E)-\frac{\partial}{\partial z}(\rho u_z E)+\frac{\partial}{\partial x}\left(k\frac{\partial T}{\partial x}\right)+\frac{\partial}{\partial y}\left(k\frac{\partial T}{\partial y}\right)+\frac{\partial}{\partial z}\left(k\frac{\partial T}{\partial z}\right)$$

$$+\dot{q}+\rho(u_x G_x+u_y G_y+u_z G_z)+\left[\frac{\partial}{\partial x}(u_x\tau_{xx}+u_y\tau_{xy}+u_z\tau_{xz})\right.$$

$$\left.+\frac{\partial}{\partial y}(u_x\tau_{yx}+u_y\tau_{yy}+u_z\tau_{yz})+\frac{\partial}{\partial z}(u_x\tau_{zx}+u_y\tau_{zy}+u_z\tau_{zz})\right]$$

$$(1.2\text{-}32)$$

为了进一步简化式(1.2-32)，结合连续性方程(1.2-1)，先将总能量的积累速率与能量的流入速率合并用总能量的随体导数表示，即

$$\frac{\partial}{\partial t}(\rho E)+\frac{\partial}{\partial x}(\rho u_x E)+\frac{\partial}{\partial y}(\rho u_y E)+\frac{\partial}{\partial z}(\rho u_z E)=\rho\frac{DE}{Dt} \qquad (1.2\text{-}33)$$

然后以 u_x、u_y、u_z 分别与式(1.2-15)中的三式相乘，之后将三式相加。考虑存在

$$\frac{DK}{Dt}=\frac{D}{Dt}\left(\frac{\boldsymbol{u}^2}{2}\right)=u_x\frac{Du_x}{Dt}+u_y\frac{Du_y}{Dt}+u_z\frac{Du_z}{Dt} \qquad (1.2\text{-}34)$$

以上三式之和为

$$\rho\frac{DK}{Dt}=\rho(u_x G_x+u_y G_y+u_z G_z)+u_x\left(\frac{\partial \tau_{xx}}{\partial x}+\frac{\partial \tau_{yx}}{\partial y}+\frac{\partial \tau_{zx}}{\partial z}\right)+$$

$$u_y\left(\frac{\partial \tau_{xy}}{\partial x}+\frac{\partial \tau_{yy}}{\partial y}+\frac{\partial \tau_{zy}}{\partial z}\right)+u_z\left(\frac{\partial \tau_{xz}}{\partial x}+\frac{\partial \tau_{yz}}{\partial y}+\frac{\partial \tau_{zz}}{\partial z}\right) \qquad (1.2\text{-}35)$$

将式(1.2-33)和式(1.2-35)代入式(1.2-32)，即得到如下用应力表示的能量方程

$$\rho\frac{DU}{Dt}=\dot{q}+\frac{\partial}{\partial x}\left(k\frac{\partial T}{\partial x}\right)+\frac{\partial}{\partial y}\left(k\frac{\partial T}{\partial y}\right)+\frac{\partial}{\partial z}\left(k\frac{\partial T}{\partial z}\right)+\tau_{xx}\frac{\partial u_x}{\partial x}+\tau_{xy}\frac{\partial u_y}{\partial x}+\tau_{xz}\frac{\partial u_z}{\partial x}+$$

$$\tau_{yx}\frac{\partial u_x}{\partial y}+\tau_{yy}\frac{\partial u_y}{\partial y}+\tau_{yz}\frac{\partial u_z}{\partial y}+\tau_{zx}\frac{\partial u_x}{\partial z}+\tau_{zy}\frac{\partial u_y}{\partial z}+\tau_{zz}\frac{\partial u_z}{\partial z} \qquad (1.2\text{-}36)$$

将式(1.2-17)和式(1.2-18)代入上式消去应力项，即可得到微分能量方程

$$\rho\frac{DU}{Dt}=\dot{q}+\boldsymbol{\nabla}\cdot(k\boldsymbol{\nabla}T)-p(\boldsymbol{\nabla}\cdot\boldsymbol{u})+\Phi \qquad (1.2\text{-}37)$$

其中

$$\Phi \equiv \mu \left[2\left(\frac{\partial u_x}{\partial x}\right)^2 + 2\left(\frac{\partial u_y}{\partial y}\right)^2 + 2\left(\frac{\partial u_z}{\partial z}\right)^2 + \left(\frac{\partial u_y}{\partial x} + \frac{\partial u_x}{\partial y}\right)^2 + \right.$$

$$\left. \left(\frac{\partial u_z}{\partial y} + \frac{\partial u_y}{\partial z}\right)^2 + \left(\frac{\partial u_x}{\partial z} + \frac{\partial u_z}{\partial x}\right)^2 \right] - \frac{2}{3}\mu(\boldsymbol{\nabla} \cdot \boldsymbol{u})^2 \tag{1.2-38}$$

由连续性方程(1.2-6) 可知

$$\boldsymbol{\nabla} \cdot \boldsymbol{u} = -\frac{1}{\rho}\frac{\mathrm{D}\rho}{\mathrm{D}t}$$

则能量方程(1.2-37) 又可写成

$$\frac{\dot{q}}{\rho} + \frac{1}{\rho}\boldsymbol{\nabla} \cdot (k\boldsymbol{\nabla}T) = \frac{\mathrm{D}U}{\mathrm{D}t} + p\frac{\mathrm{D}}{\mathrm{D}t}\left(\frac{1}{\rho}\right) - \frac{\Phi}{\rho} \tag{1.2-39}$$

式(1.2-39) 中各项的物理意义是明确的，其中第一项为单位质量流体在单位时间内从内热源获得的热量，第二项为通过热传导在单位时间内传给单位质量流体的热量，第三项为单位时间内单位质量流体内能的增量，第四项为单位质量流体在单位时间内对外界所作的假想可逆膨胀功，最后一项为单位质量流体在单位时间内由于黏性摩擦而耗散的机械功。根据能量守恒定律，摩擦耗散的机械能将完全转变为热能，由热力学定律可知此过程是不可逆的。式(1.2-38)中的 Φ 称为耗散函数。

根据热力学中焓与内能之间的关系

$$H = U + pV = U + \frac{p}{\rho} \tag{1.2-40}$$

对上式取随体导数得

$$\frac{\mathrm{D}H}{\mathrm{D}t} = \frac{\mathrm{D}U}{\mathrm{D}t} + p\frac{\mathrm{D}}{\mathrm{D}t}\left(\frac{1}{\rho}\right) + \frac{1}{\rho}\frac{\mathrm{D}p}{\mathrm{D}t} \tag{1.2-41}$$

将上式代入式(1.2-37)，从而得到用焓表示的能量微分方程

$$\frac{\mathrm{D}H}{\mathrm{D}t} = \frac{\dot{q}}{\rho} + \frac{1}{\rho}\boldsymbol{\nabla} \cdot (k\boldsymbol{\nabla}T) + \frac{1}{\rho}\frac{\mathrm{D}p}{\mathrm{D}t} + \frac{\Phi}{\rho} \tag{1.2-42}$$

(5) 微分能量方程的特殊形式

能量方程在化工领域的应用中，经常可以进行各种不同程度的简化。例如，常见流体多数可视为不可压缩流体，热导率也可视作常数，再如假定流体不存在内热源和忽略黏性耗散项，这时的微分能量方程(1.2-37) 简化为

$$\frac{\mathrm{D}T}{\mathrm{D}t} = \alpha \boldsymbol{\nabla}^2 T \tag{1.2-43}$$

式中，$\alpha = k/\rho c_p$，称为热扩散系数，单位为 m^2/s。这里利用了内能与温度的关系 $U = c_v T \approx c_p T$ 和不可压缩流体的散度等于零。

式(1.2-43) 在直角坐标系中的展开表达形式为

$$\frac{\partial T}{\partial t} + u_x\frac{\partial T}{\partial x} + u_y\frac{\partial T}{\partial y} + u_z\frac{\partial T}{\partial z} = \alpha\left(\frac{\partial^2 T}{\partial x^2} + \frac{\partial^2 T}{\partial y^2} + \frac{\partial^2 T}{\partial z^2}\right) \tag{1.2-44}$$

在柱坐标系中的表达形式为

$$\frac{\partial T}{\partial t} + u_r\frac{\partial T}{\partial r} + \frac{u_\theta}{r}\frac{\partial T}{\partial \theta} + u_z\frac{\partial T}{\partial z} = \alpha\left[\frac{1}{r}\frac{\partial}{\partial r}\left(r\frac{\partial T}{\partial r}\right) + \frac{1}{r^2}\frac{\partial^2 T}{\partial \theta^2} + \frac{\partial^2 T}{\partial z^2}\right] \tag{1.2-45}$$

在球坐标系中的表达形式为

$$\frac{\partial T}{\partial t}+u_r\,\frac{\partial T}{\partial r}+\frac{u_\theta}{r}\frac{\partial T}{\partial \theta}+\frac{u_\phi}{r\sin\theta}\frac{\partial T}{\partial \phi}=\alpha\left[\frac{1}{r^2}\frac{\partial}{\partial r}\left(r^2\,\frac{\partial T}{\partial r}\right)+\frac{1}{r^2\sin\theta}\frac{\partial}{\partial \theta}\left(\sin\theta\,\frac{\partial T}{\partial \theta}\right)+\frac{1}{r^2\sin^2\theta}\frac{\partial^2 T}{\partial \phi^2}\right]$$

$$(1.2\text{-}46)$$

1.2.4　质量传递方程

　　质量传递过程只能发生在多组分流动体系，根据质量守恒原理对多组分流动体系进行质量衡算建立的微分方程即为质量传递方程。正如在 1.2.1 小节中所介绍的，对于单组分体系建立的质量衡算方程为连续性方程。

　　为了不失一般性，考察双组分（A，B）体系中的质量传递问题。以组分 A 为考察对象，对如图 1-3 所示的传质微元体进行质量衡算，微元体内组分 A 的质量变化应满足以下衡算方程式

$$\boxed{\begin{array}{c}\text{质量累}\\\text{积速率}\end{array}}=\boxed{\begin{array}{c}\text{净流入质}\\\text{量速率}\end{array}}+\boxed{\begin{array}{c}\text{质量生}\\\text{成速率}\end{array}}\qquad\qquad(1.2\text{-}47)$$

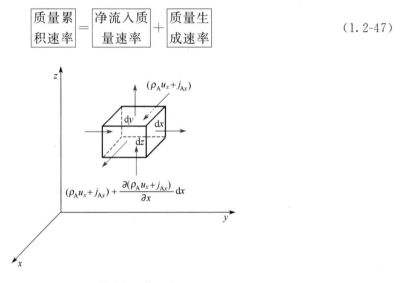

图 1-3　传质微元体示意图

　　考虑微元体内流体的速度向量 $\boldsymbol{u}$ 在直角坐标系中三个方向上的分量为 u_x、u_y、u_z，组分 A 在控制体表面的质量通量包括对流通量和扩散通量两部分。由此可得，在 x 方向上组分 A 流入和流出微元体的质量流率差为

$$(\rho_A u_x+j_{Ax})\,\mathrm{d}y\,\mathrm{d}z-\left[(\rho_A u_x+j_{Ax})+\frac{\partial(\rho_A u_x+j_{Ax})}{\partial x}\mathrm{d}x\right]\mathrm{d}y\,\mathrm{d}z=-\left[\frac{\partial(\rho_A u_x)}{\partial x}+\frac{\partial j_{Ax}}{\partial x}\right]\mathrm{d}x\,\mathrm{d}y\,\mathrm{d}z$$

$$(1.2\text{-}48)$$

同理，可得 y 和 z 方向上组分 A 流入和流出微元体的质量流率差。将三个方向上的质量流率差加和，即得到组分 A 在整个微元体上的净流入质量速率

$$-\left\{\left[\frac{\partial(\rho_A u_x)}{\partial x}+\frac{\partial j_{Ax}}{\partial x}\right]+\left[\frac{\partial(\rho_A u_y)}{\partial y}+\frac{\partial j_{Ay}}{\partial y}\right]+\left[\frac{\partial(\rho_A u_z)}{\partial z}+\frac{\partial j_{Az}}{\partial z}\right]\right\}\mathrm{d}x\,\mathrm{d}y\,\mathrm{d}z\quad(1.2\text{-}49)$$

　　组分 A 在微元体中的累计速率和生成速率分别为

$$\frac{\partial \rho_A}{\partial t}\mathrm{d}x\,\mathrm{d}y\,\mathrm{d}z\qquad 和\qquad \dot{r}_A\,\mathrm{d}x\,\mathrm{d}y\,\mathrm{d}z\qquad\qquad(1.2\text{-}50)$$

将式(1.2-49)和式(1.2-50)代入式(1.2-47)可得

$$\rho_A \left[\frac{\partial u_x}{\partial x} + \frac{\partial u_y}{\partial y} + \frac{\partial u_z}{\partial z} \right] + \frac{D\rho_A}{Dt} + \left[\frac{\partial j_{Ax}}{\partial x} + \frac{\partial j_{Ay}}{\partial y} + \frac{\partial j_{Az}}{\partial z} \right] = \dot{r}_A \tag{1.2-51}$$

根据 Fick 第一定律，对于两组分分子扩散满足以下方程

$$j_{Al} = -D_{AB} \frac{\partial \rho_A}{Dl} \qquad (l = x, y, z) \tag{1.2-52}$$

将上式代入式(1.2-51)即得通用的微分传递方程

$$\frac{D\rho_A}{Dt} = \boldsymbol{\nabla} \cdot (D_{AB} \boldsymbol{\nabla} \rho_A) - \rho_A (\boldsymbol{\nabla} \cdot \boldsymbol{u}) + \dot{r}_A \tag{1.2-53}$$

如果流体混合物的密度为常数，即 $\rho = \rho_A + \rho_B = \mathrm{const}$，则由于连续性方程符合 $\boldsymbol{\nabla} \cdot \boldsymbol{u} = 0$ 而使式(1.2-53)进一步简化为

$$\frac{D\rho_A}{Dt} = \boldsymbol{\nabla} \cdot (D_{AB} \boldsymbol{\nabla} \rho_A) + \dot{r}_A \tag{1.2-54}$$

如改用流体浓度表示传递过程时，传递方程的形式为

$$\frac{Dc_A}{Dt} = \boldsymbol{\nabla} \cdot (D_{AB} \boldsymbol{\nabla} c_A) + \dot{r}_A \tag{1.2-55}$$

特殊情况下，如体系的扩散系数为常数和传递过程为无源过程，上式成为

$$\frac{Dc_A}{Dt} = D_{AB} \boldsymbol{\nabla}^2 c_A \tag{1.2-56}$$

该式被称为 Fick 扩散第二定律，与热传导过程的傅里叶（Fourier）第二定律类似。如传递过程为稳态过程，则传递方程变为拉普拉斯（Laplace）方程

$$\boldsymbol{\nabla}^2 c_A = 0 \tag{1.2-57}$$

在柱坐标系中传递方程(1.2-55)的表达形式为(考虑扩散系数为常数的情况)

$$\frac{\partial c_A}{\partial t} + u_r \frac{\partial c_A}{\partial r} + \frac{u_\theta}{r} \frac{\partial c_A}{\partial \theta} + u_z \frac{\partial c_A}{\partial z} = D_{AB} \left[\frac{1}{r} \frac{\partial}{\partial r} \left(r \frac{\partial c_A}{\partial r} \right) + \frac{1}{r^2} \frac{\partial^2 c_A}{\partial \theta^2} + \frac{\partial^2 c_A}{\partial z^2} \right] + \dot{r}_A$$

$$\tag{1.2-58}$$

在球坐标系中的表达形式为

$$\frac{\partial c_A}{\partial t} + u_r \frac{\partial c_A}{\partial r} + \frac{u_\theta}{r} \frac{\partial c_A}{\partial \theta} + \frac{u_\phi}{r\sin\theta} \frac{\partial c_A}{\partial \phi} = D_{AB} \left[\frac{1}{r^2} \frac{\partial}{\partial r} \left(r^2 \frac{\partial c_A}{\partial r} \right) + \frac{1}{r^2 \sin\theta} \frac{\partial}{\partial \theta} \left(\sin\theta \frac{\partial c_A}{\partial \theta} \right) + \frac{1}{r^2 \sin^2\theta} \frac{\partial^2 c_A}{\partial \phi^2} \right] + \dot{r}_A$$

$$\tag{1.2-59}$$

1.2.5 传递方程的类比

对比以上传递方程，可以发现传质、传热和动量传递过程方程之间存在极强的相似性，其方程均具有以下形式

$$\frac{\partial}{\partial t}(\rho\phi) + \boldsymbol{\nabla} \cdot (\rho \boldsymbol{u} \phi) = \boldsymbol{\nabla} \cdot (\Gamma \boldsymbol{\nabla} \phi) + S \tag{1.2-60}$$

式中第一项为非定常项，第二项为对流项，第三项为扩散项，最后一项为源项。这说明不同传递过程现象之间存在相似的普遍特性，其分析和建模过程及方法是相通的，可以相互借鉴。由于方程形式相近，对其求解的方法应该也是类似的。

1.3　反应动力学方程

"三传一反"是化学工程学科的基础，而化学反应和物质变化则是化学工业过程的核心和关键特征。因此，反应动力学模型是化工数学模型的重要组成部分。本节主要介绍反应动力学建模所遵循的基本定律和基本原理。

1.3.1　均相反应动力学

1879 年由 Guldberg 和 Waage 发表的质量作用定律为化学反应动力学研究奠定了理论基础。根据质量作用定律，基元反应过程的反应速率与参加化学反应的基元反应物浓度之积成正比，例如对于基元反应

$$A+B\underset{k_{-1}}{\overset{k_1}{\rightleftharpoons}}R+S \tag{1.3-1}$$

则有
$$-r_A=k_1 c_A c_B-k_{-1}c_R c_S \tag{1.3-2}$$

式中的反应速率常数只与反应温度有关，且满足 Arrhenius 定律

$$k=k_0\exp\left(-\frac{E}{RT}\right) \tag{1.3-3}$$

大多数反应过程并不属于基元反应，而是由一系列基元反应组合而成。判断一个化学反应是否为基元反应的方法只有一个，就是通过实验检验。确定一个反应是由哪些基元反应组成的和哪一步为控制步骤，这就是确定该反应机理的过程。根据基元反应分析确定一个反应过程的动力学方程，通常要用到拟平衡或拟稳态两个假设。例如，1913 年 Michaelis 和 Menten 在对酶催化条件下的均相反应过程

$$A\xrightarrow{E}R \tag{1.3-4}$$

的研究中，发现这一反应并不是基元反应，而是符合以下基元反应机理

$$A+E\underset{k_2}{\overset{k_1}{\rightleftharpoons}}AE\xrightarrow{k_3}R+E \tag{1.3-5}$$

Michaelis 和 Menten 通过假设第一步可逆反应处于平衡，即

$$k_1 c_A c_E=k_2 c_{AE}$$

并假设第二步反应为控制步骤和考虑浓度关系 $c_{AE}=c_{E0}-c_E$，则最后得到该反应的动力学方程

$$-r_A=k_3 c_{AE}=\frac{k_3 c_A c_{E0}}{k_2/k_1+c_A} \tag{1.3-6}$$

这就是著名的双 M 方程。

1925 年 Briggs 和 Haldane 利用拟稳态假设，即假设中间产物的浓度不随时间变化

$$\frac{dc_{AE}}{dt}=k_1 c_A c_E-(k_2+k_3)c_{AE}=0$$

得到了与式(1.3-6)形式相同的动力学方程

$$-r_A=\frac{k_3 c_A c_{E0}}{(k_2+k_3)/k_1+c_A} \tag{1.3-7}$$

熟练掌握质量作用定律是研究反应动力学的根本，灵活应用好拟平衡和拟稳态假设也是基于基元机理法建立动力学模型的重要技巧。

除了用基元机理方法建立动力学方程以外，有时人们还凭经验以幂函数形式写出均相动力学方程，这属于比较粗放的做法，在此不做讨论。

1.3.2　气固催化动力学

化工中很多化学反应是在固体催化剂的催化作用下进行的，因而了解建立气固催化动力学模型的基本方法非常重要。建立气固催化动力学模型除了用到建立均相动力学模型的基本原理和方法外，还用到描述吸附过程的数学模型。在建立气固催化动力学模型时，最常用的是 Langmuir 理想吸附机理。

（1）Langmuir 吸附机理

Langmuir 吸附机理作了以下理想化假设：a. 吸附表面为均匀表面；b. 被吸附分子之间互不影响；c. 被吸附的气体分子在吸附表面为单层排列；d. 吸附速率与表面覆盖率 θ 成反比和脱附速率与覆盖率 θ 成正比。基于以上描述，对于单组分吸附过程

$$A + \sigma \underset{k_d}{\overset{k_a}{\rightleftharpoons}} A\sigma$$

则有

$$r_a = k_a p_A (1 - \theta_A), \quad r_d = k_d \theta_A \tag{1.3-8}$$

当吸附与脱附达到平衡时，即可求得吸附表面的平衡覆盖率

$$\theta_A = \frac{K_A p_A}{1 + K_A p_A} \tag{1.3-9}$$

如果体系存在多种组分被吸附的情况，同样可以通过分别建立吸附和脱附方程，然后进行综合而得到平衡覆盖率

$$\theta = \sum_{i=1}^{N} \theta_i = \frac{\sum_{i=1}^{N} K_i p_i}{1 + \sum_{i=1}^{N} K_i p_i} \tag{1.3-10}$$

对于存在解离吸附的情况，如 $H_2 \rightarrow 2H$、$O_2 \rightarrow 2O$，吸附和脱附方程为

$$r_a = k_a p_A (1 - \theta_A)^2, \quad r_d = k_d \theta_A^2 \tag{1.3-11}$$

因此，得到的平衡覆盖率方程形式为

$$\theta_A = \frac{(K p_A)^{1/2}}{1 + (K p_A)^{1/2}} \tag{1.3-12}$$

除了 Langmuir 吸附模型以外，有时还用到 Freundlich 模型和 Temkin 模型，用时请参考反应工程方面的有关文献。

（2）反应控制机理

为不失一般性，考虑双分子反应过程 $A + B \longrightarrow R + S$，假设气固催化反应过程遵循以下反应机理

$$\begin{cases} A + \sigma \rightleftharpoons A\sigma, \quad B + \sigma \rightleftharpoons B\sigma \\ A\sigma + B\sigma \xrightarrow{A} R\sigma + S\sigma \\ R\sigma \rightleftharpoons R + \sigma, \quad S\sigma \rightleftharpoons S + \sigma \end{cases} \tag{1.3-13}$$

由于反应组分的吸附和脱附过程为非控制步骤，因而可假定吸附与脱附处于平衡，即有

$$\theta_A = \frac{K_A p_A}{1 + K_A p_A + K_B p_B + K_R p_R + K_S p_S} \tag{1.3-14}$$

$$\theta_B = \frac{K_B p_B}{1 + K_A p_A + K_B p_B + K_R p_R + K_S p_S} \tag{1.3-15}$$

根据表面反应为控制步骤的假设，则可以写出反应动力学方程

$$-r_A = k_r \theta_A \theta_B = \frac{k p_A p_B}{(1 + K_A p_A + K_B p_B + K_R p_R + K_S p_S)^2} \tag{1.3-16}$$

式中，$k = k_r K_A K_B$。

如果表面反应为可逆反应，即 $A + B \rightleftharpoons R + S$，此时可得到如下的动力学方程

$$-r_A = k_1 \theta_A \theta_B - k_2 \theta_R \theta_S = \frac{k(p_A p_B - p_R p_S / K)}{(1 + \sum K_i p_i)^2} \tag{1.3-17}$$

式中

$$k = k_1 K_A K_B, \quad K = K_r K_{ad} = \frac{k_1}{k_2} \frac{K_A K_B}{K_R K_S} \tag{1.3-18}$$

如果反应过程某组分存在解离吸附的情况，考虑 $A_2 + 2\sigma \rightleftharpoons 2A\sigma$，则表面反应变为如下形式

$$2A\sigma + B\sigma \rightleftharpoons R\sigma + S\sigma + \sigma$$

此时，可得表面反应为控制步骤的速率方程为

$$-r_A = k_1 \theta_A^2 \theta_B - k_2 \theta_R \theta_S \theta_V = \frac{k(p_A p_B - p_R p_S / K)}{(1 + \sqrt{K_A p_A} + K_B p_B + K_R p_R + K_S p_S)^3} \tag{1.3-19}$$

（3）吸附控制机理

如果在吸附、表面反应和脱附过程中，某一组分的吸附过程成为控制步骤，即

$$\begin{cases} A + \sigma \xrightleftharpoons{} A\sigma, & B + \sigma \rightleftharpoons B\sigma \\ A\sigma + B\sigma \rightleftharpoons R\sigma + S\sigma \\ R\sigma \rightleftharpoons R + \sigma, & S\sigma \rightleftharpoons S + \sigma \end{cases} \tag{1.3-20}$$

这时，其它各基元步骤可以认为均处于平衡状态，则有

$$\begin{cases} \theta_B = K_B p_B \theta_V, & \theta_R = K_R p_R \theta_V, & \theta_S = K_S p_S \theta_V \\ \theta_A = \dfrac{\theta_R \theta_S}{K_r \theta_B} = \dfrac{K_R K_S}{K_r K_B} \dfrac{p_R p_S}{p_B} \theta_V = K_{RS} \dfrac{p_R p_S}{p_B} \theta_V \end{cases} \tag{1.3-21}$$

考虑覆盖率的归一原则，即诸覆盖率与未覆盖率之和应等于 1，即

$$\theta_V = \frac{1}{1 + K_{RS} p_R p_S / p_B + K_B p_B + K_R p_R + K_S p_S} \tag{1.3-22}$$

结合控制步骤的速率式

$$-r_A = r_a - r_d = k_1 p_A \theta_V - k_2 \theta_A \tag{1.3-23}$$

即可得到吸附过程为控制步骤的反应动力学方程

$$-r_A = \frac{k_1 (p_A - p_R p_S / p_B K)}{1 + K_{RS} p_R p_S / p_B + K_B p_B + K_R p_R + K_S p_S} \tag{1.3-24}$$

（4）脱附控制机理

对于脱附为控制步骤的情形，整个催化反应过程可分解为以下基元过程

$$\begin{cases} A+\sigma \Longleftrightarrow A\sigma, \quad B+\sigma \Longleftrightarrow B\sigma \\ A\sigma + B\sigma \Longleftrightarrow R\sigma + S\sigma \\ R\sigma \Longleftrightarrow R+\sigma, \quad S\sigma \Longleftrightarrow S+\sigma \end{cases} \tag{1.3-25}$$

此时非控制步骤的平衡覆盖率为

$$\begin{cases} \theta_A = K_A p_A \theta_V, \quad\quad\quad \theta_B = K_B p_B \theta_V \\ \theta_R = K_{AB} \theta_V p_A p_B / p_S, \theta_S = K_S p_S \theta_V \end{cases} \tag{1.3-26}$$

控制步骤的速率式为

$$-r_A = r_a - r_d = k_1 \theta_R - k_2 p_R \theta_V \tag{1.3-27}$$

由此得脱附过程为控制步骤的反应动力学方程

$$-r_A = \frac{k(p_A p_B / p_S - p_R / K)}{1 + K_A p_A + K_B p_B + K_{AB} p_A p_B / p_S + K_S p_S} \tag{1.3-28}$$

Hinshelwood 利用 Langmiur 吸附机理建立了一系列气固催化反应动力学模型，在这一领域做了大量的工作。因此，类似的动力学模型通常被称为 Langmiur-Hinshelwood 模型。这些研究工作对进行催化动力学研究具有非常重要的借鉴作用。

1.4　化工数学建模方法

理想的数学模型应该是采用相对直观和简单的数学关系而能够反映出研究系统的主要内在特征。过于简单的数学模型往往难以保证模型的精确性和可靠性，而过于复杂的数学模型又常会导致在建模和分析过程中抓不住主要矛盾，并且给模型求解和计算带来困难。因此，在建立数学模型过程中，即要保证所建数学模型的精确性、可靠性和适用性，也要考虑尽量选用简单的数学模型形式。

化工数学模型的建模方法大致可分为两种，即理论分析法和实验归纳法。

1.4.1　理论分析法

利用理论分析法建立化工数学模型一般要遵循以下原则：

① 首先对研究对象进行观察分析，根据问题的性质和精度要求，作出合理的假设和简化，抽象出问题的物理模型；

② 在充分了解物理模型内涵的基础上，确定输入和输出变量以及模型参数，根据相关的守恒及平衡原理建立基本模型方程；

③ 利用有关物理和化学原理，引入附加的函数关系对不完全封闭的基本模型方程进行封闭完善；

④ 根据研究对象与环境之间的关系，为基本模型方程补充初始条件和边界条件；

⑤ 对所建数学模型进行检验和修正，直至得到能够反映问题内在本质的数学模型为止。

检验数学模型的手段通常是将模型计算结果与实验结果进行对比，进而考察模型是否存在像精度不高、参数不确定、存在累赘变量等缺陷。理想的数学模型应该具有简单的数学形式，并且具有可靠的预测精度。

化工建模对象往往涉及各种不同尺度的问题，例如有时需要研究小至一个催化剂颗粒的催化效率，有时需要描述一个装置的特性，而有时需对大至整个化工厂进行建模分析。在建立化工数学模型的过程中，抓主要矛盾，充分利用"三传一反"基本方程和合理简化，均存在重要的技巧。下面给出几个建模实例进行讨论。

（1）催化剂效率因子

由于微孔催化剂内部存在温度分布和浓度分布，使催化剂表面的反应速率与内部反应速率相比存在明显的差异。为了便于工程分析和应用，在反应工程中定义了如下催化剂效率因子

$$\eta = \frac{r_p}{r_{ps}} = \frac{颗粒平均速率}{颗粒表面速率} \tag{1.4-1}$$

为了确定催化剂的效率因子，需知道催化剂内部的反应速率分布，也即必须清楚催化剂内部温度和反应物浓度的分布，然后在催化剂体积上积分即可得到催化剂颗粒内的平均反应速率。要解决这一问题，需要对具体的催化剂颗粒建立相应的数学模型，然后对模型进行求解即可。在此以球形催化剂为例介绍如何建立描述催化剂内部反应过程的数学模型。

考虑如图 1-4 所示的中心对称的球形催化剂颗粒，忽略在微孔催化剂内部的对流传质和传热过程，假定有效传质扩散系数和热导率为常数，整个体系为稳态过程和 n 级反应的情形，根据传质过程基本方程（1.2-59）和能量衡算基本方程（1.2-46）即可很容易地建立起所研究问题的数学模型。

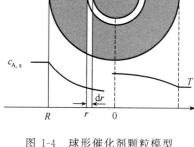

图 1-4　球形催化剂颗粒模型

球形催化剂颗粒内的质量衡算方程为

$$\frac{1}{r^2}\frac{\partial}{\partial r}\left(r^2\frac{\partial c_A}{\partial r}\right) = \frac{k_V^0}{D_e}\exp\left(-\frac{E}{RT}\right)c_A^n \tag{1.4-2}$$

能量衡算方程为

$$\frac{1}{r^2}\frac{\partial}{\partial r}\left(r^2\frac{\partial T}{\partial r}\right) = \frac{-\Delta H_r}{\lambda_e}k_V^0\exp\left(-\frac{E}{RT}\right)c_A^n \tag{1.4-3}$$

联立以上两式并积分两次，可得催化剂内的温度分布结果

$$T = T_S + \frac{D_e(-\Delta H_r)}{\lambda_e}\left[c_{A,S} - c_A(r)\right] \tag{1.4-4}$$

将式（1.4-4）代入式（1.4-2）并引入如下无量纲变量和特征数

$$c = \frac{c_A}{c_{A,S}}, \quad z = \frac{r}{R}, \quad \Phi_K^2 = R^2\frac{k_V^0 c_{A,S}^{n-1}}{D_e}\exp(-\gamma)$$

$$\gamma = E/RT_S, \quad \beta = \frac{(T-T_S)_{\max}}{T_S} = \frac{-\Delta H_r D_e c_{A,S}}{\lambda_e T_S}$$

即得到描述催化剂颗粒内浓度分布的数学模型

$$\frac{1}{z^2}\frac{\partial}{\partial z}\left(z^2\frac{\partial c}{\partial z}\right) = \Phi_K^2\exp\left[\frac{\gamma\beta(1-c)}{1+\beta(1-c)}\right]c^n \tag{1.4-5}$$

及边界条件

$$z=0:\frac{dc}{dz}=0; \quad z=1:c=1 \tag{1.4-6}$$

利用以上数学模型求得催化剂内的浓度分布和温度分布，进而可积分求出催化剂内的平

均反应速率，再利用式(1.4-1)即可求得催化剂的效率因子。

(2) 绝热管式反应器模型

对于忽略了与环境之间热交换的一维对称结构的反应器均具有绝热管式反应器的特性。考虑一个 n 级不可逆反应过程并考虑轴向返混的影响，参考传质和传热基本方程(1.2-58)和式(1.2-45)，可以很容易写出针对反应组分 A 的数学模型

$$\frac{\partial c_A}{\partial t} = D_e \frac{\partial^2 c_A}{\partial x^2} - u \frac{\partial c_A}{\partial x} - k_V^0 \exp\left(-\frac{E}{RT}\right)c_A^n \tag{1.4-7}$$

$$\frac{\partial T}{\partial t} = \frac{\lambda_e}{c_p \rho}\frac{\partial^2 T}{\partial x^2} - u \frac{\partial T}{\partial x} + \frac{-\Delta H_r}{c_p \rho} k_V^0 \exp\left(-\frac{E}{RT}\right)c_A^n \tag{1.4-8}$$

引入无量纲变量和特征数

$$z = \frac{x}{L}, \quad c = \frac{c_A}{c_{A0}}, \quad Pe = \frac{uL}{D_e}, \quad Pe_T = \frac{uLc_p\rho}{\lambda_e},$$

$$\vartheta = \frac{tu}{L}, \quad Da = \frac{k_V^0 c_{A0}^{n-1}L}{u}, \quad Da_T = \frac{k_V^0 c_{A0}^n L}{uc_p\rho}(-\Delta H_r)$$

式中，Pe 和 Da 分别被称作 Peclet 数和 Damköhler 数。以上数学模型从而进一步简化得到

$$\frac{\partial c}{\partial \vartheta} = \frac{1}{Pe}\frac{\partial^2 c}{\partial z^2} - \frac{\partial c}{\partial z} - Da \exp\left(-\frac{E}{RT}\right)c^n \tag{1.4-9}$$

$$\frac{\partial T}{\partial \vartheta} = \frac{1}{Pe_T}\frac{\partial^2 T}{\partial z^2} - \frac{\partial T}{\partial z} + Da_T \exp\left(-\frac{E}{RT}\right)c^n \tag{1.4-10}$$

对考虑了轴向返混影响的一维扩散数学模型，一般均采用 Danckwerts 给出的初始条件和边界条件

$$\vartheta = 0: c = 0, \quad T = T_0$$

$$z = 0: c(0^-) = c(0^+) - \frac{1}{Pe}\frac{dc}{dz}, \quad T(0^-) = T(0^+) - \frac{1}{Pe_T}\frac{dT}{dz} \tag{1.4-11}$$

$$z = 1: \frac{dc}{dz} = 0, \quad \frac{dT}{dz} = 0$$

(3) 移动床径向反应器颗粒运动模型

移动床径向反应器的基本结构如图 1-5 所示。在移动床径向反应器中，固体催化剂颗粒床层的移动方向与反应气流的方向垂直。当气流速度足够大时，这种气固错流将对颗粒的移动产生不利的影响。过强的气固相互作用会使颗粒床层出现空腔（cavity）或贴壁（pinning）两种不正常的操作状态。空腔形成的原因是气流曳力的作用。随着径向气体流速的增大，气体对固体颗粒的曳力增大，固体颗粒对气体分流管侧壁的正压力减小。当颗粒床层的正压力消失时，将在分流管壁面和颗粒层之间形成空腔。由于空腔的形成，使气流沿轴向的分布不均匀，大部分气体将从空腔中短路通过，气固的接触效率大幅度下降，使反应器无法正常操作。

对于催化剂床层气流的下游侧壁，气流曳力过大将会引发贴壁现象。随径向气体通量的增大，气流作用在固体颗粒上的曳力增大了颗粒对气体集流管的正压力，从而增大了颗粒在

集流管壁面的摩擦阻力。如果摩擦阻力足够大，则颗粒在靠近壁面处停止向下移动，使床层产生贴壁现象。贴壁死区内的催化剂由于不能及时移出反应器而在床中积炭结焦而成团，进一步发展会堵塞反应器的整个催化剂移动通道，从而导致反应器无法正常运行。

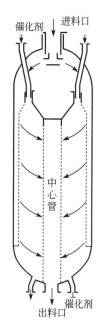

图 1-5   移动床径向反应器结构

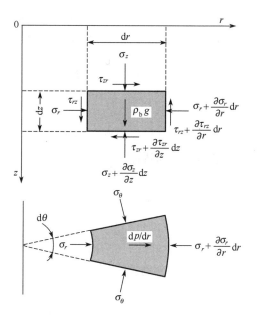

图 1-6   颗粒散体应力分析示意图

    为了避免移动床径向反应器内发生空腔和贴壁现象，建立颗粒床层的颗粒运动数学模型加以研究具有重要意义。宋续祺等应用散体力学的基本理论对移动床中颗粒的流动情况进行了分析研究，建立了相应的数学模型。在建模过程中，做了如下假设：

    ① 颗粒移动床作连续相处理；

    ② 移动床中空隙率为常数；

    ③ 气体流动为一维径向流动，无轴向流动分量；

    ④ 颗粒为不可压缩、无黏性散体。

    设移动床径向反应器中颗粒层为内径 r_1 和外径 r_2 的环形，建立如图 1-6 所示的柱坐标系，用两个径向平面、两个圆柱面和两个垂直于 z 轴的平面，从颗粒床层中截取一个如图所示的微元体积。将作用在微元体上的所有的力投影在 z 轴和 r 轴上，经简化整理后，得到两个力平衡微分方程式

$$\frac{\partial \sigma_z}{\partial z} + \frac{\partial \tau_{rz}}{\partial r} + \frac{\tau_{rz}}{r} = \rho_b g \tag{1.4-12}$$

$$\frac{\partial \sigma_r}{\partial r} + \frac{\partial \tau_{zr}}{\partial z} + \frac{\sigma_r - \sigma_\theta}{r} = -\frac{\mathrm{d}p}{\mathrm{d}r} \tag{1.4-13}$$

式中，σ 为正应力；τ 为切应力。并且，根据力偶平衡可知，切应力 $\tau_{rz} = \tau_{zr}$。另外，式 (1.4-13) 的右侧为气体通过催化剂床层产生的压力梯度，这里只考虑气体向心流动的情况。假设反应气流沿反应器轴向均匀分布，则反应器内半径 r 处的径向表观流速为 $U = Q/2\pi rL$，这里 L 为催化剂床层高度，Q 为体积流率，单位分别为 m 和 m^3/s。将径向表观气速的关系

代入 Ergun 公式即得到床层压降微分方程

$$\frac{\mathrm{d}p}{\mathrm{d}r}=\frac{175\mu(1-\varepsilon)^2}{d_{\mathrm{p}}^2\varepsilon^3}\times\frac{Q}{2\pi rL}+\frac{1.75\rho(1-\varepsilon)}{d_{\mathrm{p}}\varepsilon^2}\times\frac{Q^2}{4\pi^2r^2L^2} \tag{1.4-14}$$

将式(1.4-14)代入式(1.4-13)即可得到移动床径向反应器内催化剂颗粒移动的数学模型。为了方便对数学模型的解析求解，首先引入如下无量纲变量

$$r^*=\frac{r}{r_2},\qquad z^*=\frac{z}{r_2},\qquad \sigma_z^*=\frac{\sigma_z}{\rho_{\mathrm{b}}gr_2}$$

$$\sigma_r^*=\frac{\sigma_r}{\rho_{\mathrm{b}}gr_2},\ \sigma_\theta^*=\frac{\sigma_\theta}{\rho_{\mathrm{b}}gr_2},\ \tau_{rz}^*=\frac{\tau_{rz}}{\rho_{\mathrm{b}}gr_2}$$

将模型方程无量纲化，并考虑移动床径向反应器的催化剂床层高度与床层径向厚度的比值足够大，则可忽略颗粒层中各项应力沿 z 方向的变化，因此可得到如下两个简化的一维线性微分方程

$$\frac{\mathrm{d}\tau_{rz}^*}{\mathrm{d}r^*}+\frac{\tau_{rz}^*}{r^*}=1 \tag{1.4-15}$$

$$\frac{\mathrm{d}\sigma_r^*}{\mathrm{d}r^*}+\frac{\sigma_r^*-\sigma_\theta^*}{r^*}=-\frac{AQ^2}{r^{*2}}-\frac{BQ}{r^*} \tag{1.4-16}$$

式中　　$A=1.75\dfrac{1}{4\pi^2L^2}\times\dfrac{\rho(1-\varepsilon)}{d_{\mathrm{p}}\varepsilon^3}\times\dfrac{1}{\rho_{\mathrm{b}}gr_2^2}$，$B=150\dfrac{1}{2\pi L}\times\dfrac{\mu(1-\varepsilon)^2}{d_{\mathrm{p}}^2\varepsilon^3}\times\dfrac{1}{\rho_{\mathrm{b}}gr_2}$

　　观察式(1.4-15)和式(1.4-16)可以发现，方程组因多出了一个因变量而不是封闭的。下面采用散体力学基本定理封闭以上方程组。

　　由于颗粒床层的滑动发生在 (r,z) 平面内，则最大与最小主应力应存在于这一平面，而与之垂直的 σ_θ 等于中间主应力，即 σ_θ 为最大与最小主应力的平均值。根据散体力学分析，(r,z) 平面的主应力 σ^* 为下列方程的根

$$\left(\frac{\sigma_r^*}{k}-\sigma^*\right)(\sigma_r^*-\sigma^*)-f_i^2\sigma_r^{*2}=0 \tag{1.4-17}$$

式中，f_i 为床层颗粒的内摩擦系数，可由内摩擦角根据关系 $f_i=\tan\varphi$ 计算；k 为侧压系数，定义为水平应力与垂直应力之比，即 $k=\sigma_r^*/\sigma_z^*$。当颗粒层移动时，催化剂床层处于被动应力状态，这时的 k 值可根据下式确定

$$k=\frac{1+\cos2\beta\sin\varphi}{1-\cos2\beta\sin\varphi} \tag{1.4-18}$$

其中　　　　　　　$2\beta=90°+\delta-\cos^{-1}\frac{\sin\delta}{\sin\varphi} \tag{1.4-19}$

式中，δ、φ 分别为催化剂颗粒的壁摩擦角和内摩擦角。

　　对式(1.4-17)进行变量代换 $\zeta=\sigma^*/\sigma_r^*$，得到简化后的方程

$$\left(\frac{1}{k}-\zeta\right)(1-\zeta)-f_i^2=0 \tag{1.4-20}$$

使求解最大与最小主应力变为求解 ζ 的问题。求解得到以上方程的较大和较小的两个根为 $\zeta_{\max}$ 和 $\zeta_{\min}$，则有

$$\sigma_\theta^*=\frac{1}{2}(\zeta_{\max}+\zeta_{\min})\sigma_r^*=\zeta_{\mathrm{ave}}\sigma_r^* \tag{1.4-21}$$

将上式代入式(1.4-16)即得到所建模型的封闭方程

$$\begin{cases} \dfrac{\mathrm{d}\tau_{rz}^{*}}{\mathrm{d}r^{*}} + \dfrac{\tau_{rz}^{*}}{r^{*}} = 1 \\[3mm] \dfrac{\mathrm{d}\sigma_{r}^{*}}{\mathrm{d}r^{*}} + (1-\zeta_{\mathrm{ave}})\dfrac{\sigma_{r}^{*}}{r^{*}} = -\dfrac{AQ^{2}}{r^{*\,2}} - \dfrac{BQ}{r^{*}} \end{cases} \qquad (1.4\text{-}22)$$

对该微分方程组可以给定如下边界条件

$$\begin{cases} r^{*} = r_{1}^{*} : \sigma_{r}^{*} = \sigma_{r\,\mathrm{p}}^{*} \\[2mm] r^{*} = r_{2}^{*} : \sigma_{r}^{*} = \sigma_{r\,\mathrm{w}}^{*} \end{cases} \qquad (1.4\text{-}23)$$

　　该模型为纯理论模型，不含任何待定参数。另外，构成数学模型的方程均为一阶线性微分方程，可以解析求解，因此所建模型使用方便。

1.4.2　实验归纳法

　　根据实验结果进行归纳建立的数学模型称为经验模型，这类数学模型又分为物理量关联和特征数关联两种形式。物理量关联模型没有任何普适性，只能就事论事，如物质的密度、比热容、黏度等参数随温度变化的关联式就是这样。而对于特征数关联模型，通常是具有一定普适性的，如对流传质或传热特征数关联式就能适用于很多设备和流体体系。广泛应用特征数关联模型是化学工程学科的一大特色，应在工程研发和应用中给予充分重视。

（1）相似论量纲分析

　　化学工程所研究的系统一般都比较庞大和复杂，因而需借助于模型研究方法，在实验室里以较小规模的实验来研究实际系统的特性。相似论即是在寻求实验模型与真实系统之间内在联系时值得遵循的工程研究方法，它在实验设计和工程放大中均有着广泛的应用。

　　化工中的相似论包含两个定理：一个是 π-定理，另一个是相似定理。π-定理的要旨是，一个系统的无量纲数群（特征数）的个数等于系统的变量个数与基本量纲个数之差。相似定理可简述为：如果两个化工系统可由相同的一组特征数描述，并且其数值相等，则这两个系统是相似的；相反，如果两个系统相似，则对应的特征数一定相等。根据相似论进行实验研究，一方面可以减少系统自变量的数目，从而可以提高实验效率和节省实验费用；另一方面可以拓宽实验结果的适用范围，为应用实验结果进行工程放大提供方便。应该指出的是，化工中的相似论一般只适用于单一的物理过程或化学反应过程，因为同时满足物理过程和化学过程都相似是很困难的。

　　合理确定一个化工系统的无量纲特征数，往往是基于对该系统影响因素的正确分析。《化工原理》介绍了采用求解代数方程组的方法确定系统的特征数，这种方法比较麻烦，也易出差错。下面介绍 Pawlowski 推荐的一个相当简单的确定系统特征数的数学方法。

　　Pawlowski 确定系统特征数的方法分四步进行。

　　第一步，首先确定系统的因变量和与因变量相关的全部自变量，用数学表述为

$$x_{1} = f(x_{2}, x_{3}, \cdots, x_{n}) \qquad (1.4\text{-}24)$$

分析全部变量的物理量纲并确定基本量纲的数目 r。

　　第二步，建立一个 $(r+1) \times (n+1)$ 的矩阵，将基本量纲填入第 0 列，因变量和自变量填入第 0 行，然后将每个变量所具有的物理量纲（这里只能用基本量纲，而不能用像 N 和 Pa 一类的导出量纲）的指数分别填入所对应的行列位置。这样就产生了一个如图 1-7 所示的 $r \times n$ 的量纲矩阵，这时要注意左边 $r \times r$ 的方阵应该满秩，否则必须调换其中变量的

位置以保证其满秩。矩阵右边的第 $r+1$ 列至第 n 列组成的矩阵称为扩展矩阵。

量纲	变量							
	x_1	$\cdots$	x_i	$\cdots$	x_r	x_{r+1}	$\cdots$	x_n
e_1	a_{11}	$\cdots$	a_{1i}	$\cdots$	a_{1r}	a_{1r+1}	$\cdots$	a_{1n}
e_2	a_{21}	$\cdots$	a_{2i}	$\cdots$	a_{2r}	a_{2r+1}	$\cdots$	a_{2n}
$\vdots$								
e_r	a_{r1}	$\cdots$	a_{ri}	$\cdots$	a_{rr}	a_{rr+1}	$\cdots$	a_{rn}

图 1-7　量纲矩阵示意图

第三步，对以上矩阵进行行或列运算，以使前 r 列形成一单位矩阵。注意在进行列变换时，需同时对第 0 行的变量进行操作，且加减和乘除运算变为乘除和幂次运算。变换后的矩阵将如式(1.4-25)所示。

$$\begin{bmatrix} x_1^{\alpha_1} & \cdots & x_r^{\alpha_i} & \cdots & x_{i=r}^{\alpha_r} & x_{j=1}^{\beta_1} & \cdots & x_j^{\beta_j} & \cdots & x_{j=m}^{\beta_m} \\ 1 & \cdots & 0 & \cdots & 0 & P_{11} & \cdots & P_{1j} & \cdots & P_{1m} \\ & \ddots & & & & & & \cdots & & \\ 0 & & 1 & & 0 & P_{i1} & \cdots & P_{ij} & \cdots & P_{im} \\ & & & \ddots & & & & \cdots & & \\ 0 & \cdots & 0 & \cdots & 1 & P_{r1} & \cdots & P_{rj} & \cdots & P_{rm} \end{bmatrix} \tag{1.4-25}$$

第四步，利用式(1.4-25)矩阵中各元素的值，根据以下公式直接写出 m 个特征数

$$\pi_j = \frac{x_j^{\beta_j}}{\prod_{i=1}^{r} x_i^{P_{ij}}} \quad (j=1, 2, \cdots, m) \tag{1.4-26}$$

具体应用时，上式中的分子和分母是可以倒置的。但由于人们给一些特征数已赋予了固定的物理意义，因而这种分子和分母的倒置并不是随意的。表 1-1 列出了化工中常用的无量纲特征数及其定义。

表 1-1　化工中常用的无量纲特征数及其定义

特征数名称	符号	定义	物理意义	应用过程
Archimedes	Ar	$gl^3\rho(\rho-\rho_0)/\eta^2$	剪切力与内摩擦力之比	变密度流体流动
Arrhenius	—	$E/(RT)$	活化能与热能之比	反应速率
Biot	Bi	hl/k	导热热阻与对流热阻之比	传热
Bodenstein	Bo	ul/D_a	对流通量与返混通量之比	流体混合
Damköhler Ⅰ	DaⅠ	$rl/(uc)$	反应量与流入量之比	化学反应
Damköhler Ⅱ	DaⅡ	$rl^2/(Dc)$	反应量与扩散量之比	化学反应
Damköhler Ⅲ	DaⅢ	$rql/(c_p\rho uT)$	反应热与对流传热之比	化学反应
Damköhler Ⅳ	DaⅣ	$rql^2/(\lambda T)$	反应热与传导热之比	化学反应
Euler	Eu	$\Delta pR/(\rho u^2)$	压力与惯性力之比	管内流体摩擦
Fourier	Fo	$\alpha t/l^2$	导热无量纲时间	传热

特征数名称	符 号	定 义	物 理 意 义	应 用 过 程
Froude	Fr	$u^2/(gl)$	惯性力与切应力之比	搅拌输送及界面
Galilei	Ga	$l^3 g\rho^2/\eta^2$	重力与内摩擦阻力之比	重力场流体流动
Grashof	Gr	$l^3\rho^2 g\gamma\Delta T/\eta^2$	浮力与内摩擦阻力之比	自由对流
Hatta	Ha	$(kD)^{1/2}/\beta$	有和无反应时传质速率之比	化学吸收
Lewis	Le	$\lambda/(\rho c_p D)=Sc/Pr$	导热与扩散速率之比	同时传质传热
Mach	Ma	u/u_{ac}	流速与音速之比	可压缩流动
Nusselt	Nu	$\alpha l/\lambda$	给热速率与导热速率之比	传热
Peclet	Pe	$lu\rho c_p/\lambda$	$Pe=RePr$	传热、返混
Prandtl	Pr	$c_p\eta/\lambda$	分子动量与导热量之比	传热
Raleigh	Ra	$l^3 gk\Delta T/h\gamma$	$=GrPr$	自由对流
Reydolds	Re	$lu\rho/\eta$	动量与内摩擦阻力之比	流体流动
Schmidt	Sc	$\eta/(\rho D)$	分子动量与传质速率之比	传质
Sherwood	Sh	$\beta l/D$	传质速率与扩散速率之比	传质
Stanton	St	$h/\rho uc_p$	$=Nu/(RePr)$	传热
Stanton	St'	k/u	$=Sh/(ReSc)$	传质
Thiele	Φ	$l[r/(Dc)]^{1/2}$	$=(Da\,\mathrm{II})^{1/2}$	催化反应
Thring	—	$\rho c_p u/(c_{1,2}T^3)$	总传热与热辐射速率之比	传热
Weber	We	$u^2\rho l/\sigma$	惯性力与表面张力之比	气泡液滴

下面用具体例子来说明如何应用这一方法。

【例题 1-1】 液氧通过喷嘴在低温（80K）和高压（20atm）条件下在氢气介质中雾化，实验知喷嘴的压力损失 Δp 与流体物性密度 ρ、黏度 η、表面张力 σ、介质密度 ρ_g、流体质量流率 m 及喷嘴直径 d 有关，试确定该系统的特征数。

解： 因已确定了影响变量，所以可先写出量纲矩阵

$$
\begin{array}{c|ccccccc}
 & d & \rho & \eta & \sigma & \rho_g & m & \Delta p \\
\hline
[L] & 1 & -3 & -1 & 0 & -3 & 0 & -1 \\
[M] & 0 & 1 & 1 & 1 & 1 & 1 & 1 \\
[\theta] & 0 & 0 & -1 & -2 & 0 & -1 & -2
\end{array}
$$

将量纲矩阵中的第 2 行加到第 1 行，第 3 行乘以 -1，然后再将第 1 列乘以 2 加到第 2 列，最后将第 2 列乘以 -1 加到第 3 列即得到如下的结果

$$
\begin{array}{ccccccc}
d & d^2\rho & \eta/d^2\rho & \sigma & \rho_g & m & \Delta p \\
\hline
1 & 0 & 0 & 1 & -2 & 1 & 0 \\
0 & 1 & 0 & 1 & 1 & 1 & 1 \\
0 & 0 & 1 & 2 & 0 & 1 & 2
\end{array}
$$

因而，可以根据式(1.4-26)直接写出所求的特征数

$$\pi_\sigma \equiv \frac{\sigma}{d^3\rho\eta^2/d^4\rho^2} = \frac{d\sigma\rho}{\eta^2}, \quad \pi_{\rho_g} \equiv \frac{\rho_g d^2}{d^2\rho} = \frac{\rho_g}{\rho}, \quad \pi_m \equiv \frac{m}{d^3\rho\eta/d^2\rho} = \frac{m}{d\eta}, \quad \pi_{\Delta p} \equiv \frac{\Delta p}{d^2\rho\eta^2/d^4\rho^2} = \frac{\Delta p d^2\rho}{\eta^2}$$

【例题 1-2】 搅拌釜的搅拌功率 P，除了搅拌釜本身的几何尺寸外，还与搅拌桨径 D、转速 N、流体密度 ρ、黏度 η 和重力加速度 g 有关，试确定除几何参数外的相应特征数。

解： 根据题意写出 Pawlowski 量纲矩阵

	D	ρ	N	η	g	P
$[L]$	1	-3	0	-1	1	2
$[M]$	0	1	0	1	0	1
$[\theta]$	0	0	-1	-1	-2	-3

将第 1 列乘以 3 加到第 2 列，第 3 行乘以 -1 即可完成变换得到方阵为单位矩阵，结果为

D	$D^3\rho$	N	η	g	P
1	0	0	-1	1	2
0	1	0	1	0	1
0	0	1	1	2	3

因而，根据式(1.4-26)可得到三个特征数

$$\pi_g \equiv Fr = \frac{DN^2}{g}, \quad \pi_\eta \equiv Re = \frac{\rho D^2 N}{\eta}, \quad \pi_P \equiv \frac{P}{D^2 D^3 \rho N^3} = \frac{P}{\rho D^5 N^3}$$

(2) 特征数关联模型

化工中广泛使用特征数关联模型，尤其涉及湍流这类人们尚无法定量描述的复杂过程时，根据实验结果建立经验模型是人们的唯一可行的方法。例如，在研究对流传热时，发现影响给热系数 h_p 的主要因素包括体系的特征长度 L、流体流速 u、流体的密度 ρ、黏度 μ、热导率 λ 和热容 c_p。利用以上介绍的量纲分析方法，可以得到描述对流传热过程的三个无量纲特征数，分别为 Nusselt 数、Reynolds 数和 Prandtl 数

$$Nu = \frac{h_p L}{\lambda}, \quad Re = \frac{Lu\rho}{\mu}, \quad Pr = \frac{c_p\mu}{\lambda} = \frac{\gamma}{\alpha}$$

通过统计归纳大量的对流传热实验数据，得到了普适性较好的特征数关联模型

$$Nu = 0.023 Re^{0.8} Pr^{0.4} \tag{1.4-27}$$

对于气固传质过程，大量研究发现影响传质系数 k_c 的主要因素包括颗粒粒径 d、气体流速 u、气体的密度 ρ、黏度 μ 和分子扩散常数 D_{AB}。同样可以得到描述气固传质过程的三个无量纲特征数，分别为 Sherwood 数、Reynolds 数和 Schmidt 数

$$Sh = \frac{k_c d}{D_{AB}}, \quad Re = \frac{du\rho}{\mu}, \quad Sc = \frac{\mu}{D_{AB}\rho} = \frac{\gamma}{D_{AB}}$$

在气固传质过程中，被广泛认可的一个经验关联式是

$$Sh = 2 + 0.6 Re^{1/2} Sc^{1/3} \tag{1.4-28}$$

很多实验关联的数学模型，由于缺乏对过程机理的认识，使其被人们的认可程度受到很大局限。但如果在建立数学模型的过程中，注入一些理论的分析和对机理的表述，这样建立的数学模型就会有较好的普适性。在这方面，非常成功的例子当数描述固定床压降的 Ergun 方程。

Ergun 在建立固定床压降模型时，类比了固定床和空管气体流动的情形，将填充床当成空管处理，只是用了固定床空隙的水力半径代替空管的水力半径。在流体力学中，水力半径定义为流体通道的体积与流体浸润表面积之比。如以空管直径为参考当量直径 D_e，则相应的水力半径为

$$\frac{(\pi/4)D_e^2 L}{\pi D_e L} = \frac{D_e}{4} \tag{1.4-29}$$

而如果忽略固定床壁面对气体流动阻力的影响，则根据水力学半径的定义可得到固定床的水力半径

$$\frac{\varepsilon}{(1-\varepsilon)\pi d_p^2/(\pi d_p^3/6)} = \frac{\varepsilon}{(1-\varepsilon)} \times \frac{d_p}{6} \tag{1.4-30}$$

式中，d_p 为催化剂粒径，ε 为床层空隙率。比较以上两式，可得

$$D_e = \frac{2}{3} \frac{\varepsilon d_p}{(1-\varepsilon)} \tag{1.4-31}$$

由于气体流过空管时的压降可用式（1.4-32）描述

$$\Delta p = f \times \frac{L}{D} \times \frac{\rho u^2}{2} \tag{1.4-32}$$

考虑固定床中的实际气速应等于表观气速 U 除以空隙率 ε，并用式（1.4-31）中得到的当量直径替代式（1.4-32）中的管径，则可得到

$$\Delta p = f' \times \frac{L}{d_p} \times \frac{1-\varepsilon}{\varepsilon^3} \times \rho U^2 \tag{1.4-33}$$

实验发现，修正后的摩擦阻力系数与气固多相流雷诺数 Re_m 之间存在很好的相关关系（图 1-8）。回归得到的函数关系为

$$f' = \frac{150}{Re_m} + 1.75 \tag{1.4-34}$$

其中

$$Re_m = \frac{d_p \rho U}{\mu(1-\varepsilon)} \tag{1.4-35}$$

Ergun 公式在工程应用中，已历经百年而仍具很强的生命力，其中经验是值得借鉴的。

（3）模型研究方法

在化学工程中，相似论或部分相似论是化工模型研究的理论基础。化工所涉及的很多体系在很大程度上介于似相似而又不完全相似之间，这就给化工领域的基础研究和工程放大带来了极大的挑战。无论如何，在设计和运行真实系统之前，先对一个相似的较小规模或较易处理且安全的实体模型进行研究，无疑应该是现实可行的研究方法。

一般情况下，对应相似程度较强的流动和传递过程，将通过模型研究得到的实验数据直接应用于实际工程系统时，通常还是比较可靠的。而对于反应和传递同时存在的体

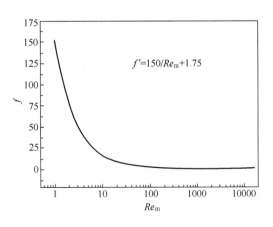

图 1-8 阻力系数与雷诺数之间的关系

系，由于无法保证化学过程和物理过程同时满足相似规则，从实验模型到真实系统尚不能跨越太大。例如，一个反应过程的开发通常还是从微反、小试、中试、工业示范，最后到商业装置的逐级放大来实现。

根据化工过程相似理论，对某一工程问题的研究，即可对该问题本身进行实验研究，也可对与其相似的模型进行实验研究。并且，真实系统与其实验模型之间可利用相似论建立有机的内在联系，也即

$$\pi_j = \pi_{mj} \tag{1.4-36}$$

只要真实系统和实验模型的各个特征数相等，则两者的特性及有关参量行为就应该是一样的。这里给出两个成功应用模型研究的例子，为利用相似论开展实验研究工作提供参考。

【例题 1-3】 如例题 1-1 中给出的问题，因低温和高压在实验室中难以实现，并且进行这样的实验花费也很大，为了方便实验和节省实验成本，试根据相似论设计一个模型实验，以使真实系统与实验模型的物化效果相近。

解：先查出真实系统的各个参数值，即液氧和氢气在 80K 和 20atm 下的物性参数

$$\rho = 1200 \text{kg/m}^3, \quad \eta = 2.6 \times 10^{-4} \text{kg/(m·s)}, \quad \sigma = 0.016 \text{kg/s}^2, \quad \rho_g = 6.1 \text{kg/m}^3$$

为了实验方便，选定水和空气作实验介质，并确定在室温条件下进行实验，这时水的物性参数为

$$\rho_m = 1000 \text{kg/m}^3, \quad \eta_m = 1.1 \times 10^{-3} \text{kg/(m·s)}, \quad \sigma_m = 0.072 \text{kg/s}^2$$

为保证真实系统与实验模型之间的相似性，由例题 1-1 得到的以下 4 个无量纲特征数

$$\pi_\sigma \equiv \frac{d\sigma\rho}{\eta^2}, \quad \pi_{\rho_g} \equiv \frac{\rho_g}{\rho}, \quad \pi_m \equiv \frac{m}{d\eta}, \quad \pi_{\Delta p} \equiv \frac{\Delta p d^2 \rho}{\eta^2}$$

的数值必须维持不变，从而可根据式(1.4-36)得到

$$m_m = 15.2m, \quad d_m = 3.95d, \quad \rho_{gm} = 5.08 \text{kg/m}^3, \quad \Delta p_m = 1.14\Delta p$$

为了使实验介质空气的密度满足 5.08kg/m³，实验需在 3.94atm 下进行即可。在设计的实验条件下，实验寻求最佳的喷嘴直径和几何结构。根据实验结果，根据结合相似的原则将喷嘴缩小 4 倍，并且根据实验雾化压差，由下式

$$\Delta p = 0.877\Delta p_m$$

确定真实系统的雾化压差即可。

【例题 1-4】 现要求测定液钠在 600℃和 1atm 下流过一复杂管道系统的压力损失。由于液钠遇空气要燃烧，低于 100℃又凝固，因而实验难度很大。试采用模型研究的方法，选定实验介质和确定实验条件。

解：用真实系统作实验台，因而几何完全相似。为实验方便选用空气作实验介质，这时只需系统的各特征数相等即可保证两者的过程相似。对于流动问题，影响压降的参数包括流速 u、密度 ρ、黏度 η 和特征长度 d，对此进行量纲分析可得到两个无量纲特征数，即

$$Re = \frac{vd\rho}{\eta}, \quad \pi_{\Delta p} = \frac{\Delta p \rho d^2}{\eta^2}$$

已知在 600℃和 1atm 下，液钠的物性为：$\rho_{Na} = 800 \text{kg/m}^3$，$\eta_{Na} = 2.05 \times 10^{-4} \text{kg/(m·s)}$，而在 25℃和常压下，空气的物性为：$\rho_{air} = 1.2 \text{kg/m}^3$，$\eta_{air} = 18 \times 10^{-6} \text{kg/(m·s)}$。根据相似理论，应有

$$Re = Re^{\mathrm{M}}, \qquad \pi_{\Delta p} = \pi_{\Delta p}^{\mathrm{M}}$$

则　　　$v_{\mathrm{M}} = v \times \dfrac{d}{d_{\mathrm{M}}} \times \dfrac{\rho}{\rho_{\mathrm{M}}} \times \dfrac{\eta_{\mathrm{M}}}{\eta} = 58.5 v, \qquad \Delta p = \dfrac{\rho_{\mathrm{M}}}{\rho} \left(\dfrac{d_{\mathrm{M}}}{d} \times \dfrac{\eta}{\eta_{\mathrm{M}}} \right)^2 \Delta p_{\mathrm{M}} = 0.195 \Delta p_{\mathrm{M}}$

因此可以得出结论，只要在空气流速为液钠流速的 58.5 倍进行实验，在 25℃ 时即可保持实验模型与真实系统的相似，并且真实体系液钠的压力损失可根据模型实验空气的压力损失推算，且有 $\Delta p_{\mathrm{Na}} = 0.195 \Delta p_{\mathrm{air}}$。

习　题

- **1-1** 设有一横截面积为 S、电阻率为 r 的均质导线，内有电流密度为 j 且均匀分布的直流电通过，试导出导线内的热传导方程。

- **1-2** 周边封闭的片状催化剂，厚度 $2L$，进行 A $\longrightarrow$ B 的零级反应。单位体积催化剂颗粒的反应速率常数为 k_v。若 Thiele 模数 $\phi_0 = L\sqrt{k_v/D_{\mathrm{eff}} c_{\mathrm{AS}}}$，$c_{\mathrm{AS}}$ 为颗粒外表面处反应组分 A 的浓度。试证明，当 $\phi_0 \leqslant \sqrt{2}$ 时，效率因子 $\eta = 1$；当 $\phi_0 > \sqrt{2}$ 时，$\eta = \sqrt{2}/\phi_0$。

- **1-3** 试证明对于发生在多孔催化剂颗粒上的不可逆反应，当总反应过程受内扩散控制时，表观反应级数和表观活化能为：$n_{\mathrm{obs}} = (n+1)/2$，$E_{\mathrm{obs}} = (E_{\mathrm{a}} + E_{\mathrm{d}})/2$，式中 n 和 E_{a} 分别表示没有内扩散影响时的反应级数和活化能。提示：E_{d} 与 E_{a} 相比可忽略。

- **1-4** 设某溶质在均匀且各向同性的溶液中扩散，t 时刻它在溶液中点 (x, y, z) 处的浓度为 $N(x, y, z, t)$。已知溶质在单位时间流过曲面 S 上单位面元的质量 m 服从 Nernst 定律：$m = -D \operatorname{grad} Nn$。其中 D 为扩散系数，n 为 S 的外法矢。试推导 $N(x, y, z, t)$ 满足的微分方程。

- **1-5** 设长为 l 的均匀细杆的侧面与外界无热交换，开始时，杆上同一截面具有同一温度，且一端有一稳恒热流注入，另一端在零度的介质中自由冷却，试推导杆的传热方程及定解条件。

- **1-6** 已知横截面非常小的圆环，热量通过表面辐射散失于周围的介质中，假设 R 为圆环半径，θ 为以经度计算的中心角，k、h 为内外热导率，c、ρ 为比热容与密度，σ、l 为横截面的面积和周长，试建立圆环中温度 u 满足的热传导方程。提示：热辐射放出热量为 $\Delta q = h u \Delta s$。

- **1-7** 试证：均质而且在每一同心球面上等温的孤立球体的热传导方程为 $U_{rr} = (1/a^2) U_t$，其中 $U(r, t) = r u(r, t)$，$a = \sqrt{k/(c\rho)}$，u 表示温度函数。

- **1-8** 设有一均匀细杆，一端温度为 u_0，另一端温度为 u_1，周围温度为零，试求杆内的热传导方程。

- **1-9** 利用 1.4.2 小节介绍的方法，根据 Navier-Stokes 方程(1.2-19) 中的参变量，试确定不可压缩黏性流体流动体系的无量纲特征数。

- **1-10** 10℃ 时乙醇在 30cm 内径管道中以 1.5cm/s 的平均流速做层流流动（黏滞性决定速度梯度），如果在 10cm 内径圆管中用 30℃ 清水做试验，为保持运动相似性，圆管中平均流速应为多少？（10℃ 乙醇：$\rho = 787.8 \mathrm{kg/m^3}$，$\mu = 14.4 \times 10^{-4} \mathrm{Pa \cdot s}$）

第2章

微分方程概论

在大多数情况下，化工中的数学模型是由各种微分方程组成的。在求解由微分方程构成的数学模型时，不仅需要考察微分方程本身的特征，而且必须考虑时间发展和边界条件对问题的影响。不同形式的微分方程或不同的边界条件，其求解分析方法会存在很大的差异，针对不同形式的微分方程需寻求合适的求解分析方法。本章介绍化工领域常见微分方程的形式及其分类、微分方程边界条件类型以及微分方程基本定理。

2.1 微分方程的分类

在遇到的数学问题中，如果其中的某个变量和其它变量之间的函数依赖关系是未知的，但是这个未知函数及其某些阶的导数连同自变量一起可由一个已知的方程描述，则这样的方程称为**微分方程**。如果该未知函数是一元的，那么对应的微分方程称为**常微分方程**；如果未知函数是多元的，那么对应的微分方程称为**偏微分方程**。微分方程自变量个数的增加，不仅带来微分方程形式的不同，更主要的是增大了分析求解难度。

2.1.1 常微分方程

常微分方程具有形如

$$f(\mathrm{d}^n y/\mathrm{d}x^n, \mathrm{d}^{n-1}y/\mathrm{d}x^{n-1}, \cdots, \mathrm{d}y/\mathrm{d}x, y, x) = 0 \tag{2.1-1}$$

的形式。方程中导数项的最高阶数称为微分方程的阶数，如方程(2.1-1)中的最高阶数为 n，则称其为 n 阶常微分方程。在化工中，描述稳态一维分布参数问题和非稳态集中参数问题的微分方程均属于常微分方程。

在反应工程中，非稳态理想混合反应器模型

$$\begin{cases} \dfrac{\mathrm{d}c_A}{\mathrm{d}t} = \dfrac{\dot{v}}{V}(c_{A0} - c_A) - k_0 \mathrm{e}^{-E/RT} c_A^n \\ \dfrac{\mathrm{d}T}{\mathrm{d}t} = \dfrac{\dot{v}}{V}(T_0 - T) - \dfrac{UA}{V\rho c_p}(T - T_m) + \dfrac{k_0(-\Delta H_r)}{\rho c_p}\mathrm{e}^{-E/RT} c_A^n \end{cases} \tag{2.1-2}$$

和稳态等温一维扩散反应器模型

$$\frac{1}{Pe}\frac{\mathrm{d}^2 x_A}{\mathrm{d}z^2} - \frac{\mathrm{d}x_A}{\mathrm{d}z} - Da(1 - x_A)^n = 0 \tag{2.1-3}$$

都是常微分方程或常微分方程组。

　　在微分方程中，如果因变量及其导数项均为一次线性形式，即不存在乘、乘幂等非线性函数关系，则该微分方程称为线性微分方程；否则，即称为非线性微分方程。通常，描述等温一级反应过程和定参数传递过程的微分方程一般是线性的，而对于非线性反应过程和变控制参数传递过程所建立的微分方程则是非线性的。一般情况下，线性微分方程是可解析求解的，而非线性微分方程除了个别特例可以解析求解外，往往只能求助于数值方法。

　　微分方程除了线性与否以外，微分方程的齐次性和系数特性也是很重要的概念。在微分方程中，不含未知函数及其导数的项称为自由项。不含自由项的方程称为齐次方程，含自由项的方程称为非齐次方程。同时，微分方程中各导数项的系数可以是常数，也可以是自变量的函数，这里前者被称为常系数微分方程，后者则称为变系数微分方程。

　　例如对于向心 Z 型流动的径向反应器，描述轴向布气均匀度的一维流体力学模型具有形式

$$\left(A\,\frac{\mathrm{d}u^{*}}{\mathrm{d}z^{*}}+B\right)\frac{\mathrm{d}^{2}u^{*}}{\mathrm{d}z^{*2}}+(Cu^{*}+D)\,\frac{\mathrm{d}u^{*}}{\mathrm{d}z^{*}}+Eu^{*2}+F(1-u^{*})^{2}=0 \tag{2.1-4}$$

上式即是典型的变系数、非齐次和非线性的常微分方程。

2.1.2　偏微分方程

　　自变量个数超过 1 个以上的微分方程均为偏微分方程。在化工领域，需要考虑时空变化的研究体系，一般均需要用偏微分方程来描述。由于求解三维偏微分方程的计算量和难度都非常大，在解决实际问题时，通常通过选择合适的坐标体系或对问题进行适当简化即可达到降低研究问题的维数的目的。

　　化工中常见的偏微分方程很多，具有代表性的包括非稳态传递过程、非稳态反应器模型等。例如考虑轴径向返混的非稳态固定床反应器模型，其主要物料衡算方程即是典型的二维偏微分方程

$$\frac{\partial c_{A}}{\partial t}=\left[\frac{1}{r}\frac{\partial}{\partial r}\left(rD_{re}\,\frac{\partial c_{A}}{\partial r}\right)+\frac{\partial}{\partial z}\left(D_{ze}\,\frac{\partial c_{A}}{\partial z}\right)\right]-u_{r}\,\frac{\partial c_{A}}{\partial r}-u_{z}\,\frac{\partial c_{A}}{\partial z}+\dot{r}_{A} \tag{2.1-5}$$

式中，D_{re} 和 D_{ze} 分别为径向和轴向有效扩散系数。而二维传质、传热过程的微分方程，其通用形式为

$$\frac{\partial u}{\partial t}=\frac{\partial}{\partial x}\left(D_{e}\,\frac{\partial u}{\partial x}\right)+\frac{\partial}{\partial y}\left(D_{e}\,\frac{\partial u}{\partial y}\right) \tag{2.1-6}$$

　　偏微分方程除了像常微分方程一样具有线性和非线性、齐次和非齐次、常系数和变系数之分以外，通常还对二阶线性偏微分方程进一步分类。一般而言，对于如下两维二阶线性偏微分方程

$$\frac{\partial u}{\partial t}=A\,\frac{\partial^{2}u}{\partial x^{2}}+2B\,\frac{\partial^{2}u}{\partial x\partial y}+C\,\frac{\partial^{2}u}{\partial y^{2}} \tag{2.1-7}$$

在数学意义上还进一步分为抛物型、双曲型和椭圆型三种类型。判定以上偏微分方程属于哪种类型采用以下判别式

$$\Delta=B^{2}-AC \tag{2.1-8}$$

并且

$$\begin{cases}\Delta<0：椭圆型\\\Delta=0：抛物型\\\Delta>0：双曲型\end{cases} \tag{2.1-9}$$

　　在化工应用中，一般 $B=0$，因而化工数学一般不研究双曲型微分方程。例如，对于化

工中的一维动态传递微分方程

$$\frac{\partial u}{\partial t} = \alpha \frac{\partial^2 u}{\partial x^2} \tag{2.1-10}$$

因为有 $A > 0$，$B = C = 0$，则 $\Delta = 0$，所以方程属于抛物型。对于定态二维传递方程

$$\frac{\partial^2 u}{\partial x^2} + \frac{\partial^2 u}{\partial y^2} = 0 \tag{2.1-11}$$

因 $A = C = 1$，$B = 0$，则 $\Delta < 0$，所以方程属于椭圆型。而对于动态二维传递方程

$$\frac{\partial u}{\partial t} = \alpha \left(\frac{\partial^2 u}{\partial x^2} + \frac{\partial^2 u}{\partial y^2} \right) \tag{2.1-12}$$

则不能笼统地定义其类型，必须根据时间变量和空间变量分别进行分析检验：对于时间变量而言，该方程具有抛物型特性，而对于空间变量则方程具有椭圆型的特征。

2.2 微分方程定解条件

微分方程描述的是物理现象的一般运动规律，属于泛定方程的范畴，因而仅由它尚不能对特定的物理问题给出确定的描述。若对特定问题给出描述，还必须给出物理问题的初始状态和与周边环境的相互作用状态。在数学上，只有给出微分方程相应的初始条件和/或边界条件，才能求得一个微分方程的定解。

把一个物理过程归结为一个数学上的定解问题是否正确，这依赖于所定义的定解问题是否能解得出一个符合客观实际的唯一稳定解。从数学意义上讲，则要求定解问题存在唯一解，并且要求得到的解具有稳定性。定解问题解的稳定性是指当定解条件发生微小变化时，所引起解的变化也是微小的，只有稳定解才有实际意义。在数学上，通常称存在唯一且稳定解的定解问题为适定的。

2.2.1 初始条件与初值问题

描述系统初始状态的条件称为初始条件，初始条件加上对应的微分方程一起称为初值问题，也称为 Cauchy 问题。在化工中，描述系统或过程随时间发展的定解问题属于初值问题（initial value problem）。而在数学上，只需给定始端边界条件的定解问题也可认为是初值问题的特例，因为其数学求解方法是完全一样的。

值得注意的是，初始条件需给出所研究问题的整个系统的状态，而非某一特定点的数值，因此初始条件应具有形式

$$u(x, y, z, t)\big|_{t=0} = \varphi(x, y, z) \tag{2.2-1}$$

只有对于均匀场问题或集中参数问题，在给定初始条件时才可以以点代面，即

$$u(x, y, z, t)\big|_{t=0} = c \tag{2.2-2}$$

对于存在时域二阶微分的定解问题，如弦的振动问题，不仅需给定如式（2.2-1）所示的初值，还需给定函数一阶导数的初值，即

$$\frac{\partial u}{\partial t}\bigg|_{t=0} = \psi(x, y, z) \tag{2.2-3}$$

在研究化学反应动力学时建立的动力学方程就是典型的初值问题。例如图 2-1 所示的化学反应系统，其动力学模型即由一组一阶微分方程组成

$$\begin{cases} \dfrac{\mathrm{d}c_1}{\mathrm{d}t} = -k_1 c_1 + k_2 c_2 c_3 \\[2mm] \dfrac{\mathrm{d}c_2}{\mathrm{d}t} = k_1 c_1 - k_2 c_2 c_3 - k_3 c_2^2 \\[2mm] \dfrac{\mathrm{d}c_3}{\mathrm{d}t} = k_3 c_2 \end{cases} \tag{2.2-4}$$

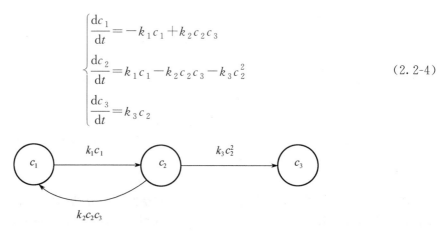

图 2-1　化学反应过程网络

加上初始条件

$$t = 0：\ c_1 = c_0,\ c_2 = c_3 = 0 \tag{2.2-5}$$

就构成了典型的初值问题。

　　初值问题与边值问题相比，求解起来要简单一些。线性初值问题适合采用 Laplace 积分变换法求解，非线性初值问题则可用 Runge-Kutta 法数值求解。

2.2.2　边界条件与边值问题

　　描述研究系统边界状况的约束条件称为**边界条件**。由微分方程加上边界条件一起构成的定解问题称为**边值问题**（boundary value problem）。在化工中，用微分方程描述的速度场、浓度场、温度场以及各类传递过程等都属于边值问题的范畴。

　　在经典应用数学中，边界条件被分为三种类型。在化工中，经常会研究多相或多体系问题，因此在相与相之间或在界面两侧增加一类衔接边界条件对数学建模及求解是很有帮助的。

（1）第一类边界条件

　　第一类边界条件也称作 Dirichlet 条件，由 Dirichlet 条件构成的定解问题称作 Dirichlet 问题。这类边界条件是通过给出未知函数在边界 Γ 上的值来确定的，该值可以是一个常数，也可以是一个数值分布，因此可用一个已知函数 f 表示，即

$$u(x,y,z,t)\big|_{(x,y,z)\in\Gamma} = f(x,y,z,t) \tag{2.2-6}$$

　　在化工中，像恒温壁传热过程、理想流动过程的入口浓度、固壁流动等均需用到第一类边界条件。对于一维问题，第一类边界条件只需给出边界点的函数值即可，例如，一维导热问题

$$\begin{cases} T(x=a) = T_1 \\ T(x=b) = T_2 \end{cases} \tag{2.2-7}$$

（2）第二类边界条件

　　第二类边界条件也称作 Neumann 条件，由 Neumann 条件构成的定解问题称作 Neumann 问题。这类边界条件是通过给出未知函数在边界 $\varGamma$ 上的已知法向导数值来确定的，对于点边界该导数值是一个常数，而对于曲面边界则应用一个已知函数 f 表示，即

$$\left.\frac{\partial u}{\partial n}\right|_{\varGamma}=f(x,y,z,t) \tag{2.2-8}$$

化工中的等功率加热的导热过程、轴向扩散反应器模型的出口浓度、绝热壁面传热等均需应用第二类边界条件。对于一维传热问题，等功率加热和绝热壁边界条件可用式(2.2-9)给出

$$k\left.\frac{\mathrm{d}T}{\mathrm{d}x}\right|_{x=a}=f,\quad\left.\frac{\mathrm{d}T}{\mathrm{d}x}\right|_{x=b}=0 \tag{2.2-9}$$

根据式(2.2-8)和式(2.2-9)，可以理解为第二类边界条件适用于当边界上单位面积、单位时间沿外法线方向流入或流出的热量（或质量）已知时的情况。当热量或质量流率为零时，即相当于绝热壁边界或反应及传递达平衡的出口浓度边界。

(3) 第三类边界条件

第三类边界条件也称作 Robin 条件，由 Robin 条件构成的定解问题称作 Robin 问题。这类边界条件是由第一类边界条件和第二类边界条件复合构成的，因而也可称作复合边界条件。第三类边界条件需对边界 $\varGamma$ 上的未知函数及其法向导数的线性组合给出定义，其一般形式为

$$\left(u+h\frac{\partial u}{\partial n}\right)_{\varGamma}=f(x,y,z,t) \tag{2.2-10}$$

例如，对于导热问题的自由冷却边界，利用 Newton 冷却定律，即可写出该问题的边界条件

$$-k\frac{\partial T}{\partial n}=h(T-T_0) \tag{2.2-11}$$

再如一维扩散反应器数学模型

$$\frac{\mathrm{d}}{\mathrm{d}x}\left(D_e\frac{\mathrm{d}c}{\mathrm{d}x}\right)-u\frac{\mathrm{d}c}{\mathrm{d}x}-R(c)=0 \tag{2.2-12}$$

具有边界条件

$$\begin{cases}x=0:c(0^+)=c(0^-)+D_e\dfrac{\mathrm{d}c}{\mathrm{d}x}\\[2mm]x=L:\dfrac{\mathrm{d}c}{\mathrm{d}x}=0\end{cases} \tag{2.2-13}$$

其中的入口边界条件在反应工程中被称作 Danckwerts 边界条件，实际上与第三类边界条件并无二致。

(4) 衔接边界条件

化工中经常涉及多相和多系统的问题，因而经常需要建立多相之间和多系统之间的相互联系。这种联系体现在微分方程数学模型中，需要给出与实际情况一致的衔接边界条件。衔接边界条件也可以看作是一种过渡区的边界条件，下面以实例说明如何建立衔接边界条件。

气液相际传质双膜理论在化工是很著名的，也有着广泛的应用，只是双膜模型本质上仅是一个定态模型。如果假设双膜传质过程为一个动态过程，则可得到如下两个微分方程

$$\begin{cases} \dfrac{\partial c_1}{\partial t} = D_1 \dfrac{\partial^2 c_1}{\partial x^2} & (-\delta_1 < x < 0) \\[3mm] \dfrac{\partial c_2}{\partial t} = D_2 \dfrac{\partial^2 c_2}{\partial x^2} & (0 < x < \delta_2) \end{cases} \tag{2.2-14}$$

根据传质阻力膜与主体相间形成边界上的浓度连续性可以建立该微分方程组的两个初始条件和两个边界条件，即

$$\begin{cases} t = 0: c_1 = c_{1b}, \ c_2 = c_{2b} \\ t > 0, \ x = -\delta_1 : c_1 = c_{1b} \\ t > 0, \ x = \delta_2 : c_2 = c_{2b} \end{cases} \tag{2.2-15}$$

根据微分方程的定解条件可知，式（2.2-14）所示的偏微分方程组需要四个边界条件才能使微分方程成为适定问题，因而需在相界面处补充两个衔接边界条件。在相界面处利用 Henry 定律和传质速率连续的条件，即可得到两个衔接边界条件

$$\begin{cases} t > 0, \ x = 0 : c_1 = \kappa c_2 \\[2mm] t > 0, \ x = 0 : \dfrac{\partial c_1}{\partial x} = \dfrac{1}{\rho^2} \dfrac{\partial c_2}{\partial x} \end{cases} \tag{2.2-16}$$

这样，方程组（2.2-14）和边界条件（2.2-15）及（2.2-16）一起就构成了一个适定的定解问题。

再举例考虑一个圆形对称的高温反应器，其保温层由内外两层不同材质的保温材料构成，假设内外两层保温材料的热导率、比热容和密度分别为 K_1、c_1、ρ_1 和 K_2、c_2、ρ_2，两层之间紧密接触且接触点半径为 a，则可分别对每一保温层建立独立的一维热传导微分方程，即有

$$\begin{cases} \dfrac{\partial T_1}{\partial t} = \dfrac{K_1}{c_1 \rho_1} \left(\dfrac{\partial^2 T_1}{\partial r^2} + \dfrac{1}{r} \dfrac{\partial T_1}{\partial r} \right) & (r_i < r < a) \\[3mm] \dfrac{\partial T_2}{\partial t} = \dfrac{K_2}{c_2 \rho_2} \left(\dfrac{\partial^2 T_2}{\partial r^2} + \dfrac{1}{r} \dfrac{\partial T_2}{\partial r} \right) & (a < r < r_o) \end{cases} \tag{2.2-17}$$

以上每个偏微分方程可以很方便地给出一个初始条件和一个边界条件，例如，问题适合选用第一类边界条件时，则有

$$\begin{cases} T_1(r, 0) = f_1(r), \quad T_1(r_i, t) = T_i(t) \\ T_2(r, 0) = f_2(r), \quad T_2(r_o, t) = T_o(t) \end{cases} \tag{2.2-18}$$

如对微分方程（2.2-17）定量求解，仅有式（2.2-18）的边界条件还不够，需补充两层保温材料接触界面的衔接条件。根据紧密接触的两个表面其温度和热量通量应该是连续的，从而可以得出两个衔接条件

$$\begin{cases} T_1(a, t) = T_2(a, t) \\[2mm] -K_1 \left. \dfrac{\partial T_1}{\partial r} \right|_{r=a} = -K_2 \left. \dfrac{\partial T_2}{\partial r} \right|_{r=a} \end{cases} \tag{2.2-19}$$

至此，微分方程（2.2-17）和边界条件（2.2-18）及（2.2-19）一起即构成了一个完整的定解问题。

（5）附加边界条件

为了保证边值问题解的唯一性，有时需根据问题的物理意义对微分方程补充附加边界条

件。以 Laplace 方程的外问题对附件边界条件加以说明,最简单的 Laplace 外问题可定义为

$$\begin{cases} \Delta u = 0 \quad (x^2 + y^2 + z^2 > 1) \\ u \big|_{x^2 + y^2 + z^2 = 1} = 1 \end{cases} \tag{2.2-20}$$

通过观察很容易发现该问题存在两个解,即

$$u_1(x,y,z) = 1, \quad u_2(x,y,z) = \frac{1}{\sqrt{x^2 + y^2 + z^2}} \tag{2.2-21}$$

由于问题的解不是唯一的,所以不符合定解要求。对此必须补充附加边界条件,如

$$r = \sqrt{x^2 + y^2 + z^2} \rightarrow \infty: u = 0 \tag{2.2-22}$$

即可保证边值问题解的唯一性。

除了无穷远点函数值为零的附加边界条件以外,边界处函数值有界也常被用作附加边界条件,如

$$x = a: c \leq c_0 \text{ 或 } u < M \tag{2.2-23}$$

边值问题无法用 Laplace 积分变换解析求解,但适于采用特征值(或特征向量)法求解。非线性边值问题适合于采用差分法或配置法数值求解。

2.2.3　初边值问题

初边值问题又称混合问题。顾名思义,初边值问题是指在一个定解问题中既包含初始条件又包含边界条件的情况。初边值问题解的行为,不仅受初始条件的影响,还受边界条件的约束。在非定态传质和传热过程中,定解条件就必须同时包含初始条件和边界条件,属于典型的初边值问题,例如热传导问题即需要按如下形式定义

$$\begin{cases} \dfrac{\partial u}{\partial t} = a^2 \left(\dfrac{\partial^2 u}{\partial x^2} + \dfrac{\partial^2 u}{\partial y^2} + \dfrac{\partial^2 u}{\partial z^2} \right) \qquad [(x,y,z) \in \Omega, t > 0] \\ u(x,y,z,0) = \varphi(x,y,z) \qquad [(x,y,z) \in \Omega] \\ \left(\dfrac{\partial u}{\partial n} + \sigma u \right) \Big|_{\partial \Omega} = f(x,y,z,t) \end{cases} \tag{2.2-24}$$

在物理和力学研究中定义的振动方程,也属于混合问题,如

$$\begin{cases} \dfrac{\partial^2 u}{\partial t^2} = a^2 \dfrac{\partial^2 u}{\partial x^2} \quad (0 < x < l, t > 0) \\ u \big|_{t=0} = \varphi(x), \quad \dfrac{\partial u}{\partial t} \Big|_{x=0} = \psi(x) \quad (0 < x < l) \\ u \big|_{x=0} = 0, \quad \dfrac{\partial u}{\partial x} \Big|_{x=l} = 0 \end{cases} \tag{2.2-25}$$

在求解初边值问题时,线性问题可考虑用 Laplace 变换消去时间导数项和初始条件,从而可将偏微分方程化简为常微分方程,使问题得到很大程度的简化。要做到这一点,需要熟练掌握 Laplace 变换及其逆变换的各种技巧。而对于非线性问题,在数值求解过程中必须寻求有效的差分格式或其它数值方法。

2.3 微分方程解析原理

2.3.1 常微分方程的通解和特解

　　常微分方程解（这里指古典解或正则解）的函数形式受微分方程的约束，但积分常数则是任意的。常微分方程的求解过程即是对微分方程进行积分的过程，所得到的解可以是显式的，也可以是隐式的。在求解常微分方程时，了解通解和特解的概念是很有帮助的。如果在常微分方程的解式中，所含的独立的任意常数的个数等于这个微分方程的阶数，那么这个解式称为**微分方程的通解**。n 阶常微分方程的通解表达式中一定含有 n 个彼此独立的任意常数。可见，常微分方程的一般解有无穷多个，因为通解中的常数是任意的。

　　相对于通解而言，微分方程的每一个解称为特解。求解常微分方程的初值问题或边值问题的过程，即是根据初始条件或边界条件确定通解中的任意常数的过程，也就是从无穷多个通解中选择出满足初始条件或边界条件的特解。

2.3.2 微分算子和偏微分方程的解

　　偏微分方程的解（指古典解或正则解）是指这样一个函数，该函数本身及所有出现于方程中的偏导数都在开区域内连续，同时在区域内部能满足方程成立，即将解代替方程中的未知函数后，可得到区域内部成立的恒等式。与常微分方程的解相比，偏微分方程的解具有更大的任意性，一般来讲，常微分方程的解仅依赖于任意常数，而偏微分方程的解则依赖于任意函数。因此，偏微分方程的解要比常微分方程的解多得多。

　　偏微分方程解的多样性和任意性可通过以下实例给以说明。例如很容易验证，函数 $\sin x \sin y$、$e^x y^3$、$\sqrt{x}\ln y$ 等都是偏微分方程

$$u\frac{\partial^2 u}{\partial x \partial y}-\frac{\partial u}{\partial x}\frac{\partial u}{\partial y}=0 \tag{2.3-1}$$

的解。实际上，对于任意二次可微函数 $f(x)$ 和 $g(y)$，$u=f(x)g(y)$ 均满足方程(2.3-1)。

　　偏微分方程定解问题的解，不仅要满足方程成立的条件，而且在解函数自变量趋于定解边界时解函数还必须满足边界条件。尽管在偏微分方程定解问题中，定解条件对解函数的数目具有很大限定，其最终解函数通常还是由一系列解函数叠加组成的。因而叠加原理是求解偏微分方程过程的最重要的一个原理。

　　在讨论微分方程时，为了叙述方便和便于理解，在此引入微分算子的概念。定义二阶微分算子 L 及边界算子 A 和 B 分别为

$$L=a_{11}\frac{\partial^2}{\partial x^2}+2a_{12}\frac{\partial^2}{\partial x \partial y}+a_{22}\frac{\partial^2}{\partial y^2}+b_1\frac{\partial}{\partial x}+b_2\frac{\partial}{\partial y}+c \tag{2.3-2}$$

$$A=\left[\frac{\partial}{\partial x}\right]_{x=0},\quad B=[\quad]_{x=l} \tag{2.3-3}$$

借助于以上微分算子和边界算子，可以将以下的偏微分方程定解问题

$$\begin{cases} a_{11}\dfrac{\partial^2 u}{\partial x^2}+2a_{12}\dfrac{\partial^2 u}{\partial x\partial y}+a_{22}\dfrac{\partial^2 u}{\partial y^2}+b_1\dfrac{\partial u}{\partial x}+b_2\dfrac{\partial u}{\partial y}+cu=f \\ \left[\dfrac{\partial u}{\partial x}\right]_{x=0}=g\,,\quad \left[u\right]_{x=l}=h \end{cases} \tag{2.3-4}$$

简写为
$$\begin{cases} L\left[u\right]=f \\ A\left[u\right]=g\,,\quad B\left[u\right]=h \end{cases} \tag{2.3-5}$$

微分算子可以定义很多，例如

$$\Delta=\boldsymbol{\nabla}^2=\frac{\partial^2}{\partial x^2}+\frac{\partial^2}{\partial y^2}+\frac{\partial^2}{\partial z^2} \tag{2.3-6}$$

也是二阶微分算子，并常被称作 Laplace 算子。

若算子 A 满足线性可加条件，即

$$A\left[au+bv\right]=aA\left[u\right]+bB\left[v\right] \tag{2.3-7}$$

其中 a、b 为任意常数，则称 A 为线性算子。显然，前面定义的微分算子 L 和 Laplace 算子都是线性算子。

2.3.3 叠加原理

从根本上，叠加原理是基于多因素线性系统中诸影响因素之间的相互独立性以及这些因素对系统产生的影响也是相互独立的这一事实建立的。由于影响因素以及各因素对系统产生影响的独立性，因而其影响结果即可叠加。对于偏微分方程来讲，如果将一个复杂的定解问题变成若干个简单问题的叠加，从而使问题得以简化，这种属性在数学上即称为叠加原理。

在解析求解偏微分方程的过程中，将时时用到叠加原理，下面是关于叠加原理的三种不同的表述。

叠加原理一 若 u_i 是线性方程
$$L\left[u_i\right]=f_i\quad (i=1,2,\cdots,n) \tag{2.3-8}$$
的解，则 $u=\sum_{i=1}^{n}c_i u_i$ 是方程

$$L\left[u\right]=\sum_{i=1}^{n}c_i f_i \tag{2.3-9}$$

的解，其中 c_i 为任意常数。

若 $f_i=0$，则方程是齐次的，从而可以得出，线性齐次方程有限个解之和仍是该方程的解。

叠加原理二 若 u_i 是线性方程
$$L\left[u_i\right]=f_i\quad (i=1,2,\cdots,n) \tag{2.3-10}$$
的解，则满足一定条件的 $u=\sum_{i=1}^{\infty}c_i u_i$ 是方程

$$L\left[u\right]=\sum_{i=1}^{\infty}c_i f_i \tag{2.3-11}$$

的解。

这里所说的"一定条件"是指保证微分与求无限和可交换次序的条件。

叠加原理三 若 $u(M;M_0)$ 是线性方程

$$L(u) = f(M;M_0) \tag{2.3-12}$$

的解，其中 M_0 是参数，则满足一定条件的

$$u(M) = \int u(M;\ M_0)\, \mathrm{d}M_0$$

是方程

$$L(u) = \int f(M;\ M_0)\, \mathrm{d}M_0 \tag{2.3-13}$$

的解。而这里所说的"一定条件"是指保证微分与积分可交换次序的条件。

　　叠加原理在解析求解偏微分方程定解问题时非常有用，下面举例说明叠加原理的重要性。例如，根据定解原理可知，非齐次波动方程的 Cauchy 问题

$$\begin{cases} \dfrac{\partial^2 u}{\partial t^2} - a^2 \dfrac{\partial^2 u}{\partial x^2} = f(x,t) \quad (-\infty < x < \infty,\ t > 0) \\[2mm] u\,\big|_{t=0} = \varphi(x), \quad \dfrac{\partial u}{\partial t}\bigg|_{t=0} = \psi(x) \end{cases} \tag{2.3-14}$$

的解为齐次波动方程的 Cauchy 问题

$$\begin{cases} \dfrac{\partial^2 u}{\partial t^2} - a^2 \dfrac{\partial^2 u}{\partial x^2} = 0 \quad (-\infty < x < \infty,\ t > 0) \\[2mm] u\,\big|_{t=0} = \varphi(x), \quad \dfrac{\partial u}{\partial t}\bigg|_{t=0} = \psi(x) \end{cases} \tag{2.3-15}$$

的解和齐次初始条件的 Cauchy 问题

$$\begin{cases} \dfrac{\partial^2 u}{\partial t^2} - a^2 \dfrac{\partial^2 u}{\partial x^2} = f(x,t) \quad (-\infty < x < \infty,\ t > 0) \\[2mm] u\,\big|_{t=0} = 0, \quad \dfrac{\partial u}{\partial t}\bigg|_{t=0} = 0 \end{cases} \tag{2.3-16}$$

的解之和。

　　又如非齐次方程

$$L[u] = f \tag{2.3-17}$$

的解可视为非齐次方程

$$L[V] = f \tag{2.3-18}$$

的任一个特解和对应齐次方程

$$L[W] = 0 \tag{2.3-19}$$

的解之和，即 $u = V + W$。

　　再如，在求得 Laplace 方程 Dirichlet 问题

$$\begin{cases} \dfrac{\partial^2 u}{\partial x^2} + \dfrac{\partial^2 u}{\partial y^2} + \dfrac{\partial^2 u}{\partial z^2} = 0 \quad (x,y,z) \in \Omega \\[2mm] u\,\big|_{\Gamma} = g \end{cases} \tag{2.3-20}$$

的解之后，求 Poisson 方程的 Dirichlet 问题

$$\begin{cases} \dfrac{\partial^2 u}{\partial x^2} + \dfrac{\partial^2 u}{\partial y^2} + \dfrac{\partial^2 u}{\partial z^2} = f(x,y,z) \quad (x,y,z) \in \Omega \\[2mm] u\,\big|_{\Gamma} = g \end{cases} \tag{2.3-21}$$

的解就转化为只需求 Poisson 方程的任一个特解的问题，而求方程（2.3-21）的一个特解是非常容易的。

习　题

- **2-1** 请叙述数理方程、泛定方程、定解条件和定解问题几个基本概念，结合物理模型介绍数理方程的三种类型，列出数理方程三类边界条件的规范表达形式。

- **2-2** 设有一根具有绝热特性且侧表面长为 l 的均匀细杆，它的初始温度为 $\varphi(x)$，两端满足下列边界条件之一：(1) 一端 $(x=0)$ 绝热，另一端 $(x=l)$ 保持常温 u_0；(2) 两端分别有恒定的热流密度 q_1 和 q_2 流入；(3) 一端 $(x=0)$ 温度为 $\mu(t)$，另一端 $(x=l)$ 与温度为 $\theta(t)$ 的介质有热交换。试分别写出以上三种传热过程的定解问题。

- **2-3** 判定下列二阶方程的类型。

    (1) $x^2 u_{xx} - y^2 u_{yy} = 0$；　　　　　(2) $u_{xx} + 4u_{xy} - 3u_{yy} + 2u_x + 6u_y = 0$；

    (3) $u_{xx} + (x+y)^2 u_{yy} = 0$；　　　　(4) $(1+x^2)u_{xx} + (1+y^2)u_{yy} + xu_x + yu_y = 0$

- **2-4** 判别 Tricomi 方程 $u_{xx} + xu_{yy} = 0$ 的类型。

- **2-5** 利用微分算子计算下列各题。

    (1) 用微分算子表示微分方程 $u_{xx} + au_x + bu = \varphi(x)$，其中 a、b 为常数，并计算 $L(\mathrm{e}^{\alpha x})$；

    (2) 当 $L(y) = y'' \sin^2 x + 2y' + y/(1+x)$ 时，求 $L(\ln \sin x)$；

    (3) 计算微分算子式 $(D^3 + D^2 - D + 1)[\mathrm{e}^{2x}(x^2 + x + 1)]$。

- **2-6** 证明下列两个等式：(1) $F(D)\mathrm{e}^{kx}v(x) = \mathrm{e}^{kx}F(D+k)v(x)$；(2) $[1/F(D)]\mathrm{e}^{kx}v(x) = \mathrm{e}^{kx}[1/F(D+k)]v(x)$。然后利用所证明的结果求解方程 $(D-2)^2 y = (\mathrm{e}^{2x}/x^2)$。

- **2-7** 证明两个自变量的 2 阶线性方程经过可逆变换后，它的类型不会改变，也即经过可逆变换后，类型判据 $\Delta = B^2 - AC$ 的符号不变。

- **2-8** 有一半径为 R、表面涂黑的均匀无穷长圆柱导体，日光垂直照射在圆柱上，在单位时间内单位面积上吸收的最大热量为 M，假设周围媒质温度为 0，柱面按牛顿冷却定律向外散热，试选择适当的坐标系并确定边界条件。

- **2-9** 对均匀介质中稳定温度场，试给出第一类、第二类与第三类边界条件的物理解释，并建立第二类边界条件下稳定温度存在的条件。

- **2-10** 设有两根截面积相同的枢轴，它们分别有长度 l_1、l_2，并且材料不同，密度分别为 ρ_1 和 ρ_2，在 $t=0$ 时刻分别有初始温度 u_1^0 和 u_2^0，现将它们连接在一起，假定表面绝热，试导出热传导方程，写出初始条件和衔接条件，并说明衔接条件的物理意义。

- **2-11** 长为 l 的均匀杆，侧面绝缘，一端温度为零，另一端有恒定热流 q 流入（即单位时间内通过单位截面积流入的热量为 q），杆的初始温度分布为 $x(l-x)/2$，试写出相应的定解问题。

- **2-12** 设有一厚壁圆筒，其初始温度为 u_0，并设它的内表面的温度增加与时间 t 成线性关系，外表面按 Newton 冷却定律进行热交换，试写出其温度分布满足的定解问题。

第 3 章

场论初步

在化工工艺和化工设备的研发过程中，需要定量研究温度、压力、浓度、流速等物理量在空间上的分布及变化规律。利用数学函数定义物理量在空间上的分布及变化规律，要用到数学中"场"的概念。对物理场进行数学分析的方法即所谓"场论"。具体地说，若空间某个域内每一点都对应有一个或几个确定值的物理量，这些量值可表示为空间点位置的连续函数，则称此空间域为场。根据物理量的性质，可分为数量场和向量场。本章主要介绍向量代数、向量分析和场论分析方法。

3.1 向量代数和向量分析

向量及向量函数是研究物理场问题的重要工具。如对各种物理场进行定量描述和分析，必须了解向量的概念及运算规则和分析方法。

3.1.1 数量与向量

只有大小的量称为数量，有时也称为标量或纯量，如温度、时间、质量、面积、能量等都是数量。而既有大小又有方向的量称为向量，也称为矢量，如力、速度、力矩、加速度、动量等物理量就是向量。

在几何中的有向线段就是一个直观的向量。通常用空间中的有向线段 AB 来表示向量，用长度 $|AB|$ 表示大小，用始端点 A 到终端点 B 的顺序表示方向，并且该向量可用黑体字母 $\boldsymbol{a}$ 表示。表示向量大小的数值称作向量的模，记作 $|\boldsymbol{a}|$。在三维空间直角坐标系中，如果以 $\boldsymbol{i}$、$\boldsymbol{j}$、$\boldsymbol{k}$ 分别表示 x、y、z 轴上的单位向量，向量 $\boldsymbol{a}$ 在 x、y、z 轴上的投影分别为 a_x、a_y、a_z，则如图 3-1 所示的向量 $\boldsymbol{a}$ 可以写作

$$\boldsymbol{a} = a_x \boldsymbol{i} + a_y \boldsymbol{j} + a_z \boldsymbol{k} \tag{3.1-1}$$

从上式可以看出，向量 $\boldsymbol{a}$ 是和一组有序实数 a_x, a_y, a_z 一一对应的，因此，我们可以用一组有序数组表示向量 $\boldsymbol{a}$，即

$$\boldsymbol{a} = (a_x, a_y, a_z)^{\mathrm{T}} = \begin{pmatrix} a_x \\ a_y \\ a_z \end{pmatrix} \tag{3.1-2}$$

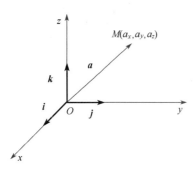

图 3-1 向量表示示意图

式(3.1-2)即为向量 $\boldsymbol{a}$ 的坐标表示。向量 $\boldsymbol{a}$ 的模为

$$|\boldsymbol{a}|=a=\sqrt{a_x^2+a_y^2+a_z^2} \tag{3.1-3}$$

由于向量既有大小又有方向，因而理论上至少需用两个量才能表示一个向量。

3.1.2　向量的运算

由于向量带有方向，因而其运算规则也不同于数量的运算。借助向量的坐标表示，可以帮助理解和证明向量的有关运算规则。

(1) 向量加法和减法

设向量 $\boldsymbol{a}=(a_x,a_y,a_z)^{\mathrm{T}}$ 和 $\boldsymbol{b}=(b_x,b_y,b_z)^{\mathrm{T}}$，则向量 $\boldsymbol{a}$ 与 $\boldsymbol{b}$ 的和为

$$\boldsymbol{a}+\boldsymbol{b}=(a_x+b_x,a_y+b_y,a_z+b_z)^{\mathrm{T}} \tag{3.1-4}$$

在几何上，$\boldsymbol{a}+\boldsymbol{b}$ 表示以向量 $\boldsymbol{a}$ 和 $\boldsymbol{b}$ 为邻边的平行四边形的对角线向量，如图 3-2 所示。

向量加法符合交换律和结合律，即

$$\boldsymbol{a}+\boldsymbol{b}=\boldsymbol{b}+\boldsymbol{a} \tag{3.1-5}$$

$$\boldsymbol{a}+(\boldsymbol{b}+\boldsymbol{c})=(\boldsymbol{a}+\boldsymbol{b})+\boldsymbol{c} \tag{3.1-6}$$

向量相减可视作加上一个负向量，利用坐标表示的向量 $\boldsymbol{a}=(a_x,a_y,a_z)^{\mathrm{T}}$ 和 $\boldsymbol{b}=(b_x,b_y,b_z)^{\mathrm{T}}$，二者相减得

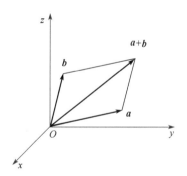 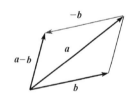

图 3-2　向量加和　　　　　　　　　　图 3-3　向量相减

$$\boldsymbol{a}-\boldsymbol{b}=(a_x-b_x,a_y-b_y,a_z-b_z)^{\mathrm{T}} \tag{3.1-7}$$

在几何上，向量 $\boldsymbol{a}$ 减去向量 $\boldsymbol{b}$ 实际是将向量 $\boldsymbol{b}$ 的负向量再与向量 $\boldsymbol{a}$ 相减，如图 3-3 所示。

根据两向量间的加减运算规则，对任意两个向量 $\boldsymbol{a}$ 和 $\boldsymbol{b}$ 均满足以下三角形不等式

$$|\boldsymbol{a}+\boldsymbol{b}|\leqslant|\boldsymbol{a}|+|\boldsymbol{b}| \tag{3.1-8}$$

(2) 数乘

以实数乘以向量称为数乘，记作 $\lambda\boldsymbol{a}$。当 $\lambda>0$ 时，$\boldsymbol{a}$ 的模伸缩 λ 倍，方向保持不变；当 $\lambda<0$ 时，$\boldsymbol{a}$ 的模伸缩 $|\lambda|$ 倍，而方向与 $\boldsymbol{a}$ 相反。设向量 $\boldsymbol{a}=(a_x,a_y,a_z)^{\mathrm{T}}$ 乘以常数 λ，则

$$\lambda\boldsymbol{a}=(\lambda a_x,\lambda a_y,\lambda a_z)^{\mathrm{T}} \tag{3.1-9}$$

向量的数乘也符合交换律和结合律。设 λ 和 μ 为两实数，$\boldsymbol{a}$ 和 $\boldsymbol{b}$ 为两向量，即

$$\lambda(\mu\boldsymbol{a})=(\lambda\mu)\boldsymbol{a} \tag{3.1-10}$$

$$(\lambda+\mu)\boldsymbol{a}=\lambda\boldsymbol{a}+\mu\boldsymbol{a}$$
$$\lambda(\boldsymbol{a}+\boldsymbol{b})=\lambda\boldsymbol{a}+\lambda\boldsymbol{b} \tag{3.1-11}$$

（3）数量积

数量积又称标量积、点积或内积。设向量 $\boldsymbol{a}=(a_x,a_y,a_z)^{\mathrm{T}}$ 和 $\boldsymbol{b}=(b_x,b_y,b_z)^{\mathrm{T}}$，$|\boldsymbol{a}|=a$，$|\boldsymbol{b}|=b$，$\boldsymbol{a}$、$\boldsymbol{b}$ 两向量的交角为 θ，则称数值 $ab\cos\theta$ 为向量 $\boldsymbol{a}$、$\boldsymbol{b}$ 的数量积。两向量的数量积是一个数。记作

$$\boldsymbol{a}\cdot\boldsymbol{b}=ab\cos\theta \quad (0\leqslant\theta\leqslant\pi) \tag{3.1-12}$$

根据向量数量积的定义，$\boldsymbol{a}$、$\boldsymbol{b}$ 两向量数量积可以看作向量 $\boldsymbol{a}$ 的长度乘以向量 $\boldsymbol{b}$ 在 $\boldsymbol{a}$ 上的投影的长度，如图 3-4 所示。向量的数量积满足如下的柯西不等式

$$|\boldsymbol{a}\cdot\boldsymbol{b}|\leqslant|\boldsymbol{a}||\boldsymbol{b}| \tag{3.1-13}$$

基于直角坐标系的正交性：$\boldsymbol{i}\cdot\boldsymbol{i}=\boldsymbol{j}\cdot\boldsymbol{j}=\boldsymbol{k}\cdot\boldsymbol{k}=1$，$\boldsymbol{i}\cdot\boldsymbol{j}=\boldsymbol{j}\cdot\boldsymbol{k}=\boldsymbol{k}\cdot\boldsymbol{i}=0$，可以得到坐标表示的向量数量积公式

$$\boldsymbol{a}\cdot\boldsymbol{b}=a_xb_x+a_yb_y+a_zb_z \tag{3.1-14}$$

向量 $\boldsymbol{a}$、$\boldsymbol{b}$ 之间的夹角用公式

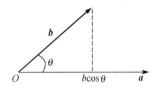

图 3-4　向量的数量积

$$\theta(\boldsymbol{a},\boldsymbol{b})=\cos^{-1}\frac{\boldsymbol{a}\cdot\boldsymbol{b}}{|\boldsymbol{a}||\boldsymbol{b}|} \tag{3.1-15}$$

计算。当非零向量 $\boldsymbol{a}$、$\boldsymbol{b}$ 之数量积等于零（$\boldsymbol{a}\cdot\boldsymbol{b}=0$），即有 $\theta(\boldsymbol{a},\boldsymbol{b})=\pi/2$，则称向量 $\boldsymbol{a}$、$\boldsymbol{b}$ 正交。

向量的数量积计算符合交换律、分配律和数乘结合律

$$\boldsymbol{a}\cdot\boldsymbol{b}=\boldsymbol{b}\cdot\boldsymbol{a} \tag{3.1-16}$$

$$\boldsymbol{a}\cdot(\boldsymbol{b}+\boldsymbol{c})=\boldsymbol{a}\cdot\boldsymbol{b}+\boldsymbol{a}\cdot\boldsymbol{c} \tag{3.1-17}$$

$$(\lambda\boldsymbol{a})\cdot(\mu\boldsymbol{b})=\lambda\mu\boldsymbol{a}\cdot\boldsymbol{b} \tag{3.1-18}$$

（4）向量积

向量积又称矢量积、叉积或外积，记作 $\boldsymbol{a}\times\boldsymbol{b}$。设向量 $\boldsymbol{a}=(a_x,a_y,a_z)^{\mathrm{T}}$，$\boldsymbol{b}=(b_x,b_y,b_z)^{\mathrm{T}}$，$|\boldsymbol{a}|=a$，$|\boldsymbol{b}|=b$，$\boldsymbol{a}$、$\boldsymbol{b}$ 两向量的交角为 θ，则定义 $\boldsymbol{a}$、$\boldsymbol{b}$ 的向量积为一向量，其大小等于由两向量构成的平行四边形的面积（如图 3-5 中的阴影部分），方向垂直于 $\boldsymbol{a}$、$\boldsymbol{b}$ 向量，且 $\boldsymbol{a}$、$\boldsymbol{b}$ 和向量积构成右手系，即有

$$|\boldsymbol{a}\times\boldsymbol{b}|=ab\sin\theta \quad (0\leqslant\theta\leqslant\pi) \tag{3.1-19}$$

根据向量积的定义，向量 $\boldsymbol{a}$、$\boldsymbol{b}$ 之间的夹角也可用以下公式计算

$$\theta(\boldsymbol{a},\boldsymbol{b})=\sin^{-1}\frac{\boldsymbol{a}\times\boldsymbol{b}}{|\boldsymbol{a}||\boldsymbol{b}|} \tag{3.1-20}$$

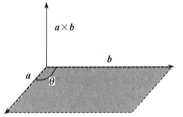

图 3-5　向量的叉积

由向量积的定义可知，$\boldsymbol{a}$ 与 $\boldsymbol{b}$ 的向量积 $\boldsymbol{a}\times\boldsymbol{b}$ 和向量 $\boldsymbol{a}$、$\boldsymbol{b}$ 都正交，因此 $\boldsymbol{a}\times\boldsymbol{b}$ 垂直于向量 $\boldsymbol{a}$、$\boldsymbol{b}$ 确定的平面。当 $\boldsymbol{a}$ 与 $\boldsymbol{b}$ 平行时，$\boldsymbol{a}\times\boldsymbol{b}=0$。

坐标表示的向量积如下式表示

$$a \times b = \begin{vmatrix} i & j & k \\ a_x & a_y & a_z \\ b_x & b_y & b_z \end{vmatrix} \qquad (3.1\text{-}21)$$

向量积运算符合下列规律

$$a \times b = -b \times a \text{ （反交换律）} \qquad (3.1\text{-}22)$$

$$(a+b) \times c = a \times c + b \times c \text{ （固定分配律）} \qquad (3.1\text{-}23)$$

$$(\lambda a) \times (\mu b) = \lambda \mu (a \times b) \qquad (3.1\text{-}24)$$

$$a \times a = 0 \qquad (3.1\text{-}25)$$

式(3.1-25)为两向量平行（共线）的充分必要条件。

拉格朗日给出了叉积点乘的恒等式

$$(a \times b) \cdot (c \times d) = (a \cdot c)(b \cdot d) - (a \cdot d)(b \cdot c) \qquad (3.1\text{-}26)$$

（5）混合积

设向量 $a = (a_x, a_y, a_z)^{\mathrm{T}}$，$b = (b_x, b_y, b_z)^{\mathrm{T}}$，$c = (c_x, c_y, c_z)^{\mathrm{T}}$，定义乘积 $(a \times b) \cdot c$ 为向量 a、b、c 的混合积，记为 $[a\ b\ c]$。根据式(3.1-14)和式(3.1-21)可以得到向量混合积的计算公式，即

$$[a\ b\ c] = (a \times b) \cdot c = \begin{vmatrix} a_x & a_y & a_z \\ b_x & b_y & b_z \\ c_x & c_y & c_z \end{vmatrix} \qquad (3.1\text{-}27)$$

三向量混合积是一个标量，其几何意义是以 a、b、c 为棱的平行六面体的体积，并且当 a、b、c 按右手系排列时，$[a\ b\ c]$ 为正；而当 a、b、c 按左手系排列时，$[a\ b\ c]$ 为负。

三向量混合积具有以下性质：

① 结果与两种乘法的先后顺序无关，即

$$a \cdot (b \times c) = (a \times b) \cdot c \qquad (3.1\text{-}28)$$

② 具有循环轮换性，即

$$a \cdot (b \times c) = b \cdot (c \times a) = c \cdot (a \times b) = -a \cdot (c \times b)$$

$$= -b \cdot (a \times c) = -c \cdot (b \times a) \qquad (3.1\text{-}29)$$

③ 三个向量共面的充分必要条件是 $a \cdot (b \times c) = 0$。

（6）三重向量积

三重向量积又称三重矢积，定义为三个向量 a、b、c 的连续叉乘，即 $(a \times b) \times c$。三重向量积是一个向量，它位于由首先叉乘的两个向量 a、b 所确定的平面上。三重向量积 $(a \times b) \times c$ 可以表示为向量 a、b 的线性组合，即

$$(a \times b) \times c = (a \cdot c)b - (b \cdot c)a \qquad (3.1\text{-}30)$$

这里应该注意，叉乘的先后顺序不同，其结果也不相同，例如

$$a \times (b \times c) = (a \cdot c)b - (a \cdot b)c \qquad (3.1\text{-}31)$$

利用向量 a、b、c 的轮换，还可推导得出类似的计算公式

$$a \times (b \times c) + b \times (c \times a) + c \times (a \times b) = 0 \qquad (3.1\text{-}32)$$

$$(\boldsymbol{a}\times\boldsymbol{b})\cdot(\boldsymbol{c}\times\boldsymbol{d})=(\boldsymbol{a}\cdot\boldsymbol{c})(\boldsymbol{b}\cdot\boldsymbol{d})-(\boldsymbol{a}\cdot\boldsymbol{d})(\boldsymbol{b}\cdot\boldsymbol{c}) \tag{3.1-33}$$

$$(\boldsymbol{a}\times\boldsymbol{b})\times(\boldsymbol{c}\times\boldsymbol{d})=(\boldsymbol{abd})\boldsymbol{c}-(\boldsymbol{abc})\boldsymbol{d}=(\boldsymbol{cda})\boldsymbol{b}-(\boldsymbol{cdb})\boldsymbol{a} \tag{3.1-34}$$

$$\boldsymbol{a}\times[\boldsymbol{b}\times(\boldsymbol{c}\times\boldsymbol{d})]=(\boldsymbol{b}\cdot\boldsymbol{d})(\boldsymbol{a}\times\boldsymbol{c})-(\boldsymbol{b}\cdot\boldsymbol{c})(\boldsymbol{a}\times\boldsymbol{d}) \tag{3.1-35}$$

$$[\boldsymbol{a}\times\boldsymbol{b}\ \boldsymbol{b}\times\boldsymbol{c}\ \boldsymbol{c}\times\boldsymbol{d}]=(\boldsymbol{abc})^2 \tag{3.1-36}$$

$$[\boldsymbol{a}\times\boldsymbol{b}\ \boldsymbol{c}\times\boldsymbol{d}\ \boldsymbol{e}\times\boldsymbol{f}]=(\boldsymbol{abd})(\boldsymbol{cef})-(\boldsymbol{abc})(\boldsymbol{def}) \tag{3.1-37}$$

3.1.3　向量函数的微分

我们在 n 维欧氏空间 R^n 讨论向量函数。为简便起见，尽量将向量函数的定义域和值域限制在不超过三维空间的情况。

（1）向量函数

设 D 是 n 维空间 R^n 的一个子集，若对于 D 中的任一个向量 $\boldsymbol{x}=(x_1,x_2,\cdots,x_n)^{\mathrm{T}}$，依据某一法则 $\boldsymbol{f}$，有 m 维空间 R^m 中唯一的一个向量 $\boldsymbol{y}=(y_1,y_2,\cdots,y_m)^{\mathrm{T}}$ 与之对应，则称 $\boldsymbol{f}$ 是定义在 D 上的一个**向量函数**，记作

$$\boldsymbol{y}=\boldsymbol{f}(\boldsymbol{x}),\quad \boldsymbol{x}\in D,\qquad \boldsymbol{y}\in R^m \tag{3.1-38}$$

其中，D 称为向量函数 $\boldsymbol{f}$ 的定义域，$\boldsymbol{y}$ 称为向量函数 $\boldsymbol{f}$ 在 $\boldsymbol{x}$ 点的函数值。

向量函数 $\boldsymbol{f}$ 也称为由 D 到 R^m 的映射。当 $m=1$ 时，函数值为一数量，这时称 $\boldsymbol{f}$ 为定义在 D 上的一个数量函数。向量函数 $\boldsymbol{y}=\boldsymbol{f}(\boldsymbol{x})$ 的每一个分量都依赖于 $\boldsymbol{x}=(x_1,x_2,\cdots,x_n)^{\mathrm{T}}$，它们都是 $\boldsymbol{x}$ 的函数，即

$$y_i=f_i(\boldsymbol{x})=f_i(x_1,x_2,\cdots,x_n)\quad(i=1,2,\cdots,m) \tag{3.1-39}$$

对于 m 和 n 都等于 3 的情况，则有

$$\boldsymbol{y}=[f_1(x_1,x_2,x_3),f_2(x_1,x_2,x_3),f_3(x_1,x_2,x_3)]^{\mathrm{T}} \tag{3.1-40}$$

在向量函数中，线性向量函数值得特别注意。线性向量函数具有形式

$$\boldsymbol{f}(\boldsymbol{x})=\boldsymbol{A}\boldsymbol{x} \tag{3.1-41}$$

其中，$\boldsymbol{A}=(a_{ij})_{m\times n}$ 是一个 $m\times n$ 矩阵；$\boldsymbol{x}=(x_1,x_2,\cdots,x_n)^{\mathrm{T}}$。线性向量函数用坐标表示则具有形式

$$f_i(\boldsymbol{x})=a_{i1}x_1+a_{i2}x_2+\cdots+a_{in}x_n\quad(i=1,2,\cdots,m) \tag{3.1-42}$$

（2）向量函数的极限与连续

设 $\boldsymbol{x}\in R^n$，以 $|\boldsymbol{x}|$ 记向量 $\boldsymbol{x}$ 的范数，称点集

$$\{\boldsymbol{x}\mid\ |\boldsymbol{x}-\boldsymbol{x}^0|<\delta,\quad \boldsymbol{x},\boldsymbol{x}^0\in R^n\} \tag{3.1-43}$$

为点 $\boldsymbol{x}^0$ 的 δ 邻域，记作 $O(\boldsymbol{x}^0,\delta)-\{\boldsymbol{x}^0\}$。

向量函数的极限定义与数量函数的情形类似。设 D 是 R^n 的一个子集，$\boldsymbol{f}:D\rightarrow R^m$，$\boldsymbol{x}^0\in R^n$ 且 $\boldsymbol{x}^0$ 的任何邻域和 D 的交非空。若有常数向量 $\boldsymbol{a}\in R^m$，使对任意正数 ε，存在正数 δ，使对任何 $\boldsymbol{x}\in O(\boldsymbol{x}^0,\delta)-\{\boldsymbol{x}^0\}$，$\boldsymbol{x}\in D$，都有

$$|\boldsymbol{f}(\boldsymbol{x})-\boldsymbol{a}|<\varepsilon \tag{3.1-44}$$

则称当 $\boldsymbol{x}\rightarrow\boldsymbol{x}^0$ 时，$\boldsymbol{f}(\boldsymbol{x})$ 以 $\boldsymbol{a}$ 为极限，记为

$$\lim_{x \to x^0} f(x) = a \tag{3.1-45}$$

利用向量函数的坐标表示，可以推导得出向量函数极限运算的法则。设 $f(x)$ 和 $g(x)$ 为向量函数，$\alpha(x)$ 为数量函数，并分别具有极限

$$\lim_{x \to x^0} f(x) = a, \quad \lim_{x \to x^0} g(x) = b, \quad \lim_{x \to x^0} \alpha(x) = \alpha$$

则有以下极限运算法则

$$\lim_{x \to x^0} [f(x) + g(x)] = a + b \tag{3.1-46}$$

$$\lim_{x \to x^0} [\alpha(x) f(x)] = \alpha a \tag{3.1-47}$$

$$\lim_{x \to x^0} [f(x) \cdot g(x)] = a \cdot b \tag{3.1-48}$$

向量函数连续的定义类同于数量函数，设 $f(x)$ 是 R^n 中区域 D 上的向量函数，$x^0 \in D$，如果

$$\lim_{x \to x^0} f(x) = f(x^0)$$

则称为向量函数 $f(x)$ 在 x^0 连续。

当 $f(x)$ 在区域 D 上的每一点都连续，称 $f(x)$ 在区域 D 上连续，这时也称 $f(x)$ 是 D 上的连续向量函数。

向量函数的连续性存在以下定理：

① $f(x)$ 在 x^0 连续的充要条件是 $f(x)$ 的各分量 $f_i(x)$ 在 x^0 都连续；

② 如果向量函数 $f(x)$、$g(x)$ 和数量函数 $\alpha(x)$ 都在 x^0 连续，则其向量和、数乘、内积也都在 x^0 连续；

③ 如果向量函数 $f(y)$ 在 D_1 上连续、$y = g(x)$ 在 D 上连续，且 $D_1 \subset D$，则复合函数 $f[g(x)]$ 在 D 上也连续。

（3）向量函数的微分

设向量函数 $f(x)$ 的定义域 D 和值域分别为 R^n 和 R^m，对于任意的 $x^0 \in D$，取 $\Delta x = x - x^0$，使 $x^0 + \Delta x \in D$，称

$$\Delta f(x) = f(x^0 + \Delta x) - f(x^0) \tag{3.1-49}$$

为向量函数 $f(x)$ 在 x^0 的增量。

若存在线性向量函数 $L(x)$，使

$$\lim_{|\Delta x| \to 0} \frac{\Delta f(x) - L(\Delta x)}{|\Delta x|} = 0 \tag{3.1-50}$$

成立，则称向量函数 $f(x)$ 在 x^0 上可微，线性向量函数 $L(\Delta x)$ 称为 $f(x)$ 在 x^0 上微分，记作 $\mathrm{d}f(x^0)$。当 $f(x)$ 在区域 D 上的每一点都可微时，称 $f(x)$ 在区域 D 上可微。

由于 $L(x)$ 是线性向量函数，所以存在 $m \times n$ 矩阵 A，使

$$\mathrm{d}f(x^0) = L(\Delta x) = A \Delta x \tag{3.1-51}$$

根据向量函数 $f(x)$ 在 x^0 可微的充要条件，即其坐标分量函数 $f_i(x)$ 都在 x^0 可微，可以得到矩阵 A 的形式为

$$
\boldsymbol{A} = \left(\frac{\partial f_i(\boldsymbol{x}^0)}{\partial x_j} \right)_{m \times n} = \begin{bmatrix} \dfrac{\partial f_1(\boldsymbol{x}^0)}{\partial x_1} & \dfrac{\partial f_1(\boldsymbol{x}^0)}{\partial x_2} & \cdots & \dfrac{\partial f_1(\boldsymbol{x}^0)}{\partial x_n} \\[2mm] \dfrac{\partial f_2(\boldsymbol{x}^0)}{\partial x_1} & \dfrac{\partial f_2(\boldsymbol{x}^0)}{\partial x_2} & \cdots & \dfrac{\partial f_2(\boldsymbol{x}^0)}{\partial x_n} \\ & & \vdots & \\ \dfrac{\partial f_m(\boldsymbol{x}^0)}{\partial x_1} & \dfrac{\partial f_m(\boldsymbol{x}^0)}{\partial x_2} & \cdots & \dfrac{\partial f_m(\boldsymbol{x}^0)}{\partial x_n} \end{bmatrix} \tag{3.1-52}
$$

这里 $\boldsymbol{A}$ 称为 $\boldsymbol{f}(\boldsymbol{x})$ 的雅可比（Jacobi）矩阵，记为 $\boldsymbol{J}_f(\boldsymbol{x}^0)$。

（4）向量函数的导数

当向量函数 $\boldsymbol{f}(\boldsymbol{x})$ 在 $\boldsymbol{x}^0$ 可微时，$\boldsymbol{f}(\boldsymbol{x})$ 的雅可比矩阵 $\boldsymbol{J}_f(\boldsymbol{x}^0)$ 叫作 $\boldsymbol{f}(\boldsymbol{x})$ 在 $\boldsymbol{x}^0$ 的导数，记作 $\boldsymbol{f}'(\boldsymbol{x}^0)$ 或 $\mathrm{D}\boldsymbol{f}(\boldsymbol{x}^0)$。

应该注意，向量函数的可导性与可微性是等价的。因此，记 $\mathrm{d}\boldsymbol{x} = \Delta \boldsymbol{x}$，$\boldsymbol{f}(\boldsymbol{x})$ 在 $\boldsymbol{x}^0$ 的微分可写为

$$
\mathrm{d}\boldsymbol{f}(\boldsymbol{x}^0) = \boldsymbol{f}'(\boldsymbol{x}^0)\mathrm{d}\boldsymbol{x} \tag{3.1-53}
$$

如果向量函数 $\boldsymbol{f}(\boldsymbol{x})$ 在区域 D 上的每一点都可导，则称 $\boldsymbol{f}(\boldsymbol{x})$ 在区域 D 上可导。这样，由雅可比矩阵在 D 域上确定的矩阵函数 $\boldsymbol{f}'(\boldsymbol{x})$ 称为 $\boldsymbol{f}(\boldsymbol{x})$ 在区域 D 上的**导函数**，简称**导数**。

需要指出的是，向量函数的导数是定义在 $\boldsymbol{f}(\boldsymbol{x})$ 可微的基础之上的。因为多元数量函数的偏导数存在与可微是不等价的，故当 $\boldsymbol{f}(\boldsymbol{x})$ 不可微，但 $\boldsymbol{f}(\boldsymbol{x})$ 的各分量均具有一阶偏导数 $\partial f_i(\boldsymbol{x})/\partial x_j$ 时，可以写出 $\boldsymbol{f}(\boldsymbol{x})$ 的雅可比矩阵 $\boldsymbol{J}_f(\boldsymbol{x})$。不过这时它并不是 $\boldsymbol{f}(\boldsymbol{x})$ 的导数，因为 $\boldsymbol{J}_f(\boldsymbol{x})\mathrm{d}\boldsymbol{x}$ 并不是 $\boldsymbol{f}(\boldsymbol{x})$ 的微分。在这种情况下，通常称 $\boldsymbol{f}(\boldsymbol{x})$ 可偏导，并称 $\boldsymbol{J}_f(\boldsymbol{x})$ 的第 j 列为 $\boldsymbol{f}(\boldsymbol{x})$ 关于 x_j 的**偏导数**，即

$$
\frac{\partial \boldsymbol{f}(\boldsymbol{x})}{\partial x_j} = \left(\frac{\partial f_1(\boldsymbol{x})}{\partial x_j}, \frac{\partial f_2(\boldsymbol{x})}{\partial x_j}, \cdots, \frac{\partial f_m(\boldsymbol{x})}{\partial x_j} \right)^{\mathrm{T}} \quad (j = 1, 2, \cdots, n) \tag{3.1-54}
$$

【**例题 3-1**】　求向量函数

$$
\boldsymbol{f}(x, y, z) = \begin{pmatrix} x^3 + z\mathrm{e}^y \\ y^3 + z\ln x \\ z^3 + x\sin y \end{pmatrix}
$$

在点 $(1, \pi/2, 2)$ 的导数，并写出其微分。

解： $\boldsymbol{f}(x, y, z)$ 的坐标分量函数为

$$
f_1(x, y, z) = x^3 + z\mathrm{e}^y, \quad f_2(x, y, z) = y^3 + z\ln x, \quad f_3(x, y, z) = z^3 + x\sin y
$$

故

$$
\boldsymbol{f}'(x, y, z) = \begin{pmatrix} 3x^2 & z\mathrm{e}^y & \mathrm{e}^y \\ z/x & 3y^2 & \ln x \\ \sin y & x\cos y & 3z^2 \end{pmatrix}
$$

代入 $x = 1, y = \pi/2, z = 2$，得

$$
\boldsymbol{f}'\left(1, \frac{\pi}{2}, 2\right) = \begin{pmatrix} 3 & 2\mathrm{e}^{\pi/2} & \mathrm{e}^{\pi/2} \\ 2 & 3\pi^2/4 & 0 \\ 1 & 0 & 12 \end{pmatrix}
$$

$f(x,y,z)$ 在点 $(1,\pi/2,2)$ 的微分为

$$\mathrm{d}\boldsymbol{f}\left(1,\frac{\pi}{2},2\right)=\boldsymbol{f}'\left(1,\frac{\pi}{2},2\right)\begin{pmatrix}\mathrm{d}x\\\mathrm{d}y\\\mathrm{d}z\end{pmatrix}=\begin{vmatrix}3\mathrm{d}x+2\mathrm{e}^{\frac{\pi}{2}}\mathrm{d}y+\mathrm{e}^{\frac{\pi}{2}}\mathrm{d}z\\2\mathrm{d}x+\dfrac{3}{4}\pi^2\mathrm{d}y\\\mathrm{d}x+12\mathrm{d}z\end{vmatrix}$$

（5）向量函数的求导规则

设 $\boldsymbol{f}(\boldsymbol{x})$、$\boldsymbol{g}(\boldsymbol{x})$ 为向量函数，$\alpha(\boldsymbol{x})$ 为数量函数，根据向量函数导数的定义可以得到以下向量函数的求导规则：

① 若 $\boldsymbol{f}(\boldsymbol{x})$、$\boldsymbol{g}(\boldsymbol{x})$ 都在 $\boldsymbol{x}$ 可导，则 $\boldsymbol{f}(\boldsymbol{x})+\boldsymbol{g}(\boldsymbol{x})$ 可导，且

$$[\boldsymbol{f}(\boldsymbol{x})+\boldsymbol{g}(\boldsymbol{x})]'=\boldsymbol{f}'(\boldsymbol{x})+\boldsymbol{g}'(\boldsymbol{x}) \tag{3.1-55}$$

② 若 $\boldsymbol{f}(\boldsymbol{x})$、$\alpha(\boldsymbol{x})$ 都在 $\boldsymbol{x}$ 可导，则 $\alpha(\boldsymbol{x})\boldsymbol{f}(\boldsymbol{x})$ 在 $\boldsymbol{x}$ 可导，且

$$[\alpha(\boldsymbol{x})\boldsymbol{f}(\boldsymbol{x})]'=\boldsymbol{f}(\boldsymbol{x})\alpha'(\boldsymbol{x})+\alpha(\boldsymbol{x})\boldsymbol{f}'(\boldsymbol{x}) \tag{3.1-56}$$

③ 若 $\boldsymbol{f}(\boldsymbol{x})$、$\boldsymbol{g}(\boldsymbol{x})$ 都在 $\boldsymbol{x}$ 可导，则它们的内积也在 $\boldsymbol{x}$ 可导，且

$$\{[\boldsymbol{f}(\boldsymbol{x})\cdot\boldsymbol{g}(\boldsymbol{x})]\}'=\boldsymbol{g}^{\mathrm{T}}(\boldsymbol{x})\boldsymbol{f}'(\boldsymbol{x})+\boldsymbol{f}^{\mathrm{T}}(\boldsymbol{x})\boldsymbol{g}'(\boldsymbol{x}) \tag{3.1-57}$$

④ 若 $\boldsymbol{g}(\boldsymbol{x})$ 在 $\boldsymbol{x}$ 可导，$\boldsymbol{f}(\boldsymbol{y})$ 在 $\boldsymbol{y}=\boldsymbol{g}(\boldsymbol{x})$ 可导，则复合函数 $\boldsymbol{h}(\boldsymbol{x})=\boldsymbol{f}[\boldsymbol{g}(\boldsymbol{x})]$ 在 $\boldsymbol{x}$ 可导，且

$$\boldsymbol{h}'(\boldsymbol{x})=\boldsymbol{f}'(\boldsymbol{y})\boldsymbol{g}'(\boldsymbol{x}) \tag{3.1-58}$$

【例题 3-2】 试证明求导规则③成立。

证：因为 $[\boldsymbol{f}(\boldsymbol{x})\cdot\boldsymbol{g}(\boldsymbol{x})]$ 是数量函数，故 $\{[\boldsymbol{f}(\boldsymbol{x})\cdot\boldsymbol{g}(\boldsymbol{x})]\}'$ 是一行向量，且

$$\{[\boldsymbol{f}(\boldsymbol{x})\cdot\boldsymbol{g}(\boldsymbol{x})]\}'=\left(\frac{\partial(\boldsymbol{f}\cdot\boldsymbol{g})}{\partial x_1},\frac{\partial(\boldsymbol{f}\cdot\boldsymbol{g})}{\partial x_2},\cdots,\frac{\partial(\boldsymbol{f}\cdot\boldsymbol{g})}{\partial x_n}\right)$$

$$=\left(\left(\frac{\partial\boldsymbol{f}}{\partial x_1}\cdot\boldsymbol{g}\right)+\left(\boldsymbol{f}\cdot\frac{\partial\boldsymbol{g}}{\partial x_1}\right),\left(\frac{\partial\boldsymbol{f}}{\partial x_2}\cdot\boldsymbol{g}\right)+\left(\boldsymbol{f}\cdot\frac{\partial\boldsymbol{g}}{\partial x_2}\right),\cdots,\left(\frac{\partial\boldsymbol{f}}{\partial x_n}\cdot\boldsymbol{g}\right)+\left(\boldsymbol{f}\cdot\frac{\partial\boldsymbol{g}}{\partial x_n}\right)\right)$$

$$=\boldsymbol{g}^{\mathrm{T}}\left(\frac{\partial\boldsymbol{f}}{\partial x_1},\frac{\partial\boldsymbol{f}}{\partial x_2},\cdots,\frac{\partial\boldsymbol{f}}{\partial x_n}\right)+\boldsymbol{f}^{\mathrm{T}}\left(\frac{\partial\boldsymbol{g}}{\partial x_1},\frac{\partial\boldsymbol{g}}{\partial x_2},\cdots,\frac{\partial\boldsymbol{g}}{\partial x_n}\right)$$

$$=\boldsymbol{g}^{\mathrm{T}}(\boldsymbol{x})\boldsymbol{f}'(\boldsymbol{x})+\boldsymbol{f}^{\mathrm{T}}(\boldsymbol{x})\boldsymbol{g}'(\boldsymbol{x})$$

3.1.4　向量函数的积分

为了叙述方便，我们只在三维空间 R^3 讨论向量函数的积分。根据向量函数的特性，可以定义得到向量函数 $\boldsymbol{f}(\boldsymbol{x})$ 的体积分、曲面积分和曲线积分三种积分形式，下面将分别予以论述。

（1）体积分

设 D 是 R^3 中的体积区域，将 D 记为 V，若 ΔV_1，ΔV_2，$\cdots$，ΔV_n 是区域 V 的一个分割，ΔV_i 的体积仍记为 $\Delta V_i(i=1,2,\cdots,n)$，$|\Delta V_i|=\max\{\Delta V_1,\Delta V_2,\cdots,\Delta V_n\}$。任取点 $\boldsymbol{M}_i\in\Delta V_i$ 作和式

$$\sum_{i=1}^n\boldsymbol{f}(\boldsymbol{M}_i)\Delta V_i \tag{3.1-59}$$

当 $|\Delta V_i|\to0$，$n\to\infty$ 时，若上述和式的极限存在且与 V 的划分及 $\boldsymbol{M}_i$ 的选取无关，则称这个极限为 $\boldsymbol{f}(\boldsymbol{M})$ 在 V 上**体积分**，记为

$$\int_V \boldsymbol{f}(\boldsymbol{M}) \mathrm{d}v \tag{3.1-60}$$

体积微元 $\mathrm{d}v$ 是一个数量，故向量函数 $\boldsymbol{f}(\boldsymbol{M})$ 的体积分是一个向量。设 $\boldsymbol{f}=(f_1, f_2, f_3)^{\mathrm{T}}$，则

$$\int_V \boldsymbol{f}(\boldsymbol{M}) \mathrm{d}v = \left(\int_V f_1(\boldsymbol{M}) \mathrm{d}v, \quad \int_V f_2(\boldsymbol{M}) \mathrm{d}v, \quad \int_V f_3(\boldsymbol{M}) \mathrm{d}v \right) \tag{3.1-61}$$

即 $\boldsymbol{f}(\boldsymbol{M})$ 的体积分为其每一分量数量函数的三重积分。

向量函数的体积分具有三重积分的所有性质，在此仅列出和 $\boldsymbol{f}(\boldsymbol{M})$ 的向量性质有关的以下几个性质。

① 设 $\boldsymbol{a}$ 为常向量，$u(\boldsymbol{M})$ 为数量函数，则

$$\int_V \boldsymbol{a} u(\boldsymbol{M}) \mathrm{d}v = \boldsymbol{a} \int_V u(\boldsymbol{M}) \mathrm{d}v \tag{3.1-62}$$

② 设 $\boldsymbol{a}$ 为常向量，$\boldsymbol{f}(\boldsymbol{M})$ 为向量函数，则

$$\int_V \boldsymbol{a} \boldsymbol{f}(\boldsymbol{M}) \mathrm{d}v = \boldsymbol{a} \int_V \boldsymbol{f}(\boldsymbol{M}) \mathrm{d}v \tag{3.1-63}$$

③ 设 $\boldsymbol{a}$ 为常向量，$\boldsymbol{f}(\boldsymbol{M})$ 为向量函数，则

$$\int_V \boldsymbol{a} \times \boldsymbol{f}(\boldsymbol{M}) \mathrm{d}v = \boldsymbol{a} \times \int_V \boldsymbol{f}(\boldsymbol{M}) \mathrm{d}v \tag{3.1-64}$$

类似地，可定义当 V 是 R^2 或 R 中的体积区域时的体积分，这时积分的每个分量则为二重积分或定积分。

【例题 3-3】 设 V 是平面 $x+y+z=1$ 和三个坐标面所围成的区域（图 3-6），求向径函数 $\boldsymbol{r}=(x,y,z)^{\mathrm{T}}$ 在 V 上的体积分。

解：

$$\int_V \boldsymbol{r} \, \mathrm{d}v = \left(\int_V x \, \mathrm{d}v, \quad \int_V y \, \mathrm{d}v, \quad \int_V z \, \mathrm{d}v \right)^{\mathrm{T}}$$

在直角坐标系下，$\mathrm{d}v = \mathrm{d}x \, \mathrm{d}y \, \mathrm{d}z$，故

$$\int_V x \, \mathrm{d}v = \iiint_V x \, \mathrm{d}x \, \mathrm{d}y \, \mathrm{d}z = \iint_{\sigma_{xy}} \mathrm{d}x \, \mathrm{d}y \int_0^{1-x-y} x \, \mathrm{d}z$$

$$= \int_0^1 \mathrm{d}x \int_0^{1-x} \mathrm{d}y \int_0^{1-x-y} x \, \mathrm{d}z = \frac{1}{24}$$

类似地可以得到

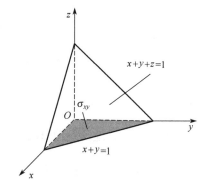

图 3-6 例题 3-3 图示

$$\int_V y \, \mathrm{d}v = \int_V z \, \mathrm{d}v = \frac{1}{24}$$

即

$$\int_V \boldsymbol{r} \, \mathrm{d}v = \frac{1}{24} (1, \quad 1, \quad 1)^{\mathrm{T}}$$

【例题 3-4】 设 $V: x^2+y^2+z^2 \leqslant 1, \ x \geqslant 0, \ y \geqslant 0, \ z \geqslant 0$，求向量 $\boldsymbol{r}=(x,y,z)^{\mathrm{T}}$ 在 V 上的体积分。

解： 在球坐标下，$\mathrm{d}v = \rho^2 \sin \phi \, \mathrm{d}\rho \, \mathrm{d}\phi \, \mathrm{d}\theta$，$V = \left\{ (\rho, \varphi, \theta) \mid \rho \leqslant 1, 0 \leqslant \phi \leqslant \frac{\pi}{2}, 0 \leqslant \theta \leqslant \frac{\pi}{2} \right\}$，故

$$\int_V \boldsymbol{r} \, \mathrm{d}v = \left(\int_V x \, \mathrm{d}v, \int_V y \, \mathrm{d}v, \int_V z \, \mathrm{d}v \right)^{\mathrm{T}}$$

$$= \left(\int_0^{\frac{\pi}{2}} \mathrm{d}\theta \int_0^{\frac{\pi}{2}} \mathrm{d}\varphi \int_0^1 \rho^3 \sin^2\varphi \cos\theta \mathrm{d}\rho, \; \int_0^{\frac{\pi}{2}} \mathrm{d}\theta \int_0^{\frac{\pi}{2}} \mathrm{d}\varphi \int_0^1 \rho^3 \sin^2\varphi \sin\theta \mathrm{d}\rho, \; \int_0^{\frac{\pi}{2}} \mathrm{d}\theta \int_0^{\frac{\pi}{2}} \mathrm{d}\varphi \int_0^1 \rho^3 \sin\varphi \cos\varphi \mathrm{d}\rho \right)^{\mathrm{T}}$$

$$= \left(\frac{\pi}{16}, \frac{\pi}{16}, \frac{\pi}{16} \right)^{\mathrm{T}}$$

（2）曲面积分

如果向量函数 $\boldsymbol{f}(\boldsymbol{M})$ 定义在一块简单、分块光滑的空间有向曲面 S 上，则可以定义 $\boldsymbol{f}(\boldsymbol{M})$ 沿 S 指定一侧的积分。

设向量函数 $\boldsymbol{f}(\boldsymbol{M})$ 在空间有向曲面 S 上有定义，对 S 以任意方式作一个分割 ΔS_1，ΔS_2，$\cdots$，ΔS_n，ΔS_i 的面积也记作 ΔS_i，且记 $|\Delta S| = \max\{\Delta S_1, \Delta S_2, \cdots, \Delta S_n\}$，任取 $\boldsymbol{M}_i \in \Delta S_i$，以 $\boldsymbol{n}_i$ 记曲面 S 在 $\boldsymbol{M}_i$ 点处的单位法线向量，方向指向 S 的正向，作和式

$$\sum_{i=1}^{n} \boldsymbol{f}(\boldsymbol{M}_i) \cdot \boldsymbol{n}_i \Delta S_i \tag{3.1-65}$$

当 $|\Delta S_i| \to 0$，$n \to \infty$ 时，若上述和式的极限存在，且与 S 的划分及 $\boldsymbol{M}_i$ 的选取方式无关，则称这个极限为 $\boldsymbol{f}(\boldsymbol{M})$ 在 S 上沿正方向的**曲面积分**，记作

$$\int_S \boldsymbol{f}(\boldsymbol{M}) \cdot \boldsymbol{n} \, \mathrm{d}S \tag{3.1-66}$$

或

$$\int_S \boldsymbol{f}(\boldsymbol{M}) \cdot \mathrm{d}\boldsymbol{S} \tag{3.1-67}$$

式中 $\mathrm{d}\boldsymbol{S} = \boldsymbol{n} \, \mathrm{d}S$ 为有向曲面面积微元。

式（3.1-66）称为对面积的曲面积分，而式（3.1-67）称为对坐标的曲面积分，二者是同一积分的两种不同表示方式。在直角坐标系下，因

$$\boldsymbol{n} = [\cos\theta(\boldsymbol{n}, \boldsymbol{i}), \; \cos\theta(\boldsymbol{n}, \boldsymbol{j}), \; \cos\theta(\boldsymbol{n}, \boldsymbol{k})]^{\mathrm{T}} \tag{3.1-68}$$

则式（3.1-66）可以写作

$$\iint_S [f_1(x, y, z)\cos\theta(\boldsymbol{n}, \boldsymbol{i}) + f_2(x, y, z)\cos\theta(\boldsymbol{n}, \boldsymbol{j}) + f_3(x, y, z)\cos\theta(\boldsymbol{n}, \boldsymbol{k})] \, \mathrm{d}S$$

$$\tag{3.1-69}$$

又由于 $\cos(\boldsymbol{n}, \boldsymbol{i})\mathrm{d}S$、$\cos(\boldsymbol{n}, \boldsymbol{j})\mathrm{d}S$、$\cos(\boldsymbol{n}, \boldsymbol{k})\mathrm{d}S$ 分别表示 $\mathrm{d}S$ 在 yOz 面、zOx 面和 xOy 面上的投影，分别记为 $\mathrm{d}y\mathrm{d}z$、$\mathrm{d}z\mathrm{d}x$ 和 $\mathrm{d}x\mathrm{d}y$，则

$$\mathrm{d}\boldsymbol{S} = (\mathrm{d}y\mathrm{d}z, \; \mathrm{d}z\mathrm{d}x, \; \mathrm{d}x\mathrm{d}y)^{\mathrm{T}} \tag{3.1-70}$$

故式（3.1-67）可以写作

$$\iint_S f_1(x, y, z)\mathrm{d}y\mathrm{d}z + f_2(x, y, z)\mathrm{d}z\mathrm{d}x + f_3(x, y, z)\mathrm{d}x\mathrm{d}y \tag{3.1-71}$$

向量函数 $\boldsymbol{f}(\boldsymbol{M})$ 的曲面积分是一个数量。在化工中，流体穿过有向曲面的流量，在物理中，电场、磁场穿过有向曲面的通量，通常都需要用曲面积分计算。在球坐标系和柱坐标系中，曲面积分的计算公式可由式（3.1-71）利用坐标代换得到。

【例题 3-5】设 S 是由 $x=0$, $y=0$, $z=0$ 和 $x+y+z=1$ 所围成的闭合曲面（见图 3-7），求向径函数 $\boldsymbol{r}=(x,y,z)^{\mathrm{T}}$ 沿 S 外侧的曲面积分。

解： 分别以 S_1、S_2、S_3 表示坐标面上的三角形 OAB、OBC、OCA，以 S_4 表示平面 $x+y+z=1$ 上的三角形 ABC，则

$$\int_S \boldsymbol{r} \cdot \mathrm{d}\boldsymbol{S} = \sum_{i=1}^{4}\int_{S_i}\boldsymbol{r}\cdot\mathrm{d}\boldsymbol{S} = \sum_{i=1}^{4}\iint_{S_i} x\,\mathrm{d}y\mathrm{d}z + y\,\mathrm{d}z\mathrm{d}x + z\,\mathrm{d}x\mathrm{d}y$$

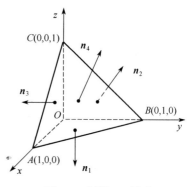

图 3-7　例题 3-5 图示

在 S_1 上，$\mathrm{d}y\mathrm{d}z=0$，$\mathrm{d}z\mathrm{d}x=0$，$z=0$，故

$$\iint_{S_1} x\,\mathrm{d}y\mathrm{d}z + y\,\mathrm{d}z\mathrm{d}x + z\,\mathrm{d}x\mathrm{d}y = 0$$

类似地有

$$\int_{S_2}\boldsymbol{r}\cdot\mathrm{d}\boldsymbol{S} = \int_{S_3}\boldsymbol{r}\cdot\mathrm{d}\boldsymbol{S} = 0$$

对 S_4，沿线向量 $\boldsymbol{n}_4=(1,1,1)^{\mathrm{T}}$ 和三个坐标面均夹锐角，故积分前取正号，记 σ_{yz}、σ_{zx}、σ_{xy} 分别表示 S_4 在 yOz 面、zOx 面、xOy 面的投影，则

$$\iint_{S_4} x\,\mathrm{d}y\mathrm{d}z + y\,\mathrm{d}z\mathrm{d}x + z\,\mathrm{d}x\mathrm{d}y = \iint_{\sigma_{yz}}(1-y-z)\mathrm{d}y\mathrm{d}z + \iint_{\sigma_{zx}}(1-z-x)\mathrm{d}z\mathrm{d}x + \iint_{\sigma_{xy}}(1-x-y)\mathrm{d}x\mathrm{d}y$$

$$= \frac{1}{6} + \frac{1}{6} + \frac{1}{6} = \frac{1}{2}$$

【例题 3-6】设 S 为锥面 $x^2+y^2=z^2$，求向径函数 $\boldsymbol{r}=(x,y,z)^{\mathrm{T}}$ 沿 S 外侧的曲面积分。

解： 锥面 S 的外法线为

$$\boldsymbol{n} = (x,y,-z)^{\mathrm{T}}$$

故在锥面上，$\boldsymbol{r}\cdot\boldsymbol{n}=0$，从而

$$\int_S \boldsymbol{r}\cdot\mathrm{d}\boldsymbol{S} = \int_S \boldsymbol{r}\cdot\boldsymbol{n}\,\mathrm{d}S = 0$$

（3）曲线积分

设 l 是空间一条简单、分段光滑的有向曲线，规定 l 上任一点 $\boldsymbol{M}$ 处的切线向量指向 l 的正向。向量函数 $\boldsymbol{f}(\boldsymbol{M})$ 在曲线 l 上有定义，这时可以定义函数 $\boldsymbol{f}(\boldsymbol{M})$ 在曲线 l 的曲线积分。

设 l 是空间内由点 $\boldsymbol{A}$ 到点 $\boldsymbol{B}$ 的一条有向光滑曲线，向量函数 $\boldsymbol{f}(\boldsymbol{M})$ 在 l 上有定义，任取点 $\boldsymbol{A}=\boldsymbol{M}_0$，$\boldsymbol{M}_1$，$\cdots$，$\boldsymbol{M}_n=\boldsymbol{B}$，把 l 分成 n 个有向弧段

$$\Delta l_i = \overline{\boldsymbol{M}_{i-1}\boldsymbol{M}_i} \quad (i=1,2\cdots,n)$$

仍以 ΔS_i 记 Δl_i 的长，$|\Delta S|=\max\{\Delta S_1,\Delta S_2,\cdots,\Delta S_n\}$，任取点 $\boldsymbol{P}_i\in\Delta l_i$，设 $\boldsymbol{t}_i$ 表示曲线 l 在 $\boldsymbol{P}_i$ 的单位切线向量，作和式

$$\sum_{i=1}^{n}\boldsymbol{f}(\boldsymbol{P}_i)\cdot\boldsymbol{t}_i\Delta S_i \tag{3.1-72}$$

当 $|\Delta S_i| \to 0$，$n \to \infty$ 时，若上述和式的极限存在，且和 l 的划分及 $\boldsymbol{P}_i$ 点的选取方式无关，则称这个极限为 $\boldsymbol{f}(\boldsymbol{M})$ 在 l 的**曲线积分**，记作

$$\int_l \boldsymbol{f}(\boldsymbol{M}) \cdot \boldsymbol{t} \, \mathrm{d}S \tag{3.1-73}$$

或

$$\int_l \boldsymbol{f}(\boldsymbol{M}) \cdot \mathrm{d}\boldsymbol{l} \tag{3.1-74}$$

式中，$\mathrm{d}\boldsymbol{l} = \boldsymbol{t}\,\mathrm{d}S$ 为有向曲线微元，也称曲线微向量。

在直角坐标系下，因

$$\boldsymbol{t} = \left[\cos\theta(\boldsymbol{t},\boldsymbol{i}),\ \cos\theta(\boldsymbol{t},\boldsymbol{j}),\ \cos\theta(\boldsymbol{t},\boldsymbol{k})\right]^{\mathrm{T}} \tag{3.1-75}$$

故式(3.1-73)可以写作

$$\int_l \left[f_1(x,y,z)\cos\theta(\boldsymbol{t},\boldsymbol{i}) + f_2(x,y,z)\cos\theta(\boldsymbol{t},\boldsymbol{j}) + f_3(x,y,z)\cos\theta(\boldsymbol{t},\boldsymbol{k})\right]\mathrm{d}S \tag{3.1-76}$$

又 $\cos(\boldsymbol{t},\boldsymbol{i})\mathrm{d}S$、$\cos(\boldsymbol{t},\boldsymbol{j})\mathrm{d}S$、$\cos(\boldsymbol{t},\boldsymbol{k})\mathrm{d}S$ 分别表示 $\mathrm{d}\boldsymbol{l}$ 在 Ox 轴、Oy 轴和 Oz 轴上的投影，则

$$\mathrm{d}\boldsymbol{l} = (\mathrm{d}x,\ \mathrm{d}y,\ \mathrm{d}z)^{\mathrm{T}} \tag{3.1-77}$$

故式(3.1-74)可以写作

$$\int_l f_1(x,y,z)\mathrm{d}x + f_2(x,y,z)\mathrm{d}y + f_3(x,y,z)\mathrm{d}z \tag{3.1-78}$$

式(3.1-76)是对弧长的积分，式(3.1-78)是对坐标的曲线积分。向量函数 $\boldsymbol{f}(\boldsymbol{M})$ 的曲线积分也是一个数量。在物理学中，计算力对质点所做的功，常化为力函数沿质点运动路径的曲线积分。

【**例题 3-7**】 设 l 是平面 $x+y+z=1$ 和三个坐标面的交线（图 3-6），由第一卦限看过去，正向为逆时针方向，求函数 $\boldsymbol{f} = (z-x, x-z, y-x)^{\mathrm{T}}$ 沿 l 正向的体积分。

解:

$$\int_l \boldsymbol{f} \cdot \mathrm{d}\boldsymbol{l} = \int_l (z-y)\mathrm{d}x + (x-z)\mathrm{d}y + (y-x)\mathrm{d}z$$

在线段 AB 上，$x+y=1$，$z=0$，$\mathrm{d}z=0$，故

$$\int_{\overline{AB}} (z-y)\mathrm{d}x + (x-z)\mathrm{d}y + (y-x)\mathrm{d}z = \int_1^0 -(1-x)\mathrm{d}x + \int_0^1 (1-y)\mathrm{d}y = \frac{1}{2} + \frac{1}{2} = 1$$

类似地可以得到

$$\int_{\overline{BC}} \boldsymbol{f} \cdot \mathrm{d}\boldsymbol{l} = \int_{\overline{CA}} \boldsymbol{f} \cdot \mathrm{d}\boldsymbol{l} = 1$$

即

$$\int_l \boldsymbol{f} \cdot \mathrm{d}\boldsymbol{l} = 3$$

(4) 高斯公式和斯托克斯公式

以上介绍的向量函数的三种积分形式，分别对应向量函数的定义域为 R^3 空间中立体 V、曲面 S 和曲线 l 的三种情形。特别地，如果被积函数为数量函数，上述三种积分就分别是高等数学中介绍过的三重积分、曲面积分和曲线积分。

联系三重积分和曲面积分的公式是高斯（Gauss）公式，联系曲面积分和曲线积分的公

式是斯托克斯（Stokes）公式。这两个公式照样也可应用于向量函数的积分，在此列出以供应用参考。

    高斯公式   设空间曲面 S 是分片光滑的双侧闭曲面，其内部区域记为 V，向量函数

$$f(x,y,z)=\left[f_1(x,y,z),f_2(x,y,z),f_3(x,y,z)\right]^{\mathrm{T}} \tag{3.1-79}$$

在 V 及 S 上连续，在 V 上具有一阶连续偏导数，则

$$\iiint\limits_{V}\left(\frac{\partial f_1}{\partial x}+\frac{\partial f_2}{\partial y}+\frac{\partial f_3}{\partial z}\right)\mathrm{d}x\mathrm{d}y\mathrm{d}z=\iint\limits_{S}f_1(x,y,z)\mathrm{d}y\mathrm{d}z+f_2(x,y,z)\mathrm{d}z\mathrm{d}x+f_3(x,y,z)\mathrm{d}x\mathrm{d}y$$

$$\tag{3.1-80}$$

其中右端积分为沿 S 的外侧。

    【例题 3-8】   试利用高斯公式计算例题 3-5 中的积分。

    解：以 V 记闭曲面 S 的内部区域，则由高斯公式得

$$\int_S \boldsymbol{r}\cdot\mathrm{d}\boldsymbol{S}=\iiint\limits_{V}3\mathrm{d}v$$

V 是一锥体，其体积为 $1/3\times1/2\times1=1/6$，故

$$\int_S \boldsymbol{r}\cdot\mathrm{d}\boldsymbol{S}=3\times\frac{1}{6}=\frac{1}{2}$$

    斯托克斯公式   设 S 是一个光滑的有界曲面，其边界 l 是一条分段光滑的连续曲线，函数(3.1-79)在 S 及 l 上连续，且在 S 上具有一阶连续偏导数，则有

$$\int_l f_1(x,y,z)\mathrm{d}x+f_2(x,y,z)\mathrm{d}y+f_3(x,y,z)\mathrm{d}z$$

$$=\iint\limits_{S}\left(\frac{\partial f_3}{\partial y}-\frac{\partial f_2}{\partial z}\right)\mathrm{d}y\mathrm{d}z+\left(\frac{\partial f_1}{\partial z}-\frac{\partial f_3}{\partial x}\right)\mathrm{d}z\mathrm{d}x+\left(\frac{\partial f_2}{\partial x}-\frac{\partial f_1}{\partial y}\right)\mathrm{d}x\mathrm{d}y$$

$$=\iint\limits_{S}\begin{vmatrix}\mathrm{d}y\mathrm{d}z & \mathrm{d}z\mathrm{d}x & \mathrm{d}x\mathrm{d}y \\ \dfrac{\partial}{\partial x} & \dfrac{\partial}{\partial y} & \dfrac{\partial}{\partial z} \\ f_1 & f_2 & f_3\end{vmatrix} \tag{3.1-81}$$

其中 S 的正向与 l 的正向按右手法则确定。

    【例题 3-9】   试利用斯托克斯公式计算例题 3-7 中的积分。

    解：记平面 $x+y+z=1$ 介于 l 内部的部分为 S，依右手定则，S 的正向法线为 $\boldsymbol{n}=(1,1,1)^{\mathrm{T}}$，则由斯托克斯公式得

$$\int_l \boldsymbol{f}\cdot\mathrm{d}\boldsymbol{l}=\iint\limits_{S}2\mathrm{d}y\mathrm{d}z+2\mathrm{d}z\mathrm{d}x+2\mathrm{d}x\mathrm{d}y$$

    记 S_1 在 xOy 面上的投影为 σ_{xy}，σ_{xy} 的面积为 $1/2$。故

$$\iint\limits_{S_1}\mathrm{d}x\mathrm{d}y=\iint\limits_{\sigma_{xy}}\mathrm{d}x\mathrm{d}y=\frac{1}{2}$$

同理得

$$\iint\limits_{S_2}\mathrm{d}x\mathrm{d}y=\iint\limits_{S_3}\mathrm{d}x\mathrm{d}y=\frac{1}{2}$$

即

$$\int_l \boldsymbol{f}\cdot\mathrm{d}\boldsymbol{l}=2\iint\limits_{S}\mathrm{d}y\mathrm{d}z+\mathrm{d}z\mathrm{d}x+\mathrm{d}x\mathrm{d}y=3$$

3.2　数量场

化学工程中，在反应器或分离器等各类设备内某点的温度、压力、密度、浓度、能量等仅取决于该点的位置，而与方向无关，因此称这些物理量为数量（标量或纯量）。以温度为例，它可表示为空间位置点的函数，且与坐标系选取无关，如用 M 表示空间位置坐标，则该函数可表示为 $T(M)$。抽象到数学上定义空间域 D 上每一点 M 对应一个数性函数 $u(M)$，此函数在空间域 D 上就构成了一个数量场（或标量场），其中 D 称为场域，$u(M)$ 称为场函数。显然温度场 $T(M)$，压力场 $P(M)$，密度场 $\rho(M)$，浓度场 $C(M)$ 都是数量场。在直角坐标系中，数量场 $u(M)$ 可表示为 $u(x,y,z)$，其中 (x,y,z) 为空间位置点 M 的坐标位置。

根据数学的观点，给定了一个场，实质上就是在该区域内定义了一个空间点和时间变量的函数 $f(M,t)$。通过对场函数特性的研究，可以帮助我们揭示物理量在空间上的分布规律。例如，场函数的导数可以表示物理量的局部变化规律，而场函数的积分可以描述物理量的整体分布特征。

本章主要讨论场函数不依赖于时间变量的情况，这样的场函数仅依赖于空间点的位置，即 $u(M)=u(x,y,z)$，这种场称为非时变场或稳定场。

3.2.1　等值面

在化工领域的数量场中，定量分析其场函数值分布及分布区域特征非常重要。建立数量场等值面的概念对直观地表示其场量分布及其变化规律非常有帮助。

设 $u=u(x,y,z)$，$(x,y,z)\in D$ 确定了 D 域上的一个数量场，其等值面是使场函数 $u(x,y,z)$ 取相同值的各点在空间中形成的曲面，即

$$u(x,y,z)=c \tag{3.2-1}$$

所确定的曲面，式中 c 为常数。

当函数 $u(x,y,z)$ 单值连续且有连续导数时，若 $u'(x,y,z)\neq 0$，则式（3.2-1）可唯一地确定一个单值且有连续偏导数的函数 $z=\varphi(x,y)$，从而决定了一个空间曲面，这就是数量场的等值面。

当 c 取不同数值时，就得到不同的等值面，过场中任何一点 M^0，都会有一个等值面 $u(M^0)$ 与之对应。由于场函数 u 单值，故 M^0 只能位于一个等值面上，于是这族曲面即充满场所在的整个空间，且彼此互不相交。

当场函数的定义域为二维区域时，函数 $u=u(x,y)$ 确定的场是平面数量场。在平面数量场中，称等值曲线族为等值线。如图 3-8 所示，地形图上常用的等高线，就是平面数量场的等值线。在图中，坡度变化较陡的地方，等高线的分布较密，而坡度变化较平缓的地方，则等高线分

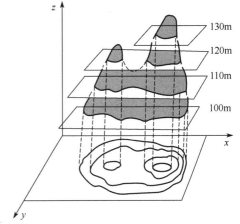

图 3-8　数量场的等值面

布就较稀疏。因此，等值面可以在几何上直观地描述函数值在场中的分布状况。

3.2.2　方向导数

对不均匀的数量场，需要分析场函数沿不同方向的变化速率等局部特性。方向导数即专门用来描述场函数在数量场中某个方向变化速率的大小。

设 $u=u(M)$，$M\in D$ 是一个数量场，$M^0\in D$ 是场内一点，自 M^0 出发引一射线 l，l 是一个向量且其单位向量 $l^0=(\cos\alpha,\cos\beta,\cos\gamma)^T$ 称为直线 l 的方向余弦，其中 α、β、γ 表示 l 和 Ox 轴、Oy 轴、Oz 轴的夹角。因而，自 M^0 至射线 l 上任一点 M 的向量方程可表示为

$$M=M^0+t\,l^0 \tag{3.2-2}$$

其中参数 t 表示点 M^0 至 M 的距离。当 $t\to 0$ 时，如果极限

$$\lim_{t\to 0}\frac{u(M)-u(M^0)}{t} \tag{3.2-3}$$

则称它为 $u(M)$ 在 M^0 沿方向 l 的方向导数，记作 $\partial u(M^0)/\partial l$ 或 $\partial u/\partial l\big|_{M=M^0}$。

设 M^0 在直角坐标系的坐标为 (x,y,z)，则 M 点的坐标为 $(x+t\cos\alpha,y+t\cos\beta,z+t\cos\gamma)$，于是

$$\lim_{M\to M^0}\frac{u(M)-u(M^0)}{M^0M}=\lim_{t\to 0}\frac{u(x+t\cos\alpha,y+t\cos\beta,z+t\cos\gamma)-u(x,y,z)}{t} \tag{3.2-4}$$

若 $u(x,y,z)$ 具有连续偏导数，则对 u 作泰勒展开得

$$u(x+t\cos\alpha,y+t\cos\beta,z+t\cos\gamma)=u(x,y,z)+t\cos\alpha\frac{\partial u}{\partial x}+t\cos\beta\frac{\partial u}{\partial y}+t\cos\gamma\frac{\partial u}{\partial z}+\cdots \tag{3.2-5}$$

对比以上两式，即得直角坐标条件下数量场 u 的方向导数的计算公式

$$\frac{\partial u}{\partial l}\bigg|_M=\frac{\partial u}{\partial x}\bigg|_{(x_0,y_0,z_0)}\cos\alpha+\frac{\partial u}{\partial y}\bigg|_{(x_0,y_0,z_0)}\cos\beta+\frac{\partial u}{\partial z}\bigg|_{(x_0,y_0,z_0)}\cos\gamma \tag{3.2-6}$$

【例题 3-10】 设 $u=xy^2+yz+zx^2$，求 u 在 $M^0(1,1,2)$ 沿方向 $l=(2,-2,1)^T$ 的方向导数。

解： 显然 u 在 M^0 可微，且

$$\frac{\partial u}{\partial x}\bigg|_{(1,1,2)}=5,\quad \frac{\partial u}{\partial y}\bigg|_{(1,1,2)}=4,\quad \frac{\partial u}{\partial z}\bigg|_{(1,1,2)}=2$$

又 $|l|=\sqrt{2^2+(-2)^2+1^2}=3$，故

$$\cos\alpha=\frac{2}{3},\quad \cos\beta=-\frac{2}{3},\quad \cos\gamma=\frac{1}{3}$$

于是得

$$\frac{\partial u}{\partial l}\bigg|_{M^0}=(y^2+2xy)\big|_{(1,1,2)}\cos\alpha+(2xy+z)\big|_{(1,1,2)}\cos\beta+(z+2xz)\big|_{(1,1,2)}\cos\gamma$$

$$=5\times\frac{2}{3}+4\times\left(-\frac{2}{3}\right)+2\times\frac{1}{3}=\frac{3}{4}$$

3.2.3　梯度

在数量场 $u(M)$ 中，由任一点 M^0 可以引出无穷条射线 l，存在对应的无穷多个方向导

数。然而各方向导数之间存在什么样的相互关系？它们之中是否存在一个典型的具有代表意义的导数呢？下面定义的数量场的梯度即能解释这些问题，在对数量场的分析中具有重要应用。

设数量场 $u(\boldsymbol{M})$，其等值面为 $u(\boldsymbol{M})=c$，则该数量场的导数

$$u'(\boldsymbol{M})=\left(\frac{\partial u}{\partial x},\ \frac{\partial u}{\partial y},\ \frac{\partial u}{\partial z}\right)^{\mathrm{T}} \tag{3.2-7}$$

是数量场等值面的方向向量，并与该等值面正交，也就是与等值面的法线方向向量 $\boldsymbol{n}$ 一致。

对于任一个方向 $\boldsymbol{l}$，其单位方向向量为 $\boldsymbol{l}^0=(\cos\alpha,\cos\beta,\cos\gamma)^{\mathrm{T}}$，根据方向导数的定义可以得到

$$\frac{\partial u}{\partial l}=\frac{\partial u}{\partial x}\cos\alpha+\frac{\partial u}{\partial y}\cos\beta+\frac{\partial u}{\partial z}\cos\gamma=(u'(\boldsymbol{M}),\boldsymbol{l}^0)=\left|u'(\boldsymbol{M})\right|\cos\theta(u',\boldsymbol{l}^0) \tag{3.2-8}$$

由上式可以看出，u 在 $\boldsymbol{l}$ 上的方向导数是 $u'(\boldsymbol{M})$ 在 $\boldsymbol{l}$ 方向上的投影。当 $\boldsymbol{l}$ 与 $u'(\boldsymbol{M})$ 同向时，$\cos\theta=1$，这时的方向导数达到 u 沿各方向的方向导数的最大值。

若数量场函数 $u(\boldsymbol{M})$ 在 $\boldsymbol{M}^0$ 点可导，则称其导数 $u'(\boldsymbol{M}^0)$ 为 u 在 $\boldsymbol{M}^0$ 点的梯度向量，简称**梯度**，记为 $\mathbf{grad}\,u(\boldsymbol{M})$，即

$$\mathbf{grad}\,u(\boldsymbol{M}^0)=\left(\frac{\partial u}{\partial x}\bigg|_{\boldsymbol{M}^0},\ \ \frac{\partial u}{\partial y}\bigg|_{\boldsymbol{M}^0},\ \ \frac{\partial u}{\partial z}\bigg|_{\boldsymbol{M}^0}\right)^{\mathrm{T}} \tag{3.2-9}$$

或

$$\mathbf{grad}\,u(\boldsymbol{M}^0)=\frac{\partial u}{\partial x}\boldsymbol{i}+\frac{\partial u}{\partial y}\boldsymbol{j}+\frac{\partial u}{\partial z}\boldsymbol{k} \tag{3.2-10}$$

由式（3.2.10）可以看出，场函数的导数分量 $\partial u/\partial x$、$\partial u/\partial y$、$\partial u/\partial z$ 实际上就是梯度 $\mathbf{grad}\,u$ 在 Ox、Oy、Oz 轴方向上的投影。

如前所述，梯度的方向是场函数 u 在 $\boldsymbol{M}^0$ 点增长最快的方向，并且梯度的模 $|\mathbf{grad}\,u(\boldsymbol{M})|$ 就是 u 沿这一方向的变化率。

如果数量场 u 在定义域 D 内每一点的梯度存在，则可取得一个定义在 D 内的向量函数 $u'(\boldsymbol{M})$，$\boldsymbol{M}\in D$，由此得到一个由数量场 u 产生的向量场，称该向量场为 u 的梯度场。显而易见，场中任一点梯度场的方向与该点的等值面正交，且从数值低的等值面指向数值高的等值面。梯度方向就是 u 的函数值增长最快的方向，且沿这一方向的变化率就是梯度的模，而 u 在 $\boldsymbol{M}$ 点沿 $\boldsymbol{l}$ 的变化率 $\partial u/\partial l$ 就是梯度在 $\boldsymbol{l}$ 方向的投影，如图 3-9 所示。

数量场的梯度是一个向量，与场坐标系的选取无关。在直角坐标系中，设法向单位向量为 $\boldsymbol{n}^0=\cos\alpha\,\boldsymbol{i}+\cos\beta\,\boldsymbol{j}+\cos\gamma\,\boldsymbol{k}$，则梯度又可表示为场函数 u 沿法向向量的导数

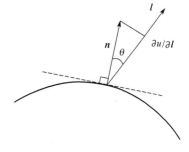

图 3-9　方向导数与梯度的关系

$$\mathbf{grad}\,u(\boldsymbol{M}^0)=\frac{\partial u}{\partial n}\boldsymbol{n}^0 \tag{3.2-11}$$

对比式（3.2.8）和式（3.2.11），可得到方向导数与梯度之间的相互关系

$$\frac{\partial u}{\partial l}=\frac{\partial u}{\partial n}\cos\theta(\boldsymbol{n}^0,\boldsymbol{l}^0)=\mathbf{grad}\,u\cdot\boldsymbol{l}^0 \tag{3.2-12}$$

数量场函数 $u(\boldsymbol{M})$ 沿梯度方向增长最快，梯度的模值就是该点法向的方向导数。梯度概念在化工领域的微分方程建模和最优化方法中有着广泛的应用。

【例题 3-11】 在给定区域内的压力分布为 $p=p_0 xyz^2$，试求在点（2,1,1）处方向为 $l=$（2，2，-1）$^\mathrm{T}$ 的变化率及该点处的最大变化率。

解： 该点的梯度为最大变化率，结果是

$$\mathbf{grad}\ p\,|_{(2,3,1)}=p_0(yz^2\boldsymbol{i}+xz^2\boldsymbol{j}+2xyz^2\boldsymbol{k})\,|_{(2,3,1)}=p_0(\boldsymbol{i}+2\boldsymbol{j}+4\boldsymbol{k})$$

其值为该向量的模　　　　　　　　　　　　$|\mathbf{grad}\ p|=p_0\sqrt{21}$

沿方向为 l 的变化率为

$$\frac{\partial p}{\partial l}\bigg|_{(2,1,1)}=\left(\mathbf{grad}\ p\,|_{(2,1,1)},\boldsymbol{l}^0\right)=p_0(1,2,4)^\mathrm{T}\cdot\left(\frac{2}{\sqrt{6}},\frac{2}{\sqrt{6}},\frac{-1}{\sqrt{6}}\right)^\mathrm{T}=p_0\frac{2}{\sqrt{6}}$$

3.2.4　梯度的运算性质

为了描述方便，在此引入一个向量微分算符 $\boldsymbol{\nabla}$，在数学上称其为哈密尔顿（Hamilton）算子。在直角坐标系中，哈密尔顿算子表示为

$$\boldsymbol{\nabla}=\boldsymbol{i}\,\frac{\partial}{\partial x}+\boldsymbol{j}\,\frac{\partial}{\partial y}+\boldsymbol{k}\,\frac{\partial}{\partial z}=\left(\frac{\partial}{\partial x},\frac{\partial}{\partial y},\frac{\partial}{\partial z}\right)^\mathrm{T} \tag{3.2-13}$$

哈密尔顿算子兼具向量和微分的双重性质。因此，梯度可简单表达为

$$\mathbf{grad}\ u=\boldsymbol{\nabla}u \tag{3.2-14}$$

式中，$\boldsymbol{\nabla}u$ 表示数量函数 u 与向量算子 $\boldsymbol{\nabla}$ 的数乘，但在此需将 u 置于 $\boldsymbol{\nabla}$ 之后以表示要对 u 进行求导运算。

设 c 为常数，u、v 为数量函数，梯度 $\boldsymbol{\nabla}u$、$\boldsymbol{\nabla}v$ 存在，f 为一元或二元可微数量函数，则根据导数运算的基本法则可推导得到梯度运算的基本公式

$$\boldsymbol{\nabla}c=0 \tag{3.2-15}$$

$$\boldsymbol{\nabla}(cu)=c\,\boldsymbol{\nabla}u \tag{3.2-16}$$

$$\boldsymbol{\nabla}(u\pm v)=\boldsymbol{\nabla}u\pm\boldsymbol{\nabla}v \tag{3.2-17}$$

$$\boldsymbol{\nabla}(uv)=u\boldsymbol{\nabla}v+v\boldsymbol{\nabla}u \tag{3.2-18}$$

$$\boldsymbol{\nabla}(u/v)=1/v^2(v\,\boldsymbol{\nabla}u-u\,\boldsymbol{\nabla}v) \tag{3.2-19}$$

$$\boldsymbol{\nabla}f(u)=f'(u)\boldsymbol{\nabla}u \tag{3.2-20}$$

$$\boldsymbol{\nabla}f(u,v)=\frac{\partial f}{\partial u}\boldsymbol{\nabla}u+\frac{\partial f}{\partial v}\boldsymbol{\nabla}v \tag{3.2-21}$$

【例题 3-12】 求函数 $u(\boldsymbol{M})=r^m$ 的梯度，实数 $m>0$，r 是向径向量 $\boldsymbol{r}$ 的模。

解： 等值面 $u(\boldsymbol{M})=r^m=$ 常数，是中心在原点的一族球面，因而等值面上任意点处的单位法向向量 $\boldsymbol{n}^0$ 与 $\boldsymbol{r}^0$ 同向，则根据梯度的定义

$$\boldsymbol{\nabla}u=\frac{\partial u}{\partial\boldsymbol{n}}\boldsymbol{n}^0=\frac{\partial(r^m)}{\partial r}\boldsymbol{r}^0=mr^{m-1}\boldsymbol{r}^0=mr^{m-2}\boldsymbol{r}$$

3.3　向量场

当一个物理量同时具有方向和大小两个要素时，该物理量在每一点的值，需要用一个向量值函数 $\boldsymbol{f}(\boldsymbol{M},t)$，$\boldsymbol{M}\in D$ 表示。由此确定的 D 上的向量场 $\boldsymbol{f}(\boldsymbol{M},t)$ 称为**场函数**，其中 $\boldsymbol{M}$ 为空间坐标变量，t 为时间变量。如化工中流体的速度场、各种梯度场，力学分析中的力

场、力矩场，电场中的电场强度，磁场中的磁感应强度等，都是向量场的例子。

对于非时变向量场，场函数只是空间变量 M 的函数，通常记作

$$f(x,y,z) = [P(x,y,z),Q(x,y,z),R(x,y,z)]^{\mathrm{T}} \tag{3.3-1}$$

特别地，当 $D \in R^2$ 时，函数

$$f(x,y) = [P(x,y,z),Q(x,y,z)]^{\mathrm{T}} \tag{3.3-2}$$

确定的向量场称作平面向量场。

3.3.1　向量线

设 $f(M)$，$M \in D$ 是一个向量场，在 D 内作一条曲线，使该曲线上每一点的切线向量与 $f(M)$ 在该点的方向相同，则这条曲线称为**向量线**。如果再以向量线的疏密表示出场函数 $f(M)$ 的大小，则向量线便可以直观地表示出场向量在 D 内的分布状况。如图 3-10 中所示的流速场中的流线，即可形象地表示出了各点流速的大小和方向。

设向量场函数 $f(x,y,z) = [P(x,y,z),Q(x,y,z),R(x,y,z)]^{\mathrm{T}}$，在场域内曲线 l：$x = x(t)$，$y = y(t)$，$z = z(t)$ 是 f 的向量线，$l'(t) = [x'(t), y'(t), z'(t)]^{\mathrm{T}}$ 表示 l 的切线向量，且有

$$\frac{\mathrm{d}x}{P(x,y,z)} = \frac{\mathrm{d}y}{Q(x,y,z)} = \frac{\mathrm{d}z}{R(x,y,z)} \tag{3.3-3}$$

式(3.3-3)就是向量线满足的微分方程，解这个方程，可得向量线族。在 $f(M)$ 不为零的假设下，由线性微分方程组解的存在定理可知，当函数 P、Q 和 R 单值连续且有连续的一阶偏导数时，过场中每一点有一条且仅有一条向量线存在。因此向量线充满了场所在的空间，且彼此互不相交。

由向量线组成的曲面，叫作向量面。它的特征是向量面上任一点 M 处的向量 $f(M)$，位于向量面在 M 点的切平面上。或者说，向量 $f(M)$ 和向量面在 M 点的法线 n 垂直，如图 3-11 所示。

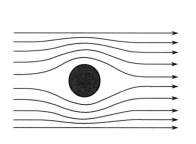

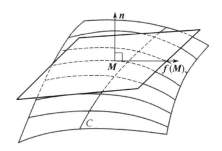

图 3-10　流速场中的流线　　　　　　　　图 3-11　向量和向量面的关系

例如，在向量场内任取一异于向量线的曲线 C，过 C 上每一点引一条向量线，这些向量线就形成一个向量面。特别当 C 是一条闭合曲线时，所得到的向量面是一个管状曲面，这样的向量面也叫向量管。

3.3.2　通量和散度

（1）向量场的通量

在化工中经常遇到计算流体流经某一界面的流量、能量（如热量）的通量。为简便起

见，我们考察由不可压缩流体形成的稳定流速场 $v = v(M)$，设 S 为在场中取定的有向曲面，说明如何计算单位时间内流体流经该光滑曲面的质量流量 Q。在曲面 S 上任取一点 M 并选取包含 M 点的一曲面元素 dS，设 n 为曲面上过点 M 的单位法向量，如图 3-12 所示。如以 v_n 表示 M 点处流体流速 $v(M)$ 在 n 方向上的投影，即

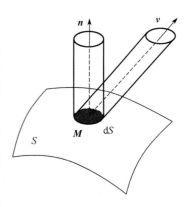

$$v_n = v \cdot n = |v| \cos\theta(v, n) \tag{3.3-4}$$

设流体密度为 ρ，则流体在单位时间内沿法线 n 方向穿过 dS 的流量近似为

$$dQ = \rho v_n dS = \rho v \cdot n \, dS \tag{3.3-5}$$

图 3-12   曲面上的通量

于是在单位时间内流体流过曲面 S 的流量应为 $v(M)$ 沿着曲面 S 的积分，即

$$Q = \rho \int_S v(M) \cdot n \, dS = \rho \int_S v(M) \cdot dS \tag{3.3-6}$$

对物理上不同的场，通量有不同的意义。例如，流体流速场的曲面积分表示单位时间内穿过曲面 S 的流量；电学中，电通量密度向量的曲面积分表示电通量；在电磁学中，磁感应强度向量的曲面积分表示磁通量。

抽去物理意义，在数学意义上定义向量场 $f(M)$ 的通量。给定向量场 $f(M)$，设 S 是场内一光滑的有向曲面，向量场函数 $f(M)$ 沿曲面 S 指定一侧的曲面积分

$$\Phi = \int_S f(M) \cdot dS \tag{3.3-7}$$

称为向量场 $f(M)$ 穿过曲面 S 指定一侧的**通量**。

在直角坐标系下，设向量场 $f(x, y, z) = [P(x, y, z), Q(x, y, z), R(x, y, z)]^T$，则 $f(x, y, z)$ 穿过 S 的通量计算公式为

$$\Phi = \iint_S P(x, y, z) dy dz + Q(x, y, z) dx dz + R(x, y, z) dx dy \tag{3.3-8}$$

在工程上，如果 S 为闭合曲面时，流体沿法线正向流动，就是流体从曲面 S 所包围的域 D 内流出，而沿法线反向流动就是流体穿过 S 流入域 D。积分式取值为流体"流入"与"流出"曲面 S 的代数和。当 $Q > 0$，表示"流出"大于"流入"，则称域 D 内有"源"；当 $Q < 0$，表示"流出"小于"流入"，则称域 D 内有"汇"。当 $Q = 0$，则"流入"等于"流出"。说明域 D 内无"源"无"汇"，保持质量守恒。

【例题 3-13】 计算向量 $r = (x, y, z)^T$ 穿过有向曲面 S 的通量，其中

(1) S 为球面 $x^2 + y^2 + z^2 = 1$ 的外侧；

(2) S 为锥面 $z = \sqrt{x^2 + y^2}$ 与平面 $z = 1$ 所围锥体的外表面。

解：我们直接由向量运算来计算，由通量定义式(3.3-6)可得：

(1) 当 S 为球面时，S 的法向量 n 与 r 同向，且 $|n| = 1$，故

$$r \cdot n = |r| = 1$$

所以
$$\Phi = \int_S r \cdot n \, dS = \int_S dS = 4\pi$$

（2）把锥体表面分为两部分，以 S_1 表示锥面，S_2 表示上底平面。在 S_1 上，法线向量 $\boldsymbol{n}$ 与 $\boldsymbol{r}$ 垂直，故 $\boldsymbol{r} \cdot \boldsymbol{n} = 0$，从而

$$\int_{S_1} \boldsymbol{r} \cdot \boldsymbol{n} \, \mathrm{d}S = 0$$

在 S_2 上，$\boldsymbol{n} = (0,0,1)^{\mathrm{T}}$，故有

$$\boldsymbol{r} \cdot \boldsymbol{n} = \boldsymbol{r}^{\mathrm{T}} \boldsymbol{n} = (x, y, z) \begin{pmatrix} 0 \\ 0 \\ 1 \end{pmatrix} = z = 1$$

$$\int_{S_2} \boldsymbol{r} \cdot \boldsymbol{n} \, \mathrm{d}S = \int_{S_2} \mathrm{d}S = \pi$$

于是

$$\Phi = \int_S \boldsymbol{r} \cdot \boldsymbol{n} \, \mathrm{d}S = \int_{S_1 + S_2} \boldsymbol{r} \cdot \boldsymbol{n} \, \mathrm{d}S = \pi$$

（2）向量场的散度

在工程应用中，不仅需要研究向量场的通量和向量场中"源"的存在性，有时还需研究向量场各点的通量强度和"源"的强度。为了进一步描述向量场"源"或"汇"的强度，需要引入散度的概念。

设 $\boldsymbol{M}^0$ 是流速场 $\boldsymbol{v}(\boldsymbol{M})$ 内任一点，为考察 $\boldsymbol{M}^0$ 点附近的情况，我们任取一包含 $\boldsymbol{M}^0$ 的闭曲面 ΔS，ΔS 包含的区域及其体积记为 ΔV。以 ΔQ 记流体由 ΔS 内穿出的流量，则可用

$$\frac{\Delta Q}{\Delta V} = \int_{\Delta S} \boldsymbol{v}(\boldsymbol{M}) \cdot \frac{\mathrm{d}\boldsymbol{S}}{\Delta V} \tag{3.3-9}$$

近似地表示流体在 $\boldsymbol{M}^0$ 附近单位体积内外溢或内渗的速率。由于 $\Delta Q / \Delta V$ 依赖于 ΔS 的选取，为了表示 $\boldsymbol{M}^0$ 点流体的扩散状况，必须考虑当 ΔV 的体积趋于零时 $\Delta Q / \Delta V$ 的极限。

若 $\boldsymbol{v}(\boldsymbol{M})$ 定义在开区域 G 内，$\boldsymbol{M}^0 \in G$，任取一个包含 $\boldsymbol{M}^0$ 的分块光滑的闭曲面 $\Delta S \subset G$，ΔS 包含的内部区域及其体积记为 ΔV，λ 表示 ΔV 的直径，如果极限

$$\lim_{\lambda \to 0} \int_{\Delta S} \boldsymbol{v}(\boldsymbol{M}) \cdot \mathrm{d}\boldsymbol{S} / \Delta V \tag{3.3-10}$$

存在且和 ΔS 的选取无关，则称这个极限为向量场 $\boldsymbol{v}(\boldsymbol{M})$ 在 $\boldsymbol{M}^0$ 的**散度**，记作 $\operatorname{div} \boldsymbol{v}(\boldsymbol{M})$。

根据定义，向量场的散度是一个数量，如考虑所有的 $\boldsymbol{M} \in G$，便得到由向量场 $\boldsymbol{v}$ 产生的一个数量场 $\operatorname{div} \boldsymbol{v}(\boldsymbol{M})$，称为向量场 $\boldsymbol{v}$ 的散度场。

若 $\operatorname{div} \boldsymbol{v}(\boldsymbol{M}^0) > 0$，表明通量在 $\boldsymbol{M}^0$ 点的邻域内外溢，称 $\boldsymbol{M}^0$ 为源点；而若 $\operatorname{div} \boldsymbol{v}(\boldsymbol{M}^0) < 0$，表明通量在 $\boldsymbol{M}^0$ 点的邻域内内渗，称 $\boldsymbol{M}^0$ 为汇点。又若对所有 $\boldsymbol{M} \in G$，若 $\operatorname{div} \boldsymbol{v}(\boldsymbol{M}^0) = 0$，则向量场 $\boldsymbol{v}(\boldsymbol{M})$ 称为无源场。

散度表示了向量场的局部扩散特性，它不依赖于坐系的选取，因此散度和坐标系的选择无关。在直角坐标系中，向量场 $\boldsymbol{v}(x,y,z) = [P(x,y,z), Q(x,y,z), R(x,y,z)]^{\mathrm{T}}$ 的散度的计算公式可利用高斯公式推导得到

$$\operatorname{div} \boldsymbol{v}(x,y,z) = \frac{\partial P(x,y,z)}{\partial x} + \frac{\partial Q(x,y,z)}{\partial y} + \frac{\partial R(x,y,z)}{\partial z} \tag{3.3-11}$$

利用哈密尔顿算子 $\mathbf{\nabla}=(\partial/\partial x,\partial/\partial y,\partial/\partial z)^{\mathrm{T}}$，上式可表示为

$$\mathrm{div}\,\boldsymbol{v}(x,y,z)=\mathbf{\nabla}\cdot\boldsymbol{v}(x,y,z)=\left(\frac{\partial}{\partial x},\frac{\partial}{\partial y},\frac{\partial}{\partial z}\right)\begin{pmatrix}P(x,y,z)\\Q(x,y,z)\\R(x,y,z)\end{pmatrix} \quad (3.3\text{-}12)$$

【例题 3-14】 试计算向径向量 $\boldsymbol{r}=(x,y,z)^{\mathrm{T}}$ 的散度。

解：

$$\mathrm{div}\,\boldsymbol{r}=\mathbf{\nabla}\cdot\boldsymbol{r}=\frac{\partial x}{\partial x}+\frac{\partial y}{\partial y}+\frac{\partial z}{\partial z}=3$$

（3）通量与散度关系

向量场的通量与散度之间的关系可通过高斯定理描述。利用高斯定理可以将式（3.3-11）写为

$$\int_S \boldsymbol{f}(\boldsymbol{M})\cdot\boldsymbol{n}\,\mathrm{d}S=\iiint_V \mathrm{div}\,\boldsymbol{f}(\boldsymbol{M})\mathrm{d}v=\iiint_V \mathbf{\nabla}\cdot\boldsymbol{f}(\boldsymbol{M})\mathrm{d}v \quad (3.3\text{-}13)$$

其中，S 为闭合曲面，取曲面外侧为正向；V 为 S 所围立体区域。

式（3.3-13）表明了散度和通量之间的关系，若以流速场为例，设 $\boldsymbol{v}(\boldsymbol{M})$ 表示 $\boldsymbol{M}(x,y,z)$ 处的流速，则速度场与面积微元点积 $\boldsymbol{v}(\boldsymbol{M})\cdot\boldsymbol{n}\mathrm{d}S$ 的积分表示流体在单位时间内流出 S 的流体质量，即流量。另一方面，在体积 V 内任取一体积微元 $\mathrm{d}v$，它包含点 $\boldsymbol{M}$，则从 $\mathrm{d}v$ 内溢出的流体质量为 $\mathrm{d}q=\mathbf{\nabla}\cdot\boldsymbol{v}(\boldsymbol{M})\mathrm{d}v$，从而在整个区域 V 内溢出的流体质量为

$$Q=\iiint_V \mathrm{d}q=\iiint_V \mathbf{\nabla}\cdot\boldsymbol{v}(\boldsymbol{M})\mathrm{d}v \quad (3.3\text{-}14)$$

根据通量和散度计算得到的结果应该相等，这就是高斯定理。因此高斯定理揭示了流体运动中的质量守恒定律。

利用高斯定理可以得出结论，向量场 $\boldsymbol{f}(\boldsymbol{M})$ 的通量和所取曲面无关，而仅依赖于曲面边界的一个充要条件。并且，向量场 $\boldsymbol{f}(\boldsymbol{M})$ 的沿任何一个封闭曲面通量为零的充要条件是该向量场 $\boldsymbol{f}(\boldsymbol{M})$ 的散度 $\mathbf{\nabla}\cdot\boldsymbol{f}(\boldsymbol{M})$ 处处为零。

在直角坐标系中，速度场函数表示为 $\boldsymbol{v}(x,y,z)=[P(x,y,z),Q(x,y,z),R(x,y,z)]^{\mathrm{T}}$，曲面 S 的法向单位向量表示为 $\boldsymbol{n}=(\cos\alpha,\cos\beta,\cos\gamma)^{\mathrm{T}}$，则式（3.3-13）可以表示为

$$\oiint_S (P\cos\alpha+Q\cos\beta+R\cos\gamma)\mathrm{d}S=\iiint_V\left(\frac{\partial P}{\partial x}+\frac{\partial Q}{\partial y}+\frac{\partial R}{\partial z}\right)\mathrm{d}x\,\mathrm{d}y\,\mathrm{d}z \quad (3.3\text{-}15)$$

此式即是高等数学里介绍的奥-高公式。

对于二维场的情况，直角坐标系下平面向量的速度公式为

$$\mathrm{div}\,\boldsymbol{v}(x,y)=\frac{\partial P(x,y,z)}{\partial x}+\frac{\partial Q(x,y,z)}{\partial y} \quad (3.3\text{-}16)$$

且可以用格林公式描述通量与速度的关系，即

$$\int_l \boldsymbol{f}(\boldsymbol{M})\cdot\mathrm{d}l=\iint_S \mathbf{\nabla}\cdot\boldsymbol{f}(\boldsymbol{M})\mathrm{d}S \quad (3.3\text{-}17)$$

$$\oint_l P\mathrm{d}y-Q\mathrm{d}x=\iint_S\left(\frac{\partial P}{\partial x}+\frac{\partial Q}{\partial y}\right)\mathrm{d}x\,\mathrm{d}y \quad (3.3\text{-}18)$$

【**例题 3-15**】 已知函数 u 沿闭曲面 S 外法线方向 $\boldsymbol{n}$ 的方向导数为常数 c，记 V 表示 S 所围的体积，σ 表示曲面 S 的表面积，证明

$$\iiint_V \boldsymbol{\nabla} \cdot (\boldsymbol{\nabla} u) \mathrm{d}v = c\sigma$$

证：由高斯定理

$$\iiint_V \boldsymbol{\nabla} \cdot (\boldsymbol{\nabla} u) \mathrm{d}v = \iint_\sigma \boldsymbol{\nabla} u \cdot \boldsymbol{n}^0 \mathrm{d}S$$

其中，$\boldsymbol{n}^0$ 表示 S 的单位外法线向量，并根据梯度和方向导数的关系，有

$$\boldsymbol{\nabla} u \cdot \boldsymbol{n}^0 = \frac{\partial u}{\partial \boldsymbol{n}} = c$$

于是

$$\iiint_V \boldsymbol{\nabla} \cdot (\boldsymbol{\nabla} u) \mathrm{d}v = \oiint_\sigma \frac{\partial u}{\partial \boldsymbol{n}} \mathrm{d}S = c\sigma$$

3.3.3 环量和旋度

化工中的流体流动具有层流、过渡流和湍流三种形式，而在湍流场中则存在涡旋运动。具有通量源的向量场，可以采用通量与散度来描述场与源的关系，而对于具有旋涡源的旋流场，则需要用环量和旋度表示场和源的关系。环量在场的某一范围内描述了场的整体旋转特性，而旋度则表示了场内某一点附近的局部旋转特性。

（1）向量场的环量

以力场为例说明向量场的环流的定义。设 $\boldsymbol{f}(\boldsymbol{M})$ 是一个力场，l 是场内的一条有向闭曲线，在力 $\boldsymbol{f}(\boldsymbol{M})$ 的作用下，若一质点（质量为 m）沿 l 正向运动一周时，求 $\boldsymbol{f}(\boldsymbol{M})$ 所做的功。

在曲线 l 上取一段曲线 $\mathrm{d}l$，其长度也记为 $\mathrm{d}l$，在 $\mathrm{d}l$ 上任取一点 $\boldsymbol{M}$，设 $\boldsymbol{M}$ 处曲线 l 的单位切线向量为 $\boldsymbol{t}$，$\boldsymbol{t}$ 的正向与曲线的正向一致，如图 3-13 所示，则力 $\boldsymbol{f}(\boldsymbol{M})$ 在 $\boldsymbol{t}$ 方向上的投影为

$$F_\mathrm{t} = \boldsymbol{f} \cdot \boldsymbol{t} \tag{3.3-19}$$

从而力 $\boldsymbol{f}$ 在 $\mathrm{d}l$ 上所做的功近似为

$$\mathrm{d}W = F_\mathrm{t} \mathrm{d}l = \boldsymbol{f} \cdot \boldsymbol{t} \mathrm{d}l \tag{3.3-20}$$

于是力 $\boldsymbol{f}(\boldsymbol{M})$ 沿曲线 l 所做的功可以表示为 $\boldsymbol{f}(\boldsymbol{M})$ 沿曲线 l 的曲线积分

$$W = \oint_l \boldsymbol{f}(\boldsymbol{M}) \cdot \boldsymbol{t} \mathrm{d}l = \oint_l \boldsymbol{f}(\boldsymbol{M}) \cdot \mathrm{d}\boldsymbol{l} \tag{3.3-21}$$

其中，$\mathrm{d}\boldsymbol{l} = \boldsymbol{t} \mathrm{d}l$ 为曲线微元向量。

对于一般情况，设 $\boldsymbol{F}(\boldsymbol{M})$ 是区域 G 内的向量场，l 是 G 内一条分段光滑的有向闭曲线，$\boldsymbol{F}(\boldsymbol{M})$ 沿 l 的曲线积分

$$\Gamma = \oint_l \boldsymbol{F}(\boldsymbol{M}) \cdot \mathrm{d}\boldsymbol{l} \tag{3.3-22}$$

称为 $\boldsymbol{F}(\boldsymbol{M})$ 沿 l 的**环量**。

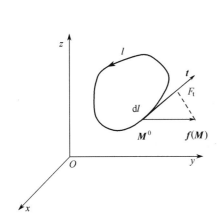

图 3-13　环量示意

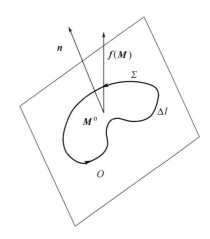

图 3-14　环量面密度取向

对不同的物理背景，环量有不同的物理意义。例如，当 $\boldsymbol{F}(\boldsymbol{M})$ 是力场中的力函数时，环量表示当质点沿 l 正向运动一周时，力 $\boldsymbol{F}(\boldsymbol{M})$ 所做的功。在运动电流产生的磁场中，以 B 表示磁感应强度，根据安培（Ampere）环路定律，环量表示包含在 l 内的各电流强度的代数和。在流速为 v 的流速场中，如环量等于零，则表明流体做无涡旋流动，譬如水管中的水流沿平行于水管轴线方向流动的情况；当环量不等于零，则表明流体做涡旋流动，场中存在涡源。

显然，环量的值和坐标系的选取无关。在直角坐标系中，如向量函数定义为 $\boldsymbol{F}(x,y,z)=\left[P(x,y,z),Q(x,y,z),R(x,y,z)\right]^{\mathrm{T}}$，则此时的环量计算公式为

$$\varGamma =\oint_l P(x,\ y,\ z)\mathrm{d}x + Q(x,\ y,\ z)\mathrm{d}y + R(x,\ y,\ z)\mathrm{d}z \tag{3.3-23}$$

环量不能给出场内每一点处的涡旋强度和方向，正像通量不能给出场内每一点处的散度一样。为了反映向量场中各点处涡旋强度和方向，需要引入向量场的旋度。

（2）向量场的旋度

正像通过通量体密度导出向量场的散度一样，在这里引入环量面密度来导出向量场的旋度。设 $\boldsymbol{M}^0$ 是向量场 $\boldsymbol{f}(\boldsymbol{M})$ 内任意一点，$\boldsymbol{n}$ 为任意确定的一个方向，以 $\boldsymbol{n}$ 为法线向量，过 $\boldsymbol{M}^0$ 作一平面 $\varSigma$，在 $\varSigma$ 上任取一个包围 $\boldsymbol{M}^0$ 点的无限小的有向封闭曲线 Δl，Δl 的正向与 $\boldsymbol{n}$ 成右手系，如图 3-14 所示，以 ΔS 表示 Δl 所包围的面积，d 表示平面面积 ΔS 的直径，若当 $d\to 0$ 时，极限

$$\lim_{d\to 0}\oint_{\Delta l}\boldsymbol{f}(\boldsymbol{M})\cdot\frac{\mathrm{d}\boldsymbol{l}}{\Delta S}$$

存在，且和 Δl 的选取无关，则称该极限为向量场 $\boldsymbol{f}(\boldsymbol{M})$ 在点 $\boldsymbol{M}^0$ 沿 $\boldsymbol{n}$ 方向的**环量面密度**，记作 $\mu_n(\boldsymbol{M}^0)$，即

$$\mu_n(\boldsymbol{M}^0)=\lim_{d\to 0}\oint_{\Delta l}\boldsymbol{f}(\boldsymbol{M})\cdot\frac{\mathrm{d}\boldsymbol{l}}{\Delta S} \tag{3.3-24}$$

向量场的环量面密度 $\mu_n(\boldsymbol{M})$ 表示了向量场 $\boldsymbol{f}(\boldsymbol{M})$ 在点 $\boldsymbol{M}$ 邻近绕给定方向 $\boldsymbol{n}$ 时旋转"程度"的大小，它表示为 $\boldsymbol{f}(\boldsymbol{M})$ 绕 Δl 的环量关于 Δl 所围面积 ΔS 的广义变化率（环量和

ΔS 有关，但并非 ΔS 的函数）。环量面密度显然和坐标系的选择无关。

环量面密度的计算公式可以利用斯托克斯公式和积分中值定理推导得到。在直角坐标系下，设向量场

$$\boldsymbol{f}(\boldsymbol{M}) = [P(x,y,z), Q(x,y,z), R(x,y,z)]^{\mathrm{T}} \tag{3.3-25}$$

其中，P，Q，R 均具有对各个变量的一阶连续偏导数。在以 $\boldsymbol{n}$ 为法线方向的平面上，作围绕点 $\boldsymbol{M}$ 的光滑闭曲线 Δl，设 Δl 包围的面积为 ΔS，则由斯托克斯公式得

$$\oint_{\Delta l} \boldsymbol{f}(\boldsymbol{M}) \cdot \mathrm{d}\boldsymbol{l} = \oint_{\Delta l} P(x,y,z)\mathrm{d}x + Q(x,y,z)\mathrm{d}y + R(x,y,z)\mathrm{d}z$$

$$= \iint_{\Delta S} \left(\frac{\partial R}{\partial y} - \frac{\partial Q}{\partial z}\right) \mathrm{d}y\,\mathrm{d}z + \left(\frac{\partial P}{\partial z} - \frac{\partial R}{\partial x}\right) \mathrm{d}z\,\mathrm{d}x + \left(\frac{\partial Q}{\partial x} - \frac{\partial P}{\partial y}\right) \mathrm{d}x\,\mathrm{d}y$$

$$= \iint_{\Delta S} \left[\left(\frac{\partial R}{\partial y} - \frac{\partial Q}{\partial z}\right)\cos\theta(\boldsymbol{n},\boldsymbol{i}) + \left(\frac{\partial P}{\partial z} - \frac{\partial R}{\partial x}\right)\cos\theta(\boldsymbol{n},\boldsymbol{j}) + \left(\frac{\partial Q}{\partial x} - \frac{\partial P}{\partial y}\right)\cos\theta(\boldsymbol{n},\boldsymbol{k})\right] \mathrm{d}S \tag{3.3-26}$$

利用积分中值定理，存在 $\boldsymbol{M}^* \in \Delta S$，使

$$\oint_{\Delta l} \boldsymbol{f}(\boldsymbol{M}^*) \cdot \mathrm{d}\boldsymbol{l} = \left[\left(\frac{\partial R}{\partial y} - \frac{\partial Q}{\partial z}\right)\cos\theta(\boldsymbol{n},\boldsymbol{i}) + \left(\frac{\partial P}{\partial z} - \frac{\partial R}{\partial x}\right)\cos\theta(\boldsymbol{n},\boldsymbol{j}) + \left(\frac{\partial Q}{\partial x} - \frac{\partial P}{\partial y}\right)\cos\theta(\boldsymbol{n},\boldsymbol{k})\right] \Delta S \tag{3.3-27}$$

当 $\Delta S \rightarrow 0$ 时，$\boldsymbol{M}^* \rightarrow \boldsymbol{M}$，于是得到如下环量面密度的计算公式

$$\mu_n(\boldsymbol{M}) = \left(\frac{\partial R}{\partial y} - \frac{\partial Q}{\partial z}\right)\cos\theta(\boldsymbol{n},\boldsymbol{i}) + \left(\frac{\partial P}{\partial z} - \frac{\partial R}{\partial x}\right)\cos\theta(\boldsymbol{n},\boldsymbol{j}) + \left(\frac{\partial Q}{\partial x} - \frac{\partial P}{\partial y}\right)\cos\theta(\boldsymbol{n},\boldsymbol{k}) \tag{3.3-28}$$

为了便于记忆，式(3.3-28)还可以写为

$$\mu_n(\boldsymbol{M}) = \begin{vmatrix} \cos\theta(\boldsymbol{n},\boldsymbol{i}) & \cos\theta(\boldsymbol{n},\boldsymbol{j}) & \cos\theta(\boldsymbol{n},\boldsymbol{k}) \\ \dfrac{\partial}{\partial x} & \dfrac{\partial}{\partial y} & \dfrac{\partial}{\partial z} \\ P & Q & R \end{vmatrix} \tag{3.3-29}$$

环量面密度是一个与方向 $\boldsymbol{n}$ 有关的量。现在我们考虑 $\boldsymbol{n}$ 取什么方向时，$\mu_n(\boldsymbol{M})$ 取得最大值？我们考虑存在旋转向量场的一般情形，根据式(3.3-28)，令

$$\boldsymbol{G} = \left(\frac{\partial R}{\partial y} - \frac{\partial Q}{\partial z}, \frac{\partial P}{\partial z} - \frac{\partial R}{\partial x}, \frac{\partial Q}{\partial x} - \frac{\partial P}{\partial y}\right)^{\mathrm{T}} \tag{3.3-30}$$

和

$$\boldsymbol{n}^0 = [\cos\theta(\boldsymbol{n},\boldsymbol{i}), \cos\theta(\boldsymbol{n},\boldsymbol{j}), \cos\theta(\boldsymbol{n},\boldsymbol{k})]^{\mathrm{T}} \tag{3.3-31}$$

则

$$\mu_n(\boldsymbol{M}) = \boldsymbol{G} \cdot \boldsymbol{n}^0 \tag{3.3-32}$$

即 $\mu_n(\boldsymbol{M})$ 是向量 $\boldsymbol{G}$ 在 $\boldsymbol{n}^0$ 方向上的投影。显然，当 $\boldsymbol{n}^0$ 与 $\boldsymbol{G}$ 同方向时，这个投影值即环量面密度取得最大值，并且这个最大值就是 $|\boldsymbol{G}|$。

于是，定义由式(3.3-30)给出的向量 $\boldsymbol{G}$ 称为向量场 $\boldsymbol{f}(\boldsymbol{M})$ 在 $\boldsymbol{M}$ 点的 **旋度**，记作 $\mathrm{rot}\,\boldsymbol{f}(\boldsymbol{M})$，即

$$\mathrm{rot}\,\boldsymbol{f}(\boldsymbol{M}) = \left(\frac{\partial R}{\partial y} - \frac{\partial Q}{\partial z}, \frac{\partial P}{\partial z} - \frac{\partial R}{\partial x}, \frac{\partial Q}{\partial x} - \frac{\partial P}{\partial y}\right)^{\mathrm{T}} = \begin{vmatrix} \boldsymbol{i} & \boldsymbol{j} & \boldsymbol{k} \\ \dfrac{\partial}{\partial x} & \dfrac{\partial}{\partial y} & \dfrac{\partial}{\partial z} \\ P & Q & R \end{vmatrix} \tag{3.3-33}$$

利用哈密尔顿算子，式(3.3-33)可以简写为

$$\text{rot}\boldsymbol{f}(\boldsymbol{M}) = \nabla \times \boldsymbol{f}(\boldsymbol{M}) \tag{3.3-34}$$

式中右端为向量算子∇与向量函数$\boldsymbol{f}(\boldsymbol{M})$的向量积。利用旋度的表示式，斯托克斯公式可以表示为

$$\oint_l \boldsymbol{f}(\boldsymbol{M}) \cdot \mathrm{d}\boldsymbol{l} = \iint_S \nabla \times \boldsymbol{f}(\boldsymbol{M}) \cdot \mathrm{d}\boldsymbol{S} \tag{3.3-35}$$

其中，l的正向和S的法线向量成右手系。式(3.3-35)建立了沿闭曲线的环量和l内每一点的旋度之间的关系。

由式(3.3-29)，环量面密度可以表示为

$$\mu_n(\boldsymbol{M}) = \boldsymbol{n} \cdot [\nabla \times \boldsymbol{f}(\boldsymbol{M})] \tag{3.3-36}$$

式(3.3-36)为向量微分算子∇、向量函数与方向向量$\boldsymbol{n}$的混合积。

【例题 3-16】　求向量场$\boldsymbol{f}(x,y,z) = (xz^3, -x^2yz, 2yz^4)^{\mathrm{T}}$在点$\boldsymbol{M}^0(1,-2,1)^{\mathrm{T}}$的旋度。

解：首先求出

$$\text{rot}\boldsymbol{f}(\boldsymbol{M}) = \nabla \times \boldsymbol{f}(\boldsymbol{M}) = \begin{vmatrix} \boldsymbol{i} & \boldsymbol{j} & \boldsymbol{k} \\ \dfrac{\partial}{\partial x} & \dfrac{\partial}{\partial y} & \dfrac{\partial}{\partial z} \\ xz^3 & -2x^2yz & 2yz^4 \end{vmatrix} = (2z^4 + 2x^2y, 3xy^2, -4xyz)^{\mathrm{T}}$$

将$\boldsymbol{M}^0$的坐标代入，得

$$\text{rot}\boldsymbol{f}(\boldsymbol{M}^0) = (-2, 3, 8)^{\mathrm{T}}$$

(3) 旋度的运算规则

设$\boldsymbol{f}(\boldsymbol{M})$、$\boldsymbol{g}(\boldsymbol{M})$为向量函数，$u(\boldsymbol{M})$为数量函数，$c$为常数，根据旋度的定义可以得到旋度如下的运算规则

$$\nabla \times c = 0 \tag{3.3-37}$$

$$\nabla \times [c\boldsymbol{f}(\boldsymbol{M})] = c\nabla \times \boldsymbol{f}(\boldsymbol{M}) \tag{3.3-38}$$

$$\nabla \times [\boldsymbol{f}(\boldsymbol{M}) \pm \boldsymbol{g}(\boldsymbol{M})] = \nabla \times \boldsymbol{f}(\boldsymbol{M}) \pm \nabla \times \boldsymbol{g}(\boldsymbol{M}) \tag{3.3-39}$$

$$\nabla \times [u(\boldsymbol{M})\boldsymbol{f}(\boldsymbol{M})] = u(\boldsymbol{M})[\nabla \times \boldsymbol{f}(\boldsymbol{M})] + \nabla u(\boldsymbol{M}) \times \boldsymbol{g}(\boldsymbol{M}) \tag{3.3-40}$$

【例题 3-17】　设$\boldsymbol{r} = (x,y,z)^{\mathrm{T}}$，$r = |\boldsymbol{r}| = \sqrt{x^2+y^2+z^2}$，$f(r)$是$r$的可微函数，试计算$\nabla \times [f(r)\boldsymbol{r}]$。

解：根据旋度的运算规则式(3.3-39)，得

$$\nabla \times [f(r)\boldsymbol{r}] = f(r)(\nabla \times \boldsymbol{r}) + [\nabla f(r)] \times \boldsymbol{r}$$

又知$\nabla \times \boldsymbol{r} = \boldsymbol{0}$代入，得

$$\nabla \times [f(r)\boldsymbol{r}] = f'(r)\nabla r \times \boldsymbol{r} = \boldsymbol{0}$$

3.3.4　场函数导数与梯度、散度和旋度的关系

设函数$\boldsymbol{f}(\boldsymbol{M}) = [P(x,y,z), Q(x,y,z), R(x,y,z)]^{\mathrm{T}}$为向量场的场函数，$\boldsymbol{f}(x,y,z)$可微，将$\boldsymbol{f}(\boldsymbol{M})$的导数

$$f'(\boldsymbol{M}) = \begin{pmatrix} \dfrac{\partial P}{\partial x} & \dfrac{\partial P}{\partial y} & \dfrac{\partial P}{\partial z} \\[2mm] \dfrac{\partial Q}{\partial x} & \dfrac{\partial Q}{\partial y} & \dfrac{\partial Q}{\partial z} \\[2mm] \dfrac{\partial R}{\partial x} & \dfrac{\partial R}{\partial y} & \dfrac{\partial R}{\partial z} \end{pmatrix}$$

和 $f(\boldsymbol{M})$ 的散度公式

$$\text{div } f(\boldsymbol{M}) = \frac{\partial P}{\partial x} + \frac{\partial Q}{\partial y} + \frac{\partial R}{\partial z}$$

及旋度公式

$$\text{rot} f(\boldsymbol{M}) = \left(\frac{\partial R}{\partial y} - \frac{\partial Q}{\partial z}, \ \frac{\partial P}{\partial z} - \frac{\partial R}{\partial x}, \ \frac{\partial Q}{\partial x} - \frac{\partial P}{\partial y} \right)^{\text{T}}$$

对照可以看出，div $f(\boldsymbol{M})$ 是导数 $f'(\boldsymbol{M})$ 的主对角线上 3 个元素之和，而 rot $f(\boldsymbol{M})$ 则是利用 $f'(\boldsymbol{M})$ 的非主对角线的 6 个元素，将主对角线的 3 个元素依次换为单位坐标向量 $\boldsymbol{i}$，$\boldsymbol{j}$，$\boldsymbol{k}$，按下式所示方法排列而成。

$$\begin{pmatrix} \boldsymbol{i} & \dfrac{\partial P}{\partial y} & \dfrac{\partial P}{\partial z} \\[2mm] & \nearrow \qquad \swarrow & \\[2mm] \dfrac{\partial Q}{\partial x} & \boldsymbol{j} & \dfrac{\partial Q}{\partial z} \\[2mm] & \swarrow \qquad \nearrow & \\[2mm] \dfrac{\partial R}{\partial x} & \dfrac{\partial R}{\partial y} & \boldsymbol{k} \end{pmatrix}$$

其中箭头所指的方向是非对角线元素减法进行的方向，由此可以看到，函数 $f(\boldsymbol{M})$ 在点 $\boldsymbol{M}$ 的变化率反映了函数在 $\boldsymbol{M}$ 点的扩散特性和旋转特性。

设 $f(\boldsymbol{M})$、$g(\boldsymbol{M})$ 是向量函数，$u(\boldsymbol{M})$ 是数量函数，$u(\boldsymbol{M})$ 及 $f(\boldsymbol{M})$、$g(\boldsymbol{M})$ 的各分量均具有二阶连续偏导数，则存在一组有关梯度、散度和旋度关系的定理。

定理一　数量场的梯度场是无旋场，即

$$\boldsymbol{\nabla} \times (\boldsymbol{\nabla} u) = \boldsymbol{0} \tag{3.3-41}$$

证：$\boldsymbol{\nabla} \times (\boldsymbol{\nabla} u) = \boldsymbol{\nabla} \times \left(\dfrac{\partial u}{\partial x}, \dfrac{\partial u}{\partial y}, \dfrac{\partial u}{\partial z} \right)^{\text{T}} = \left(\dfrac{\partial^2 u}{\partial z \partial y} - \dfrac{\partial^2 u}{\partial y \partial z}, \dfrac{\partial^2 u}{\partial x \partial z} - \dfrac{\partial^2 u}{\partial z \partial x}, \dfrac{\partial^2 u}{\partial y \partial x} - \dfrac{\partial^2 u}{\partial x \partial y} \right)^{\text{T}}$

$= \boldsymbol{0}$

定理二　向量场的旋度是无源场，即

$$\boldsymbol{\nabla} \cdot [\boldsymbol{\nabla} \times f(\boldsymbol{M})] = 0 \tag{3.3-42}$$

证：设 $f(\boldsymbol{M}) = [P(x,y,z), Q(x,y,z), R(x,y,z)]^{\text{T}}$，则

$$\boldsymbol{\nabla} \cdot [\boldsymbol{\nabla} \times f(\boldsymbol{M})] = \boldsymbol{\nabla} \cdot \left(\frac{\partial R}{\partial y} - \frac{\partial Q}{\partial z}, \frac{\partial P}{\partial z} - \frac{\partial R}{\partial x}, \frac{\partial Q}{\partial x} - \frac{\partial P}{\partial y} \right)^{\text{T}}$$

$$= \frac{\partial}{\partial x}\left(\frac{\partial R}{\partial y} - \frac{\partial Q}{\partial z} \right) + \frac{\partial}{\partial y}\left(\frac{\partial P}{\partial z} - \frac{\partial R}{\partial x} \right) + \frac{\partial}{\partial z}\left(\frac{\partial Q}{\partial x} - \frac{\partial P}{\partial y} \right)$$

$$= \frac{\partial^2 R}{\partial y \partial x} - \frac{\partial^2 Q}{\partial z \partial x} + \frac{\partial^2 P}{\partial z \partial x} - \frac{\partial^2 R}{\partial x \partial y} + \frac{\partial^2 Q}{\partial x \partial z} - \frac{\partial^2 P}{\partial y \partial z} = 0$$

定理三　$\nabla \cdot [f(M) \times g(M)] = g(M) \cdot [\nabla \times f(M)] - f(M) \cdot [\nabla \times g(M)]$　(3.3-43)

证：设 $f(M) = (P, Q, R)^T$，$g(M) = (U, V, W)^T$，则

$$f(M) \times g(M) = (QW - RV, \ RU - PW, \ PV - QU)^T$$

展开得

$$\nabla \cdot [f(M) \times g(M)] = \frac{\partial(QW - RV)}{\partial x} + \frac{\partial(RU - PW)}{\partial y} + \frac{\partial(PV - QU)}{\partial z}$$

$$= U\left(\frac{\partial R}{\partial y} - \frac{\partial Q}{\partial z}\right) + V\left(\frac{\partial P}{\partial z} - \frac{\partial R}{\partial x}\right) + W\left(\frac{\partial Q}{\partial x} - \frac{\partial P}{\partial y}\right) -$$

$$P\left(\frac{\partial W}{\partial y} - \frac{\partial V}{\partial z}\right) - Q\left(\frac{\partial V}{\partial z} - \frac{\partial W}{\partial x}\right) - R\left(\frac{\partial V}{\partial x} - \frac{\partial U}{\partial y}\right)$$

$$= g(M) \cdot [\nabla \times f(M)] - f(M) \cdot [\nabla \times g(M)]$$

定理四　$\nabla \times [f(M) \times g(M)] = f(M)[\nabla \cdot g(M)] - g(M)[\nabla \cdot f(M)] +$
$$[g(M) \cdot \nabla]f(M) - [f(M) \cdot \nabla]g(M) \qquad (3.3\text{-}44)$$

证：利用 ∇ 算子的性质和乘积的微分法则，可得

$$\nabla \times [f(M) \times g(M)] = \nabla \times [f_c(M) \times g(M)] + \nabla \times [f(M) \times g_c(M)]$$

其中，$f_c(M)$ 和 $g_c(M)$ 表示把函数 $f(M)$ 和 $g(M)$ 分别看作常数向量。应用三重向量积公式，有

$$\nabla \times [f_c(M) \times g(M)] = f_c(M)[\nabla \cdot g(M)] - [f_c(M) \cdot \nabla]g(M)$$

$$\nabla \times [f(M) \times g_c(M)] = [g_c(M) \cdot \nabla]f(M) - g_c(M)[\nabla \cdot f(M)]$$

将 $f_c(M)$ 和 $g_c(M)$ 分别变换为 $f(M)$ 和 $g(M)$，将上面两式相加，即得式(3.3-44)。

3.4　不同坐标系的梯度、散度和旋度

　　前面所讨论的梯度、散度、旋度有关公式都是以直角坐标系为基础给出的。但是化工中用到的反应和分离设备以塔器、罐体、管道为主，其几何形状以柱体、球体为多。为方便应用，有必要引进属于正交曲线坐标系的柱、球坐标系，并给出相关的梯度、散度和旋度的表达式。

3.4.1　坐标变换

（1）直角坐标系与柱坐标系的变换关系

柱坐标下三个坐标变量为 ρ、φ、z，它们与直角坐标变量间的关系为

$$\begin{cases} x = \rho\cos\varphi \\ y = \rho\sin\varphi \\ z = z \end{cases} \qquad (3.4\text{-}1)$$

其中，$\rho \geqslant 0$，$0 \leqslant \varphi \leqslant 2\pi$，$-\infty < z < +\infty$。

　　柱坐标系是一种特定的正交曲线坐标系，它是由 $\rho = c_1$、$\varphi = c_2$、$z = c_3$ 三族曲面两两相交组成的体系。这里的坐标曲线 ρ，是从垂直 z 轴截面与轴交点出发的射线。另外两条坐标

曲线分别为平行于轴的圆柱面母线及垂直轴截面与柱面相交的圆周线。在柱面上任一点 M 分别引坐标曲线的切线，方向指向坐标增长方向，取其单位长度为其坐标曲线上单位向量，记作 e_ρ、e_φ、e_z，如图 3-15 所示。这三个单位坐标向量构成一正交右手系，且满足两两正交条件，即

$$e_\rho = e_\varphi \times e_z, \quad e_\varphi = e_z \times e_\rho, \quad e_z = e_\rho \times e_\varphi \tag{3.4-2}$$

$$e_\rho \cdot e_\varphi = e_\varphi \cdot e_z = e_\rho \cdot e_z = 0 \tag{3.4-3}$$

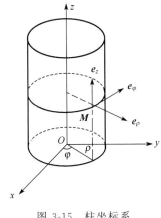

图 3-15　柱坐标系

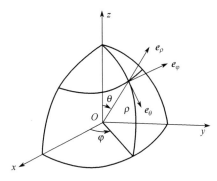

图 3-16　球坐标系

（2）直角坐标系与球坐标系的变换关系

球坐标系下三个坐标变量为 ρ、θ、φ，它们与直角坐标变量间的关系为

$$\begin{cases} x = \rho\sin\theta\cos\varphi \\ y = \rho\sin\theta\sin\varphi \\ z = \rho\cos\theta \end{cases} \tag{3.4-4}$$

其中，$\rho \geqslant 0$，$0 \leqslant \varphi \leqslant 2\pi$，$0 \leqslant \theta \leqslant 2\pi$。球坐标系也是一种特定的正交曲线坐标系。它是由 $\rho = c_1$、$\varphi = c_2$、$\theta = c_3$ 三族曲面两两相交所形成的交点集合。正交曲面交线就是它的坐标曲线，这里分别为从原点出发到球面上某点的射线（半径）以及球面的经线和纬线，如图 3-16 所示。于是在球面上点 P 分别引出坐标曲线的切线，方向指向坐标增长方向，取其单位长度，称为坐标曲线上的单位向量，记作 e_ρ、e_θ、e_φ。三者构成一正交右手系，因为正交，故有

$$e_\rho = e_\theta \times e_\varphi, \quad e_\theta = e_\varphi \times e_\rho, \quad e_\varphi = e_\rho \times e_\theta \tag{3.4-5}$$

$$e_\rho \cdot e_\theta = e_\theta \cdot e_\varphi = e_\rho \cdot e_\varphi = 0 \tag{3.4-6}$$

3.4.2　柱坐标系

向径向量 r 在柱坐标中的增量如图 3-17 所示，因而其向量微分为

$$\mathrm{d}r = \mathrm{d}\rho\, e_\rho + \rho\mathrm{d}\varphi\, e_\varphi + \mathrm{d}z\, e_z \tag{3.4-7}$$

根据方向导数与梯度之间的关系可知对函数 T 的全微分为

$$\mathrm{d}T = \mathrm{d}r \cdot \nabla T = \frac{\partial T}{\partial \rho}\mathrm{d}\rho + \frac{\partial T}{\partial \varphi}\mathrm{d}\varphi + \frac{\partial T}{\partial z}\mathrm{d}z \tag{3.4-8}$$

所以柱坐标中向量微分算子 **∇** 可表示为

$$\mathbf{\nabla} = \boldsymbol{e}_\rho \frac{\partial}{\partial \rho} + \frac{\boldsymbol{e}_\varphi}{\rho} \frac{\partial}{\partial \varphi} + \boldsymbol{e}_z \frac{\partial}{\partial z} \tag{3.4-9}$$

因此，在柱坐标系下，T 的梯度可表示为

$$\mathbf{\nabla} T = \boldsymbol{e}_\rho \frac{\partial T}{\partial \rho} + \frac{\boldsymbol{e}_\varphi}{\rho} \frac{\partial T}{\partial \varphi} + \boldsymbol{e}_z \frac{\partial T}{\partial z} \tag{3.4-10}$$

为了导出柱坐标系下的散度和旋度的表达式，先将向量 $\boldsymbol{f}$ 表示成柱坐标系下的分量组合

$$\boldsymbol{f} = f_\rho \boldsymbol{e}_\rho + f_\theta \boldsymbol{e}_\theta + f_\varphi \boldsymbol{e}_\varphi \tag{3.4-11}$$

则向量函数 $\boldsymbol{f}$ 在柱坐标系中散度和旋度的表达式分别为

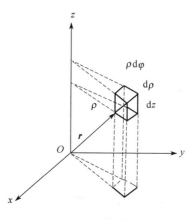

图 3-17　柱坐标体微元

$$\mathbf{\nabla} \cdot \boldsymbol{f} = \frac{1}{\rho} \frac{\partial(\rho f_\rho)}{\partial \rho} + \frac{1}{\rho} \frac{\partial f_\varphi}{\partial \varphi} + \boldsymbol{e}_z \frac{\partial f_z}{\partial z} \tag{3.4-12}$$

$$\mathbf{\nabla} \times \boldsymbol{f} = \left[\frac{1}{\rho} \frac{\partial f_z}{\partial \varphi} - \frac{\partial f_z}{\partial z} \right] \boldsymbol{e}_\rho + \left[\frac{\partial f_\rho}{\partial z} - \frac{\partial f_z}{\partial \rho} \right] \boldsymbol{e}_\varphi + \frac{1}{\rho} \left[\frac{\partial(\rho f_\varphi)}{\partial \rho} - \frac{\partial f_\rho}{\partial \varphi} \right] \boldsymbol{e}_z \tag{3.4-13}$$

以上两式可以利用向量函数的散度和旋度的运算性质证明。

证：由散度和旋度的运算性质知

$$\mathbf{\nabla} \cdot \boldsymbol{f} = \mathbf{\nabla} \cdot (f_\rho \boldsymbol{e}_\rho) + \mathbf{\nabla} \cdot (f_\varphi \boldsymbol{e}_\varphi) + \mathbf{\nabla} \cdot (f_z \boldsymbol{e}_z)$$

$$\mathbf{\nabla} \times \boldsymbol{f} = \mathbf{\nabla} \times (f_\rho \boldsymbol{e}_\rho) + \mathbf{\nabla} \times (f_\varphi \boldsymbol{e}_\varphi) + \mathbf{\nabla} \times (f_z \boldsymbol{e}_z)$$

而对其中每一分项又可分解为

$$\mathbf{\nabla} \cdot (f_\rho \boldsymbol{e}_\rho) = f_\rho \mathbf{\nabla} \cdot \boldsymbol{e}_\rho + \boldsymbol{e}_\rho \cdot \mathbf{\nabla} f_\rho$$

$$\mathbf{\nabla} \times (f_\rho \boldsymbol{e}_\rho) = f_\rho \mathbf{\nabla} \times \boldsymbol{e}_\rho + \mathbf{\nabla} f_\rho \times \boldsymbol{e}_\rho$$

等。如得到各单位向量的散度和旋度表达式，代入整理即可得到所需结果。利用式(3.4-19)对 ρ 求梯度

$$\mathbf{\nabla} \rho = \boldsymbol{e}_\rho$$

又因梯度的旋度为零，则

$$\mathbf{\nabla} \times \mathbf{\nabla} \rho = \mathbf{\nabla} \times \boldsymbol{e}_\rho = \boldsymbol{0}$$

同理可得

$$\mathbf{\nabla} \times \boldsymbol{e}_\varphi = \frac{1}{\rho} \boldsymbol{e}_z, \quad \mathbf{\nabla} \times \boldsymbol{e}_z = \boldsymbol{0}$$

单位向量 $\boldsymbol{e}_\rho$ 的散度为

$$\mathbf{\nabla} \cdot \boldsymbol{e}_\rho = \mathbf{\nabla} \cdot (\boldsymbol{e}_\varphi \times \boldsymbol{e}_z) = \boldsymbol{e}_z \cdot (\mathbf{\nabla} \times \boldsymbol{e}_\varphi) - \boldsymbol{e}_\varphi \cdot (\mathbf{\nabla} \times \boldsymbol{e}_z) = \frac{1}{\rho}$$

同理可得

$$\mathbf{\nabla} \cdot \boldsymbol{e}_\varphi = 0, \quad \mathbf{\nabla} \cdot \boldsymbol{e}_z = 0$$

将所得到的各单位坐标分量的散度和旋度代入，即可得到式(3.4-12)和式(3.4-13)。

由于 $\mathbf{\nabla}^2 T = \mathbf{\nabla} \cdot \mathbf{\nabla} T$，所以将式(3.4-10)代入式(3.4 12)即可得到柱坐标系下的拉普拉斯（Laplace）算子的表达形式

$$\mathbf{\nabla}^2 T = \frac{1}{\rho} \frac{\partial}{\partial \rho} \left(\rho \frac{\partial T}{\partial \rho} \right) + \frac{1}{\rho^2} \frac{\partial^2 T}{\partial \varphi^2} + \frac{\partial^2 T}{\partial z^2} \tag{3.4-14}$$

3.4.3　球坐标系

在球坐标系中，向径向量 $\boldsymbol{r}$ 的增量如图 3-18 所示，其向量微分表示为

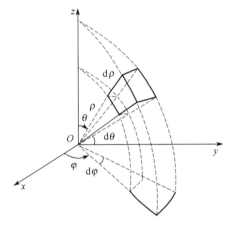

$$\mathrm{d}\boldsymbol{r} = \mathrm{d}\rho\,\boldsymbol{e}_\rho + \rho\mathrm{d}\theta\,\boldsymbol{e}_\varphi + \rho\sin\theta\mathrm{d}\varphi\,\boldsymbol{e}_z \quad (3.4\text{-}15)$$

根据方向导数与梯度之间的关系可知对数量 T 的全微分为

$$\mathrm{d}T = \mathrm{d}\boldsymbol{r}\cdot\boldsymbol{\nabla}T \quad (3.4\text{-}16)$$

从而全微分算符 d 可表示为

$$\mathrm{d} = \mathrm{d}\boldsymbol{r}\cdot\boldsymbol{\nabla} = \frac{\partial}{\partial\rho}\mathrm{d}\rho + \frac{\partial}{\partial\theta}\mathrm{d}\theta + \frac{\partial}{\partial\varphi}\mathrm{d}\varphi \quad (3.4\text{-}17)$$

由此可知，在球坐标下哈密顿算子 $\boldsymbol{\nabla}$ 可表示为

$$\boldsymbol{\nabla} = \boldsymbol{e}_\rho\frac{\partial}{\partial\rho} + \frac{\boldsymbol{e}_\theta}{\rho}\frac{\partial}{\partial\theta} + \frac{\boldsymbol{e}_\varphi}{\rho\sin\theta}\frac{\partial}{\partial\varphi} \quad (3.4\text{-}18)$$

于是球坐标系下数量场梯度的表达式为

$$\boldsymbol{\nabla}T = \boldsymbol{e}_\rho\frac{\partial T}{\partial\rho} + \frac{\boldsymbol{e}_\theta}{\rho}\frac{\partial T}{\partial\theta} + \frac{\boldsymbol{e}_\varphi}{\rho\sin\theta}\frac{\partial T}{\partial\varphi} \quad (3.4\text{-}19)$$

图 3-18　球坐标体微元

为了导出球坐标系下的散度和旋度的表达式，像式（3.4-11）一样也将向量 $\boldsymbol{f}$ 表示成球坐标下的分量组合

$$\boldsymbol{f} = f_\rho\boldsymbol{e}_\rho + f_\theta\boldsymbol{e}_\theta + f_\varphi\boldsymbol{e}_\varphi \quad (3.4\text{-}20)$$

于是向量场 $\boldsymbol{f}$ 的散度和旋度的计算公式为

$$\boldsymbol{\nabla}\cdot\boldsymbol{f} = \frac{1}{\rho^2}\frac{\partial(\rho^2 f_\rho)}{\partial\rho} + \frac{1}{\rho\sin\theta}\frac{\partial(\sin\theta f_\theta)}{\partial\theta} + \frac{1}{\rho\sin\theta}\frac{\partial f_\varphi}{\partial\varphi} \quad (3.4\text{-}21)$$

$$\boldsymbol{\nabla}\times\boldsymbol{f} = \frac{1}{\rho\sin\theta}\left[\frac{\partial(\sin\theta f_\varphi)}{\partial\theta} - \frac{\partial f_\theta}{\partial\varphi}\right]\boldsymbol{e}_\rho + \frac{1}{\rho}\left[\frac{1}{\sin\theta}\frac{\partial f_\rho}{\partial\varphi} - \frac{\partial(\rho f_\varphi)}{\partial\rho}\right]\boldsymbol{e}_\theta + \frac{1}{\rho}\left[\frac{\partial(\rho f_\theta)}{\partial\rho} - \frac{\partial f_\rho}{\partial\theta}\right]\boldsymbol{e}_\varphi$$

$$(3.4\text{-}22)$$

以上两式可以利用向量函数的散度和旋度的运算性质证明。

证：由散度和旋度的运算性质知

$$\boldsymbol{\nabla}\cdot\boldsymbol{f} = \boldsymbol{\nabla}\cdot(f_\rho\boldsymbol{e}_\rho) + \boldsymbol{\nabla}\cdot(f_\theta\boldsymbol{e}_\theta) + \boldsymbol{\nabla}\cdot(f_\varphi\boldsymbol{e}_\varphi)$$

$$\boldsymbol{\nabla}\times\boldsymbol{f} = \boldsymbol{\nabla}\times(f_\rho\boldsymbol{e}_\rho) + \boldsymbol{\nabla}\times(f_\theta\boldsymbol{e}_\theta) + \boldsymbol{\nabla}\times(f_\varphi\boldsymbol{e}_\varphi)$$

而对其中每一分项又可分解为

$$\boldsymbol{\nabla}\cdot(f_\rho\boldsymbol{e}_\rho) = f_\rho\boldsymbol{\nabla}\cdot\boldsymbol{e}_\rho + \boldsymbol{e}_\rho\cdot\boldsymbol{\nabla}f_\rho$$

$$\boldsymbol{\nabla}\times(f_\rho\boldsymbol{e}_\rho) = f_\rho\boldsymbol{\nabla}\times\boldsymbol{e}_\rho + \boldsymbol{\nabla}f_\rho\times\boldsymbol{e}_\rho$$

等。如得到各单位向量的散度和旋度表达式，代入整理即可得到所需结果。利用式（3.4-19）对 θ 求梯度

$$\boldsymbol{\nabla}\theta = \frac{1}{\rho}\boldsymbol{e}_\theta$$

又因梯度的旋度为零，则

$$0 = \mathbf{\nabla} \times \mathbf{\nabla}\theta = \mathbf{\nabla} \times (\frac{1}{\rho}\boldsymbol{e}_\theta) = \frac{1}{\rho}(\mathbf{\nabla} \times \boldsymbol{e}_\theta) + \mathbf{\nabla}\frac{1}{\rho} \times \boldsymbol{e}_\theta$$

$$= \frac{1}{\rho}(\mathbf{\nabla} \times \boldsymbol{e}_\theta) + \frac{\partial}{\partial\rho}\left(\frac{1}{\rho}\right)\boldsymbol{e}_\theta \times \boldsymbol{e}_\rho = \frac{1}{\rho}(\mathbf{\nabla} \times \boldsymbol{e}_\theta) - \boldsymbol{e}_\varphi\frac{1}{\rho^2}$$

即

$$\mathbf{\nabla} \times \boldsymbol{e}_\theta = \frac{\boldsymbol{e}_\varphi}{\rho}$$

同理可得

$$\mathbf{\nabla} \times \boldsymbol{e}_\rho = 0, \quad \mathbf{\nabla} \times \boldsymbol{e}_\varphi = \frac{\boldsymbol{e}_\rho\cot\theta - \boldsymbol{e}_\theta}{\rho}$$

单位向量 $\boldsymbol{e}_\rho$ 的散度为

$$\mathbf{\nabla} \cdot \boldsymbol{e}_\rho = \mathbf{\nabla} \cdot (\boldsymbol{e}_\theta \times \boldsymbol{e}_\varphi) = \boldsymbol{e}_\varphi \cdot (\mathbf{\nabla} \times \boldsymbol{e}_\theta) - \boldsymbol{e}_\theta \cdot (\mathbf{\nabla} \times \boldsymbol{e}_\varphi) = \frac{1}{\rho} + \frac{1}{\rho} = \frac{2}{\rho}$$

同理可得

$$\mathbf{\nabla} \cdot \boldsymbol{e}_\theta = \frac{\cot\theta}{\rho}, \quad \mathbf{\nabla} \cdot \boldsymbol{e}_\varphi = 0$$

将所得到的各单位坐标分量的散度和旋度代入，即可得到式(3.4-21) 和式(3.4-22)。

由于 $\mathbf{\nabla}^2 T = \mathbf{\nabla} \cdot \mathbf{\nabla}T$，所以将式(3.4-19) 代入式(3.4-21) 即可得到球坐标系下的拉普拉斯算子的表达形式

$$\mathbf{\nabla}^2 T = \frac{1}{\rho^2}\frac{\partial}{\partial\rho}\left(\rho^2\frac{\partial T}{\partial\rho}\right) + \frac{1}{\rho^2\sin\theta}\frac{\partial}{\partial\theta}\left(\sin\theta\frac{\partial T}{\partial\theta}\right) + \frac{1}{\rho^2\sin^2\theta}\frac{\partial^2 T}{\partial\varphi^2} \tag{3.4-23}$$

3.5 化工中特殊向量场及应用

场论在化工中的应用主要是研究流体力学。包括流体流动、流体中的传热和传质扩散等。这里首先介绍三种常用的特殊向量场，然后简单地介绍用哈密顿算符描述流体运动的方程。

3.5.1 保守场

引力场、静电场都有一个十分重要的特性，就是当质点在场内运动时，场量对质点所做的功，只与质点的起始与终了位置有关，而和所经过的路径无关，物理上称这种场为保守力场。在数学上，这一类场的旋度为零且存在势函数，因此又被称作无旋场或有势场。

（1）保守场的定义

设 $\boldsymbol{f}(\boldsymbol{M})$ 是区域 G 内的向量场，若 $\boldsymbol{f}(\boldsymbol{M})$ 在 G 内连续且对 G 内任一条逐段光滑的简单曲线 l 的积分

$$\int_l \boldsymbol{f}(\boldsymbol{M}) \cdot \mathrm{d}\boldsymbol{l} \tag{3.5-1}$$

只依赖于 l 的始端 A 和终端 B 两个端点，而和 l 的形状无关，则定义 $\boldsymbol{f}(\boldsymbol{M})$ 为区域 G 中的**保守场**。

判断一个向量场是否为保守场，可利用如下两个定理。

定理一 向量场 $f(M)$ 是 G 内保守场的充要条件是，对 G 内的任一条分段光滑的简单闭曲线 C，有

$$\oint_C f(M) \cdot \mathrm{d}l = 0 \tag{3.5-2}$$

定理二 设 $f(M)$ 是一维单连通区域 G 内的向量场，且具有对各个变量的一阶连续偏导数，则 $f(M)$ 是保守场的充要条件是

$$\nabla \times f(M) = 0, \quad M \in G \tag{3.5-3}$$

以上两个定理是等价的，这一点可以由斯托克斯公式给以证明

$$\oint_l f(M) \cdot \mathrm{d}l = \int_S \nabla \times f(M) \cdot \mathrm{d}S \tag{3.5-4}$$

（2）保守场的势函数

设向量场 $f(M)$ 是区域 G 内的保守场，如存在数量场函数 $\varphi(M)$ 满足条件

$$f(M) = \nabla \varphi(M), \quad M \in G \tag{3.5-5}$$

则 $f(M)$ 是 $\varphi(M)$ 的梯度向量场。换句话讲，如果某数量场在 G 内存在梯度，所形成的梯度向量场的旋度等于零，因此该梯度向量场是保守场。

由此可以定义，若 $f(M)$ 是区域 G 内的连续向量场，若有数量函数 $\varphi(M)$，使式(3.5-5)成立，则称 $\varphi(M)$ 为向量场 $f(M)$ 的势函数。并且，任何保守场都存在势函数，这个条件也是保守场的充要条件。因此，保守场又称为有势场。有势场的势函数由式(3.5-6)

$$\varphi(x, y, z) = \int_{x_0}^{x} P(x, y_0, z_0)\mathrm{d}x + \int_{y_0}^{y} Q(x, y, z_0)\mathrm{d}y + \int_{z_0}^{z} R(x, y, z)\mathrm{d}z \tag{3.5-6}$$

确定。

由于起点 M^0 可以任意选取，故势函数不唯一。实际上，$\varphi(M)$ 为 $f(M)$ 的势函数，若 c 为任意常数，则 $\nabla(u + c) = f(M)$，所以 $\varphi(M) + c$ 也是 $f(M)$ 的势函数，并且可以证明，同一保守场的任意两个势函数之间，至多相差一个常数。

势函数有明显的物理意义，在引力场和静电场中，势函数和场的势能仅差一个符号，即势能 $w(M)$ 与势函数 $\varphi(M)$ 的符号相反。

【例题 3-18】 设向量场

$$F(x, y, z) = (yz + 2xy, xz + x^2 + 2yz, xy + y^2)^{\mathrm{T}}$$

判断 F 是否是保守场；若是，求 F 的势函数。

解： 因

$$\nabla \times F(x, y, z) = \begin{vmatrix} i & j & k \\ \dfrac{\partial}{\partial x} & \dfrac{\partial}{\partial y} & \dfrac{\partial}{\partial z} \\ yz + 2xy & xz + x^2 + 2yz & xy + y^2 \end{vmatrix} = 0$$

故 F 是保守场。取 $M^0 = (0, 0, 0)^{\mathrm{T}}$，则

$$\varphi(x,\ y,\ z)=\int_0^x 0\mathrm{d}x+\int_0^y x^2\mathrm{d}y+\int_0^z (xy+y^2)\mathrm{d}z=x^2y+xyz+y^2z$$

所以，$\boldsymbol{F}$ 的势函数为

$$\varphi(x,y,z)=x^2y+xyz+y^2z+c$$

3.5.2　管形场

对磁场而言，设 $\boldsymbol{B}$ 为磁感应强度，根据磁场的高斯定理，通过磁场中任一闭合曲面 S，磁感应强度 $\boldsymbol{B}$ 的通量为零。于是，由散度的定义我们知道在磁场中任一点，$\boldsymbol{B}$ 的散度等于零，即

$$\mathrm{div}\boldsymbol{B}=\lim_{S\to 0}\int_S \frac{\boldsymbol{B}}{S}\cdot \mathrm{d}\boldsymbol{S}=0 \tag{3.5-7}$$

设 $\boldsymbol{f}(\boldsymbol{M})$ 是开区域 G 中的向量场，若在 G 内的每一点处都有 $\mathrm{div}\boldsymbol{f}(\boldsymbol{M})\equiv 0$，即

$$\boldsymbol{\nabla}\cdot\boldsymbol{f}(\boldsymbol{M})=0 \tag{3.5-8}$$

则称 $\boldsymbol{f}(\boldsymbol{M})$ 为**管形场**。

根据定义，管形场是一个无源场。其所以被称为管形场，是因为它具有如下的重要性质。设 G 是一个二维单连通区域，$\boldsymbol{f}(\boldsymbol{M})$ 是 G 上的一个管形场，在场中任取一个向量管，取 S_1 与 S_2 是它的两个任意的横截面，其法线向量 $\boldsymbol{n}_1$、$\boldsymbol{n}_2$ 均指向 $\boldsymbol{f}(\boldsymbol{M})$ 所指的一侧，如图 3-19 所示，则

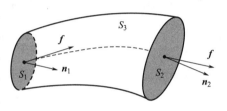

图 3-19　管形场

$$\int_{S_1}\boldsymbol{f}(\boldsymbol{M})\cdot\mathrm{d}\boldsymbol{S}=\int_{S_2}\boldsymbol{f}(\boldsymbol{M})\cdot\mathrm{d}\boldsymbol{S} \tag{3.5-9}$$

式(3.5-9)说明，管形场中穿过同一个向量管的所有横截面的通量都相等。因此在管形流速场中，流体流入向量管的流量和由向量管内流出的流量是一样的，流体在向量管内流动，就如同在一个真正的管子内流动一样，管形场由此而得名。管形场中场量 $\boldsymbol{f}(\boldsymbol{M})$ 穿过一个向量管的横截面的通量叫作该向量管的强度，它描述了场量 $\boldsymbol{f}(\boldsymbol{M})$ 的强弱。

对于化工中的流体流动过程，当不可压缩流体流过管子时，则通过任何横截面的流体通量都相等。如果管径粗细不均，那么只不过管径细处流动的强度大些，管径粗处流动的强度小些而已。

类似于保守场 $\boldsymbol{f}(\boldsymbol{M})$ 存在势函数，一个向量场 $\boldsymbol{f}(\boldsymbol{M})$ 为管形场的充要条件是它存在向量势。设 $\boldsymbol{f}(\boldsymbol{M})$ 是二维单连通区域内的向量场，$\boldsymbol{f}(\boldsymbol{M})$ 为管形场的充要条件是存在另一个向量场 $\boldsymbol{g}(\boldsymbol{M})$，使

$$\boldsymbol{f}(\boldsymbol{M})=\boldsymbol{\nabla}\times\boldsymbol{g}(\boldsymbol{M}) \tag{3.5-10}$$

成立，这里的 $\boldsymbol{g}(\boldsymbol{M})$ 叫作 $\boldsymbol{f}(\boldsymbol{M})$ 的向量势。

并且，如果 $\boldsymbol{f}(\boldsymbol{M})=[P(x,y,z),Q(x,y,z),R(x,y,z)]^{\mathrm{T}}$，则 $\boldsymbol{f}(\boldsymbol{M})$ 的向量势 $\boldsymbol{g}(\boldsymbol{M})$ 可由式(3.5-11)确定

$$\boldsymbol{g}(x,\ y,\ z)=\left[\int_{z_0}^z Q(x,\ y,\ z)\mathrm{d}z,\ -\int_{z_0}^z P(x,\ y,\ z)\mathrm{d}z+\int_{x_0}^x P(x,\ y,\ z_0)\mathrm{d}x,\ c\right]^{\mathrm{T}}$$

$$\tag{3.5-11}$$

由此可见，管形场的向量势不是唯一的。实际上，若 $g(M)$ 是管形场 $f(M)$ 的一个向量势，则对于任意一个梯度场 u，因为 $\nabla \times (\nabla u) = 0$，故 $g(M) + \nabla u$ 也是 $f(M)$ 一个向量势。为了唯一地确定一个管形场的向量势，通常需要对 $g(M)$ 的散度做一规定。例如，在恒定磁场的情况下，设 B 是磁感应强度，则 B 的向量势 A，通常要满足条件 $\nabla \cdot A(M) = 0$，这一条件在电磁学中称为库仑规范。在这一规范下，磁感应强度的向量势可被唯一地确定。

3.5.3　调和场

若向量场 $f(M)$，在区域 G 内既无源 $\mathrm{div}\, f(M) = 0$，又无旋 $\mathrm{rot}\, f(M) = 0$ 时，则称此向量场 $f(M)$ 为调和场。

对于调和场 $f(M)$，因无旋 $\nabla \times f(M) = 0$，故存在势函数 u，使 $f(M) = \nabla u$，又由于无源 $\nabla \cdot f(M) = 0$，故势函数 $u(M)$ 满足

$$\nabla \cdot (\nabla u) = \frac{\partial^2 u}{\partial x^2} + \frac{\partial^2 u}{\partial y^2} + \frac{\partial^2 u}{\partial z^2} = 0 \tag{3.5-12}$$

式 (3.5-12) 称为拉普拉斯方程，又叫调和方程。满足调和方程的函数称为调和函数。调和场因存在调和函数 $u(M)$ 而由此而得名。调和方程的求解需附以一定的边界条件。在给定的边界条件下，对调和方程的求解称为静态场边值问题。

为了进一步理解势函数的物理意义，下面以二维不可压缩流体的平面流动为例，讨论并引出流函数，借助流函数可形象地加深对势函数的理解。设不可压缩流体流速场 v 为无源无旋调和场，则存在势函数 φ，且有

$$v = v_x i + v_y j = \nabla \varphi = \frac{\partial \varphi}{\partial x} i + \frac{\partial \varphi}{\partial y} j, \quad \nabla^2 \varphi = \frac{\partial^2 \varphi}{\partial x^2} + \frac{\partial^2 \varphi}{\partial y^2} = 0 \tag{3.5-13}$$

求解式中拉氏方程，可得到势函数 φ，但势函数不是唯一的，任意两个势函数间相差一个常量。即在 z 平面上有一簇等势线

$$\varphi(x,y) = c \tag{3.5-14}$$

对应不同的 c 值则有其相应的曲线。这些曲线与速度向量以及相应的流线相正交。所谓流线是一条假想的曲线，流线上各点的切线方向恰好与那时刻该点流速方向一致。

假设流线方程可表示为

$$\psi(x,y) = c_2 \tag{3.5-15}$$

称 $\psi(x,y)$ 为流函数，流线就是流函数的等值线。因为等流线与等势线相正交，故有

$$\nabla \varphi \cdot \nabla \psi = 0 \tag{3.5-16}$$

或

$$\frac{\partial \varphi}{\partial x} \cdot \frac{\partial \psi}{\partial x} + \frac{\partial \varphi}{\partial y} \cdot \frac{\partial \psi}{\partial y} = 0 \tag{3.5-17}$$

重新排列

$$\frac{\partial \psi}{\partial y} \Big/ \frac{\partial \varphi}{\partial x} = -\frac{\partial \psi}{\partial x} \Big/ \frac{\partial \varphi}{\partial y} \tag{3.5-18}$$

令式 (3.5-18) 中的比值等于 μ，则可得到以下偏微分方程组

$$\begin{cases} \dfrac{\partial \psi}{\partial x}=-\mu\,\dfrac{\partial \varphi}{\partial y} \\[2mm] \dfrac{\partial \psi}{\partial y}=\mu\,\dfrac{\partial \varphi}{\partial x} \end{cases} \tag{3.5-19}$$

对方程组(3.5-18)中的两个方程分别对 x 和 y 求导，然后两式相加即得

$$\frac{\partial^2 \psi}{\partial x^2}+\frac{\partial^2 \psi}{\partial y^2}=0 \tag{3.5-20}$$

式(3.5-20)说明，流函数 ψ 也满足拉普拉斯方程。若有某种流动以 $\varphi=c_1$ 为流线，则 $\psi=c_2$ 就可看作该流动的速度势，称如此相关的两个流动参量为共轭。

【例题 3-19】 设函数 $\varphi=x^2-y^2$ 是二维不可压缩流体流动的速度势，考察该势函数与其共轭的流函数。

解： 容易验证 φ 满足拉氏方程 $\nabla^2 \varphi=0$，而等势线方程为

$$x^2-y^2=c_1$$

故其为 xy 平面上的双曲线，如图 3-20 所示。

可以证明，流函数 ψ 可以利用公式

$$\mathrm{d}\psi=\frac{\partial \varphi}{\partial y}\mathrm{d}x-\frac{\partial \varphi}{\partial x}\mathrm{d}y \tag{3.5-21}$$

确定。因而

$$\mathrm{d}\psi=2y\,\mathrm{d}x-2x\,\mathrm{d}y=2\mathrm{d}(xy)$$

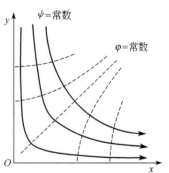

图 3-20　流线与流势

可得流线方程

$$\psi=2xy=c_2$$

由以上方程看到，流线也是双曲线，其中包括 $x=0$，$y=0$ 也属流线。这是一个流经直角拐角处的平面流动。又因 $\psi=2xy$ 也满足拉氏方程，故可将 ψ 看作共轭流动的速度势，这样曲线 $x^2-y^2=c$ 即为流线，$\varphi=x^2-y^2$ 为流函数。

3.5.4　流体力学方程

流体力学研究流体（液体和气体）的运动。描述运动流体的状态要用到流体速度分布 $\boldsymbol{v}(x,y,z,t)$、压力分布 $p(x,y,z,t)$ 和密度分布 $\rho(x,y,z,t)$ 三个场函数。这里涉及五个量，即速度 $\boldsymbol{v}$ 的三个分量加上压力 p 和密度 ρ。建立流体动力学的五个方程的依据是质量守恒、动量守恒、能量守恒这些基本定律。根据质量守恒导出的连续性方程就是流体动力学基本方程之一，其余几个方程也都可以应用场论方法导出。限于篇幅，这里仅简要讨论如何使利用场函数表示的流体动力学方程结构形式简洁、物理含义明确，而且对于问题选用的坐标体系具有较好的通用性。譬如对于不可压缩流体，描述流体运动的奈维-斯托克斯方程为

$$\frac{\partial \boldsymbol{v}}{\partial t}+(\boldsymbol{v}\cdot\boldsymbol{\nabla})\boldsymbol{v}=-\frac{1}{\rho}\boldsymbol{\nabla}p+\nu\,\boldsymbol{\nabla}^2\boldsymbol{v}+\boldsymbol{F} \tag{3.5-22}$$

这是一个向量方程，如写成 v 的分量形式可变为三个方程。而且运用曲线坐标∇ 表达式可以把它化为柱坐标系或球坐标系下的表达形式，显然通用向量形式最为简洁。此外方程中五项各自表示随时间变化的外力、惯性力、压力、黏滞力和体积力（重力），所以物理意义明确。这个方程是根据牛顿第二定律导出的。流体动力学还有一个基本方程是关于密度和压力的状态方程，它可由能量守恒定律导出，对于不同热力学假设可得出不同方程，这里不再赘述。

由于奈维-斯托克斯方程惯性力这一项是非线性的，比较复杂，至今还不能求得一般的解析解，所以通常根据需要做简化处理。譬如假设流速很小，可以略去惯性项，当又无外力 F 时，方程可简化为

$$\frac{\partial v}{\partial t} = -\frac{1}{\rho}\nabla p + \nu \nabla^2 v \tag{3.5-23}$$

用 $\nabla \times$ 作用于方程得

$$\frac{\partial}{\partial t}(\nabla \times v) = -\frac{1}{\rho}\nabla \times \nabla p + \nu \nabla^2 \nabla \times v \tag{3.5-24}$$

令 $\zeta = \nabla \times v$，其中 ζ 即为流速场的涡流强度。由旋度运算性质和梯度的旋度为零，即 $\nabla \times \nabla p = 0$，可将方程(3.5-23)简化为

$$\frac{\partial \zeta}{\partial t} = \nu \nabla^2 \zeta \tag{3.5-25}$$

式(3.5-25)为一典型的二阶线性抛物型偏微分方程。它与热传导方程、扩散方程的形式是一样的，只是在这里函数 ζ 是个向量，它可以用三个分量形式表示成三个微分方程。

对于理想流体，则假设流体黏度很小，即雷诺数很大，可以忽略式(3.5-22) 中的黏滞力一项，从而得

$$\frac{\partial v}{\partial t} + (v \cdot \nabla)v = -\frac{1}{\rho}\nabla p \tag{3.5-26}$$

根据旋度运算性质可推导得出

$$\frac{1}{2}\nabla v^2 = v \times (\nabla \times v) + (v \cdot \nabla)v \tag{3.5-27}$$

于是运动方程可写为

$$\frac{\partial v}{\partial t} + \frac{1}{2}\nabla v^2 - v \times (\nabla \times v) + \frac{1}{\rho}\nabla p = 0 \tag{3.5-28}$$

重新整理

$$\nabla\left(\frac{1}{2}v^2 + \frac{p}{\rho}\right) = v \times (\nabla \times v) - \frac{\partial v}{\partial t} \tag{3.5-29}$$

若流体是稳定流动且为无旋场，则等式右边为零，从而得到伯努利方程

$$\frac{1}{2}v^2 + \frac{p}{\rho} = \mathrm{const} \tag{3.5-30}$$

对于不同的流线，常数取不同的值。

习　题

- **3-1** 下面哪些量是纯量？哪些是向量？

  （1）动能；（2）电场强度；（3）熵；（4）功；（5）离心力；（6）温度；（7）引力位势；（8）电荷；（9）切应力；（10）频率；（11）湍流速度。

- **3-2** 试证明 Lagrange 恒等式 $(\bar{a}\times\bar{b})\cdot(\bar{c}\times\bar{d})=\begin{vmatrix}\bar{a}\cdot\bar{c} & \bar{a}\cdot\bar{d}\\ \bar{b}\cdot\bar{c} & \bar{b}\cdot\bar{d}\end{vmatrix}$。

- **3-3** 设 $f(x)=(x_1^2 x_2^2,\ e^{x_1+x_2},\ x_2,\ x_1\ln x_2)^{\mathrm{T}}$，求 $f'(x)$，$f'(1,1)$。

- **3-4** 已知螺旋线的方程为 $x=a\cos\theta$，$y=a\sin\theta$，$z=b\theta$，求 $\theta=\pi/4$ 处的切线向量。

- **3-5** 设 $f(u,v)=(u^2+v^2,2uv)^{\mathrm{T}}$，$g(x,y)=(e^x\cos y,e^x\sin y)^{\mathrm{T}}$，求 $F(x,y)=f[g(x,y)]$ 和 $F'(x,y)$。

- **3-6** 分别求数量场 $u=\sqrt{x^2+y^2+z^2}$ 和 $u=\arcsin\left(z/\sqrt{x^2+y^2}\right)$ 的等值面。

- **3-7** 求数量场 $u=x^2+y^2-4z$ 在点 $M(2,-4,5)$ 处的等值面的切平面和法线方程。

- **3-8** 求函数 $u=3x^2+z^2+2xy-2yz$ 在点 $M(1,2,3)$ 处沿 $l=(6,3,2)^{\mathrm{T}}$ 的方向导数。

- **3-9** 求数量场 $u=x^2+y^2+3z^2+xy+3x-2y-6z$ 在点 $O(0,0,0)$ 及 $A(1,1,1)$ 处的梯度。

- **3-10** 求向量场 $F(x,y,z)=(x^2,y^2,z^2)$ 穿过球面 $x^2+y^2+z^2=1$ 在第一挂限部分的通量（球面取上侧）。

- **3-11** 求下列向量场的散度：

  （1）$F(x,y,z)=(x^2+yz,y^2+zx,z^2+xz)^{\mathrm{T}}$；（2）$F(x,y,z)=(z+\sin y,x\cos y-z,y+z\cos x)^{\mathrm{T}}$；（3）$F(x,y,z)=(x^3,y^3,z^3)^{\mathrm{T}}$

- **3-12** 设 $u=x^2yz^3$，$F(x,y,z)=(xz,-y^2,2x^2y)^{\mathrm{T}}$，求 $\mathrm{div}[uF(x,y,z)]$。

- **3-13** 求下列向量场在点 $M(x,y,z)$ 处的旋度：

  （1）$F=(x^2-y^2,2xy)^{\mathrm{T}}$；（2）$F=(y,-x,z)^{\mathrm{T}}$；（3）$F=(2xyz^2,x^2z^2+\cos y,2x^2yz)^{\mathrm{T}}$

- **3-14** 无限长均匀带电直线 L 在空间任一点 $M(x,y,z)$ 形成的电场强度为

$$E=\frac{q}{2\pi\varepsilon_0}\times\frac{1}{x^2+y^2}(x,y,z)^{\mathrm{T}}$$

  其中 q 为电荷线密度，ε_0 为真空介电常数，已知 E 为有势场，求它的势函数及电势能 w。

- **3-15** 设 $u=xyz^2$，$F(x,y,z)=\left[2x^2+8xy^2z,3x^3y-3xy,-(4x^2y^2+2x^3z)\right]^{\mathrm{T}}$，证明 $uF(x,y,z)$ 为管形场。

- **3-16** 已知函数 $R(x,y,z)$ 满足条件 $\partial R/\partial z=0$，且当 $x=y=0$ 时，$R=0$。

  求使 $F(x,y,z)=\left[x^3+3y^2z,6xyz,R(x,y,z)\right]^{\mathrm{T}}$ 为保守场的 R，并考察 $F(x,y,z)$ 是否管形场？

第4章

复变函数

复变函数中的许多概念、理论和方法是实变函数在复数域内的拓展，因而它们有很多相似之处。然而，与实变函数相比，复变函数又有其独有的特性和分析方法。如果在学习中勤于思考，善于比较，抓住问题的本质，融会贯通，就能事半功倍。

复数和复变函数在自然科学和工程技术领域有着广泛的应用，是解决诸如流体力学、电磁学、传质传热学问题的有利工具。熟练掌握复变函数的理论和方法，对化工中的数学建模、过程工程控制与计算、化工数学模型的求解与分析均有极大的帮助。在学习过程中，正确理解和掌握复变函数中的数学概念和方法，养成在数学概念和实际工程问题之间建立关联的习惯，切实培养利用数学方法解决实际问题的能力。

本章主要介绍复变函数的基本概念和利用复变函数理论解决化工工程问题的方法。

4.1　复数与复变函数

复变函数理论的出发点是复数集。本节着重介绍复数和复变函数的定义以及它们的特殊性质和运算规则。

4.1.1　复数的概念及几何表示

(1) 复数的定义

在初等代数中,已经定义了 $i=\sqrt{-1}$ 是方程 $x^2+1=0$ 的一个根。这里我们称 i 为虚数单位。

对于任意二实数 x、y,我们称 $z=x+yi$ 为复数,其中 x 和 y 分别称为复数 z 的实部和虚部,并记作

$$x=\mathrm{Re}(z), \quad y=\mathrm{Im}(z) \tag{4.1-1}$$

当实部 $x=0$ 时，$z=yi$ 称为纯虚数；当虚部 $y=0$ 时，复数 z 就是实数 x。两个复数 $z_1=x_1+y_1i$ 和 $z_2=x_2+y_2i$ 相比较，当且仅当两者的实部和虚部分别相等时，这两个复数相等。一个复数 $z=x+yi$ 等于 0，必须且只需它的实部和虚部同时等于 0。

对于复数，并没有定义其大小。数学家没有定义复数大小的原因有二：一是没有这方面的需要；二是实在做不到。因而，复数与实数不同，两个复数不能比较大小。

（2） 复平面

任一复数 $z = x + iy$ 与一对有序实数 (x, y) 成一一对应关系，所以对于平面上给定的直角坐标系，坐标平面上任一点 (x, y) 也与复数 $z = x + iy$ 相对应。于是，就在一切复数所组成的集与平面上的一切点所组成的集之间建立了元素之间的一一对应。实数所组成的集与横轴上的点所组成的集对应，纯虚数所组成的集与纵轴上的点（除原点外）所组成的集相对应。因此把横坐标轴称为实轴，纵坐标轴称为虚轴。实轴在原点右方及左方的部分分别称为正实轴及负实轴，实轴上方及下方的半平面分别称为上半平面及下半平面；虚轴左方及右方的半平面，分别称为左半平面及右半平面；如果用平面上的点表示复数，那么这个平面就称作复平面（图 4-1）。

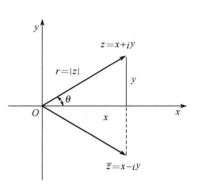

图 4-1　复平面

复数还可用向量表示，用复数的实部和虚部分别作为向量的分量，用在实轴和虚轴上的投影分别为 x 和 y 的向量表示复数 $z = x + iy$。向量的长度称为复数 z 的模，记作

$$|z| = r = \sqrt{x^2 + y^2} \qquad (4.1\text{-}2)$$

当 $z \neq 0$ 时，实轴的正向与向量 z 之间的夹角称为复数 z 的辐角，记为

$$\theta = \text{Arg}(z) \qquad (4.1\text{-}3)$$

显然，$\text{Arg}(z)$ 有无穷多个值，其中每两个相差 2π 的整数倍，$\text{Arg}(z)$ 只有一个值 a 满足条件 $-\pi < a \leqslant \pi$，它叫作 z 的辐角主值，记为 $\arg(z)$，显然

$$\text{Arg}(z) = \arg(z) + 2k\pi \qquad (k = \pm 1, \pm 2, \cdots) \qquad (4.1\text{-}4)$$

当 $z = 0$ 时，$|z| = 0$，复数 z 的辐角不确定。并且，由图 4-1 可知，数 z 的实部、虚部和辐角之间满足关系

$$\tan\theta = \frac{y}{x} \qquad (4.1\text{-}5)$$

对于 x 轴对称的两个复数，其虚部值互为负，称这样的复数为共轭复数，即称复数 $x - iy$ 为 $z = x + iy$ 的共轭复数，记为 $\bar{z} = x - iy$。因为，$z = x + iy = x - i(-y)$，所以 z 又是 $\bar{z}$ 的共轭复数，即 z 与 $\bar{z}$ 是互为共轭的。且有 $|z| = |\bar{z}|$，$\text{Re}(z) = \text{Re}(\bar{z})$，$\text{Im}(z) = -\text{Im}(\bar{z})$。

复数 z 的实部及虚部可用其模 $|z|$ 和辐角 θ 表示为：$\text{Re}(z) = |z|\cos\theta$，$\text{Im}(z) = |z|\sin\theta$，因此复数 z 可表示为

$$z = |z|(\cos\theta + i\,\sin\theta) \qquad (4.1\text{-}6)$$

式（4.1-6）称为复数的三角表示式。

如果利用欧拉（Euler）公式 $e^{i\theta} = \cos\theta + i\sin\theta$，即得到

$$z = |z|e^{i\theta} \qquad (4.1\text{-}7)$$

式（4.1-7）称为复数 z 的指数表示式，或欧拉（Euler）表示式。

根据复数的定义，复数的实部、虚部和模之间存在以下关系

$$|x| \leqslant |z|, \quad |y| \leqslant |z|, \quad |z| \leqslant |x| + |y|, \quad z\bar{z} = |z|^2 = |z^2| \qquad (4.1\text{-}8)$$

【例题 4-1】　试将复数 $z = -\sqrt{12} - 2i$ 化为三角表示式和指数表示式。

解：
$$|z| = \sqrt{12+4} = 4$$

$$\tan(\theta) = \frac{y}{x} = \frac{-2}{-\sqrt{12}} = \frac{\sqrt{3}}{3}$$

由于 z 在第三象限，所以 $\theta = -5\pi/6$，则 z 的三角表示式为

$$z = 4\left[\cos\left(-\frac{5}{6}\pi\right) + i\sin\left(-\frac{5}{6}\pi\right)\right] = 4\left(\cos\frac{5}{6}\pi - i\sin\frac{5}{6}\pi\right)$$

z 的指数表示式为
$$z = 4\mathrm{e}^{-\frac{5}{6}\pi i}$$

(3) 复球面

除了用平面内的点或向量来表示复数外，还可以用球面上的点来表示复数。下面就介绍复数在复球面上的表示方法，并给出无穷远点的概念。

取一个复平面切于坐标原点的球，球上的一点 S 与原点 O 重合，如图 4-2 所示。通过 S 点作垂直于复平面的直线与球面相交于 N 点，我们称 N 为北极，S 为南极。

对于复平面内任何一点 z，如果用一条直线把点 z 与北极 N 连接起来，那么这条直线一定与球面相交于异于 N 的一点 P。反过来讲，对于球面上任何一个异于 N 的点 P，用一条直线把 P 与 N 连接起来，这条直线就与复平面相交于一点 z。这就说明球面上的点，除去北极 N 外，与复平面内的点之间存在着一一对应的关系。前面已经讲过，复数可以看作是复平面内的一点，因此球面上的点，除去北极 N 外，与复数一一对应。因此我们可以用球面上的点来表示复数。

值得注意的是，球面上的北极 N，还没有复平面内的一个点与它对应。但是，从图 4-2 中容易看到，当 z 点无限地远离坐标原点，或者说，当复数 z 的模 $|z|$ 无限地变大时，点 P 就无限地接近于 N。为了使复平面与球面上的点无例外地都能一一对应起来，我们规定复平面上有一个唯一的"无穷远点"，它与球面上的北极 N 对应。相应地，我们又可规定复数有一个唯一的"无穷大"与复平面上的无穷远点相对应，并把它记作 ∞。因而球面上的北极 N 是无穷大复数 ∞ 的几何表示。这样一来，球面上的每一个点，就有唯一的一个复数与它对应。这样的球面称为复球面。

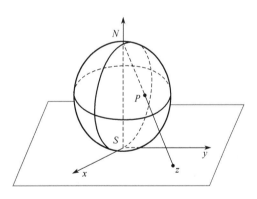

图 4-2　复球面

对于复平面而言，把包括无穷远点在内的复平面称为扩充复平面，不包括无穷远点在内的复平面称为有限复平面，或者简称复平面。对于复数 ∞ 来说，实部、虚部与辐角的概念均无意义，但它的模则规定为正无穷大，即 $|\infty| = +\infty$。对于其它任何复数 z 则有 $|z| < +\infty$。复球面能将扩充复平面的无穷远点明显地表示出来，这就是它比复平面优越之处。

涉及无穷大（∞）的计算，规定以下运算规则：

① $a \neq \infty$ 时，$\infty/a = \infty$，$a/\infty = 0$，$\infty \pm a = a \pm \infty = \infty$；

② $b\neq 0$ 时，$\infty\cdot b=b\cdot\infty=\infty$，$b/0=\infty$；

③ 复平面上每条线都通过 ∞，同时没有一个半平面包含点 ∞。运算 $\infty\pm\infty$、$0\cdot\infty$、$0/0$ 和 ∞/∞ 均没有意义。

4.1.2 复数的运算

设有两个复数 $z_1=x_1+iy_1$，$z_2=x_2+iy_2$，其三角表示式和指数表示式分别为 $z_1=|z_1|(\cos\theta_1+i\sin\theta_1)$，$z_2=|z_2|(\cos\theta_2+i\sin\theta_2)$ 和 $z_1=|z_1|e^{i\theta_1}$，$z_2=|z_2|e^{i\theta_2}$，则两复数的加减乘除运算分别如下。

（1）加减运算

两个复数的加法和减法分别定义为

$$z=z_1+z_2=(x_1+x_2)+i(y_1+y_2) \tag{4.1-9}$$

$$z=z_1-z_2=(x_1-x_2)+i(y_1-y_2) \tag{4.1-10}$$

（2）乘除运算

两个复数的乘法运算定义为

$$z=z_1z_2=(x_1x_2-y_1y_2)+i(x_1y_2+x_2y_1) \tag{4.1-11}$$

采用三角表示式和指数表示式的乘法公式为

$$z_1z_2=|z_1||z_2|[\cos(\theta_1+\theta_2)+i\sin(\theta_1+\theta_2)]=|z_1||z_2|e^{i(\theta_1+\theta_2)} \tag{4.1-12}$$

从式(4.1-12)可以看到，两个不等于零的复数的乘积是一个复数，其模等于它们模的乘积，其辐角等于它们辐角的和。

而两个复数的除法可由乘法的逆运算推导得到

$$z=\frac{z_1}{z_2}=\frac{x_1x_2+y_1y_2}{x_2^2+y_2^2}+i\frac{x_2y_1-x_1y_2}{x_2^2+y_2^2} \tag{4.1-13}$$

采用三角表示式和指数表示式的除法公式为

$$\frac{z_1}{z_2}=\frac{|z_1|}{|z_2|}[\cos(\theta_1-\theta_2)+i\sin(\theta_1-\theta_2)]=\frac{|z_1|}{|z_2|}e^{i(\theta_1-\theta_2)} \tag{4.1-14}$$

即两个不等于零的复数的商也是一个复数，其模等于它们模的商，其辐角等于被除数与除数辐角的差。

（3）乘幂与方根

n 个相同复数的 z 的乘积称为 z 的 n 次幂，记作 z^n。根据两复数相乘的公式(4.1-12)，考虑相乘因复数相同的情况，拓展到 n 个相同复数相乘，则可直接给复数的 n 次幂计算公式

$$z^n=|z|^n(\cos n\theta+i\sin n\theta)=|z|^ne^{in\theta} \tag{4.1-15}$$

特别情况，当 z 的模 $|z|=1$，即 $z=\cos\theta+i\sin\theta$ 时，由式(4.1-15)得

$$(\cos\theta+i\sin\theta)^n=\cos n\theta+i\sin n\theta \tag{4.1-16}$$

式(4.1-16)即为有名的棣莫佛（De Moivre）公式。

式(4.1-15)与式(4.1-16)有着广泛的应用。利用式(4.1-15)与式(4.1-16)，通过求解方程 $\omega^n=z$ 的根 ω，可以推导得到计算复数 n 次方根的公式。

当 z 的值不等于零时，方程 $\omega^n = z$ 就像实数 n 次方程一样，也有 n 个不同的 ω 值，其中每一个这样的值称为 z 的 n 次根，都记作 $\omega = \sqrt[n]{z}$。

为了求出根 ω，令 $z = r(\cos\theta + i\sin\theta)$，$\omega = \rho(\cos\varphi + i\sin\varphi)$，根据棣莫佛公式(4.1-16)可得

$$\rho^n(\cos n\varphi + i\sin n\varphi) = r(\cos\theta + i\sin\theta)$$

于是 $\qquad\qquad\qquad r = \rho^n, \qquad \cos\theta = \cos n\varphi, \qquad \sin\theta = \sin n\varphi$

显然，后两式得到满足的充要条件是

$$n\varphi = \theta + 2k\pi \quad (k = 0, \pm1, \pm2, \cdots)$$

由此得 z 的 n 次方根计算公式

$$\sqrt[n]{z} = r^{1/n}\left(\cos\frac{\theta + 2k\pi}{n} + i\sin\frac{\theta + 2k\pi}{n}\right) (k = 0, 1, 2, \cdots, n-1) \qquad (4.1\text{-}17)$$

当 $k = 0, 1, 2, \cdots, n-1$ 时，得到 n 个相异的根。当 k 以其它整数值代入时，这些根又重复出现。在几何上，不难看出：$\sqrt[n]{z}$ 的 n 个根值就是以原点为中心，$r^{1/n}$ 为半径的圆的内接正 n 边形的 n 个顶点。

【例题 4-2】　求 $\sqrt[4]{1+i}$。

解：因为 $1+i = \sqrt{2}\left(\cos\dfrac{\pi}{4} + i\sin\dfrac{\pi}{4}\right)$，所以

$$\sqrt[4]{1+i} = \sqrt[8]{2}\left(\cos\frac{\pi + k\pi/2}{16} + i\sin\frac{\pi + k\pi/2}{16}\right)$$

其中 $k = 0$、1、2、3，即得

$$w_0 = \sqrt[8]{2}\left(\cos\frac{\pi}{16} + i\sin\frac{\pi}{16}\right)$$

$$w_1 = \sqrt[8]{2}\left(\cos\frac{9\pi}{16} + i\sin\frac{9\pi}{16}\right)$$

$$w_2 = \sqrt[8]{2}\left(\cos\frac{17\pi}{16} + i\sin\frac{17\pi}{16}\right)$$

$$w_4 = \sqrt[8]{2}\left(\cos\frac{25\pi}{16} + i\sin\frac{25\pi}{16}\right)$$

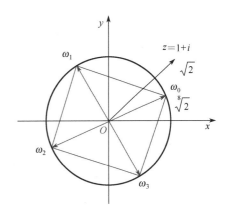

图 4-3　例题 4-2 图示

这四个根是内接于中心在原点半径为 $\sqrt[8]{2}$ 的圆的正方形的四个顶点，如图 4-3 所示。并且有 $w_1 = iw_0$，$w_2 = -w_0$，$w_3 = -iw_0$。

4.1.3　复变函数

(1) 复变区域

在讨论复变函数之前，先介绍复变数区域的概念。同实变数一样，每一个复变数都有自己的变化范围。对于自变数，该变化范围称为变数区域，而对于因变数就是定义域。它们都属于区域的范畴。在复变函数领域，区域的概念有着非常重要的应用。

首先了解一个复数邻域的概念。在平面上以 z_0 为中心，δ（任意的正数）为半径的圆的内部的点的集合（包含或不包含 z_0）

$$|z-z_0|<\delta \ \text{或} \ 0<|z-z_0|<\delta \tag{4.1-18}$$

称为 z_0 的邻域，有时称后者为去心邻域。

如果平面点集合 D 满足下列两个条件：

① D 是开集，即 D 中每一个点至少有一个邻域，这个邻域内的所有点都属于 D；

② D 是连通的，即 D 中任何两点都可以用完全属于 D 的一条折线连接起来，如图 4-4 所示。则称点集 D 为一个区域。

对于平面内不属于 D 的点来说，可能有这样的点 P，在 P 的任意小的邻域内总包含有 D 中的点，这种点我们称为 D 的边界点。D 的所有边界点组成 D 的边界（图 4-4）。区域的边界可以是由几条曲线和一些孤立的点组成（图 4-4）。

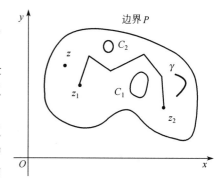

图 4-4 复变量区域

区域 D 与它的边界一起构成闭区域或闭域。如果一个区域 D 可以被包含在一个以原点为中心的圆里面，那么 D 称为有界的，否则称为无界的。

例如，圆环 $r_1<|z-z_0|<r_2$ 内的所有点构成一个区域，而且是有界的，区域的边界由两个圆周 $|z-z_0|=r_1$ 和 $|z-z_0|=r_2$ 组成，如图 4-5(a) 所示。如果在环域内去掉一个（或几个）点，它仍然构成区域，只是区域的边界由两个圆周和一个（或几个）孤立点所组成，如图 4-5(b) 所示。

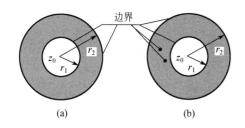

图 4-5 复变量区域的边界

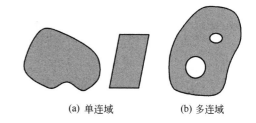

图 4-6 单连与多连区域

区域的边界主要是由曲线组成的，对平面曲线的正确理解必不可少。如果 $x(t)$ 和 $y(t)$ 是两个连续的实变函数，那么，方程组

$$\begin{cases} x=x(t) \\ y=y(t) \end{cases} (a\leqslant t\leqslant b) \tag{4.1-19}$$

代表一条平面曲线，称它为连续曲线。如果令

$$z(t)=x(t)+iy(t) \tag{4.1-20}$$

那么该曲线就可以用一个方程

$$x=x(t) \quad (a\leqslant t\leqslant b) \tag{4.1-21}$$

来代表，这就是平面曲线的复数表示式。如果在区间 $a \leqslant t \leqslant b$ 上 $x'(t)$ 和 $y'(t)$ 是连续的，且对于 t 的每一个值，有 $[x'(t)]^2 + [y'(t)]^2 \neq 0$，那么该曲线称为光滑的。由几段依次相接的光滑曲线所组成的曲线称为按段光滑曲线。

一条连续曲线 C：$z = z(t)$，$(a \leqslant t \leqslant b)$，如果 $z(a) = z(b)$，且 $t_1 \neq t_2$ 时，$z(t_1) \neq z(t_2)$，那么这条连续曲线 C 称为简单闭曲线。一条简单闭曲线 C 将平面分为两个区域，其中一个是有界的，称为 C 的内部，另外一个是无界的，称为 C 的外部。

一个区域 B，如果在其中任作一条简单闭曲线，而曲线的内部总属于 B，则称区域 B 为单连域，否则称区域 B 为多连域，如图 4-6 所示。

一条简单闭曲线的内部是单连域 [图 4-6(a)]。单连域 B 具有这样的特征：属于 B 的任何一条简单闭曲线，在 B 内可以经过连续的变形而缩成一点，而多连域就不具有这个特征。

(2) 复变函数的定义

设有一复数 $z = x + iy$ 的集合 G，如果有一个确定的法则 f 存在，使得对每个复数 z，都有确定的复数 $\omega = u + iv$ 与之对应，则称 f 为定义在 G 上的复变函数，称复变数 ω 为函数在复变数 z 处的函数值，记作

$$\omega = f(z) \tag{4.1-22}$$

如果每个复数 z 只对应一个复数 ω，则称 $f(z)$ 为单值函数，而如果每个复数 z 对应多个复数 ω，则称 $f(z)$ 为多值函数。在以后的讨论中，如没有特别指出，所讨论的函数均指单值函数。

设 $\omega = f(z)$ 是确定在 G 上的函数，G 称为函数的定义集合，当 G 为平面区域或闭域时，称 G 为函数的定义域；对应于 G 中所有的 z 的 ω 值构成的集合 G^* 称为函数的函数值集合。如果 G 与 G^* 分别在 z 平面和 ω 平面的实轴上，那么 $\omega = f(z)$ 就是一个实变（实值）函数。因此，实变函数可以看成是复变函数的一个特例。

在一般情况下，考虑 $\omega = u + iv$ 的实部和虚部，可以看出"函数 $\omega = f(z)$ 在 G 上确定"也就是"对 G 中坐标为 (x, y) 的每一点，有实数 u 及实数 v 与之对应"。换言之，在集 G 上确定了两个实变函数 $u = u(x, y)$，$v = v(x, y)$，它们分别为函数 $f(z)$ 的实部与虚部。于是一个复变函数 $\omega = f(z)$ 等价于两个实变函数 $u = u(x, y)$，$v = v(x, y)$。

例如，考察函数 $\omega = z^2$。令 $z = x + iy$，$\omega = u + iv$，那么

$$u + iv = (x + iy)^2 = x^2 - y^2 + 2xyi$$

因而函数 $\omega = z^2$ 对应于两个二元实变函数：$u = x^2 - y^2$，$v = 2xy$。

复变函数还有其它别的名称：如对应、变换、映射等。实质上，这些不同名称都指的是复数与复数之间的对应关系，只不过是各种具体情况下的一些特殊名称，从概念上看，并无本质区别。从几何的角度，将函数自变数与因变数之间的关系看成变量映射是恰当的。

(3) 函数映射

对于实变函数，我们常常用几何图形来表示自变量与因变量之间的关系。借助几何图形，可以直观地帮助我们理解和研究函数的性质。对于复变函数，由于它反映了两对变量 u、v 和 x、y 之间的对应关系，因而无法用同一个平面内的几何图形表示出来，必须把它看成两个复平面上的点集之间的对应关系。

如果用 z 平面上的点表示自变量 z 的值，而用另一个 ω 平面上的点表示函数 ω 的值，那么函数 $\omega=f(z)$ 在几何上就可以看作是把 z 平面上的一个点集 G 变到 ω 平面上的一个点集 G^* 的映射。这个映射通常简称为由函数 $\omega=f(z)$ 所构成的映射。如果 G 中的点 z 被 $\omega=f(z)$ 映射成 G^* 中的点 ω，那么 ω 称为 z 的映像，而 z 称为 ω 的原像。

例如，研究一下函数 $\omega=z^2$ 所构成的映射。通过函数 $\omega=z^2$，可以很容易算得点的映射。如点 $z_1=i$，$z_2=1+2i$ 和 $z_3=-1$ 分别映射到点 $\omega_1=-1$，$\omega_2=-3+4i$ 和 $\omega_3=-1$，如图 4-7 所示。

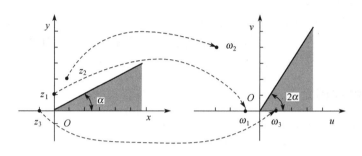

图 4-7　点和区域映射

根据式(4.1-12)关于复数乘法的模与辐角的定理可知，通过映射 $\omega=z^2$，z 的辐角在 ω 平面将增大一倍。因此，z 平面上与实轴交角为 α 的角形域映射成 ω 平面上与实轴交角为 2α 的角形域，如图 4-7 中的阴影部分所示。

由于 $u=x^2-y^2$，$v=2xy$，因此函数 $\omega=z^2$ 还把 z 平面上的两族双曲线 $x^2-y^2=c_1$ 和 $2xy=c_2$ 映射成 ω 平面上的两族平行直线 $u=c_1$ 和 $v=c_2$，如图 4-8 所示。

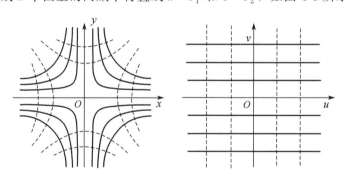

图 4-8　曲线映射

和实变函数一样，复变函数也有复合函数、反函数以及奇偶函数的概念。它们的定义在形式上均与实变函数情形相同。涉及大小关系的实变函数中的单调性等概念，在复变函数中已无意义。

【例题 4-3】　在映射 $\omega=1/z$ $(z\neq0)$ 下，z 平面上的曲线 $x=1$ 映射成 ω 平面上什么形状的曲线？

解：设 $z=x+iy$，$\omega=u+iv$，则

$$\omega=\frac{1}{z}=\frac{\bar{z}}{z\bar{z}}=\frac{x}{x^2+y^2}+i\frac{-y}{x^2+y^2}$$

于是
$$u = \frac{x}{x^2 + y^2}, \quad v = \frac{-y}{x^2 + y^2}$$

当 $x = 1$ 时，$u = 1/(1 + y^2)$，$v = -y/(1 + y^2)$，故

$$u^2 + v^2 = \frac{x^2 + (-y)^2}{(x^2 + y^2)^2} = \frac{1}{1 + y^2} = u$$

即
$$\left(u - \frac{1}{2}\right)^2 + v^2 = \frac{1}{4}$$

于是，在映射 $\omega = 1/z$ 下，z 平面上的曲线 $x = 1$ 映射成 ω 平面上的一个圆周（见图 4-9）。

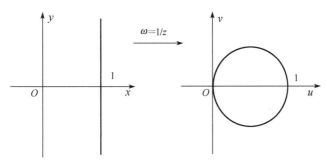

图 4-9　例题 4-3 图示

4.1.4　复变函数的极限和连续性

（1）函数的极限

设函数 $\omega = f(z)$ 定义在 z_0 的邻域 $0 < |z - z_0| < \rho$ 内。如果有一确定的数 A 存在，对于任意给定的 $\varepsilon > 0$，相应地必有一正数 $\delta > 0$，使得当 $0 < |z - z_0| < \delta$（$0 < \delta \leqslant \rho$）时，有

$$|f(z) - A| < \varepsilon$$

那么称 A 为 $f(z)$ 当 z 趋于 z_0 时的极限，记作

$$\lim_{z \to z_0} f(z) = A \qquad\qquad (4.1\text{-}23)$$

应当注意，定义中 z 趋向于 z_0 的方式是任意的。关于函数极限的存在，有以下定理：

设 $f(z) = u(x, y) + iv(x, y)$，$A = u_0 + iv_0$，$z_0 = x_0 + iy_0$，那么 $\lim\limits_{z \to z_0} f(z) = A$ 的充要条件是

$$\lim_{\substack{x \to x_0 \\ y \to y_0}} u(x, y) = u_0, \qquad \lim_{\substack{x \to x_0 \\ y \to y_0}} v(x, y) = v_0 \qquad\qquad (4.1\text{-}24)$$

以上定理将求复变函数 $f(z) = u(x, y) + iv(x, y)$ 的极限问题化为求两个二元实变函数 $u = u(x, y)$ 和 $v = v(x, y)$ 的极限问题。

由于复变函数存在极限的定义与实变函数相应的定义在形式上完全一致，因此，实变函数中凡不牵涉大小关系的极限定理，只要在证明这些定理时使用的关系式在复数情形也是成立的，那么它用于复变函数时也是对的。例如，仿照实变函数的情形可推导得出并能证明如下的极限运算法则。

如果 $\lim\limits_{z \to z_0} f(z) = A$，$\lim\limits_{z \to z_0} g(z) = B$，那么

$$\lim_{z \to z_0} [f(z) \pm g(z)] = \lim_{z \to z_0} f(z) \pm \lim_{z \to z_0} g(z) = A \pm B \tag{4.1-25}$$

$$\lim_{z \to z_0} [f(z) g(z)] = \lim_{z \to z_0} f(z) \lim_{z \to z_0} g(z) = AB \tag{4.1-26}$$

$$\lim_{z \to z_0} \frac{f(z)}{g(z)} = \frac{\lim\limits_{z \to z_0} f(z)}{\lim\limits_{z \to z_0} g(z)} = \frac{A}{B} \qquad (B \neq 0) \tag{4.1-27}$$

这些极限运算法则，与实变函数一样，既可以从定义出发来证明，也可以利用定理来证明。

（2）函数的连续性

设 z_0 为复集 D 上的某点，若 $\lim\limits_{z \to z_0} f(z) = f(z_0)$，即对于任意给定的 $\varepsilon > 0$，有一正数 $\delta > 0$，使当 $0 < |z - z_0| < \delta$ 时，恒有 $|f(z) - f(z_0)| < \varepsilon$，那么就说 $f(z)$ 在 z_0 处连续。如果 $f(z)$ 在区域 D 处处连续，即说 $f(z)$ 在 D 连续。

根据连续和极限的定义，容易证明并给出复变函数 $f(z) = u(x, y) + iv(x, y)$ 在 $z_0 = x_0 + iy_0$ 处连续的充要条件是：$u(x, y)$ 和 $v(x, y)$ 在 (x_0, y_0) 处连续。

例如，函数 $f(z) = \ln(x^2 + y^2) + i(x^2 - y^2)$ 除原点外处处连续，因为 $u = \ln(x^2 + y^2)$ 在除原点外是处处连续的，而 $v = (x^2 - y^2)$ 是处处连续的。

另外，还易证明：若函数 $\omega = f(z)$ 在集 D 上连续，并且函数值属于集 E，而在集 E 上，函数 $\zeta = \varphi(\omega)$ 连续，则复合函数 $\zeta = \varphi[f(z)] = F(z)$ 在集 D 上连续。

设 $f(z)$ 在有界闭集 D 上连续，则有以下定理：

① $|f(z)|$ 在 D 上有界，即存在正数 M，对 D 上任何点 z 有 $|f(z)| < M$；

② $|f(z)|$ 在 D 上可取到最大值和最小值，即存在 z_1，$z_2 \in D$，使得 $|f(z)| \leqslant |f(z_1)|$，$|f(z)| \geqslant |f(z_2)|$；

③ $f(z)$ 在 D 上一致连续，即任给 $\varepsilon > 0$ 存在 $\delta > 0$，使当 $|z_1 - z_2| < \delta$ 时，有 $|f(z_1) - f(z_2)| < \varepsilon$。

因为函数在一点连续，它必在该点有极限（即当变量趋于该点时，函数有极限），所以与极限定理平行的定理还有：两连续函数的和、差、积、商都还是连续函数（对于商的情况，应使分母不等于 0）。

根据以上这些定理，可以得到有理整函数（多项式）

$$\omega = P(z) = a_0 + a_1 z + a_2 z^2 + \cdots + a_n z^n$$

对所有的 z 都是连续的，而有理分式函数

$$\omega = \frac{P(z)}{Q(z)}$$

在分母不为零的点也是连续的。其中 $P(z)$ 和 $Q(z)$ 都是多项式。

4.2 解析函数

解析函数在理论和实际问题中有着广泛的应用。本节在介绍复变函数导数概念的基础

上，着重讲解解析函数的概念，然后介绍一些常用的初等函数，说明它们的解析特性。

4.2.1　复变函数的导数

（1）导数的定义

设函数 $\omega = f(z)$ 定义在区域 D 上，z_0 是 D 内一点，任取 Δz 使 $z_0 + \Delta z \in D$，记 $z_0 = x + iy$，$\Delta z = \Delta x + i\Delta y$，$\Delta\omega = f(z_0 + \Delta z) - f(z_0)$，若极限

$$\lim_{\Delta z \to 0} \frac{f(z_0 + \Delta z) - f(z_0)}{\Delta z}$$

存在，便称函数 $f(z)$ 在 z_0 是可导或可微，此极限称为函数 $f(z)$ 在 z_0 的**导数**，记作

$$f'(z_0) = \frac{\mathrm{d}\omega}{\mathrm{d}z}\bigg|_{z=z_0} = \lim_{(z_0 + \Delta z) \to z_0} \frac{f(z_0 + \Delta z) - f(z_0)}{\Delta z} \tag{4.2-1}$$

也就是说，对于任意给定的 $\varepsilon > 0$，相应地有一个 $\delta > 0$，使得当 $0 < |\Delta z| < \delta$ 时，恒有

$$\left| \frac{f(z_0 + \Delta z) - f(z_0)}{\Delta z} - f'(z_0) \right| < \varepsilon$$

应当注意，以上定义中 $(z_0 + \Delta z) \to z_0$（即 $\Delta z \to 0$）的方式是任意的。

如果 $f(z)$ 在区域 D 上处处可导，就说 $f(z)$ 在 D 上可导。

【例题 4-4】　求 $f(z) = z^n$ 的导数。

解：

$$f'(z) = \lim_{\Delta z \to 0} \frac{(z + \Delta z)^n - z^n}{\Delta z} = \lim_{\Delta z \to 0} [C_n^1 z^{n-1} + C_n^2 z^{n-2}\Delta z + \cdots + C_n^n (\Delta z)^{n-1}] = C_n^1 z^{n-1} = n z^{n-1}$$

于是函数 $f(z) = z^n$ 在 z 平面上的每一点都可导。

【例题 4-5】　验证 $f(z) = x + 2yi$ 是否可导。

解：

$$A = \lim_{\Delta z \to 0} \frac{f(z + \Delta z) - f(z)}{\Delta z} = \lim_{\Delta z \to 0} \frac{(x + \Delta x) + 2(y + \Delta y)i - x - 2yi}{\Delta z} = \lim_{\Delta z \to 0} \frac{\Delta x + 2\Delta yi}{\Delta x + \Delta yi}$$

由上式可见，当 Δz 沿平行于 x 轴方向趋于 z 时，$\Delta y = 0$，则此时极限 $A = 1$；而当 Δz 沿平行于 y 轴方向趋于 z 时，$\Delta x = 0$，则此时极限 $A = 2$。因二者不相等，所以 $f(z) = x + 2yi$ 不可导。

（2）可导与连续

从例题 4-5 可以看出，函数 $f(z) = x + 2yi$ 处处连续却处处不可导。然而，反过来容易证明可导函数必定连续。显然，一个函数可导的条件比连续的条件要苛刻得多。

我们知道，找到一个处处连续而处处不可导的实变函数并不是件容易的事，但在复变函数中找出一个这样的函数并不困难。在复变函数中，关于如何确定一个复变函数是否可导，并不需要进行复杂的计算和分析，而可借助于一个简单的定理来确定。

设函数 $f(z) = u(x,y) + iv(x,y)$ 定义在区域 D 上，那么，$f(z)$ 在点 $z = x + iy$ 可微的充要条件是：在点 (x,y) 处，$u(x,y)$ 和 $v(x,y)$ 可微，且满足

$$\frac{\partial u}{\partial x} = \frac{\partial v}{\partial y}, \quad \frac{\partial u}{\partial y} = -\frac{\partial v}{\partial x} \tag{4.2-2}$$

式(4.2-2)被称为柯西（Cauchy)-黎曼（Riemann）条件，简称为 C-R 条件，它反映了可微函数的实部与虚部有着特别的联系。

由函数导数的定义和函数可微的充要条件可以推定，在 $f(z)$ 可微时，应有

$$f'(z) = \frac{\partial u}{\partial x} + i \frac{\partial v}{\partial x} = \frac{\partial v}{\partial y} - i \frac{\partial u}{\partial y} = \frac{\partial u}{\partial x} - i \frac{\partial u}{\partial y} = \frac{\partial v}{\partial y} + i \frac{\partial v}{\partial x} \tag{4.2-3}$$

由以上定理还可断定，$u(x,y)$ 和 $v(x,y)$ 至少有一个不可微时，或者说 $u(x,y)$，$v(x,y)$ 不满足 C-R 条件时，$f(z) = u(x,y) + iv(x,y)$ 必不可微。在研究函数的极限与连续性时，则等价于研究两个实二元函数 $\mathrm{Re}f(z)$ 与 $\mathrm{Im}f(z)$ 的极限与连续性，但研究函数 $f(z)$ 的可微性，并不等价于研究两个实二元函数 $\mathrm{Re}f(z)$ 与 $\mathrm{Im}f(z)$ 的可微性。因此函数的可微（可导）概念在复变函数的研究中，起着分水岭的作用。

(3) 求导法则

由于复变函数中导数的定义与实变函数中导数的定义在形式上是完全相同的，而且复变函数中的极限运算法则也和实变函数中的一样，因而实变函数中的求导法则在复变函数中也都完全适用，而且证明方法也是相同的。现将几个求导公式与法则罗列于下。

① $(c)' = 0$，其中 c 为复常数；

② $(z^n)' = nz^{n-1}$，其中 n 为正整数；

③ $[f(z) \pm g(z)]' = f'(z) \pm g'(z)$；

④ $[f(z)g(z)]' = f'(z)g(z) + f(z)g'(z)$；

⑤ $[f(z)/g(z)]' = [g(z)f'(z) - f(z)g'(z)]/g^2(z)$，$g(z) \neq 0$；

⑥ $\{f[g(z)]\}' = f'(\omega)g'(z)$，其中 $\omega = g(z)$；

⑦ $f'(z) = 1/\varphi'(\omega)$，其中 $\omega = f(z)$ 与 $z = \varphi(\omega)$ 是两个互为反函数的单值函数，且 $\varphi'(\omega) \neq 0$。

4.2.2 解析函数的概念

在复变函数理论中，重要的不是只在个别点可导的函数，而是所谓解析函数。函数可导和解析的区别主要是讨论分析函数时的着眼点不同，前者关注函数在某些点的性质，而后者关注的是函数在某些邻域的性质。

设函数 $f(z)$ 定义于区域 D，若 $z_0 \in D$，且存在 z_0 的邻域 $|z - z_0| < \delta$，$f(z)$ 于此邻域内可微，则称 $f(z)$ 于点 z_0 **解析**。若 $f(z)$ 在 D 内处处解析，便称 $f(z)$ 在 D 解析，或称 $f(z)$ 是 D 内的一个**解析函数**。

由于区域的每一点都是内点，于是函数在区域内解析与函数在区域内可微是等价的。函数 $f(z)$ 在某一点 z_0 解析时，根据定义，它必在 z_0 可微；但 $f(z)$ 在某一点 z_0 可微时，它在 z_0 却未必解析。

如果函数 $f(z)$ 在点 z_0 不解析，但在 z_0 周围各点的邻域内，总存在 $f(z)$ 的解析点，那么，便称点 z_0 为 $f(z)$ 的奇点。

例如 $z = 0$ 是函数 $1/z$ 的奇点；又如点 $z = i$ 和点 $z = -i$ 都是函数 $1/(1 + z^2)$ 的奇点。奇点总是与解析点相联系的，对于那些处处不解析的函数，再讨论奇点非奇点就没有意义了。

仿照函数可微的充要条件，也可给出函数解析的充要条件。设函数 $f(z) = u(x,y) + iv(x,y)$ 在区域 D 上有定义，那么 $f(z)$ 在 D 内解析的充要条件是：$u(x,y)$ 和 $v(x,y)$ 在 D 内可微，而且在 D 内满足 C-R 条件。

如果 $f(z)$ 和 $g(z)$ 在区域 D 内解析，则其和、差、积、商，即 $f(z) \pm g(z)$、$f(z)g(z)$、$f(z)/g(z)$，仍在 D 内解析。解析函数的复合函数仍为解析函数。由此可以推知，所有多项式在复平面上是处处解析的，任何一个有理分式函数 $P(z)/Q(z)$ 在不含分母为零的点的区域是解析函数。

【例题 4-6】　研究 $f(z)=z^2$ 和 $f(z)=|z|^2$ 的解析性。

解： 由例题 4-4 可知，$f(z)=z^2$ 在整个复平面上是解析的。对于 $f(z)=|z|^2$，由于

$$A = \lim_{\Delta z \to 0} \frac{f(z_0+\Delta z)-f(z_0)}{\Delta z} = \lim_{\Delta z \to 0} \frac{|z_0+\Delta z|^2 - |z_0|^2}{\Delta z}$$

$$= \lim_{\Delta z \to 0} \frac{(z_0+\Delta z)(\overline{z_0}+\overline{\Delta z})-z_0\overline{z_0}}{\Delta z} = \lim_{\Delta z \to 0} \left(\overline{z_0}+\overline{\Delta z}+z_0\frac{\overline{\Delta z}}{\Delta z}\right)$$

当 $z_0=0$ 时，极限 $A=0$；当 $z_0 \neq 0$ 时，由于

$$\frac{\overline{\Delta z}}{\Delta z} = \frac{\Delta x - i\Delta y}{\Delta x + i\Delta y} = \frac{1-i\Delta y/\Delta x}{1+i\Delta y/\Delta x} = \frac{1-ki}{1+ki}$$

随 k 而变，极限 A 不趋于一个确定的值，即极限 A 不存在，因而 $f(z)=|z|^2$ 在 $z_0=0$ 可导，而在所有 $z_0 \neq 0$ 的点不可导，根据函数解析的定义，它在整个复平面上处处不解析。

4.2.3　初等函数

本节将把实变函数中的一些常用的初等函数推广到复变数的情形,研究这些初等函数的性质。并说明它们的解析性。

（1）指数函数

在实变函数中,指数函数 e^x 对任何实数 x 都是可导的,且 $(e^x)'=e^x$。

对于复变数 $z=x+iy$ 的情形,我们定义满足下列三个条件的函数为指数函数,记作 $\exp(z)$ 或 e^z。

① $f(z)$ 在复平面内处处解析;

② $f'(z)=f(z)$;

③ 当 $\text{Im}(z)=0$ 时,$f(z)=e^x$,其中 $x=\text{Re}(z)$。

根据指数函数的定义和欧拉公式 $e^{iy}=\cos y+i\sin y$ 不难得出,复变数指数函数应具有形式

$$\exp(z)=e^x(\cos y+i\sin y) \tag{4.2-4}$$

除了原始定义的基本性质以外,指数函数还具有以下性质:

① 非零性,即对任何复数 z,均有 $e^z \neq 0$;

② 与实变指数函数一样,也服从加法定理

$$e^{z_1}e^{z_2}=e^{z_1+z_2} \quad \text{和} \quad e^{z_1}/e^{z_2}=e^{z_1-z_2} \tag{4.2-5}$$

③ 指数函数是周期函数,其周期为纯虚数 $2\pi i$,即

$$e^z=e^z e^{2k\pi i}=e^{z+2k\pi i} \tag{4.2-6}$$

由于 $f(z)=e^z$ 有周期 $2\pi i$,于是 z 在由 $0<\text{Im}(z)<2\pi$ 所定义的带形区域 B 中变化时,可研究 $\omega=e^z$ 的映射性质。设 $\text{Re}(\omega)=u$,$\text{Im}(\omega)=v$。如果 z 从左向右画出一条直线 L：$\text{Im}(z)=y_0$,那么对应 $\omega=\exp(x+y_0 i)$,于是 $|\omega|$ 从 0（不包括 0）增大到 $+\infty$,而 $\text{Arg}(\omega)=y_0$ 保持不变。因此 ω 描出射线 L_1：$\text{Arg}(\omega)=y_0$（不包括 $\omega=0$），这样 L 与 L_1 上的点一一对应。让 y_0 从

0（不包括 0）递增到 2π（不包括 2π），那么直线 L 从下向上扫过 B［图 4-10(a)］，而相应的射线 L_1 按逆时针方向从 ω 平面的正实轴（不包括正实轴）旋转一周再到正实轴（不包括正实轴）［图 4-10(b)］。由此可见，$\omega = \mathrm{e}^z$ 确定从带形 B 到 ω 平面上除去原点和正实轴的一个双方单值映射。

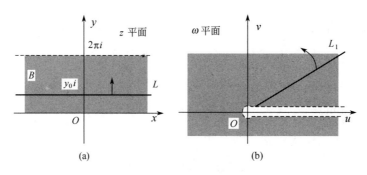

图 4-10　指数函数的区域映射

应该指出的是，指数函数 e^z 中的 e 只表示一种函数关系，并不代表具体的数值。如果让 e 代表一个具体的数值，如 $\mathrm{e}=a$（a 为复常数）时，则函数 $\omega = a^z$ 称为**一般指数函数**，并可记为

$$f(z) = a^z = \mathrm{e}^{z \mathrm{Ln}a} \quad (z \neq 0, \infty) \tag{4.2-7}$$

一般指数函数是无穷多个独立的在 z 平面单值解析的函数。当 $a = \mathrm{e}$，且 $\mathrm{Ln}\,\mathrm{e}$ 取主值时，便得到通常的单值解析函数 e^z。例如，3^i 的具体值为

$$3^i = \mathrm{e}^{i\mathrm{Ln}3} = \mathrm{e}^{i(\ln3 + 2k\pi i)} = \mathrm{e}^{i\ln3 - 2k\pi} \quad (k = 0, \pm1, \pm2, \cdots)$$

其主值为 $\mathrm{e}^{i\ln3}$。

对 a^z 的每个单值连续分支（仍记为 a^z），有

$$(a^z)' = (\mathrm{e}^{z\ln a})' = a^z \ln a \tag{4.2-8}$$

（2）对数函数

和实变函数一样，对数函数定义为指数函数的反函数。我们把满足方程 $\mathrm{e}^{\omega} = z$ 的函数 $\omega = f(z)$ 称为对数函数，并记为

$$\omega = \mathrm{Ln}z \tag{4.2-9}$$

事实上，如果令 $\omega = u + iv$，$z = |z| \mathrm{e}^{i\theta}$，那么

$$\mathrm{e}^{u+iv} = |z| \mathrm{e}^{i\theta}$$

即 $u = \ln|z|$，$v = \theta$，因此

$$\omega = \ln|z| + i\mathrm{Arg}z$$

由于 $\mathrm{Arg}z$ 为多值函数，所以对数函数 $\omega = \mathrm{Ln}z$ 为多值函数，并且每两个值相差 $2\pi i$ 的整数倍，记作

$$\mathrm{Ln}z = \ln|z| + i\mathrm{Arg}z \tag{4.2-10}$$

如果规定式(4.2-10)中的 $\mathrm{Arg}z$ 取主值 $\arg z$（$-\pi < \arg z < \pi$），那么 $\mathrm{Ln}z$ 为一单值函数，记作 $\ln z$，称为 $\mathrm{Ln}z$ 的主值。因此，就有

$$\ln z = \ln|z| + i\arg z \tag{4.2-11}$$

从而其它各分支与主值之间相差 $2k\pi i$，即

$$\mathrm{Ln}z = \mathrm{ln}z + 2k\pi i \quad (k = \pm 1, \pm 2, \cdots) \tag{4.2-12}$$

特别地，当 $z = x > 0$ 时，$\mathrm{Ln}z$ 的主值 $\mathrm{ln}z = \mathrm{ln}x$，就是实变对数函数。

【例题 4-7】 试求 $\mathrm{Ln}2$ 和 $\mathrm{Ln}(-1)$ 以及与它们相应的主值。

解： 因 $\mathrm{Ln}2 = \mathrm{ln}2 + 2k\pi i$，所以其主值就是 $\mathrm{ln}2$。而 $\mathrm{Ln}(-1) = \mathrm{ln}1 + i\,\mathrm{Arg}(-1) = (2k+1)\pi i$，所以它的主值是 $\mathrm{ln}(-1) = \pi i$。

在实变函数中，负数无对数，上例说明复变对数函数是实变对数函数的拓广。利用辐角的相应的性质，不难得出复变对数函数保持了实变对数函数的基本性质，如

$$\mathrm{Ln}(z_1 z_2) = \mathrm{Ln}z_1 + \mathrm{Ln}z_2 \tag{4.2-13}$$

$$\mathrm{Ln}(z_1/z_2) = \mathrm{Ln}z_1 - \mathrm{Ln}z_2 \tag{4.2-14}$$

但应注意，以上两式右端必须取适当的分支才能等于左端的某一分支。

接下来讨论对数函数的解析性，就主值 $\mathrm{ln}z$ 而言，其中 $\mathrm{ln}|z|$ 除原点外在其它点都是连续的；因为当 $z = x + iy$，$x < 0$ 时，

$$\lim_{y \to 0^-} \mathrm{arg}z = -\pi, \qquad \lim_{y \to 0^+} \mathrm{arg}z = \pi$$

从而 $\mathrm{arg}z$ 在原点与负实轴上都不连续。所以，除去原点和负实轴，$\mathrm{ln}z$ 在复平面上其它点处处连续。因而，函数 $\omega = \mathrm{ln}z$ 的映射关系反映在几何上，正是指数函数 $\omega = \mathrm{e}^z$ 的逆映射，如图 4-10 和图 4-11 所示。

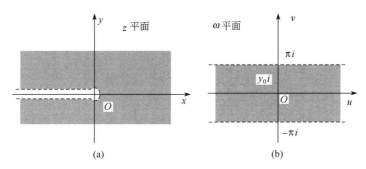

图 4-11 对数函数的映射

综上所述，$z = \mathrm{e}^{\omega}$ 区域 $-\pi < \mathrm{arg}z < \pi$ 内的反函数 $\omega = \mathrm{ln}z$ 是单值的。由反函数的求导法则可知

$$\frac{\mathrm{d}\mathrm{ln}z}{\mathrm{d}z} = 1 \Big/ \frac{\mathrm{d}\mathrm{e}^{\omega}}{\mathrm{d}\omega} = \frac{1}{z} \tag{4.2-15}$$

所以，$\mathrm{ln}z$ 在除去原点及负实轴的平面内解析。由式(4.2-12)可知，$\mathrm{Ln}z$ 的各个分支在除去原点及负实轴的平面内也解析，并且有相同的导数值。以后在应用对数函数 $\mathrm{Ln}z$ 时，都是指它在除去原点及负实轴的平面内的某一单值分支。

(3) 乘幂与幂函数

在高等数学中，我们知道，如果 a 为正数，b 为实数，那么乘幂 a^b 可以表示为 $a^b = \mathrm{e}^{b\mathrm{ln}a}$，现在将它推广到复数的情形。设 a 为一个非零复数，b 为一个任意复数，我们定义复数乘幂 a^b 也为 $\mathrm{e}^{b\mathrm{ln}a}$，即

$$a^b = \mathrm{e}^{b\mathrm{ln}a} \tag{4.2-16}$$

由于 $\mathrm{Ln}a=\ln|a|+i(\arg a+2k\pi)$ 是多值的，因而 a^b 也是多值的。当 b 为整数时，由于

$$a^b=\mathrm{e}^{b\ln a}=\mathrm{e}^{b[\ln|a|+i(\arg a+2k\pi)]}=\mathrm{e}^{b(\ln|a|+i\arg a)+2kb\pi i}=\mathrm{e}^{b\ln a}$$

所以 a^b 具有单一的值。当 $b=m/n$（m 和 n 为互质的整数，$n>0$）时，由于

$$a^b=\mathrm{e}^{\frac{m}{n}\ln a}=\mathrm{e}^{\frac{m}{n}[\ln|a|+i(\arg a+2k\pi)]}=\mathrm{e}^{\frac{m}{n}\ln|a|}\left[\cos\frac{m}{n}(\arg a+2k\pi)+i\sin\frac{m}{n}(\arg a+2k\pi)\right]$$

上式相当于一个复数开 n 次方，即 a^b 应具有 n 个值，也就是当 $k=0,1,2,\cdots,n-1$ 时相应的各个值。

【例题 4-8】试求 $1^{\sqrt{2}}$ 和 i^i 的值。

解： $1^{\sqrt{2}}=\mathrm{e}^{\sqrt{2}\mathrm{Ln}1}=\mathrm{e}^{2k\pi i\sqrt{2}}=\cos(2k\pi\sqrt{2})+i\sin(2k\pi\sqrt{2})\quad(k=0,\pm1,\pm2,\cdots)$

并且，$1^{\sqrt{2}}$ 的主值为 1。对于 i^i，则有

$$i^i=\mathrm{e}^{i\mathrm{Ln}i}=\mathrm{e}^{i\left(\frac{\pi}{2}i+2k\pi i\right)}=\mathrm{e}^{-\left(\frac{\pi}{2}+2k\pi\right)}\quad(k=0,\pm1,\pm2,\cdots)$$

由此可见，i^i 的值都是正实数，其主值为 $\mathrm{e}^{-\pi/2}$。

应当指出，式(4.2-16) 所定义的乘幂 a^b 的意义，当 b 为正整数及分数 $1/n$ 时是与 a 的 n 次幂及 a 的 n 次根的意义完全一致的。因为

① 当 b 为正整数 n 时，根据定义

$$a^n=\mathrm{e}^{n\ln a}=\mathrm{e}^{\mathrm{Ln}a+\mathrm{Ln}a+\cdots+\mathrm{Ln}a}=\mathrm{e}^{\mathrm{Ln}a}\cdot\mathrm{e}^{\mathrm{Ln}a}\cdots\mathrm{e}^{\mathrm{Ln}a}=a\cdot a\cdots a \qquad(4.2\text{-}17)$$

② 当 b 为分数子 $1/n$ 时，有

$$a^{\frac{1}{n}}=\mathrm{e}^{\frac{1}{n}\ln a}=\mathrm{e}^{\frac{1}{n}\ln|a|}\left(\cos\frac{\arg a+2k\pi}{n}+i\sin\frac{\arg a+2k\pi}{n}\right)$$

$$=|a|^{\frac{1}{n}}\left(\cos\frac{\arg a+2k\pi}{n}+i\sin\frac{\arg a+2k\pi}{n}\right)=\sqrt[n]{a} \qquad(4.2\text{-}18)$$

其中，$k=0,1,2,\cdots,n-1$。所以如果 $a=z$ 为一复变数，就得到通常的幂函数 $\omega=z^n$ 的反函数 $\omega=z^{1/n}$。

z^n 在复平面内是单值解析函数，它的求导公式为 $(z^n)'=nz^{n-1}$。而幂函数 $z^{1/n}$ 是一个多值函数，具有 n 个分支，由于对数函数 $\mathrm{Ln}z$ 的各个分支在除去原点和负实轴的复平面内是解析的，因而不难看出它的各个分支在除去原点和负实轴的复平面内也是解析的，并且

$$\left(z^{\frac{1}{n}}\right)'=(\sqrt[n]{z})'=\left(\mathrm{e}^{\frac{1}{n}\mathrm{Ln}z}\right)'=\frac{1}{n}z^{\frac{1}{n}-1} \qquad(4.2\text{-}19)$$

（4）三角函数与双曲函数

根据欧拉[*]公式 $\mathrm{e}^{iy}=\cos y+\sin iy$ 可以写出以下方程组

$$\begin{cases}\mathrm{e}^{i\theta}=\cos\theta+i\sin\theta\\\mathrm{e}^{-i\theta}=\cos\theta-i\sin\theta\end{cases} \qquad(4.2\text{-}20)$$

将以上两式相加与相减，分别得到

$$\cos\theta=\frac{\mathrm{e}^{i\theta}+\mathrm{e}^{-i\theta}}{2},\qquad\sin\theta=\frac{\mathrm{e}^{i\theta}-\mathrm{e}^{-i\theta}}{2i} \qquad(4.2\text{-}21)$$

如果把余弦函数和正弦函数的定义推广到自变数取复值的情形，则得到复变三角函数的定义

$$\cos z=\frac{\mathrm{e}^{iz}+\mathrm{e}^{-iz}}{2},\qquad\sin z=\frac{\mathrm{e}^{iz}-\mathrm{e}^{-iz}}{2i} \qquad(4.2\text{-}22)$$

根据以上定义，由于 e^z 是以 2π 为周期的周期函数，不难证明，余弦函数和正弦函数都是以 2π 为周期的周期函数，即

$$\cos(z+2\pi)=\cos(z),\quad \sin(z+2\pi)=\sin z \tag{4.2-23}$$

也不难推出，$\cos z$ 是偶函数，$\sin z$ 为奇函数，即

$$\cos(-z)=\cos(z),\quad \sin(-z)=-\sin z \tag{4.2-24}$$

此外，由指数函数的导数公式可以求得三角函数的求导公式

$$(\cos z)'=-\sin z,\quad (\sin z)'=\cos z \tag{4.2-25}$$

所以它们都是复平面内的解析函数，且导数公式与实变数的情形完全相同。

从式(4.2-22)易知

$$e^{iz}=\cos z+i\sin z \tag{4.2-26}$$

普遍正确，即对于复数而言，欧拉公式仍然成立。

根据式(4.2-22)及指数函数的加法定理，可以推知三角学中的很多有关余弦函数和正弦函数的公式都是有效的。例如

$$\begin{cases} \cos(z_1\pm z_2)=\cos z_1\cos z_2\mp\sin z_1\sin z_2 \\ \sin(z_1\pm z_2)=\cos z_1\sin z_2\pm\sin z_1\cos z_2 \\ \sin^2 z+\cos^2 z=1 \end{cases} \tag{4.2-27}$$

由此并借助三角函数与双曲函数的关系可得

$$\begin{cases} \cos(x+iy)=\cos x\cosh y-i\sin x\sinh y \\ \sin(x+iy)=\sin x\cosh y+i\cos x\sinh y \end{cases} \tag{4.2-28}$$

这两个公式在具体计算 $\cos z$ 与 $\sin z$ 的值时是有用的。

复变三角函数 $\sin z$ 和 $\cos z$ 保持了与其相应的实变函数的一些基本性质，平面三角学中的所有三角公式对于复变三角学都是适用的。但是，它们与其相应的实变三角函数有本质上的差异。例如，在复平面上，不等式 $|\sin z|\leqslant 1$ 和 $|\cos z|\leqslant 1$ 不再成立，因为从定义式(4.2-22)可以看出：当 $z\to\infty$ 时，函数 $|\sin z|$ 和 $|\cos z|$ 均趋于无穷大。

其它复变数三角函数的定义如下

$$\tan z=\frac{\sin z}{\cos z},\quad \cot z=\frac{\cos z}{\sin z},\quad \sec z=\frac{1}{\cos z},\quad \csc z=\frac{1}{\sin z} \tag{4.2-29}$$

与三角函数 $\cos z$ 和 $\sin z$ 密切相关的是双曲函数。我们定义

$$\cosh z=\frac{e^z+e^{-z}}{2},\quad \sinh z=\frac{e^z-e^{-z}}{2} \tag{4.2-30}$$

分别称为双曲余弦和双曲正弦函数。当 z 为实数 x 时，显然它们与数学分析中的双曲函数的定义完全一致。

双曲函数 $\cosh z$ 和 $\sinh z$ 都是以 $2\pi i$ 为周期的周期函数，前者为偶函数，后者为奇函数，而且它们都是复平面内的解析函数，导数分别为

$$(\cosh z)'=\sinh z,\quad (\sinh z)'=\cosh z \tag{4.2-31}$$

根据定义，不难证明

$$\begin{cases} \cosh(x+iy)=\cosh x\cos y+i\sinh x\sin y \\ \sinh(x+iy)=\sinh x\cos y+i\cosh x\sin y \end{cases} \tag{4.2-32}$$

及

$$\begin{cases} \cosh(z_1+z_2)=\cosh z_1\cosh z_2+\sinh z_1\sinh z_2 \\ \sinh(z_1+z_2)=\sinh z_1\cosh z_2+\cosh z_1\sinh z_2 \\ \cosh^2 z-\sinh^2 z=1 \end{cases} \tag{4.2-33}$$

与三角函数类似，复变数双曲正切和双曲余切函数的定义如下

$$\tanh z = \frac{\sinh z}{\cosh z}, \qquad \coth z = \frac{\cosh z}{\sinh z} \tag{4.2-34}$$

在复数域内，三角函数和双曲函数是可以互换的，并遵循如下变换公式

$$\sinh z = -i\sin iz, \qquad \sin z = -i\sinh iz \tag{4.2-35}$$

$$\cosh z = \cos iz, \qquad \cos z = \cosh iz \tag{4.2-36}$$

$$\tanh z = -i\tan iz, \qquad \tan z = -i\tanh iz \tag{4.2-37}$$

$$\coth z = i\cot iz, \qquad \cot z = i\coth iz \tag{4.2-38}$$

（5）反三角函数与反双曲函数

前边已看到，对于复变函数的情况，指数函数是对数函数、幂函数、三角函数和双曲函数的共同基础。反三角函数和反双曲函数也不例外，也可由对数函数表示，并由指数函数为基础导出它们的定义和计算公式。以下以反正弦函数为例加以说明。

若 $z = \sin\omega$，则称 ω 为 z 的反正弦函数，也即反三角函数定义为三角函数的反函数，记为 $\omega = \text{Arcsin}z$。由于

$$z = \sin\omega = \frac{1}{2i}(e^{i\omega} - e^{-i\omega}) \tag{4.2-39}$$

于是得方程

$$(e^{i\omega})^2 - 2ize^{i\omega} - 1 = 0 \tag{4.2-40}$$

它的根为

$$e^{i\omega} = iz + \sqrt{1-z^2} \tag{4.2-41}$$

其中 $\sqrt{1-z^2}$ 应理解为双值函数。因此，对上式两端取对数，得

$$\text{Arcsin}z = -i\text{Ln}(iz + \sqrt{1-z^2}) \tag{4.2-42}$$

显然，$\text{Arcsin}z$ 是一个多值函数，它的多值性正是 $\sin\omega$ 的奇性和周期性的反映。用同样的方法可以定义反余弦函数和反正切函数，并且重复上述步骤，可以得到它们的表达式

$$\text{Arccos}z = -i\text{Ln}(z + \sqrt{z^2-1}) \tag{4.2-43}$$

$$\text{Arctan}z = -\frac{i}{2}\text{Ln}\frac{1+iz}{1-iz} \tag{4.2-44}$$

反双曲函数定义为双曲函数的反函数。用与推导反三角函数表达式完全类似的步骤可以得到各反双曲函数的表达式

反双曲正弦：
$$\text{Arcsinh}z = \text{Ln}(z + \sqrt{z^2+1}) \tag{4.2-45}$$

反双曲余弦：
$$\text{Arccosh}z = \text{Ln}(z + \sqrt{z^2-1}) \tag{4.2-46}$$

反双曲正切：
$$\text{Arctanh}z = \frac{1}{2}\text{Ln}\frac{1+z}{1-z} \tag{4.2-47}$$

它们也都是多值函数。

4.3　复变函数的积分

解析函数的许多性质，往往用它的积分来表示。如果不用积分，就很难证明解析函数的导数是连续的，也很难证明解析函数各阶导数的存在性。只与微分学有关的问题，却不能免除对积分的使用，这正是复变函数与实变函数最根本的区别之一。本节介绍复变函数积分的

概念，讨论解析函数积分的性质，并给出相关的定理与计算公式。

4.3.1　积分定义及性质

复变函数的积分，主要是考虑沿复平面上的曲线的积分。而所讨论的曲线，如无特别声明也仅限于光滑或逐段光滑的简单曲线，并且该曲线应该是有向的。对于逐段光滑的简单闭曲线（或称围道或闭路）C，规定当观察者沿 C 环行时 C 的内部总在观察者的左方，就称此环行方向为 C 的正向，记为 C；相反的方向为 C 的负向，记为 C^-。如果曲线 C 不是闭曲线，则通过指明始点和终点来确定其方向。

（1）积分的定义

设函数 $\omega = f(z)$ 定义在区域 D 上，C 为区域 D 内起点为 α 终点为 β 的一条光滑的有向曲线。把曲线 C 任意分成 n 个弧段，设分点为

$$\alpha = z_0,\ z_1,\ z_2,\ \cdots,\ z_k,\ \cdots,\ z_n = \beta$$

在每个弧段 $\overline{z_{k-1}z_k}$（$k=1,2,\cdots,n$）任取一点 ζ_k，如图 4-12 所示，并作和式

$$S_n = \sum_{k=1}^n f(\zeta_k)(z_k - z_{k-1}) = \sum_{k=1}^n f(\zeta_k)\Delta z_k$$

记 $\Delta S_k = \overline{z_{k-1}z_k}$ 为弧段的长度，$\delta = \max\{\Delta S_k\}$，（$1 \leqslant k \leqslant n$）。当 n 无限增加，且 δ 趋于零时，如果不论对 C 的分法及 ζ_k 的取法如何，S_n 有唯一极限，那么称该极限值为函数 $f(z)$ 沿曲线 C 的**积分**，记作

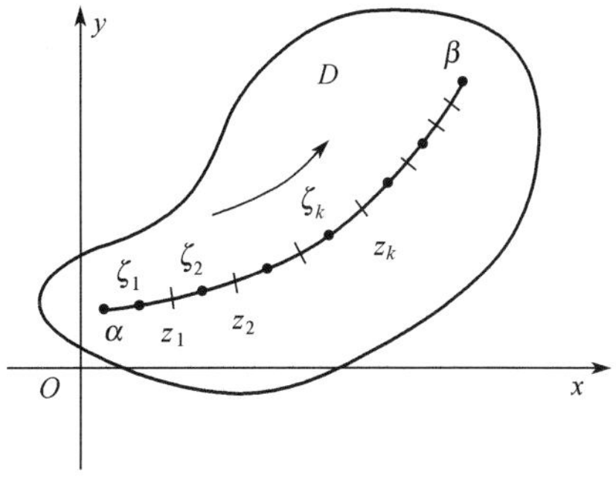

$$\int_C f(z)\mathrm{d}z = \lim_{n\to\infty}\sum_{k=1}^n f(\zeta_k)\Delta z_k \qquad (4.3\text{-}1)$$

图 4-12　曲线积分路线

其中 C 被称为积分路线或积分路径。如果 C 为闭曲线，那么沿此闭曲线的积分称为**环路积分**。

（2）积分存在条件及积分方法

设光滑曲线 C 可由参数方程

$$z = z(t) = x(t) + iy(t) \qquad (t_a \leqslant t \leqslant t_\beta) \tag{4.3-2}$$

给出，正方向为参数 t 增加的方向，参数 t_α 及 t_β 对应着起点 α 及终点 β，并且 $z'(t) \neq 0$。

如果 $f(z) = u(x,y) + iv(x,y)$ 在 D 上处处连续，那么 $u(x,y)$ 及 $v(x,y)$ 均为 D 上的连续函数。设 $\zeta_k = \xi_k + i\eta_k$，由于 $\Delta z_k = \Delta x_k + i\Delta y_k$，所以

$$\begin{aligned}
\sum_{k=1}^n f(\zeta_k)\Delta z_k &= \sum_{k=1}^n [u(\xi_k+\eta_k) + iv(\xi_k+\eta_k)](\Delta x_k + i\Delta y_k) \\
&= \sum_{k=1}^n [u(\xi_k+\eta_k)\Delta x_k - v(\xi_k+\eta_k)\Delta y_k] + i\sum_{k=1}^n [v(\xi_k+\eta_k)\Delta x_k + u(\xi_k+\eta_k)\Delta y_k]
\end{aligned}$$

$$\tag{4.3-3}$$

由于 u、v 都是连续函数，根据线积分的存在定理，我们知道当 n 无限增大而弧段长度最大

值趋于零时，不论对 C 的分法和点 (ξ_k, η_k) 取法如何，式(4.3-3)右端的两个和式的极限都是存在的。因此有

$$\int_C f(z)\mathrm{d}z = \int_C u\,\mathrm{d}x - v\,\mathrm{d}y + i\int_C v\,\mathrm{d}x + u\,\mathrm{d}y \tag{4.3-4}$$

以上结果说明：

① 当 $f(z)$ 是连续函数而 C 是光滑曲线时，积分 $\int_C f(z)\mathrm{d}z$ 是一定存在的；

② 曲线积分 $\int_C f(z)\mathrm{d}z$ 的值可以通过两个实二元函数的线积分来计算。

根据线积分的计算方法，我们有

$$\int_C f(z)\mathrm{d}z = \int_{t_\alpha}^{t_\beta} \{u[x(t),\ y(t)]x'(t) - v[x(t),\ y(t)]y'(t)\}\,\mathrm{d}t +$$
$$i\int_{t_\alpha}^{t_\beta} \{v[x(t),\ y(t)]x'(t) + u[x(t),\ y(t)]y'(t)\}\,\mathrm{d}t \tag{4.3-5}$$

上式右端可以写成

$$\int_{t_\alpha}^{t_\beta} \{u[x(t),\ y(t)] + iv[x(t),\ y(t)]\}\,[x'(t) + iy'(t)]\,\mathrm{d}t = \int_{t_\alpha}^{t_\beta} f[z(t)]z'(t)\mathrm{d}t \tag{4.3-6}$$

即

$$\int_C f(z)\mathrm{d}z = \int_{t_\alpha}^{t_\beta} f[z(t)]z'(t)\mathrm{d}t \tag{4.3-7}$$

如果 C 是由 $C_1, C_2, \cdots, C_n$ 等光滑曲线段依次相互连接所组成的按段光滑曲线，那么我们定义

$$\int_C f(z)\mathrm{d}z = \int_{C_1} f(z)\mathrm{d}z + \int_{C_2} f(z)\mathrm{d}z + \cdots + \int_{C_n} f(z)\mathrm{d}z \tag{4.3-8}$$

今后所讨论的积分，如无特别说明，总假定被积函数是连续，曲线 C 是按段光滑的。

(3) 积分性质

从积分的定义可以推得积分的下列一些简单性质，它们与实变函数中定积分的性质类似。

① $\displaystyle\int_C f(z)\mathrm{d}z = -\int_{C^-} f(z)\mathrm{d}z$ \hfill (4.3-9)

② $\displaystyle\int_C kf(z)\mathrm{d}z = k\int_C f(z)\mathrm{d}z$ （k 为常数） \hfill (4.3-10)

③ $\displaystyle\int_C [f(z) \pm g(z)]\,\mathrm{d}z = \int_C f(z)\mathrm{d}z \pm \int_C g(z)\mathrm{d}z$ \hfill (4.3-11)

④ 设曲线 C 的长度为 L，函数 $f(z)$ 在 C 上满足 $|f(z)| \leqslant M$，则有

$$\left| \int_C f(z)\mathrm{d}z \right| \leqslant \int_C |f(z)|\,\mathrm{d}s \leqslant M \cdot L \tag{4.3-12}$$

【例题 4-9】 计算 $\displaystyle\int_C z\,\mathrm{d}z$，其中 C 为从原点到点 $2+3i$ 的直线。

解：直线的方程可写作

$$z = x + iy = (2+3i)t \quad (0 \leqslant t \leqslant 1)$$

在 C 上 $z = (2+3i)t$，$\mathrm{d}z = (2+3i)\mathrm{d}t$，则有

$$\int_C z\,\mathrm{d}z = \int_0^1 (2+3i)^2 t\,\mathrm{d}t = \frac{1}{2}(2+3i)^2$$

【例题 4-10】　计算积分 $\oint_C \dfrac{1}{(z-z_0)^{n+1}}\mathrm{d}z$，其中 C 为如图 4-13 所示的以 z_0 为中心，r 为半径的正向圆周，n 为整数。

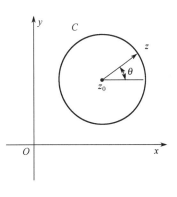

　　解：C 的方程可写作

$$z = z_0 + r\mathrm{e}^{i\theta} \qquad (0 \leqslant \theta \leqslant 2\pi)$$

所以

$$\oint_C \frac{1}{(z-z_0)^{n+1}}\mathrm{d}z = \int_0^{2\pi} \frac{ir\mathrm{e}^{i\theta}}{r^{n+1}\mathrm{e}^{i(n+1)\theta}}\mathrm{d}\theta = \frac{i}{r^n}\int_0^{2\pi} \mathrm{e}^{-in\theta}\mathrm{d}\theta$$

图 4-13　例题 4-10 图示

因此

$$\oint_C \frac{1}{(z-z_0)^{n+1}}\mathrm{d}z = \begin{cases} 2\pi i & (n=0) \\ 0 & (n \neq 0) \end{cases}$$

4.3.2　柯西定理

　　柯西定理和下节要介绍的柯西公式是复变函数的理论基础之一，解析函数的许多重要结果，都是利用它们来证明的。

　　根据复变函数积分的定义，积分不仅依赖于被积函数，而且依赖于所取的积分路线曲线 C。但有时，积分结果又与积分路径无关。因此很自然地提出：函数应当满足怎样的条件，才能使它的积分与积分路径无关？与实变函数的曲线积分情形一样，和这个问题相联系的是找出 $f(x)$ 沿任一条闭曲线的积分为零的条件。对于复变函数的情形，柯西给出了如下定理。

　　若函数 $f(z)$ 在单连域 D 内解析，并且 $f'(z)$ 连续，则对 D 内任一闭路 C，有

$$\int_C f(z)\mathrm{d}z = 0 \tag{4.3-13}$$

该定理可以利用曲线积分的格林（Green）定理和柯西-黎曼条件得到证明。事实上，该定理中关于 $f'(z)$ 连续的条件，是可以去掉的。1900 年，法国数学家古萨（Guorsat）证明了不含 $f'(z)$ 连续条件的柯西定理。因此，不含 $f'(z)$ 连续条件的柯西定理又称柯西-古萨定理。

　　从柯西基本定理出发，还可以推出以下三个定理。

　　定理一　如果函数 $f(z)$ 在单连域 D 内处处解析，那么积分 $\displaystyle\int_C f(z)\mathrm{d}z$ 与连接起点及终点的路线 C 无关。

　　因为线积分与路线无关和沿封闭曲线的积分为零是两个等价的性质，所以定理一显然成立。

　　由定理一可知，解析函数在单连域内的积分只与积分起点 z_0 及终点 z_1 有关，如图 4-14 所示，因而有

$$\int_C f(z)\mathrm{d}z = \int_{z_0}^{z_1} f(z)\mathrm{d}z \qquad (4.3\text{-}14)$$

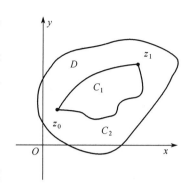

其中，z_0 和 z_1 分别称为积分的下限和上限。如果让下限 z_0 固定，而上限 z_1 变动，即 $z_1 = z$，那么积分 $\int_{z_0}^{z} f(z)\mathrm{d}z$ 是上限 z 的函数

$$F(z) = \int_{z_0}^{z} f(z)\mathrm{d}z \qquad (4.3\text{-}15)$$

式中，$F(z)$ 为 $f(z)$ 的原函数。原函数的定义与实变函数的情形是一样的，即如果函数 $\varphi(z)$ 的导数等于 $f(z)$，即 $\varphi'(z) = f(z)$，那么称 $\varphi(z)$ 为 $f(z)$ 的原函数。

图 4-14 积分路径

基于式(4.3-15)中的积分，可以给出第二个定理。

定理二 如果 $f(z) = u + iv$ 在单连域 D 内处处解析，那么函数 $F(z)$ 必为一解析函数，并且 $F'(z) = f(z)$。

根据这些定理很容易证明，$f(z)$ 的任何两个原函数相差一个常数。设 $G(z)$ 和 $H(z)$ 是 $f(z)$ 的任何两个原函数，那么

$$G(z) - H(z) = c \qquad (4.3\text{-}16)$$

式中，c 为任意常数。

利用原函数的这个关系，我们可以推得与牛顿-莱布尼兹公式类似的解析函数的积分计算公式。

定理三 如果 $f(z)$ 在单连域 D 内处处解析，$G(z)$ 为 $f(z)$ 的一个原函数，那么

$$\int_{z_0}^{z_1} f(z)\mathrm{d}z = G(z_1) - G(z_0) \qquad (4.3\text{-}17)$$

式中，z_0、z_1 为区域 D 内的两点。

以上定理均是针对单连通域的，下面将柯西定理推广到多连通域。

设 C 为多连通域 D 内的一条简单闭曲线，$C_1, C_2, \cdots, C_n$ 是在 C 内部的简单闭曲线，它们互不包含也互不相交，并且以 $C, C_1, C_2, \cdots, C_n$ 为边界的区域全属于 D，如图 4-15 所示。如果函数 $f(z)$ 在区域 D 内解析，在由 C 和 D 组成的闭域上连续，那么

$$\oint_C f(z)\mathrm{d}z = \sum_{k=1}^{n} \oint_{C_k} f(z)\mathrm{d}z \qquad (4.3\text{-}18)$$

其中，C 及 C_k 均取正方向。

$$\oint_\Gamma f(z)\mathrm{d}z = 0 \qquad (4.3\text{-}19)$$

这里 Γ 为由 C 及 C_k^-（$k = 1, 2, \cdots, n$）所组成的复合闭路（C 取正方向，C_k^- 取负方向）。

以上定理说明，一个解析函数沿闭曲线的积分，不因闭曲线在区域内作连续变形而改变它的值，这一重要事实，称为闭路变形原理。例如，当 C 为以 z_0 为中心的正向圆周时，$\oint_C [1/(z - z_0)]\mathrm{d}z = 2\pi i$，所以根据闭路变形原理，对于包含 z_0 的任何一条正向简单闭曲线 Γ 有：

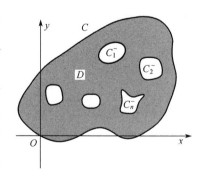

图 4-15 多连通域积分路径

$$\oint_{\Gamma}[1/(z-z_0)]\mathrm{d}z = 2\pi i \, 。$$

【例题 4-11】 计算 $\oint_{\Gamma}[1/(z^2-z)]\mathrm{d}z$ 的值，Γ 为包含圆周 $|z|=1$ 在内的任何正向简单闭曲线。

解： 设 C_1 和 C_2 是 Γ 内两个互不包含也不相交的正向圆周，而且在被积函数的两个奇点 $z=0$ 与 $z=1$ 中，C_1 只包含原点 $z=0$，C_2 只包含 $z=1$，如图 4-16 所示，则

$$\oint_{\Gamma}\frac{1}{z^2-z}\mathrm{d}z = \oint_{C_1}\frac{1}{z^2-z}\mathrm{d}z + \oint_{C_2}\frac{1}{z^2-z}\mathrm{d}z$$

$$= \oint_{C_1}\frac{1}{z-1}\mathrm{d}z - \oint_{C_1}\frac{1}{z}\mathrm{d}z + \oint_{C_2}\frac{1}{z-1}\mathrm{d}z - \oint_{C_2}\frac{1}{z}\mathrm{d}z$$

$$= 0 - 2\pi i + 2\pi i - 0 = 0$$

4.3.3 柯西积分公式

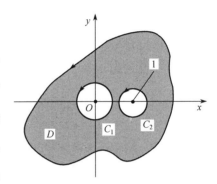

设 D 为一单连域，z_0 为 D 中的一点，如果 $f(z)$ 在 D 内解析，则有 $\oint_C f(z)\mathrm{d}z = 0$。但由于函数 $f(z)/(z-z_0)$ 在 z_0 不解析，所以在 D 内沿围绕 z_0 的一条闭曲线 C 的积分 $\oint_C [f(z)/(z-z_0)]\mathrm{d}z$ 一般不会为零。但是根据闭路变形原理，该积分的值沿任何一围绕 z_0 的简单闭曲线都是相同的。既然沿围绕 z_0 的任何简单闭曲线的积分值都相同，那么我们就取以 z_0 为中心，半径为 δ 的很小的圆周 $|z-z_0|=\delta$（取其正向）作为

图 4-16 例题 4-11 图示

积分曲线 C。由于 $f(z)$ 的连续性，在 C 上的函数值 $f(z)$ 与在圆心 z_0 的函数值相差很小，这使我们想到积分 $\oint_C [f(z)/(z-z_0)]\mathrm{d}z$ 的值随 δ 的缩小而逐渐接近于

$$\oint_C \frac{f(z)}{z-z_0}\mathrm{d}z = f(z_0)\oint_C \frac{1}{z-z_0}\mathrm{d}z = 2\pi i f(z_0) \tag{4.3-20}$$

实际上，两者是完全相等的，这与下面的柯西积分公式是完全一致的。

如果 $f(z)$ 在区域 D 内处处解析，C 为 D 内的任何一条正向简单闭曲线，它的内部完全属于 D，z_0 为包含在 C 内的任一点，那么

$$f(z_0) = \frac{1}{2\pi i}\oint_C \frac{f(z)}{z-z_0}\mathrm{d}z \tag{4.3-21}$$

式(4.3-21)即为著名的**柯西积分公式**，通常也简称柯西公式。柯西积分公式反映了解析函数值之间很深刻的性质：$f(z)$ 在 D 内的值，可由它在边界上的值通过积分而得到。只要 $f(z)$ 在 C 上的值确定，它在 D 内的值也就随之确定。

柯西积分公式的证明如下。

证明： 由于 $f(z)$ 在 z_0 连续，任意给定 $\varepsilon > 0$，必有一个 $\delta(\varepsilon) > 0$，当 $|z-z_0| < \delta$ 时，$|f(z)-f(z_0)| < \varepsilon$。设以 z_0 为中心，R 为半径的圆周 K：$|z-z_0|=R$ 全部在 C 的内部，如图 4-17 所示，且 $R < \delta$，那么

$$\oint_C \frac{f(z)}{z-z_0}\mathrm{d}z = \oint_K \frac{f(z)}{z-z_0}\mathrm{d}z$$

$$= \oint_K \frac{f(z_0)}{z-z_0}\mathrm{d}z + \oint_K \frac{f(z)-f(z_0)}{z-z_0}\mathrm{d}z$$

$$= 2\pi i f(z_0) + \oint_K \frac{f(z)-f(z_0)}{z-z_0}\mathrm{d}z$$

(4.3-22)

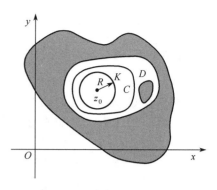

图 4-17　柯西积分路径

由式(4.3-12)可知

$$\oint_K \frac{f(z)-f(z_0)}{z-z_0}\mathrm{d}z \leqslant \oint_K \frac{|f(z)-f(z_0)|}{|z-z_0|}\mathrm{d}s < \frac{\varepsilon}{R}\oint_K \mathrm{d}s = 2\pi\varepsilon$$

(4.3-23)

上式表明积分的模可以任意小，只要 R 足够小就行了。

由于该积分的值与 R 无关，所以对所有的包含在 K 内的 R，该积分值为零。因此，由式(4.3-22)即得所要证的式(4.3-21)。

如果 C 是圆周 $z = z_0 + R\mathrm{e}^{i\theta}$，那么式(4.3-21)成为

$$f(z_0) = \frac{1}{2\pi}\int_0^{2\pi} f(z_0 + R\mathrm{e}^{i\theta})\mathrm{d}\theta$$

(4.3-24)

这就是说，一个解析函数在圆心处的值等于它在圆周上的平均值。

【例题 4-12】　试求函数 $\sin z/z$ 和 $3z/[(z+1)(z-2)]$ 沿正向圆周 C：$|z|=3$ 上的积分值。

解：（1）由柯西公式得

$$\oint_{|z|=3} \frac{\sin z}{z}\mathrm{d}z = 2\pi i \sin 0 = 0$$

（2）
$$\oint_{|z|=3} \frac{3z}{(z+1)(z-2)}\mathrm{d}z = \oint_{|z|=3}\left[\frac{1}{z+1}+\frac{2}{z-2}\right]\mathrm{d}z = 2\pi i \cdot 1 + 2\pi i \cdot 2 = 6\pi i$$

4.3.4　解析函数的高阶导数

一个解析函数不仅有一阶导数，并且有各高阶导数。这一点与实变函数完全不同，因为一个实变函数的可导性不保证其导数的连续性，因而不能保证高阶导数的存在。关于解析函数的高阶导数我们有下面的定理

$$f^{(n)}(z_0) = \frac{n!}{2\pi i}\int_C \frac{f(z)}{(z-z_0)^{n+1}}\mathrm{d}z \quad (n=1,2,\cdots)$$

(4.3-25)

其中，C 为在函数 $f(z)$ 的解析域 D 内围绕 z_0 的任何一条正向简单闭曲线，而且它的内部全属于 D。

现对以上定理给出证明。先证式(4.3-25)当 $n=1$ 时成立。

设 z 是 D 内任意一点，取 $\Delta z \neq 0$，使 $z + \Delta z \in D$，只需证明当 $\Delta z \to 0$ 时，下式也趋于 0。

$$\frac{f(z_0+\Delta z)-f(z_0)}{\Delta z} - \frac{1}{2\pi i}\int_C \frac{f(z)}{(z-z_0)^2}\mathrm{d}z$$

$$=\frac{1}{\Delta z}\left[\frac{1}{2\pi i}\int_C\frac{f(z)}{(z-z_0-\Delta z)}\mathrm{d}z-\frac{1}{2\pi i}\int_C\frac{f(z)}{(z-z_0)}\mathrm{d}z-\frac{1}{2\pi i}\int_C\frac{f(z)}{(z-z_0)^2}\mathrm{d}z\right]$$

$$=\frac{\Delta z}{2\pi i}\int_C\frac{f(z)}{(z-z_0-\Delta z)(z-z_0)^2}\mathrm{d}z$$

我们考察等式右边。设以 z_0 为圆心，以 $2d$ 为半径的圆域完全在 D 内，并在这圆域内取 $z+\Delta z$，使得 $0<|\Delta z|<d$，那么当 $z\in D$ 时，

$$|z-z_0|>d，\quad|z-z_0-\Delta z|>d$$

设 $|f(z)|$ 在 C 上的一个上界是 M，并且设 C 的长度是 l，于是有

$$\left|\frac{\Delta z}{2\pi i}\int_C\frac{f(z)}{(z-z_0-\Delta z)(z-z_0)^2}\mathrm{d}z\right|\leqslant\frac{|\Delta z|}{2\pi i}\frac{Ml}{d^3}$$

因此当 $\Delta z\to0$ 时

$$\frac{\Delta z}{2\pi i}\int_C\frac{f(z)}{(z-z_0-\Delta z)(z-z_0)^2}\mathrm{d}z\to0$$

应用数学归纳法，可证明 $f(z)$ 在 D 内有任意阶导数，并且式(4.3-25)成立。

式(4.3-25)说明了对柯西型积分 $\frac{1}{2\pi i}\int_C\frac{f(z)}{z-z_0}\mathrm{d}z$ 关于 z 求导时，允许在积分号下求导，即

$$\frac{\mathrm{d}^n}{\mathrm{d}z^n}\left(\frac{1}{2\pi i}\int_C\frac{f(z)}{z-z_0}\mathrm{d}z\right)=\frac{n!}{2\pi i}\int_C\frac{f(z)}{(z-z_0)^{n+1}}\mathrm{d}z=\frac{1}{2\pi i}\int_C\frac{d^n}{dz^n}\left[\frac{f(z)}{z-z_0}\right]\mathrm{d}z\quad(4.3-26)$$

【例题 4-13】　试求下列积分的值，其中 C 为正向圆周：$|z|=r>1$。

(1) $\oint_C\frac{\cos\pi z}{(z-1)^5}\mathrm{d}z$；　　(2) $\oint_C\frac{\mathrm{e}^z}{(z^2+1)^2}\mathrm{d}z$。

解： (1) 函数 $\cos\pi z/(z-1)^5$ 在 C 内的 $z=1$ 处不解析，但 $\cos\pi z$ 在 C 内却是处处解析的。根据式(4.3-25)可得

$$\oint_C\frac{\cos\pi z}{(z-1)^5}\mathrm{d}z=\frac{2\pi i}{(5-1)!}(\cos\pi z)^{(4)}\big|_{z=1}=-\frac{\pi^5 i}{12}$$

(2) 函数 $\mathrm{e}^z/(z^2+1)^2$ 在 C 内的 $z=\pm i$ 处不解析，但 e^z 在 C 内却是处处解析的。在 C 内分别以 i 和 $-i$ 为中心作正向圆周 C_1 和 C_2，如图 4-18 所示，那么函数 $\mathrm{e}^z/(z^2+1)^2$ 在由 C、C_1 和 C_2 所围成的区域中是解析的。根据复合闭路原理可有

$$\oint_C\frac{\mathrm{e}^z}{(z^2+1)^2}\mathrm{d}z=\oint_{C_1}\frac{\mathrm{e}^z}{(z^2+1)^2}\mathrm{d}z+\oint_{C_2}\frac{\mathrm{e}^z}{(z^2+1)^2}\mathrm{d}z$$

由式(4.3-25)可得

$$\oint_{C_1}\frac{\mathrm{e}^z}{(z^2+1)^2}\mathrm{d}z=\oint_{C_1}\frac{\mathrm{e}^z/(z+i)^2}{(z-i)^2}\mathrm{d}z$$

$$=\frac{2\pi i}{(2-1)!}\left[\frac{\mathrm{e}^z}{(z+i)^2}\right]'\bigg|_{z=i}=\frac{(1-i)\mathrm{e}^i}{2}\pi$$

同样可得

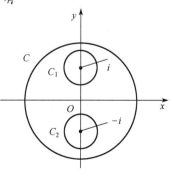

图 4-18　例题 4-13 图示

$$\oint_{C_2} \frac{e^z}{(z^2+1)^2}dz = -\frac{(1+i)e^{-i}}{2}\pi$$

所以

$$\oint_C \frac{e^z}{(z^2+1)^2}dz = \frac{\pi}{2}(1-i)(e^i-e^{-i}) = \frac{\pi}{2}(1-i)2(\cos1-\sin1) = i\pi\sqrt{2}\sin\left(1-\frac{\pi}{4}\right)$$

4.4　复变级数

与实变函数类似，在复变函数中也存在不同形式的级数，如幂级数、泰勒级数和在实变函数中未提及过的罗朗级数。研究这些级数，一者是建立"函数的解析性与它是否可展开成幂级数的问题是等价的"这样一个重要结果；二者是要讨论圆环内解析函数的展开问题，并以此为工具研究函数在孤立奇点的性质。

4.4.1　复数项级数

（1）数列的极限

设 $\{\alpha_n\}$（$n=1,2,\cdots$）为一复数列，其中 $\alpha_n = a_n + ib_n$，又设 $\alpha = a + ib$ 为一确定的复数，如果任意给定 $\varepsilon > 0$，相应地能找到一个正整数 $N(\varepsilon)$，使 $|\alpha_n - \alpha| < \varepsilon$ 在 $n > N$ 时成立，那么 α 称为 $\{\alpha_n\}$ 当 $n \to \infty$ 时的**极限**，记作

$$\lim_{n\to\infty}\alpha_n = \alpha \tag{4.4-1}$$

此时也称数列 $\{\alpha_n\}$ 收敛于 α。数列 $\{\alpha_n\}$（$n=1,2,\cdots$）收敛于 α 的充要条件是

$$\lim_{n\to\infty}a_n = a, \qquad \lim_{n\to\infty}b_n = b \tag{4.4-2}$$

（2）复数级数

设 $\{\alpha_n\} = \{a_n + ib_n\}$（$n=1,2,\cdots$）为一复数列，则表达式

$$\sum_{n=1}^{\infty}\alpha_n = \alpha_1 + \alpha_2 + \cdots + \alpha_n + \cdots \tag{4.4-3}$$

称为无穷级数，其最前面 n 项的和

$$s_n = \alpha_1 + \alpha_2 + \cdots + \alpha_n \tag{4.4-4}$$

称为级数的部分和。

如果部分和数列 $\{s_n\}$ 收敛，那么称级数 $\sum_{n=1}^{\infty}\alpha_n$ 收敛，并且极限 $\lim_{n\to\infty}s_n = s$ 称为级数的和。如果数列 $\{s_n\}$ 不收敛，那么称级数发散。

级数 $\sum_{n=1}^{\infty}\alpha_n$ 收敛的充要条件是级数 $\sum_{n=1}^{\infty}a_n$ 和 $\sum_{n=1}^{\infty}b_n$ 都收敛。该定理将复数项级数的收敛问题转化为实数项级数的收敛问题，而由实数项级数 $\sum_{n=1}^{\infty}a_n$ 和 $\sum_{n=1}^{\infty}b_n$ 收敛的必要条件

$$\lim_{n\to\infty}a_n = 0, \qquad \lim_{n\to\infty}b_n = 0 \tag{4.4-5}$$

因而可推出复数项级数 $\sum_{n=1}^{\infty}\alpha_n$ 收敛的必要条件是 $\lim_{n\to\infty}\alpha_n = 0$。如果 $\sum_{n=1}^{\infty}|\alpha_n|$ 收敛，那么 $\sum_{n=1}^{\infty}\alpha_n$ 也收敛，并且绝对收敛。

4.4.2　幂级数

设 $\{f_n(z)\}$ $(n=1,2,\cdots)$ 为一复变函数序列，其中各项在区域 D 内有定义。表达式

$$f_1(z)+f_2(z)+\cdots+f_n(z)+\cdots \tag{4.4-6}$$

叫作复变函数项级数，简称复变级数，记作 $\sum_{n=1}^{\infty}f_n(z)$。该级数的前 n 项的和

$$s_n(z)=\sum_{k=1}^{n}f_k(z)=f_1(z)+f_2(z)+\cdots+f_n(z) \tag{4.4-7}$$

叫作级数的部分和。

如果对于 D 内的某一点 z_0，极限

$$\lim_{n\to\infty}s_n(z_0)=s(z_0) \tag{4.4-8}$$

存在，那么我们说复变级数（4.4-6）在 z_0 收敛，而 $s(z_0)$ 就是它的和。如果级数在 D 内处处收敛，那么它的和一定是 z 的一个函数，即

$$s(z)=f_1(z)+f_2(z)+\cdots+f_n(z)+\cdots \tag{4.4-9}$$

（1）幂级数的概念

当 $f_n(z)=c_{n-1}(z-a)^{n-1}$ 或 $f_n(z)=c_{n-1}z^{n-1}$ 时，那么得到函数项级数的特殊情形

$$\sum_{n=0}^{\infty}c_n(z-a)^n=c_0+c_1(z-a)+c_2(z-a)^2+\cdots+c_n(z-a)^n+\cdots \tag{4.4-10}$$

或

$$\sum_{n=0}^{\infty}c_n z^n=c_0+c_1 z+c_2 z^2+\cdots+c_n z^n+\cdots \tag{4.4-11}$$

这种级数叫作幂级数。在式(4.4-10) 中，如果做代换 $z-a=\zeta$，那么就得到式(4.4-11) 的形式。为了方便，以后就以后者的形式来讨论。

同实变函数一样，关于复变幂级数也有阿贝耳（Abel）定理：如果级数 $\sum_{n=1}^{\infty}c_n z^n$ 在 $z=z_0$ $(z_0\neq 0)$ 收敛，那么对满足 $|z|<|z_0|$ 的 z，级数必绝对收敛。如果在 $z=z_0$ 级数发散，那么对满足 $|z|>|z_0|$ 的 z，级数必发散。

（2）幂级数的收敛半径

利用阿贝耳定理，可以定出幂级数的收敛范围。对一个幂级数来说，它的收敛情况不外乎下面三种。

① 对所有的正实数都是收敛的。这时，根据阿贝耳定理可知级数在复平面上是绝对处处收敛的。

② 对所有的正实数除 $z=0$ 外都是发散的。这时，级数在复平面上除原点外处处发散。

③ 既存在使级数收敛的正实数，也存在使级数发散的正实数。设 $z=\alpha$（正实数）时，级数收敛；$z=\beta$（正实数）时，级数发散。那么，在以原点为中心，α 为半径的圆周 C_α 内，级数绝对收敛；在以原点为中心，β 为半径的圆周 C_β 外，级数发散。显然，$\alpha<\beta$。否则，级数将在 α 处发散。现在设想把 z 平面内级数收敛的部分染成灰色，发散的部分空白。当 α 由小逐渐变大时，C_α 必定逐渐接近一个以原点为中心，R 为半径的圆周 C_R。在 C_R 的内部都是灰色，外部都是空白。

以上讨论的灰白两色的分界圆 C_R 叫作幂级数的收敛圆，如图 4-19 所示。在收敛圆的内部，级数绝对收敛；在收敛圆的外部，级数发散。收敛圆的半径 R 叫作收敛半径。所以

幂级数（4.4-11）的收敛范围是以原点为中心的圆域。对幂级数（4.4-10）来说，它的收敛范围是以 $z=a$ 为中心的圆域。在收敛圆的圆周上是收敛还是发散，不能作出一般的结论，要对具体级数进行具体分析。

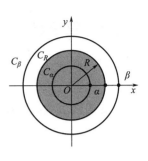

图 4-19 收敛圆

【例题 4-14】 考察等比级数 $\sum\limits_{n=0}^{\infty} z^n = 1+z+z^2+\cdots+z^n+\cdots$ 的收敛性。

解： 该级数的部分和为

$$s_n = 1+z+z^2+\cdots+z^{n-1} = \frac{1-z^n}{1-z} \quad (z\neq 1)$$

当 $|z|<1$ 时，由于 $\lim\limits_{n\to\infty} z^n = 0$，从而有 $\lim\limits_{n\to\infty} s^n = 1/(1-z)$，即 $|z|<1$ 时，级数 $\sum_{n=0}^{\infty} z^n$ 收敛，和函数为 $1/(1-z)$；当 $|z|\geq 1$ 时，由于 $n\to\infty$ 时，级数的一般项 z^n 不趋于零，故级数发散。根据阿贝耳定理可知，等比级数 $\sum_{n=0}^{\infty} z^n$ 的收敛半径为 1，它在圆域 $|z|<1$ 内不仅收敛，而且绝对收敛，并有

$$\frac{1}{1-z} = 1+z+z^2+\cdots+z^n+\cdots$$

(3) 收敛半径的求法

关于幂级数(4.4-11)收敛半径的求法，有检比法和检根法两种方法，以下分别以定理的形式列出。

如果 $\lim\limits_{n\to\infty} |c_{n+1}/c_n| = \lambda \neq 0$，那么利用检比法计算收敛半径 R 的公式为

$$R = \frac{1}{\lambda} \tag{4.4-12}$$

应该注意，在以上定理中假定级数的极限存在且不为零。如果 $\lambda=0$，那么对任何 z，级数 $\sum_{n=0}^{\infty} |c_n||z^n|$ 收敛，从而级数 $\sum_{n=0}^{\infty} c_n z^n$ 在平面上处处收敛，即 $R=\infty$。如果 $\lambda=+\infty$，那么对于除 $z=0$ 外的一切 z，级数 $\sum_{n=0}^{\infty} |c_n||z^n|$ 都不收敛。因此 $\sum_{n=0}^{\infty} c_n z^n$ 也不收敛，即 $R=0$。

如果 $\lim\limits_{n\to\infty} \sqrt[n]{|c_n|} = \mu \neq 0$，那么利用检根法计算收敛半径的公式为

$$R = \frac{1}{\mu} \tag{4.4-13}$$

【例题 4-15】 求幂级数 $\sum\limits_{n=0}^{\infty} \mathrm{cos}in\, z^n$ 的收敛半径。

解： 利用检根法，有

$$\mu = \sqrt[n]{|\mathrm{cos}in|} = \sqrt[n]{\frac{\mathrm{e}^n+\mathrm{e}^{-n}}{2}} = \sqrt[n]{\frac{1}{2}}\sqrt[n]{\mathrm{e}^n+\mathrm{e}^{-n}}$$

又知

$$\mathrm{e} < \sqrt[n]{\mathrm{e}^n+\mathrm{e}^{-n}} < \sqrt[n]{\mathrm{e}^n+\mathrm{e}^n} = \mathrm{e}\sqrt[n]{2}$$

而由于 $\lim\limits_{n\to\infty}\sqrt[n]{2}=1$，故 $\lim\limits_{n\to\infty}\sqrt{\frac{1}{2}}\sqrt[n]{\mathrm{e}^n+\mathrm{e}^{-n}}=\mathrm{e}$，于是所求级数的收敛半径为

$$R = \frac{1}{\mu} = \frac{1}{\mathrm{e}}$$

（4） 幂级数的运算性质

像实变幂级数一样，复变幂级数也能进行有理运算。具体说来，设

$$f(z) = \sum_{n=1}^{\infty} a_n z^n, \ R = r_1; \quad g(z) = \sum_{n=1}^{\infty} b_n z^n, \ R = r_2$$

那么，在以原点为圆心，r_1、r_2 中较小的一个为半径的圆内，这两个幂级数可以像多项式那样进行相加、相减、相乘，所得到的幂级数和函数分别就是 $f(z)$ 与 $g(z)$ 的和、差与积。在各种情形，所得到的幂级数的收敛半径大于或等于 r_1 与 r_2 中较小的一个。

更为重要的是所谓代换（复合）运算，即如果当 $|z| < r$ 时，$f(z) = \sum_{n=1}^{\infty} a_n z^n$，又设在 $|z| < R$ 内 $g(z)$ 解析且满足 $|g(z)| < r$，那么当 $|z| < R$ 时，$f[g(z)] = \sum_{n=1}^{\infty} a_n [g(z)]^n$。这个代换运算，在把函数展开成幂级数时，有着广泛的应用。

【例题 4-16】 试将函数 $1/(z-b)$ 表示成形如 $\sum_{n=0}^{\infty} c_n (z-a)^n$ 的幂级数，其中 a 与 b 是不相等的复常数。

解： 首先将函数改写成

$$\frac{1}{z-b} = \frac{1}{(z-a)-(b-a)} = -\frac{1}{b-a} \times \frac{1}{1-(z-a)/(b-a)}$$

由例题 4-14 知，当 $|(z-a)/(b-a)| < 1$ 时，有

$$\frac{1}{1-(z-a)/(b-a)} = 1 + \left(\frac{z-a}{b-a}\right) + \left(\frac{z-a}{b-a}\right)^2 + \cdots + \left(\frac{z-a}{b-a}\right)^n + \cdots$$

从而 $\dfrac{1}{z-b} = -\dfrac{1}{b-a} - \dfrac{1}{(b-a)^2}(z-a) - \dfrac{1}{(b-a)^3}(z-a)^2 - \cdots - \dfrac{1}{(b-a)^{n+1}}(z-a)^n - \cdots$

以后，把函数展成幂级数时，常用上例题中的方法，希望读者注意。

复变幂级数也像实变幂级数一样，在其收敛圆内具有性质（证明从略）：① 可以逐项积分；② 也可以逐项求导。由性质②可知，在收敛圆内，幂级数的和函数的各阶导数均存在。由此又可得到一个重要结论：在收敛域内，幂级数的和函数是解析函数。

4.4.3 泰勒级数

4.4.2 节中的结论指出，一个幂级数的和函数在它的收敛圆的内部是一个解析函数。现在我们来研究与此相反的问题：任何一个解析函数是否能用幂级数来表达？

设函数 $f(z)$ 在区域 D 内解析，而 $|\zeta - z_0| = r$ 为 D 内以 z_0 为中心的任何一个圆周，它与它的内部全属于 D，把它记作 K，又设 z 为 K 内任一点（图 4-20）。于是按照柯西积分公式，有

$$f(z) = \frac{1}{2\pi i} \oint_K \frac{f(\zeta)}{\zeta - z} \mathrm{d}\zeta \tag{4.4-14}$$

其中，K 取正方向。由于积分变量 ζ 取在圆周 K 上，点 z 在 K 的内部，所以 $|(z-z_0)/(\zeta-z_0)| < 1$。根据例题 4-14，有

$$\frac{1}{\zeta - z} = \frac{1}{\zeta - z_0}\left[1 + \left(\frac{z-z_0}{\zeta-z_0}\right) + \left(\frac{z-z_0}{\zeta-z_0}\right)^2 + \cdots + \left(\frac{z-z_0}{\zeta-z_0}\right)^n + \cdots\right]$$

$$= \sum_{n=0}^{\infty} \frac{1}{(\zeta-z_0)^{n+1}}(z-z_0)^n \tag{4.4-15}$$

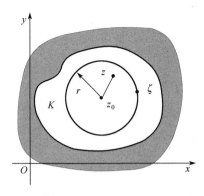

图 4-20　泰勒级数收敛域

以此代入（4.4-14），并把它写成

$$f(z) = \sum_{n=0}^{N-1} \left[\frac{1}{2\pi i} \oint_K \frac{f(\zeta)\mathrm{d}\zeta}{(\zeta-z_0)^{n+1}} \right] (z-z_0)^n + \frac{1}{2\pi i} \oint_K$$

$$\left[\sum_{n=N}^{\infty} \frac{f(\zeta)}{(\zeta-z_0)^{n+1}} (z-z_0)^n \right] \mathrm{d}\zeta \tag{4.4-16}$$

由解析函数的高阶导数公式(4.3-25)，上式又可写成

$$f(z) = \sum_{n=0}^{N-1} \frac{f^{(n)}(z_0)}{n!} (z-z_0)^n + R_N(z) \tag{4.4-17}$$

其中 $R_N(z) = \dfrac{1}{2\pi i} \oint_K \left[\sum_{n=N}^{\infty} \dfrac{f(\zeta)}{(\zeta-z_0)^{n+1}} (z-z_0)^n \right] \mathrm{d}\zeta$

$$\tag{4.4-18}$$

可以证明在 K 内，式(4.4-18)的极限等于 0，因此由式(4.4-16)可得

$$f(z) = \sum_{n=0}^{\infty} \frac{f^{(n)}(z_0)}{n!} (z-z_0)^n \tag{4.4-19}$$

在 K 内成立，也即 $f(z)$ 在 K 内可以用幂级数来表达。

公式(4.4-19)叫作 $f(z)$ 在 z_0 的泰勒（Taylor）展开式，它右端的级数叫作 $f(z)$ 在 z_0 的**泰勒级数**，其形式与实变数的情形完全一样。

事实上，只要圆 K 在 D 内，其半径可以任意增大，所以 $f(z)$ 在 z_0 的泰勒级数的收敛半径至少等于从 z_0 到 D 的边界上各点的最短距离。根据以上的讨论，得到以下定理：设 $f(z)$ 在区域 D 内解析，z_0 为 D 内的一点，R 为 z_0 到 D 的边界上各点的最短距离，那么当 $|z-z_0|<R$ 时

$$f(z) = \sum_{n=0}^{\infty} c_n (z-z_0)^n \tag{4.4-20}$$

成立，其中 $c_n = f^{(n)}(z_0)/n!$ $(n=1,2,\cdots)$。

应当指出，如果 $f(z)$ 有奇点，那么使 $f(z)$ 在 z_0 的泰勒展开式成立的 R 就等于从 z_0 到 $f(z)$ 的最近一个奇点 α 之间的距离，即 $R=|\alpha-z_0|$。因为 $f(z)$ 在收敛圆内解析，故奇点 α 不可能在收敛圆内。又因为奇点 α 不可能在收敛圆外，不然收敛半径还可以扩大，因此奇点 α 只能在收敛圆周上。

利用泰勒级数可以把函数展开成幂级数。但这样的展开式是否唯一呢？现给出证明。设 $f(z)$ 在 z_0 可用另外的方法展开为幂级数，即

$$f(z) = a_0 + a_1(z-z_0)^1 + a_2(z-z_0)^2 + \cdots + c_n(z-z_0)^n + \cdots$$

那么 $f(z_0)=a_0$。由幂级数的性质可得

$$f'(z) = a_1 + 2a_2(z-z_0)^1 + \cdots + nc_n(z-z_0)^{n-1} + \cdots$$

于是 $f'(z_0)=a_1$。同理可得

$$a_n = \frac{1}{n!} f^{(n)}(z_0)$$

由此可见，任何解析函数展开成幂级数的结果都是泰勒级数，因而所得到的泰勒级数是唯一的。

利用泰勒展开式，可以直接通过计算系数

$$a_n = \frac{1}{n!} f^{(n)}(z_0) \quad (n=0,1,2,\cdots) \tag{4.4-21}$$

把函数 $f(z)$ 在 z_0 展开成幂级数。下面我们把一些常用的初等函数展开成幂级数。例如，e^z、$\sin z$、$\cos z$ 等在 $z=0$ 的泰勒展开式。

（1）指数函数 e^z

由于 $(e^z)^{(n)} = e^z$，$(e^z)^{(n)}|_{z=0} = 1 (n=0,1,2,\cdots)$，故有

$$e^z = 1 + z + \frac{z^2}{2!} + \frac{z^3}{3!} + \cdots + \frac{z^n}{n!} + \cdots \tag{4.4-22}$$

因为 e^z 在复平面内处处解析，所以这个等式在复平面内处处成立，并且右端展开式的收敛半径等于 ∞。

（2）三角函数

同样，可求得 $\sin z$ 与 $\cos z$ 在 $z=0$ 的泰勒展开式

$$\sin z = z - \frac{z^3}{3!} + \frac{z^5}{5!} - \cdots + (-1)^{n-1} \frac{z^{2n-1}}{(2n-1)!} + \cdots \tag{4.4-23}$$

$$\cos z = 1 - \frac{z^2}{2!} + \frac{z^4}{4!} - \cdots + (-1)^n \frac{z^{2n}}{(2n)!} + \cdots \tag{4.4-24}$$

以上两个等式也在复平面内处处成立。

除了直接利用泰勒展开式来把函数展开成幂级数外，还可以利用幂级数的运算性质（逐项求导与逐项积分）来把函数展开成幂级数。

（3）$1/(1+z)$ 的展开式

在例题 4-14 中我们已知得到

$$\frac{1}{1+z} = 1 - z + z^2 - \cdots + (-1)^n z^n + \cdots \tag{4.4-25}$$

该展开式在 $|z|<1$ 时成立。

（4）对数函数 $\ln(1+z)$ 在 $z=0$ 的泰勒展开式

对式(4.4-25)左右两边逐项积分，即得

$$\ln(1+z) = z - \frac{z^2}{2} + \frac{z^3}{3} - \cdots + (-1)^n \frac{z^{n+1}}{n+1} + \cdots \tag{4.4-26}$$

此式也在 $|z|<1$ 时成立。

（5）$1/(1+z)^2$ 的展开式

如果把式(4.4-25)两边逐项求导，可以得到

$$\frac{1}{(1+z)^2} = 1 - 2z + 3z^2 - \cdots + (-1)^{n-1} n z^{n-1} + \cdots, \quad |z|<1 \tag{4.4-27}$$

总之，把一个函数展开成幂级数的方法与实变数的情形基本一样。

4.4.4 罗朗级数

在复变函数中，有一种与实变函数级数完全不同的级数，即罗朗（Laurent）级数。罗朗级数是一种两端级数，具有形式

$$\sum_{n=-\infty}^{\infty} c_n (z-z_0)^n = \cdots + c_{-n}(z-z_0)^{-n} + \cdots + c_0 + c_1(z-z_0) + \cdots + c_n(z-z_0)^n + \cdots$$

$$\tag{4.4-28}$$

其中，z_0 及 $c_n (n=0, \pm1, \pm2, \cdots)$ 都是常数。

把级数 (4.4-28) 分成正幂项和负幂项两部分来考虑，即

$$\sum_{n=0}^{\infty} c_n (z-z_0)^n = c_0 + c_1(z-z_0) + c_2(z-z_0)^2 + \cdots + c_n(z-z_0)^n + \cdots$$

$$(4.4\text{-}29)$$

和　　$$\sum_{n=1}^{\infty} c_{-n}(z-z_0)^{-n} = c_{-1}(z-z_0)^{-1} + c_{-2}(z-z_0)^{-2} + \cdots + c_{-n}(z-z_0)^{-n} + \cdots$$

$$(4.4\text{-}30)$$

级数(4.4-29)是一个通常的幂级数，它的收敛范围是一个圆域。设它的收敛半径为 R_2，那么当 $|z-z_0| < R_2$ 时，级数收敛；当 $|z-z_0| > R_2$ 时，级数发散。而级数(4.4-30)是一个新型的级数。如果令 $\zeta = (z-z_0)^{-1}$，则得到

$$\sum_{n=1}^{\infty} c_{-n}\zeta^n = c_{-1}\zeta + c_{-2}\zeta^2 + \cdots + c_{-n}\zeta^n + \cdots$$

$$(4.4\text{-}31)$$

对变数 ζ 来说，级数(4.4-31)是一个通常的幂级数。设它的收敛半径为 R，那么当 $|\zeta| < R$ 时，级数收敛；当 $|\zeta| > R$ 时，级数发散。因此，如果要判定级数(4.4-30)的收敛范围，只需把 ζ 用 $(z-z_0)^{-1}$ 代回去就可以了。如果令 $1/R = R_1$，那么当且仅当 $|\zeta| < R$ 时，$|z-z_0| > R_1$；当且仅当 $|\zeta| > R$ 时，$|z-z_0| < R_1$。由此可知，级数(4.4-28)当 $|z-z_0| > R_1$ 时收敛；当 $|z-z_0| < R_1$ 时发散。

当且仅当级数(4.4-29)与(4.4-30)都收敛时，级数 (4.4-28) 收敛。并把级数(4.4-28)看作级数(4.4-29)与(4.4-30)的和。因此，当 $R_1 > R_2$ 时 [图 4-21(a)]，级数(4.4-29)与(4.4-30)没有公共的收敛范围。所以，级数(4.4-28)处处发散；当 $R_1 < R_2$ 时 [图 4-21(b)]，级数(4.4-29)与(4.4-30)的公共收敛范围是圆环 $R_1 < |z-z_0| < R_2$。所以，级数(4.4-28)在该圆环内收敛，在圆环外发散。在圆环的边界 $|z-z_0| = R_1$ 及 $|z-z_0| = R_2$ 上函数可能有些点收敛，有些点发散。这就是说，级数(4.4-28)的收敛域是圆环 $R_1 < |z-z_0| < R_2$。在特殊情形，圆环的内半径 R_1 可能等于零，外半径 R_2 可能是无穷大。

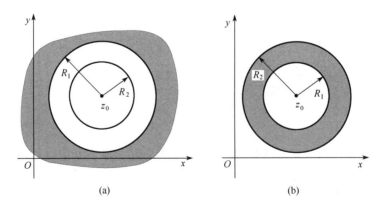

图 4-21　罗朗级数的收敛域

幂级数在收敛圆内所具有的许多性质，级数(4.4-28)在收敛圆环内也具有。例如，可以证明，级数(4.4-28)在收敛圆环内其和函数是解析的，而且可以逐项求积和逐项求导。

相反地，同样存在定理：如果函数 $f(z)$ 在圆环域 $R_1 < |z-z_0| < R_2$ 内处处解析，那么该函数一定能展开成罗朗级数

$$f(z) = \sum_{n=-\infty}^{\infty} c_n (z-z_0)^n \qquad (4.4\text{-}32)$$

并且级数中的系数 c_n 由下式确定

$$c_n = \frac{1}{2\pi i} \oint_C \frac{f(\zeta)}{(\zeta-z_0)^{n+1}} \mathrm{d}\zeta \quad (n=0,\pm 1,\pm 2,\cdots) \qquad (4.4\text{-}33)$$

这里 C 为在圆环域内绕 z_0 的任何一条正向简单闭曲线。级数(4.4-32) 叫作函数 $f(z)$ 在以 z_0 为中心的圆环 $R_1 < |z-z_0| < R_2$ 内的罗朗级数。

在许多应用中，往往需要把在某点 z_0 不解析但在 z_0 的邻域内解析的函数 $f(z)$ 展开成级数，那么就利用罗朗级数来展开。另外，一个在圆环域内解析的函数展开为含正、负幂项的级数是唯一的，该级数即为 $f(z)$ 的罗朗级数。

罗朗展开式的系数 c_n 用公式(4.4-33) 去计算是很繁重的。根据含正、负幂项级数的唯一性，可以用其它的方法，例如利用代数运算、代换、求导和积分等方法去展开，这样往往比较便利。

【例题 4-17】　函数 $f(z) = 1/[(z-1)(z-2)]$ 在圆环域 (1) $0 < |z| < 1$；(2) $1 < |z| < 2$；(3) $2 < |z| < \infty$ 内是处处解析的。试把 $f(z)$ 在这些域展开成罗朗级数。

解：(1) 先把 $f(z)$ 用部分分式来表示

$$f(z) = \frac{1}{1-z} - \frac{1}{2-z}$$

则有

$$\frac{1}{1-z} = 1 + z + z^2 + \cdots + z^n + \cdots$$

$$\frac{1}{2-z} = \frac{1}{2} \times \frac{1}{1-z/2} = \frac{1}{2}\left(1 + \frac{z}{2} + \frac{z^2}{2^2} + \cdots + \frac{z^n}{2^n} + \cdots\right)$$

因此

$$f(z) = (1 + z + z^2 + \cdots) + \frac{1}{2}\left(1 + \frac{z}{2} + \frac{z^2}{4} + \cdots\right) = \frac{1}{2} + \frac{3}{4}z + \frac{7}{8}z^2 + \cdots$$

因为函数 $f(z)$ 在 $z=0$ 解析，所以结果中不含有 z 的负幂项。

(2) 在 $1 < |z| < 2$ 内，由于 $|z| > 1$，函数 $1/(1-z)$ 不能直接展开，但此时 $|1/z| < 1$，因而 $1/(1-z)$ 可以另行展开

$$\frac{1}{1-z} = -\frac{1}{z} \times \frac{1}{1-1/z} = -\frac{1}{z}\left(1 + \frac{1}{z} + \frac{1}{z^2} + \cdots\right)$$

由于在 $1 < |z| < 2$ 内，(1) 中 $1/(2-z)$ 的展开式仍然有效，所以

$$f(z) = -\frac{1}{z}\left(1 + \frac{1}{z} + \frac{1}{z^2} + \cdots\right) - \frac{1}{2}\left(1 + \frac{z}{2} + \frac{z^2}{4} + \cdots\right) = \cdots - \frac{1}{z^n} - \frac{1}{z^{n-1}} - \cdots - \frac{1}{z} - \frac{1}{2} - \frac{z}{4} - \frac{z^2}{8} - \cdots$$

(3) 在 $2 < |z| < \infty$ 内，由于 $|z| > 2$，函数 $1/(2-z)$ 不能直接展开，但此时 $|2/z| < 1$，因而 $1/(2-z)$ 可以另行展开

$$\frac{1}{2-z} = -\frac{1}{z} \times \frac{1}{1-2/z} = -\frac{1}{z}\left(1 + \frac{2}{z} + \frac{2^2}{z^2} + \cdots\right)$$

由于在 $2 < |z| < \infty$ 内，$|1/z| < |2/z| < 1$，因而 b. 中 $1/(1-z)$ 的展开式仍然有效，所以

$$f(z) = \frac{1}{z}\left(1 + \frac{2}{z} + \frac{4}{z^2} + \cdots\right) - \frac{1}{z}\left(1 + \frac{1}{z} + \frac{1}{z^2} + \cdots\right) = \frac{1}{z^2} + \frac{3}{z^3} + \frac{7}{z^4} + \cdots$$

【例题 4-18】 将函数 $f(z) = z^3 \mathrm{e}^{1/z}$ 在 $0 < |z| < \infty$ 内展开成罗朗级数。

解：函数 $f(z) = z^3 \mathrm{e}^{1/z}$ 在 $0 < |z| < \infty$ 内是处处解析的，并已知 e^z 在复平面的展开式是

$$\mathrm{e}^z = 1 + z + \frac{z^2}{2!} + \frac{z^3}{3!} + \cdots + \frac{z^n}{n!} + \cdots$$

而 $1/z$ 在 $0 < |z| < \infty$ 内解析，所以将 e^z 展开式中 z 代换成 $1/z$，然后同乘以 z^3，即得函数 $f(z)$ 的展开式

$$f(z) = z^3 + z^2 + \frac{z}{2!} + \frac{1}{3!} + \frac{1}{4!\,z} + \cdots$$

应当注意，给定了函数 $f(z)$ 与平面内一点 z_0 以后，由于这个函数可以在以 z_0 为中心的（由奇点隔开的）不同圆环域内解析，因而在各个不同的圆环域中有不同的罗朗展开式（包括泰勒展开式作为它的特例）。不要把这种情形与罗朗展开式的唯一性相混淆。所谓罗朗展开式的唯一性，是指函数在某一个给定的圆环域内的罗朗展开式是唯一的。另外，在展开式的收敛圆环域的内圆周上有 $f(z)$ 的奇点，外圆周上也有 $f(z)$ 的奇点，或者外圆周的半径为无穷大。

例如函数

$$f(z) = \frac{1-2i}{z(z+i)} \tag{4.4-34}$$

有两个奇点 $z=0$ 与 $z=-i$，分别在以 i 为中心的圆周：$|z-i|=1$ 与 $|z-i|=2$ 上（图 4-22）。因此，$f(z)$ 在以 i 为中心的展开式有三个：

① 在 $|z-i|<1$ 中的泰勒展开式；
② 在 $1<|z-i|<2$ 中的罗朗展开式；
③ 在 $2<|z-i|<\infty$ 中的罗朗展开式。

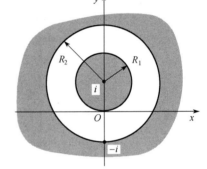

图 4-22　混合级数收敛域

4.5　留数理论及其应用

留数理论是复积分与级数理论相结合的产物，不但为计算积分提供了一个新方法，而且是估计解析函数在某区域内零点个数的工具，同时还是讨论保角映射等问题的理论基础。在化工数学中学习留数理论，主要是为了用其帮助求解拉普拉斯（Laplace）逆变换。留数理论为求解复杂偏微分方程提供了一个强有力的工具。

4.5.1　孤立奇点

如果函数 $f(z)$ 虽在 z_0 不解析，但是在 z_0 的某一个邻域 $0 < |z-z_0| < \delta$ 内处处解析，那么 z_0 叫作 $f(z)$ 的**孤立奇点**。按上一节介绍的方法，可以在邻域 $0 < |z-z_0| < \delta$ 内将 $f(z)$ 展开成罗朗（Laurent）级数。根据函数展开成罗朗级数的不同情况将孤立奇点分为可去奇点、极点和本性奇点三类。

（1）可去奇点

如果罗朗级数中不含 $z-z_0$ 的负幂项，那么孤立奇点 z_0 叫作 $f(z)$ 的**可去奇点**。

这时，$f(z)$ 在 z_0 的邻域内的罗朗级数实际上就是一个普通的幂级数

$$c_0+c_1(z-z_0)+c_2(z-z_0)^2+\cdots+c_n(z-z_0)^n+\cdots \tag{4.5-1}$$

因此，这个幂级数的和 $F(z)$ 是在 z_0 解析的函数，且当 $z\neq z_0$ 时，$F(z)=f(z)$；当 $z=z_0$ 时，$F(z)=c_0$。但是，由于

$$\lim_{z\to z_0}f(z)=\lim_{z\to z_0}F(z)=F(z_0)=c_0 \tag{4.5-2}$$

所以不论 $f(z)$ 原来在 z_0 是否有定义，如果令 $f(z_0)=c_0$，那么在 $|z-z_0|<\delta$ 内就有

$$f(z)=c_0+c_1(z-z_0)+c_2(z-z_0)^2+\cdots+c_n(z-z_0)^n+\cdots \tag{4.5-3}$$

从而函数 $f(z)$ 在 z_0 就成为解析的了。由于这个原因，所以 z_0 叫作可去奇点。

例如，$z=0$ 是（$\sin z$）$/z$ 的可去奇点，因为该函数的罗朗级数

$$\frac{\sin z}{z}=\frac{1}{z}\left(z-\frac{1}{3!}z^3+\frac{1}{5!}z^5-\cdots\right)=1-\frac{1}{3!}z^2+\frac{1}{5!}z^4-\cdots \tag{4.5-4}$$

中不含负幂的项，如果约定（$\sin z$）$/z$ 在 $z=0$ 的值为 1（即 c_0），那么（$\sin z$）$/z$ 在 $z=0$ 就成为解析的了。

（2）极点

如果罗朗级数中只有有限多个 $z-z_0$ 的负幂项，且其中关于 $(z-z_0)^{-1}$ 的最高幂为 $(z-z_0)^{-m}$，即

$$f(z)=c_{-m}(z-z_0)^{-m}+\cdots+c_{-1}(z-z_0)^{-1}+c_0+c_1(z-z_0)+\cdots(m\geqslant1,c_{-m}\neq0) \tag{4.5-5}$$

那么孤立奇点 z_0 叫作函数 $f(z)$ 的 m 级**极点**。式(4.5-5)也可写成

$$f(z)=\frac{1}{(z-z_0)^m}g(z) \tag{4.5-6}$$

其中，$g(z)=c_{-m}+c_{-m+1}(z-z_0)+c_{-m+2}(z-z_0)^2+\cdots$ 是在 $|z-z_0|<\delta$ 内解析的函数，且 $g(z_0)\neq0$。反过来，当任何一个函数 $f(z)$ 能表示为式(4.5-6)的形式时，那么 z_0 是 $f(z)$ 的 m 级极点。

如果 z_0 为 $f(z)$ 的极点，根据式(4.5-6)，就有

$$\lim_{z\to z_0}|f(z)|=\infty \tag{4.5-7}$$

例如，对有理分式函数 $f(z)=(z-2)/[(z^2+1)(z-1)^3]$ 来说，$z=1$ 是它的一个三级极点，$z=\pm i$ 都是它的一级极点。

（3）本性奇点

如果罗朗级数中含有无穷多个 $z-z_0$ 的负幂项，那么孤立奇点 z_0 叫作 $f(z)$ 的**本性奇点**。

例如，函数 $f(z)=\mathrm{e}^{1/z}$ 以 $z=0$ 为它的本性奇点，因为

$$\mathrm{e}^{1/z}=1+z^{-1}+\frac{1}{2!}z^{-2}+\cdots+\frac{1}{n!}z^{-n}+\cdots$$

中含有无穷多个 z 的负幂项。

在本性奇点的邻域内，函数 $f(z)$ 有以下的性质：如果 z_0 为 $f(z)$ 的本性奇点，那么对于任意给定的复数 A，总可以找到一个趋向于 z_0 的数列，当 z 沿这个数列趋向于 z_0 时，$f(z)$

的值趋向于 A。例如，给定复数 $A=i$，把它写成 $i=e^{\pi/2+(2n\pi)i}$ 的形式，那么由 $e^{1/z}=i$，可得 $z_n=1/(\pi/2+2n\pi)i$。显然，当 $n\to\infty$ 时，$z_n\to 0$。而 $e^{1/z}=i$，所以，当 z 沿 $\{z_n\}$ 趋向于零时，$f(z)$ 的值趋向于 i。

综上所述，如果 z_0 为 $f(z)$ 的可去奇点，那么 $\lim\limits_{z\to z_0}f(z)$ 存在且有限；如果 z_0 为 $f(z)$ 的极点，那么 $\lim\limits_{z\to z_0}f(z)=\infty$；如果 z_0 为 $f(z)$ 的本性奇点，那么 $\lim\limits_{z\to z_0}f(z)$ 不存在且不为 ∞。因为已经讨论了孤立奇点的一切可能情形，所以反过来的结论也成立。这就是说，可以利用上述极限的不同情形来判别孤立奇点的类型。

(4) 函数的零点与极点的关系

如果函数 $f(z)$ 能表示成
$$f(z)=(z-z_0)^m\varphi(z) \tag{4.5-8}$$
其中，$\varphi(z)$ 在 z_0 解析并且 $\varphi(z_0)\neq 0$，m 为某一正整数，那么 z_0 叫作 $f(z)$ 的 m 级**零点**。

例如 $z=0$ 与 $z=1$ 分别是函数 $f(z)=z(z-1)^3$ 的一级与三级零点。根据以上定义，可以得到下列结论。

如果 $f(z)$ 在 z_0 解析，那么 z_0 为 $f(z)$ 的 m 级零点的充要条件是
$$f^{(n)}(z_0)=0, \quad n=0,1,2,\cdots,m-1, \quad f^{(m)}(z_0)\neq 0 \tag{4.5-9}$$
下面对这一定理给出证明。

设是 $f(z)$ 以 z_0 为 m 级零点，那么
$$f(z)=a_m(z-z_0)^m+a_{m+1}(z-z_0)^{m+1}+\cdots=(z-z_0)^m[a_m+a_{m+1}(z-z_0)+\cdots]$$
令 $\varphi(z)=a_m+a_{m+1}(z-z_0)+\cdots$ 代入上式，便得
$$f(z)=(z-z_0)^m\varphi(z), \quad \varphi(z_0)\neq 0$$
而表示 $\varphi(z)$ 的幂级数与表示 $f(z)$ 的幂级数有着同样的收敛半径，因而可知 $\varphi(z)$ 也在 z_0 解析。至此即证得定理的必要性。接下来再证充分性。

设 $f(z)=(z-z_0)^m\varphi(z)$，$\varphi(z)$ 在 z_0 的邻域解析，那么 $\varphi(z)$ 可展开成幂级数
$$\varphi(z)=a_m+a_{m+1}(z-z_0)+\cdots$$
将其代入 $f(z)=(z-z_0)^m\varphi(z)$ 即得到
$$f(z)=a_m(z-z_0)^m+a_{m+1}(z-z_0)^{m+1}+\cdots$$
故 z_0 是 $f(z)$ 的 m 级零点。

例如，$z=1$ 是 $f(z)=z^3-1$ 的零点，由于 $f'(1)=3z^2|_{z=1}=3\neq 0$，从而知 $z=1$ 是 $f(z)$ 的一级零点。

函数的零点与极点的相互关系，通过下面的定理描述：如果 z_0 是 $f(z)$ 的 m 级极点，那么 z_0 就是 $1/f(z)$ 的 m 级零点。反过来也成立。

利用复变函数的性质，很容易给出该定理的证明。

【例题 4-19】 试求函数 $1/\sin z$ 的奇点。

解：函数 $1/\sin z$ 的奇点显然是使 $\sin z=0$ 的点。这些奇点是 $z=k\pi$（$k=0,\pm1,\pm2,\cdots$）。因为从 $\sin z=0$ 得 $e^{iz}=e^{-iz}$。从而有 $2iz=2\pi ki$，所以 $z=k\pi$。很明显，它们是孤立奇点。由于
$$(\sin z)'|_{z=k\pi}=\cos z|_{z=k\pi}=(-1)^k\neq 0$$

所以 $z=k\pi$ 都是 $\sin z$ 的一级零点，也就是 $1/\sin z$ 的一级极点。

应当注意，在求函数的奇点时，不能一看函数的表面形式就急于做出结论。像函数 $(e^z-1)/z^2$，初一看似乎 $z=0$ 是它的二级极点，其实是一级极点。因为

$$\frac{e^z-1}{z^2}=\frac{1}{z^2}\Big(\sum_{n=0}^{\infty}\frac{z^n}{n!}-1\Big)=\frac{1}{z}+\frac{1}{2!}+\frac{z}{3!}+\cdots=\frac{1}{z}\varphi(z)$$

其中，$\varphi(z)$ 在 z_0 解析，并且 $\varphi(0)\neq0$。类似地，$z=0$ 是 $\sinh z/z^3$ 的二级极点而不是三级极点。

（5）函数在无穷远点的性态

到现在为止，我们在讨论函数 $f(z)$ 的解析性和它的奇点时，都假定 z 为有限远点。至于函数在无穷远点的性态，则尚未提及。现在我们来对此加以讨论。

首先，假定函数 $f(z)$ 在无穷远点 $z=\infty$ 的去心邻域 $R<|z|<\infty$ 内解析（这时称点 ∞ 为 $f(z)$ 的孤立奇点），然后再作变换 $z=1/t$，并且约定这个变换把 z 平面上的无穷远点 $z=\infty$ 映射成 t 平面上的点 $t=0$，那么每一个向无穷远点收敛的序列 $\{z_n\}$ 与向零收敛的序列 $\{t_n=1/z_n\}$ 相对应。反过来也是这样。同时，$z=1/t$ 把 ∞ 的邻域 $R<|z|<\infty$ 变为 t 平面上原点 O 的邻域 $0<|t|<1/R$，又 $f(z)=f(1/t)=\varphi(t)$。这样，我们就可以把在邻域 $R<|z|<\infty$ 内对函数 $f(z)$ 的研究化为在邻域 $0<|t|<1/R$ 内对函数 $\varphi(t)$ 的研究。

显然，$\varphi(t)$ 在邻域 $0<|t|<1/R$ 内是解析的，所以 $t=0$ 是 $\varphi(t)$ 的孤立奇点。

基于以上讨论，可以规定：如果 $t=0$ 是 $\varphi(t)$ 的可去奇点、m 级极点或本性奇点，那么就说点 $z=\infty$ 是 $f(z)$ 的可去奇点、m 级极点或本性奇点。由于 $f(z)$ 在 $R<|z|<\infty$ 内解析，所以在此圆环域内可以展开成罗朗级数。根据（4.4-30）与（4.4-31），有

$$f(z)=\sum_{n=1}^{\infty}c_{-n}z^{-n}+c_0+\sum_{n=1}^{\infty}c_nz^n,\quad c_n=\frac{1}{2\pi i}\oint_C\frac{f(\zeta)}{\zeta^{n+1}}\mathrm{d}\zeta\quad(n=0,\pm1,\pm2,\cdots)$$

$$(4.5\text{-}10)$$

其中，C 为在圆环域 $R<|z|<\infty$ 内绕原点的任何一条正向简单闭曲线。因此，$\varphi(t)$ 在圆环域 $0<|t|<1/R$ 内的罗朗级数可由式(4.5-10)得到，即

$$\varphi(t)=\sum_{n=1}^{\infty}c_{-n}t^n+c_0+\sum_{n=1}^{\infty}c_nt^{-n}\qquad(4.5\text{-}11)$$

分析上式，如果在级数(4.5-11)中：ⅰ. 不含负幂项；ⅱ. 含有有限多的负幂项，且 t^{-m} 为最高负幂；ⅲ. 含有无穷多的负幂项。那么 $t=0$ 是 $\varphi(t)$ 的：ⅰ. 可去奇点；ⅱ. m 级极点；ⅲ. 本性奇点。因此，根据前面的规定，如果在级数(4.5-10)中：ⅰ. 不含正幂项；ⅱ. 含有有限多的正幂项，且 t^{-m} 为最高正幂；ⅲ. 含有无穷多的正幂项。那么 $t=\infty$ 是 $f(z)$ 的：ⅰ. 可去奇点；ⅱ. m 级极点；ⅲ. 本性奇点。

这样一来，对于无穷远点来说，它的特性与其罗朗级数之间的关系就跟有限远点的情形一样，不过只是把正幂项与负幂项的作用互相对调就是了。

要确定 $t=0$ 是否是 $\varphi(t)$ 的可去奇点、极点或本性奇点，可以不必把 $\varphi(t)$ 展开成罗朗级数来考虑，只要分别看当 $t\to0$ 时 $\varphi(t)$ 的极限是否存在（有限值）、为无穷大或既不存在又不为无穷大就可以了。由于 $f(z)=\varphi(t)$，对于无穷远点也有同样的确定方法，即 $z=\infty$ 是 $f(z)$ 的可去奇点、极点或本性奇点，完全看当 $z\to\infty$ 时 $f(z)$ 的极限是否存在（有限

值）、为无穷大或既不存在又不为无穷大来决定。

当 $z=\infty$ 是 $f(z)$ 的可去奇点时，可以认为 $f(z)$ 在无穷大是解析的，只是要取 $f(\infty)=\lim\limits_{z\to\infty}f(z)$。

例如，函数 $f(z)=z/(z+1)$ 在环域 $1<|z|<\infty$ 内可以展开成

$$f(z)=\frac{1}{1+1/z}=1-\frac{1}{z}+\frac{1}{z^2}-\frac{1}{z^3}+\cdots+(-1)^n\frac{1}{z^n}+\cdots$$

它不含正幂项，所以 ∞ 是 $f(z)$ 的可去奇点。如果取 $f(\infty)=1$，那么 $f(z)$ 就在 ∞ 解析。

又如函数 $f(z)=z+1/z$，含有正幂项，且 z 为最高正幂项，所以 ∞ 为它的一级极点。函数 $\sin z$ 的展开式

$$\sin z=z-\frac{z^3}{3!}+\frac{z^5}{5!}-\cdots+(-1)^{n-1}\frac{z^{2n-1}}{(2n-1)!}+\cdots$$

含有无穷多的正幂项，所以 ∞ 是它的本性奇点。

4.5.2　留数及其计算

（1）留数的定义

设 z_0 为函数 $f(z)$ 的孤立奇点，那么积分 $\oint_C f(z)\mathrm{d}z$ 为与 C 无关的定值，其中 C 为在 z_0 的足够小邻域内且包含 z_0 于其内部的任何一条正向简单闭曲线。以 $2\pi i$ 除这个积分的值，所得的数叫作 $f(z)$ 在 z_0 的**留数**，记作

$$\mathrm{Res}[f(z),z_0]=\frac{1}{2\pi i}\oint_C f(z)\mathrm{d}z \tag{4.5-12}$$

很明显，上式右端的积分就是 $f(z)$ 在以 z_0 为中心的圆环域内的罗朗级数中负幂项 $c_{-1}(z-z_0)^{-1}$ 的系数。所以

$$\mathrm{Res}[f(z),z_0]=c_{-1} \tag{4.5-13}$$

事实上，将函数 $f(z)$ 在 $0<|z-z_0|<R$ 展开成罗朗级数

$$f(z)=\sum_{n=-\infty}^{\infty}c_n(z-z_0)^n$$

然后对上式左右两端逐项积分，根据例 4-10 的结果，只有当 $n=-1$ 的项其积分有 $c_{-1}(z-z_0)^0=c_{-1}$，其余各项的积分值为零。因此，c_{-1} 是上述逐项积分过程中唯一残余或保留下来的一个特殊的系数，这也是留数名称的由来。

（2）无穷远点的留数

设函数 $f(z)$ 在圆环域 $R<|z|<\infty$ 内解析，C 为该圆环域内绕原点的任何一条正向简单闭曲线，那么积分 $\dfrac{1}{2\pi i}\oint_{C^-}f(z)\mathrm{d}z$ 的值与 C 无关，我们称此定值为 $f(z)$ 在 ∞ 点的留数，记作

$$\mathrm{Res}[f(z),\ \infty]=\frac{1}{2\pi i}\oint_{C^-}f(z)\mathrm{d}z \tag{4.5-14}$$

值得注意的是上式中积分路线的方向是负的，也就是取顺时针的方向。

从式(4.5-10)可知，当 $n=-1$ 时，有

$$c_{-1}=\frac{1}{2\pi i}\oint_{C^{-}}f(z)\mathrm{d}z$$

因此，由式(4.5-14)得

$$\mathrm{Res}[f(z),\infty]=-c_{-1}$$

也就是说，$f(z)$ 在∞点的留数等于它在∞点邻域 $R<|z|<\infty$ 内罗朗展开式中 z^{-1} 的系数变号。

(3) 留数定理

定理一　设函数 $f(z)$ 在区域 D 内除有限个奇点 z_1，z_2，$\cdots$，z_n 外处处解析，C 是 D 内包围诸奇点的一条正向简单闭曲线，那么

$$\oint_{C}f(z)\mathrm{d}z=2\pi i\sum_{k=1}^{n}\mathrm{Res}[f(z),\ z_k] \tag{4.5-15}$$

利用定理一，求沿封闭曲线 C 的积分，就转化为求被积函数在 C 中的各奇点处的留数。由此可见，留数定理的效用有赖于如何能有效地求出 $f(z)$ 在奇点 z_0 处的留数。一般说来，求函数在其奇点处的留数只需求出它的罗朗级数中 $c_{-1}(z-z_0)^{-1}$ 项的系数 c_{-1} 就可以了。但是如果能预先知道奇点的类型，对求留数有时更为有利。例如，如果 z_0 是 $f(z)$ 的可去奇点，那么 $\mathrm{Res}[f(z),z_0]=0$，因为此时 $f(z)$ 在 z_0 的展开式是泰勒展开式，所以 $c_{-1}=0$。如果 z_0 是本性奇点，那就往往只能用把 $f(z)$ 在 z_0 展开成罗朗级数的方法来求 c_{-1}。在 z_0 是极点的情形，下面几个在特殊情况下求 c_{-1} 的规则，将来都是很有用的。

定理二　如果函数 $f(z)$ 在扩充复平面内只有有限个奇点，那么 $f(z)$ 在所有各奇点（包括∞点）的留数的总和必等于零。

证明：除∞点外，设 $f(z)$ 的有限个奇点为 z_k $(k=1,2,\cdots,n)$。又设 C 为一条绕原点并将 z_k $(k=1$，2，$\cdots$，$n)$ 包含在它内部的正向简单闭曲线，那么根据留数定理一与在无穷远点的留数定义，就有

$$\mathrm{Res}[f(z),\ \infty]+2\pi i\sum_{k=1}^{n}\mathrm{Res}[f(z),\ z_k]=\frac{1}{2\pi i}\oint_{C^{-}}f(z)\mathrm{d}z+\frac{1}{2\pi i}\oint_{C}f(z)\mathrm{d}z=0$$

这一定理在计算留数时是很有用的。

(4) 留数的计算规则

规则Ⅰ　如果 z_0 是 $f(z)$ 的一级极点，那么

$$\mathrm{Res}[f(z),z_0]=\lim_{z\to z_0}(z-z_0)f(z) \tag{4.5-16}$$

规则Ⅱ　如果 z_0 是 $f(z)$ 的 m 级极点，那么

$$\mathrm{Res}[f(z),z_0]=\frac{1}{(m-1)!}\lim_{z\to z_0}\frac{\mathrm{d}^{m-1}}{\mathrm{d}z^{m-1}}\{(z-z_0)^m f(z)\} \tag{4.5-17}$$

事实上，由于

$$f(z)=c_{-m}(z-z_0)^{-m}+\cdots+c_{-2}(z-z_0)^{-2}+c_{-1}(z-z_0)^{-1}+c_0+c_1(z-z_0)+\cdots$$

以 $(z-z_0)^m$ 乘以上式的两端，得

$$(z-z_0)^m f(z)=c_{-m}+c_{-m+1}(z-z_0)+\cdots+c_{-1}(z-z_0)^{m-1}+c_0(z-z_0)^m+\cdots$$

两边求 $m-1$ 阶导数，得

$$\frac{\mathrm{d}^{m-1}}{\mathrm{d}z^{m-1}}\{(z-z_0)^m f(z)\}=(m-1)!\ c_{-1}+[(z-z_0)^k,\cdots,k>0]$$

令 $z\to z_0$，两端求极限，右端的极限是 $(m-1)!c_{-1}$，根据式(4.5-13)除以 $(m-1)!$ 就是 $\mathrm{Res}[f(z),z_0]$，因此即得式(4.5-17)；当 $m=1$ 时，即得式(4.5-16)。

规则Ⅲ 设 $f(z)=P(z)/Q(z)$，$P(z)$ 及 $Q(z)$ 在 z_0 解析，如果 $P(z_0)\neq0$，$Q(z_0)=0$，$Q'(z_0)\neq0$，那么 z_0 为 $f(z)$ 的一级极点，而有

$$\mathrm{Res}[f(z),z_0]=\frac{P(z_0)}{Q'(z_0)} \tag{4.5-18}$$

事实上，因为 $Q(z_0)=0$ 及 $Q'(z_0)\neq0$，所以 z_0 为 $Q(z)$ 的一级零点，从而 z_0 为 $1/Q(z)$ 的一级极点。因此

$$\frac{1}{Q(z)}=\frac{1}{z-z_0}\varphi(z)$$

其中，$\varphi(z)$ 在 z_0 解析，且 $\varphi(z_0)\neq0$。由此得

$$f(z)=\frac{1}{z-z_0}g(z)$$

其中 $g(z)=\varphi(z)P(z)$ 在 z_0 解析，且 $g(z_0)=\varphi(z_0)P(z_0)\neq0$。故 z_0 为 $f(z)$ 的一级极点。根据规则Ⅰ，$\mathrm{Res}[f(z),z_0]=\lim\limits_{z\to z_0}(z-z_0)f(z)$，而 $Q(z_0)=0$。所以

$$(z-z_0)f(z)=P(z)\Big/\frac{Q(z)-Q(z_0)}{z-z_0}$$

当令 $z\to z_0$ 时，即得式(4.5-18)。

规则Ⅳ

$$\mathrm{Res}[f(z),\infty]=-\mathrm{Res}\left[f\Big(\frac{1}{z}\Big)\frac{1}{z^2},0\right] \tag{4.5-19}$$

证： 在无穷远点的留数定义中，取正向简单闭曲线 C 为半径足够大的正向圆周 $|z|=\rho$。令 $z=1/\zeta$，并设 $z=\rho\mathrm{e}^{i\theta}$，$\zeta=r\mathrm{e}^{i\varphi}$，那么 $\rho=1/r$，$\theta=-\varphi$，于是有

$$\mathrm{Res}[f(z),\infty]=\frac{1}{2\pi i}\oint_{C^-}f(z)\mathrm{d}z=\frac{1}{2\pi i}\int_0^{-2\pi}f(\rho\mathrm{e}^{i\theta})\rho i\,\mathrm{e}^{i\theta}\mathrm{d}\theta$$

$$=-\frac{1}{2\pi i}\int_0^{2\pi}f\Big(\frac{1}{r\mathrm{e}^{i\varphi}}\Big)\frac{i}{r\mathrm{e}^{i\varphi}}\mathrm{d}\varphi=-\frac{1}{2\pi i}\int_0^{2\pi}f\Big(\frac{1}{r\mathrm{e}^{i\varphi}}\Big)\frac{1}{(r\mathrm{e}^{i\varphi})^2}\mathrm{d}(r\mathrm{e}^{i\varphi})$$

$$=-\frac{1}{2\pi i}\oint_{|\zeta|=1/\rho}f\Big(\frac{1}{\zeta}\Big)\frac{1}{\zeta^2}\mathrm{d}\zeta,\quad(|\zeta|=1/\rho\text{ 为正向积分})$$

由于 $f(z)$ 在 $\rho<|z|<\infty$ 内解析，从而 $f(1/\zeta)$ 在 $0<|\zeta|<1/\rho$ 内解析，因此 $f(1/\zeta)1/\zeta^2$ 在 $|\zeta|<1/\rho$ 内除 $\zeta=0$ 外没有其它奇点。由留数定理得

$$\frac{1}{2\pi i}\oint_{|\zeta|=1/\rho}f\Big(\frac{1}{\zeta}\Big)\frac{1}{\zeta^2}\mathrm{d}\zeta=\mathrm{Res}\left[f\Big(\frac{1}{\zeta}\Big)\frac{1}{\zeta^2},0\right]$$

从而式(4.5-19)成立。

【例题 4-20】 计算积分 $\oint_C\dfrac{z}{z^4-1}\mathrm{d}z$，$C$ 为正向圆周 $|z|=2$。

解： 被积函数 $f(z)=z/(z^4-1)$ 的四个一级极点 ±1，$\pm i$ 都在圆 $|z|=2$ 内，所以

$$\oint_C\frac{z}{z^4-1}\mathrm{d}z=2\pi i\Big\{\mathrm{Res}[f(z),1]+\mathrm{Res}[f(z),-1]+\mathrm{Res}[f(z),i]+\mathrm{Res}[f(z),-i]\Big\}$$

利用规则Ⅲ，$P(z)/Q'(z)=1/4z^2$，故

$$\oint_C \frac{z}{z^4-1}\mathrm{d}z = 2\pi i\left\{\frac{1}{4}+\frac{1}{4}-\frac{1}{4}-\frac{1}{4}\right\}=0$$

【例题 4-21】 计算积分 $\oint_C \frac{\mathrm{e}^z}{z(z-1)^2}\mathrm{d}z$，$C$ 为正向圆周 $|z|=2$。

解： $z=0$ 是被积函数的一级极点，$z=1$ 是被积函数的二级极点，而

$$\mathrm{Res}[f(z),\ 0]=\lim_{z\to 0}z\times \frac{\mathrm{e}^z}{z(z-1)^2}=\lim_{z\to 0}\frac{\mathrm{e}^z}{(z-1)^2}=1$$

$$\mathrm{Res}[f(z),\ 1]=\frac{1}{(2-1)!}\lim_{z\to 1}\frac{\mathrm{d}}{\mathrm{d}z}\left[(z-1)^2\times \frac{\mathrm{e}^z}{z(z-1)^2}\right]=\lim_{z\to 1}\frac{\mathrm{e}^z(z-1)}{z^2}=0$$

所以

$$\oint_C \frac{\mathrm{e}^z}{z(z-1)^2}\mathrm{d}z = 2\pi i\left\{\mathrm{Res}[f(z),\ 0]+\mathrm{Res}[f(z),\ 1]\right\}=2\pi i$$

【例题 4-22】 计算积分 $\oint_C \frac{\mathrm{d}z}{(z+i)^{10}(z-1)(z-3)}$，$C$ 为正向圆周 $|z|=2$。

解： 除 ∞ 点外，被积函数的奇点是 $-i$、1 与 3，根据定理二，有

$$\mathrm{Res}[f(z),-i]+\mathrm{Res}[f(z),1]+\mathrm{Res}[f(z),3]+\mathrm{Res}[f(z),\infty]=0$$

由于 $-i$ 与 1 在 C 的内部，所以根据留数定理和规则Ⅳ可得

$$\oint_C \frac{\mathrm{d}z}{(z+i)^{10}(z-1)(z-3)} = 2\pi i\left\{\mathrm{Res}[f(z),-i]+\mathrm{Res}[f(z),1]\right\}$$

$$= -2\pi i\left\{\mathrm{Res}[f(z),3]+\mathrm{Res}[f(z),\infty]\right\} = -2\pi i\left\{1/[2(3+i)^{10}]+0\right\} = -\frac{\pi i}{(3+i)^{10}}$$

4.5.3 应用留数计算定积分

用留数来计算定积分是计算定积分的一个有效措施，特别是当不定积分不易求得时更显得有用。即使寻常的方法可用，如果能用留数计算，也往往感到很方便。当然这方法的使用还存在一些限制：首先，被积函数必须要与某个解析函数密切相关，这一点一般来讲关系不大，因为被积函数常常是初等函数，而初等函数是可以推广到复数域中去的；其次，定积分的积分域是区间，而用留数来计算要牵扯到把问题化为沿闭路的积分。对于后者，有时是需要一些技巧的。下面来介绍怎样利用留数来计算某些特殊形式的定积分。

（1）形如 $\int_0^{2\pi}R(\cos\theta,\sin\theta)\mathrm{d}\theta$ 的定积分

对于定积分 $\int_0^{2\pi}R(\cos\theta,\sin\theta)\mathrm{d}\theta$，其中 $R(\cos\theta,\sin\theta)$ 为 $\cos\theta$ 与 $\sin\theta$ 的有理函数，如令 $z=\mathrm{e}^{i\theta}$，那么 $\mathrm{d}z=i\mathrm{e}^{i\theta}\mathrm{d}\theta$，且

$$\sin\theta=\frac{1}{2i}(\mathrm{e}^{i\theta}-\mathrm{e}^{-i\theta})=\frac{z^2-1}{2iz},\quad \cos\theta=\frac{1}{2}(\mathrm{e}^{i\theta}+\mathrm{e}^{-i\theta})=\frac{z^2+1}{2z} \qquad (4.5\text{-}20)$$

所以所设积分化为沿正向单位圆周的积分

$$\oint_{|z|=1}R\left[\frac{z^2+1}{2z},\ \frac{z^2-1}{2iz}\right]\frac{\mathrm{d}z}{iz}=\oint_{|z|=1}f(z)\mathrm{d}z \qquad (4.5\text{-}21)$$

这里 $f(z)$ 为 z 的有理函数，根据留数定理，可得所求的积分值

$$\oint_{|z|=1} f(z)\mathrm{d}z = 2\pi i \sum_{k=1}^{n} \mathrm{Res}[f(z),\ z_k] \tag{4.5-22}$$

其中，z_k（$k=1,\ 2,\ \cdots,\ n$）为包含在 $|z|=1$ 内的 $f(z)$ 的奇点。

【例题 4-23】 试计算定积分 $\displaystyle\int_0^{2\pi}\frac{\sin^2\theta\,\mathrm{d}\theta}{a+b\cos\theta}$，$a>b>0$。

解：

$$\int_0^{2\pi}\frac{\sin^2\theta\,\mathrm{d}\theta}{a+b\cos\theta}=\oint_C\frac{1}{iz}\left(\frac{z-z^{-1}}{2i}\right)^2\Bigg/\left[a+b\left(\frac{z+z^{-1}}{2}\right)\right]\mathrm{d}z,\quad C:\ |z|=1$$

因

$$f(z)=\frac{1}{iz}\left(\frac{z-z^{-1}}{2i}\right)^2\Bigg/\left[a+b\left(\frac{z+z^{-1}}{2}\right)\right]=\frac{i}{2b}\times\frac{(z^2-1)^2}{z^2(z^2+2az/b+1)}=\frac{i}{2b}\times\frac{(z^2-1)^2}{z^2(z-\alpha)(z-\beta)}$$

其中，$\alpha=(-a+\sqrt{a^2-b^2})$，$\beta=(-a-\sqrt{a^2-b^2})$，而 $z=0$ 是 $f(z)$ 的二级极点，$z=\alpha$ 是 $f(z)$ 的一级极点，且 $|\alpha|<1$，$z=\beta$ 是 $f(z)$ 的一级极点，且 $|\beta|>1$，故有

$$\int_0^{2\pi}\frac{\sin^2\theta\,\mathrm{d}\theta}{a+b\cos\theta}=2\pi i\left[\mathrm{Res}(f,\ 0)+\mathrm{Res}(f,\ \alpha)\right]=2\pi i\left\{\lim_{z\to 0}\left[z^2 f(z)\right]'+\lim_{z\to\alpha}(z-\alpha)f(z)\right\}$$

$$=2\pi i\left[\frac{i}{b^2}(b\sqrt{a^2-b^2}-a)\right]=\frac{2\pi}{b^2}(a-b\sqrt{a^2-b^2})$$

（2） 形如 $\displaystyle\int_{-\infty}^{\infty}R(x)\mathrm{d}x$ 的积分

当被积函数 $R(x)$ 是 x 的有理函数，而分母的次数至少比分子的次数高二次，并且 $R(z)$ 在实轴上没有奇点时，积分是存在的。现在来介绍它的求法。

为不失一般性，设

$$R(z)=\frac{z^n+a_1 z^{n-1}+\cdots+a_n}{z^m+b_1 z^{m-1}+\cdots+b_m}\quad(m-n\geq 2)$$

取积分路线如图 4-23 所示，共中 C_R 是以原点为中心，R 为半径的在上半平面的半圆周。取 R 适当大，使 $R(z)$ 所有的在上半平面内的极点 z_k 都包在该积分路线内。根据留数定理，得

$$\int_{-R}^{R}R(z)\mathrm{d}z+\oint_{C_R}R(z)\mathrm{d}z=2\pi i\sum_{k=1}^{n}\mathrm{Res}[R(z),\ z_k] \tag{4.5-23}$$

该等式不因 C_R 的半径 R 不断增大而有变化。因为

$$|R(z)|=\frac{1}{|z|^{m-n}}\times\frac{|1+a_1 z^{-1}+\cdots+a_n z^{-n}|}{|1+b_1 z^{-1}+\cdots+b_m z^{-m}|}\leq\frac{1}{|z|^{m-n}}\times\frac{1+|a_1 z^{-1}+\cdots+a_n z^{-n}|}{1-|b_1 z^{-1}+\cdots+b_m z^{-m}|}$$

而当 $|z|$ 充分大时，总可使

$$|a_1 z^{-1}+\cdots+a_n z^{-n}|<\frac{1}{10},\quad |b_1 z^{-1}+\cdots+b_m z^{-m}|<\frac{1}{10}$$

由于 $m-n\geq 2$，故有

$$|R(z)|<\frac{1}{|z|^{m-n}}\left(1+\frac{1}{10}\right)\Bigg/\left(1-\frac{1}{10}\right)<\frac{2}{|z|^2}$$

因此，在半径 R 充分大的 C_R 上，有

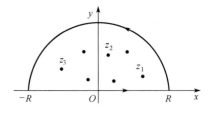

图 4-23　半圆周积分路线

$$\left|\int_{C_R} R(z)\mathrm{d}z\right| \leqslant \int_{C_R} |R(z)|\,\mathrm{d}s \leqslant \frac{2}{R^2}\pi R = \frac{2\pi}{R}$$

所以，当 $R\to\infty$ 时，$\int_{C_R} R(z)\mathrm{d}z \to 0$，从而由式 (4.5-23) 得

$$\int_{-\infty}^{\infty} R(x)\mathrm{d}x = 2\pi i \sum_{k=1}^{n} \operatorname{Res}[R(z),\ z_k] \tag{4.5-24}$$

如果和 $R(x)$ 为偶函数，那么

$$\int_{0}^{\infty} R(x)\mathrm{d}x = \pi i \sum_{k=1}^{n} \operatorname{Res}[R(z),\ z_k] \tag{4.5-25}$$

【例题 4-24】　试计算积分 $\displaystyle\int_{-\infty}^{\infty} \frac{x^2\,\mathrm{d}x}{(x^2+a^2)(x^2+b^2)}$ $(a>0,\ b>0)$ 的值。

解： 这里 $m=4$，$n=2$，$m-n=2$，因此积分是存在的。函数 $f(z)$ 的一级极点为 $\pm ai$，$\pm bi$，其中 ai 与 bi 在上半平面内。由于

$$\operatorname{Res}[R(z),\ ai] = \lim_{z\to ai}\left[(z-ai)\frac{z^2}{(z^2+a^2)(z^2+b^2)}\right] = \frac{a}{2i(a^2-b^2)}$$

$$\operatorname{Res}[R(z),\ bi] = \frac{b}{2i(b^2-a^2)}$$

所以　　　$$\int_{-\infty}^{\infty}\frac{x^2\,\mathrm{d}x}{(x^2+a^2)(x^2+b^2)} = 2\pi i\left[\frac{a}{2i(a^2-b^2)} + \frac{b}{2i(b^2-a^2)}\right] = \frac{\pi}{a+b}$$

(3) 形如 $\displaystyle\int_{-\infty}^{\infty} R(x)\mathrm{e}^{aix}\mathrm{d}x$，$(a>0)$ 的积分

当 $R(x)$ 是 x 的有理函数而分母的次数至少比分子的次数高一次，并且 $R(z)$ 在实轴上没有奇点时，积分是存在的。

像（2）中的处理一样，由于 $m-n\geqslant1$，故对于充分大的 $|z|$，有 $|R(z)|<2/|z|$。因此，在半径 R 充分大的 C_R 上，有

$$\left|\int_{-\infty}^{\infty} R(z)\mathrm{e}^{aiz}\,\mathrm{d}z\right| \leqslant \int_{C_R} |R(z)||\mathrm{e}^{aiz}|\,\mathrm{d}s < \frac{2}{R}\int_{C_R} \mathrm{e}^{-ay}\,\mathrm{d}s = 2\int_{0}^{\pi} \mathrm{e}^{-aR\sin\theta}\,\mathrm{d}\theta = 4\int_{0}^{\pi/2} \mathrm{e}^{-aR\sin\theta}\,\mathrm{d}\theta$$

$$\leqslant 4\int_{0}^{\pi/2} \mathrm{e}^{-aR2\theta/\pi}\,\mathrm{d}\theta = \frac{2\pi}{aR}(1-\mathrm{e}^{-aR})$$

于是，当 $R\to\infty$ 时，$\int_{C_R} R(z)\mathrm{e}^{aiz}\mathrm{d}z \to 0$。因此得

$$\int_{-\infty}^{\infty} R(x)\mathrm{e}^{aix}\,\mathrm{d}x = 2\pi i \sum_{k=1}^{n} \operatorname{Res}[R(z)\mathrm{e}^{aiz},\ z_k] \tag{4.5-26}$$

或　　　$$\int_{-\infty}^{\infty} R(x)\cos ax\,\mathrm{d}x + i\int_{-\infty}^{\infty} R(x)\sin ax\,\mathrm{d}x = 2\pi i \sum_{k=1}^{n} \operatorname{Res}[R(z)\mathrm{e}^{aiz},\ z_k] \tag{4.5-27}$$

【例题 4-25】　计算定积分 $\displaystyle\int_{0}^{\infty} \frac{x\sin x\,\mathrm{d}x}{x^2+a^2}$ $(a>0)$ 的值。

解： 这里 $m=2$，$n=1$，$m-n=1$，因此所求积分是存在的。函数 $f(z)$ 在上半平面内有一级极点 ai，故有

$$\int_{0}^{\infty} \frac{x}{x^2+a^2}\mathrm{e}^{ix}\,\mathrm{d}x = 2\pi i\operatorname{Res}[R(z),\ ai] = 2\pi i\,\frac{\mathrm{e}^{-a}}{2} = \pi i\,\mathrm{e}^{-a}$$

因此

$$\int_0^\infty \frac{x\sin x\,\mathrm{d}x}{x^2+a^2}=\frac{1}{2}\pi\mathrm{e}^{-a}$$

在上面所提到的（2）和（3）两种类型的积分中，都要求被积函数中的 $R(z)$ 在实轴上无奇点。至于不满足这个条件的积分，可通过将积分路线绕开奇点即可。

4.5.4　辐角原理及其应用

留数基本定理的一个重要应用是由它可以推出一个关于解析函数在闭曲线内零点个数的公式。

（1）对数留数

由于在复变函数中，对数函数的微分具有形式

$$\mathrm{d}\mathrm{Ln}f(z)=\frac{f'(z)}{f(z)}\mathrm{d}z \tag{4.5-28}$$

因此，我们把具有下列形式的积分

$$\frac{1}{2\pi i}\oint_C\frac{f'(z)}{f(z)}\mathrm{d}z \tag{4.5-29}$$

叫作 $f(z)$ 关于曲线 C 的**对数留数**。事实上，对数留数就是函数 $f(z)$ 的对数导数 $f'(z)/f(z)$ 在它位于 C 内的孤立奇点处的留数的代数和。

关于对数留数，有下面的一个重要定理：如果 $f(z)$ 在简单闭曲线 C 上解析且不为零，在 C 的内部除去有限个极点以外也处处解析，那么

$$\frac{1}{2\pi i}\oint_C\frac{f'(z)}{f(z)}\mathrm{d}z=N-P \tag{4.5-30}$$

其中，N 为 $f(z)$ 在 C 内零点的总个数，P 为 $f(z)$ 在 C 内极点的总个数，且取正向。在计算零点与极点的个数时，m 级的零点或极点算作 m 个零点或极点。

如果式（4.5-30）中的 $f(z)$ 在 C 内处处解析，也即不存在极点，则式（4.5-30）变为

$$\frac{1}{2\pi i}\oint_C\frac{f'(z)}{f(z)}\mathrm{d}z=N \tag{4.5-31}$$

式（4.5-30）及式（4.5-31）在计算复变函数零点与极点、求解 Laplace 逆变换以及求取具有对数导数形式的函数的定积分时，均具有广泛的应用。

【**例题 4-26**】　试求定积分 $\oint_C\cot z\,\mathrm{d}z$ （C：$|z|=1$）的值。

解：因 $\cot z=\cos z/\sin z=\sin'z/\sin z$，具有对数函数导数的形式，且在 C：$|z|=1$ 中只有一个零点，所以

$$\oint_C\cot z\,\mathrm{d}z=\oint_C\frac{\cos z}{\sin z}\mathrm{d}z=2\pi i\times1=2\pi i$$

（2）辐角原理

为了解释式（4.5-30）左端的几何意义，考虑变换 $\omega=f(z)$，当 z 沿 C 的正向绕行一周，对应的 ω 在 ω 平面上就画出一条连续的封闭曲线（不一定是简单曲线）Γ，如图 4-24 所示。

因为 $\mathrm{d}\,\mathrm{Ln}f(z)=\dfrac{f'(z)}{f(z)}\mathrm{d}z$，所以 $\dfrac{1}{2\pi i}\oint_C\dfrac{f'(z)}{f(z)}\mathrm{d}z=\dfrac{1}{2\pi i}\oint_C\mathrm{d}\mathrm{Ln}f(z)=\dfrac{1}{2\pi i}[\Delta\,\mathrm{Ln}f(z):C]$

式中，$\Delta\mathrm{Ln}f(z):C$ 表示当 z 沿 C 的正向绕行一周 $\mathrm{Ln}f(z)$ 的改变量。

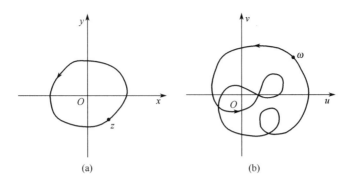

图 4-24　辐角映射

为了研究上式中 $\mathrm{Ln}f(z)$ 的改变量，我们记

$$\mathrm{Ln}f(z)=\mathrm{Ln}\omega=\ln|\omega|+i\,\mathrm{Arg}\omega$$

显然，当 z 沿 C 正向绕行一周时，右端第一项 $\ln|\omega|$ 回到它原来的值，因此这一项的改变量为零；但是，当 $\varGamma$ 不包含原点 $\alpha=0$ 时，第二项的改变量等于零，而当 $\varGamma$ 包含原点时等于 $\pm 2k\pi i$，k 是 α 围绕原点的圈数，逆时针围绕时取正号，反之取负号（对此读者可以自己选择比较简单的封闭曲线 $\varGamma$ 加以验证）。

由此可见，对数留数的几何意义是 $\varGamma$ 绕原点的回转次数 k。

如果把 z 沿 C 的正向绕行一周，$f(z)$ 的辐角的改变量记作 $\Delta_C+\mathrm{Arg}f(z)$，那么式（4.5-30）可以写成

$$N-P=\frac{1}{2\pi}\Delta_C+\mathrm{Arg}f(z)\qquad(4.5\text{-}32)$$

当 $f(z)$ 在 C 内解析时，$P=0$，上式成为

$$N=\frac{1}{2\pi}\Delta_C+\mathrm{Arg}f(z)\qquad(4.5\text{-}33)$$

我们可以用以上公式计算 $f(z)$ 在 C 内零点的个数，这一结果叫作辐角原理。辐角原理的准确定理表述为：如果 $f(z)$ 在简单闭曲线 C 上与 C 内解析，且在 C 上不等于零，那么 $f(z)$ 在 C 内零点的个数等于当 z 沿 C 的正向绕行一周 $f(z)$ 的辐角的改变量除以 2π。

(3) 路西定理

设 $f(z)$ 与 $g(z)$ 在简单闭曲线 C 上与 C 内解析，且在 C 上满足条件 $|f(z)|>|g(z)|$，那么在 C 内 $f(z)$ 与 $f(z)+g(z)$ 的零点个数相同。这一定理被称为路西（Rouché）定理，主要用于对两个函数的零点个数进行比较。

下面以路西定理的证明为例，说明辐角原理在复变函数上的应用。

设 $f(z)$ 和 $g(z)$ 在简单闭曲线 C 上和 C 内解析，且在 C 上满足条件 $|f(z)|>|g(z)|$。这样，在 C 上 $|f(z)|>0$，$|f(z)+g(z)|\geqslant|f(z)|-|g(z)|>0$。这就是说，在 C 上 $f(z)$ 和 $f(z)+g(z)$ 都不等于零。根据辐角原理，这两个函数在 C 内的零点个数 N 与 N' 分别为

$$N=\frac{1}{2\pi}\Delta_C+\mathrm{Arg}f(z),\qquad N'=\frac{1}{2\pi}\Delta_C+\mathrm{Arg}[f(z)+g(z)]$$

由于在 C 上，$f(z)$ 不等于零，$f(z)+g(z)$ 可以写成

$$f(z)+g(z)=f(z)\left[1+\frac{g(z)}{f(z)}\right]$$

故有
$$\mathrm{Arg}[f(z)+g(z)]=\mathrm{Arg}f(z)+\mathrm{Arg}\left[1+\frac{g(z)}{f(z)}\right]$$

于是
$$\Delta_C+\mathrm{Arg}[f(z)+g(z)]=\Delta_C+\mathrm{Arg}f(z)+\Delta_C+\mathrm{Arg}\left[1+\frac{g(z)}{f(z)}\right]$$

令 $\omega=1+g(z)/f(z)$，那么 $|\omega-1|=|g(z)/f(z)|<1$，即 ω 在以 1 为中心的单位圆内，如图 4-25 所示。所以 C 的象曲线 Γ 不围绕原点，从而有

$$\Delta_C+\mathrm{Arg}\left[1+\frac{g(z)}{f(z)}\right]=0$$

故
$$\Delta_C+\mathrm{Arg}[f(z)+g(z)]=\Delta_C+\mathrm{Arg}f(z)$$

即
$$N'=N$$

也就是说，$f(z)$ 与 $f(z)+g(z)$ 在 C 内的零点个数相同，从而证明路西定理成立。

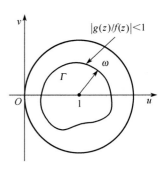

图 4-25　路西定理证明

习　题

- **4-1**　将下列复数 z 化为三角形式和指数形式。

  (1) $1+i$；(2) $-\sqrt{12}-2i$；(3) $1-\cos\theta+i\sin\theta$。

- **4-2**　求下列各式的值。

  (1) $\sqrt{1+i}$；

  (2) $\sqrt[3]{-2+2i}$；

  (3) $\sqrt{\sqrt{3}+(2\sqrt{3}-3)i}$；

  (4) $\dfrac{(1-\sqrt{3}i)(\cos\theta+i\sin\theta)}{(1-i)(\cos\theta-i\sin\theta)}$。

- **4-3**　求下列方程所表示的曲线。

  (1) $\mathrm{Re}(z+2)=-1$；

  (2) $\arg(z-i)=\pi/4$；

  (3) $|z-2|+|z+2|=5$；

  (4) $|(z-1)/(z+1)|=2$。

- **4-4**　在映射 $w=1/z$ 之下，z 平面上的下列曲线各映射成 w 平面上的什么曲线？

  (1) $x^2+y^2=4$；(2) $y=x$；(3) $x=1$；(4) $(x-1)^2+y^2=1$。

- **4-5**　指出下列函数 $f(z)$ 的解析性区域，并求出其导数。

  (1) $(z-1)^5$；(2) z^3+2iz；(3) $1/(z^2-1)$；(4) $(az+b)/(cz+d)$，$(c^2+d^2\neq0)$。

- **4-6**　判断下列函数在给定点处的极限是否存在。若存在，试求出极限的值。

  (1) $\dfrac{z\bar{z}+2z-\bar{z}-2}{z^2-1}$，$z\rightarrow1$；

  (2) $f(z)=\dfrac{z\,\mathrm{Re}(z)}{|z|}$，$z\rightarrow0$；

  (3) $f(z)=\dfrac{\mathrm{Re}(z^2)}{|z|^2}$，$z\rightarrow0$；

  (4) $f(z)=\dfrac{z-i}{z(z^2+1)}$，$z\rightarrow i$。

- **4-7**　试证明下列各题。

(1) $\overline{e^z} = e^{\overline{z}}$；

(2) $e^{\overline{z}}$ 在任一点 z 不可导；

(3) $(z_1 z_2)^{\alpha} = z_1^{\alpha} z_2^{\alpha}$；

(4) 设 z_1、z_2 为任意两个复数，证明 $\dfrac{|z_1 + z_2|^2 + |z_1 - z_2|^2}{2} = |z_1|^2 + |z_2|^2$。

4-8 求下列方程的全部解。

(1) $\sin z = 0$；(2) $\cos z = 0$；(3) $1 + e^z = 0$；(4) $\sin z + \cos z = 0$。

4-9 计算下列各积分的值。

(1) $\displaystyle\int_C \dfrac{dz}{(z^2+1)z}dz$，$C$：$|z-1| = \dfrac{1}{2}$；　　　　　(2) $\displaystyle\int_C \dfrac{e^{iz}}{z^2+1}dz$，$C$：$|z-2i| = \dfrac{3}{2}$；

(3) $\displaystyle\int_C \dfrac{dz}{(z^2+1)(z^2+4)}$，$C$：$|z| = \dfrac{3}{2}$；　　　(4) $\displaystyle\int_C \dfrac{\sin z}{(z-\pi/2)^2}dz$，$C$：$|z| = 2$。

4-10 用 $\displaystyle\int_C \left(z + \dfrac{1}{z}\right)^n \dfrac{dz}{z}$，$C$：$|z| = 1$，计算积分 $\displaystyle\int_0^{2\pi} \cos^{2m}\theta d\theta$ 及 $\displaystyle\int_0^{2\pi} \cos^{2m-1}\theta d\theta$。

4-11 考察下列级数的收敛性和绝对收敛性。

(1) $\displaystyle\sum_{n=1}^{\infty} \dfrac{1 + (-i)^{2n+1}}{n}$；　　　　　　(2) $\displaystyle\sum_{n=1}^{\infty} \left(1 - \dfrac{1}{n^2}\right) e^{i\pi/n}$；

(3) $\displaystyle\sum_{n=1}^{\infty} \dfrac{n^2}{5^2}(1+2i)^n$；　　　　　　(4) $\displaystyle\sum_{n=1}^{\infty} \dfrac{(1+i)^n}{2^{\frac{n}{2}}\cos in}$。

4-12 将下列函数展开成 z 的幂级数，并指出它们的收敛半径。

(1) $1/(1+z^3)$；(2) $1/(1+z^2)^2$；(3) $\cos z^2$；(4) $\exp(z^2)\sin z^2$；

(5) $\exp[z/(z-1)]$；(6) $\sin[1/(z-1)]$。

4-13 将下列函数展开成 $z - z_0$ 的幂级数，并指出它们的收敛半径。

(1) $\dfrac{z-1}{z+1}$，$z_0 = 1$；(2) $\dfrac{1}{(z+1)(z+2)}$，$z_0 = 2$；(3) $\ln(2 + z - z^2)$，$z_0 = 0$；

(4) $\dfrac{1}{4-3z}$，$z_0 = 1 + i$；(5) $\tan z$，$z_0 = \dfrac{\pi}{4}$；(6) $\sin(2z - z^2)$，$z_0 = 1$。

4-14 将下列函数在指定的圆环域内展开成罗朗级数。

(1) $\dfrac{1}{(z^2+1)(z-2)}$，$1 < |z| < 2$；　　　(2) $\dfrac{1}{z(1-z)^2}$，$0 < |z-1| < 1$；

(3) $\dfrac{1}{e^{1-z}}$，$1 < |z| < +\infty$；　　　　　(4) $\dfrac{1}{z^2(z-i)^2}$，$0 < |z-i| < 1$。

4-15 下列函数有哪些奇点？如果是极点，请指出其阶数。

(1) $\dfrac{1}{z(z^2+1)^2}$；　　　(2) $\dfrac{1}{z^3 - z^2 - z + 1}$；　　　(3) $\dfrac{\ln(z+1)}{z}$；

(4) $\dfrac{1}{(1+z^2)(1+e^{\pi z})}$；　　(5) $\dfrac{z^{2n}}{1+z^n}$；　　　(6) $\dfrac{1}{\sin z^2}$。

4-16 回答下列问题并说明理由。

(1) 幂级数 $\displaystyle\sum_{n=0}^{\infty} a^n (z-2)^2$ 能否在 $z=0$ 收敛，而在 $z=3$ 发散？

(2) $f(z) = \cos^{-1}[1/(z-1)]$ 在 $z_0 = 1$ 能否展开成罗朗级数？

（3）设函数 $\varphi(z)$ 与 $\psi(z)$ 分别以 $z=a$ 为 m 阶与 n 阶极点，那么下列 3 个函数：①$\varphi(z)\psi(z)$、②$\varphi(z)/\psi(z)$、③$\varphi(z)+\psi(z)$，在 $z=a$ 处各有什么性质？

4-17 求下列函数在奇点处的留数。

（1）$\dfrac{z+1}{z^2-2z}$；（2）$\dfrac{1-e^{2z}}{z^4}$；（3）$\dfrac{1+z^4}{(z^2+1)^3}$；（4）$\dfrac{z}{\cos z}$；（5）$\dfrac{1}{z\sin z}$；（6）$\dfrac{\sinh z}{\cosh z}$。

4-18 利用留数计算下列积分。

（1）$\displaystyle\int_C \dfrac{\sin z}{z}\mathrm{d}z$，$C$：$|z|=\dfrac{3}{2}$；

（2）$\displaystyle\int_C \dfrac{e^{2z}}{(z-1)^2}\mathrm{d}z$，$C$：$|z|=2$；

（3）$\displaystyle\int_C \tanh z\,\mathrm{d}z$，$C$：$|z-i|=1$；

（4）$\displaystyle\int_C \tan(\pi z)\mathrm{d}z$，$C$：$|z|=3$；

（5）$I=\displaystyle\oint_C \left(\dfrac{a}{z}-\dfrac{b}{\sin z}\right)\mathrm{d}z$，$C$ 为正向圆周 $|z|=4$，a 与 b 为常数；

（6）$I=\displaystyle\oint_C \dfrac{z^{10}}{(z^4+2)^2(z-2)^3}\mathrm{d}z$，$C$ 为正向圆周 $|z|=R$，$R\neq\sqrt[4]{2},2$。

4-19 计算下列实函数的积分：

（1）$\displaystyle\int_0^{2\pi} \dfrac{\mathrm{d}x}{5+3\sin x}$；

（2）$\displaystyle\int_0^{2\pi} \dfrac{a\,\mathrm{d}x}{1+2a^2-\cos x}$，$(a>0)$；

（3）$\displaystyle\int_0^{+\infty} \dfrac{x^2\,\mathrm{d}x}{1+x^4}$；

（4）$\displaystyle\int_{-\infty}^{+\infty} \dfrac{\cos x\,\mathrm{d}x}{x^2+4x+5}$。

4-20 利用式(4.5-28)计算下列当 C：$|z|=3$ 时的积分。

（1）$\displaystyle\int_C \dfrac{1}{z}\mathrm{d}z$；（2）$\displaystyle\int_C \dfrac{z}{z^2-1}\mathrm{d}z$；（3）$\displaystyle\int_C \dfrac{1}{z(z+1)}\mathrm{d}z$。

第5章

积分变换

积分变换的理论和方法在数学的许多分支，尤其在诸多工程技术领域均有着广泛的应用，它已成为科研工作者和工程技术人员不可或缺的重要数学工具。利用积分变换求解数学问题可以使问题得到很大程度的简化，例如利用积分变换的方法求解微分方程时，通过积分变换可使偏微分方程变为常微分方程，使常微分方程变为代数方程，从而使求解过程变得相对简单和容易。

积分变换是通过积分把一个函数变为另一个函数的运算，通常变换所得函数将以一个参变量替代原函数中的一个自变量。一般而言，设 $K(\alpha,t)$ 是一个已知的函数，对某函数类中的所有函数 $f(t)$，若积分

$$F(\alpha)=\int_a^b f(t)K(\alpha,\ t)\mathrm{d}t \tag{5.0-1}$$

都存在，则由式(5.0-1)，可以得到另一个函数类中的函数 $F(\alpha)$。式(5.0-1) 称为 $f(t)$ 的积分变换，$F(\alpha)$ 称为 $f(t)$ 的像函数，而 $f(t)$ 称为 $F(\alpha)$ 的像原函数，$K(\alpha,t)$ 称为积分变换的核。在一定的条件下，$f(t)$ 和 $F(\alpha)$ 是一一对应且为可逆的。

在式(5.0-1) 中，选取不同的核和变换域，就可以得到不同的积分变换，例如傅里叶（Fourier）变换、拉普拉斯（Laplace）变换、汉克尔变换、Z 变换等。在实际工程问题中，选用合适的变换方法，常常可以将一个复杂的问题转化为一个相对简单的问题，使我们对问题的分析、处理更灵活、更方便。在实际应用中，只有傅里叶变换和拉普拉斯变换应用最为广泛，本章仅介绍傅里叶变换和拉普拉斯变换。

5.1 傅里叶变换

傅里叶变换是在无穷时域上对连续函数的积分变换。傅里叶变换具有鲜明的物理背景，在传热学、电工学、信号分析等诸多工程技术领域有广泛的应用。而在此基础上发展起来的离散傅里叶变换和快速傅里叶变换，进一步拓展了傅里叶变换的应用范围，在实验数据处理方面有着广泛的应用。

5.1.1 傅里叶积分

（1）傅里叶级数

在讨论一个函数的连续性和周期性时，狄里克莱（Dirichlet）条件是一个很重要的概

念。所谓狄里克莱条件是指：一个函数 $f(t)$ 在区间 $[a,b]$ 上定义且满足条件 a. $f(t)$ 在 $[a,b]$ 上连续或只有有限个第一类不连续点；b. 可以将 $[a,b]$ 分为有限个区间，使在每个区间上，$f(t)$ 都是非增或非减函数。

如果一个周期为 T 的周期函数 $f_T(t)$ 在区间 $[-T/2,T/2]$ 上满足狄里克莱条件，那么该函数在其连续点处就可展开为傅里叶（Fourier）级数，即有

$$f_T(t) = \frac{a_0}{2} + \sum_{n=1}^{\infty}(a_n\cos n\omega_0 t + b_n\sin n\omega_0 t) \tag{5.1-1}$$

其中

$$\omega_0 = \frac{2\pi}{T}$$

$$a_n = \frac{2}{T}\int_{-T/2}^{T/2} f_T(t)\cos n\omega_0 t\,\mathrm{d}t \quad (n=0,1,2,\cdots)$$

$$b_n = \frac{2}{T}\int_{-T/2}^{T/2} f_T(t)\sin n\omega_0 t\,\mathrm{d}t \quad (n=1,2,3,\cdots)$$

傅里叶级数具有明确的物理意义，若记

$$A_0 = \frac{a_0}{2}, \quad A_n = \sqrt{a_n^2 + b_n^2}, \quad \cos\theta_n = \frac{a_n}{A_n}, \quad \sin\theta_n = \frac{b_n}{A_n} \quad (n=1,2,\cdots)$$

则式（5.1-1）可以写为

$$f_T(t) = A_0 + \sum_{n=1}^{\infty} A_n\cos(n\omega_0 t + \theta_n) \tag{5.1-2}$$

若以 $f_T(t)$ 表示一维时间序列信号随时间变量 t 的表达式，$\omega_0 = 2\pi/T$ 为 $f_T(t)$ 的频率，称为基频。式（5.1-2）表明，一个周期为 T 的信号可以分解为角频率为 $n\omega_0$ 的简谐波之和，A_n 反映频率为 $n\omega_0$ 的谐波的振幅，θ_n 表示该谐波的初相位，诸谐波的叠加即为周期信号 $f_T(t)$。振幅 A_n 和初相位 θ_n 这两个指标刻画了信号 $f_T(t)$ 的性态。

为了讨论方便，可将傅里叶级数转换为复指数形式。利用欧拉（Euler）公式

$$\cos n\omega_0 t = \frac{1}{2}(\mathrm{e}^{in\omega_0 t} + \mathrm{e}^{-in\omega_0 t}), \qquad \sin n\omega_0 t = \frac{1}{2i}(\mathrm{e}^{in\omega_0 t} - \mathrm{e}^{-in\omega_0 t})$$

式（5.1-1）可改写为

$$f_T(t) = \frac{a_0}{2} + \sum_{n=1}^{\infty}\left(\frac{a_n - ib_n}{2}\mathrm{e}^{in\omega_0 t} + \frac{a_n + ib_n}{2}\mathrm{e}^{-in\omega_0 t}\right) \tag{5.1-3}$$

令

$$c_0 = \frac{a_0}{2}, \quad c_n = \frac{a_n - ib_n}{2}, \quad c_{-n} = \frac{a_n + ib_n}{2} \quad (n=1,2,\cdots)$$

即得

$$f_T(t) = \sum_{n=1}^{\infty} c_{-n}\mathrm{e}^{-in\omega_0 t} + c_0 + \sum_{n=1}^{\infty} c_n\mathrm{e}^{in\omega_0 t} = \sum_{n=-\infty}^{\infty} c_n\mathrm{e}^{in\omega_0 t} \tag{5.1-4}$$

式中

$$c_n = \frac{1}{T}\int_{-T/2}^{T/2} f_T(t)\mathrm{e}^{-in\omega_0 t}\,\mathrm{d}t \quad (n=0,\pm 1,\pm 2,\cdots) \tag{5.1-5}$$

称式（5.1-4）为 $f_T(t)$ 的傅里叶级数的指数形式，其中式（5.1-5）可通过对比式（5.1-1）和式（5.1-4）得到。以上两式合写在一起，即有

$$f_T(t) = \frac{1}{T}\sum_{n=-\infty}^{+\infty}\left[\int_{-T/2}^{T/2} f_T(\tau)\mathrm{e}^{-in\omega_0\tau}\,\mathrm{d}\tau\right]\mathrm{e}^{in\omega_0 t} \tag{5.1-6}$$

对比式（5.1-2）和式（5.1-6）可以看出，$c_0 = A_0$，$|c_n| = |c_{-n}| = \sqrt{a_n^2 + b_n^2}/2 = A_n/2$，$\arg c_n = -\arg c_{-n} = \theta_n$。因此 c_n 的模和辐角正好反映了信号 $f_T(t)$ 中频率为 $n\omega_0$ 的谐波的振幅

和初相位,即只用 c_n 就可以描述 $f_T(t)$ 的频率特性。为了进一步明确 c_n 与频率 $n\omega_0$ 的对应关系,常记

$$c_n = F(n\omega_0) \tag{5.1-7}$$

并称 c_n 为 $f_T(t)$ 的离散频谱函数,$|c_n|$ 称为 $f_T(t)$ 的离散频谱。

（2）傅里叶积分

周期函数展开为傅里叶级数,其物理上的含意是将一个复杂的周期波,分解为一系列频率为 $n\omega_0 = 2n\pi/T$ 的简谐波的叠加,$f_T(t)$ 的频谱在以 ω_0 为间隔的点上离散取值。当 T 变得越来越大时,间隔 ω_0 变得越来越小。当 $T \to \infty$ 时,周期函数变为非周期函数,频谱将在 ω 上连续取值,即一个非周期函数的频率特性将包含所有的频率成分,$f_T(t)$ 的傅里叶级数展开式将会变成傅里叶积分。

任何一个非周期函数 $f(t)$ 都可以看成是由某个周期函数 $f_T(t)$ 当函数周期 $T \to \infty$ 时转化而来的。为了说明这一点,我们做周期为 T 的函数 $f_T(t)$,并使其在区间 $[-T/2, T/2]$ 之内等于 $f(t)$,而在 $[-T/2, T/2]$ 之外按周期 T 向两边延拓,如图 5-1 所示。很明显,T 越大,$f_T(t)$ 与 $f(t)$ 相等的范围也越大,当 $T \to \infty$ 时,周期函数 $f_T(t)$ 便可转化为 $f(t)$,即有

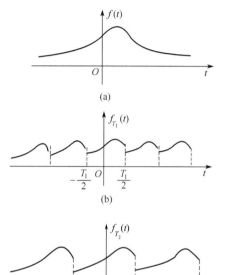

图 5-1 周期性延拓

$$\lim_{T \to \infty} f_T(t) = f(t) \tag{5.1-8}$$

这样,在式(5.1-6)中如果令 $T \to \infty$,其结果就可以看成是 $f(t)$ 的展开式,即

$$f(t) = \lim_{T \to \infty} \frac{1}{T} \sum_{n=-\infty}^{+\infty} \left[\int_{-T/2}^{T/2} f_T(\tau) e^{-in\omega_0\tau} d\tau \right] e^{in\omega_0 t} \tag{5.1-9}$$

令 $\omega_n = n\omega_0$,当 n 遍历全部整数时,ω_n 所对应的点便均匀地分布在整个数轴上。若两个相邻点的距离以 $\Delta\omega$ 表示,即

$$\Delta\omega = \omega_n - \omega_{n-1} = \frac{2\pi}{T} \tag{5.1-10}$$

则当 $T \to +\infty$ 时,有 $\Delta\omega \to 0$,所以式(5.1-9)可以写成积分形式,即

$$f(t) = \frac{1}{2\pi} \int_{-\infty}^{+\infty} \left[\int_{-\infty}^{+\infty} f(\tau) e^{-i\omega\tau} d\tau \right] e^{i\omega t} d\omega \tag{5.1-11}$$

该式称为傅里叶积分公式。应该指出,式(5.1-11)仅是根据式(5.1-9)从形式上推导得出的,至于一个非周期函数 $f(t)$ 在什么条件下可以用傅里叶积分表示,需用傅里叶积分定理判定。

傅里叶积分定理 如果函数 $f(t)$ 在无限区间 $(-\infty, +\infty)$ 上绝对可积(即积分 $\int_{-\infty}^{+\infty} |f(t)| dt$ 收敛),且在任一有限区间上满足狄里克莱条件,则有

$$\frac{f(t^+)+f(t^-)}{2}=\frac{1}{2\pi}\int_{-\infty}^{+\infty}\left[\int_{-\infty}^{+\infty}f(\tau)\mathrm{e}^{-i\omega\tau}\mathrm{d}\tau\right]\mathrm{e}^{i\omega t}\mathrm{d}\omega \tag{5.1-12}$$

成立。式(5.1-12) 表示，如果函数 $f(t)$ 存在间断点 t，则该点的函数值应取间断点处函数值的算术平均值，而在函数 $f(t)$ 的连续点处，式(5.1-11) 是成立的。

另外附带指出，以上定理中的条件仅是充分的，并不是必要的。因为确实存在一些函数，虽不满足该定理的条件，但其傅里叶积分是存在的。

利用欧拉公式，可以将以指数形式表示的傅里叶积分公式(5.1-11) 转化为三角形式。式(5.1-11) 可改写成

$$f(t)=\frac{1}{2\pi}\int_{-\infty}^{+\infty}\left[\int_{-\infty}^{+\infty}f(\tau)\mathrm{e}^{-i\omega\tau}\mathrm{d}\tau\right]\mathrm{e}^{i\omega t}\mathrm{d}\omega=\frac{1}{2\pi}\int_{-\infty}^{+\infty}\left[\int_{-\infty}^{+\infty}f(\tau)\mathrm{e}^{i\omega(t-\tau)}\mathrm{d}\tau\right]\mathrm{d}\omega$$

$$=\frac{1}{2\pi}\int_{-\infty}^{+\infty}\left[\int_{-\infty}^{+\infty}f(\tau)\cos\omega(t-\tau)\mathrm{d}\tau+i\int_{-\infty}^{+\infty}f(\tau)\sin\omega(t-\tau)\mathrm{d}\tau\right]\mathrm{d}\omega$$

考虑到 $\sin\omega(t-\tau)$ 是奇函数，其在区间 $[-\infty,+\infty]$ 上的定积分应等于零，又由于 $\cos\omega(t-\tau)$ 是偶函数，其积分区间 $[-\infty,+\infty]$ 可以转化为 $[0,+\infty]$，但积分结果应乘以 2 倍，即有

$$f(t)=\frac{1}{\pi}\int_{0}^{+\infty}\left[\int_{-\infty}^{+\infty}f(\tau)\cos\omega(t-\tau)\mathrm{d}\tau\right]\mathrm{d}\omega \tag{5.1-13}$$

这便是函数 $f(t)$ 的傅里叶积分公式的三角形式。

如果进一步考虑函数 $f(t)$ 的奇偶性，可以推导得到傅里叶积分公式的正弦式和余弦式。如果 $f(t)$ 在 $[-\infty,+\infty]$ 上为奇函数，奇函数与奇函数的积为偶函数，奇函数与偶函数的积仍为奇函数，因而可得傅里叶积分公式的正弦式

$$f(t)=\frac{2}{\pi}\int_{0}^{+\infty}\left[\int_{0}^{+\infty}f(\tau)\sin\omega\tau\mathrm{d}\tau\right]\sin\omega t\mathrm{d}\omega \tag{5.1-14}$$

如果 $f(t)$ 在 $[-\infty,+\infty]$ 上为偶函数，偶函数与奇函数的积为奇函数，偶函数与偶函数的积仍为偶函数，因而可得傅里叶积分公式的余弦式

$$f(t)=\frac{2}{\pi}\int_{0}^{+\infty}\left[\int_{0}^{+\infty}f(\tau)\cos\omega\tau\mathrm{d}\tau\right]\cos\omega t\mathrm{d}\omega \tag{5.1-15}$$

5.1.2 傅里叶变换

(1) 傅里叶变换的概念

从傅里叶积分公式(5.1-11) 出发，可以推导得出傅里叶变换的定义。设函数 $f(t)$ 满足傅里叶积分定理的条件，令式(5.1-11) 中的内积分为 $F(\omega)$，即

$$F(\omega)=\int_{-\infty}^{+\infty}f(t)\mathrm{e}^{-i\omega t}\mathrm{d}t \tag{5.1-16}$$

称上式右边的积分运算为 $f(t)$ 的**傅里叶变换**（也称傅氏变换），记为 $\mathscr{F}[f(t)]$，$F(\omega)$ 为 $f(t)$ 的像函数，记为 $F(\omega)=\mathscr{F}[f(t)]$。进而由式(5.1-11) 可得

$$f(t)=\frac{1}{2\pi}\int_{-\infty}^{+\infty}F(\omega)\mathrm{e}^{i\omega t}\mathrm{d}\omega \tag{5.1-17}$$

称式(5.1-17) 右边的运算为 $F(\omega)$ 的傅里叶逆变换，记为 $\mathscr{F}^{-1}[f(\omega)]$，即 $f(t)=\mathscr{F}^{-1}[F(\omega)]$，$f(t)$ 称为 $F(\omega)$ 的像原函数。

$f(t)$ 与 $F(\omega)$ 构成一个傅里叶变换对，它们之间具有一一对应的对称形式。式(5.1-16)和式(5.1-17)指出，非周期函数也可以看作是由不同频率的简谐波的叠加，与周期函数不同的是，非周期函数的谐波分解式包含了从零到无穷大的所有频率分量，而 $F(\omega)$ 是 $f(t)$ 中各频率分量的分布密度，因而 $F(\omega)$ 称为 $f(t)$ 的频谱密度函数，简称为频谱函数，而 $|F(\omega)|$ 称为 $f(t)$ 的振幅频谱，简称为频谱，其图形称为频谱图。因为频率 ω 是连续变量，故频谱图形一般是连续曲线。可以证明，若 $f(t)$ 在整个数轴上是分段光滑函数，则 $|F(\omega)| < k/|\omega|$，其中 k 为常数，也就是说频谱随频率的增加而递减。

【例题 5-1】 在工程技术中，经常遇到一类形如 $f(t) = \begin{cases} 0 & (t<0) \\ e^{-\beta t} & (t \geqslant 0) \end{cases}$ 的指数衰减函数，其中 $\beta > 0$，试求其傅里叶变换及其积分表达式，并作出频谱图。

解：

$$F(\omega) = \int_{-\infty}^{+\infty} f(t) e^{-i\omega t} dt = \int_0^{+\infty} e^{-(\beta+i\omega)t} dt = -\frac{1}{\beta+i\omega} e^{-(\beta+i\omega)t} \Big|_0^{+\infty} = \frac{\beta-i\omega}{\beta^2+\omega^2}$$

因而 $f(t)$ 的频谱为

$$|F(\omega)| = \left| \frac{\beta-i\omega}{\beta^2+\omega^2} \right| = \frac{1}{\sqrt{\beta^2+\omega^2}}$$

所得频谱图如图 5-2 所示。

利用傅里叶逆变换公式，得

$$f(t) = \frac{1}{2\pi} \int_{-\infty}^{+\infty} F(\omega) e^{i\omega t} d\omega = \frac{1}{2\pi} \int_{-\infty}^{+\infty} \frac{\beta-i\omega}{\beta^2+\omega^2} e^{i\omega t} d\omega$$

$$= \frac{1}{\pi} \int_0^{+\infty} \frac{\beta\cos\omega t + \omega\sin\omega t}{\beta^2+\omega^2} d\omega$$

注意到 $t=0$ 是 $f(t)$ 的第一类间断点，利用傅里叶积分定理可得

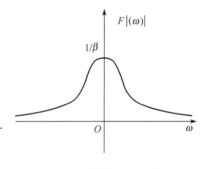

图 5-2　例题 5-1 频谱图

$$\frac{1}{\pi} \int_0^{+\infty} \frac{\beta\cos\omega t + \omega\sin\omega t}{\beta^2+\omega^2} d\omega = \begin{cases} 0 & (t<0) \\ \dfrac{1}{2} & (t=0) \\ e^{-\beta t} & (t>0) \end{cases}$$

【例题 5-2】 求如图 5-3(a) 所示的单个脉冲 $f(t) = \begin{cases} E, & |t| \leqslant \tau/2, E>0 \\ 0, & |t| > \tau/2 \end{cases}$ 的频谱函数，并作出频谱图。

解： 利用傅里叶变换公式得

$$F(\omega) = \int_{-\infty}^{+\infty} f(t) e^{-i\omega t} dt = \int_{-\tau/2}^{+\tau/2} E e^{-i\omega t} dt = \frac{E}{-i\omega} e^{-i\omega t} \Big|_{-\tau/2}^{+\tau/2} = \frac{E}{i\omega} (e^{i\omega\tau/2} - e^{-i\omega\tau/2}) = \frac{2E}{\omega} \sin\frac{\omega\tau}{2}$$

即 $f(t)$ 的频谱为

$$|F(\omega)| = 2E \left| \frac{\sin\omega\tau/2}{\omega} \right|$$

因为

$$\lim_{\omega \to 0} \frac{2E}{\omega} \sin\frac{\omega\tau}{2} = E\tau$$

所以，频谱在纵轴上的截距为 $E\tau$，如图 5-3(b) 所示。

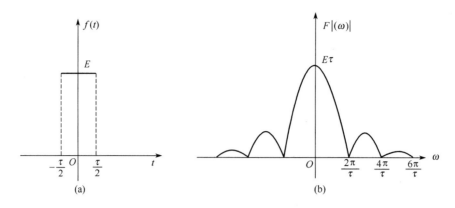

图 5-3   例题 5-2 频谱图

(2) 傅里叶正弦、余弦变换

现在讨论奇、偶函数的傅里叶变换。当 $f(t)$ 为奇函数时，利用 $f(t)$ 的傅里叶积分的正弦式，可给出傅里叶正弦变换的定义；当 $f(t)$ 为偶数时，利用傅里叶积分的余弦式，可给出傅里叶余弦变换的定义。

设函数 $f(t)$ 满足傅里叶积分定理的条件，如果 $f(t)$ 为奇函数，令

$$F_s(\omega) = \int_0^{+\infty} f(t) \sin \omega t \, \mathrm{d}t \tag{5.1-18}$$

则称其为函数 $f(t)$ 的傅里叶正弦变换式，右边的积分运算叫作 $f(t)$ 的傅里叶正弦变换。由傅里叶积分的正弦式(5.1-14)，可得傅里叶正弦逆变换式

$$f(t) = \frac{2}{\pi} \int_0^{+\infty} F_s(\omega) \sin \omega t \, \mathrm{d}\omega \tag{5.1-19}$$

类似地，当 $f(t)$ 为偶函数时，分别称

$$F_c(\omega) = \int_0^{+\infty} f(t) \cos \omega t \, \mathrm{d}t \tag{5.1-20}$$

$$f(t) = \frac{2}{\pi} \int_0^{+\infty} F_c(\omega) \cos \omega t \, \mathrm{d}\omega \tag{5.1-21}$$

为 $f(t)$ 的傅里叶余弦变换式和傅里叶余弦逆变换式，等号右边的积分运算分别称为 $f(t)$ 的傅里叶余弦变换和 $F_c(\omega)$ 的傅里叶余弦逆变换。

当函数 $f(t)$ 只在 $(0, +\infty)$ 上给出时，可以定义函数

$$f_1(t) = \begin{cases} f(t) & (0 < t < +\infty) \\ 0 & (t = 0) \\ -f(-t) & (-\infty < t < 0) \end{cases} \tag{5.1-22}$$

为 $(-\infty, +\infty)$ 上的奇函数。利用式(5.1-14)可以得到 $f_1(t)$ 的傅里叶正弦积分的表达式，这个表达式在 $(0, +\infty)$ 上等于 $f(t)$。也可以定义函数

$$f_2(t) = \begin{cases} f(t) & (0 < t < +\infty) \\ \text{任意值} & (t = 0) \\ f(-t) & (-\infty < t < 0) \end{cases} \tag{5.1-23}$$

为（$-\infty$, $+\infty$）上的一个偶函数。将 $f(t)$ 用式(5.1-15)写出傅里叶余弦积分的表达式时，这个表达式在（0, $+\infty$）上也等于 $f(t)$。因此对于仅在（0, $+\infty$）上定义的函数 $f(t)$，可以进行傅里叶正弦变换，也可以进行傅里叶余弦变换。

如果 $f(t)$ 在 $t=0$ 有定义，则傅里叶逆变换后在 $t=0$ 的值由傅里叶积分定理确定。如果 $t=0$ 是 $f(t)$ 的一个连续点，则将 $f(t)$ 扩张成（$-\infty$, $+\infty$）上的偶函数 $f_2(t)$ 时，$t=0$ 仍为 $f_2(t)$ 的连续点，因此傅里叶逆变换在 $t=0$ 的值仍为 $f(0)$；但当 $f(0)\neq 0$ 时，将 $f(t)$ 扩张为（$-\infty$, $+\infty$）上的奇函数后，$t=0$ 不再是连续点，故傅里叶逆变换的值应为 $[f(0^+)+f(0^-)]/2$。

【例题 5-3】　试将函数

$$f(t)=\begin{cases} 1 & (0\leqslant t<a) \\ 1/2 & (t=a) \\ 0 & t>a \end{cases}$$

扩张成（$-\infty$, $+\infty$）上的偶函数，求出其傅里叶余弦变换，并计算积分 $\displaystyle\int_0^{+\infty}\frac{\sin\omega}{\omega}\mathrm{d}\omega$。

解： $f(t)$ 扩张成（$-\infty$, $+\infty$）上的偶函数，为

$$f(t)=\begin{cases} 1 & (|t|<a) \\ 1/2 & (|t|=a) \\ 0 & (|t|>a) \end{cases}$$

其傅里叶余弦变换为

$$F_c(\omega)=\int_0^{+\infty}f(t)\cos\omega t\,\mathrm{d}t=\int_0^a\cos\omega t\,\mathrm{d}t=\frac{\sin\omega a}{\omega}$$

由傅里叶积分定理得 $F_c(\omega)$ 的傅里叶逆变换为

$$\frac{2}{\pi}\int_0^{+\infty}F_c(\omega)\cos\omega t\,\mathrm{d}\omega=\frac{2}{\pi}\int_0^{+\infty}\frac{\sin\omega a}{\omega}\cos\omega t\,\mathrm{d}\omega=\begin{cases} 1 & (|t|<a) \\ 1/2 & (|t|=a) \\ 0 & (|t|>a) \end{cases}$$

取 $t=0$，$a=1$，即得

$$\int_0^{+\infty}\frac{\sin\omega}{\omega}\mathrm{d}\omega=\frac{\pi}{2}$$

(3) δ 函数及其傅里叶变换

傅里叶变换反映了周期函数与非周期函数的频谱特性，而 δ 函数（单位脉冲函数）及其广义傅里叶变换可将离散频谱以连续频谱的形式表现出来，因此 δ 函数是一类很重要的工程函数。

狄拉克（Dirac）最先于 1930 年在量子力学中引入了 δ 函数，因而 δ 函数又称为狄拉克函数。后来人们用它来描述实际工程问题中具有脉冲性质的物理现象，如点电荷、脉冲电流、脉冲示踪等。δ 函数不同于普通函数，不能用通常意义下的"值的对应关系"来定义，但它却反映了现实世界中一种量的关系，给工程和物理中的不连续量提供了方便的描述，因而促进了人们对这种函数的研究，并建立了相应的数学理论和方法。

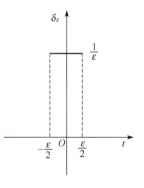

图 5-4　δ 函数定义

工程上常从考察函数序列的极限来研究 δ 函数，例如考虑图 5-4 所示的函数

$$\delta_\varepsilon(t)=\begin{cases}1/\varepsilon & (|t|\leqslant\varepsilon/2)\\ 0 & (|t|>\varepsilon/2)\end{cases} \tag{5.1-24}$$

若令 δ 函数为式(5.1-24)中的函数 $\delta_\varepsilon(t)$ 取当 $\varepsilon\to0$ 时的极限，即知 δ 函数满足以下两个条件

$$\delta(t)=\begin{cases}+\infty & (t=0)\\ 0 & (t\neq0)\end{cases} \tag{5.1-25}$$

和

$$\int_{-\infty}^{+\infty}\delta(t)\mathrm{d}t=1 \tag{5.1-26}$$

以上两式反映了 δ 函数的极限特点和积分归一特点。对式(5.1-25)和式(5.1-26)中的自变量做一平移，便得到 δ 函数的一个变例

$$\delta(t-t_0)=\begin{cases}+\infty & (t=t_0)\\ 0 & (t\neq t_0)\end{cases} \tag{5.1-27}$$

$$\int_{-\infty}^{+\infty}\delta(t-t_0)\mathrm{d}t=1 \tag{5.1-28}$$

需要指出的是，以上对 δ 函数的定义在理论上是不严格的，它只是对 δ 函数的一种描述。实际上 δ 函数并不是普通的函数，不能用通常意义下"值的对应关系"来定义，而是一个广义函数。有关 δ 函数的严格定义，读者可参阅广义函数论方面的有关书籍。

工程上又称 δ 函数为单位脉冲函数，并用一个长度等于 1 的有向线段来表示，该长度表示 δ 函数的积分值，叫作冲激强度。

下面直接给出 δ 函数的几个重要基本性质。

① 设 $f(t)$ 为连续函数，则

$$\int_{-\infty}^{+\infty}\delta(t)f(t)\mathrm{d}t=f(0) \tag{5.1-29}$$

对 $\delta(t-t_0)$，则有
$$\int_{-\infty}^{+\infty}\delta(t-t_0)f(t)\mathrm{d}t=f(t_0) \tag{5.1-30}$$

式(5.1-29)和式(5.1-30)称为 δ 函数的筛选性质，它们表明，用单位脉冲函数乘以连续函数后的积分值，等于该函数在脉冲出现时刻的函数值。筛选性质给出了 δ 函数与其它函数的运算关系，人们也常常以该性质定义 δ 函数，把满足式(5.1-29)的函数定义为 δ 函数。

② δ 函数的导数定义为，对任何具有连续导数的函数 $f(t)$，有

$$\int_{-\infty}^{+\infty}\delta'(t)f(t)\mathrm{d}t=-f'(0) \tag{5.1-31}$$

③ 设 $a\neq0$，为常数，则 $\delta(at)$ 定义为：对任何连续函数 $f(t)$，有

$$\int_{-\infty}^{+\infty}\delta(at)f(t)\mathrm{d}t=\frac{1}{|a|}\int_{-\infty}^{+\infty}\delta(t)f\left(\frac{t}{a}\right)\mathrm{d}t=\frac{1}{|a|}f(0) \tag{5.1-32}$$

④ δ 函数与普通函数 $\varphi(t)$ 的乘积 $\delta(t)\varphi(t)$ 的定义是：对任何连续函数 $f(t)$ 有

$$\int_{-\infty}^{+\infty}[\delta(t)\varphi(t)]f(t)\mathrm{d}t=\int_{-\infty}^{+\infty}\delta(t)[\varphi(t)f(t)]\mathrm{d}t \tag{5.1-33}$$

特别当 $\varphi(t)$ 在 $t=0$ 连续时，有

$$\delta(t)\varphi(t)=\delta(t)\varphi(0) \tag{5.1-34}$$

⑤ δ 函数与普通函数 $\varphi(t)$ 的卷积定义为

$$\varphi(t) * \delta(t) = \int_{-\infty}^{+\infty} \varphi(\tau)\delta(t-\tau)\mathrm{d}\tau = \varphi(t) \tag{5.1-35}$$

⑥ δ 函数的积分上限函数为

$$\int_{-\infty}^{t} \delta(t)\mathrm{d}t = \begin{cases} 1 & (t \geqslant 0) \\ 0 & (t < 0) \end{cases} \tag{5.1-36}$$

上式右端的函数记为 $u(t)$，叫作单位阶跃函数，根据式(5.1-36)可知单位阶跃函数的导数即为 δ 函数

$$\frac{\mathrm{d}u}{\mathrm{d}t} = \delta(t) \tag{5.1-37}$$

δ 函数的傅里叶变换可利用性质 a. 很容易地推导得出，其形式为

$$F(\omega) = \mathscr{F}[\delta(t)] = \int_{-\infty}^{+\infty} \delta(t)\mathrm{e}^{-i\omega t}\mathrm{d}t = \mathrm{e}^{-i\omega t}\big|_{t=0} = 1 \tag{5.1-38}$$

δ 函数的傅里叶逆变换为

$$f(t) = F^{-1}[\delta(\omega)] = \frac{1}{2\pi}\int_{-\infty}^{+\infty} \delta(\omega)\mathrm{e}^{i\omega t}\mathrm{d}\omega = \frac{1}{2\pi}\mathrm{e}^{i\omega t}\big|_{\omega=0} = \frac{1}{2\pi} \tag{5.1-39}$$

δ 函数的频谱为 $|F(\omega)| = 1$，频谱图如图 5-5 所示。如图可见，单位脉冲函数包含各种频率成分且它们具有相等的振幅，称其为均匀频谱。

δ 函数的傅里叶变换是一种广义函数的傅里叶变换。运用 δ 函数的傅里叶变换，我们可以对一些并不满足绝对可积的条件但很常用的函数如常数函数、单位阶跃函数、指数函数进行傅里叶变换。

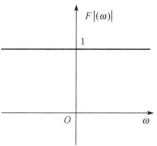

图 5-5　δ 函数的频谱图

【例题 5-4】　求符号函数 $\mathrm{sgn}(t) = \begin{cases} -1 & (t<0) \\ 0 & (t=0) \\ 1 & (t>0) \end{cases}$ 的傅里叶变换。

解：因 $\mathrm{sgn}(t) = 2u(t) - 1$，故

$$\mathscr{F}[\mathrm{sgn}(t)] = \mathscr{F}[2u(t)-1] = 2\mathscr{F}[u(t)] - \mathscr{F}(1) = 2\left[\frac{1}{i\omega} + \pi\delta(\omega)\right] - 2\pi\delta(\omega) = \frac{2}{i\omega}$$

(4) 非周期函数的频谱

傅里叶变换和频谱的概念有着非常密切的关系。随着无线电技术、声学、振动学的发展，频谱理论也相应地得到了很快发展。在化工领域，各种在线测量技术都在不同程度上用到了频谱分析。在此简单介绍频谱的基本概念，至于其具体应用，请参阅相关专著。

在傅里叶级数中，对于以 T 为周期的非正弦函数 $f(t)$，它的第 n 次谐波（$\omega_n = n\omega = 2n\pi/T$）

$$a_n\cos\omega_n t + b_n\sin\omega_n t = A_n\sin(\omega_n t + \varphi_n)$$

的振幅为

$$A_n = \sqrt{a_n^2 + b_n^2}$$

而用复指数形式表示时，第 n 次谐波为

$$c_n\mathrm{e}^{i\omega_n t} + c_{-n}\mathrm{e}^{-i\omega_n t}$$

其中

$$c_n = \frac{a_n - ib_n}{2}, \qquad c_{-n} = \frac{a_n + ib_n}{2}$$

并且
$$|c_n| = |c_{-n}| = \frac{1}{2}\sqrt{a_n^2 + b_n^2}$$

所以，以 T 为周期的非正弦函数 $f(t)$ 的第 n 次谐波的振幅为

$$A_n = 2|c_n| \quad (n = 0,1,2,\cdots)$$

该式描述了各次谐波的振幅随频率变化的分布情况。

所谓频谱图，通常是指频率和振幅的关系图，所以 A_n 称为 $f(t)$ 的振幅频谱，简称频谱。由于 $n = 0，1，2，\cdots$，所以频谱 A_n 的图形是不连续的，称之为离散频谱。它清楚地表明了一个非正弦周期函数包含了哪些频率分量及各分量所占的比例。因此，频谱图在工程技术中应用非常广泛。

例如图 5-6 所示的周期性矩形脉冲，在一个周期 T 内的表达式为

$$f(t) = \begin{cases} 0 & (-T/2 \leqslant t < -\tau/2) \\ E & (-\tau/2 \leqslant t < \tau/2) \\ 0 & (\tau/2 \leqslant t \leqslant T/2) \end{cases}$$

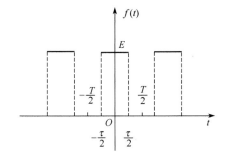

它的傅里叶级数的复指数形式为

$$f(t) = \frac{E\tau}{T} + \sum_{\substack{n=-\infty \\ n \neq 0}}^{+\infty} \frac{E}{n\pi} \sin \frac{n\pi\tau}{T} \mathrm{e}^{in\omega t}$$

可见 $f(t)$ 的傅里叶级数的系数为

$$c_0 = \frac{E\tau}{T}, \quad c_n = \frac{E}{n\pi}\sin\frac{n\pi\tau}{T} \quad (n = \pm 1, \pm 2, \cdots)$$

图 5-6   周期性矩形脉冲

其频谱为
$$A_0 = 2|c_0| = \frac{2E\tau}{T}, \quad A_n = 2|c_n| = \frac{2E}{n\pi}\left|\sin\frac{n\pi\tau}{T}\right| \quad (n = 1,2,\cdots)$$

如 $T = 4\tau$ 时，有

$$A_0 = \frac{E}{2}, \quad A_n = \frac{2E}{n\pi}\left|\sin\frac{n\pi}{4}\right| \quad (n = 1,2,\cdots)$$

这样就可以将计算得到的各次谐波振幅的数值在频谱图上直观地表示出来，结果如图 5-7 所示。

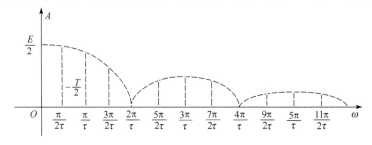

图 5-7   矩形脉冲的频谱图

对于非周期函数 $f(t)$，当它满足傅里叶积分定理中的条件时，则在 $f(t)$ 的连续点处可表示为

$$f(t) = \frac{1}{2\pi}\int_{-\infty}^{+\infty} F(\omega)\mathrm{e}^{i\omega t}\mathrm{d}\omega$$

其中
$$F(\omega) = \int_{-\infty}^{+\infty} f(t)\mathrm{e}^{-i\omega t}\mathrm{d}t$$

为它的傅里叶变换。在频谱分析中，傅里叶变换 $F(\omega)$ 又称为 $f(t)$ 的频谱函数，而频谱函数的模 $|F(\omega)|$ 称为 $f(t)$ 的振幅频谱，亦简称频谱。由于 ω 是连续变化的，所以称之为连续频谱。对一个时间函数做傅里叶变换，就是求该时间函数的频谱。

5.1.3　傅里叶变换的基本性质

在此首先介绍傅里叶变换的一些基本性质，了解这些性质对于理解傅里叶变换的概念和用其解决实际问题都是十分重要的。为叙述方便，假设需进行傅里叶变换的函数，都满足傅里叶积分定理的条件。

① 线性性质　设 $F_1(\omega)=\mathscr{F}[f_1(t)]$，$F_2(\omega)=\mathscr{F}[f_2(t)]$，$a_1$，$a_2$ 为常数，则

$$\mathscr{F}[a_1 f_1(t)+a_2 f_2(t)]=a_1 F_1(\omega)+a_2 F_2(\omega) \tag{5.1-40}$$

$$\mathscr{F}^{-1}[a_1 F_1(\omega)+a_2 F_2(\omega)]=a_1 f_1(t)+a_2 f_2(t) \tag{5.1-41}$$

② 相似性质　设 $F(\omega)=\mathscr{F}[f(t)]$，$k$ 为非零常数，则

$$\mathscr{F}[f(kt)]=\frac{1}{|k|}F\left(\frac{\omega}{k}\right) \tag{5.1-42}$$

$$\mathscr{F}^{-1}[F(k\omega)]=\frac{1}{|k|}f\left(\frac{t}{k}\right) \tag{5.1-43}$$

相似性质的物理意义是：若函数（或信号）被压缩（$k>1$），则其频谱被扩展；反之，若函数（或信号）被扩展（$k<1$），则其频谱被压缩。

③ 位移性质　设 $F(\omega)=\mathscr{F}[f(t)]$，$t_0$、$\omega_0$ 为实常数，则

$$\mathscr{F}[f(t\pm t_0)]=F(\omega)\mathrm{e}^{\pm i\omega t_0} \tag{5.1-44}$$

$$\mathscr{F}^{-1}[F(\omega\pm\omega_0)]=f(t)\mathrm{e}^{\mp i\omega_0 t} \tag{5.1-45}$$

位移性质的物理意义是：当一个函数（或信号）沿时间轴平移后，它的各频率成分的大小不发生改变，只是初相位发生变化。式(5.1-45)常被用来进行频谱搬移，这个结论告诉我们，频域内的位移可以由时域的复数相乘得到。

④ 微分性质　设 $F(\omega)=\mathscr{F}[f(t)]$，且 $\lim\limits_{|t|\to+\infty}f^{(k)}(t)=0, k=0,1,\cdots,n-1$，则

$$\mathscr{F}[f^{(k)}(t)]=(i\omega)^n F(\omega) \tag{5.1-46}$$

$$\mathscr{F}^{-1}[F^{(n)}(\omega)]=(-it)^n f(t) \tag{5.1-47}$$

或

$$(-i)^n\mathscr{F}[t^n f(t)]=F^{(n)}(\omega) \tag{5.1-48}$$

当 $f(t)$ 的傅里叶变换已知时，式(5.1-48)可以用来求 $t^n f(t)$ 的傅里叶变换。微分性质说明了在傅里叶变换下，微分运算和乘法运算之间的对偶关系：函数微分的变换等于 $i\omega$ 和函数变换的乘积，变换的微分等于 $-it$ 与函数乘积的变换。从而傅里叶变换把微分运算转化为乘积运算，这一性质在微分方程求解中起着重要的作用，它可以把偏微分方程转化为常微分方程，而把常微分方程转化为代数方程。

⑤ 积分性质　设 $F(\omega)=\mathscr{F}[f(t)]$，若 $\int_{-\infty}^{+\infty}f(\tau)\mathrm{d}\tau$ 存在，则

$$\mathscr{F}\left[\int_{-\infty}^{t}f(\tau)\mathrm{d}\tau\right]=\frac{1}{i\omega}F(\omega) \tag{5.1-49}$$

⑥ 乘积定理　若 $F_1(\omega)=\mathscr{F}[f_1(t)]$，$F_2(\omega)=\mathscr{F}[f_2(t)]$，则

$$\int_{-\infty}^{+\infty}f_1(t)f_2(t)\mathrm{d}t=\frac{1}{2\pi}\int_{-\infty}^{+\infty}\overline{F_1(\omega)}F_2(\omega)\,\mathrm{d}\omega=\frac{1}{2\pi}\int_{-\infty}^{+\infty}F_1(\omega)\overline{F_2(\omega)}\,\mathrm{d}\omega \tag{5.1-50}$$

其中，$\overline{F_1(\omega)}$、$\overline{F_2(\omega)}$ 分别为 $F_1(\omega)$ 和 $F_2(\omega)$ 的共轭函数。

g. 能量积分　若 $F(\omega)=\mathscr{F}[f(t)]$，则有

$$\int_{-\infty}^{+\infty}|f(t)|^2\mathrm{d}t=\frac{1}{2\pi}\int_{-\infty}^{+\infty}|F(\omega)|^2\mathrm{d}\omega \tag{5.1-51}$$

该式又被称为帕塞瓦（Parseval）等式。在式(5.1-51) 中，如令 $S(\omega)=|F(\omega)|^2$，则称其为能量密度函数，或称为能量谱密度。它可以决定函数 $f(t)$ 的能量分布规律。将它对所有频率积分就得到 $f(t)$ 的总能量。很显然，根据定义能量密度函数为偶函数，即 $S(\omega)=S(-\omega)$。利用能量积分还可以计算某些定积分的值。

【例题 5-5】　设 $F(\omega)=\mathscr{F}[f(t)]$，求 $\mathscr{F}[f(t)\cos\omega_0 t]$。

解：

$$\mathscr{F}[f(t)\cos\omega_0 t]=\mathscr{F}[1/2f(t)(\mathrm{e}^{i\omega_0 t}+\mathrm{e}^{-i\omega_0 t})]=\frac{\mathscr{F}[f(t)\mathrm{e}^{i\omega_0 t}]}{2}+\frac{\mathscr{F}[f(t)\mathrm{e}^{-i\omega_0 t}]}{2}$$

利用傅里叶变换的位移性质，可得

$$\mathscr{F}[f(t)\cos\omega_0 t]=\frac{[F(\omega-\omega_0)+F(\omega+\omega_0)]}{2}$$

【例题 5-6】　求积分 $\int_{-\infty}^{+\infty}\frac{\sin^2 x}{x^2}\mathrm{d}x$ 的值。

解：根据帕塞瓦等式，设 $f(t)=\sin t/t$，则从附录中的傅里叶积分表中查得 $f(t)$ 的傅里叶变换

$$F(\omega)=\begin{cases}\pi & (|\omega|\leqslant 1)\\ 0 & (|\omega|>1)\end{cases}$$

所以

$$\int_{-\infty}^{+\infty}\frac{\sin^2 t}{t^2}\mathrm{d}t=\frac{1}{2\pi}\int_{-\infty}^{+\infty}|F(\omega)|^2\mathrm{d}\omega=\frac{1}{2\pi}\int_{-1}^{1}\pi^2\mathrm{d}\omega=\pi$$

5.1.4　卷积与相关函数

卷积与相关函数的一些基本规律，都是傅里叶变换的更为深刻的性质，它们在傅里叶变换的应用及对线性系统的分析中，都占有非常重要的地位。

(1) 卷积定理

若函数 $f_1(t)$ 和 $f_2(t)$ 都在 $(-\infty,+\infty)$ 内定义，并对任何实数 t，积分

$$\int_{-\infty}^{+\infty}f_1(\tau)f_2(t-\tau)\mathrm{d}\tau \tag{5.1-52}$$

收敛，则称它为 $f_1(t)$ 与 $f_2(t)$ 的卷积，记为 $f_1(t)*f_2(t)$，即

$$f_1(t)*f_2(t)=\int_{-\infty}^{+\infty}f_1(\tau)f_2(t-\tau)\mathrm{d}\tau \tag{5.1-53}$$

根据定义，容易验证卷积满足下列运算律。

① 交换律：$f_1(t)*f_2(t)=f_2(t)*f_1(t)$。
② 结合律：$f_1(t)*[f_2(t)*f_3(t)]=[f_1(t)*f_2(t)]*f_3(t)$。
③ 分配律：$f_1(t)*[f_2(t)+f_3(t)]=f_1(t)*f_2(t)+f_1(t)*f_3(t)$。

关于卷积的傅里叶变换，有如下的定理。

卷积定理　设 $f_1(t)$ 和 $f_2(t)$ 的傅里叶变换存在，且 $F_1(\omega)=\mathscr{F}[f_1(t)]$，$F_2(\omega)=\mathscr{F}[f_2(t)]$，则

$$\mathscr{F}[f_1(t)*f_2(t)]=F_1(\omega)F_2(\omega) \tag{5.1-54}$$

$$\mathscr{F}^{-1}[F_1(\omega)*F_2(\omega)]=2\pi f_1(t)f_2(t) \tag{5.1-55}$$

卷积定理的实质即表明，两个函数卷积的傅里叶变换等于这两个函数傅里叶变换的乘积。一般情况下，卷积计算比较复杂，而变换后的两函数相乘相对容易。

相反，对式(5.1-55)两边再取一次傅里叶变换，即得

$$\mathscr{F}[f_1(t)f_2(t)]=\frac{1}{2\pi}F_1(\omega)*F_2(\omega) \tag{5.1-56}$$

即两个函数乘积的傅里叶变换等于这两个函数傅里叶变换的卷积除以 2π。

通常，两个函数的卷积一般计算起来是比较困难的，但从上面的定理中可以看到，卷积定理为我们提供了卷积计算的简便方法，即化卷积运算为乘积运算。这就使得卷积在线性系统的分析中成为一种特别有用的方法。

（2）相关函数

相关函数的概念与卷积的概念一样，也是频谱分析中的一个重要概念。本节在引入相关函数的概念之后，再建立相关函数与能量谱密度之间的关系。

对于两个不相同的函数 $f_1(t)$ 和 $f_2(t)$，其积分

$$\int_{-\infty}^{+\infty}f_1(t)f_2(t+\tau)\mathrm{d}t$$

称为两个函数 $f_1(t)$ 和 $f_2(t)$ 的**互相关函数**，记作 $R_{12}(\tau)$，即

$$R_{12}(\tau)=\int_{-\infty}^{+\infty}f_1(t)f_2(t+\tau)\mathrm{d}t \tag{5.1-57}$$

而积分

$$\int_{-\infty}^{+\infty}f_1(t+\tau)f_2(t)\mathrm{d}t$$

记为 $R_{21}(\tau)$，即

$$R_{21}(\tau)=\int_{-\infty}^{+\infty}f_1(t+\tau)f_2(t)\mathrm{d}t \tag{5.1-58}$$

当 $f_1(t)=f_2(t)=f(t)$ 时，则积分

$$\int_{-\infty}^{+\infty}f(t)f(t+\tau)\mathrm{d}t$$

称为函数 $f(t)$ 的**自相关函数**，记作 $R(\tau)$，即

$$R(\tau)=\int_{-\infty}^{+\infty}f(t)f(t+\tau)\mathrm{d}t \tag{5.1-59}$$

根据 $R(\tau)$ 的定义，自相关函数是一个偶函数，即

$$R(-\tau)=R(\tau) \tag{5.1-60}$$

而对于互相关函数，则具有性质

$$R_{21}(\tau)=R_{12}(-\tau) \tag{5.1-61}$$

对相关函数取傅里叶变换，可得到以下定理：设 $f_1(t)$ 和 $f_2(t)$ 都满足傅里叶积分定理的条件，且 $F_1(\omega)=\mathscr{F}[f_1(t)]$，$F_2(\omega)=\mathscr{F}[f_2(t)]$，则有

$$\mathscr{F}[R_{12}(t)]=\overline{F_1(\omega)}F_2(\omega) \tag{5.1-62}$$

当 $f_1(t)=f_2(t)=f(t)$ 时，则得到

$$\mathscr{F}[R(t)]=|F(\omega)|^2 \tag{5.1-63}$$

（3）相关函数与能量谱密度的关系

利用傅里叶逆变换公式(5.1-17)，对式(5.1-62)进一步取傅里叶逆变换，可得

$$R_{12}(t)=\int_{-\infty}^{+\infty}f_1(\tau)f_2(t+\tau)\mathrm{d}\tau=\frac{1}{2\pi}\int_{-\infty}^{+\infty}\overline{F_1(\omega)}F_2(\omega)\mathrm{e}^{i\omega t}\mathrm{d}\omega \qquad (5.1\text{-}64)$$

如在上式中令 $t=0$，便得到形同式(5.1-50)的乘积定理。而当 $f_1(t)=f_2(t)=f(t)$ 时，则又得到如式(5.1-51)的帕塞瓦定理。

在乘积定理和帕塞瓦定理中，我们称 $S_{12}(\omega)=\overline{F_1(\omega)}F_2(\omega)$ 为 $f_1(t)$ 和 $f_2(t)$ 的**互能量谱密度**，称 $S(\omega)=|F(\omega)|^2$ 为 $f(t)$ 的**能量密度函数**，或**能量谱密度**。相关定理说明，互相关函数与互能量谱密度构成一个傅里叶变换对，即

$$\begin{cases}R_{12}(\tau)=\dfrac{1}{2\pi}\int_{-\infty}^{+\infty}S_{12}(\omega)\mathrm{e}^{i\omega\tau}\mathrm{d}\omega\\ S_{12}(\omega)=\int_{-\infty}^{+\infty}R_{12}(\tau)\mathrm{e}^{-i\omega\tau}\mathrm{d}\tau\end{cases} \qquad (5.1\text{-}65)$$

而自相关函数与能量谱密度构成一个傅里叶变换对，即

$$\begin{cases}R(\tau)=\dfrac{1}{2\pi}\int_{-\infty}^{+\infty}S(\omega)\mathrm{e}^{i\omega\tau}\mathrm{d}\omega\\ S(\omega)=\int_{-\infty}^{+\infty}R(\tau)\mathrm{e}^{-i\omega\tau}\mathrm{d}\tau\end{cases} \qquad (5.1\text{-}66)$$

【例题 5-7】 求指数衰减函数 $f(t)=\begin{cases}0 & (t<0)\\ \mathrm{e}^{-\beta t} & (t\geq 0)\end{cases}$，$(\beta>0)$ 的自相关函数和能量谱密度。

解：根据自相关函数的定义，有

$$R(\tau)=\int_{-\infty}^{+\infty}f(t)f(t+\tau)\mathrm{d}t$$

当 $\tau\geq 0$ 时，积分非零区间为 $[0,+\infty]$，故

$$R(\tau)=\int_0^{+\infty}\mathrm{e}^{-\beta t}\mathrm{e}^{-\beta(t+\tau)}\mathrm{d}t=\frac{\mathrm{e}^{-\beta\tau}}{-2\beta}\mathrm{e}^{-2\beta t}\bigg|_0^{+\infty}=\frac{\mathrm{e}^{-\beta\tau}}{2\beta}$$

当 $\tau<0$ 时，积分非零区间为 $[-\tau,+\infty]$，故

$$R(\tau)=\int_{-\tau}^{+\infty}\mathrm{e}^{-\beta t}\mathrm{e}^{-\beta(t+\tau)}\mathrm{d}t=\frac{\mathrm{e}^{-\beta\tau}}{-2\beta}\mathrm{e}^{-2\beta t}\bigg|_{-\tau}^{+\infty}=\frac{\mathrm{e}^{\beta\tau}}{2\beta}$$

可见，如果 τ 的取值范围为 $[-\infty,+\infty]$ 时，自相关函数可合写为

$$R(\tau)=\frac{1}{2\beta}\mathrm{e}^{-\beta|\tau|}$$

将求得的 $R(\tau)$ 代入式(5.1-66)，即得

$$S(\omega)=\int_{-\infty}^{+\infty}R(\tau)\mathrm{e}^{-i\omega\tau}\mathrm{d}\tau=\int_{-\infty}^{+\infty}\frac{1}{2\beta}\mathrm{e}^{-\beta|\tau|}\mathrm{e}^{-i\omega\tau}\mathrm{d}\tau=\frac{1}{\beta}\int_0^{+\infty}\mathrm{e}^{-\beta\tau}\cos\omega\tau\mathrm{d}\tau=\frac{1}{\beta}\times\frac{\beta}{\beta^2+\omega^2}=\frac{1}{\beta^2+\omega^2}$$

由函数 $f(t)$ 直接求相关函数 $R(\tau)$，要正确确定积分的上、下限，为了避免这种麻烦，也可将计算顺序颠倒一下，即先求出 $f(t)$ 的傅里叶变换 $F(\omega)$，然后再根据 $S(\omega)=|F(\omega)|^2$ 计算出能量谱密度，最后结果是完全一样的。读者不妨就此例题自己验算一下。

5.2　离散与快速傅里叶变换

在化工实验研究中，经常得到一维时间序列的测量信号，例如流化床反应器中的压力脉动信号、多相流场中的速度脉动信号、一个化工系统的浓度场和温度场变化等。这些一维时间序列信号属于离散型数据，对其进行傅里叶分析需要特殊的分析方法。

5.2.1　离散傅里叶变换

由傅里叶积分变换的数值积分，可以推导出一个离散傅里叶变换对，从而可以导出离散傅里叶变换(discrete fourie transform)，离散傅里叶变换简称 DFT。

设 $f(t)$ 为一个物理过程中检测到的信号，由于任何观察、检测只能在有限的时间间隔和有限的空间上进行，因而可以认为 $f(t)$ 为某一函数 $\overline{f}(t)$ 的截断，即 $f(t)$ 在区间 $0 \leqslant t \leqslant T_0$ 以外恒为零，由式(5.1-16)，时间函数 $f(t)$ 的傅里叶变换为

$$F(\omega) = \int_0^{T_0} f(t) e^{-i\omega t} dt$$

如果利用数值计算的方法来计算 $f(t)$ 的傅里叶变换积分，则有

$$F(\omega) = \Delta T \sum_{n=0}^{N-1} f(n\Delta T) e^{-i\omega n\Delta T} \tag{5.2-1}$$

式中，N 为采样样本数，两个相邻样本值的时间间隔 $\Delta T = T_0/N$。由上式可以看出，$F(\omega)$ 中的 ω 定义域为 $-\infty < \omega < +\omega$，在实际应用中，可以认为它存在截止频率 ω_m，或更确切地说，总可以认为 $F(\omega)$ 在区间 $(-\omega_m, \omega_m)$ 以外，小到可以忽略的程度。必须指出，时间和频率的截断以及不适当的抽样都会对原来的傅里叶变换产生某种程度上的畸变，但如果截断误差可以忽略不计，且抽样适当时，上述畸变可以减小到忽略不计的程度。由时域和频域的抽样定理知，当时域样本数与频域样本数相等时，$\Delta\omega\Delta T = 2\pi/N$，其中 $\Delta\omega$ 为频域抽样间隔。由式(5.2-1)得

$$F(k\Delta\omega) = \Delta T \sum_{n=0}^{N-1} f(n\Delta T) e^{-i\Delta\omega\Delta Tkn} = \Delta T \sum_{n=0}^{N-1} f(n\Delta T) e^{-i\frac{2\pi}{N}kn} \tag{5.2-2}$$

以式(5.2-2)为基础，我们可以给出离散傅里叶变换的定义。设 $f(t)$ 的离散信号 $f(n)$ 为

$$f(n) = \begin{cases} f(n) & (0 \leqslant n \leqslant N-1) \\ 0 & (n \geqslant N) \end{cases} \tag{5.2-3}$$

则 $f(t)$ 的**离散傅里叶变换**为

$$F(k) = \sum_{n=0}^{N-1} f(n) e^{-i\frac{2\pi}{N}kn} \quad (k = 0, 1, \cdots, N-1) \tag{5.2-4}$$

并将 $f(n)$ 的离散傅里叶变换记为 $F(k) = \text{DFT}[f(n)]$。

进而，若 $F(k) = \text{DFT}[f(n)]$，则定义

$$\text{DFT}^{-1}[F(k)] = \frac{1}{N} \sum_{k=0}^{N-1} F(k) e^{i\frac{2\pi}{N}kn} \quad (n = 0, 1, \cdots, N-1) \tag{5.2-5}$$

为**离散傅里叶逆变换**。

根据离散傅里叶变换和离散傅里叶逆变换的定义，可知

$$\text{DFT}^{-1}[F(k)] = f(n) \quad (n, k = 0, 1, \cdots, N-1) \tag{5.2-6}$$

下面给出式(5.2-6)的证明。根据离散傅里叶变换和逆变换的定义，可写出式(5.2-7)

$$\text{DFT}^{-1}[F(k)] = \frac{1}{N}\sum_{k=0}^{N-1}F(k)e^{i\frac{2\pi}{N}kn} = \frac{1}{N}\sum_{k=0}^{N-1}\left\{\sum_{l=0}^{N-1}f(l)e^{-i\frac{2\pi}{N}kl}\right\}e^{i\frac{2\pi}{N}kn} = \frac{1}{N}\sum_{l=0}^{N-1}f(l)\left[\sum_{k=0}^{N-1}e^{-i\frac{2\pi}{N}k(l-n)}\right]$$

$$\tag{5.2-7}$$

利用关系式

$$\sum_{n=0}^{N-1}v^m = \frac{1-v^N}{1-v}$$

和罗必达极限法则

$$\lim_{v\to 1}\frac{1-v^N}{1-v} = \lim_{v\to 1}\frac{(1-v^N)'}{(1-v)'} = N$$

可写出

$$\sum_{k=0}^{N-1}e^{-i\frac{2\pi}{N}k(l-n)} = \frac{1-e^{-i2\pi(l-n)}}{1-e^{-i\frac{2\pi}{N}(l-n)}} = \begin{cases} N & (l-n=0,\ N,\ 2N,\ \cdots) \\ 0 & (l-n\neq 0,\ N,\ 2N,\ \cdots) \end{cases} \tag{5.2-8}$$

将式(5.2-8)代入式(5.2-7)，即得

$$\text{DFT}^{-1}[F(k)] = \frac{1}{N}\sum_{l=0}^{N-1}f(l)\frac{1-e^{-i2\pi(l-n)}}{1-e^{-i\frac{2\pi}{N}(l-n)}} = f(n)$$

从而证得式(5.2-6)成立。事实上，式(5.2-6)成立是显而易见的，因为对一个函数进行一项运算，然后再对其进行逆运算，则理当恢复该函数的原状。

5.2.2 离散傅里叶变换的性质

离散傅里叶变换具有以下性质。

① 线性性质 设 $\text{DFT}[f_1(n)] = F_1(k)$，$\text{DFT}[f_2(n)] = F_2(k)$，$\alpha_1$、$\alpha_2$ 为常数，则

$$\text{DFT}[\alpha_1 f_1(n) + \alpha_2 f_2(n)] = \alpha_1 F_1(k) + \alpha_2 F_2(k) \tag{5.2-9}$$

在利用离散傅里叶变换的线性性质时，应注意使 $f_1(n)$ 和 $f_2(n)$ 的长度 N 相等，当长度不等时，则应扩充为零，使长度相等后再进行计算。

② 对称性质 设 $\text{DFT}[f(n)] = F(k)$，则 $f(-k) = \text{DFT}[F(n)/N]$。

证：

$$f(n) = \frac{1}{N}\sum_{k=0}^{N-1}F(k)e^{i\frac{2\pi}{N}kn} \quad 或 \quad f(k) = \frac{1}{N}\sum_{k=0}^{N-1}F(n)e^{i\frac{2\pi}{N}kn}$$

所以

$$f(-k) = \frac{1}{N}\sum_{k=0}^{N-1}F(n)e^{-i\frac{2\pi}{N}n(-k)} = \text{DFT}\left[\frac{1}{N}F(n)\right]$$

③ 周期性质 $F(k)$ 具有周期性，其周期为 N。设 $\text{DFT}[f(n)] = F(k)$，则 $F(rN+k) = F(k)$，r 为整数。

证：由离散傅里叶变换的定义，有

$$F(rN+k) = \sum_{n=0}^{N-1}f(n)e^{-i\frac{2\pi}{N}(rN+k)n}$$

因为 r 和 n 皆为整数，故有 $e^{-i2\pi rn} = 1$，于是

$$F(rN+k) = \sum_{n=0}^{N-1}f(n)e^{-i\frac{2\pi}{N}nk} = F(k) \tag{5.2-10}$$

④ 平移性质 设 $\text{DFT}[f(n)] = F(k)$，$k = 0, 1, \cdots, N-1$，则

$$\mathrm{DFT}[f(n-m)] = F(k)\mathrm{e}^{-i\frac{2\pi}{N}km} \tag{5.2-11}$$

证明略。

关于离散傅里叶变换还有以下定理。

① 给定两个序列 $f(n)$ 和 $g(n)$，称

$$Z(n) = \sum_{m=0}^{N-1} f(m)g(n-m) \tag{5.2-12}$$

为 $f(n)$ 和 $g(n)$ 的循环卷积。如果 $F(k) = \mathrm{DFT}[f(n)]$，$G(k) = \mathrm{DFT}[g(n)]$，$k = 0, 1, \cdots,$ $N-1$，$h(n) = \sum_{m=0}^{N-1} f(m)g(n-m)$，则有

$$\mathrm{DFT}[h(n)] = F(k)G(k) \tag{5.2-13}$$

该定理说明：两个序列的卷积，对应于求它们各自 DFT 系数的乘积。

证：由逆变换定义

$$\begin{aligned}
\mathrm{DFT}^{-1}[F(k)G(k)] &= \frac{1}{N}\sum_{k=0}^{N-1} F(k)G(k)\mathrm{e}^{i\frac{2\pi}{N}kn} \\
&= \frac{1}{N}\sum_{k=0}^{N-1}\left[\sum_{l=0}^{N-1} f(l)\mathrm{e}^{-i\frac{2\pi}{N}kl}\right]\times\left[\sum_{l=0}^{N-1} g(l)\mathrm{e}^{-i\frac{2\pi}{N}kl}\right]\mathrm{e}^{i\frac{2\pi}{N}kn} \\
&= \sum_{l=0}^{N-1} f(l)\sum_{m=0}^{N-1} g(m)\left[\frac{1}{N}\sum_{k=0}^{N-1}\mathrm{e}^{-i\frac{2\pi}{N}k(l+m-n)}\right]
\end{aligned}$$

再利用式(5.2-8)即可得到所证结果。

② 设 $\mathrm{DFT}[f(n)] = F(k)$，$\mathrm{DFT}[g(n)] = G(k)$，$k = 0, 1, \cdots, N-1$，则有

$$\sum_{n=0}^{N-1} f(n)\overline{g(n)} = \frac{1}{N}\sum_{k=0}^{N-1} F(k)\overline{G(k)} \tag{5.2-14}$$

该定理的证明如定理①一样，利用逆变换的定义

$$\begin{aligned}
\sum_{n=0}^{N-1} f(n)\overline{g(n)} &= \sum_{n=0}^{N-1}\left[\frac{1}{N}\sum_{k=0}^{N-1} F(k)\mathrm{e}^{i\frac{2\pi}{N}kn}\right]\times\left[\frac{1}{N}\sum_{l=0}^{N-1}\overline{G(l)}\mathrm{e}^{-i\frac{2\pi}{N}ln}\right] \\
&= \frac{1}{N^2}\sum_{k=0}^{N-1} F(k)\times\sum_{l=0}^{N-1}\overline{G(l)}\times\sum_{n=0}^{N-1}\mathrm{e}^{i\frac{2\pi}{N}n(k-l)}
\end{aligned}$$

利用式(5.2-8)，即可将上式写成

$$\sum_{n=0}^{N-1} f(n)\overline{g(n)} = \frac{1}{N}\sum_{k=0}^{N-1} F(k)\overline{G(k)}$$

5.2.3　快速傅里叶变换算法

直接计算 DFT，计算量相当大，特别当 N 很大时，耗时相当多。DFT 的计算主要是大量的复数乘法和加法。由 DFT 的定义可以看出，DFT 的运算需要输入 N 个数据 $f(n)$，每计算一个 $F(k)$ 需进行 N 次复数乘法和 $N-1$ 次复数加法。而为求 $F(1)$，$F(2)$，$\cdots$，$F(N-1)$，则需 N^2 次复数乘法运算和 $N(N-1)$ 次复数加法运算。这里介绍一种减少运算次数从而节约计算时间的快速计算 DFT 的算法，这就是快速傅里叶变换。

为讨论方便，记 $W_N^{nk} = \mathrm{e}^{-i(2\pi/N)nk}$，$W_N^{nk}$ 具有以下两个性质。

① 周期性　其周期为 N，即

$$W_N^{nk} = W_N^{(n+N)k} = W_N^{n(k+rN)} = W_N^{(nk+rN)} \tag{5.2-15}$$

② 对称性　凡相位差 $180°$ 的单位向量互为相反数，即 $W_N^{nk+N/2}=W_N^{nk}W_N^{N/2}$，由 $W_N^0=1$ 及 $W_N^{N/2}=-1$ 知

$$W_N^{nk+N/2}=-W_N^{nk} \tag{5.2-16}$$

以下讨论基 2 快速傅里叶变换算法。选取 N 为 2 的整数幂，即 $N=2^M$，M 为整数。在计算

$$F(k)=\sum_{n=0}^{N-1}f(n)W_N^{nk} \tag{5.2-17}$$

的过程中，将 $f(n)$ 分成两个 $N/2$ 点序列，一个序列由 n 为偶数的点构成，另一个序列由 n 为奇数的点构成，得到

$$F(k)=\sum_{n=0}^{N-1}f(n)W_N^{nk}=\sum_{\text{even}(n)}f(n)W_N^{nk}+\sum_{\text{odd}(n)}f(n)W_N^{nk} \tag{5.2-18}$$

当 n 为偶数，令 $n=2r$；n 为奇数，令 $n=2r+1$。因而式（5.2-18）可写成

$$\begin{aligned}
F(k)&=\sum_{r=0}^{N/2-1}f(2r)W_N^{2rk}+\sum_{r=0}^{N/2-1}f(2r+1)W_N^{(2r+1)k}\\
&=\sum_{r=0}^{N/2-1}f(2r)(W_N^2)^{rk}+W_N^k\sum_{r=0}^{N/2-1}f(2r+1)(W_N^2)^{rk}
\end{aligned} \tag{5.2-19}$$

而

$$W_N^2=(\mathrm{e}^{-i2\pi/N})^2=\mathrm{e}^{-i4\pi/N}=\mathrm{e}^{-i\frac{2\pi}{N/2}}=W_{N/2}$$

于是式（5.2-19）又可写成

$$F(k)=\sum_{r=0}^{N/2-1}f(2r)W_{N/2}^{rk}+W_N^k\sum_{r=0}^{N/2-1}f(2r+1)W_{N/2}^{rk}=G(k)+W_N^kH(k) \tag{5.2-20}$$

其中

$$G(k)=\sum_{r=0}^{N/2-1}f(2r)W_{N/2}^{rk},\qquad H(k)=\sum_{r=0}^{N/2-1}f(2r+1)W_{N/2}^{rk}$$

以上为基 2 快速傅里叶变换的基本公式。除了基 2 快速傅里叶变换外，还有多种改进版本，如维诺格拉德快速算法、子群卷积快速算法等。不同的算法具有不同的特色和对信号样本的适应程度也不相同，应用时往往需要加以筛选。

很多计算软件都提供快速傅里叶变换，如 Matlab、MathCad、Mathematica 等均可对一维时间序列信号进行快速傅里叶变换和进行傅里叶分析，甚至像 Origin 这样的绘图软件也具有快速傅里叶变换的功能。因此，这里只介绍快速傅里叶变换的基本原理，关于具体的算法实现请参考相关专著和计算软件说明，在此不再赘述。

5.3　拉普拉斯变换

上节介绍的傅里叶变换有两个条件影响了它的更为广泛的使用，其一是进行变换的函数要在区间 $(-\infty,+\infty)$ 内绝对可积，许多简单的常用函数，例如常数函数、线性函数、正弦函数、余弦函数、指数函数等都不满足这个条件。当引进了 δ 函数后，傅里叶变换的使用范围拓宽到了单位阶跃函数、正弦函数、余弦函数等"缓增"函数，但对于指数增长的函数，仍不能适用。其二是进行变换的函数要在 $(-\infty,+\infty)$ 上有定义，但对很多工程技术问题，许多以时间变量 t 为自变量的函数在 $t<0$ 时无定义或不需定义。因此傅里叶变换的应用范围受到相当大的限制。

为了克服傅里叶变换的上述局限，人们想到对定义在（$-\infty,+\infty$）上的函数加以改造，将 $f(t)$ 乘以一个单位阶跃函数和一个强指数衰减函数，即 $f(t)u(t)\mathrm{e}^{-\beta t}$。由于 $\mathrm{e}^{-\beta t}$ 的强衰减性质，使函数 $f(t)u(t)\mathrm{e}^{-\beta t}$ 改善了可积性，而由于 $u(t)$ 的作用，函数 $f(t)u(t)\mathrm{e}^{-\beta t}$ 避开 $t<0$ 时的定义。像原函数的改变，引起了核函数和积分区域的变化，从而引入了所谓的拉普拉斯（Laplace）变换（也叫拉氏变换）。

拉普拉斯变换在化工中具有广泛的应用，用其可求解积分方程、差分微分方程、积分微分方程等。在自动控制理论中，拉氏变换也具有重要应用。本节将介绍拉氏变换的定义、性质、求解逆变换的几种常用方法，至于利用拉氏变换法求解微分方程等实例应用，将留待以后章节介绍。

5.3.1　拉普拉斯变换的定义

拉普拉斯变换的概念可以在傅里叶变换的基础上引申得到。设 $f(t)$ 在（$-\infty,+\infty$）上定义，但不一定满足绝对可积的条件，如定义一个新函数 $\varphi(t)$ 为

$$\varphi(t)=f(t)u(t)=\begin{cases} f(t) & (t\geqslant 0) \\ 0 & (t<0) \end{cases} \tag{5.3-1}$$

选取参数 β 充分大，使 $\varphi(t)\mathrm{e}^{-\beta t}$（$\beta>0$）满足上节傅里叶积分定理的条件，则在 $\varphi(t)$ 的连续点处，有

$$\varphi(t)\mathrm{e}^{-\beta t}=\frac{1}{2\pi}\int_{-\infty}^{+\infty}\left[\int_{-\infty}^{+\infty}\varphi(\tau)\mathrm{e}^{-\beta\tau}\mathrm{e}^{-i\omega\tau}\mathrm{d}\tau\right]\mathrm{e}^{i\omega t}\mathrm{d}\omega=\frac{1}{2\pi}\int_{-\infty}^{+\infty}\left[\int_{0}^{+\infty}f(\tau)\mathrm{e}^{-(\beta+i\omega)\tau}\mathrm{d}\tau\right]\mathrm{e}^{i\omega t}\mathrm{d}\omega \tag{5.3-2}$$

上式在区间（$-\infty,+\infty$）内对于 $\varphi(t)$ 的每一个连续点均成立，因为 $t\geqslant 0$ 时，$f(t)=\varphi(t)$，故当 $t\geqslant 0$ 时，有

$$f(t)\mathrm{e}^{-\beta t}=\frac{1}{2\pi}\int_{-\infty}^{+\infty}\left[\int_{0}^{+\infty}f(\tau)\mathrm{e}^{-(\beta+i\omega)\tau}\mathrm{d}\tau\right]\mathrm{e}^{i\omega t}\mathrm{d}\omega \tag{5.3-3}$$

上式两边同乘以 $\mathrm{e}^{\beta t}$，并考虑到它与积分变量无关，因而

$$f(t)=\frac{1}{2\pi}\int_{-\infty}^{+\infty}\left[\int_{0}^{+\infty}f(\tau)\mathrm{e}^{-(\beta+i\omega)\tau}\mathrm{d}\tau\right]\mathrm{e}^{(\beta+i\omega)t}\mathrm{d}\omega \tag{5.3-4}$$

令 $\beta+i\omega=s$，便得到

$$f(t)=\frac{1}{2\pi i}\int_{\beta-i\infty}^{\beta+i\infty}\left[\int_{0}^{+\infty}f(\tau)\mathrm{e}^{-s\tau}\mathrm{d}\tau\right]\mathrm{e}^{st}\mathrm{d}s \tag{5.3-5}$$

（1）拉普拉斯变换定义

如果将式(5.3-5)中的内部积分记为 $F(s)$，即

$$F(s)=\int_{0}^{+\infty}f(t)\mathrm{e}^{-st}\mathrm{d}t \tag{5.3-6}$$

则式(5.3-5)变为

$$f(t)=\frac{1}{2\pi i}\int_{\beta-i\infty}^{\beta+i\infty}F(s)\mathrm{e}^{st}\mathrm{d}s \tag{5.3-7}$$

因此可以定义，当含复参量 s 的积分（5.3-6）在 s 的某一区域内收敛时，称式(5.3-6)为 $f(t)$ 的**拉普拉斯变换式**，右边的积分运算称为 $f(t)$ 的**拉普拉斯变换**，记为 $\mathscr{L}[f(t)]$，即

$$\mathscr{L}[f(t)]=\int_{0}^{+\infty}f(t)\mathrm{e}^{-st}\mathrm{d}t \tag{5.3-8}$$

$F(s)=\mathscr{L}[f(t)]$ 称为 $f(t)$ 的**像函数**。

式(5.3-7) 称为 $F(s)$ 的**拉普拉斯逆变换式**，右边的积分运算记为 $\mathscr{L}^{-1}[f(t)]$，称为 $F(s)$ 的**拉普拉斯逆变换**，即

$$\mathscr{L}^{-1}[F(s)]=\frac{1}{2\pi i}\int_{\beta-i\infty}^{\beta+i\infty}F(s)\mathrm{e}^{st}\mathrm{d}s \tag{5.3-9}$$

$f(t)=\mathscr{L}^{-1}[F(s)]$ 称为 $F(s)$ 的**像原函数**。

【例题 5-8】 求单位阶跃函数 $u(t)=\begin{cases}1 & (t\geqslant 0)\\ 0 & (t<0)\end{cases}$ 的拉普拉斯变换。

解： 根据拉普拉斯变换的定义，有

$$\mathscr{L}[u(t)]=\int_0^{+\infty}u(t)\mathrm{e}^{-st}\mathrm{d}t=\int_0^{+\infty}\mathrm{e}^{-st}\mathrm{d}t=-\frac{1}{s}\mathrm{e}^{-st}\Big|_0^{+\infty}=\frac{1}{s}[\mathrm{Re}(s)>0]$$

最后的条件 $\mathrm{Re}(s)>0$，是因为当 $\mathrm{Re}(s)=\beta>0$ 时，才有

$$\lim_{t\to+\infty}\left|\frac{1}{s}\mathrm{e}^{-st}\right|=\frac{1}{|s|}\mathrm{e}^{-\beta t}=0$$

【例题 5-9】 求指数函数 $f(t)=\mathrm{e}^{kt}$ 的拉普拉斯变换（其中 k 为任意实常数）。

解： 由式(5.3-8)，得

$$\mathscr{L}[f(t)]=\int_0^{+\infty}\mathrm{e}^{kt}\mathrm{e}^{-st}\mathrm{d}t=\int_0^{+\infty}\mathrm{e}^{-(s-k)t}\mathrm{d}t$$

该积分在 $\mathrm{Re}(s)>k$ 时收敛，并且可得

$$F(s)=\int_0^{+\infty}\mathrm{e}^{-(s-k)t}\mathrm{d}t=-\frac{1}{s-k}\mathrm{e}^{-(s-k)t}\Big|_0^{+\infty}=\frac{1}{s-k}[\mathrm{Re}(s)>k]$$

（2）拉普拉斯变换的存在定理

下面的两个定理分别给出了拉普拉斯变换和拉普拉斯逆变换存在的条件。

定理一 若函数 $f(t)$ 满足：① 在 $t\geqslant 0$ 的任一有限区间上只有有限个第一类间断点；② 当 $t\to\infty$ 时，$f(t)$ 的增长速度不超过某一指数函数，即存在常数 $M>0$，$c\geqslant 0$，使

$$|f(t)|\leqslant M\mathrm{e}^{ct}(0\leqslant t<+\infty) \tag{5.3-10}$$

则 $f(t)$ 的拉普拉斯变换在 $\mathrm{Re}(s)>c$ 上存在，且其像函数 $F(s)$ 在 $\mathrm{Re}(s)>c$ 上解析。

证： 这里仅给出拉氏变换的存在性。由 $s=\beta+i\omega$，故 $|\mathrm{e}^{-st}|=\mathrm{e}^{-st}$，所以

$$|F(s)|=\left|\int_0^{+\infty}f(t)\mathrm{e}^{-st}\mathrm{d}t\right|\leqslant\int_0^{+\infty}|f(t)\mathrm{e}^{-st}|\mathrm{d}t=M\int_0^{+\infty}\mathrm{e}^{-(\beta-c)t}\mathrm{d}t$$

因 $\mathrm{Re}(s)=\beta>c$，即 $\beta-c>0$，所以 $\lim\limits_{t\to+\infty}\mathrm{e}^{-(\beta-c)t}=0$，故上式右端积分收敛，于是 $F(s)$ 在半平面 $\mathrm{Re}(s)>c$ 上存在。

定理二 若 $f(t)$ 满足定理一的条件，$F(s)$ 是 $f(t)$ 的像函数，则在 $f(t)$ 的连续点处，有

$$f(t)=\frac{1}{2\pi i}\int_{\beta-i\infty}^{\beta+i\infty}F(s)\mathrm{e}^{st}\mathrm{d}s \tag{5.3-11}$$

即 $f(t)$ 的拉氏逆变换存在。

在此需要指出，定理一中所给的条件，是拉普拉斯变换和拉普拉斯逆变换存在的充分条件，不是必要条件。定理一指出，即使一个函数的绝对值随 t 的增大而增大，但只要不超过某一指数函数的增长，则它的拉普拉斯变换仍是存在的。一般地说，物理学和工程技术问题

中常规的函数，大多数都满足这个条件，因此可以进行拉普拉斯变换。一个函数的绝对可积和不超过指数级增长这两个条件，后者要弱得多，例如，指数函数 e^{kt}、单位阶跃函数 $u(t)$、三角函数 $\sin kt$、$\cos kt$、幂函数 t^m，它们都不绝对可积，但其增长都不超过指数级。

　　在实际应用中，还会遇到一类周期函数。当像原函数是周期函数时，其拉普拉斯变换可在函数的一个周期上确定，并遵循以下定理：设 $f_T(t)$ 是以 T 为周期的周期函数，且在一个周期上只有有限第一类间断点，则有

$$\mathscr{L}[f_T(t)] = \frac{1}{1-e^{-sT}} \int_0^T f_T(t)e^{-st}\,dt \quad \text{Re}(s) > 0 \tag{5.3-12}$$

　　证：因为只有有限个第一类间断点的周期函数必然有界，故存在常数 $M > 0$，使 $|f_T(t)| \leqslant M$，所以它的增大是指数级的（$c=0$），从而满足拉氏变换存在定理一的条件，于是当 $\text{Re}(s) > 0$ 时，有

$$\mathscr{L}[f_T(t)] = \int_0^{+\infty} f_T(t)e^{-st}\,dt = \int_0^T f_T(t)e^{-st}\,dt + \int_T^{+\infty} f_T(t)e^{-st}\,dt$$

在右端的第二个积分中，令 $t = u + T$，则

$$\int_T^{+\infty} f_T(t)e^{-st}\,dt = \int_0^{+\infty} f_T(u+T)e^{-s(u+T)}\,du = e^{-sT}\int_0^{+\infty} f_T(u)e^{-su}\,du = e^{-sT}\mathscr{L}[f_T(t)]$$

于是得到
$$\mathscr{L}[f_T(t)] = \int_0^T f_T(t)e^{-st}\,dt + e^{-sT}\mathscr{L}[f_T(t)]$$

代入原方程即得到式(5.3-12)。

　　【例题 5-10】　求周期性三角波

$$f(t) = \begin{cases} t & (0 \leqslant t < b) \\ 2b - t & (b \leqslant t < 2b) \end{cases}$$

且
$$f(t+2b) = f(t)$$

的拉氏变换（图 5-8）。

　　解：利用式(5.3-12)，可得

$$\mathscr{L}[f(t)] = \frac{1}{1-e^{-2bs}} \int_0^{2b} f(t)e^{-st}\,dt = \frac{1}{1-e^{-2bs}}\left[\int_0^b te^{-st}\,dt + \int_b^{2b}(2b-t)e^{-st}\,dt\right]$$

$$= \frac{1}{1-e^{-2bs}}(1-e^{-bs})\frac{1}{s^2} = \frac{1}{s^2}\frac{1-e^{-bs}}{1+e^{-bs}} = \frac{1}{s^2}\tanh\frac{bs}{2}$$

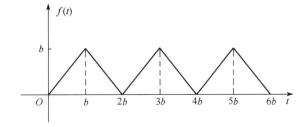

图 5-8　周期性三角波

　　【例题 5-11】　求脉冲函数 $\delta(t)$ 的拉氏变换。

　　解：根据式(5.3-6)，并利用 $\delta(t)$ 的性质 $\int_{-\infty}^{+\infty} f(t)\delta(t)\,dt = f(0)$，可得

$$\mathscr{L}[\delta(t)] = \int_0^{+\infty} \delta(t)e^{-st}\,dt = \int_{-\infty}^{+\infty} \delta(t)e^{-st}\,dt = e^{-st}\big|_{t=0} = 1$$

在今后的实际工作中，并不要求用根据拉普拉斯变换的原始定义采用广义积分的方法来求函数的拉氏变换，通常都有现成的拉氏变换表可查。本书将工程实际中常见的一些函数的拉氏变换列于附录中，以备读者查用。

5.3.2 拉普拉斯变换的性质

了解拉普拉斯变换的性质，不仅有助于计算拉普拉斯变换，而且还可以借助它们的相关性质描述和处理一些实际问题。为了叙述方便，假定要求进行拉普拉斯变换的函数都满足拉氏变换存在定理中的条件，并且把这些函数的增长指数均统一地取为 c。

线性性质　若 α_1、α_2 为常数，$\mathscr{L}[f_1(t)]=F_1(s)$，$\mathscr{L}[f_2(t)]=F_2(s)$，则

$$\mathscr{L}[\alpha_1 f_1(t) + \alpha_2 f_2(t)] = \alpha_1 \mathscr{L}[f_1(t)] + \alpha_2 \mathscr{L}[f_2(t)] \tag{5.3-13}$$

$$\mathscr{L}^{-1}[\alpha_1 f_1(t) + \alpha_2 f_2(t)] = \alpha_1 \mathscr{L}^{-1}[f_1(t)] + \alpha_2 \mathscr{L}^{-1}[f_2(t)] \tag{5.3-14}$$

根据积分的线性性质，可由拉氏变换的定义式直接得到此性质的证明。拉氏变换的线性性质表明，函数线性组合的拉氏变换等于各函数拉氏变换的线性组合。

【例题 5-12】　利用线性性质求函数 $\sin kt$、$\cos kt$ 和 $\sin^2 t$ 的拉氏变换。

解： 由例题 5-9 知，$\mathscr{L}(e^{kt})=1/(s-k)$，则根据欧拉公式有

$$\mathscr{L}(\sin kt) = \frac{1}{2i}[\mathscr{L}(e^{ikt}) - \mathscr{L}(e^{-ikt})] = \frac{1}{2i}\left(\frac{1}{s-ik} - \frac{1}{s+ik}\right) = \frac{k}{s^2+k^2}$$

$$\mathscr{L}(\cos kt) = \frac{1}{2i}[\mathscr{L}(e^{ikt}) + \mathscr{L}(e^{-ikt})] = \frac{1}{2i}\left(\frac{1}{s-ik} + \frac{1}{s+ik}\right) = \frac{s}{s^2+k^2}$$

$$\mathscr{L}(\sin^2 t) = \frac{1}{2}[\mathscr{L}(1) - \mathscr{L}(\cos 2t)] = \frac{1}{2}\left(\frac{1}{s} - \frac{s}{s^2+4}\right) = \frac{2}{s(s^2+4)}$$

位移性质　设 a 为常数，$F(s)=\mathscr{L}[f(t)]$，则

$$\mathscr{L}[e^{at}f(t)] = F(s-a) \tag{5.3-15}$$

证：

$$\mathscr{L}[e^{at}f(t)] = \int_0^{+\infty} e^{at}f(t)e^{-st}\,dt = \int_0^{+\infty} f(t)e^{-(s-a)t}\,dt$$

由式(5.3-6) 知

$$\mathscr{L}[e^{at}f(t)] = F(s-a)$$

延迟性质　设 $t<0$ 时，$f(t)=0$，且 $F(s)=\mathscr{L}[f(t)]$，若对任一非负实数 τ，则有

$$\mathscr{L}[f(t-\tau)] = e^{-s\tau}F(s) \tag{5.3-16}$$

证： 因为 $t<0$ 时，$f(t)=0$，故 $t<\tau$ 时，$f(t-\tau)=0$，于是

$$\mathscr{L}[f(t-\tau)] = \int_0^{+\infty} f(t-\tau)e^{-st}\,dt = \int_0^{\tau} f(t-\tau)e^{-st}\,dt + \int_{\tau}^{+\infty} f(t-\tau)e^{-st}\,dt$$

$$= \int_{\tau}^{+\infty} f(t-\tau)e^{-st}\,dt$$

令 $u=t-\tau$，则

$$\mathscr{L}[f(t-\tau)] = \int_0^{+\infty} f(u)e^{-s(u+\tau)}\,du = e^{-s\tau}\int_0^{+\infty} f(u)e^{-su}\,du = e^{-s\tau}F(s)$$

【**例题 5-13**】　求延迟单位阶跃函数 $u(t-\tau)=\begin{cases}0 & (t<\tau)\\ 1 & (t\geqslant\tau)\end{cases}$ 的拉氏变换。

解：已知 $\mathscr{L}[u(t)]=1/s$，则根据延迟性质有

$$\mathscr{L}[u(t-\tau)]=\frac{1}{s}\mathrm{e}^{-s\tau}$$

【**例题 5-14**】　求如图 5-9 所示的阶梯函数的拉氏变换。

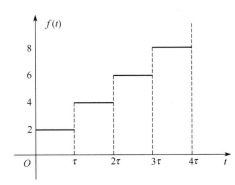

图 5-9　阶梯函数

解：利用单位阶跃函数，可构造如图 5-9 所示的阶梯函数为

$$f(t)=2\left[u(t)+u(t-\tau)+u(t-2\tau)+\cdots\right]$$

对上式取拉氏变换，利用线性性质和延迟性质，可得

$$\mathscr{L}[f(t)]=2\left(\frac{1}{s}+\frac{1}{s}\mathrm{e}^{-s\tau}+\frac{1}{s}\mathrm{e}^{-2s\tau}+\frac{1}{s}\mathrm{e}^{-3s\tau}+\cdots\right)$$

$$=\frac{2}{s}(1+\mathrm{e}^{-s\tau}+\mathrm{e}^{-2s\tau}+\mathrm{e}^{-3s\tau}+\cdots)$$

当 $\mathrm{Re}(s)>0$ 时，有 $|\mathrm{e}^{-s\tau}|<1$，所以上式右端括号内各项为一公比模小于 1 的等比级数，利用等比级数和公式即可得到

$$\mathscr{L}[f(t)]=\frac{2}{s}\times\frac{1}{1-\mathrm{e}^{-s\tau}}=\frac{2}{s}\frac{1}{(1-\mathrm{e}^{-s\tau/2})(1+\mathrm{e}^{-s\tau/2})}=\frac{1}{s}\left(1+\coth\frac{s\tau}{2}\right)$$

相似性质　设 $\mathscr{L}[f(t)]=F(s)$，c 为大于零的常数，则有

$$\mathscr{L}[f(ct)]=\frac{1}{c}F\left(\frac{s}{c}\right) \tag{5.3-17}$$

证：

$$\mathscr{L}[f(ct)]=\int_0^{+\infty}f(ct)\mathrm{e}^{-st}\mathrm{d}t=\frac{1}{c}\int_0^{+\infty}f(ct)\mathrm{e}^{-s(ct)/c}\mathrm{d}(ct)=\frac{1}{c}F\left(\frac{s}{c}\right)$$

微分性质　设 $\mathscr{L}[f(t)]=F(s)$，以 $f^{(k)}(0)$ 表示 $f(t)$ 在 $t=0$ 时的 k 阶导数，则

$$\mathscr{L}[f^{(n)}(t)]=s^nF(s)-s^{n-1}f(0)-s^{n-2}f'(0)-\cdots-f^{(n-1)}(0) \tag{5.3-18}$$

并有

$$F^{(n)}(s)=\mathscr{L}[(-t)^nf(t)] \tag{5.3-19}$$

特别地，当函数的初值即各阶导数初值等于零时，则有

$$\mathscr{L}[f^{(n)}(t)]=s^nF(s) \tag{5.3-20}$$

证：先证式(5.3-18)，当 $n=1$ 时，利用分部积分原理有

$$\mathscr{L}[f'(t)]=\int_0^{+\infty}f'(t)\mathrm{e}^{-st}\mathrm{d}t=f(t)\mathrm{e}^{-st}\Big|_0^{+\infty}+s\int_0^{+\infty}f(t)\mathrm{e}^{-st}\mathrm{d}t=sF(s)-f(0)$$

当 $n=2$ 时，有

$$\mathscr{L}[f''(t)]=s\mathscr{L}[f'(t)]-f'(0)=s[sF(s)-f(0)]-f'(0)=s^2F(s)-sf(0)-f'(0)$$

利用数学归纳法便证得式(5.3-18)。

再证式(5.3-19)，为此将式(5.3-6)两边对 s 求导数，即

$$F^{(n)}(s)=\frac{\mathrm{d}^n}{\mathrm{d}s^n}\int_0^{+\infty}f(t)\mathrm{e}^{-st}\mathrm{d}t=\int_0^{+\infty}\frac{\mathrm{d}^n}{\mathrm{d}s^n}[f(t)\mathrm{e}^{-st}]\mathrm{d}t=\int_0^{+\infty}(-t)^nf(t)\mathrm{e}^{-st}\mathrm{d}t$$

从而即有式(5.3-19)的结果。

微分性质中的式(5.3-18)通常称为导数的变换，而式(5.3-19)称为变换的导数。利用拉氏变换的微分性质可以将关于 $f(t)$ 的微分运算转化为关于像函数的代数运算，从而可将关于 $f(t)$ 的微分方程转化为关于 $F(s)$ 的代数方程，这使得拉普拉斯变换在求解微分方程中具有广泛的应用。

【例题 5-15】 求幂函数 $f(t)=t^m$，$m \in N$ 的拉氏变换。

解： 由于 $f^{(k)}(0)=0$，$k=0,1,2,\cdots,m-1$，根据式(5.3-20)，则有

$$\mathscr{L}[f^{(m)}(t)]=s^m F(s)=s^m \mathscr{L}[f(t)]$$

因为 $f^{(m)}(t)=m!$，$\mathscr{L}[1]=1/s$，故

$$\mathscr{L}[f(t)]=\frac{1}{s^m}\frac{m!}{s}=\frac{\Gamma(m+1)}{s^{m+1}}$$

【例题 5-16】 求函数 $f(t)=t\sin at$ 的拉氏变换。

解： 由例题 5-12 已知 $\mathscr{L}(\sin at)=a/(s^2+a^2)$，根据式(5.3-19)，则有

$$\mathscr{L}(t\sin at)=-\mathscr{L}(-t\sin at)=-\frac{\mathrm{d}}{\mathrm{d}s}\left(\frac{a}{s^2+a^2}\right)=\frac{2as}{(s^2+a^2)^2}$$

积分性质 设 $\mathscr{L}[f(t)]=F(s)$，且积分 $\int_s^\infty F(s)\mathrm{d}s$ 收敛，则

$$\mathscr{L}\left[\int_0^t f(\tau)\mathrm{d}\tau\right]=\frac{1}{s}F(s) \tag{5.3-21}$$

并有

$$\mathscr{L}\left[\frac{f(t)}{t}\right]=\int_s^\infty F(s)\mathrm{d}s \tag{5.3-22}$$

证： 由 $f(t)=\dfrac{\mathrm{d}}{\mathrm{d}t}\left[\displaystyle\int_0^t f(\tau)\mathrm{d}\tau\right]$，根据式(5.3-18)，即有

$$F(s)=\mathscr{L}[f(t)]=s\mathscr{L}\left[\int_0^t f(\tau)\mathrm{d}\tau\right]$$

上式即为式(5.3-21)。而根据拉氏变换的定义，对像函数取积分即有

$$\int_s^\infty F(s)\mathrm{d}s=\int_s^\infty\left[\int_0^{+\infty}f(t)\mathrm{e}^{-st}\mathrm{d}t\right]\mathrm{d}s=\int_0^{+\infty}\frac{f(t)}{t}\mathrm{e}^{-st}\mathrm{d}t=\mathscr{L}\left[\frac{f(t)}{t}\right]$$

拉氏变换的积分性质表明，一个函数积分后再取拉氏变换等于该函数的拉氏变换除以复参数 s。一般情况下，n 次重复使用式(5.3-21)和式(5.3-22)，便得到拉氏变换的多重积分性质

$$\mathscr{L}\left[\int_0^t\mathrm{d}t\int_0^t\mathrm{d}t\cdots\int_0^t f(t)\mathrm{d}t\right]=\frac{1}{s^n}F(s) \tag{5.3-23}$$

$$\mathscr{L}\left[\frac{f(t)}{t^n}\right]=\int_s^\infty\mathrm{d}s\int_s^\infty\mathrm{d}s\cdots\int_s^\infty F(s)\mathrm{d}s \tag{5.3-24}$$

【例题 5-17】 求函数 $f(t)=\displaystyle\int_0^t\frac{\sin\tau}{\tau}\mathrm{d}\tau$ 的拉氏变换。

解： 利用式(5.3-21)和式(5.3-22)，有

$$\mathscr{L}\left(\int_0^t\frac{\sin\tau}{\tau}\mathrm{d}\tau\right)=\frac{1}{s}\mathscr{L}\left(\frac{\sin t}{t}\right)=\frac{1}{s}\int_s^\infty\frac{1}{s^2+1}\mathrm{d}s=\frac{1}{s}\left(\frac{\pi}{2}-\arctan s\right)$$

【例题 5-18】 已知 $\mathscr{L}(\sinh t)-1/(s^2-1)$，求函数 $f(t)=\dfrac{\sinh t}{t}$ 的拉氏变换。

解： 利用式(5.3-22)，有

$$\mathscr{L}\left(\frac{\sinh t}{t}\right)=\int_s^\infty F(s)\mathrm{d}s=\int_s^\infty\frac{1}{s^2-1}\mathrm{d}s=\frac{1}{2}\ln\frac{s+1}{s-1}$$

5.3.3　初值和终值定理

在拉普拉斯变换的实际应用中,当已知 $f(t)$ 的像函数 $F(s)$,求 $f(t)$ 时,有时并不关心 $f(t)$ 的具体表达式,而只想知道当 $t\rightarrow0$ 或 $t\rightarrow\infty$ 时它的极限值。对此,利用下面的两个性质,即可根据 $F(s)$ 直接求出这两个极限值 $f(0)$ 与 $f(\infty)$。

（1）初值定理

设 $\mathscr{L}[f(t)]=F(s)$,且极限 $\lim\limits_{s\rightarrow\infty}sF(s)$ 存在,则

$$f(0)=\lim_{s\rightarrow\infty}sF(s) \tag{5.3-25}$$

证：由微分性质式(5.3-18),有

$$\mathscr{L}[f'(t)]=sF(s)-f(0)$$

因 $\lim\limits_{s\rightarrow\infty}sF(s)$ 存在,故 $\lim\limits_{\mathrm{Re}(s)\rightarrow+\infty}sF(s)$ 也存在,且二者应相等,于是

$$\lim_{\mathrm{Re}(s)\rightarrow+\infty}\mathscr{L}[f'(t)]=\lim_{\mathrm{Re}(s)\rightarrow+\infty}[sF(s)-f(0)]=\lim[sF(s)]-f(0)$$

由于 $\lim\limits_{\mathrm{Re}(s)\rightarrow+\infty}\mathscr{L}[f'(t)]=\lim\limits_{\mathrm{Re}(s)\rightarrow+\infty}\int_0^{+\infty}f'(t)\mathrm{e}^{-st}\mathrm{d}t=\int_0^{+\infty}f'(t)(\lim_{s\rightarrow\infty}\mathrm{e}^{-st})\mathrm{d}t=0$

故

$$\lim_{s\rightarrow\infty}sF(s)=f(0)$$

拉氏变换的初值定理表明,函数 $f(t)$ 在 $t=0$ 时的函数值可以通过 $f(t)$ 的拉氏变换 $F(s)$ 乘以 s,然后取 $s\rightarrow\infty$ 时的极限值得到,它建立了函数 $f(t)$ 在坐标原点的值与函数 $sF(s)$ 的无限远点的值之间的关系。

（2）终值定理

设 $\mathscr{L}[f(t)]=F(s)$,极限 $\lim\limits_{t\rightarrow+\infty}f(t)$ 存在,且 $sF(s)$ 在 $\mathrm{Re}(s)\geqslant0$ 的半平面上解析,则

$$f(\infty)=\lim_{s\rightarrow0}sF(s) \tag{5.3-26}$$

证：由微分性质式(5.3-18),有

$$\mathscr{L}[f'(t)]=sF(s)-f(0)$$

两端取 $s\rightarrow0$ 时的极限,得

$$\lim_{s\rightarrow0}\mathscr{L}[f'(t)]=\lim_{s\rightarrow0}[sF(s)]-f(0)$$

而

$$\lim_{s\rightarrow0}\mathscr{L}[f'(t)]=\lim_{s\rightarrow0}\int_0^{+\infty}f'(t)\mathrm{e}^{-st}\mathrm{d}t=\int_0^{+\infty}f'(t)(\lim_{s\rightarrow0}\mathrm{e}^{-st})\mathrm{d}t=f(t)\mid_0^{\infty}=f(\infty)-f(0)$$

故

$$\lim_{s\rightarrow0}sF(s)=f(\infty)$$

拉氏变换的终值定理表明,函数 $f(t)$ 在 $t\rightarrow+\infty$ 时的函数值可以通过 $f(t)$ 的拉氏变换 $F(s)$ 乘以 s,然后取 $s\rightarrow0$ 时的极限值得到。它建立了函数 $f(t)$ 在无限远点的值与函数 $sF(s)$ 在原点的值之间的关系。

【例题 5-19】　若 $\mathscr{L}[f(t)]=1/(s+a)$,求函数在 0 和 ∞ 处的函数值。

解：根据拉氏变换的初值和终值定理,有

$$f(0)=\lim_{s\rightarrow\infty}sF(s)=\lim_{s\rightarrow\infty}\frac{s}{s+a}=1$$

$$f(\infty)=\lim_{s\to 0}sF(s)=\lim_{s\to 0}\frac{s}{s+a}=0$$

利用拉普拉斯变换的性质，还可以计算一些广义积分的值。例如，设 $\mathscr{L}[f(t)]=F(s)$，如果 $\int_0^{+\infty}\frac{f(t)}{t}\mathrm{d}t$ 和 $\int_s^{\infty}F(s)\mathrm{d}s$ 均收敛，利用拉普拉斯变换的积分性质和终值定理并取 $s\to 0$ 的极限，则有

$$\int_0^{+\infty}\frac{f(t)}{t}\mathrm{d}t=\lim_{s\to 0}\int_s^{\infty}F(s)\mathrm{d}s \tag{5.3-27}$$

$$\int_0^{+\infty}f(t)\mathrm{d}t=\lim_{s\to 0}F(s) \tag{5.3-28}$$

【例题 5-20】 分别计算（Ⅰ）$\int_0^{+\infty}t^3\mathrm{e}^{-t}\mathrm{d}t$ 和 （Ⅱ）$\int_0^{+\infty}\frac{\mathrm{e}^{at}-\mathrm{e}^{bt}}{t}\mathrm{d}t$ $(a<b<0)$。

解：（Ⅰ）根据式(5.3-28)，有

$$\int_0^{+\infty}t^3\mathrm{e}^{-t}\mathrm{d}t=\lim_{s\to 0}\mathscr{L}(t^3\mathrm{e}^{-t})=\lim_{s\to 0}\frac{3!}{(s+1)^4}=6$$

（Ⅱ）根据式(5.3-27)，有

$$\int_0^{+\infty}\frac{\mathrm{e}^{at}-\mathrm{e}^{bt}}{t}\mathrm{d}t=\lim_{s\to 0}\int_s^{\infty}\left(\frac{1}{s-a}-\frac{1}{s-b}\right)\mathrm{d}s=\lim_{s\to 0}\ln\frac{s-b}{s-a}=\ln\frac{b}{a}$$

5.4 拉普拉斯逆变换

利用拉普拉斯变换计算工程问题时，通常可使问题得到很大程度的简化。例如应用拉普拉斯变换求解常微分方程时，经过拉普拉斯变换将问题转化成为一个求解代数方程的问题，求解该代数方程则得到原问题的像函数。由于拉普拉斯变换的像函数是定义在复数域上的，其数值规律与实际问题并没有直观的关系。为了便于实际应用，就必须对像函数进行拉普拉斯逆变换，求出原问题的解函数。

5.4.1 拉普拉斯逆变换的定义

由拉普拉斯变换的概念可知，函数 $f(t)$ 的拉普拉斯变换，实际上就是 $f(t)u(t)\mathrm{e}^{-\beta t}$ 的傅里叶变换。于是，当 $f(t)u(t)\mathrm{e}^{-\beta t}$ 满足傅氏积分定理的条件时，按傅氏积分公式，在 $f(t)$ 的连续点处，有

$$f(t)u(t)\mathrm{e}^{-\beta t}=\frac{1}{2\pi}\int_{-\infty}^{+\infty}\left[\int_{-\infty}^{+\infty}f(\tau)u(\tau)\mathrm{e}^{-\beta\tau}\mathrm{e}^{-i\omega\tau}\mathrm{d}\tau\right]\mathrm{e}^{i\omega t}\mathrm{d}\omega=\frac{1}{2\pi}\int_{-\infty}^{+\infty}\mathrm{e}^{i\omega t}\mathrm{d}\omega\left[\int_0^{+\infty}f(\tau)u(\tau)\mathrm{e}^{-\beta\tau}\mathrm{e}^{-i\omega\tau}\mathrm{d}\tau\right]$$

$$=\frac{1}{2\pi}\int_{-\infty}^{+\infty}F(\beta+i\omega)\mathrm{e}^{i\omega t}\mathrm{d}\omega \quad (t>0) \tag{5.4-1}$$

等式两边同乘以 $\mathrm{e}^{\beta t}$，并考虑到它与积分变量 ω 无关，则

$$f(t)=\frac{1}{2\pi}\int_{-\infty}^{+\infty}F(\beta+i\omega)\mathrm{e}^{(\beta+i\omega)t}\mathrm{d}\omega \quad (t>0) \tag{5.4-2}$$

令 $\beta+i\omega=s$，有

$$f(t) = \frac{1}{2\pi i}\int_{\beta-i\infty}^{\beta+i\infty} F(s)\mathrm{e}^{st}\,\mathrm{d}s \quad (t>0) \tag{5.4-3}$$

式 (5.4-3) 称为梅林-傅里叶定理，式中右端的积分称为**拉普拉斯复反演积分**。拉氏复反演积分是从像函数 $F(s)$ 出发计算求解像原函数 $f(t)$ 的一般公式。由于拉氏复反演积分是一个沿直线 $\mathrm{Re}(s)=\beta$ 的复变函数的积分，一般来说，在复平面上直接求复反演积分获得像原函数是比较复杂和困难的。

幸好数学家们在这方面已做了大量工作，为我们提供了多种实用函数与像函数的一一对应关系（拉氏变换表），应用时我们只需将像函数 $F(s)$ 作适当变形，即可利用拉氏变换表查出像原函数。而对于不常见的特殊问题，我们可以利用复变函数中的残数理论、代数变换、卷积等方法来求解像原函数，而尽量避开直接计算复反演积分。

5.4.2　逆变换的求法

（1）利用留数计算拉氏逆变换

当像函数 $F(s)$ 满足一定条件时，可以利用留数理论计算拉氏复反演积分，即求取像函数的拉氏逆变换。而当像函数 $F(s)$ 为有理函数时，利用留数理论求 $F(s)$ 的拉氏逆变换尤为方便。

利用留数理论求 $F(s)$ 的拉氏逆变换需用到以下定理：设 $F(s)$ 只有有限个奇点 $s_1, s_2, \cdots, s_n$，并且 $\lim\limits_{s\to\infty} F(s)=0$，则在 $f(t)$ 的连续点处，有

$$f(t) = \frac{1}{2\pi i}\int_{\beta-i\infty}^{\beta+i\infty} F(s)\mathrm{e}^{st}\,\mathrm{d}s = \sum_{k=1}^{n}\mathrm{Res}[F(s)\mathrm{e}^{st},\ s_k] \quad (t>0) \tag{5.4-4}$$

证：因为 $F(s)$ 只有有限个奇点，所以可以适当地选取实数 β，使像函数的全部奇点都包含在区域 $\mathrm{Re}(s)<\beta$ 内。取充分大的 R（$R>0$），作如图 5-10 所示的闭曲线 $C=C_R+L$，使奇点 s_1，s_2，$\cdots$，s_n 全在闭曲线 C 围成的区域内，这里 C_R 表示圆心在点 β，半径为 R 的半圆周，L 为半圆周的直径。由于 e^{st} 在全平面上解析，所以 $F(s)\mathrm{e}^{st}$ 的奇点就是 $F(s)$ 的奇点，故 $F(s)\mathrm{e}^{st}$ 在 C 内也只有有限个奇点 s_1，s_2，$\cdots$，s_n。根据复变函数论中的留数基本定理，有

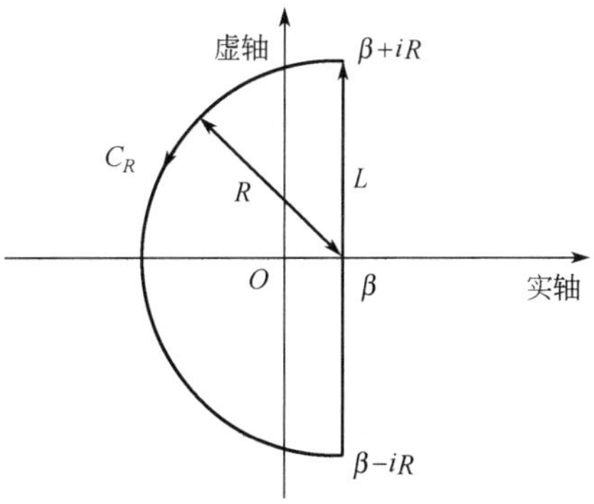

图 5-10　复反演积分域

$$\oint_C F(s)\mathrm{e}^{st}\,\mathrm{d}s = \oint_{C_R} F(s)\mathrm{e}^{st}\,\mathrm{d}s + \oint_L F(s)\mathrm{e}^{st}\,\mathrm{d}s$$

$$= 2\pi i \sum_{k=1}^{n}\mathrm{Res}[F(s)\mathrm{e}^{st},\ s_k]$$

即

$$\frac{1}{2\pi i}\oint_{C_R} F(s)\mathrm{e}^{st}\,\mathrm{d}s + \frac{1}{2\pi i}\int_{\beta-iR}^{\beta+iR} F(s)\mathrm{e}^{st}\,\mathrm{d}s = \sum_{k=1}^{n}\mathrm{Res}[F(s)\mathrm{e}^{st},\ s_k]$$

对上式两边取 $R\to\infty$ 的极限，其右边不变，而左边依据复变函数论中的约当（Jordan）引理，当 $t>0$ 时，有

$$\lim_{R\to\infty}\oint_{C_R} F(s)\mathrm{e}^{st}\,\mathrm{d}s = 0$$

而
$$\lim_{R\to\infty}\int_{\beta-iR}^{\beta+iR}F(s)e^{st}ds=\oint_L F(s)e^{st}ds$$

即有
$$\frac{1}{2\pi i}\int_{\beta-i\infty}^{\beta+i\infty}F(s)e^{st}ds=\sum_{k=1}^{n}\mathrm{Res}[F(s)e^{st},s_k]$$

因此，式(5.4-4)成立。

一般情况下，像函数 $F(s)$ 可以写成有理分式的形式，即

$$F(s)=\frac{A_m(s)}{B_n(s)}\quad n>m \tag{5.4-5}$$

式中，$A_m(s)$ 和 $B_n(s)$ 分别为不可约的 m 次和 n 次多项式。显然，写成有理分式形式的像函数 $F(s)$ 仍满足定理(5.4-4)的条件，可以利用该定理计算求取拉氏变换的像原函数。根据像函数存在极点的形式不同，计算拉氏逆变换的方法分以下几种情况。

情况一　$B_n(s)$ 只含有单级相异零点的情况，即零点 $s_1,s_2,\cdots,s_n$ 全部是一阶零点，这些零点就是 $F(s)$ 的极点，并且是一阶极点，于是由留数计算规则，有

$$f(t)=\sum_{k=1}^{n}\mathrm{Res}[F(s)e^{st},\ s_k]=\sum_{k=1}^{n}\lim_{s\to s_k}\left[(s-s_k)\frac{A_m(s)}{B_n(s)}e^{st}\right] \tag{5.4-6}$$

或者
$$f(t)=\sum_{k=1}^{n}\mathrm{Res}[F(s)e^{st},\ s_k]=\sum_{k=1}^{n}\frac{A_m(s_k)}{B'_n(s_k)}e^{s_k t} \tag{5.4-7}$$

式(5.4-7)称为海维塞德（Heaviside）展开式的第一种形式。

情况二　$B_n(s)$ 含有多重零点的情况，即所含零点 s_1 为一 p 阶零点，则该零点就是 $F(s)$ 的 p 阶极点，于是由留数计算规则，有

$$f(t)=\mathrm{Res}[F(s)e^{st},s_1]=\frac{1}{(p-1)!}\lim_{s\to s_1}\frac{d^{p-1}}{ds^{p-1}}\left[(s-s_1)^p\frac{A_m(s)}{B_n(s)}e^{st}\right] \tag{5.4-8}$$

式(5.4-8)称为海维塞德（Heaviside）展开式的第二种形式。

情况三　$B_n(s)$ 含有复合零点，只讨论含有一个 p 阶零点和 $n-p$ 个一阶零点的情况，即 s_1 和 $s_{p+1},s_{p+2},\cdots,s_n$，于是由留数计算规则，结合情况一和情况二可得

$$f(t)=\sum_{k=p+1}^{n}\left[\frac{A_m(s_k)}{B'_n(s_k)}e^{s_k t}\right]+\frac{1}{(p-1)!}\lim_{s\to s_1}\frac{d^{p-1}}{ds^{p-1}}\left[(s-s_1)^p\frac{A_m(s)}{B_n(s)}e^{st}\right] \tag{5.4-9}$$

利用留数理论计算拉氏逆变换是一种非常重要的方法，基于海维赛德展开式的计算公式(5.4-6)～式(5.4-9)，在求解常微分方程、偏微分方程时是非常有用的。

【例题 5-21】　求 $F(s)=s/(s^2+1)$ 的逆变换。

解：这里的 $F(s)$ 有两个不同的极点，即 $s_1=i$，$s_2=-i$，由式(5.4-7)得

$$f(t)=\frac{e^{st}}{2}\bigg|_{s=i}+\frac{e^{st}}{2}\bigg|_{s=-i}=\frac{1}{2}(e^{it}+e^{-it})=\cos t\quad(t>0)$$

这和我们熟知的结果是一致的。

【例题 5-22】　求 $F(s)=1/s(s-1)^2$ 的逆变换。

解：这里的 $B_n(s)$ 有一个一阶零点 $s_1=0$ 和一个二阶零点 $s_2=1$，由式(5.4-6)和式(5.4-9)得

$$f(t)=\lim_{s\to0}(s-0)\frac{e^{st}}{s(s-1)^2}+\lim_{s\to1}\frac{d}{ds}\left[(s-1)^2\frac{1}{s(s^2-1)}e^{st}\right]$$

$$=1+\lim_{s\to1}\left(\frac{t}{s}e^{st}-\frac{1}{s^2}e^{st}\right)=1+(t-1)e^t,\ t>0$$

（2）部分分式法求拉氏逆变换

具有式(5.4-5)形式的拉氏变换像函数 $F(s)$ 可以展开成形式为 $\beta_i/(s-s_i)^{n_i}$ 的和式，这里 n_i 是零点 s_i 的个数，β_i 为待定常数，而对于形式为 $\beta_i/(s-s_i)^{n_i}$ 的逆变换，是容易求得的，即

$$\mathscr{L}^{-1}\left[\frac{\beta_i}{(s-s_i)^{n_i}}\right]=\frac{\beta_i}{(n_i-1)!}t^{n_i-1}e^{s_it} \tag{5.4-10}$$

在求拉普拉斯逆变换时，要视具体情况选择适当的方法。除本节介绍的利用残数的方法和部分分式法以外，还可以根据拉普拉斯变换的基本性质和卷积性质计算某些拉普拉斯逆变换。

【例题 5-23】 求 $F(s)=1/[(s+a)(s+b)^2]$ 的拉氏逆变换。

解： 将 $F(s)$ 展成部分分式

$$F(s)=\frac{1}{(s+a)(s+b)^2}=\frac{A}{(s+a)}+\frac{B}{(s+b)}+\frac{C}{(s+b)^2}=\frac{1}{(a-b)^2}\left[\frac{1}{(s+a)}-\frac{1}{(s+b)}+\frac{a-b}{(s+b)^2}\right]$$

于是

$$f(t)=\frac{1}{(a-b)^2}\left[e^{-at}-e^{-bt}+(a-b)te^{-bt}\right]$$

【例题 5-24】 求 $F(s)=\ln[(s^2-1)/s^2]$ 的拉氏逆变换。

解： 设 $\mathscr{L}[f(t)]=F(s)$，由拉氏变换的微分性质(5.3-19) 得

$$F'(s)=\mathscr{L}[-tf(t)]$$

于是

$$f(t)=-\frac{1}{t}\mathscr{L}^{-1}[F'(s)]=-\frac{1}{t}\mathscr{L}^{-1}\{[\ln(s+1)+\ln(s-1)-2\ln s]'\}$$

$$=-\frac{1}{t}\mathscr{L}^{-1}\left(\frac{1}{s+1}+\frac{1}{s-1}-\frac{2}{s}\right)=-\frac{1}{t}(e^{-t}+e^t-2)$$

5.4.3 卷积定理

像在傅里叶变换中一样，卷积在拉普拉斯变换中也占有非常重要的位置。利用卷积定理可以计算求取拉普拉斯逆变换，计算某些特殊定积分的值，卷积在线性系统的分析中也有着重要的应用。

（1）卷积的定义

在拉普拉斯变换中，卷积的定义与在傅里叶变换中的所讨论的概念基本相近。设 $t<0$ 时，$f_1(t)=f_2(t)=0$，如果含参量 t 的积分 $\int_0^t f_1(\tau)f_2(t-\tau)d\tau$ 存在，则称它为 $f_1(t)$ 与 $f_2(t)$ 的卷积，记为 $f_1(t)*f_2(t)$，即

$$f_1(t)*f_2(t)=\int_0^t f_1(\tau)f_2(t-\tau)d\tau \tag{5.4-11}$$

这里定义的卷积与傅里叶变换中卷积的定义除了积分限不同外基本是一致的。实际上，拉普拉斯变换的卷积定义可从傅里叶变换的卷积定义中得到。按傅里叶变换中卷积的定义

$$f_1(t)*f_2(t)=\int_{-\infty}^{+\infty}f_1(\tau)f_2(t-\tau)d\tau$$

设 $t>0$，则

$$f_1(t) * f_2(t) = \int_{-\infty}^{0} f_1(\tau) f_2(t-\tau) d\tau + \int_{0}^{t} f_1(\tau) f_2(t-\tau) d\tau + \int_{t}^{+\infty} f_1(\tau) f_2(t-\tau) d\tau$$

$$= \int_{0}^{t} f_1(\tau) f_2(t-\tau) d\tau$$

最后一步是因为函数自变量 $t < 0$ 时，$f_1(t) = f_2(t) = 0$。

容易验证，卷积运算满足下面的运算律。

交换律：$f_1(t) * f_2(t) = f_2(t) * f_1(t)$。 $\qquad$ (5.4-12)

结合律：$f_1(t) * [f_2(t) * f_3(t)] = [f_1(t) * f_2(t)] * f_3(t)$。 $\qquad$ (5.4-13)

分配律：$[f_1(t) + f_2(t)] * f_3(t) = f_1(t) * f_3(t) + f_2(t) * f_3(t)$。 $\qquad$ (5.4-14)

【例题 5-25】 计算卷积（1）$t * \sin t$ 和（2）$\sin t * \cos t$。

解：（1）根据定义并利用分布积分

$$t * \sin t = \int_{0}^{t} \tau \sin(t-\tau) d\tau = \tau \cos(t-\tau) \Big|_{0}^{t} - \int_{0}^{t} \cos(t-\tau) d\tau = t - \sin t$$

（2）根据定义并利用积化和差公式

$$\sin t * \cos t = \int_{0}^{t} \sin\tau \cos(t-\tau) d\tau = \frac{1}{2} \int_{0}^{t} \sin t + \sin(2\tau - t) d\tau = \frac{t}{2}\sin t$$

（2）卷积定理

卷积之所以在拉普拉斯变换中起重要的作用，是由于它具有下列定理中所描述的重要关系。

设 $f_1(t)$ 和 $f_2(t)$ 都满足拉普拉斯变换存在定理中的条件，且 $t < 0$ 时，$f_1(t) = f_2(t) = 0$，记 $\mathscr{L}[f_1(t)] = F_1(s)$，$\mathscr{L}[f_2(t)] = F_2(s)$，则有

$$\mathscr{L}[f_1(t) * f_2(t)] = F_1(s) F_2(s) \qquad (5.4\text{-}15)$$

式(5.4-15) 称为**拉普拉斯卷积定理**。

证：容易验证 $f_1(t) * f_2(t)$ 满足拉氏变换存在定理的条件，即只存在有限个第一类间断点和不超过指数级增长。

根据拉普拉斯变换的定义，$f_1(t) * f_2(t)$ 的变换式为

$$\mathscr{L}[f_1(t) * f_2(t)] = \int_{0}^{+\infty} \left[\int_{0}^{t} f_1(\tau) f_2(t-\tau) d\tau \right] e^{-st} dt = \int_{0}^{+\infty} \int_{0}^{t} f_1(\tau) f_2(t-\tau) e^{-st} d\tau dt$$

这是一个广义二重积分，根据积分限可以看出，积分区域是一个如图 5-11 所示的角形区域。由于该二重积分绝对可积，可以交换二重积分的顺序，即

$$\mathscr{L}[f_1(t) * f_2(t)] = \int_{0}^{+\infty} f_1(\tau) \left[\int_{\tau}^{t} f_2(t-\tau) e^{-st} dt \right] d\tau$$

令 $t - \tau = u$，则

$$\int_{\tau}^{t} f_2(t-\tau) e^{-st} dt = \int_{0}^{+\infty} f_2(u) e^{-s(u+\tau)} du$$

$$= F_2(s) e^{-s\tau}$$

所以

$$\mathscr{L}[f_1(t) * f_2(t)] = \int_{0}^{+\infty} f_1(\tau) F_2(s) e^{-s\tau} d\tau$$

$$= F_1(s) F_2(s)$$

拉氏变换的卷积性质表明，两个函数卷积的拉氏变换等于这两个函数的拉氏变换之乘积。

对于多于两个函数卷积的情况，式(5.4-15) 可以

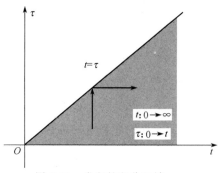

图 5-11 卷积的积分区域

推广到一般情形，有

$$\mathscr{L}\big[f_1(t)*f_2(t)*\cdots*f_n(t)\big]=\prod_{j=1}^{n}F_j(s) \tag{5.4-16}$$

在拉普拉斯变换的应用中，卷积定理有着十分重要的作用。比如，利用卷积定理可以计算拉普拉斯逆变换，还可以求解相关的微分方程等。

【例题 5-26】　若 $F(s)=s^2/(s^2+1)^2$，求 $f(t)$。

解：对像函数因式分解

$$F(s)=\frac{s^2}{(s^2+1)^2}=\frac{s}{s^2+1}\times\frac{s}{s^2+1}$$

利用卷积定理

$$f(t)=\mathscr{L}^{-1}\left(\frac{s}{s^2+1}\times\frac{s}{s^2+1}\right)=\cos t*\cos t=\int_0^t\cos\tau\cos(t-\tau)\mathrm{d}\tau$$

$$=\frac{1}{2}\int_0^t\big[\cos t+\cos(2\tau-t)\big]\mathrm{d}\tau=\frac{1}{2}(t\cos t+\sin t)$$

【例题 5-27】　求 $F(s)=s/(s^2+a^2)^2$ 的拉普拉斯逆变换。

解：此问题可以有多种解法，这里用卷积性质求解。对像函数因式分解

$$F(s)=\frac{s}{(s^2+a^2)^2}=\frac{1}{a}\times\frac{s}{s^2+a^2}\times\frac{a}{s^2+a^2}$$

又知

$$\mathscr{L}^{-1}\left(\frac{s}{s^2+a^2}\right)=\cos at,\ \ \mathscr{L}^{-1}\left(\frac{a}{s^2+a^2}\right)=\sin at$$

由卷积定理得　$f(t)=\frac{1}{a}\cos at*\sin at=\frac{1}{a}\int_0^t\cos a\tau\sin a(t-\tau)\mathrm{d}\tau=\frac{t}{2a}\sin at$

5.5　积分变换的应用

5.5.1　微分方程的傅氏变换解法

利用傅里叶变换法可求解常微分方程、偏微分方程和积分-微分方程,通过傅里叶变换可以将问题降维,从而可使偏微分方程变为常微分方程,常微分方程变为代数方程,最终使求解过程在很大程度上得到简化。

（1）偏微分方程的傅氏变换解法

以对于无界棒的热传导问题为例,本来在时间和空间坐标上分别为一阶和二阶的偏微分方程,经对空间坐标进行傅里叶变换,则问题转化为一个在时间上的一阶常微分方程。

设一无限长细棒,侧面绝热,初始温度为 $u(x,0)=\varphi(x)$, $-\infty<x<+\infty$。试确定棒内的温度分布函数 $u(x,t)$。

这个问题归结为热传导方程的下列定解问题

$$\begin{cases}\dfrac{\partial u}{\partial t}=a^2\dfrac{\partial^2 u}{\partial x^2},\ t>0,\ -\infty<x<+\infty\\ u(x,0)=\varphi(x)\end{cases} \tag{5.5-1}$$

将方程及初始条件对 x 取傅里叶变换，记 $U(\omega,t)=\mathscr{F}[u(x,t)]$，$\Phi(\omega)=\mathscr{F}[\varphi(x)]$，由傅里叶变换的微分性质式(5.1-46)，可以得到下列常微分方程的边值问题

$$\begin{cases} \dfrac{\partial U(\omega,t)}{\partial t}=-a^2\omega^2 U(\omega,t) \\ U(\omega,0)=\Phi(\omega) \end{cases} \tag{5.5-2}$$

方程(5.5-2)为可分离变量方程，其解为

$$U(\omega,t)=\Phi(\omega)\mathrm{e}^{-a^2\omega^2 t} \tag{5.5-3}$$

因为

$$\mathscr{F}^{-1}(\mathrm{e}^{-a^2\omega^2 t})=\frac{1}{2\pi}\int_{-\infty}^{+\infty}\mathrm{e}^{-a^2\omega^2 t}\mathrm{e}^{i\omega x}\mathrm{d}\omega=\frac{1}{2\pi}\int_{-\infty}^{+\infty}\mathrm{e}^{-a^2\omega^2 t}(\cos\omega x+i\sin\omega x)\mathrm{d}\omega$$

$$=\frac{1}{2\pi}\int_{-\infty}^{+\infty}\mathrm{e}^{-a^2\omega^2 t}\cos\omega x\,\mathrm{d}\omega=\frac{1}{2a\sqrt{\pi t}}\mathrm{e}^{-x^2/4a^2 t} \tag{5.5-4}$$

对式(5.5-3)取傅里叶逆变换，并利用卷积定理，即可得原问题的解

$$u(x,t)=\varphi(x)*\mathscr{F}^{-1}(\mathrm{e}^{-a^2\omega^2 t})=\frac{1}{2a\sqrt{\pi t}}\int_{-\infty}^{+\infty}\varphi(\tau)\mathrm{e}^{-(x-\tau)^2/2a^2 t}\mathrm{d}\tau \tag{5.5-5}$$

当式中的 $\varphi(t)$ 函数形式已知，则问题即可得到显式解。由此可见，利用傅里叶变换求解空间无穷域的微分方程非常简单方便。

（2）积分-微分方程的傅氏变换解法

以实例说明傅里叶变换求解积分-微分方程的过程。例如有积分-微分方程形如

$$ax'(t)+bx(t)+c\int_{-\infty}^{t}x(t)\mathrm{d}t=h(t) \tag{5.5-6}$$

式中，a、b、c 为常数。如果 $x(t)$、$h(t)$ 的傅里叶变换存在，且 $x(t)$ 满足傅里叶变换的积分性质及条件，则可利用傅里叶变换求解此积分-微分方程。

解此方程时，先对方程两端取傅里叶变换，设 $X(\omega)=\mathscr{F}[x(t)]$，$H(\omega)=\mathscr{F}[h(t)]$，则有

$$ai\omega X(\omega)+bX(\omega)-\frac{c}{i\omega}X(\omega)=H(\omega) \tag{5.5-7}$$

从而将积分-微分方程转化为一个代数方程，该方程的解为

$$X(\omega)=\frac{H(\omega)}{b+i(a\omega-c/\omega)} \tag{5.5-8}$$

对 $X(\omega)$ 取傅里叶逆变换，即得原方程的解，其形式为

$$x(t)=\frac{1}{2\pi}\int_{-\infty}^{+\infty}\frac{H(\omega)}{b+i(a\omega-c/\omega)}\mathrm{e}^{i\omega t}\mathrm{d}\omega \tag{5.5-9}$$

如果函数 $H(\omega)$ 的形式已知，则方程解的形式就是显式的。

5.5.2　微分方程的拉氏变换解法

应用拉普拉斯变换可以求解某些常微分方程和偏微分方程的初值问题。求解过程为：第一步，对方程两边取拉普拉斯变换，将关于未知函数的微分方程变为关于像函数的简单形式的方程；第二步，解出像函数，并求其逆变换，即得到原方程的解。

（1）常微分方程的初值问题

以常微分方程的初值问题

$$\begin{cases} x''+x'=-\sin 2t \\ x'(0)=x(0)=1 \end{cases} \tag{5.5-10}$$

为例说明利用拉氏变换求解常微分方程的过程。

求解时首先对方程取拉氏变换，并记 $\mathscr{F}[x(t)]=X(s)$。利用拉氏变换的微分性质，结合微分方程的初值条件，得到如下线性代数方程

$$s^2 X(s)-s-1+sX(s)-1=-\frac{2}{s^2+4} \tag{5.5-11}$$

解出方程的解

$$X(s)=\frac{s^3+2s^2+4s+6}{s(s+1)(s^2+4)} \tag{5.5-12}$$

所得像函数有四个单极点，即 $s_1=0$，$s_2=-1$，$s_3=+2i$，$s_4=-2i$，利用留数理论即可求出拉氏逆变换，得到原方程的解

$$x(t)=\sum_{k=1}^{4}\lim_{s\to s_k}(s-s_k)\frac{s^3+2s^2+4s+6}{s(s+1)(s^2+4)}e^{st}=\frac{3}{2}-\frac{3}{5}e^{-t}+\frac{1}{10}\times\frac{e^{2it}+e^{-2it}}{2}+\frac{1}{5}\times\frac{e^{2it}-e^{-2it}}{2i}$$

$$=\frac{3}{2}-\frac{3}{5}e^{-t}+\frac{1}{10}\cos 2t+\frac{1}{5}\sin 2t \tag{5.5-13}$$

（2）偏微分方程初边值问题

拉氏变换不仅适用于求解常微分方程初值问题，而且可用来求解偏微分方程的初边值定解问题，但求解时只能对初值条件的变量进行拉氏变换。下面以求解振动微分方程为例，介绍利用拉氏变换求解偏微分方程定解问题的过程。

一般一维振动偏微分方程的定解问题具有形式

$$\begin{cases} \dfrac{\partial^2 u}{\partial t^2}=a^2\dfrac{\partial^2 u}{\partial x^2} & x>0,t>0 \\ u(0,t)=\varphi(t) & \lim_{x\to+\infty}u(x,t)=0 \\ u(x,0)=0 & u_t(x,0)=0 \end{cases} \tag{5.5-14}$$

其中，$a>0$ 为常数，问题中始点的边界条件为时间 t 的任意函数。

利用拉氏变换求解偏微分方程定解问题，需首先对微分方程和定解条件进行拉氏变换，设 $\mathscr{L}[u(x,t)]=U(x,s)$，$\mathscr{L}[\varphi(t)]=\Phi(s)$，从而得关于 x 的微分方程定解问题

$$\begin{cases} s^2 U(x,s)=a^2\dfrac{\partial^2 U(x,s)}{\partial x^2} & x>0 \\ U(0,s)=\Phi(s) & U(+\infty,s)=0 \end{cases} \tag{5.5-15}$$

将问题中的 s 看作常数，上述问题即简化为常微分方程的边值问题。利用常系数二阶线性问题的解法，得

$$U(x,s)=c_1 e^{\frac{s}{a}x}+c_2 e^{-\frac{s}{a}x} \tag{5.5-16}$$

由边值条件得 $c_1=0$，$c_2=\Phi(s)$，故

$$U(x,s)=\Phi(s)e^{-\frac{s}{a}x} \tag{5.5-17}$$

于是，利用拉氏逆变换即可得到原问题的解，即

$$u(x,t)=\mathscr{L}^{-1}\left[\Phi(s)e^{-\frac{s}{a}x}\right] \tag{5.5-18}$$

注意到 $\Phi(s)=\mathscr{L}[\varphi(t)]$，利用拉氏变换的延迟性质，最终得到原方程的解

$$u(x,t)=\varphi\left(t-\frac{x}{a}\right)u\left(t-\frac{x}{a}\right)=\begin{cases}\varphi(t-x/a) & (t\geqslant x/a)\\ 0 & (t<x/a)\end{cases} \tag{5.5-19}$$

5.5.3　线性系统中的应用

拉普拉斯变换在线性系统的工程技术分析和系统控制领域也有着非常广泛的应用。在化工领域，RTD示踪实验、传质和传热等线性过程都可以用拉普拉斯变换进行分析。

（1）线性系统的激励和响应

所谓线性系统，是指满足叠加原理的一类系统，通常它的数学模型可用一个线性微分方程描述。例如如图5-12所示的RC串联电路系统，若外加一个电动势为$e(t)$后，则在电路系统的电容器C两端的电压满足线性微分方程

$$\begin{cases}RC\dfrac{\mathrm{d}u_C}{\mathrm{d}t}+u_C=e(t)\\ u_C(0)=0\end{cases} \tag{5.5-20}$$

式(5.5-20)即表示一个线性系统。当电容器C、电阻R等元件确定后，函数$u_C(t)$就完全由函数$e(t)$决定。$e(t)$被称为线性系统的输入函数，也叫作系统的**激励**，而把电容器两端的电压$u_C(t)$称为这个系统随时间t变化的输出函数，也叫**响应**。按图5-12串联的RC闭合回路，就可以看成是一个有输入端和输出端的线性系统。而虚线框中的电路结构决定于系统内的元件参量和连接方式。这样的一个线性系统，在电路理论中被称为线性网络。

再如图5-13所示的搅拌釜脉冲实验系统，如果搅拌釜连续操作，以v的体积流率进料和排料，当在$t=0$的时刻，在搅拌釜入口加入一个浓度为c_0的脉冲示踪，则在搅拌釜出口的浓度响应可用如下方程描述

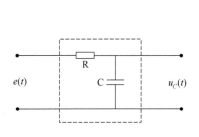

图 5-12　RC 串联电路

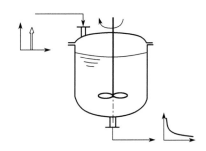

图 5-13　搅拌釜脉冲示踪

$$\begin{cases}V\dfrac{\mathrm{d}c(t)}{\mathrm{d}t}+vc(t)=0\\ c(0)=c_0\end{cases} \tag{5.5-21}$$

式(5.5-21)与式(5.5-20)类似，唯一的区别只是式中的输入函数是以初值的形式出现的，如有必要可引入脉冲函数将初值条件加入到方程中，因而式(5.5-21)也是典型的线性系统。

对于一个线性系统，其响应是由激励函数与系统本身的特性共同决定的。对于不同的线性系统，即使激励函数完全相同，其响应也是不同的。在分析线性系统时，通常并不太关心系统内部的结构情况，而是希望研究激励和响应同系统本身特性之间的联系。为了描述这种连续，需要引进传递函数的概念。

（2）传递函数的概念

在一般情况下，假设一个系统，它的输入函数为 $x(t)$，输出函数为 $y(t)$，如果 $x(t)$ 和 $y(t)$ 满足线性微分方程

$$a_n y^{(n)} + a_{n-1} y^{(n-1)} + \cdots + a_1 y' + a_0 y = b_m x^{(m)} + b_{m-1} x^{(m-1)} + \cdots + b_1 x' + b_0 x$$
$$\text{(5.5-22)}$$

如果初始条件全为零，$a_1, a_2, \cdots, a_n; b_1, b_2, \cdots, b_m$ 全为常数，那么这个系统便称为一个线性系统。

对式(5.5-22)两边取拉普拉斯变换，记 $\mathscr{L}[x(t)] = X(t)$，$\mathscr{L}[y(t)] = Y(t)$，即得

$$a_n s^n Y(s) + a_{n-1} s^{n-1} Y(s) + \cdots + a_1 s Y(s) + a_0 Y(s)$$
$$= b_m s^m X(s) + b_{m-1} s^{m-1} X(s) + \cdots + b_1 s X(s) + b_0 X(s) \quad \text{(5.5-23)}$$

令
$$\begin{cases} D(s) = a_n s^n + a_{n-1} s^{n-1} + \cdots + a_1 s + a_0 \\ M(s) = b_m s^m + b_{m-1} s^{m-1} + \cdots + b_1 s + b_0 \end{cases} \quad \text{(5.5-24)}$$

则有
$$Y(s) = \frac{M(s)}{D(s)} X(s) = G(s) X(s) \quad \text{(5.5-25)}$$

式中，$G(s)$ 称为该线性系统的**传递函数**，它是当初始条件全为零时，系统的输出函数的像函数与输入函数的像函数之比。因此，传递函数表达了系统本身的特性，与激励及系统的初始状态无关。另外，传递函数不表明系统的物理性质。许多性质不同的物理系统，可以有相同的传递函数，因此在研究中即可以统一处理物理性质不同的线性系统。

（3）线性系统的脉冲响应和频率响应

假设某个线性系统的传递函数为

$$G(s) = \frac{Y(s)}{X(s)} \quad \text{(5.5-26)}$$

若以 $g(t)$ 表示 $G(s)$ 的拉氏逆变换式，即

$$g(t) = \mathscr{L}^{-1}[G(s)] \quad \text{(5.5-27)}$$

则根据式(5.5-25)和拉氏变换的卷积定理可得

$$y(t) = g(t) * x(t) = \int_0^t g(\tau) x(t - \tau) \mathrm{d}\tau \quad \text{(5.5-28)}$$

由此可见，一个线性系统除用传递函数来表征外，也可以用传递函数的拉氏逆变换 $g(t) = \mathscr{L}^{-1}[G(s)]$ 来表征。因此，称 $g(t)$ 为线性系统的**脉冲响应函数**。它的物理意义是，当激励是一个单位脉冲函数，即 $x(t) = \delta(t)$ 时，则在零初始条件下，有 $\mathscr{L}[x(t)] = \mathscr{L}[\delta(t)] = X(s) = 1$，所以 $Y(s) = G(s)$，即 $y(t) = g(t)$。因而，脉冲响应函数 $g(t)$，就是在零初始条件下，激励为 $\delta(t)$ 时的响应 $y(t)$，也就是传递函数的逆变换。

如在线性系统的传递函数中，令 $s = i\omega$，即得

$$G(i\omega) = \frac{Y(i\omega)}{X(i\omega)} = \frac{b_m(i\omega)^m + b_{m-1}(i\omega)^{m-1} + \cdots + b_1(i\omega) + b_0}{a_n(i\omega)^n + a_{n-1}(i\omega)^{n-1} + \cdots + a_1(i\omega) + a_0} \quad \text{(5.5-29)}$$

式(5.5-29)称为线性系统的**频率特性函数**，简称为**频率响应**。可以证明，当激励为角频率是 ω 的虚指数函数 $x(t) = \mathrm{e}^{i\omega t}$ 时，系统的稳态响应是 $y(t) = G(i\omega)\mathrm{e}^{i\omega t}$。因此，频率响应在工程技术中又称为**正弦传递函数**。任何线性系统的正弦传递函数都可由该系统的传递函数中

的 s 以 $i\omega$ 来代替得到。

系统的传递函数、脉冲响应函数、频率响应是表征线性系统的几个重要概念。本章对其只作简要介绍，不作输入讨论，感兴趣的读者请参阅相关专著。

习　题

---

* **5-1** 求下列函数的傅里叶变换。

(1) $\sin\omega_0 t$；（2）$\cos t\sin t$；（3）$\sin^3 t$；（4）$\sin(\omega_0 t)u(t)$；（5）$e^{i\omega_0 t}u(t)$。

* **5-2** 求函数 $f(t)=\begin{cases} -1 & (-1\leqslant t<0) \\ 1 & (0\leqslant t<1) \\ 0 & （其它） \end{cases}$ 的傅里叶变换，并做出频谱图。

* **5-3** 求下列函数的傅里叶变换。

(1) $f(t)=\begin{cases} \sin t & (|t|\leqslant \pi) \\ 0 & (|t|>\pi) \end{cases}$；（2）$f(t)=\dfrac{1}{a^2+t^2}$　$(a>0)$；

(3) $f(t)=\dfrac{A}{2}[\delta(t+t_0)+\delta(t-t_0)]$　$(A>0)$。

* **5-4** 求函数 $f(t)=\begin{cases} 1-t^2 & (|t|\leqslant 1) \\ 0 & (|t|>1) \end{cases}$ 的傅里叶积分，并利用傅里叶积分收敛定理证明

$$\int_0^{+\infty} \dfrac{1}{\omega^2}(\sin\omega-\omega\cos\omega)\cos\dfrac{\omega}{2}d\omega=\dfrac{3\pi}{16}。$$

* **5-5** 设 $r=\sqrt{x^2+y^2+z^2}=|r|$，$\omega=\sqrt{\omega_1^2+\omega_2^2+\omega_3^2}=|\omega|$，试证明 $F(1/r)=4\pi/\omega^2$。

* **5-6** 已知函数 $f(t)$ 的傅里叶变换为 $\sin\omega/\omega$，求 $f(t)$。

* **5-7** 设函数 $f(t)=\begin{cases} t & (a\leqslant t\leqslant b) \\ 0 & （其它） \end{cases}$，其中 $0<a<b$，将 $f(t)$ 扩张成 $(-\infty,+\infty)$ 上的奇函数，并求其傅里叶正弦变换。

* **5-8** 求下列函数 $f_1(t)$ 和 $f_2(t)$ 的卷积 $f_1(t)*f_2(t)$。

(1) $f_1(t)=f_2(t)=\begin{cases} 1 & (|t|<1) \\ 0 & (|t|>1) \end{cases}$；

(2) $f_1(t)=\begin{cases} e^{-t} & (t\geqslant 0) \\ 0 & (t<0) \end{cases}$，$f_2(t)=\begin{cases} \sin t & (0\leqslant t\leqslant \pi/2) \\ 0 & （其它） \end{cases}$。

* **5-9** 利用帕塞瓦尔等式，求下列积分的值。

(1) $\displaystyle\int_{-\infty}^{+\infty}\left(\dfrac{1-\cos t}{t}\right)^2 dt$；（2）$\displaystyle\int_{-\infty}^{+\infty}\dfrac{\sin 4t}{t^2}dt$；（3）$\displaystyle\int_{-\infty}^{+\infty}\dfrac{dt}{(1+t^2)^2}$；（4）$\displaystyle\int_{-\infty}^{+\infty}\dfrac{t^2}{(1+t^2)^2}dt$。

* **5-10** 用傅里叶变换求解如下的导热问题：一半无限长的均质杆，其侧面绝热，杆端有密度为 $q_0\sin\omega_0 t$ 的谐变热流流入（q_0、ω_0 为常数），求长时间后杆上的温度分布。

* **5-11** 求下列多值函数的拉普拉斯变换。

(1) $f(t)=\begin{cases} 3 & (0\leqslant t<2) \\ -1 & (2\leqslant t<4) \\ 0 & (t\geqslant 4) \end{cases}$；（2）$f(t)=\begin{cases} 3 & (0\leqslant t\leqslant \pi/2) \\ \cos t & (t>\pi/2) \end{cases}$。

5-12 求下列函数的拉普拉斯变换。

(1) $(t-1)^2 e^t$；(2) $\dfrac{t}{2a}\sin at$，$a\in R$；(3) $u(3t-5)$；(4) $u(1-e^{-t})$；(5) $\dfrac{e^{2t}}{\sqrt{t}}$。

5-13 利用拉普拉斯变换的性质求下列各函数的拉普拉斯变换。

(1) $f(t)=t^2+3t+2$；　　　(2) $f(t)=1-te^t$；　.　(3) $f(t)=(t-1)^2 e^t$；

(4) $f(t)=t\cos at$；　　　(5) $f(t)=e^{-2t}\sin 6t$；　　(6) $f(t)=t^n e^{at}$，$n\in N$。

5-14 利用微分性质求下列各题。

(1) $f(t)=te^{-3t}\sin 2t$，求 $F(s)$；(2) $f(t)=\displaystyle\int_0^t te^{-3t}\sin 2t\,dt$，求 $F(s)$；

(3) $F(s)=\ln\dfrac{s+1}{s-1}$，求 $f(t)$。

5-15 利用积分性质计算下列各题。

(1) $f(t)=\dfrac{1}{t}e^{-3t}\sin 2t$，求像函数 $F(s)$；(2) $F(s)=\dfrac{s}{(s^2-1)^2}$，求像原函数 $f(t)$；

(3) $f(t)=\displaystyle\int_0^t \dfrac{1}{t}e^{-3t}\sin 2t\,dt$，求像函数 $F(s)$。

5-16 求下列函数的拉普拉斯逆变换。

(1) $F(s)=\dfrac{s^2}{(s^2+1)^2}$；　　　　　(2) $F(s)=\dfrac{s+3}{s^3+3s^2+6s+4}$；

(3) $F(s)=\dfrac{2s^2-5s-5}{(s+1)(s-1)(s-2)}$；　(4) $F(s)=\ln\dfrac{s+1}{s-1}$；

(5) $F(s)=\dfrac{2s+5}{s^2+4s+13}$；　　　　(6) $F(s)=\dfrac{s^2-a^2}{(s^2+a^2)^2}$。

5-17 求下列卷积。

(1) $t^m * t^n$，m，$n\in N$；(2) $t * e^t$；(3) $\sin t * \sin t$；(4) $t * \sinh t$。

5-18 利用拉普拉斯变换的性质，计算下列定积分的值。

(1) $\displaystyle\int_0^{+\infty}\dfrac{1-\cos t}{t}e^{-t}\,dt$；(2) $\displaystyle\int_0^{+\infty}e^{-3t}\cos 2t\,dt$；(3) $\displaystyle\int_0^{+\infty}te^{-2t}\,dt$；(4) $\displaystyle\int_0^{+\infty}\dfrac{e^{-t}\sin^2 t}{t}\,dt$；

(5) $\displaystyle\int_0^{+\infty}t^3 e^{-t}\sin t\,dt$；(6) $\displaystyle\int_0^{+\infty}\dfrac{\sin^2 t}{t^2}\,dt$。

5-19 利用积分变换法求解以下常微分方程初值问题。

(1) $\begin{cases} x'''-2x''-x'=4 \\ x(0)=1,x'(0)=2,x''(0)=-2 \end{cases}$；(2) $\begin{cases} x'''+x=\dfrac{1}{2}t^2 e^t \\ x(0)=x'(0)=x''(0)=0 \end{cases}$；

(3) $\begin{cases} x''+4x'+4x=\sin\omega t \\ x(0)=x_0,x'(0)=x_1 \end{cases}$。

5-20 试用反演公式求解常微分方程

$$\begin{cases} x^{(4)}+\omega^2 x''+\omega^4 x=\cos\omega t \\ x(0)=x'(0)=x''(0)=x'''(0)=0 \end{cases}$$

第6章

常微分方程

　　化工研究的对象和内容主要是物质及其变化和运动，而描述物质变化和运动的规律需要数学模型。正如第 1 章和第 2 章已经介绍的，化工领域的数学模型绝大多数是微分方程。由于微分方程描述的是未知函数的各阶导数与自变量之间的关系，并未直观揭示出因变量与自变量之间的依存关系，因而从微分方程出发直接应用于解释事物客观实际尚存在一定局限。因此，通常需要解出微分方程的解，即解出微分方程中的未知函数，得到因变量与自变量之间的定量函数关系，为实际应用提供方便。

　　微分方程依据自变量的数目分为常微分方程和偏微分方程两类。在化工中，描述集中参数动态系统和一维分布参数定态系统的数学模型均是常微分方程。求解微分方程的过程，实际上就是一个积分过程，因而属于微分和求导的逆运算。由于微分方程的解含有任意的积分常数，因而微分方程的解应该有无限多个。微分方程解的唯一性是通过定解条件（包括初值条件或边值条件）来实现的。本章介绍常微分方程的常用求解方法，包括适用于求解化工特殊问题的级数解法和拉氏变换解法。

6.1　一阶微分方程

　　一阶常微分方程是微分方程中最简单最基本的类型，在实际工作中有着比较广泛的应用。一般情况下，绝大多数一阶常微分方程可用初等解法求解。微分方程的初等解法包括分离变量法、常数变易法、积分因子法等，是求解微分方程的基础，掌握这些方法对微分方程的研究和应用有着重要的价值。

6.1.1　分离变量法

（1）变量分离方程

　　在一阶常微分方程中，可写成形如

$$\frac{\mathrm{d}y}{\mathrm{d}x} = f(x)g(y) \tag{6.1-1}$$

的微分方程称为变量分离方程。如果方程（6.1-1）中的 $f(x)$ 和 $g(y)$ 分别为 x 和 y 的连续函数，则该微分方程即可分离变量变为直接可积的形式。

　　为了求解方程(6.1-1)，首先假设 $g(y) \neq 0$，于是方程两边同除以 $g(y)$ 而变为

$$\frac{\mathrm{d}y}{g(y)} = f(x)\mathrm{d}x \tag{6.1-2}$$

对以上方程两边取积分，即得

$$\int \frac{\mathrm{d}y}{g(y)} = \int f(x)\,\mathrm{d}x + c \qquad\qquad (6.1\text{-}3)$$

式中的两个不定积分，一般都能直接积分得出可用初等函数表示的结果，即使无法用初等函数表示的情况也可认为已经得到了方程的解。式（6.1-3）中的常数 c 称为积分常数，是使得微分方程的解有意义的任意常数。如果所求解的问题是定解问题，则需要根据定解条件确定积分常数的值，然后得到问题的唯一解。

　　另外，当利用变量分离法求解微分方程时，需注意方程两边同除以 $g(y)$ 时有可能会丢失原方程的一个解，即 $g(y)=0$ 时的解。因而，用分离变量法求解微分方程时，有必要每次都要验证是否丢掉了使 $g(y)=0$ 成立的 $y=y_0$ 的解。因此，微分方程（6.1-1）的全解应该包含式（6.1-3）的通解和 $y=y_0$ 的解。使 $g(y)=0$ 成立的 $y=y_0$ 的解在数学上称为平凡解。平凡解在工程上一般没有什么用处。

　　【例题 6-1】　求解微分方程 $\mathrm{d}y/\mathrm{d}x = y^2 \cos x$，并求出满足初始条件 $y(0)=1$ 的解。

　　解：首先设 $y^2 \neq 0$，则原方程可以分离变量得

$$\frac{\mathrm{d}y}{y^2} = \cos x\,\mathrm{d}x$$

对上式两边积分得 $\qquad -\dfrac{1}{y} = \sin x + c \quad$ 或 $\quad y = -\dfrac{1}{\sin x + c}$

因为 $y=0$ 满足原方程，所以是方程的平凡解，即原方程的全解由上式的通解和平凡解 $y=0$ 组成。为求出初值问题的特解，利用初始条件 $y(0)=1$，得知 $y=0$ 不满足条件，而满足条件的积分常数为 $c=-1$，即得初值问题的解

$$y = \frac{1}{1 - \sin x}$$

（2）可化为变量分离的方程

① 齐次方程　称形如

$$\frac{\mathrm{d}y}{\mathrm{d}x} = g\left(\frac{y}{x}\right) \qquad\qquad (6.1\text{-}4)$$

的微分方程为齐次方程，其中 $g(y/x)$ 为连续函数。显然，g 作为 y/x 的函数是齐次的，例如微分方程

$$\frac{\mathrm{d}y}{\mathrm{d}x} = \frac{y}{x} + \left(\frac{x}{y}\right)^2, \qquad \frac{\mathrm{d}y}{\mathrm{d}x} = \frac{2xy}{x^2 - y^2}, \qquad \frac{\mathrm{d}y}{\mathrm{d}x} = \frac{x^2 + y^2}{xy - y^2}$$

都是齐次方程。

　　求解齐次方程的关键是对未知函数进行变量代换，亦即用一个新的未知函数代替原来的未知函数，从而可将方程（6.1-4）变为变量可分离的方程。对于齐次方程（6.1-4），我们做如下变量代换

$$u = \frac{y}{x} \qquad\qquad (6.1\text{-}5)$$

用未知函数 u 代替原来的未知函数 y，故 u 也是 x 的函数 $u=u(x)$，于是

$$\frac{\mathrm{d}y}{\mathrm{d}x} = u + x\,\frac{\mathrm{d}u}{\mathrm{d}x} \qquad\qquad (6.1\text{-}6)$$

将式（6.1-5）和式（6.1-6）代入式（6.1-4）即得

$$u + x\frac{\mathrm{d}u}{\mathrm{d}x} = g(u) \tag{6.1-7}$$

式(6.1-7)为可分离变量方程，具有形式

$$\frac{\mathrm{d}u}{g(u)-u} = \frac{\mathrm{d}x}{x} \tag{6.1-8}$$

从而，将上式两边积分即得代换方程的通解

$$\int \frac{\mathrm{d}u}{g(u)-u} = \ln|x| + c \tag{6.1-9}$$

最后，再利用代换式(6.1-5)即可得到原方程(6.1-4)的通解。这时若存在 u_0 使得 $g(u_0)-u_0=0$，则 $y=u_0 x$ 是方程（6.1-4）的平凡解。

【例题 6-2】 求满足微分方程 $xy\mathrm{d}x + (y^2-x^2)\mathrm{d}y = 0$ 且经过点 $M(1,1)$ 的一条平面曲线。

解：本例的微分方程符合齐次方程(6.1-4)的形式，做变量代换 $u=y/x$ 并设 $u \neq 0$ 得

$$\frac{u^2-1}{u^3}\mathrm{d}u + \frac{\mathrm{d}x}{x} = 0$$

两边积分得

$$\ln|ux| + \frac{1}{2u^2} = \ln c$$

即

$$x^2 + 2y^2\ln\frac{|y|}{c} = 0$$

另外，$y=0$ 是方程的平凡解，但并不满足定解条件。利用定解条件 $x=1$，$y=1$，可得 $c=\mathrm{e}^{1/2}$。因此，所求的曲线方程为

$$x^2 + y^2(\ln y^2 - 1) = 0$$

② 线性分式方程　对于线性分式方程

$$\frac{\mathrm{d}y}{\mathrm{d}x} = f\left(\frac{a_1 x + b_1 y + c_1}{a_2 x + b_2 y + c_2}\right) \tag{6.1-10}$$

其中分子与分母线性无关且 c_1 和 c_2 不全为零，这时可以利用代换

$$\xi = x - \alpha, \quad \eta = y - \beta \tag{6.1-11}$$

其中 α 和 β 为线性方程组

$$\begin{cases} a_1 x + b_1 y + c_1 = 0 \\ a_2 x + b_2 y + c_2 = 0 \end{cases} \tag{6.1-12}$$

的解，即 $x=\alpha$ 和 $y=\beta$。于是方程(6.1-10)化为形如式(6.1-4)的齐次方程

$$\frac{\mathrm{d}\eta}{\mathrm{d}\xi} = f\left(\frac{a_1\xi + b_1\eta}{a_2\xi + b_2\eta}\right) = g\left(\frac{\eta}{\xi}\right) \tag{6.1-13}$$

从而，可以利用齐次方程(6.1-4)的方法求解，然后再经过两次逆代换得到原方程的解。

【例题 6-3】 求解微分方程 $\dfrac{\mathrm{d}y}{\mathrm{d}x} = \dfrac{x-y+1}{x+y-3}$。

解：本例方程右端为线性分式，因此首先解出方程组

$$\begin{cases} x - y + 1 = 0 \\ x + y - 3 = 0 \end{cases}$$

的解，得到 $x=1$，$y=2$。然后对原方程做代换 $\xi=x-1$，$\eta=y-2$，则原方程变为

$$\frac{\mathrm{d}\eta}{\mathrm{d}\xi}=\frac{\xi-\eta}{\xi+\eta}=\frac{1-\eta/\xi}{1+\eta/\xi}$$

再令 $u=\eta/\xi$，即可得到可分离变量方程

$$\frac{\mathrm{d}u}{\mathrm{d}\xi}=\frac{1-2u-u^2}{(1+u)\xi}$$

设 $u^2+2u-1\neq0$，经分离变量并积分得

$$\ln\xi^2=-\ln|u^2+2u-1|+\ln c_1$$

或写成

$$\xi^2(u^2+2u-1)=c_1$$

由上式可以看出，只要取 $c_1=0$，该通解即包含了 $u^2+2u-1=0$ 时的两个特解。利用 $u=\eta/\xi$ 消去解中的 u，则有

$$\eta^2+2\xi\eta-\xi^2=c_1$$

进一步代换回到 x,y，最后得到原方程的解

$$y^2+2xy-x^2-6y-2x=c$$

③ 其它情形　以下情形的微分方程，经过相应的变量代换都能变为可分离变量的方程形式。

形如
$$\frac{\mathrm{d}y}{\mathrm{d}x}=f(ax+by+c) \tag{6.1-14}$$

利用代换
$$u=ax+by+c \tag{6.1-15}$$

形如
$$yf(xy)\mathrm{d}x+xg(xy)\mathrm{d}y=0 \quad \text{和} \quad x^2\frac{\mathrm{d}y}{\mathrm{d}x}=f(xy) \tag{6.1-16}$$

利用代换
$$u=xy \tag{6.1-17}$$

形如
$$\frac{\mathrm{d}y}{\mathrm{d}x}=xf\left(\frac{y}{x^2}\right) \tag{6.1-18}$$

利用代换
$$u=\frac{y}{x^2} \tag{6.1-19}$$

6.1.2　非齐次常数变易法

在一阶线性微分方程中，又有齐次方程和非齐次方程之分。分离变量法只适用于齐次方程或可化为齐次的方程。对于非齐次方程，需要新的求解方法，其中比较简易的方法即是常数变易法。

（1）一阶线性非齐次方程

一阶线性微分方程具有如下的标准形式

$$\frac{\mathrm{d}y}{\mathrm{d}x}=P(x)y+Q(x) \tag{6.1-20}$$

其中假设 $P(x)$ 和 $Q(x)$ 在所讨论的区间上为 x 的连续函数。若式中的 $Q(x)\equiv0$ 时，则微分方程(6.1-20) 称为**一阶线性齐次方程**；而当 $Q(x)\neq0$ 时，则微分方程(6.1-20) 称为**一阶线性非齐次方程**，并称 $Q(x)$ 为非齐次项。

对于一阶线性齐次方程，可以利用分离变量法得到方程的通解，即

$$y=c\mathrm{e}^{\int P(x)\mathrm{d}x} \tag{6.1-21}$$

式中，c 为任意常数。由于齐次方程是非齐次方程 $Q(x)\equiv 0$ 时的特殊情况，因此可以设想方程(6.1-20) 的通解应该是齐次解(6.1-21) 在考虑到 $Q(x)$ 存在时的某种推广。在对齐次解进行拓展推广时，最简单的办法是就是把任意常数 c 变易为 x 的待定函数，使其能够满足非齐次方程 (6.1-20)，即假定方程的解具有形式

$$y=c(x)e^{\int P(x)\mathrm{d}x} \tag{6.1-22}$$

显然这也可以看成是对方程的未知函数进行变量代换，即将求未知函数 $y(x)$ 变成求未知函数 $c(x)$。为此，我们将式(6.1-22)代入方程(6.1-20)，即有

$$\frac{\mathrm{d}c(x)}{\mathrm{d}x}=Q(x)e^{-\int P(x)\mathrm{d}x} \tag{6.1-23}$$

对上式两边积分得
$$c(x)=\int Q(x)e^{-\int P(x)\mathrm{d}x}\mathrm{d}x+C \tag{6.1-24}$$

将求得的 $c(x)$ 代入式(6.1-22)，即得非齐次方程(6.1-20) 的通解

$$y=e^{\int P(x)\mathrm{d}x}\left[C+\int Q(x)e^{-\int P(x)\mathrm{d}x}\mathrm{d}x\right] \tag{6.1-25}$$

以上这种将线性齐次方程通解中的任意常数变易为待定函数，从而求出线性非齐次方程通解的方法，被称为**常数变易法**。式(6.1-25)是求解一阶线性微分方程的非常重要的公式，将来会经常用到。另外不难验证，微分方程(6.1-20) 满足初始条件 $y(x_0)=y_0$ 的解为

$$y=e^{\int_{x_0}^{x}P(t)\mathrm{d}t}\left[C+\int_{x_0}^{x}Q(t)e^{-\int_{x_0}^{t}P(s)\mathrm{d}s}\mathrm{d}t\right] \tag{6.1-26}$$

【例题 6-4】 求微分方程 $y'=2xy+\exp(x^2)\cos x$ 的通解。

解： 首先求出齐次方程 $y'=2xy$ 的通解，得
$$y=ce^{x^2}$$
应用常数变易法将上式中的 c 写成 $c(x)$，两边对 x 求导后代入原方程得
$$c'(x)=\cos x$$
由此积分得 $c(x)=\sin x+C$，代入齐次方程的通解即得原方程的解
$$y=e^{x^2}(\sin x+C)$$

（2）伯努利方程和黎卡提方程

在化工中，经常遇到以下形式的非线性一阶微分方程
$$\frac{\mathrm{d}y}{\mathrm{d}x}=P(x)y+Q(x)y^n \tag{6.1-27}$$

其中，$P(x)$ 和 $Q(x)$ 为 x 的连续函数，$n\neq 0,1$ 为实常数。式(6.1-27)称为**伯努利 (Bernoulli) 方程**，是一类非常重要的一阶非线性微分方程。伯努利方程通过适当的变量代换，可以转化为线性微分方程，从而可利用求解线性微分方程的方法进行求解。为此，对方程(6.1-27) 进行变量代换
$$u=y^{1-n} \tag{6.1-28}$$

即得
$$\frac{\mathrm{d}u}{\mathrm{d}x}=(1-n)P(x)u+(1-n)Q(x) \tag{6.1-29}$$

式(6.1-29)是一个关于 u 的一阶线性方程，利用式(6.1-25)即可得到它的通解。将 u 代换回 y，即得原方程(6.1-27) 的通解。另外，$y=0$ 也是方程 (6.1-27) 的解。

另一类经常遇到的一阶微分方程是**黎卡提（Riccati）方程**

$$\frac{\mathrm{d}y}{\mathrm{d}x}=P(x)y+Q(x)y^2+f(x) \tag{6.1-30}$$

其中，$P(x)$、$Q(x)$ 和 $f(x)$ 均为 x 的连续函数。显然，若 $f(x)\equiv0$ 时，方程变为伯努利方程。当 $f(x)\neq0$ 时，一般无法对其解析求解，这一点法国数学家刘维尔（Liouville）在 1841 年给出了证明。但如果已知它的一个特解 $y=\varphi(x)$，则可通过令 $y=u+\varphi(x)$ 而得到一个关于 u 的伯努利方程，从而可求其通解。

【例题 6-5】　求解微分方程 $2x^3y'+(x^3-3x^2)y+y^3=0$ 的解。

解：本例为 $n=3$ 的伯努利方程，做代换 $u=y^{-2}$，即得线性方程

$$x^3\frac{\mathrm{d}u}{\mathrm{d}x}+(x^3-3x^2)u-1=0$$

该方程的齐次解为 $\qquad\qquad u=c(x)x^{-3}\mathrm{e}^x$

其中的变易系数为 $\qquad\qquad c(x)=-\mathrm{e}^{-x}+C$

加上方程的平凡解，原方程的解为

$$y=\sqrt{x^3/(C\mathrm{e}^x-1)}\,,\quad y=0$$

（3）其它可化为线性方程的非线性方程

类似于伯努利方程，还有其它几类非线性微分方程也可以化为线性方程，进而可利用常数变易法进行求解。这几类非线性方程包括

$$f'(y)\frac{\mathrm{d}y}{\mathrm{d}x}+P(x)f(y)=Q(x) \tag{6.1-31}$$

$$\frac{\mathrm{d}y}{\mathrm{d}x}+P(x)=Q(x)\mathrm{e}^{ny} \tag{6.1-32}$$

$$M(x,y)\mathrm{d}x+N(x,y)\mathrm{d}y+R(x,y)(x\mathrm{d}y-y\mathrm{d}x)=0 \tag{6.1-33}$$

式（6.1-33）称为**明金-达布方程**，其中 M 和 N 是 m 次齐次函数，R 是 n 次齐次函数。

在式（6.1-31）中，可以利用代换

$$u(x)=f(y) \tag{6.1-34}$$

于是有 $u'(x)=f'(y)y'$，则可将方程（6.1-31）转化为 u 的线性方程

$$\frac{\mathrm{d}u}{\mathrm{d}x}+P(x)u=Q(x) \tag{6.1-35}$$

从而可利用系数变易法求解。

而对于方程（6.1-32），则选择代换

$$u(x)=\mathrm{e}^{-ny} \tag{6.1-36}$$

是适宜的，因为 $u'(x)=-n\mathrm{e}^{-ny}y'$，于是也可得到 u 的线性方程

$$-\frac{\mathrm{d}u}{\mathrm{d}x}+nP(x)u=nQ(x) \tag{6.1-37}$$

对于明金-达布方程，需首先用代换 $y=zx(z)$，即设 z 是 y 的函数，将方程（6.1-33）化为伯努利方程，然后再用大家已经熟知的方法将伯努利方程化为线性方程。

【例题 6-6】　求微分方程 $y\mathrm{d}x+x\mathrm{d}y+y^2(x\mathrm{d}y-y\mathrm{d}x)=0$ 的解。

解：这是一个明金-达布方程，因为函数 $M(x,y)=y$ 和 $N(x,y)=x$ 是 1 次齐次的，$R(x,y)=y^2$ 为 2 次齐次的。因而可对原方程做代换 $y=ux(u)$，则有

$$ux\,dx + x(u\,dx + x\,du) + u^2 x^2 [x(u\,dx + x\,du) - ux\,dx] = 0$$

即 $$2u\,dx + x(1 + x^2 u^2)\,du = 0$$

该方程是关于 x 的伯努利方程，如令 $z = x^{-2}$，则可得线性方程

$$uz' - z = u^2$$

利用线性方程的常数变易法容易求得其通解为 $z = u^2 + Cu$。依次回代到原来的变量，最后得

$$y^2 + Cxy - 1 = 0$$

这就是所求的方程的通解，因为当 $C \to \infty$ 时，上式已经包含了 $y = 0$ 的平凡解。

6.1.3　恰当方程与积分因子

（1）恰当方程

一般情况下，一个一阶微分方程的通解 $y(x)$ 可以和自变量 x 一起写成如下函数形式

$$F[x, y(x)] = c \tag{6.1-38}$$

式中，c 为任意常数。对上式两边微分则可回复原来的微分方程，其形式应为

$$\frac{\partial F}{\partial x} + \frac{\partial F}{\partial y}\frac{dy}{dx} = 0 \tag{6.1-39}$$

如定义 $M(x, y) = F_x(x, y)$，$N(x, y) = F_y(x, y)$ 为 x, y 的连续可微函数，并写成 x, y 的对称形式，即

$$M(x, y)\,dx + N(x, y)\,dy = 0 \tag{6.1-40}$$

因方程(6.1-40)的左端正好是函数 $F(x, y)$ 的全微分，亦即

$$M(x, y)\,dx + N(x, y)\,dy \equiv dF(x, y) = \frac{\partial F}{\partial x}dx + \frac{\partial F}{\partial y}dy \tag{6.1-41}$$

所以称方程(6.1-40)为**恰当方程**。而满足式(6.1-41)的全微分方程，具有通解

$$F(x, y) = c \tag{6.1-42}$$

式中，c 为任意常数。例如从 $y\,dx + x\,dy = 0$ 可以看出 $d(xy) = 0$，故得解 $xy = 0$。

对于简单的方程，直观判断其是否为恰当方程并写出全微方程式是可能的。但对于比较复杂的方程，靠直观判断是困难的。因而，如能提供判断方程(6.1-40)是否为恰当方程的简便可行的方法和能计算其全微函数的方法，则对恰当方程的求解是非常有意义的。另外，如果一个方程不是恰当方程，能否将其转化成恰当方程呢？

（2）恰当方程判据定理

假设函数 $M(x, y)$ 和 $N(x, y)$ 在定义域内连续且具有一阶连续偏导数，形如式（6.1-40）的微分方程为恰当方程的充要条件是当且仅当

$$\frac{\partial M(x, y)}{\partial y} = \frac{\partial N(x, y)}{\partial x} \tag{6.1-43}$$

在整个定义域上成立。也就是说，如果式(6.1-43)成立，则存在函数 $F(x, y)$ 使 $\partial F / \partial x = M$，$\partial F / \partial y = N$。

实际上，若方程(6.1-40)为恰当方程，则存在函数 $F(x, y)$ 使得式(6.1-41)成立，亦即有 $\partial F / \partial x = M$，$\partial F / \partial y = N$，从而由 M, N 对 x, y 的连续可微性即得 $\partial M / \partial y = \partial^2 F / \partial x \partial y = \partial N / \partial x$，亦即 $\partial^2 F / \partial x \partial y = \partial^2 F / \partial y \partial x$，这就说明式(6.1-43)是方程(6.1-40)为恰当方程

的必要条件。定理（6.1-43）的充分条件将在对全微函数 $F(x,y)$ 积分求解公式的推导中给出。

（3）通解积分

为了推导恰当方程(6.1-40)的全微函数 $F(x,y)$ 积分公式，不妨先假设 $F(x,y)$ 具有以下形式

$$F(x,y)=\int M(x,y)\mathrm{d}x+g(y) \tag{6.1-44}$$

以使其满足条件 $\partial F/\partial x=M$。式(6.1-44)中对 M 的积分应将 y 看成参数，而 $g(y)$ 为 y 的任一可微函数。现在，我们选择合适的 $g(y)$ 以使 $F(x,y)$ 满足另一条件 $\partial F/\partial y=N$，即

$$N(x,y)=\frac{\partial F}{\partial y}=g'(y)+\frac{\partial}{\partial y}\int M(x,y)\mathrm{d}x \tag{6.1-45}$$

或

$$g'(y)=N(x,y)-\frac{\partial}{\partial y}\int M(x,y)\mathrm{d}x \tag{6.1-46}$$

考察上式，如果等号右端只是 y 的函数，而与 x 无关时，则可将其两端对 y 积分一次即可得到函数 $g(y)$。然后将 $g(y)$ 代入式(6.1-44)，即得到方程(6.1-40) 的通解函数 $F(x,y)$。

如果一个函数与 x 无关，则其对 x 的导数应等于零。据此，我们将式(6.1-46) 对 x 求导数，结合全微分方程的充要条件，则很容易得出式(6.1-46)等号右端与 x 无关的结论。证明如下。

$$\frac{\partial}{\partial x}\left[N(x,y)-\frac{\partial}{\partial y}\int M(x,y)\mathrm{d}x\right]=\frac{\partial N}{\partial x}-\frac{\partial}{\partial x}\frac{\partial}{\partial y}\int M(x,y)\mathrm{d}x=\frac{\partial N}{\partial x}-\frac{\partial}{\partial y}\frac{\partial}{\partial x}\int M(x,y)\mathrm{d}x$$

$$=\frac{\partial N}{\partial x}-\frac{\partial M}{\partial y}\equiv 0$$

因此，在满足条件(6.1-43) 的情况下，函数 $g(y)$ 可通过积分式(6.1-46)得到，即

$$g(y)=\int\left[N(x,y)-\frac{\partial}{\partial y}\int M(x,y)\mathrm{d}x\right]\mathrm{d}y \tag{6.1-47}$$

然后将 $g(y)$ 代入式(6.1-44)，即得到方程(6.1-40) 的通解，亦即

$$F(x,y)=\int M(x,y)\mathrm{d}x+\int N(x,y)\mathrm{d}y-\int\left[\frac{\partial}{\partial y}\int M(x,y)\mathrm{d}x\right]\mathrm{d}y=c \tag{6.1-48}$$

根据恰当方程的对称性，不难给出完全等价的另一个通解公式

$$F(x,y)=\int M(x,y)\mathrm{d}x+\int N(x,y)\mathrm{d}y-\int\left[\frac{\partial}{\partial x}\int N(x,y)\mathrm{d}y\right]\mathrm{d}x=c \tag{6.1-49}$$

【例题 6-7】　求微分方程 $(6xy-y^3)\mathrm{d}x+(4y+3x^2-3xy^2)\mathrm{d}y=0$ 的通解。

解：首先判断原方程是否为恰当方程，令 $M=6xy-y^3$，$N=4y+3x^2-3xy^2$，因有

$$\frac{\partial M}{\partial y}=6x-3y^2=\frac{\partial N}{\partial x}$$

满足式(6.1-43)，故原方程为恰当方程，应用公式(6.1-48)即得到原方程的通解

$$F(x,y)=\int(6xy-y^3)\mathrm{d}x+\int(4y+3x^2-3xy^2)\mathrm{d}y-\int\left[\frac{\partial}{\partial y}\int(6xy-y^3)\mathrm{d}x\right]\mathrm{d}y$$

$$=3x^2y-xy^3+2y^2+3x^2y-xy^3-3x^2y+xy^3$$

$$=3x^2y+2y^2-xy^3=c$$

因此，给定方程具有通解

$$3x^2y + 2y^2 - xy^3 = c$$

另外，在判断方程为恰当方程之后，利用更为简便的"分项组合"的方法，有时也是很有效的。所谓分项组合法是指先将那些本身已构成全微分的项分离出来，然后在将剩下的项凑成全微分。用好这种方法需要熟记一些常见的二元函数全微分，如

$$y\,\mathrm{d}x + x\,\mathrm{d}y = \mathrm{d}(xy), \qquad \frac{y\,\mathrm{d}x - x\,\mathrm{d}y}{xy} = \mathrm{d}\Big(\ln\Big|\frac{y}{x}\Big|\Big),$$

$$\frac{y\,\mathrm{d}x - x\,\mathrm{d}y}{y^2} = \mathrm{d}\Big(\frac{x}{y}\Big), \qquad \frac{y\,\mathrm{d}x - x\,\mathrm{d}y}{x^2 + y^2} = \mathrm{d}\Big(\arctan\frac{x}{y}\Big), \qquad (6.1\text{-}50)$$

$$\frac{-y\,\mathrm{d}x + x\,\mathrm{d}y}{x^2} = \mathrm{d}\Big(\frac{y}{x}\Big), \qquad \frac{y\,\mathrm{d}x - x\,\mathrm{d}y}{x^2 - y^2} = \frac{1}{2}\mathrm{d}\Big(\ln\Big|\frac{x-y}{x+y}\Big|\Big)$$

（4）积分因子

实际上，有很多一阶微分方程并不满足式(6.1-43)的全微分条件，亦即并不是恰当方程，但有时我们可以将其乘以一个特殊因子即可化为恰当方程。下面首先介绍积分因子的概念。

假设方程(6.1-40)不是恰当方程，如果存在连续可微函数 $u = u(x, y) \neq 0$，使得

$$u(x,y)M(x,y)\mathrm{d}x + u(x,y)N(x,y)\mathrm{d}y = 0 \qquad (6.1\text{-}51)$$

变为恰当方程，亦即存在函数 $v = v(x, y)$ 使得

$$\mathrm{d}v(x,y) = u(x,y)M(x,y)\mathrm{d}x + u(x,y)N(x,y)\mathrm{d}y \qquad (6.1\text{-}52)$$

则称 $u(x, y)$ 为方程(6.1-40)的**积分因子**。这时 $v(x, y) = c$ 为方程(6.1-51)的通解，同时也是方程(6.1-40)的通解。

根据恰当条件定理(6.1-43)，函数 $u(x, y)$ 为方程(6.1-51)积分因子的充要条件是

$$\frac{\partial(uM)}{\partial y} = \frac{\partial(uN)}{\partial x} \qquad (6.1\text{-}53)$$

亦即 $u = u(x, y)$ 应当满足如下的偏微分方程

$$N(x,y)\frac{\partial u}{\partial x} - M(x,y)\frac{\partial u}{\partial y} = u\left[\frac{\partial M(x,y)}{\partial y} - \frac{\partial N(x,y)}{\partial x}\right] \qquad (6.1\text{-}54)$$

在一般情况下，如要凭借求解方程(6.1-54)来找出 $u(x, y)$，进而得到方程(6.1-40)的通解，将是非常困难的事情，甚至比直接求解方程(6.1-40)本身更难。但是，在一些特殊情况下，我们不难求出方程(6.1-54)的一个特解。所幸作为积分因子，能有方程(6.1-54)的任何一个解就行了。下面我们讨论获得方程(6.1-54)某一个特解的三种特殊情况。

① 如果存在只与 x 有关的积分因子 $u = u(x)$，则有 $\partial u / \partial y = 0$，于是方程(6.1-54)简化为

$$\frac{\mathrm{d}u}{u} = \frac{M_y(x,y) - N_x(x,y)}{N(x,y)}\mathrm{d}x \qquad (6.1\text{-}55)$$

由此可见，为了使方程(6.1-40)存在只与 x 有关的积分因子 $u = u(x)$，当且仅当式(6.1-55)的右端 $\mathrm{d}x$ 的系数仅与 x 有关，即

$$\frac{M_y(x,y) - N_x(x,y)}{N(x,y)} \equiv \varphi(x) \qquad (6.1\text{-}56)$$

如果该条件成立，则可得方程(6.1-40)的一个只与 x 有关的积分因子为

$$u(x) = \mathrm{e}^{\int \varphi(x)\mathrm{d}x} \qquad (6.1\text{-}57)$$

② 同理，为了使方程(6.1-40) 存在只与 y 有关的积分因子 $u=u(y)$，当且仅当表达式

$$\frac{M_y(x,y)-N_x(x,y)}{-M(x,y)}\equiv\psi(y) \tag{6.1-58}$$

仅与 y 有关。如果这个条件成立，则可得方程(6.1-40) 的一个只与 y 有关的积分因子为

$$u(y)=e^{\int\psi(y)dy} \tag{6.1-59}$$

③ 类似地，容易直接从方程(6.1-54) 推出，为了使方程(6.1-40) 存在只与 x^2+y^2 有关的积分因子 $u=u(x^2+y^2)$，当且仅当表达式

$$\frac{M_y(x,y)-N_x(x,y)}{yM(x,y)-xN(x,y)}\equiv\zeta(x^2+y^2) \tag{6.1-60}$$

仅与 x^2+y^2 有关。如果这个条件成立，则可得方程(6.1-40) 的一个只与 x^2+y^2 有关的积分因子为

$$u(x^2+y^2)=\exp\left[\int\zeta(x^2+y^2)d(x^2+y^2)\right] \tag{6.1-61}$$

可以证明，只要方程(6.1-40) 有解，就必定存在积分因子，而且不止一个。例如方程 $ydx-xdy=0$，就有积分因子 $1/x^2$，$1/y^2$，$1/xy$，$1/(x^2\pm y^2)$ 等，从而可得到分别为 $-y/x=c,x/y=c,\ln|x/y|=c$，$\arctan(x/y)=c$，$\ln|(x-y)/(x+y)|=c$ 等不同形式的通解。

【例题 6-8】 求解微分方程 $(x^4+y^4)dx-xy^3dy=0$。

解：令 $M=x^4+y^4$，$N=-xy^3$，因有

$$\frac{\partial M}{\partial y}-\frac{\partial N}{\partial x}=4y^3+y^3=5y^3$$

不满足式(6.1-43)，但 $(M_y-N_x)/N=-5/x$ 仅与 x 有关，符合式(6.1-56)，故由式(6.1-57)可得积分因子

$$u(x)=\exp\left(-\int\frac{5}{x}dx\right)=\frac{1}{x^5}$$

将此积分因子乘以原方程，即得恰当方程

$$(x^{-1}+x^{-5}y^4)dx-x^{-4}y^3dy=0$$

应用公式(6.1-48)即得到原方程的通解

$$\ln x^4-\frac{y^4}{x^4}=c$$

6.1.4 隐导数微分方程参数解法

前面介绍的一阶微分方程的几种解法均只适用于 y' 可以明确表示成 x 和 y 的函数的情况，即 $y'=f(x,y)$ 的情况。但在实际应用中，时常会遇到无法从一般形式方程 $F(x,y,y')=0$ 中解出 y' 的情况，或者即使能把 y' 解出来，其表达式也非常复杂时，对于这种情形前面介绍的方法就无法应用。

如果微分方程 $F(x,y,y')=0$ 无法或难以直接解出 y' 表示成显函数 $y'=f(x,y)$ 时，则称 $F(x,y,y')=0$ 为**隐导数微分方程**。例如拉格朗日（Lagrange）方程

$$A(y')y+B(y')x+C(y')=0$$

就是这种情形，其中 A、B、C 都是对其变量的连续可微函数。为了求解这类微分方程，利用参数解法是比较方便可行的。所谓参数解法，就是在求解过程中将未知函数和自变量均表

示成参数形式，如 $x=\varphi(t)$，$y=\psi(t)$，其中 t 为参数，从而使求解变得简单可行。下面针对不同形式的隐导数微分方程分别进行讨论。

（1）可解出 y 的方程

如果一个隐导数方程 $F(x,y,y')=0$ 中的 y 可以解出，则方程变为

$$y=f(x,y') \tag{6.1-62}$$

这时可令 $y'=t$，于是有

$$y=f(x,t) \tag{6.1-63}$$

将方程(6.1-63)两边对 x 求导，得

$$t=f_x(x,t)+f_t(x,t)\frac{\mathrm{d}t}{\mathrm{d}x} \tag{6.1-64}$$

或

$$[f_x(x,t)-t]\mathrm{d}x+f_t(x,t)\mathrm{d}t=0 \tag{6.1-65}$$

求解微分方程(6.1-65)，假设其通解为

$$\Phi(x,t,c)=0 \tag{6.1-66}$$

则式(6.1-63)和式(6.1-66)分别为方程(6.1-62)的一个特解和一组通解，二者即组成了原方程的参数形式解，即

$$\begin{cases}\Phi(x,t,c)=0\\y=f(x,t)\end{cases} \tag{6.1-67}$$

式中，t 为参数；c 为任意常数。如果消去式(6.1-67)中的参数 t，则可得到一般形式解 $y=f(x)$。

【例题 6-9】 求出方程 $y=y'^2-xy'+x^2/2$ 的解。

解： 令 $y'=t$，原方程变为 $y=t^2-xt+x^2/2$，两边对 x 求导得

$$t=2t\frac{\mathrm{d}t}{\mathrm{d}x}-t-x\frac{\mathrm{d}t}{\mathrm{d}x}+x$$

或写成

$$(2t-x)\left(\frac{\mathrm{d}t}{\mathrm{d}x}-1\right)=0$$

解此微分方程可得两组解 $2t-x=0$ 和 $t=x+c$，将其分别与 $y=t^2-xt+x^2/2$ 联立，即得到参数形式的通解

$$\begin{cases}x=t-c\\y=t^2-xt+x^2/2\end{cases}$$

和参数形式的特解

$$\begin{cases}x=2t\\y=t^2-xt+x^2/2\end{cases}$$

消去以上两式中的参数，即得原方程的通解 $y=x^2/2-cx+c^2$ 和特解 $y=x^2/4$。

（2）可解出 x 的方程

如果一个隐导数方程 $F(x,y,y')=0$ 中的 x 可以解出，则方程变为

$$x=f(y,y') \tag{6.1-68}$$

这时同样令 $y'=t$，于是有

$$x=f(y,t) \tag{6.1-69}$$

将方程(6.1-69)两边对 x 求导，得

$$1=f_y(y,t)y'+f_t(y,t)\frac{\mathrm{d}t}{\mathrm{d}x} \tag{6.1-70}$$

因 $\mathrm{d}y = t\,\mathrm{d}x$，则上式又可写成

$$tf_t(y,t)\frac{\mathrm{d}t}{\mathrm{d}y} + tf_y(y,t) = 1 \qquad (6.1\text{-}71)$$

求解微分方程(6.1-71) 得其通解

$$\psi(y,t,c) = 0 \qquad (6.1\text{-}72)$$

则式(6.1-69) 和式(6.1-72) 即组成了原方程的参数形式解，即

$$\begin{cases} x = f(y,t) \\ \psi(y,t,c) = 0 \end{cases} \qquad (6.1\text{-}73)$$

【例题 6-10】 求出方程 $y'^3 - 4xyy' + 8y^2 = 0$ 的解。

解： 从给定方程中解出 x 得

$$x = \frac{y'^3 + 8y^2}{4yy'} = \frac{y'^2}{4y} + \frac{2y}{y'}$$

再令 $y' = t$，方程变为 $x = t^2/4y + 2y/t$，两边对 x 求导并以 t 代替 y' 得

$$\left(\frac{t^3 - 4y^2}{t}\right)\frac{\mathrm{d}t}{\mathrm{d}y} = \frac{t^3 - 4y^2}{2y}$$

即有

$$(t^3 - 4y^2)\left(\frac{\mathrm{d}t}{\mathrm{d}y} - \frac{t}{2y}\right) = 0$$

解此微分方程可得 $y^2 = t^3/4$ 和 $t = c\sqrt{y}$，将其分别与 $x = t^2/4y + 2y/t$ 联立并消去参数，即得到原方程的通解 $y = C(x-C)^2$ 和特解 $y = 4x^3/27$，其中 $C = c^2/4$。

（3）非完全微分方程

如果微分方程 $F(x,y,y') = 0$ 中的 x 和 y 缺项，即有 $F(x,y') = 0$ 和 $F(y,y') = 0$，则这类方程称为**非完全微分方程**。对于非完全微分方程，也适于应用参数法求解。

首先讨论 $F(x,y') = 0$ 的情形，实际上该方程表示的是 (x,y') 平面上的一条曲线，因而也可以用参数方程表示，即

$$x = \varphi(t), \quad y' = \psi(t) \qquad (6.1\text{-}74)$$

由于 $\mathrm{d}y = y'\mathrm{d}x$，故 $\mathrm{d}y = \psi(t)\varphi'(t)\mathrm{d}t$，即

$$y = \int \psi(t)\varphi'(t)\mathrm{d}t + c \qquad (6.1\text{-}75)$$

因此方程 $F(x,y') = 0$ 的参数形式解为

$$x = \varphi(t), \quad y = \int \psi(t)\varphi'(t)\mathrm{d}t + c \qquad (6.1\text{-}76)$$

同理，对于 $F(y,y') = 0$ 的情形，如考虑参数代换

$$y = \varphi(t), \qquad y' = \psi(t) \qquad (6.1\text{-}77)$$

则同样得到方程 $F(y,y') = 0$ 的参数形式解

$$y = \varphi(t), \qquad x = \int \frac{\varphi'(t)}{\psi(t)}\mathrm{d}t + c \qquad (6.1\text{-}78)$$

【例题 6-11】 求出方程 $x^3 + y'^3 - 3xy' = 0$ 的解。

解： 首先对方程参数化，令 $y' = tx$，代入原方程得

$$x^3 + t^3x^3 - 3tx^2 = 0$$

由此解得 $x = 3t/(1+t^3)$，将其代入 $y' = tx$，即得 $y' = 3t^3/(1+t^3)$。于是

$$dy = y'dx = \frac{3t^2}{1+t^3} \times \frac{3(1-2t^3)t^2}{(1+t^3)^2}dt = \frac{9(1-2t^3)t^2}{(1+t^3)^3}dt$$

从而

$$y = \int \frac{9(1-2t^3)t^2}{(1+t^3)^3}dt = \frac{3(1+4t^3)}{2(1+t^3)^2} + c$$

因此原方程的参数形式通解为

$$x = \frac{3t}{1+t^3}, \qquad y = \frac{3(1+4t^3)}{2(1+t^3)^2} + c$$

【例题 6-12】 求出方程 $y^2(y'-1) = (2-y')^2$ 的解。

解：令 $2-y' = yt$，代入原方程得

$$y^2(y'-1) = y^2t^2$$

消去上式中的 y^2 即完成对原方程的参数化 $y' = 1+t^2$，代入 $2-y' = yt$，即得

$$y = \frac{1}{t} - t$$

根据 $dx = dy/y' = -dt/t^2$，积分可得

$$x = \frac{1}{t} + c$$

因此原方程的参数形式通解为

$$x = \frac{1}{t} + c, \quad y = \frac{1}{t} - t$$

消去参数 t 得到方程的通解

$$y = x - \frac{1}{x-c} - c$$

6.2　高阶微分方程

　　许多化工过程和体系需用高于一阶的微分方程描述，其中有些微分方程是线性的，也有一些是非线性的。理论上，所有线性微分方程均可求得解析解，并且也有不少非线性微分方程也可求出解析解，只是需要一定的解题技巧。

6.2.1　可积方程

（1）只含自变量和 n 阶导数项的情况

　　如果一个微分方程只含有自变量和 n 阶导数项，即形如

$$F[x, y^{(n)}] = 0 \tag{6.2-1}$$

这时，假如方程(6.2-1)可以表示成

$$y^{(n)} = \varphi(x) \tag{6.2-2}$$

的形式，则该微分方程可通过 n 次积分求得其通解，且形式为

$$y = \frac{1}{(n-1)!} \int_{x_0}^{x} (x-t)^{n-1} \varphi(t)dt + C_1 x^{n-1} + \cdots + C_{n-1}x + C_n \tag{6.2-3}$$

相反，假如方程(6.2-1)只能表示成

$$x = \psi[y^{(n)}] \tag{6.2-4}$$

的形式，则可通过参数代换而求出微分方程的参数形式的通解。这时可设

$$y^{(n)} = t \tag{6.2-5}$$

则有
$$x = \psi(t), \quad dy^{(n-1)} = t\,dx = t\psi'(t)\,dt \tag{6.2-6}$$

从而，积分一次可得
$$y^{(n-1)} = \int t\psi'(t)\,dt + C_1 \tag{6.2-7}$$

经过 n 次积分，即可得到形如

$$y = g(t) + \omega(t, C_1, C_2, \cdots, C_n) \tag{6.2-8}$$

的通解。

【例题 6-13】　求微分方程 $y''' = x + \cos x$ 的通解。

解：该方程满足式(6.2-2)的形式，依次对方程两边积分三次，即得方程的通解

$$y'' = \int(x + \cos x)\,dx = \frac{x^2}{2} + \sin x + C_1$$

$$y' = \int\left(\frac{x^2}{2} + \sin x + C_1\right)dx + C_2 = \frac{x^3}{6} - \cos x + C_1 x + C_2$$

$$y = \int\left(\frac{x^3}{6} - \cos x + C_1 x + C_2\right)dx + C_3 = \frac{x^4}{24} - \sin x + C_1\frac{x^2}{2} + C_2 x + C_3$$

【例题 6-14】　求微分方程 $y'' + \ln y'' - x = 0$ 的通解。

解：该方程满足式(6.2-4)的形式，因此可设 $y'' = t$，则

$$x = t + \ln t, \quad dy' = t\,dx = t\left(1 + \frac{1}{t}\right)dt = (t+1)\,dt$$

积分上式得
$$y' = \int(t+1)\,dt = \frac{t^2}{2} + t + C_1$$

分解 y' 再积分一次，即得参数形式的通解

$$y = \int\left(\frac{t^2}{2} + t + C_1\right)\left(1 + \frac{1}{t}\right)dt + C_2 = \frac{t^3}{6} + \frac{3}{4}t^2 + (C_1 + 1)t + C_1\ln|t| + C_2$$

(2) 只含 n 阶和 $n-1$ 阶导数项的情况

如果一个微分方程只含有 n 阶和 $n-1$ 阶导数项，即形如

$$F[y^{(n-1)}, y^{(n)}] = 0 \tag{6.2-9}$$

这时经过参数代换后，该类型的微分方程也可以积分求解。做法是，将 n 阶和 $n-1$ 阶导数项用参数函数表示，如

$$y^{(n-1)} = \alpha(t), \quad y^{(n)} = \beta(t) \tag{6.2-10}$$

对 x 求导，则有
$$dy^{(n-1)} = \alpha'(t)\,dt, \quad dy^{(n-1)} = \beta(t)\,dx \tag{6.2-11}$$

即
$$\alpha'(t)\,dt = \beta(t)\,dx \tag{6.2-12}$$

从而
$$x = \int\frac{\alpha'(t)}{\beta(t)}\,dt + C_1 \tag{6.2-13}$$

并且，利用式(6.2-11)中的第一式求出 $y^{(n-1)}$、$y^{(n-2)}$，直至 $y = f(t)$。

【例题 6-15】　求微分方程 $y''' - \exp(-y'') = 0$ 的通解。

解：该方程满足式(6.2-9)的形式，因此引入参数 t 并设 $y'' = t$ 和 $y''' = \exp(-t)$，则

$$dy'' = e^{-t}\,dx, \quad dt = e^{-t}\,dx$$

积分以上第二式得
$$x = e^t + C_1$$

欲确定函数 y，利用 $y''=t$ 可得 $\qquad \mathrm{d}y'=t\,\mathrm{d}x=t\,\mathrm{e}^t\,\mathrm{d}t$

积分得 $\qquad\qquad y'=\int t\,\mathrm{e}^t\,\mathrm{d}t+C_2=\mathrm{e}^t(t-1)+C_2$

再次积分得 $\qquad y=\int[\mathrm{e}^t(t-1)+C_2]\mathrm{e}^t\,\mathrm{d}t+C_3=\dfrac{\mathrm{e}^{2t}}{2}\Big(t-\dfrac{3}{2}\Big)+C_2\mathrm{e}^t+C_3$

最后得方程的通解 $\qquad\qquad x=\mathrm{e}^t+C_1$

$$y=\dfrac{\mathrm{e}^{2t}}{2}\Big(t-\dfrac{3}{2}\Big)+C_2\mathrm{e}^t+C_3$$

【例题 6-16】 求微分方程 $y''-2y''\ln y'-1=0$ 的通解。

解： 该方程也满足式(6.2-9)的形式，因此引入参数 t 并设 $y'=t$，则原方程变为

$$y''=\dfrac{1}{1+2\ln t}$$

因为 $\mathrm{d}y'=y''\mathrm{d}x$，所以以上方程又可写成

$$\mathrm{d}t=\dfrac{\mathrm{d}x}{1+2\ln t}$$

积分得

$$x=t(2\ln t-1)+C_1$$

利用 $y'=t$ 和 $\mathrm{d}x=(1+2\ln t)\mathrm{d}t$，可求得函数 y

$$y=\int t\,\mathrm{d}x=\int t(1+2\ln t)\,\mathrm{d}t=t^2\ln t+C_2$$

最终得通解 $\qquad\qquad x=t(2\ln t-1)+C_1$

$$y=t^2\ln t+C_2$$

（3）只含 n 阶和 $n-2$ 阶导数项的情况

如果一个微分方程只含有 n 阶和 $n-2$ 阶导数项，即形如

$$F[y^{(n-2)},y^{(n)}]=0 \tag{6.2-14}$$

这时也可经过参数代换，而使微分方程可积求解。代换方法同样是将 n 阶和 $n-2$ 阶导数项用参数函数表示，例如

$$y^{(n-2)}=\alpha(t),\qquad y^{(n)}=\beta(t) \tag{6.2-15}$$

对上式第一个方程求导两次，得

$$y^{(n-1)}=\dfrac{\mathrm{d}}{\mathrm{d}x}\alpha(t)=\dfrac{\alpha'(t)}{x'(t)},\qquad y^{(n)}=\dfrac{\alpha''x'-x''\alpha'}{x'^2} \tag{6.2-16}$$

结合第二个方程得

$$\alpha''x'-x''\alpha'=x'^2\beta \tag{6.2-17}$$

设 $x'=z$，则以上方程变为伯努利方程，形式为

$$\alpha''z-z'\alpha'=\beta z^2 \tag{6.2-18}$$

如设 $z=x'=\varphi(t,C)$，则伯努利方程的通解形式为

$$x=\int\varphi(t,C)\mathrm{d}t+C_2 \tag{6.2-19}$$

至于函数 $y=y(t)$ 的确定，可对式(6.2-15)中的第一个方程积分 $n-2$ 次得到。

【例题 6-17】　求微分方程 $y'' - \exp(y) = 0$ 的通解。

解：该方程也满足式（6.2-14）的形式，因此引入参数 t 并根据式（6.2-15）设 $y'' = t$，$y = \ln t$，则得原方程变换后的伯努利方程的形式为

$$tz' + z + t^3 z^3 = 0 \text{ 或 } (tz)' + (tz)^3 = 0$$

其中，$z = x'$，解此方程得

$$x' = z = \pm \frac{1}{t\sqrt{2t + C_1}}$$

再次积分上式得　$x = \begin{cases} \pm \dfrac{1}{\sqrt{C_1}} \ln \left| \dfrac{\sqrt{C_1} + \sqrt{2t + C_1}}{\sqrt{C_1} - \sqrt{2t + C_1}} \right| + C_2 & (C_1 > 0) \\[4mm] \pm \dfrac{C_1}{\sqrt{C_1}} \arctan \sqrt{-1 - \dfrac{2t}{C_1}} + C_2 & (C_1 < 0) \\[4mm] -\sqrt{\dfrac{2}{t}} + C_2 & (C_1 = 0) \end{cases}$

与 $y = \ln t$ 一起构成原方程参数形式的通解。

【例题 6-18】　求微分方程 $y''' + y' = 0$ 的通解。

解：该方程可以通过两边乘以 y'' 简化求解过程，若两边乘以 $y''(y'' \neq 0)$，得

$$y'' y''' + y'' y' = 0$$

由此得

$$\left(\frac{y''^2}{2} \right)' + \left(\frac{y'^2}{2} \right)' = 0$$

即

$$y''^2 + y'^2 = C_1^2$$

设 $y' = C_1 \sin t$，$y'' = C_1 \cos t$；由恒等式 $\mathrm{d}y' = y'' \mathrm{d}x$ 得 $\mathrm{d}(\sin t) = \cos t \,\mathrm{d}x$，对比得 $\mathrm{d}x = \mathrm{d}t$，则

$$x = t + C_2$$

积分 $y' = C_1 \sin t$ 得出

$$y = C_1 \int \sin t \,\mathrm{d}x + C_3 = C_1 \int \sin t \,\mathrm{d}t + C_3 = C_1 \cos t + C_3$$

最终得通解　　　　　$x = t + C_2，\quad y = C_1 \cos(x - C_2) + C_3$

6.2.2　可降阶方程

（1）不显含低阶导数项的情况

如果一个微分方程不显含低阶导数项，即具有形式

$$F(x, y^{(k)}, y^{(k+1)}, \cdots, y^{(n)}) = 0 \tag{6.2-20}$$

则可以通过代换

$$y^{(k)} = z(x) \tag{6.2-21}$$

将微分方程降低 k 阶，使方程更易于求解。事实上，原方程经变换后变为 y 的 $n - k$ 阶微分方程，形式为

$$F[x, z, z', \cdots, z^{(n-k)}] = 0 \tag{6.2-22}$$

这时，如果能求得方程（6.2-22）的通解

$$z = y^{(k)} = \varphi(x, c_1, c_2, \cdots, c_{n-k}) \tag{6.2-23}$$

则再经过 k 次积分即得到原方程（6.2-20）的通解

$$y = \psi(x, c_1, c_2, \cdots, c_n) \tag{6.2-24}$$

【例题 6-19】　求微分方程 $xy''' = y'' + xy''$ 的通解。

解： 该方程不显含 y 和 y'，故可以设 $y'' = z(x)$，从而得

$$xz' = (1-x)z$$

分离变量并积分得　　　$\dfrac{\mathrm{d}z}{z} = \left(\dfrac{1}{x} - 1 \right)\mathrm{d}x, \ln|z| = \ln|x| - x + \ln C_1$

即　　　　　　　　　　　　　　　　$y'' = C_1 x \mathrm{e}^{-x}$

对以上方程再积分两次得

$$y = C_1 \mathrm{e}^{-x}(x+2) + C_2 x + C_3$$

（2）不显含自变量的情况

如果一个微分方程不显含自变量，即具有形式

$$F[y, y', y'', \cdots, y^{(n)}] = 0 \qquad\qquad (6.2\text{-}25)$$

则可以利用代换　　　　　　　　$y' = p(y) \qquad\qquad\qquad\qquad (6.2\text{-}26)$

进行降阶，其中 p 为一个新的未知函数。事实上，根据代换式(6.2-26)可知

$$y'' = \frac{\mathrm{d}}{\mathrm{d}x}(y') = \frac{\mathrm{d}y'}{\mathrm{d}y} \cdot \frac{\mathrm{d}y}{\mathrm{d}x} = p\frac{\mathrm{d}p}{\mathrm{d}y} \qquad\qquad (6.2\text{-}27)$$

$$y''' = \frac{\mathrm{d}}{\mathrm{d}x}\left(p\frac{\mathrm{d}p}{\mathrm{d}y} \right) = \frac{\mathrm{d}}{\mathrm{d}y}\left(p\frac{\mathrm{d}p}{\mathrm{d}y} \right)\frac{\mathrm{d}y}{\mathrm{d}x} = p\frac{\mathrm{d}}{\mathrm{d}y}\left(p\frac{\mathrm{d}p}{\mathrm{d}y} \right) = p\left[\left(\frac{\mathrm{d}p}{\mathrm{d}y} \right)^2 + p\frac{\mathrm{d}^2 p}{\mathrm{d}y^2} \right] \quad (6.2\text{-}28)$$

等，即微分方程的阶数降低了一个阶次。

【例题 6-20】　求微分方程 $y'' + y'^2 = 2\mathrm{e}^{-y}$ 的通解。

解： 该方程不显含自变量 x，故可通过设 $y' = p(y)$ 降阶，且有

$$p\frac{\mathrm{d}p}{\mathrm{d}y} + p^2 = 2\mathrm{e}^{-y}$$

而通过另 $p^2 = z$，可将方程进一步简化为

$$\frac{1}{2}\frac{\mathrm{d}z}{\mathrm{d}y} + z = 2\mathrm{e}^{-y}$$

此方程为线性的，其通解为 $y'^2 = z = C_1 \mathrm{e}^{-2y} + 4\mathrm{e}^{-y}$，即 $y' = \pm\sqrt{C_1 \mathrm{e}^{-2y} + 4\mathrm{e}^{-y}}$。

分离变量并积分之得

$$\pm \int \frac{\mathrm{d}y}{\sqrt{C_1 \mathrm{e}^{-2y} + 4\mathrm{e}^{-y}}} = \pm \frac{1}{2}\sqrt{C_1 + 4\mathrm{e}^{-y}} = x + C_2$$

即　　　　　　　　　　　　$y = \ln\left[(x + C_2)^2 - C_1/4 \right]$

（3）高阶齐次微分方程

如果微分方程 $F[x, y, y', \cdots, y^{(n)}] = 0$ 满足以下恒等式

$$F[x, ty, ty', ty'', \cdots, ty^{(n)}] = t^a F[x, y, y', y'', \cdots, y^{(n)}] \qquad (6.2\text{-}29)$$

则称微分方程关于函数及其导数为齐次的，这时可以利用代换

$$y' = yz(x) \qquad\qquad\qquad\qquad (6.2\text{-}30)$$

将原方程的阶数降低一个阶次，其中 z 为一个新的未知函数。事实上，对代换式(6.2-30)连续求导可得

$$y'' = y'z + yz' = y(z^2 + z') \qquad\qquad (6.2\text{-}31)$$

$$y''' = y'(z^2 + z') + y(2zz' + z'') = y(z^3 + 3zz' + z'') \qquad (6.2\text{-}32)$$

$$\vdots$$

利用函数 F 的齐次性即可得证其降阶原理

$$F[x,y,yz,y(z^2+z'),\cdots]=y^\alpha F(x,1,z,z^2+z',\cdots) \qquad (6.2\text{-}33)$$

【例题 6-21】　求微分方程 $xyy''-xy'^2-yy'+xy'^2\sqrt{1-x^2}=0$ 的通解。

解：由于方程满足恒等式

$$xtyty''-x(ty')^2-tyty'+\frac{x(ty')^2}{\sqrt{1-x^2}}\equiv t^2\left(xyy''-xy'^2-yy'+\frac{xy'^2}{\sqrt{1-x^2}}\right)$$

因而属于齐次方程，所以通过变换 $y'=yz(x)$，可将方程简化为一阶方程

$$xz'-z+\frac{xz^2}{\sqrt{1-x^2}}=0$$

该方程又可写成

$$\left(\frac{x}{z}\right)'=\frac{x}{\sqrt{1-x^2}}$$

从而

$$\frac{x}{z}=-\sqrt{1-x^2}+C_1,\text{即 }z=\frac{x}{C_1-\sqrt{1-x^2}}$$

考虑变换则有

$$\frac{y'}{y}=\frac{x}{C_1-\sqrt{1-x^2}}$$

再次积分得

$$\ln|y|=\sqrt{1-x^2}+C_1\ln\left|C_1-\sqrt{1-x^2}\right|+C_2$$

（4）广义齐次微分方程

如果微分方程 $F[x,y,y',\cdots,y^{(n)}]=0$ 满足以下恒等式

$$F[tx,t^m y,t^{m-1}y',t^{m-2}y'',\cdots,t^{m-n}y^{(n)}]=t^\alpha F[x,y,y',y'',\cdots,y^{(n)}] \qquad (6.2\text{-}34)$$

则称微分方程为广义齐次方程，这时可以利用代换

$$x=\mathrm{e}^t,\ y=\mathrm{e}^{mt}z(t) \qquad (6.2\text{-}35)$$

将原方程变为不显含独立变量 t 的方程，而这样的方程是可以进一步降阶的。事实上，对以上代换式连续求导可得

$$y'=\frac{\mathrm{d}(\mathrm{e}^{mt}z)}{\mathrm{d}x}=\mathrm{e}^{-t+mt}(mz+z') \qquad (6.2\text{-}36)$$

$$y''=\frac{\mathrm{d}y'}{\mathrm{d}x}=\mathrm{e}^{(m-2)t}\left[(m-1)mz+(2m-1)z'+z''\right] \qquad (6.2\text{-}37)$$

$$\vdots$$

即有

$$F[\mathrm{e}^t,\mathrm{e}^{mt}z,\mathrm{e}^{(m-1)t}z',\mathrm{e}^{(m-2)t}z'',\cdots]\equiv\mathrm{e}^{\alpha t}F\{1,z,(mz+z'),[(m-1)mz+(2m-1)z'+z''],\cdots\}$$

$$(6.2\text{-}38)$$

【例题 6-22】　求微分方程 $y^2/x^2+y'^2=3xy''+2yy'/x$ 的通解。

解：由于当 $m=1$ 时

$$\frac{(t^m y)^2}{(tx)^2}+(t^{m-1}y')^2-3txt^{m-2}y''-\frac{2t^m yt^{m-1}y'}{tx}\equiv\frac{y^2}{x^2}+y'^2-3xy''-\frac{2yy'}{x}$$

因而方程为广义齐次方程。通过变换 $x=\mathrm{e}^t$，$y=\mathrm{e}^t u(t)$，得

$$y'=u+u',\ y''=\mathrm{e}^{-t}(u'+u'')$$

即

$$3u''+3u'-u'^2=0$$

再做代换 $z = u'$ 使方程降阶为 $\qquad 3z' = z^2 - 3z$

对方程求积分 $\qquad \ln\left|\dfrac{z-3}{z}\right| = t + \hat{C}_1$，即 $u' = z = \dfrac{3}{1 - C_1 \mathrm{e}^t}$

再次积分得

$$u = \int \frac{\mathrm{d}\mathrm{e}^t}{\mathrm{e}^t(1 - C_1 \mathrm{e}^t)} = \begin{cases} 3t - 3\ln|1 - C_1 \mathrm{e}^t| + C_2 & (C_1 < \infty) \\ C_2 & (C_1 = \infty) \end{cases}$$

即原方程的通解为

$$y = \begin{cases} 3x\ln\dfrac{x}{|1 - C_1 x|} + C_2 x & (C_1 < \infty) \\[2mm] C_2 x & (C_1 = \infty) \end{cases}$$

注意：以上解中 x 的数域为正数，如通过变换 $x = \mathrm{e}^{-t}$ 可得到负数域上的解。

6.2.3　常系数线性方程

n 阶常系数线性微分方程的一般形式为

$$\frac{\mathrm{d}^{(n)}y}{\mathrm{d}x^n} + a_1 \frac{\mathrm{d}^{(n-1)}y}{\mathrm{d}x^{n-1}} + \cdots + a_{n-1}\frac{\mathrm{d}y}{\mathrm{d}x} + a_n y = f(x) \tag{6.2-39}$$

如果方程等号右边的函数 $f(x) \equiv 0$，则称微分方程（6.2-39）为齐次的，否则即为非齐次的。一般情况下，齐次方程解起来要简单一些，而求解非齐次方程则需要一些技巧。

（1）解的基本结构

根据叠加原理，n 阶线性微分方程的解应由 n 个线性无关的基本解组通过线性组合构成。如果 $y_1(x), y_2(x), \cdots, y_n(x)$ 是微分方程的 n 个解函数，则其线性组合

$$y(x) = c_1 y_1(x) + c_2 y_2(x) + \cdots + c_n y_n(x) \tag{6.2-40}$$

也是方程的解，式中 c 为任意常数，基本解组 $y_i(x)$ 为 n 次可导且连续的函数。为了确定微分方程的解 $y(x)$，需要考察基本解组 $y_i(x)$ 是否是线性无关的。为此，可从基本解组函数出发写出 Wronsky 行列式

$$W(x) \equiv \begin{vmatrix} y_1(x) & y_2(x) & \cdots & y_n(x) \\ y'_1(x) & y'_2(x) & \cdots & y'_n(x) \\ & & \vdots & \\ y_1^{(n-1)}(x) & y_2^{(n-1)}(x) & \cdots & y_n^{(n-1)}(x) \end{vmatrix} \tag{6.2-41}$$

如果基本解组 $y_i(x)$ 线性无关，则 $W(x) \neq 0$；如果 $W(x) = 0$，则基本解组 $y_i(x)$ 线性相关。

n 阶齐次线性微分方程必定存在 n 个线性无关解，其解集构成一个 n 维线性空间。

（2）齐次方程的基本解组

对于齐次线性微分方程

$$y^{(n)} + a_1 y^{(n-1)} + \cdots + a_{n-1}y' + a_n y = 0 \tag{6.2-42}$$

可以通过求解一个与之对应的代数方程得到方程的通解。根据一阶常系数齐次微分方程 $y' = \lambda y$ 具有通解 $y = c\mathrm{e}^{\lambda x}$ 的事实，不妨尝试对方程（6.2-42）求指数形式的解，设 $y = \mathrm{e}^{\lambda x}$ 并代入方程（6.2-42），可得代数方程

$$\lambda^n + a_1\lambda^{n-1} + a_2\lambda^{n-2} + \cdots + a_{n-1}\lambda + a_n = 0 \qquad (6.2\text{-}43)$$

称方程(6.2-43) 为微分方程(6.2-42) 的特征方程, 方程的根称为微分方程的特征值。指数函数 $\mathrm{e}^{\lambda x}$ 为微分方程(6.2-42) 之解的充要条件是 λ 为特征方程的根。因此, 对齐次线性微分方程(6.2-42) 的求解问题, 即转化为求解代数方程(6.2-43) 的问题。

① 特征根均为单值实根的情形　如果特征方程(6.2-43) 的根均为单值实根, 即具有 n 个互不相等的实根, 这时微分方程(6.2-42) 相应地有如下 n 个线性无关解

$$\mathrm{e}^{\lambda_1 x}, \mathrm{e}^{\lambda_2 x}, \cdots, \mathrm{e}^{\lambda_n x} \qquad (6.2\text{-}44)$$

由此即可组成原方程的基本解组。事实上, 根据该基本解组构成的 Wronsky 行列式可以直接得出著名的 van der Monde 行列式, 即

$$W(x) = \begin{vmatrix} \mathrm{e}^{\lambda_1 x} & \mathrm{e}^{\lambda_2 x} & \cdots & \mathrm{e}^{\lambda_n x} \\ \lambda_1 \mathrm{e}^{\lambda_1 x} & \lambda_2 \mathrm{e}^{\lambda_2 x} & \cdots & \lambda_n \mathrm{e}^{\lambda_n x} \\ \cdots & \cdots & \cdots & \cdots \\ \lambda_1^{n-1} \mathrm{e}^{\lambda_1 x} & \lambda_2^{n-1} \mathrm{e}^{\lambda_2 x} & \cdots & \lambda_n^{n-1} \mathrm{e}^{\lambda_n x} \end{vmatrix} = \mathrm{e}^{(\lambda_1 + \lambda_2 + \cdots + \lambda_n)x} \begin{vmatrix} 1 & 1 & \cdots & 1 \\ \lambda_1 & \lambda_2 & \cdots & \lambda_n \\ \cdots & \cdots & \cdots & \cdots \\ \lambda_1^{n-1} & \lambda_2^{n-1} & \cdots & \lambda_n^{n-1} \end{vmatrix}$$

$$(6.2\text{-}45)$$

并且, 根据线性代数的知识可知该行列式的值为

$$W(x) = \prod_{1 \leqslant j < i \leqslant n} (\lambda_i - \lambda_j) \qquad (6.2\text{-}46)$$

由于假设各特征根互不相等, 则 van der Monde 行列式的值不等于零, 也即各基本解线性无关。因此, 微分方程(6.2-42) 的通解形式为

$$y(x) = C_1 \mathrm{e}^{\lambda_1 x} + C_2 \mathrm{e}^{\lambda_2 x} + \cdots + C_n \mathrm{e}^{\lambda_n x} \qquad (6.2\text{-}47)$$

② 特征根中有实重根的情形　若特征方程有 k 重实根 $\lambda = \lambda_1$, 则微分方程对应的特征方程具有形式

$$\lambda^n + a_1\lambda^{n-1} + a_2\lambda^{n-2} + \cdots + a_{n-k}\lambda^k = 0 \qquad (6.2\text{-}48)$$

它所对应的微分方程为

$$y^{(n)} + a_1 y^{(n-1)} + \cdots + a_{n-k} y^{(k)} = 0 \qquad (6.2\text{-}49)$$

当 k 重实根 $\lambda_1 = 0$ 时, 可以通过代换 $u = y^{(k)}$ 使方程降阶, 显然在回代过程中容易得到 k 重零实根所对应的方程的线性无关解为 $1, x, x^2, \cdots, x^{k-1}$, 从而得到原方程的通解

$$y = C_1 + C_2 x + C_3 x^2 + \cdots + C_k x^{k-1} + C_{k+1} \mathrm{e}^{\lambda_2 x} + \cdots + C_n \mathrm{e}^{\lambda_{n-k} x} \qquad (6.2\text{-}50)$$

而当 k 重实根 $\lambda_1 \neq 0$ 时, 则可以对方程(6.2-42) 通过函数代换 $y = u\mathrm{e}^{\lambda_1 x}$ 得到 k 重零实根情形的关于函数 u 的线性方程, 然后再回代成函数 y 时, 即易得 k 重非零实根所对应的方程的线性无关解为 $\mathrm{e}^{\lambda_1 x}, x\mathrm{e}^{\lambda_1 x}, x^2\mathrm{e}^{\lambda_1 x}, \cdots, x^{k-1}\mathrm{e}^{\lambda_1 x}$, 进而得到原方程的通解

$$y = (C_1 + C_2 x + C_3 x^2 + \cdots + C_k x^{k-1})\mathrm{e}^{\lambda_1 x} + C_{k+1} \mathrm{e}^{\lambda_2 x} + \cdots + C_n \mathrm{e}^{\lambda_{n-k} x} \qquad (6.2\text{-}51)$$

③ 特征根为共轭复根的情形　如果特征方程(6.2-43) 有复根, 则因微分方程的系数为实常数, 复根将成对共轭地出现, 即必有 $\lambda_{1,2} = \alpha \pm i\beta$。因此, 共轭特征根 $\lambda_{1,2}$ 对应原微分方程的两个复数根 $\mathrm{e}^{(\alpha+i\beta)x}$ 和 $\mathrm{e}^{(\alpha-i\beta)x}$。为了方便, 通常根据欧拉公式

$$\mathrm{e}^{(\alpha \pm i\beta)x} = \mathrm{e}^{\alpha x}(\cos\beta x \pm i\sin\beta x) \qquad (6.2\text{-}52)$$

和利用微分方程解的叠加性, 将方程的复数解表达成实值解 $\mathrm{e}^{\alpha x}\cos\beta x$ 和 $\mathrm{e}^{\alpha x}\sin\beta x$, 即原微分方程的通解为

$$y = C_1 e^{\alpha x} \sin\beta x + C_2 e^{\alpha x} \cos\beta x + C_3 e^{\lambda_3 x} + \cdots + C_n e^{\lambda_n x} \qquad (6.2\text{-}53)$$

类似地，如特征方程存在 k 重（对）共轭复根时，可直接写出方程的通解

$$y = (C_1 + C_2 x + \cdots + C_k x^{k-1}) e^{\alpha x} \sin\beta x + (C_{k+1} + C_{k+2} x + \cdots + C_{2k} x^{k-1}) e^{\alpha x} \cos\beta x$$
$$+ C_{2k+1} e^{\lambda_{k+1} x} + \cdots + C_n e^{\lambda_{n-2k} x} \qquad (6.2\text{-}54)$$

【例题 6-23】 求微分方程 $y^{(4)} + 2y'' + y = 0$ 的通解。

解： 微分方程所对应的特征方程 $\lambda^4 + 2\lambda^2 + 1 = (\lambda^2 + 1)^2 = 0$ 有二重复根 $\lambda_{1,2} = \pm i$。因此，方程有四个线性无关的实值解 $\sin x$、$x\sin x$、$\cos x$、$x\cos x$，故方程的通解为

$$y(x) = (C_1 + C_2 x)\sin x + (C_3 + C_4 x)\cos x$$

这里的 C_1、C_2、C_3 和 C_4 为任意常数。

（3）非齐次方程的解法

非齐次常系数线性微分方程

$$y^{(n)} + a_1 y^{(n-1)} + \cdots + a_{n-1} y' + a_n y = f(x) \qquad (6.2\text{-}55)$$

的通解是由对应齐次方程的通解 $\psi(x)$ 加上非齐次方程的特解 $\tilde{y}(x)$ 构成的，即

$$y(x) = \psi(x) + \tilde{y}(x) \qquad (6.2\text{-}56)$$

如果非齐次微分方程(6.2-55) 的非齐次函数是由多个函数之和组成的，即

$$f(x) = f_1(x) + f_2(x) + \cdots + f_p(x) \qquad (6.2\text{-}57)$$

则该微分方程的特解是以下非齐次方程

$$y^{(n)} + a_1 y^{(n-1)} + \cdots + a_{n-1} y' + a_n y = f_i(x), \quad i = 1, 2, \cdots, p \qquad (6.2\text{-}58)$$

对应特解 $\tilde{y}_i(x)$ 之和。因此，求解非齐次线性微分方程就变为分别求其对应特解的问题了。

1）待定系数法

如果方程（6.2-55）右边的非齐次函数具有形式 $f(x) = P_m(x) e^{\gamma x}$，其中 $P_m(x)$ 为 m 次多项式，则非齐次方程的特解为

$$\tilde{y}(x) = x^s Q_m(x) e^{\gamma x} \qquad (6.2\text{-}59)$$

其中，如果指数中的参数 γ 不等于齐次方程对应特征方程的任一根，则 $s = 0$；如果参数 γ 等于特征方程的一个根，则 s 等于该特征根的重根数 l。为了确定多项式 $Q_m(x)$ 的系数，需将式(6.2-59) 代入原方程(6.2-55)，比较方程两边相同函数的系数并使其相等，从而建立代数关系方程，对其求解得到相关系数。

值得指出的是，函数形式 $P_m(x) e^{\gamma x}$ 具有很好的普适性。因为当 $\gamma = 0$ 时，即对应着一般的多项式函数；而当 γ 取复值时，利用欧拉公式可用函数 $P_m(x) e^{\gamma x}$ 代表正余弦三角函数。另外，双曲函数和三角函数可以相互变换，双曲函数又可以分解成指数函数 $e^{\gamma x}$ 的组合，幂函数 a^x 也可表示成指数函数 $e^{x\ln a}$ 等。

特别地，如果方程(6.2-55) 左边的系数为实数，而其右边的非齐次函数具有形式 $f(x) = e^{\gamma x}[P_m(x)\cos\beta x + G_n(x)\sin\beta x]$，其中 $P_m(x)$ 和 $G_n(x)$ 为多项式，则非齐次方程的特解为

$$\tilde{y}(x) = x^s [Q_p^1(x)\cos x + Q_p^2(x)\sin x] e^{\gamma x} \qquad (6.2\text{-}60)$$

其中，当 $\gamma + i\beta$ 不是特征方程的根时 $s = 0$，否则 s 等于该特征根的重根数 l，$p = \max\{m, n\}$。

【例题 6-24】　求微分方程 $y''-y=2\mathrm{e}^x-x^2$ 的特解。

解： 容易求出相应特征方程的根为 $\lambda_{1,2}=\pm 1$，因此齐次方程的通解为

$$y(x)=C_1\mathrm{e}^x+C_2\mathrm{e}^{-x}$$

将方程右边看成两个函数之和，且均具有 $P_m(x)\mathrm{e}^{\gamma x}$ 的形式，所以方程的特解也是以下两个非齐次方程的特解之和

$$y''-y=2\mathrm{e}^x,\qquad y''-y=-x^2$$

由于在第一个方程中 $\gamma=1$ 且等于其中的一个特征根，在第一个方程中 $\gamma=0$，因而根据公式(6.2-59)即可写出这两个方程的特解

$$\widetilde{y}_1(x)=a_0 x\mathrm{e}^x,\qquad \widetilde{y}_2(x)=b_0 x^2+b_1 x+b_2$$

将以上特解分别代入原方程得到以下恒等式

$$2a_0\mathrm{e}^x\equiv 2\mathrm{e}^x,\qquad 2b_0-b_0 x^2-b_1 x-b_2\equiv -x^2$$

比较恒等式中函数的系数可得：$a_0=1$，$b_0=1$，$b_1=0$，$b_2=2$。于是，原非齐次微分方程的特解为

$$\widetilde{y}(x)=\widetilde{y}_1+\widetilde{y}_2=x\mathrm{e}^x+x^2+2$$

【例题 6-25】　求微分方程 $y''+6y'+10y=3x\mathrm{e}^{-3x}-2\mathrm{e}^{3x}\cos x$ 的特解。

解： 容易求出相应特征方程的根为 $\lambda_{1,2}=-3\pm i$。建立以下两个对应非齐次方程

$$y''+6y'+10y=3x\mathrm{e}^{-3x},\qquad y''+6y'+10y=-2\mathrm{e}^{3x}\cos x$$

根据式(6.2-59)和式(6.2-60)及其相应条件，可以分别得到以上两个方程的特解

$$\widetilde{y}_1(x)=(a_0 x+a_1)\mathrm{e}^{-3x},\qquad \widetilde{y}_2(x)=(b_0\cos x+b_1\sin x)\mathrm{e}^{3x}$$

将以上特解分别代入原方程得到以下方程组

$$a_0=3,\ a_1=0\quad\text{和}\quad b_0-3b_1=0,\ 18b_0+6b_1=-1$$

于是，原非齐次微分方程的特解为

$$\widetilde{y}(x)=\widetilde{y}_1+\widetilde{y}_2=3x\mathrm{e}^{-3x}-\left(\frac{1}{20}\cos x+\frac{1}{60}\sin x\right)\mathrm{e}^{3x}$$

2）常数变易法

如果方程(6.2-55)右边的非齐次函数 $f(x)$ 在区间上连续，则可以利用常数变易法来求解非齐次线性微分方程的特解。在求出特解之前，假设已求得了相应齐次方程的通解，形式为

$$y(x)=\sum_{k=1}^{n}C_k y_k(x) \tag{6.2-61}$$

为了求出非齐次方程(6.2-55)的特解，首先假设 $C_k=C_k(x)$ 是连续可微函数，且非齐次方程的特解具有以下形式

$$\widetilde{y}(x)=\sum_{k=1}^{n}C_k(x)y_k \tag{6.2-62}$$

其中，未知函数 $C'_k(x)$ 由下列代数方程组确定

$$\sum_{k=1}^{n}C'_k(x)y_k^{(l)}=f(x)\delta_{n-1,l}\quad (l=0,1,\cdots,n-1) \tag{6.2-63}$$

式中，$\delta_{n-1,l}$ 为 Kronecker 函数，定义为

$$\delta_{n-1,l}(l)=\begin{cases}0\ (l=0)\\1\ (l\geqslant 1)\end{cases} \tag{6.2-64}$$

然后解出代数方程组的解 $C'_k(x)=\varphi_k(x)$，并分别对其积分得到 $C_k(x)$，即

$$C_k(x)=\int \varphi_k(x)\mathrm{d}x+\alpha_k \tag{6.2-65}$$

最后得到方程的特解。下面举例说明常数变易法的应用。

【例题 6-26】　应用常数变易法求微分方程 $y''-2y'+y=e^x/x$ 的特解。

解： 首先求出相应齐次方程的通解

$$y(x)=C_1 e^x+C_2 x e^x$$

然后设 $C_1=C_1(x)$ 和 $C_2=C_2(x)$，并使函数

$$y(x)=C_1(x)e^x+C_2(x)x e^x$$

为非齐次方程的解。利用公式(6.2-63) 建立代数方程组

$$C_1'(x)e^x+C_2'(x)x e^x=0, \quad C_1'(x)e^x+C_2'(x)(x+1)e^x=\frac{e^x}{x}$$

解此方程组可得 $\qquad C_1'(x)=-1, \quad C_2'(x)=1/x$

对以上两式分别积分得

$$C_1(x)=-x+\alpha_1, \quad C_2(x)=\ln|x|+\alpha_2$$

于是，原非齐次微分方程的特解为

$$\widetilde{y}(x)=-x e^x+x e^x \ln|x|$$

【例题 6-27】　应用常数变易法求微分方程 $x^3(y''-y)=x^2-2$ 的特解。

解： 相应齐次方程的通解为

$$y(x)=C_1 e^x+C_2 e^{-x}$$

然后设 $C_1=C_1(x)$ 和 $C_2=C_2(x)$，并利用公式(6.2-63) 建立代数方程组

$$C_1'(x)e^x+C_2'(x)e^{-x}=0, \quad C_1'(x)e^x-C_2'(x)e^{-x}=\frac{1}{x}-\frac{2}{x^3}$$

解此方程组得 $\quad C_1'(x)=\frac{1}{2}\left(-\frac{2}{x^3}+\frac{1}{x}\right)e^{-x}, \quad C_2'(x)=\frac{1}{2}\left(-\frac{1}{x}+\frac{2}{x^3}\right)e^x$

对以上两式分别积分得

$$C_1(x)=\frac{1}{2}\left(-\frac{1}{x}+\frac{1}{x^2}\right)e^{-x}+\alpha_1, \quad C_2(x)=\frac{1}{2}\left(-\frac{1}{x}-\frac{1}{x^2}\right)e^x+\alpha_2$$

于是，原非齐次微分方程的特解为

$$\widetilde{y}(x)=-\frac{1}{x}$$

6.2.4　变系数线性方程

一般 n 阶变系数线性微分方程具有形式

$$a_0(x)y^{(n)}+a_1(x)y^{(n-1)}+\cdots+a_{n-1}(x)y'+a_n(x)y=\varphi(x) \tag{6.2-66}$$

其中，$\varphi(x)$ 和 $a_i(x)$ 均是已知函数。与常系数微分方程相比，对变系数微分方程的求解要困难得多，通常需要一些特殊的方法和技巧对方程进行变换，或者将其化为常系数方程，或者将其降阶简化变为可积方程，从而实现对方程的解析求解。下面分别介绍几种常见变系数方程的常用求解方法。

(1) 基于特解代换法

对于形如方程(6.2-66)的变系数微分方程，如已知该方程在 $\varphi(x)\equiv 0$ 时的一个特解 $y_1(x)$，则可以利用以下代换

$$y(x)=y_1(x)z(x), \quad z'(x)=u(x) \tag{6.2-67}$$

将其对应的齐次方程降阶。如降阶后的齐次微分方程可以求解的话，然后即可利用常数变易法求出对应于非齐次函数 $\varphi(x)$ 的特解，从而得到原方程的通解。

一般而言，对于一个变系数线性微分方程，通过观察分析或试验找出一个特解并不是太难的事情。因此，利用特解代换法求解变系数线性微分方程还是具有重要意义的。

【例题 6-28】 应用特解代换法求解微分方程 $(1+x^2)y''-2xy'+2y=0$。

解：通过观察不难发现，$y_1(x)=x$ 满足方程成立，因而是原方程的一个特解。利用代换 $y=xz(x)$，$z'=u$ 给方程降阶

$$x(1+x^2)u'+2u=0$$

对该方程分离变量后积分得其通解

$$u(x)=z'(x)=C_1\left(1+\frac{1}{x^2}\right)$$

再次求积得

$$z(x)=C_1 x+\frac{C_1}{x}+C_2$$

即

$$y(x)=C_1 x^2+C_2 x+C_1$$

【例题 6-29】 应用特解代换法求解微分方程 $xy'''-y''-xy'+y=-2x^3$，$y_1(x)=e^x$，$y_2(x)=x$。

解：设 $y=xz(x)$，$z'=u$，则相应的齐次方程化为

$$x^2 u''+2xu'-(2+x^2)u=0 \tag{1}$$

因为特解 z_1 对应于特解 y_1，所以 $z_1=y_1/x=e^x/x$，并且 $u_1=z'_1=e^x(1/x-1/x^2)$ 是方程 (1) 的特解。类似地，再次做代换降阶

$$u=e^x\left(\frac{1}{x}-\frac{1}{x^2}\right)W(x),\qquad W'(x)=\omega(x)$$

得

$$(x-1)\omega'+2\left(\frac{1}{x}-1+x\right)w=0 \tag{2}$$

方程 (2) 的通解为

$$W'(x)=\omega(x)=C_1\frac{x^2}{(x-1)^2}e^{-2x}$$

再次求积得

$$W(x)=C_1\int\left(1+\frac{1}{x-1}\right)^2 e^{-2x}dx+C_2=-C_1\left(\frac{1}{2}+\frac{1}{x-1}\right)e^{-2x}+C_2$$

于是，逐步回代得

$$u(x)=C_2\left(\frac{1}{x}-\frac{1}{x^2}\right)e^x-\frac{1}{2}C_1\left(\frac{1}{x}+\frac{1}{x^2}\right)e^{-x}$$

$$z(x)=\int u(x)dx+C_3=C_2\frac{e^x}{x}+\frac{1}{2}C_1\frac{e^{-x}}{x}+C_3$$

$$y(x)=C_1 e^{-x}+C_2 e^x+C_3 x$$

应用常数变易法求非齐次方程的通解，于是得代数方程组

$$C'_1 e^{-x}+C'_2 e^x+C'_3 x=0$$

$$C'_1 e^{-x}-C'_2 e^x-C'_3=0$$

$$C'_1 e^{-x}+C'_2 e^x=-2x^2$$

解此方程组得 $\quad C'_1=(x-x^2)e^x,\quad C'_2=-(x+x^2)e^{-x},\quad C'_3=2x$

分别求积分并代入齐次方程，化简后得原方程的通解

$$y(x)=C_1 e^{-x}+C_2 e^x+C_3 x+x^3$$

（2）二阶线性方程

对于典型的二阶微分方程

$$y'' + P_1(x)y' + P_2(x)y = 0 \qquad (6.2\text{-}68)$$

如果知道它的任一特解 $\varphi(x)$，即可求出方程的通解。为此在方程（6.2-68）中做未知函数的代换

$$y = \varphi(x)\int u(x)\,\mathrm{d}x \qquad (6.2\text{-}69)$$

即得到关于 u 的微分方程

$$\varphi(x)\frac{\mathrm{d}u}{\mathrm{d}x} + [2\varphi'(x) + P_1(x)\varphi(x)]u = 0 \qquad (6.2\text{-}70)$$

由此解出

$$u = \frac{C_1}{\varphi^2(x)}\mathrm{e}^{-\int P_1(x)\mathrm{d}x} \qquad (6.2\text{-}71)$$

于是，方程（6.2-68）的通解为

$$y(x) = \varphi(x)\left[C_1\int\frac{1}{\varphi^2(x)}\mathrm{e}^{-\int P_1(x)\mathrm{d}x}\,\mathrm{d}x + C_2\right] \qquad (6.2\text{-}72)$$

式（6.2-72）最早由阿贝尔（Abel）给出，因此被称为阿贝尔公式。

【例题 6-30】 求解微分方程 $(2x+1)y'' + 4xy' - 4y = 0$。

解： 试求方程 $\varphi(x) = \mathrm{e}^{sx}$ 型的一个特解，将其代入方程得

$$s^2(2x+1) + 4sx - 4 = 0 \qquad (1)$$

方程（1）的解必然同时使 $s^2 + 2s = 0$ 和 $s^2 - 4 = 0$ 成立，即 $s = -2$，$\varphi(x) = \mathrm{e}^{-2x}$。利用求得的特解，根据阿贝尔公式，很容易求得方程的通解

$$y(x) = C_1 x + C_2\mathrm{e}^{-2x}$$

一般来讲，只要知道 n 阶线性齐次方程的一个解 $\varphi(x)$，令 $y = \varphi(x)u$ 之后，即可将原方程变为一个不含 u 一次项的关于 u 的齐次方程，因而方程可以降一阶。如果知道方程的 k 个线性无关解，$k < n$，连续利用函数代换则可以将方程降低 k 阶。另外，有时还可以利用以下的代换将变系数微分方程（6.2-68）转化为常系数微分方程。

$$t = a\int\sqrt{P_2(x)}\,\mathrm{d}x \qquad (6.2\text{-}73)$$

【例题 6-31】 求解微分方程 $y'' + 2xy'/(1+x^2) + y/(1+x^2)^2 = 0$。

解： 设 $t = \arctan x$，则

$$\frac{\mathrm{d}y}{\mathrm{d}x} = \frac{\mathrm{d}y}{\mathrm{d}t}\cos^2 t,\quad \frac{\mathrm{d}^2 y}{\mathrm{d}x^2} = \left(\frac{\mathrm{d}^2 y}{\mathrm{d}t^2}\cos^2 t - \frac{\mathrm{d}y}{\mathrm{d}t}\sin 2t\right)\cos^2 t$$

原方程简化为

$$\frac{\mathrm{d}^2 y}{\mathrm{d}t^2} + y = 0$$

解此方程得

$$y = C_1\cos t + C_2\sin t = \frac{C_1}{\sqrt{1+x^2}} + \frac{C_2 x}{\sqrt{1+x^2}}$$

【例题 6-32】 求解微分方程 $x^4 y'' + 2x^3 y' + y = 0$。

解： 设 $t = \varphi(x)$，为确定函数 $\varphi(x)$，将其代入原方程并消去一阶导数项，则

$$\frac{\mathrm{d}y}{\mathrm{d}x} = \frac{\mathrm{d}y}{\mathrm{d}t}\varphi'(x),\quad \frac{\mathrm{d}^2 y}{\mathrm{d}x^2} = \varphi''(x)\frac{\mathrm{d}y}{\mathrm{d}t} + \varphi'^2(x)\frac{\mathrm{d}^2 y}{\mathrm{d}t^2}$$

$$x^4\varphi'^2 y'' + (x^4\varphi'' + 2x^3\varphi')y' + y = 0$$

从而有
$$x\varphi'' + 2\varphi' = 0,\ t = \varphi(x) = \frac{C_1}{x} + C_2$$

因此，原方程化为
$$C_1^2 y'' + y = 0$$

最终得方程的通解
$$y = A\cos\frac{1}{x} + B\sin\frac{1}{x}$$

(3) 欧拉方程及其解法

所谓欧拉（Euler）方程，是指形如
$$(ax+b)^n y^{(n)} + a_1(ax+b)^{n-1}y^{(n-1)} + \cdots + a_{n-1}(ax+b)y' + a_n y = 0 \tag{6.2-74}$$
的变系数线性微分方程。如果对方程进行代换
$$ax + b = e^t\ \text{即}\ t = \ln|ax+b| \tag{6.2-75}$$
即可将方程变为一个以 t 为自变量，以 y 为未知函数的常系数齐次线性方程。如果式中的 $a=1$，$b=0$，方程变为
$$x^n y^{(n)} + a_1 x^{n-1}y^{(n-1)} + \cdots + a_{n-1}xy' + a_n y = 0 \tag{6.2-76}$$
上式也称为欧拉方程，这时的变换为
$$x = e^t \tag{6.2-77}$$
于是常系数方程的 $y = e^{\lambda t}$ 形式解即对应着方程(6.2-76) 形式为 $y=x^\lambda$ 的解。因而可将 $y=x^\lambda$ 直接代入方程(6.2-76) 得到特征方程
$$\lambda(\lambda-1)\cdots(\lambda-n+1) + a_1\lambda(\lambda-1)\cdots(\lambda-n+2) + \cdots + a_{n-1}\lambda + a_n = 0 \tag{6.2-78}$$

如果方程(6.2-78) 有 n 个不同实根，则微分方程(6.2-76) 的基本解组为 $x^{\lambda_1}, x^{\lambda_2}, \cdots, x^{\lambda_n}$；若方程(6.2-78) 的根中有 k 重实根 λ_k，则这些特征根对应着 k 个微分方程的基本解组为 $x^{\lambda_k}, x^{\lambda_k}\ln|x|, \cdots, x^{\lambda_k}\ln^{k-1}|x|$；若方程(6.2-78) 的根中出现共轭复根 $\alpha\pm i\beta$，则其对应的基本解组为 $x^\alpha\cos(\beta\ln|x|)$ 和 $x^\alpha\sin(\beta\ln|x|), \cdots, x^{\lambda_k}\ln^{k-1}|x|$；如果复根 $\alpha\pm i\beta$ 为 k 重复根，则对应的基本解组为
$$x^\alpha\cos(\beta\ln|x|), x^\alpha\ln|x|\cos(\beta\ln|x|), \cdots, x^\alpha\ln^{k-1}|x|\cos(\beta\ln|x|),$$
$$x^\alpha\sin(\beta\ln|x|), x^\alpha\ln|x|\sin(\beta\ln|x|), \cdots, x^\alpha\ln^{k-1}|x|\sin(\beta\ln|x|)$$
综合所有得到的基本解组，即得到欧拉方程(6.2-76) 的 n 个线性无关实值解。

另外，切比雪夫（Chebyshev）方程
$$(1-x^2)y'' - xy' + n^2 y = 0 \tag{6.2-79}$$
通过代换 $x=\cos t$ 将其化为自变量为 t 的常系数二阶微分方程。

【例题 6-33】 求解微分方程 $xy'' + y' = 0$。

解：将方程两边同乘以 x 即为欧拉方程，并有特征方程
$$\lambda(\lambda-1) + \lambda = 0$$
从而解得特征值
$$\lambda_1 = \lambda_2 = 0$$
因此，方程的特解是 $y_1 = 1$，$y_2 = \ln|x|$，通解为
$$y = C_1 + C_2\ln|x|$$

【例题 6-34】 求解微分方程 $(x+1)^3 y''' - 3(x+1)^2 y'' + 4(x+1)y' - 4y = 0$。

解：这是一个欧拉方程，将 $y=(x+1)^\lambda$，$(x>-1)$ 代入原方程得到特征方程
$$\lambda(\lambda-1)(\lambda-2) - 3\lambda(\lambda-1) + 4\lambda - 4 = 0$$

从而解得特征值 $\qquad\qquad\qquad\lambda_1=\lambda_2=1,\qquad\lambda_3=4$

因此，方程的特解是 $\qquad y_1=x+1,\qquad y_2=(x+1)\ln(x+1),\qquad y_3=(x+1)^4$

通解为 $\qquad\qquad\qquad y=C_1(x+1)+C_2(x+1)\ln(x+1)+C_3(x+1)^4$

（4）奥斯特罗格拉茨基-刘维尔定理的应用

如果线性微分方程

$$y^{(n)}+P_1(x)y^{(n-1)}+\cdots+P_n(x)y=0 \qquad (6.2\text{-}80)$$

存在 n 个线性无关基本解组，则此时的 Wronsky 行列式 $W(x)\neq0$，即

$$W(x)=W(y_1,y_2,\cdots,y_n)=\begin{vmatrix} y_1 & y_2 & \cdots & y_n \\ y_1' & y_2' & \cdots & y_n' \\ & & \vdots & \\ y_1^{(n-1)} & y_2^{(n-1)} & \cdots & y_n^{(n-1)} \end{vmatrix}\neq0 \qquad (6.2\text{-}81)$$

并且满足以下奥斯特罗格拉茨基-刘维尔公式

$$W(x)=W(x_0)\exp\left[-\int_{x_0}^x P_1(t)\mathrm{d}t\right] \qquad (6.2\text{-}82)$$

其中，$x_0\in[a,b]$，$x\in[a,b]$。

利用公式（6.2-82），即可以在已知微分方程（6.2-80）的某些特解的情况下，求出其它的未知解函数。

【例题 6-35】 求解微分方程 $xy''+2y'+xy=0$，$y_1(x)=\sin x/x$ $\quad(x\neq0)$。

解：为了求出第 2 个特解，利用奥斯特罗格拉茨基-刘维尔公式（6.2-82）

$$\begin{vmatrix} y_1 & y_2 \\ y_1' & y_2' \end{vmatrix}=C_1\exp\left[-\int P_1(x)\mathrm{d}x\right]$$

其中 $P_1(x)=2/x$，于是得到关于 y_2 的方程

$$y_1y_2'-y_1'y_2=C_1/x^2$$

解此方程得 $\qquad y_2=C_1y_1\displaystyle\int\frac{\mathrm{d}x}{x^2y_1^2}+\widetilde{C}_2y_1=-C_1y_1\cot x+\widetilde{C}_2\frac{\sin x}{x}$

于是得通解 $\qquad y=\alpha_1y_1+\alpha_2y_2=C_1\dfrac{\sin x}{x}+C_2\dfrac{\cos x}{x}$

6.3　解析逼近解法

除了前面介绍的常微分方程的初等解法之外，在求解化工数学常微分方程问题时尚有几种常用的解析逼近方法，包括幂级数解法和小参数解法。

6.3.1　简单幂级数解法

一般变系数的线性微分方程，不一定能找到用初等函数表示的解，这时可考虑采用幂级数形式的解。如果微分方程

$$y''+P_1(x)y'+P_2(x)y=0 \qquad (6.3\text{-}1)$$

的系数 $P_1(x)$ 在点 $x=x_0$ 的邻域内是解析函数，即可分解成 $x-x_0$ 的幂级数，则此方程

的解在这一点的某一邻域内也是解析函数。欲求方程的解，首先假定所求解的形式为

$$y(x) = (x - x_0)^\alpha \sum_{n=0}^{\infty} a_n (x - x_0)^n \tag{6.3-2}$$

然后形式地算出解式的相关导数，代入原方程变为恒等式，进而确定解式中待定的系数 a_n。另外，在确定级数的系数时，常常会用到泰勒（Taylor）公式。如果系数函数能够在零点展开，则方程解的形式会更简单。

【例题 6-36】 求解微分方程 $y' = y^2 - x$，$y(0) = 1$。

解： 函数 $f(x, y) = y^2 - x$ 在点 $(0, 1)$ 附近解析，因而存在解析解

$$y(x) = \sum_{n=0}^{\infty} a_n x^n$$

将其代入原方程，得到关于 x 的恒等式

$$a_1 + 2a_2 x + 3a_3 x^2 + \cdots = (a_0 + a_1 x + a_2 x^2 + a_3 x^3 + \cdots) - x$$

比较 x 同次幂的系数，并利用初值 $y(0) = 1$，解得

$$a_1 = 1, \ a_2 = \frac{1}{2}, \ a_3 = \frac{2}{3}, \ a_4 = \frac{7}{12}, \ \cdots$$

于是得方程的解

$$y(x) = 1 + x + \frac{1}{2}x^2 + \frac{2}{3}x^3 + \frac{7}{12}x^4 + \cdots$$

【例题 6-37】 求解微分方程 $y' = y + xe^y$，$y(0) = 0$。

解： 将函数 $f(x, y) = y + xe^y$ 在点 $(0, 0)$ 附近展开成幂级数

$$f(x, y) = y + x \sum_{n=0}^{\infty} \frac{1}{n!} y^n$$

考虑到初始条件 $y(0) = 0$，未知函数应具有形式 $y(x) = \sum_{n=1}^{\infty} a_n x^n$，将其代入原方程，然后比较 x 同次幂的系数，解得

$$a_1 = 0, \ a_2 = \frac{1}{2}, \ a_3 = \frac{1}{6}, \ a_4 = \frac{1}{6}, \ \cdots$$

于是得方程的解

$$y(x) = \frac{1}{2}x^2 + \frac{1}{6}x^3 + \frac{1}{6}x^4 + \cdots$$

【例题 6-38】 求解微分方程 $y'' = xy' - y^2$，$y(0) = 1$，$y'(0) = 2$。

解： 假设方程的解函数具有泰勒级数的形式，即

$$y(x) = \sum_{n=0}^{\infty} \frac{1}{n!} y^{(n)} x^n$$

为了确定各项级数的系数，需求出 $x = 0$ 时的各阶导数值，考虑到初始条件，可得

$$y''(0) = -y^2(0) = -1$$

$$y'''(x) = \frac{\mathrm{d}}{\mathrm{d}x}(xy' - y^2) = y' + xy'' - 2yy', \ y'''(0) = -2$$

$$y^{(4)}(x) = 2y'' + xy''' - 2y'^2 - 2yy'', \ y^{(4)}(0) = -8$$

$$\vdots$$

于是得方程的解

$$y(x) = 1 + 2x - \frac{1}{2}x^2 - \frac{1}{3}x^3 - \frac{1}{3}x^4 + \cdots$$

6.3.2　勒让德方程解法

形式为

$$(1-x^2)y''-2xy'+l(l+1)y=0 \tag{6.3-3}$$

的变系数齐次二阶微分方程称为 l 阶**勒让德（Legendre）方程**。在 $x=0$ 附近，方程的系数可以展成幂级数，因此可将解函数写成形式

$$y(x)=C_0+C_1x+C_2x^2+C_3x^3+\cdots+C_kx^k+\cdots \tag{6.3-4}$$

求导两次　　　$y'(x)=C_1+2C_2x+3C_3x^2+\cdots+(k+1)C_{k+1}x^k+\cdots$

$$y''(x)=2\times1C_2+3\times2C_3x+\cdots+(k+2)\times(k+1)C_{k+2}x^k+\cdots$$

与式(6.3-4)一并代入方程(6.3-3)，合并同类项并令 x 的同次幂系数为零，得

$$2\times C_2+l(l+1)C_0=0$$

$$3\times2C_3+(l^2+l-2)C_1=0$$

$$4\times3C_4+(l^2+l-6)C_2=0$$

$$\vdots$$

$$(k+2)(k+1)C_{k+2}+(l^2+l-k^2-k)C_k=0$$

从而得出系数的一般递推公式

$$C_{k+2}=\frac{(k-l)(k+l+1)}{(k+2)(k+1)}C_k \tag{6.3-5}$$

一般有

$$C_{2k}=\frac{(2k-2-l)(2k-4-l)\cdots(-l)(l+1)\cdots(l+2k-1)}{(2k)!}C_0$$

$$C_{2k+1}=\frac{(2k-1-l)(2k-3-l)\cdots(1-l)(l+2)\cdots(l+2k)}{(2k+1)!}C_1 \tag{6.3-6}$$

从而得到 l 阶勒让德方程的解

$$y(x)=C_0y_0(x)+C_1y_1(x) \tag{6.3-7}$$

其中，C_0、C_1 为任意常数，以及

$$y_0(x)=1+\frac{(-l)(l+1)}{2!}x^2+\cdots+\frac{(2k-2-l)\cdots(2-l)(-l)(l+1)\cdots(l+2k-1)}{(2k)!}x^{2k} \tag{6.3-8}$$

$$y_1(x)=x+\frac{(1-l)(l+2)}{3!}x^3+\frac{(2k-1-l)(2k-3-l)\cdots(1-l)(l+2)\cdots(l+2k)}{(2k+1)!}x^{2k+1} \tag{6.3-9}$$

若 l 为整数，则 $y_0(x)$ 与 $y_1(x)$ 中有一个为多项式，另一个仍为无穷级数。适当选取任意常数 C_0 和 C_1，以使当 $x=1$ 时，多项式的值为 1，该多项式称为勒让德多项式，记作 $P_n(x)$，它属于第一类勒让德函数。另一个则与 $P_n(x)$ 线性无关，仍是无穷级数，记作 $Q_n(x)$，它属于第二类勒让德函数。此时，勒让德方程的通解为

$$y(x)=c_0P_n(x)+c_1Q_n(x) \tag{6.3-10}$$

其中，c_0、c_1 为任意常数。

6.3.3 贝赛尔方程解法

形式为

$$x^2 y'' + x y' + (x^2 - \nu^2) y = 0 \tag{6.3-11}$$

的变系数齐次二阶微分方程称为 ν 阶**贝赛尔（Bessel）方程**，式中 ν 为任意实数或复数。因为方程的系数 $P_1(x) = 1/x$ 和 $P_2(x) = (1 - \nu^2/x^2)$，在 $x = 0$ 附近不能展开成幂级数，因此可将解函数写成形式

$$y(x) = x^\alpha \sum_{k=0}^{\infty} a_k x^k \tag{6.3-12}$$

将其代入方程(6.3-11)，合并同类项并令 x 的同次幂系数为零，得 $\alpha = \pm\nu$，先取 $\alpha = \nu$，则有

$$a_1 = 0, \quad a_k = \frac{-a_{k-2}}{k(2\nu + k)} \tag{6.3-13}$$

从而得出系数的一般递推公式

$$a_{2m+1} = 0, \quad a_{2m} = \frac{(-1)^m}{2^{2m} m! \, (\nu+1)(\nu+2)\cdots(\nu+m)} a_0 \tag{6.3-14}$$

取 $a_0 = 1/2^\nu \Gamma(\nu+1)$，则得贝赛尔方程的一个特解，记作

$$J_\nu(x) = \sum_{m=0}^{\infty} (-1)^m \frac{x^{\nu+2m}}{2^{\nu+2m} m! \, \Gamma(\nu+m+1)} \tag{6.3-15}$$

它称为贝赛尔第一类函数。

取 $\alpha = -\nu$，则得另一特解

$$J_{-\nu}(x) = \sum_{m=0}^{\infty} (-1)^m \frac{x^{-\nu+2m}}{2^{-\nu+2m} m! \, \Gamma(-\nu+m+1)} \tag{6.3-16}$$

当 ν 不为整数时，这两个特解线性无关，此时贝赛尔方程的通解为

$$y(x) = C_1 J_\nu(x) + C_2 J_{-\nu}(x) \tag{6.3-17}$$

而当 $\nu = n$ 为整数时，$J_n(x)$ 和 $J_{-n}(x)$ 线性相关，此时记作

$$N_n(x) = \lim_{\alpha \to n} \frac{J_n(x)\cos\alpha\pi - J_{-n}(x)}{\sin\alpha\pi} \tag{6.3-18}$$

它也是贝赛尔方程的一个解，且与 $J_n(x)$ 线性无关。称 $N_n(x)$ 为 n 阶第二类贝赛尔函数。于是，此时贝赛尔方程的通解为

$$y(x) = C_1 J_n(x) + C_2 N_n(x) \tag{6.3-19}$$

其中 C_1、C_2 为任意常数。

【例题 6-39】 求微分方程 $x^2 y'' + x y' + (4x^2 - 9/25) y = 0$ 的通解。

解：引入新变量 $t = 2x$，代入原方程得

$$t^2 \frac{d^2 y}{dt^2} + t \frac{dy}{dt} + \left(t^2 - \frac{9}{25}\right) y = 0$$

这是一个 3/5 阶的贝赛尔方程，因此可得其通解

$$y(t) = C_1 J_{3/5}(t) + C_2 J_{-3/5}(t)$$

也即

$$y(x) = C_1 J_{3/5}(2x) + C_2 J_{-3/5}(2x)$$

6.3.4 小参数解法

如果在微分方程

$$\frac{\mathrm{d}y}{\mathrm{d}x} = f(x,y,\mu), \quad y(x_0) = y_0 \tag{6.3-20}$$

式中，μ 为小值参数，即 $|\mu| \ll 1$。如果函数 $f(x,y,\mu)$ 在其定义域内连续，且分别对 y 和 μ 有 $N+1$ 阶连续偏导数，那么初值问题（6.3-20）就存在唯一解 $y = \varphi(x,\mu)$。将 x 看成参数，根据 Taylor 公式将 $\varphi(x,\mu)$ 对 μ 展开而得到

$$\varphi(x,\mu) = \varphi_0(x) + \varphi_1(x)\mu + \varphi_2(x)\mu^2 + \cdots + \varphi_N(x)\mu^N \tag{6.3-21}$$

其中

$$\varphi_n(x) = \frac{1}{n!}\frac{\partial^n \varphi(x,0)}{\partial \mu^n} \quad (n=1,2,\cdots,N) \tag{6.3-22}$$

由于方程（6.3-20）的精确解 $\varphi(x,\mu)$ 一般很难找到，因此需要利用式（6.3-21）和 μ 作为小参数求出它的近似解，为此要求计算出 $\varphi_n(x)$。一个有效的方法是直接将式（6.3-21）的右边代入方程（6.3-20）的两边，并将右端对 μ 进行幂级数展开，然后令两边关于 μ 同次幂的系数相等，则得到

$$\frac{\mathrm{d}\varphi_0}{\mathrm{d}x} = f(x,\varphi_0,0);$$

$$\frac{\mathrm{d}\varphi_1}{\mathrm{d}x} = \overline{f}_y(x)\varphi_1 + f_1(x);$$

$$\frac{\mathrm{d}\varphi_2}{\mathrm{d}x} = \overline{f}_y(x)\varphi_2 + f_2(x); \tag{6.3-23}$$

$$\vdots$$

$$\frac{\mathrm{d}\varphi_N}{\mathrm{d}x} = \overline{f}_y(x)\varphi_N + f_N(x)$$

式中

$$\overline{f}_y(x) = \frac{\partial f}{\partial y}[x,\varphi_0(x),0] \tag{6.3-24}$$

而 $f_n(x)$ 是只与函数 $f(x,y,\mu)$ 对 y 和 μ 总数不超过 n 阶的偏导函数在 $[x,\varphi_0(x),0]$ 处的取值以及 $\varphi_i(x)$ 有关的已知函数。$\varphi_i(x), i=1,2,\cdots,N$ 的初始条件为

$$\varphi(x_0) = y_0, \quad \varphi_1(x_0) = \varphi_2(x_0) = \cdots = \varphi_N(x_0) = 0 \tag{6.3-25}$$

由此可见，关于 $\varphi_1(x)$，$\cdots$，$\varphi_N(x)$ 的方程均是线性方程，而且它们的定解条件都是零初始条件。因此只要求出所谓的退化方程初值问题

$$\frac{\mathrm{d}\varphi_0}{\mathrm{d}x} f(x,\varphi_0,0), \quad \varphi_0(x_0) = y_0 \tag{6.3-26}$$

的解 $\varphi_0(x)$，即可根据以下线性微分方程求解公式

$$\varphi_i(x) = \int_{x_0}^{x} \mathrm{e}^{\int_s^x \overline{f}_y(t)\mathrm{d}t} f_i(s)\mathrm{d}s \quad (i=1,2,\cdots,N) \tag{6.3-27}$$

从小到大顺序地求出全部 $\varphi_i(x)$。从而由式（6.3-21）得到相当精确的 $\varphi(x,\mu)$ 的近似解。

【例题 6-40】 利用小参数法求解黎卡提方程的初值问题 $\mathrm{d}y/\mathrm{d}t = \mu y^2 + x$，$y(0) = 0$；其中 μ 为小参数。

解：将 $y = \varphi_0(x) + \varphi_1(x)\mu + \varphi_2(x)\mu^2 + \cdots$ 代入给定方程和初始条件得

$$\varphi'_0 + \varphi'_1\mu + \varphi'_2\mu^2 + \varphi'_3\mu^3 + \cdots = x + \varphi_0^2\mu + 2\varphi_0\varphi_1\mu^2 + (\varphi_1'^2 + 2\varphi_0\varphi_2)\mu^3 + \cdots$$

$$\varphi_0(0)+\varphi_1(0)\mu+\varphi_2(0)\mu^2+\varphi_3(0)\mu^3+\cdots=0$$

令两边关于 μ 的同次幂的系数相等，即得线性微分方程组的初值问题

$$\varphi'_0=x \qquad\qquad \varphi_0(0)=0$$
$$\varphi'_1=\varphi_0^2 \qquad\qquad \varphi_1(0)=0$$
$$\varphi'_2=2\varphi_0\varphi_1 \qquad\qquad \varphi_2(0)=0$$
$$\varphi'_3=\varphi_1^2+2\varphi_0\varphi_2 \qquad\qquad \varphi_3(0)=0$$
$$\vdots \qquad\qquad\qquad\qquad \vdots$$

顺序求解以上初值问题即得

$$\varphi_0(x)=\frac{x^2}{2},\ \varphi_1(x)=\frac{x^5}{20},\ \varphi_2(x)=\frac{x^8}{160},\ \varphi_3(x)=\frac{7x^{11}}{8800},\ \cdots$$

于是，所给初值问题的近似解为

$$y(x)=\varphi(x,\mu)=\frac{x^2}{2}+\frac{x^5}{20}\mu+\frac{x^8}{160}\mu^2+\frac{7x^{11}}{8800}\mu^3+\cdots$$

可以证明，对于 $|x|<1$，该近似解是一致有效的。当 μ 充分小时，在工程技术上一般取 2～3 项作为近似就足够了。

6.4　初边值定解问题

由常微分方程构成的初值问题或边值问题，从理论上讲均可通过前面几节介绍的求方程通解的方法进行求解，即在求得通解的基础上，利用初始条件或边界条件确定通解中积分常数，进而得到所求初值问题或边值问题的定解。利用通解求定解的过程比较简单，在此不作赘述。本节只介绍利用拉普拉斯变换求解定解问题的方法。

6.4.1　拉氏变换解初值问题

在积分变换一章我们已经知道，拉普拉斯变换域为 $(0,\infty)$，具有典型的零起点特性，因而非常适合求解初值问题。经过拉氏变换可将原常微分方程变为代数方程或使其降阶，因而可使问题的求解过程得到简化。这里经常用到的变换公式包括

$$\mathscr{L}\left[f^{(n)}(t)\right]=s^nF(s)-s^{n-1}f(0)-\cdots-f^{(n-1)}(0) \tag{6.4-1}$$

和

$$\frac{\mathrm{d}^nF(s)}{\mathrm{d}s^n}=\mathscr{L}\left[(-t)^nf(t)\right] \tag{6.4-2}$$

一般来讲，常系数线性微分方程经变换后将得到代数方程，而变系数线性微分方程的变换方程将被降阶。下面举例给以介绍。

【例题 6-41】　利用拉普拉斯变换求解常微分方程初值问题

$$\begin{cases}4y''(x)-4y'(x)+y(x)=3\sin2x\\ y(0)=1,\ y'(0)=-1\end{cases}$$

解：利用式（6.4-1）对原方程取拉氏变换，并记 $\mathscr{L}\left[f(x)\right]=\widetilde{y}(s)$，问题变为

$$(4s^2-4s+1)\widetilde{y}(s)-4(s-2)=\frac{6}{s^2+4}$$

即

$$\widetilde{y}(s)=\frac{s^3-2s^2+4s-13/2}{(s-1/2)^2(s^2+4)}$$

为方便求取拉氏逆变换，将上式化为多项式和的形式

$$\tilde{y}(s)=\frac{265}{289}\frac{1}{(s-1/2)}+\frac{39}{34}\frac{1}{(s-1/2)^2}+\frac{24}{289}\frac{s}{s^2+4}-\frac{45}{289}\frac{2}{s^2+4}$$

对上式查表求逆变换即得问题的解

$$y(x)=\frac{265}{289}e^{\frac{1}{2}x}+\frac{39}{34}xe^{\frac{1}{2}x}+\frac{24}{289}\cos2x-\frac{45}{289}\sin2x$$

【例题 6-42】 利用拉氏变换求解常微分方程初值问题

$$\begin{cases}y''(x)+4y(x)=f(x)\\y(0)=0,\ y'(0)=0\end{cases}\quad 其中\ f(x)=\begin{cases}2\ (0<x<2)\\0\ (其它)\end{cases}$$

解：方程中的非齐次函数可表示成阶跃函数

$$f(x)=2[\eta(x)-\eta(x-2)]$$

对原方程取拉氏变换，并记 $\mathscr{L}[y(x)]=\tilde{y}(s)$，问题变为

$$(s^2+4)\tilde{y}(s)=\frac{2}{s}(1-e^{-2s})$$

即

$$\tilde{y}(s)=\frac{2}{s(s^2+4)}(1-e^{-2s})$$

对此取逆变换，并注意延迟定理，得初值问题的解

$$y(x)=\sin^2 x\eta(x)-\sin^2(x-2)\eta(x-2)$$

6.4.2 化边值问题为初值问题

通常，边值问题比初值问题要难处理得多，不仅数值求解是这样，解析求解也是如此，因为边值定解问题的解并不总是存在的。尤其当利用拉氏变换求解两点边值问题时，往往是无法入手的，因为拉氏变换域是仅着眼于一个初始点的。但是，我们可以先将边值问题化为初值问题，然后即可利用拉氏变换进行求解了。能够进行此类转换的前提是边值问题为线性系统，否则将引入误差。

（1）非齐次微分方程的情形

对于由非齐次线性微分方程构成的边值问题

$$\begin{cases}y''+p(x)y'+q(x)=r(x)\\y(a)=y_a,\ y(b)=y_b\end{cases}\tag{6.4-3}$$

可以通过假设边值问题的解是由一个齐次解和一个非齐次解的线性组合组成，即

$$y(x)=y_p(x)+\beta y_h(x)\tag{6.4-4}$$

其中 β 为适应边界条件的待定参数。将式(6.4-4)代入方程(6.4-3)得到

$$[y_p''+p(x)y_p'+q(x)-r(x)]+[y_h''+p(x)y_h'+q(x)]=0\tag{6.4-5}$$

为了计算方便，可将第一个边界条件扩充成相应的初始条件，原则是下一步容易利用第二个边界条件确定参数 β。这里可设

$$\begin{cases}y_p(a)=y_a,\ y_p'(a)=0\\y_h(a)=0,\ y_h'(a)=1\end{cases}\tag{6.4-6}$$

于是，可根据方程(6.4-5)和(6.4-6)得到对应于方程(6.4-3)的两个初值问题，即

$$\begin{cases} y''_h + p(x)y'_h + q(x) = 0 \\ y_h(a) = 0, \quad y'_h(a) = 1 \end{cases} \tag{6.4-7}$$

和
$$\begin{cases} y''_p + p(x)y'_p + q(x) = r(x) \\ y_p(a) = y_a, \quad y'_p(a) = 0 \end{cases} \tag{6.4-8}$$

当采用初值问题的求解方法，分别求解式(6.4-7)和式(6.4-8)得到 $y_h(x)$ 和 $y_p(x)$ 后，即可利用第二个边界条件和式(6.4-4)确定参数 β，且具体方法为

$$\beta = \frac{y_b - y_p(b)}{y_h(b)} \tag{6.4-9}$$

（2）齐次微分方程的情形

如欲将由齐次微分方程构成的边值问题转化成初值问题，则需要进行必要的变换将其变为非齐次的情形，然后再按上面的方法处理。例如无量纲表示的轴向扩散管式反应器模型，对于线性反应动力学具有形式

$$\begin{cases} \dfrac{\mathrm{d}^2 c}{\mathrm{d}x^2} - Pe\,\dfrac{\mathrm{d}c}{\mathrm{d}x} - PeDac = 0 \\ c(0) = 1 + \dfrac{1}{Pe}\dfrac{\mathrm{d}c}{\mathrm{d}x}, \quad \dfrac{\mathrm{d}c}{\mathrm{d}x}\bigg|_{x=1} = 0 \end{cases} \tag{6.4-10}$$

其中：$x = l/L$，$c = C_A/C_{A0}$，$Pe = vL/D_e$，$Da = k_A L/v$。引入变换 $x = 1 - z$，$c = 1 - u$，则边值问题变为

$$\begin{cases} \dfrac{\mathrm{d}^2 u}{\mathrm{d}z^2} + Pe\,\dfrac{\mathrm{d}u}{\mathrm{d}z} - PeDau = -PeDa \\ \dfrac{\mathrm{d}u(0)}{\mathrm{d}z} = 0, \quad u(1) + \dfrac{1}{Pe}\dfrac{\mathrm{d}u(1)}{\mathrm{d}z} = 0 \end{cases} \tag{6.4-11}$$

式(6.4-11)中的微分方程已是非齐次的，因而可以将其分解成两个初值问题，首先设

$$u(z) = u_p(z) + \beta u_h(z) \tag{6.4-12}$$

即得两个初值问题

$$\begin{cases} \dfrac{\mathrm{d}^2 u_p}{\mathrm{d}z^2} + Pe\,\dfrac{\mathrm{d}u_p}{\mathrm{d}z} - PeDau_p = -PeDa \\ u_p(0) = 0, \quad u'_p(0) = 0 \end{cases} \tag{6.4-13}$$

和

$$\begin{cases} \dfrac{\mathrm{d}^2 u_h}{\mathrm{d}z^2} + Pe\,\dfrac{\mathrm{d}u_h}{\mathrm{d}z} - PeDau_h = 0 \\ u_h(0) = 1, \quad u'_h(0) = 0 \end{cases} \tag{6.4-14}$$

问题(6.4-11)中的第一边界条件自然满足，因而利用第二个边界条件可得

$$\beta = -\frac{Peu_p(1) + \mathrm{d}u_p(1)/\mathrm{d}z}{Peu_h(1) + \mathrm{d}u_h(1)/\mathrm{d}z} \tag{6.4-15}$$

（3）多点边值问题的情形

对于非齐次线性微分方程
$$y''' + f_1(x)y'' + f_2(x)y' + f_3(x)y = r(x) \tag{6.4-16}$$
如果具有边界条件　　　　　$y(0) = 0, \quad y'(0) = 0, \quad y(1) = 0 \tag{6.4-17}$

此时仍为两点边值问题，如假设

$$y(x)=y_1(x)+\mu y_2(x) \tag{6.4-18}$$

则问题可分解为如下两个初值问题

$$\begin{cases} y'''_1+f_1(x)y''_1+f_2(x)y'_1+f_3(x)y_1=r(x) \\ y_1(0)=0, \quad y'_1(0)=0, \quad y''_1(0)=0 \end{cases} \tag{6.4-19}$$

和

$$\begin{cases} y'''_2+f_1(x)y''_2+f_2(x)y'_2+f_3(x)y_2=0 \\ y_2(0)=0, \quad y'_2(0)=0, \quad y''_2(0)=1 \end{cases} \tag{6.4-20}$$

且有

$$\mu=-\frac{y_1(1)}{y_2(1)} \tag{6.4-21}$$

　　如果问题具有边界条件

$$y'(0)=0, \quad y(b)=0, \quad y'(c)=0 \tag{6.4-22}$$

此时为三点边值问题，假设

$$y(x)=y_1(x)+\mu y_2(x)+\lambda y_3(x) \tag{6.4-23}$$

则问题可分解为如下三个初值问题

$$\begin{cases} y'''_1+f_1(x)y''_1+f_2(x)y'_1+f_3(x)y_1=r(x) \\ y_1(0)=0, \quad y'_1(0)=0, \quad y''_1(0)=0 \end{cases} \tag{6.4-24}$$

和

$$\begin{cases} y'''_2+f_1(x)y''_2+f_2(x)y'_2+f_3(x)y_2=0 \\ y_2(0)=1, \quad y'_2(0)=0, \quad y''_2(0)=0 \end{cases} \tag{6.4-25}$$

以及

$$\begin{cases} y'''_3+f_1(x)y''_3+f_2(x)y'_3+f_3(x)y_3=0 \\ y_3(0)=0, \quad y'_3(0)=0, \quad y''_3(0)=1 \end{cases} \tag{6.4-26}$$

式(6.4-23)中的参数需解以下代数方程组得到

$$\begin{cases} y_1(b)+\mu y_2(b)+\lambda y_3(b)=0 \\ y'_1(c)+\mu y'_2(c)+\lambda y'_3(c)=0 \end{cases} \tag{6.4-27}$$

6.4.3 常微分方程边值问题

　　常微分方程边值问题的求解过程与初值问题一样，均需要先求出方程的通解，然后再根据边界条件确定积分常数，从而得到问题的定解。这里以伴随化学反应的相际传质过程为例，讨论常微分方程边值问题的求解方法和求解过程。考虑气液相际传质过程，气相的传质阻力可以忽略，而传质组分进入液相后即刻发生化学反应，如果化学反应动力学是线性的，也即反应为一级反应，则利用膜传质理论描述的物理传质模型如图 6-1 所示。

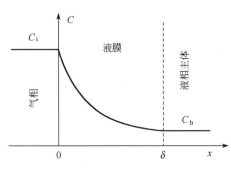

图 6-1　气液相际传质过程

在化工中，吸收过程即是典型的气液相际传质过程，当吸收过程伴随化学反应时，即称为化学吸收过程。对于如图 6-1 所示的相际传质过程，可用如下的数学模型描述

$$\begin{cases} D\dfrac{d^2C}{dx^2}-k_rC=0 \\ C(0)=C_i, \quad C(\delta)=C_b \end{cases} \tag{6.4-28}$$

式中，D 为传质组分的分子扩散系数；k_r 为反应速率常数；δ 为传质液膜厚度；C_i 和 C_b 分别为传质组分在气液相界面和液相主体的浓度。

为了求解和模拟方便，通过引入无量纲变量 $\xi = x/\delta$，$c = C/C_i$ 和无量纲 Hatta 准数 $Ha = \delta\sqrt{k_r/D}$，将定解问题(6.4-28)写成无量纲形式

$$\begin{cases} \dfrac{\mathrm{d}^2 c}{\mathrm{d}\xi^2} - Ha^2 c = 0 \\ c(0) = 1, \ c(1) = c_b \end{cases} \tag{6.4-29}$$

观察以上微分方程可知，方程的通解由基函数 $\exp(Ha\xi)$ 和 $\exp(-Ha\xi)$ 构成。根据微分方程解结构的叠加原理，由基函数 $\exp(Ha\xi)$ 和 $\exp(-Ha\xi)$ 的线性组合构成的任何一对正交完备函数，应该还是方程的解。因此，不妨将微分方程(6.4-29)解的基函数视作正弦双曲和余弦双曲函数，即问题(6.4-29)的通解可记为

$$c(\xi) = A\cosh(Ha\xi) + B\sinh(Ha\xi) \tag{6.4-30}$$

显然，以上通解满足定解问题的泛定方程。

利用边界条件 $c(0)=1$ 得 $A=1$，而利用 $c(1)=c_b$ 得

$$B = \frac{c_b - \cosh(Ha)}{\sinh(Ha)} \tag{6.4-31}$$

从而

$$c(\xi) = \frac{\sinh(Ha)\cosh(Ha\xi) + c_b\sinh(Ha\xi) - \cosh(Ha)\sinh(Ha\xi)}{\sinh(Ha)}$$

$$= \frac{\sinh[Ha(1-\xi)] + c_b\sinh(Ha\xi)}{\sinh(Ha)} \tag{6.4-32}$$

式(6.4-32)即为所求问题的定解，它定量描述了传质组分在传质液膜中的浓度分布。根据 Fick 定律，求得式(6.4-32)中浓度 c 在相界面处的一阶导数，即可得到通过相界面的传质速率，即

$$N\big|_{x=0} = -\frac{DC_i}{\delta}\frac{\mathrm{d}c}{\mathrm{d}\xi}\bigg|_{\xi=0} = \frac{DHa[C_i\cosh(Ha) - C_b]}{\delta\sinh(Ha)} \tag{6.4-33}$$

如果，传质过程不存在化学反应，则 $Ha=0$，因而对式(6.4-33)取极限即得到物理吸收时的相际传质速率为

$$N\big|_{x=0} = \frac{D}{\delta}(C_i - C_b) \tag{6.4-34}$$

将式(6.4-33)和式(6.4-34)相除，即得到化学吸收过程的增强因子 M

$$M = \frac{C_i\cosh(Ha) - C_b}{\sinh(Ha)(C_i - C_b)}Ha \tag{6.4-35}$$

6.4.4　拉氏变换解边值问题

利用拉普拉斯变换求解边值问题需具备的条件是：该边值问题可以化为相应的初值问题；或者该边值问题在进行拉氏变换时仅属于微分降阶的类型，并不能使某一维的偏导消失。下面举例说明如何利用拉普拉斯变换求解常微分方程边值问题。

【例题 6-43】求解线性反应动力学轴向扩散管式反应器模型

$$\begin{cases} \dfrac{\mathrm{d}^2 c}{\mathrm{d}x^2} - Pe\dfrac{\mathrm{d}c}{\mathrm{d}x} - PeDac = 0 \\ c(0) = 1 + \dfrac{1}{Pe}\dfrac{\mathrm{d}c}{\mathrm{d}x}, \ \dfrac{\mathrm{d}c}{\mathrm{d}x}\bigg|_{x=1} = 0 \end{cases}$$

解：为求解这个两点边值问题，需分别求解以下两个初值问题

$$\begin{cases} \dfrac{\mathrm{d}^2 u_p}{\mathrm{d}z^2} + Pe\,\dfrac{du_p}{dz} - PeDa\,u_p = -PeDa \\[2mm] u_p(0)=0,\ u'_p(0)=0 \end{cases}$$

和

$$\begin{cases} \dfrac{\mathrm{d}^2 u_h}{\mathrm{d}z^2} + Pe\,\dfrac{du_h}{dz} - PeDa\,u_h = 0 \\[2mm] u_h(0)=1,\ u'_h(0)=0 \end{cases}$$

对以上两式做拉氏变换，得

$$\begin{cases} s^2 \widetilde{u}_p + sPe\widetilde{u}_p - PeDa\ \widetilde{u}_p = -\dfrac{1}{s}PeDa \\[2mm] s^2 \widetilde{u}_h - s + sPe\widetilde{u}_h - PeDa\widetilde{u}_h = 0 \end{cases}$$

分别求解以上两个代数方程得

$$\begin{cases} \widetilde{u}_p = -\dfrac{PeDa}{s(s^2 + sPe - PeDa)} \\[3mm] \widetilde{u}_h = \dfrac{s+Pe}{s^2 + sPe - PeDa} \end{cases}$$

以上两个分式解具有共同极点 $s_{1,2} = \dfrac{Pe}{2}(-1\pm\sqrt{1+4Da/Pe})$，另外第一解还有极点 $s_0 = 0$。

利用留数理论求取拉氏逆变换，得

$$\begin{cases} u_p(z) = 1 - \dfrac{2Da}{Pe+4Da-\sqrt{\kappa}}\mathrm{e}^{\frac{Pe}{2}(-1+\sqrt{\kappa})z} - \dfrac{2Da}{Pe+4Da+\sqrt{\kappa}}\mathrm{e}^{\frac{Pe}{2}(-1-\sqrt{\kappa})z} \\[3mm] u_h(z) = \dfrac{1+\sqrt{\kappa}}{2\sqrt{\kappa}}\mathrm{e}^{\frac{Pe}{2}(-1+\sqrt{\kappa})z} - \dfrac{1-\sqrt{\kappa}}{2\sqrt{\kappa}}\mathrm{e}^{\frac{Pe}{2}(-1-\sqrt{\kappa})z} \end{cases}$$

其中，$\kappa = 1 + 4Da/Pe$。利用

$$\beta = -\frac{Peu_p(1) + du_p(1)/dz}{Peu_h(1) + du_h(1)/dz}$$

求出 β，即根据 $u(z) = u_p(z) + \beta u_h(z)$，得

$$u(z) = 1 - \frac{4Da\sqrt{\kappa} - \beta(1+\sqrt{\kappa})(Pe+4Da-\sqrt{\kappa})}{2\sqrt{\kappa}(Pe+4Da-\sqrt{\kappa})}\mathrm{e}^{\frac{Pe}{2}(-1+\sqrt{\kappa})z}$$

$$- \frac{4Da\sqrt{\kappa} + \beta(1-\sqrt{\kappa})(Pe+4Da+\sqrt{\kappa})}{2\sqrt{\kappa}(Pe+4Da+\sqrt{\kappa})}\mathrm{e}^{\frac{Pe}{2}(-1-\sqrt{\kappa})z}$$

代回原变量

$$c(x) = \frac{4Da\sqrt{\kappa} - \beta(1+\sqrt{\kappa})(Pe+4Da-\sqrt{\kappa})}{2\sqrt{\kappa}(Pe+4Da-\sqrt{\kappa})}\mathrm{e}^{\frac{Pe}{2}(-1+\sqrt{\kappa})(1-x)}$$

$$+ \frac{4Da\sqrt{\kappa} + \beta(1-\sqrt{\kappa})(Pe+4Da+\sqrt{\kappa})}{2\sqrt{\kappa}(Pe+4Da+\sqrt{\kappa})}\mathrm{e}^{\frac{Pe}{2}(-1-\sqrt{\kappa})(1-x)}$$

【**例题 6-44**】　求楔形翅片散热问题的解。
如图 6-2 所示，翅片高为 L，根部宽为 W，顶部夹角为 2θ，管内流体温度为 T_b，环境温度为 T_a，翅片热导率为 K，表明传热系数为 h，忽略翅片内部温度在 y 方向上的变化。

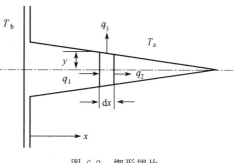

图 6-2　楔形翅片

解：对图中微元作热量衡算

$$q_1 = -2Ky\frac{\mathrm{d}T}{\mathrm{d}x}$$

$$q_2 = -2K\left(y+\frac{\mathrm{d}y}{\mathrm{d}x}\mathrm{d}x\right)\left(\frac{\mathrm{d}T}{\mathrm{d}x}+\frac{\mathrm{d}^2T}{\mathrm{d}x^2}\mathrm{d}x\right)$$

$$q_3 = 2h\sec\theta\,\mathrm{d}x(T-T_a)$$

由于 $q_1 = q_2 + q_3$，即有

$$y\frac{\mathrm{d}^2T}{\mathrm{d}x^2}+\frac{\mathrm{d}y}{\mathrm{d}x}\frac{\mathrm{d}T}{\mathrm{d}x}-\frac{h}{K}\sec\theta(T-T_a)=0$$

设 $u=T-T_a$，$X=L-x$，由于

$$y=\frac{XW}{2L},\qquad \frac{\mathrm{d}y}{\mathrm{d}x}=\frac{W}{2L}$$

即得

$$X\frac{\mathrm{d}^2u}{\mathrm{d}X^2}+\frac{\mathrm{d}u}{\mathrm{d}X}-cu=0$$

该方程为零阶修正贝赛尔方程，其边界条件为

$$X=0: T=T_a,\ u=0$$
$$X=L: T=T_b,\ u=T_b-T_a$$

从边界条件看，所求问题为变系数二阶微分方程两点边值问题。一般拉氏变换只适合于求解边值问题，但在本例中由于变换只对方程降阶，因此只需要一个边界条件，所以也可应用。设 $U(s)=\mathscr{L}[f(X)]$，则利用式(6.4-1)和式(6.4-2)得

$$-\frac{\mathrm{d}}{\mathrm{d}s}[s^2U(s)-su(0)-u'(0)]+sU(s)-u(0)-cU(s)=0$$

即

$$\frac{\mathrm{d}U(s)}{\mathrm{d}s}=-\frac{s+c}{s^2}U(s)$$

分离变量积分得到通解

$$U(s)=\frac{A}{s}\mathrm{e}^{c/s}$$

式中 A 为积分常数，查表求逆变换得

$$u(X)=AI_0(2\sqrt{cX})$$

其中，I_0 为零阶修正贝赛尔函数。利用另一边界条件确定积分常数 A，得

$$A=\frac{T_b-T_a}{I_0(2\sqrt{cL})}$$

于是

$$u(X)=\frac{T_b-T_a}{I_0(2\sqrt{cL})}I_0(2\sqrt{cX})$$

回代原变量得

$$T(x)=T_a+\frac{T_b-T_a}{I_0(2\sqrt{cL})}I_0[2\sqrt{c(L-x)}]$$

━━━ 习　题 ━━━

- **6-1** 求解下列微分方程。

  (1) $\left(\dfrac{\mathrm{d}s}{\mathrm{d}t}+1\right)\mathrm{e}^{-s}=1$；　　　　(2) $y'=\cos(y-x)$；

  (3) $\dfrac{\mathrm{d}y}{\mathrm{d}x}=\dfrac{2x-y+1}{x-2y+1}$；　　　　(4) $\dfrac{\mathrm{d}y}{\mathrm{d}x}=\dfrac{2x^3+3xy^2+x}{3x^2y+2y^3-y}$。

- **6-2** 求解以下定解问题。

  (1) $x^2y'-\cos2y=1$，$y(+\infty)=9\pi/4$；　(2) $3y^2y'+16x=2xy^3$，$y(+\infty)$ 有界。

- **6-3** 求下列微分方程的解。

  (1) $\dfrac{\mathrm{d}y}{\mathrm{d}x}+\dfrac{1-2x}{x^2}y-1=0$；　(2) $x\dfrac{\mathrm{d}y}{\mathrm{d}x}=(y\ln x-2)y$；　(3) $2xy\dfrac{\mathrm{d}y}{\mathrm{d}x}=(2y^2-x)$。

- **6-4** 利用积分因子法将下列方程化为恰当方程，并求其通解。

  (1) $(\mathrm{e}^x+3y^2)\mathrm{d}x+2xy\,\mathrm{d}y=0$；　　(2) $(x^2-\sin^2y)\mathrm{d}x+x\sin2y\,\mathrm{d}y=0$；

  (3) $(y-xy-1)\mathrm{d}x+x\,\mathrm{d}y=0$；　　(4) $(x^2+3\ln y)y\,\mathrm{d}x=x\,\mathrm{d}y$。

- **6-5** 求下列隐导微分方程的解。

  (1) $xy'^3=1+y'$；　(2) $y^2(y'-1)=(2-y')^2$；　(3) $y=y'^2\mathrm{e}^{y'}$。

- **6-6** 求下列可积高阶微分方程的解。

  (1) $y''+\ln y''-x=0$；　(2) $y'''+y''^2-1=0$；　(3) $y''(1+y')\mathrm{e}^{y'}=1$。

- **6-7** 求下列可降阶微分方程的解。

  (1) $y''+\dfrac{2}{1-x}(y')^2=0$；　(2) $y''+\sqrt{1-(y')^2}=0$；　(3) $y''^2-2y'y'''+1=0$。

- **6-8** 求下列常系数线性微分方程的解。

  (1) $y^{(4)}-2y''+y=x^2-3$；　(2) $y''+y'-2y=8\sin2x$；　(3) $y''-2y'+2y=x\mathrm{e}^x\cos x$。

- **6-9** 求解定解问题 $y''+9y=6\mathrm{e}^{3x}$，$y(0)=y'(0)=0$。

- **6-10** 求解定解问题 $y^{(6)}-5y^{(5)}+4y^{(4)}=0$，$y(0)=y'(0)=\cdots=y^{(4)}(0)=0$，$y^{(5)}(0)=2$。

- **6-11** 求解边值问题 $y''-y'=0$，$y(0)=-1$，$y'(1)-y(0)=2$，$0<x<1$。

- **6-12** 利用阿贝尔公式求解微分方程 $x(x-1)y''-xy'+y=0$。

- **6-13** 用幂级数解法求解以下两个定解问题。

  (1) $y''+xy'+y=0$，$y(0)=0$，$y'(0)=1$；　(2) $y''-xy=0$，$y(0)=1$，$y'(0)=0$；

  (3) $y''+9y'=6\mathrm{e}^{3x}$，$y(0)=y'(0)=0$。

- **6-14** 求解贝赛尔方程 $x^2y''+xy'+(x^2-1/4)y=0$　（提示：$\Gamma(1/2)=\sqrt{\pi}$）。

- **6-15** 试用微分算子法求解下列常微分方程。

  (1)$(D^3-3D^2+4)y=\mathrm{e}^{-x}+\mathrm{e}^{-2x}$；(2)$(D^2+1)y=x^2\sin2x$；

  (3)$(2x-3)y''-6(2x-3)y'+12y=0$。

- **6-16** 一个水平放置的盛满液体的圆柱形容器，其直径 $2R=1.8\mathrm{m}$，高 $H=2.45\mathrm{m}$，底部开有一个直径 $2r=6\mathrm{cm}$ 的出口，假设液体以速度 $0.6\sqrt{2gh}$ 从出口流出，其中 $g=10\mathrm{m/s}^2$，h 为液位距出口的高度，问液体全部流完需多少时间？

第7章

常微分方程组

在化工领域需要经常研究多组分、多相、多尺度的复杂体系,对这些体系的数学描述方程通常是各种微分方程组,常微分方程组就是其中很重要的一类。一般的变系数非齐次线性微分方程组具有形式

$$\frac{\mathrm{d}x_i}{\mathrm{d}t} = \sum_{j=1}^{n} a_{ij}(t)x_j + f_i(t) \quad (i=1,2,\cdots,n) \tag{7.0-1}$$

其中 $f_j(t)$ 称作自由项,系数 $a_{ij}(t)$ 是自变量 t 的函数。如果自由项 $f_j(t) \equiv 0$,则形如

$$\frac{\mathrm{d}x_i}{\mathrm{d}t} = \sum_{j=1}^{n} a_{ij}(t)x_j \quad (i=1,2,\cdots,n) \tag{7.0-2}$$

的方程组称为变系数齐次线性微分方程组。假如系数 a_{ij} 为常数,则式(7.0-1)和式(7.0-2)均成为常系数微分方程组。

如果将未知函数 x_i、自由项 $f_j(t)$ 和系数 $a_{ij}(t)$ 写成向量和矩阵的形式,即

$$\boldsymbol{A} = [a_{ij}(t)]_{n \times n}, \quad \boldsymbol{x} = (x_1, x_2, \cdots, x_n)^{\mathrm{T}}, \quad \boldsymbol{f}(t) = [f_1(t), f_2(t), \cdots, f_n(t)]^{\mathrm{T}}$$

则方程组(7.0-1) 和 (7.0-2) 可表示成矩阵的形式

$$\frac{\mathrm{d}\boldsymbol{x}}{\mathrm{d}t} = \boldsymbol{A}(t)\boldsymbol{x} + \boldsymbol{f}(t) \tag{7.0-3}$$

和

$$\frac{\mathrm{d}\boldsymbol{x}}{\mathrm{d}t} = \boldsymbol{A}(t)\boldsymbol{x} \tag{7.0-4}$$

由齐次方程组(7.0-4) 的 n 个线性无关解构成的矩阵称为基解矩阵或积分矩阵,记为

$$\boldsymbol{X}(t) = \begin{bmatrix} x_{11}(t) & x_{12}(t) & \cdots & x_{1n}(t) \\ x_{21}(t) & x_{22}(t) & \cdots & x_{2n}(t) \\ & & \vdots & \\ x_{n1}(t) & x_{n2}(t) & \cdots & x_{nn}(t) \end{bmatrix} \tag{7.0-5}$$

而基解矩阵对应的行列式称为朗斯基 (Wronsky) 行列式,其必不等于零,即

$$W(t) = \det \boldsymbol{X}(t) = \begin{vmatrix} x_{11}(t) & x_{12}(t) & \cdots & x_{1n}(t) \\ x_{21}(t) & x_{22}(t) & \cdots & x_{2n}(t) \\ & & \vdots & \\ x_{n1}(t) & x_{n2}(t) & \cdots & x_{nn}(t) \end{vmatrix} \neq 0 \tag{7.0-6}$$

此时,齐次方程组(7.0-4) 的通解结构为

$$\boldsymbol{x}(t) = \boldsymbol{X}(t)\boldsymbol{C} \tag{7.0-7}$$

而非齐次方程组(7.0-3) 的通解结构为

$$x(t) = X(t)C + \overline{x}(t) \tag{7.0-8}$$

其中，$\overline{x}(t)$ 为对应于非齐次自由项的特解向量。

7.1　常系数齐次微分方程组

对于求解常系数齐次微分方程组

$$\frac{\mathrm{d}\boldsymbol{x}}{\mathrm{d}t} = \boldsymbol{A}\boldsymbol{x} \tag{7.1-1}$$

实际上即是寻求 n 个线性无关的基本解向量 $\boldsymbol{x}_1(t), \boldsymbol{x}_2(t), \cdots, \boldsymbol{x}_n(t)$，然后利用微分方程解的叠加原理，根据 $\boldsymbol{A}$ 的特征向量将其线性组合即得到 n 个线性无关的解。方程组(7.1-1) 的解仅与 $\boldsymbol{A}$ 矩阵的特征根相关。

7.1.1　$\boldsymbol{A}$ 矩阵有单值实数特征根

当 $\boldsymbol{A}$ 矩阵有 n 个单值特征根时，根据线性代数的知识，必定存在一非奇异矩阵 $\boldsymbol{M}$，使 $\boldsymbol{D} = \boldsymbol{M}^{-1}\boldsymbol{A}\boldsymbol{M}$ 是对角矩阵，即

$$\boldsymbol{D} = \boldsymbol{M}^{-1}\boldsymbol{A}\boldsymbol{M} = \begin{bmatrix} \lambda_1 & 0 & \cdots & 0 \\ 0 & \lambda_2 & \cdots & 0 \\ & & \vdots & \\ 0 & 0 & \cdots & \lambda_n \end{bmatrix} \tag{7.1-2}$$

其中，λ_i 为矩阵 $\boldsymbol{A}$ 的特征根。

做线性代换 $\boldsymbol{x} = \boldsymbol{M}\boldsymbol{y}$，并代入（7.1-1）得

$$\frac{\mathrm{d}\boldsymbol{y}}{\mathrm{d}t} = \boldsymbol{M}^{-1}\boldsymbol{A}\boldsymbol{M}\boldsymbol{y} = \boldsymbol{D}\boldsymbol{y} \tag{7.1-3}$$

上式可分离变量积分求得 $\boldsymbol{y}$

$$\boldsymbol{y} = (c_1 \mathrm{e}^{\lambda_1 t}, c_2 \mathrm{e}^{\lambda_2 t}, \cdots, c_n \mathrm{e}^{\lambda_n t})^{\mathrm{T}}$$

因而方程(7.1-3) 的通解为

$$\boldsymbol{y} = c_1 \begin{bmatrix} 1 \\ 0 \\ \vdots \\ 0 \end{bmatrix} \mathrm{e}^{\lambda_1 t} + c_2 \begin{bmatrix} 0 \\ 1 \\ \vdots \\ 0 \end{bmatrix} \mathrm{e}^{\lambda_2 t} + \cdots + c_n \begin{bmatrix} 0 \\ 0 \\ \vdots \\ 1 \end{bmatrix} \mathrm{e}^{\lambda_n t} \tag{7.1-4}$$

另外，由式(7.1-2) 得

$$\boldsymbol{A}\boldsymbol{M} = \boldsymbol{M} \begin{bmatrix} \lambda_1 & 0 & \cdots & 0 \\ 0 & \lambda_2 & \cdots & 0 \\ & & \vdots & \\ 0 & 0 & \cdots & \lambda_n \end{bmatrix} \tag{7.1-5}$$

如果记 $M=(m_{ij})_{n\times n}=(\pmb{\alpha}_1,\pmb{\alpha}_2,\cdots,\pmb{\alpha}_n)$，则 $\pmb{\alpha}_1,\pmb{\alpha}_2,\cdots,\pmb{\alpha}_n$ 是矩阵 A 的特征根 $\lambda_1,\lambda_2,\cdots,\lambda_n$ 所对应的特征向量，根据右乘对角矩阵的代数规则得

$$A\pmb{\alpha}_i=\lambda_i\pmb{\alpha}_i \quad \text{或} \quad A\pmb{\alpha}_i-\lambda_i\pmb{\alpha}_i=0 \tag{7.1-6}$$

将根据上式求得的特征向量和式(7.1-4)代入 $\pmb{x}=M\pmb{y}$，即可得到方程组(7.1-1) 的通解

$$\pmb{x}=c_1\pmb{\alpha}_1\mathrm{e}^{\lambda_1 t}+c_2\pmb{\alpha}_2\mathrm{e}^{\lambda_2 t}+\cdots+c_n\pmb{\alpha}_n\mathrm{e}^{\lambda_n t} \tag{7.1-7}$$

从以上讨论可以看出，求解方程组(7.1-1) 的关键是求解矩阵 A 的特征根 λ_i 及其对应的特征向量 $\pmb{\alpha}_i$。

【例题 7-1】 试求一阶齐次线性微分方程组

$$\pmb{x}'=\begin{bmatrix} 7 & -1 & 6 \\ -10 & 4 & -12 \\ -2 & 1 & -1 \end{bmatrix}\pmb{x}$$

的通解。

解：首先求出系数矩阵 A 对应的特征根

$$\begin{vmatrix} 7-\lambda & -1 & 6 \\ -10 & 4-\lambda & -12 \\ -2 & 1 & -1-\lambda \end{vmatrix}=-(\lambda-2)(\lambda-3)(\lambda-5)=0$$

因此，矩阵 A 有三个不同的特征根 $\lambda_1=2$，$\lambda_2=3$，$\lambda_3=5$。对特征根 $\lambda_1=2$，其对应的特征向量 $\pmb{\alpha}_1$ 满足

$$\begin{vmatrix} 7 & -1 & 6 \\ -10 & 4 & -12 \\ -2 & 1 & -1 \end{vmatrix}\pmb{\alpha}_1=2\pmb{\alpha}_1$$

从而求出 $\pmb{\alpha}_1=(1,-1,-1)^{\mathrm{T}}$。同理可求得 $\pmb{\alpha}_2=(1,-2,-1)^{\mathrm{T}}$ 和 $\pmb{\alpha}_3=(3,-6,-2)^{\mathrm{T}}$，因此得方程组的通解为

$$\pmb{x}=c_1\begin{bmatrix} 1 \\ -1 \\ -1 \end{bmatrix}\mathrm{e}^{2t}+c_2\begin{bmatrix} 1 \\ -2 \\ -1 \end{bmatrix}\mathrm{e}^{3t}+c_3\begin{bmatrix} 3 \\ -6 \\ -2 \end{bmatrix}\mathrm{e}^{5t}$$

7.1.2 A 矩阵有单值复数特征根

当矩阵 A 具有复数特征根时，方程(7.1-1) 就会出现实变数复值解。此时，为了求得方程组的 n 个线性无关的实值解，可利用以下定理：

若实系数线性齐次方程组(7.1-1) 有复值解 $\pmb{x}(t)=\pmb{u}(t)+i\pmb{v}(t)$，则其实部 $\pmb{u}(t)$ 和虚部 $\pmb{v}(t)$ 都是原方程的解。

该定理很容易通过假设 $\pmb{x}(t)=\pmb{u}(t)+i\pmb{v}(t)$ 是方程组(7.1-1) 的解而得到证明，将 $\pmb{x}(t)$ 代入原方程得

$$\frac{\mathrm{d}\pmb{x}(t)}{\mathrm{d}t}=\frac{\mathrm{d}\pmb{u}(t)}{\mathrm{d}t}+i\frac{\mathrm{d}\pmb{v}(t)}{\mathrm{d}t}=\pmb{A}(t)\pmb{u}(t)+i\pmb{A}(t)\pmb{v}(t) \tag{7.1-8}$$

由于两个复数表达式相等等价于其实部和虚部分别相等，即

$$\frac{\mathrm{d}\boldsymbol{u}(t)}{\mathrm{d}t}=\boldsymbol{A}(t)\boldsymbol{u}(t), \quad \frac{\mathrm{d}\boldsymbol{v}(t)}{\mathrm{d}t}=\boldsymbol{A}(t)\boldsymbol{v}(t) \tag{7.1-9}$$

也即 $\boldsymbol{u}(t)$ 和 $\boldsymbol{v}(t)$ 是原方程的解。

实矩阵 $\boldsymbol{A}$ 的复值特征根一定共轭成对地出现，即如果 $a+ib$ 是特征根，则其共轭复数 $a-ib$ 也是特征根，且其对应的特征向量也与前者对应的特征向量共轭。因此，方程组（7.1-1）必出现一对共轭的复值解。

【例题 7-2】 试求方程组 $\boldsymbol{x}'=\begin{bmatrix}1 & -5 \\ 2 & -1\end{bmatrix}\boldsymbol{x}$ 的通解。

解： 系数矩阵 $\boldsymbol{A}$ 对应的特征方程为

$$\begin{vmatrix}1-\lambda & -5 \\ 2 & -1-\lambda\end{vmatrix}=\lambda^2+9=0$$

故有特征根 $\lambda_1=3i$ 和 $\lambda_2=-3i$。其中特征根 $\lambda_1=3i$ 对应的特征向量 $\boldsymbol{\alpha}=(\alpha_1,\alpha_2)$ 满足方程

$$(1-3i)\alpha_1-5\alpha_2=0$$

为使 α_1 和 α_2 取整数，令 $\alpha_1=5$，得 $\alpha_2=1-3i$，即 $\boldsymbol{\alpha}=(5,1-3i)^{\mathrm{T}}$ 是 λ_1 对应的特征向量，因此原方程组有解

$$\boldsymbol{x}(t)=\begin{bmatrix}5 \\ 1-3i\end{bmatrix}\mathrm{e}^{3it}=\begin{bmatrix}5\cos3t \\ \cos3t+3\sin3t\end{bmatrix}+i\begin{bmatrix}5\sin3t \\ \sin3t-3\cos3t\end{bmatrix}$$

根据定理知

$$\boldsymbol{u}(t)=\begin{bmatrix}5\cos3t \\ \cos3t+3\sin3t\end{bmatrix}, \quad \boldsymbol{v}(t)=\begin{bmatrix}5\sin3t \\ \sin3t-3\cos3t\end{bmatrix}$$

故原方程的通解为

$$\boldsymbol{x}(t)=c_1\begin{bmatrix}5\cos3t \\ \cos3t+3\sin3t\end{bmatrix}+c_2\begin{bmatrix}5\sin3t \\ \sin3t-3\cos3t\end{bmatrix}$$

【例题 7-3】 试求方程组 $\boldsymbol{x}'=\begin{bmatrix}-5 & -10 & -20 \\ 5 & 5 & 10 \\ 2 & 4 & 9\end{bmatrix}\boldsymbol{x}$ 的通解。

解： 系数矩阵 $\boldsymbol{A}$ 对应的特征方程为

$$\det(\boldsymbol{A}-\lambda\boldsymbol{E})=-(\lambda-5)(\lambda^2-4\lambda+5)=0$$

其特征根为 $\lambda_1=5$ 和 $\lambda_{2,3}=2\pm i$。其中特征根 $\lambda_1=5$ 对应的特征向量 $\boldsymbol{\alpha}_1=(\alpha_{11},\alpha_{21},\alpha_{31})^{\mathrm{T}}$ 可由以下方程求得

$$\begin{cases}10\alpha_{11}+10\alpha_{21}+20\alpha_{31}=0 \\ 5\alpha_{11}+10\alpha_{31}=0 \\ 2\alpha_{11}+4\alpha_{21}+4\alpha_{31}=0\end{cases}$$

即 $\alpha_{21}=0$，$\alpha_{11}=-2\alpha_{31}$，令 $\alpha_{31}=1$，得 $\alpha_{11}=-2$，故有

$$\boldsymbol{x}_1(t)=\boldsymbol{\alpha}_1\mathrm{e}^{\lambda_1 t}=\begin{bmatrix}-2 \\ 0 \\ 1\end{bmatrix}\mathrm{e}^{5t}$$

对于特征根 $\lambda_2 = 2+i$，其特征向量 $\boldsymbol{\alpha}_2 = (\alpha_{12}, \alpha_{22}, \alpha_{32})^{\mathrm{T}}$ 满足方程

$$\begin{cases} (7+i)\alpha_{12} + 10\alpha_{22} + 20\alpha_{32} = 0 \\ 5\alpha_{12} + (3-i)\alpha_{22} + 10\alpha_{32} = 0 \\ 2\alpha_{12} + 4\alpha_{22} + (7-i)\alpha_{32} = 0 \end{cases}$$

即有
$$\alpha_{12} = \frac{4+2i}{3-i}\alpha_{22}, \quad \alpha_{32} = \frac{14+2i}{-5(3-i)}\alpha_{22}$$

取 $\alpha_{22} = 15-5i$，得 $\alpha_{12} = 20+10i$，$\alpha_{32} = -14-2i$。故得复值解

$$\boldsymbol{\Phi}(t) = \begin{bmatrix} 20+10i \\ 15-5i \\ -14-2i \end{bmatrix} \mathrm{e}^{(2+i)t} = \begin{bmatrix} 20\cos t - 10\sin t + i(10\cos t + 20\sin t) \\ 15\cos t + 5\sin t + i(15\sin t - 5\cos t) \\ -14\cos t + 2\sin t + i(-2\cos t - 14\sin t) \end{bmatrix} \mathrm{e}^{2t}$$

取复值解的实部和虚部作为原方程的两个线性无关解，即得方程组的通解为

$$\boldsymbol{x}(t) = c_1 \begin{bmatrix} -2 \\ 0 \\ 1 \end{bmatrix} \mathrm{e}^{5t} + c_2 \begin{bmatrix} 20\cos t - 10\sin t \\ 15\cos t + 5\sin t \\ -14\cos t + 2\sin t \end{bmatrix} \mathrm{e}^{2t} + c_3 \begin{bmatrix} 10\cos t + 20\sin t \\ 15\sin t - 5\cos t \\ -2\cos t - 14\sin t \end{bmatrix} \mathrm{e}^{2t}$$

7.1.3　A 矩阵有多重特征根

当矩阵 $\boldsymbol{A}$ 具有多重特征根时，方程(7.1-1)的通解结构不同于单值特征根的情形，其求解方法也有所不同。本节介绍一种比较简便的求解方法，该方法最早由欧拉提出，因而通常称作**欧拉方法**。

如果实系数线性齐次方程组(7.1-1)对应的特征方程的诸根中有重数 $k \geqslant 2$ 根 λ_s，欧拉法指出，此时重根 λ_s 对应的向量解为

$$\boldsymbol{x}_s = \left[\boldsymbol{E} + \boldsymbol{F}(\lambda_s)t + \frac{1}{2!}\boldsymbol{F}^2(\lambda_s)t^2 + \cdots + \frac{1}{(k-1)!}\boldsymbol{F}^{k-1}(\lambda_s)t^{k-1} \right] \boldsymbol{B}_s \mathrm{e}^{\lambda_s t} \qquad (7.1\text{-}10)$$

其中，$\boldsymbol{F}(\lambda)$ 为线性微分方程组对应的特征矩阵，即

$$\boldsymbol{F}(\lambda) = \boldsymbol{A} - \lambda \boldsymbol{E} \qquad (7.1\text{-}11)$$

$\boldsymbol{B}_s$ 为满足方程
$$\boldsymbol{F}^k(\lambda_s)\boldsymbol{B}_s = 0 \qquad (7.1\text{-}12)$$

的向量矩阵。利用公式(7.1-10)和方程(7.1-12)即可求出多重特征根所对应的微分方程组的解，各特征根对应解的线性组合即为方程的通解。

【例题 7-4】　试求方程组 $\boldsymbol{x}' = \begin{bmatrix} -2 & 1 & -2 \\ 1 & -2 & 2 \\ 3 & -3 & 5 \end{bmatrix} \boldsymbol{x}$ 的通解。

解：系数矩阵 $\boldsymbol{A}$ 对应的特征方程为

$$\det(\boldsymbol{A} - \lambda\boldsymbol{E}) = (\lambda - 3)(\lambda + 1)^2 = 0$$

其特征根为 $\lambda_1 = 3$ 和 $\lambda_{2,3} = -1$。其中特征根 $\lambda_1 = 3$ 对应的特征向量 $\boldsymbol{\alpha}_1 = (\alpha_{11}, \alpha_{21}, \alpha_{31})^{\mathrm{T}}$ 可由以下方程求得

$$\begin{cases} -5\alpha_{11} + \alpha_{21} - 2\alpha_{31} = 0 \\ \alpha_{11} - 5\alpha_{21} + 2\alpha_{31} = 0 \\ 3\alpha_{11} - 3\alpha_{21} + 2\alpha_{31} = 0 \end{cases}$$

即 $\alpha_{21}=-1$，$\alpha_{11}=1$，$\alpha_{31}=-3$，故有

$$x_1=(-e^{3t},e^{3t},3e^{3t})^{\mathrm{T}}$$

而特征根 $\lambda_{2,3}=-1$ 对应的向量解为 $x_2=[E+F(\lambda_2)t]Be^{-t}$，其中

$$E=\begin{bmatrix}1&0&0\\0&1&0\\0&0&1\end{bmatrix},\quad F(\lambda_2)=\begin{bmatrix}-1&1&-2\\1&-1&2\\3&-3&6\end{bmatrix}$$

向量 B 满足方程 $F^2(\lambda_2)B=0$，即

$$\begin{bmatrix}-4&4&-8\\4&-4&8\\12&-12&24\end{bmatrix}\begin{bmatrix}b_1\\b_2\\b_3\end{bmatrix}=0$$

该代数方程组的解为 $B=(b_2-2b_3,b_2,b_3)^{\mathrm{T}}$，其中 b_2,b_3 为任意常数，同时注意到 $F(\lambda_2)B=0$，即有

$$x_2=\begin{pmatrix}b_2-2b_3\\b_2\\b_3\end{pmatrix}e^{-t}$$

从而

$$x=c_1x_1+C_2x_2=\begin{pmatrix}-c_1\\c_1\\3c_1\end{pmatrix}e^{3t}+\begin{pmatrix}c_2-2c_3\\c_2\\c_3\end{pmatrix}e^{-t}$$

其中，$c_2=C_2b_2$，$c_3=C_2b_3$。

【例题 7-5】 试求方程组 $x'=\begin{bmatrix}2&-1&-1\\2&-1&-2\\-1&1&2\end{bmatrix}x$ 的通解。

解： 系数矩阵 A 对应的特征方程为

$$\det(A-\lambda E)=(\lambda-1)^3=0$$

其特征根为 $\lambda_{1,2,3}=1$，所对应的向量解为

$$x=\left[E+F(\lambda)t+\frac{1}{2}F^2(\lambda)t^2\right]Be^t$$

其中

$$F(\lambda_1)=\begin{bmatrix}1&-1&-1\\2&-2&-2\\-1&1&1\end{bmatrix},\quad F^2(\lambda_1)=\begin{bmatrix}0&0&0\\0&0&0\\0&0&0\end{bmatrix}$$

向量 B 满足方程 $F^3(\lambda_1)B=0$，注意到 $F^3(\lambda_1)=0$，即 B 可以是任意的，这里可取各元素均为 1 的向量，从而得

$$x=[E+F(\lambda_1)t]Bce^t=\begin{pmatrix}1+t&-t&-t\\2t&1-2t&-2t\\-t&t&1+t\end{pmatrix}\begin{pmatrix}c_1\\c_2\\c_3\end{pmatrix}e^t$$

7.1.4 二阶微分方程组

对于二阶微分方程组的情形，只要各方程是线性齐次的，一般也能采用上面介绍的特征

向量方法求解。假如二阶微分方程组具有形式

$$\begin{cases} f_{11}(x'',x',x)+f_{12}(y'',y',y)=0 \\ f_{21}(x'',x',x)+f_{22}(y'',y',y)=0 \end{cases} \tag{7.1-13}$$

此时，可假设方程组的解向量函数分别为

$$x = \boldsymbol{A}\,\mathrm{e}^{\lambda t}, \qquad y = \boldsymbol{B}\,\mathrm{e}^{\lambda t} \tag{7.1-14}$$

并将其代入原方程组得到相应的特征方程

$$F(\lambda)=0 \tag{7.1-15}$$

解此方程得到方程组的特征根 λ_i。然后将特征根 λ_i 代入式(7.1-14)确定特征向量 $\boldsymbol{A}_i$ 和 $\boldsymbol{B}_i$，从而得到方程组的解向量。最后将解向量线性组合即得到方程组的通解，形式为

$$x = \sum_{i=1}^{n} c_i A_i\,\mathrm{e}^{\lambda_i t}, \qquad y = \sum_{i=1}^{n} c_i B_i\,\mathrm{e}^{\lambda_i t} \tag{7.1-16}$$

其中，n 为特征解的个数。

【例题 7-6】　试求方程组 $\begin{cases} x''-x+2y''-2y=0 \\ x'-x+y'+y=0 \end{cases}$ 的通解。

解： 假设解向量函数为 $x=\boldsymbol{A}\mathrm{e}^{\lambda t}$，$y=\boldsymbol{B}\mathrm{e}^{\lambda t}$，代入原方程组得

$$\boldsymbol{A}(\lambda^2-1)+2\boldsymbol{B}(\lambda^2-1)=0, \; \boldsymbol{A}(\lambda-1)+\boldsymbol{B}(\lambda+1)=0 \tag{1}$$

考虑 $\boldsymbol{A}$ 和 $\boldsymbol{B}$ 均不等于零，即对应的特征方程为

$$\begin{vmatrix} \lambda^2-1 & 2(\lambda^2-1) \\ \lambda-1 & \lambda+1 \end{vmatrix}=0$$

解此方程得特征根 $\lambda_1=1$，$\lambda_2=-1$，$\lambda_3=3$，将其依次代入方程组（1）可求出 A_i 和 B_i 分别为

$$A_1=1, \quad A_2=0, \quad A_3=2$$
$$B_1=0, \quad B_2=1, \quad B_3=-1$$

因而，得方程的通解

$$x(t)=c_1\mathrm{e}^t+2c_3\mathrm{e}^{3t}, \; y(t)=c_2\mathrm{e}^{-t}-c_3\mathrm{e}^{3t}$$

【例题 7-7】　试求方程组 $\begin{cases} x''+5x+2y'+y=0 \\ 3x''+5x+y'+3y=0 \end{cases}$ 的通解。

解： 同例题 7-6，可得

$$\boldsymbol{A}(\lambda^2+5)+\boldsymbol{B}(2\lambda+1)=0, \; \boldsymbol{A}(3\lambda^2+5)+\boldsymbol{B}(\lambda+3)=0$$

从而解得特征根 $\lambda_1=\lambda_2=1$，$\lambda_3=-1$，将单根代入以上方程组可得出 A_3 和 B_3 之间的关系 $B_3=-4A_3$，设 $A_3=1$，得 $B_3=-4$，从而得到对应的特解

$$x_3=-\mathrm{e}^{-t}, \qquad y_3=4\mathrm{e}^{-t}$$

而重根对应的特解形式为

$$x=(a+bt)\mathrm{e}^t, \qquad y=(c+dt)\mathrm{e}^t$$

为了确定式中的未知常数，将其代入特征方程组，可得关系

$$6a+7b+3c+2d=0, \quad 2b+d=0, \quad 8a+6b+4c+d=0$$

即 $d=-2b$，$c=-2a-b$，其中 a,b 为任意常数，不妨视其为积分常数，即得通解

$$x(t)=(c_1+c_2 t)\mathrm{e}^t-c_3\mathrm{e}^{-t}, \quad y(t)=[-2c_1-c_2(1+2t)]\mathrm{e}^t+4c_3\mathrm{e}^{-t}$$

7.2　常系数非齐次微分方程组

对于常系数非齐次微分方程组

$$\frac{\mathrm{d}\boldsymbol{x}}{\mathrm{d}t}=\boldsymbol{A}(t)\boldsymbol{x}+\boldsymbol{f}(t) \tag{7.2-1}$$

如果其对应的齐次解已知，则根据微分方程解的叠加原理，方程组（7.2-1）的通解由齐次方程组通解向量与一个特解向量的线性组合构成。因此，求解非齐次线性微分方程组（7.2-1）的问题，主要变为求方程（7.2-1）的一个特解的问题。

7.2.1　向量变易法

如果已知方程组（7.2-1）对应齐次方程组的基解矩阵 $\boldsymbol{X}(t)$，则可利用对向量 $\boldsymbol{C}$ 进行变易的方法求出非齐次方程组的特解向量 $\boldsymbol{x}_\mathrm{p}(t)$，并且该特解向量 $\boldsymbol{x}_\mathrm{p}(t)$ 满足方程

$$\boldsymbol{X}(t)\boldsymbol{C}'(t)=\boldsymbol{f}(t) \tag{7.2-2}$$

因为基解矩阵 $\boldsymbol{X}(t)$ 对应的朗斯基行列式不等于零，所以上式两边左乘以 $\boldsymbol{X}^{-1}$，得

$$\boldsymbol{C}'(t)=\boldsymbol{X}(t)^{-1}\boldsymbol{f}(t) \tag{7.2-3}$$

两边积分即得变易系数
$$\boldsymbol{C}(t)=\int \boldsymbol{X}(t)^{-1}\boldsymbol{f}(t)\mathrm{d}t+\boldsymbol{C}_0 \tag{7.2-4}$$

由于齐次解具有形式 $\boldsymbol{x}(t)=\boldsymbol{X}(t)\boldsymbol{C}$，则方程组（7.2-1）的通解为

$$\boldsymbol{x}(t)=\boldsymbol{X}(t)\boldsymbol{C}_0+\boldsymbol{X}(t)\int \boldsymbol{X}(t)^{-1}\boldsymbol{f}(t)\mathrm{d}t \tag{7.2-5}$$

其中非齐次特解为
$$\boldsymbol{x}_\mathrm{p}(t)=\boldsymbol{X}(t)\int \boldsymbol{X}(t)^{-1}\boldsymbol{f}(t)\mathrm{d}t \tag{7.2-6}$$

在实际应用中，由于对基解矩阵 $\boldsymbol{X}(t)$ 求逆比较麻烦，通常假设齐次通解系数可微再直接代入原方程组以得到 $\boldsymbol{C}'(t)$，然后积分得到 $\boldsymbol{C}(t)$，代回齐次通解即得非齐次通解。

【例题 7-8】　试求方程组 $\begin{cases} x'=-4x-2y+2/(\mathrm{e}^t-1) \\ y'=6x+3y-3/(\mathrm{e}^t-1) \end{cases}$ 的通解。

解：很容易求出对应齐次方程组的通解为

$$x=C_1+C_2\mathrm{e}^{-t}, \quad y=-2C_1-\frac{3}{2}C_2\mathrm{e}^{-t}$$

假设齐次通解中的系数 C_1 和 C_2 为可微函数，将齐次通解代入原方程组得

$$C'_1 + C'_2 e^{-t} = \frac{2}{e^t - 1}, \quad -2C'_1 - \frac{3}{2}C'_2 e^{-t} = -\frac{3}{e^t - 1}$$

解得
$$C'_1 = 0, \quad C'_2 = \frac{2e^t}{e^t - 1}$$

积分得
$$C_1 = c_1, \quad C_2 = 2\ln|e^t - 1| + c_2$$

代回齐次通解得非齐次方程组的通解

$$x(t) = c_1 + c_2 e^{-t} + 2e^{-t}\ln|e^t - 1|, \quad y(t) = -2c_1 - \frac{3}{2}c_2 e^{-t} - 3e^{-t}\ln|e^t - 1|$$

7.2.2 线性变换法

对于非齐次微分方程组（7.2-1），如果其系数矩阵 A 有 n 个不同的特征向量 $\boldsymbol{\alpha}_1, \boldsymbol{\alpha}_2, \cdots, \boldsymbol{\alpha}_n$，则系数矩阵 A 可化为对角矩阵 $\boldsymbol{D} = \mathrm{diag}(\lambda_1, \lambda_2, \cdots, \lambda_n)$，其中 λ_i 是系数矩阵 A 的特征根。此时，利用线性变换 $x = \boldsymbol{T}y$，其中 $\boldsymbol{T} = (\boldsymbol{\alpha}_1, \boldsymbol{\alpha}_2, \cdots, \boldsymbol{\alpha}_n)$，可将方程组（7.2-1）化为

$$y' = \boldsymbol{D}y + \boldsymbol{g}(t) \tag{7.2-7}$$

式中，$\boldsymbol{g}(t) = \boldsymbol{T}^{-1}\boldsymbol{f}(t)$。注意到上式为 n 个相互独立的方程，即

$$y'_i(t) = \lambda_i y_i + g_i(t) \tag{7.2-8}$$

因而可直接积分分别求出其解

$$y_i(t) = c_i e^{\lambda_i t} + e^{\lambda_i t}\int_{t_0}^{t} e^{-\lambda_i s} g_i(s)\,\mathrm{d}s \tag{7.2-9}$$

然后再利用变换 $x = \boldsymbol{T}y$，即可求得非齐次方程组的解。

【例题 7-9】 求方程组 $x' = \begin{bmatrix} -4 & 2 \\ 2 & 1 \end{bmatrix} x + \begin{bmatrix} 1/t \\ 4 + 2/t \end{bmatrix}$ 的通解。

解： 方程系数矩阵的特征方程为

$$\det(\boldsymbol{A} - \lambda\boldsymbol{E}) = \lambda(\lambda + 5) = 0$$

即得特征根为 $\lambda_1 = 0$，$\lambda_2 = -5$，相应的特征向量为 $\boldsymbol{\alpha}_1 = (1, 2)^\mathrm{T}$，$\boldsymbol{\alpha}_2 = (-2, 1)^\mathrm{T}$。因此，$\boldsymbol{T}$ 矩阵及其逆矩阵 $\boldsymbol{T}^{-1}$ 分别为

$$\boldsymbol{T} = \begin{bmatrix} 1 & -2 \\ 2 & 1 \end{bmatrix}, \quad \boldsymbol{T}^{-1} = \frac{1}{5}\begin{bmatrix} 1 & 2 \\ -2 & 1 \end{bmatrix}$$

利用变换 $x = \boldsymbol{T}y$ 将原方程组变为

$$y'_1 = \frac{1}{t} + \frac{8}{5}, \quad y'_2 = -5y_2 + \frac{4}{5}$$

积分得

$$y_1(t) = \ln|t| + \frac{8}{5}t + c_1, \quad y_2(t) = c_2 e^{-5t} + \frac{4}{25}$$

再次利用变换得非齐次方程组的通解

$$\boldsymbol{x}(t) = \begin{bmatrix} 1 & -2 \\ 2 & 1 \end{bmatrix} \begin{bmatrix} \ln|t| + \dfrac{8}{5}t + c_1 \\ c_2 e^{-5t} + \dfrac{4}{25} \end{bmatrix} = \begin{bmatrix} \ln|t| + \dfrac{8}{5}t + c_1 - 2c_2 e^{-5t} - \dfrac{8}{25} \\ 2\ln|t| + \dfrac{16}{5}t + 2c_1 + c_2 e^{-5t} + \dfrac{4}{25} \end{bmatrix}$$

7.2.3 待定系数法

同 n 阶常系数非齐次微分方程一样，某些常系数非齐次微分方程组也可以用待定系数法求其特解，如果方程组(7.2-1)中的 $\boldsymbol{f}(t)$ 为多项式与指数函数的乘积时，这时利用待定系数法求方程组的特解一般是比较简便的。

【例题 7-10】 求方程组 $\boldsymbol{x}' = \begin{bmatrix} 1 & 2 \\ 4 & 3 \end{bmatrix} \boldsymbol{x} + \begin{bmatrix} 4 \\ -2 \end{bmatrix} e^t$ 的特解。

解：方程系数矩阵的特征方程为

$$\det(\boldsymbol{A} - \lambda \boldsymbol{E}) = (\lambda - 5)(\lambda + 1) = 0$$

即特征根为 $\lambda_1 = 5$，$\lambda_2 = -1$。因为 $\lambda = 1$ 不是特征根，故可设特解的形式为

$$\boldsymbol{x}_p = \begin{bmatrix} u \\ v \end{bmatrix} e^t$$

将其代入原方程组得　　　　　$u = u + 2v + 4$,　　　$v = 4u + 3v - 2$

解得 $u = 3/2$，$v = -2$。从而得所求方程组的特解为

$$\boldsymbol{x}_p = \begin{bmatrix} 3/2 \\ -2 \end{bmatrix} e^t$$

【例题 7-11】 求方程组 $\boldsymbol{x}' = \begin{bmatrix} -5 & -1 \\ 1 & -3 \end{bmatrix} \boldsymbol{x} + \begin{bmatrix} -1 \\ 2 \end{bmatrix} e^{-4t}$ 的特解。

解：方程系数矩阵的特征方程为

$$\det(\boldsymbol{A} - \lambda \boldsymbol{E}) = (\lambda + 4)^2 = 0$$

即特征根为 $\lambda_1 = \lambda_2 = -4$，为二重根。因为 $\lambda = -4$ 与特征根一致，故特解的形式为

$$\boldsymbol{x}_p = \begin{bmatrix} a_1 t^2 + b_1 t + c_1 \\ a_2 t^2 + b_2 t + c_2 \end{bmatrix} e^{-4t}$$

将其代入原方程组得

$$2a_1 t + b_1 - 4(a_1 t^2 + b_1 t + c_1) = -5(a_1 t^2 + b_1 t + c_1) - (a_2 t^2 + b_2 t + c_2) - 1$$

$$2a_2 t + b_2 - 4(a_2 t^2 + b_2 t + c_2) = a_1 t^2 + b_1 t + c_1 - 3(a_2 t^2 + b_2 t + c_2) + 2$$

比较 t 的同次幂的系数，可得代数方程组进而得到待定系数

$$a_1 = -\frac{1}{2}, \quad a_2 = \frac{1}{2}, \quad b_1 + b_2 = 1, \quad b_1 + c_1 + c_2 = -1$$

选取 $b_1 = 0$，$c_1 = 0$，则得原方程组的特解为

$$\boldsymbol{x}_p = \begin{bmatrix} -t^2/2 \\ t^2/2 + t - 1 \end{bmatrix} e^{-4t}$$

7.3　非线性微分方程组

某些非线性微分方程组可以有针对性地采用特殊的方法进行求解，经常用到的方法包括消元法、首次积分法、特殊代换法等。在不少情况下，只要方法选择适当，利用这些特殊方法求解非线性微分方程组还是非常有效的，但也要注意这些方法均有它们各自的局限性。

7.3.1　消元法

形如以下形式的微分方程组

$$\begin{cases} \dfrac{\mathrm{d}x_1}{\mathrm{d}t} = f_1(t, x_1, x_2, \cdots, x_n) \\[2mm] \dfrac{\mathrm{d}x_2}{\mathrm{d}t} = f_2(t, x_1, x_2, \cdots, x_n) \\[2mm] \qquad\qquad\vdots \\[2mm] \dfrac{\mathrm{d}x_n}{\mathrm{d}t} = f_n(t, x_1, x_2, \cdots, x_n) \end{cases} \tag{7.3-1}$$

称为正规微分方程组，其中 $f_i(i = 1, 2, \cdots, n)$ 是已知函数，并且允许是非线性函数。当方程组 (7.3-1) 中的 f_i 均为线性函数时，利用消元法可得到一个 n 阶线性微分方程，对其求解与前面介绍的高阶微分方程的求解别无二致。因此，这里仅介绍当 f_i 为非线性函数时的情形。

消元法的目的是将微分方程组中的 n 个未知函数消去 $n-1$ 个，从而得到一个只含一个未知函数的 n 阶微分方程。有时还会得到一个 m 阶（$m < n$）的微分方程，甚或得到 m 个相互独立的微分方程，使问题在很大程度上得到简化。

与求解代数方程组中的消元法类似，不同的只是有时需要对某个方程进行微分运算。一般而言，消元法的具体做法是首先将方程组(7.3-1) 中的某个方程两边进行微分，然后利用方程组中全部方程即可消去方程组中的一个未知函数，同时使方程升高一阶。通常，欲消去 n 个未知函数中的 $n-1$ 个，需要求微分 $n-1$ 次，利用 n 个恒等式消去 $n-1$ 个未知函数，最终得到一个关于一个未知函数的微分方程。如果最后得到的这个微分方程可以积分求解，则可以利用微分和相关代数运算得到其它的未知函数。

消去法用于求解由 2～3 个方程构成的微分方程组是比较简便的求解方法，但其有效性要看消元以后得到的微分方程能否可积。

【例题 7-12】　求微分方程组 $\dfrac{\mathrm{d}x}{\mathrm{d}t} = y^2 + \sin t$，$\dfrac{\mathrm{d}y}{\mathrm{d}t} = \dfrac{x}{2y}$ 的通解。

解：由方程组中第二个方程得 $x = 2y\,\mathrm{d}y/\mathrm{d}t$，代入第一个方程得

$$\frac{\mathrm{d}}{\mathrm{d}t}\left(2y\,\frac{\mathrm{d}y}{\mathrm{d}t}\right) \equiv \frac{\mathrm{d}^2(y^2)}{\mathrm{d}t^2} = y^2 + \sin t$$

从而

$$y^2 = C_1 \mathrm{e}^t + C_2 \mathrm{e}^{-t} - \frac{1}{2}\sin t$$

并且

$$x = \frac{\mathrm{d}}{\mathrm{d}t}(y^2) = C_1 \mathrm{e}^t + C_2 \mathrm{e}^{-t} - \frac{1}{2}\cos t$$

【例题 7-13】 求微分方程组 $\dfrac{\mathrm{d}x}{\mathrm{d}t}=\dfrac{1}{y^2-ax}$，$\dfrac{\mathrm{d}y}{\mathrm{d}t}=\dfrac{1}{2xy}$ 的通解。

解： 由方程组中第二个方程得

$$\frac{\mathrm{d}y^2}{\mathrm{d}t}=\frac{1}{x}$$

该方程逐项除以第一个方程得到关于 y^2 的线性方程

$$\frac{\mathrm{d}y^2}{\mathrm{d}x}=\frac{y^2}{x}-a$$

其通解为 $\qquad\qquad\qquad y^2=C_1x-ax\ln|x|$

由第一个方程得

$$\frac{\mathrm{d}x}{\mathrm{d}t}=\frac{1}{x(C_1-a-a\ln|x|)}$$

积分得

$$t=\int x(C_1-a-a\ln|x|)\mathrm{d}x+C_2=\frac{x^2}{4}(2C_1-a-2a\ln|x|)+C_2$$

【例题 7-14】 求微分方程组 $2xy'=y^2-x^2+1$，$x'=x+y$ 的通解。

解： 将方程组中的第二个方程求导得 $y'=x''-x'$，将 y' 和由第二个方程求得的 y 代入第一个方程得

$$2xx''-x'^2-1=0$$

该方程不明显包含自变量，因此设 $x'=p$ 将方程降阶，遂有

$$2xp\frac{\mathrm{d}p}{\mathrm{d}x}-p^2-1=0$$

分离变量积分得 $\qquad p=\pm\sqrt{\dfrac{x}{C_1}-1}$，$\quad$ 即 $\dfrac{\mathrm{d}x}{\mathrm{d}t}=\pm\sqrt{\dfrac{x}{C_1}-1}$

再次积分得 $\qquad\qquad\qquad x=C_1+\dfrac{1}{4C_1}(t+C_2)^2$

于是 $\qquad\qquad y=x'-x=\dfrac{1}{2C_1}(t+C_2)-\dfrac{1}{4C_1}(t+C_2)^2-C_1$

7.3.2　首次积分法

求解形如(7.3-1)微分方程组的第二种常用的方法是首次积分法。所谓首次积分法是指，如果微分方程组(7.3-1)经过适当地组合，可以化为一个和 k 个($k<n$)平方可积的微分方程，即有

$$\mathrm{d}\Phi_i(t,x_1,x_2,\cdots,x_n)=0\quad(i=1,2,\cdots,k;\ k<n)\tag{7.3-2}$$

方程中的未知函数通常变为原微分方程组中几个未知函数的组合形式。积分方程 (7.3-2) 就得到原方程组未知函数组合的解

$$\Phi_i(t,x_1,x_2,\cdots,x_n)=C_i\quad(i=1,2,\cdots,k;\ k<n)\tag{7.3-3}$$

其中函数 Φ_i 就是原方程组的首次积分。

　　利用首次积分可以求出微分方程组的通解，或者通过首次积分以减少微分方程组中未知函数及微分方程的数目，使问题得到简化。首次积分法既可用于非线性微分方程组，也可用于线性微分方程组。

　　【例题 7-15】　求微分方程组 $\dfrac{\mathrm{d}x}{\mathrm{d}t}=y$，$\dfrac{\mathrm{d}y}{\mathrm{d}t}=x$ 的通解。

　　解： 将方程组中的两个方程相加得

$$\frac{\mathrm{d}(x+y)}{\mathrm{d}t}=x+y$$

即得第一积分
$$x+y=C_1\mathrm{e}^t$$

将方程组中的两个方程相减得

$$\frac{\mathrm{d}(x-y)}{\mathrm{d}t}=-(x-y)，\text{即 } x-y=C_2\mathrm{e}^{-t}$$

因此
$$\begin{cases} x=\dfrac{1}{2}(C_1\mathrm{e}^t+C_2\mathrm{e}^{-t}) \\[2mm] y=\dfrac{1}{2}(C_1\mathrm{e}^t-C_2\mathrm{e}^{-t}) \end{cases}$$

　　【例题 7-16】　求微分方程组 $\dfrac{\mathrm{d}x}{\mathrm{d}t}=y-x(x^2+y^2-1)$，$\dfrac{\mathrm{d}y}{\mathrm{d}t}=-x-y(x^2+y^2-1)$ 的通解。

　　解： 将方程组中的第一个方程乘以 x，第二个方程乘以 y，然后相加得

$$\frac{\mathrm{d}(x^2+y^2)}{\mathrm{d}t}=-2(x^2+y^2)(x^2+y^2-1)$$

即得第一积分
$$\frac{x^2+y^2-1}{x^2+y^2}\mathrm{e}^{2t}=C_1$$

即
$$x^2+y^2=\frac{\mathrm{e}^{2t}}{\mathrm{e}^{2t}-C_1}$$

再由原方程组分别乘以 x、y，然后相减得

$$x\frac{\mathrm{d}y}{\mathrm{d}t}-y\frac{\mathrm{d}x}{\mathrm{d}t}=-(x^2+y^2)，\text{即 } \frac{\mathrm{d}}{\mathrm{d}t}\left(\arctan\frac{y}{x}\right)=-1$$

同样存在第一积分
$$\arctan\frac{y}{x}+t=C_2$$

　　所得到的方程组的通解，可以采用极坐标的形式表示，令 $x=r\cos\theta$，$y=r\sin\theta$，代入通解得

$$r=\frac{1}{\sqrt{1-C_1\mathrm{e}^{-2t}}}，\qquad \theta=C_2-t$$

即有
$$\begin{cases} x=\dfrac{\cos(C_2-t)}{\sqrt{1-C_1\mathrm{e}^{-2t}}} \\[3mm] y=\dfrac{\sin(C_2-t)}{\sqrt{1-C_1\mathrm{e}^{-2t}}} \end{cases}$$

【**例题 7-17**】　求微分方程组 $\dfrac{\mathrm{d}x}{x}=\dfrac{\mathrm{d}y}{y}=\dfrac{\mathrm{d}z}{xy+z}$ 的通解。

解：从方程组中的第一个方程容易求得一个第一积分

$$\frac{x}{y}=C_1$$

将 $x=C_1 y$ 代入第二个方程得　　　$\dfrac{\mathrm{d}z}{\mathrm{d}y}-\dfrac{1}{y}z=C_1 y$

这是一个非齐次线性微分方程，其通解为

$$z=C_1 y^2+C_2 y,\ 即\ z=xy+C_2 y$$

于是，微分方程组的通解可表示成以下两个第一积分

$$\frac{x}{y}=C_1,\qquad \frac{z}{y}-x=C_2$$

【**例题 7-18**】　求微分方程组 $\dfrac{\mathrm{d}x}{x(z-y)}=\dfrac{\mathrm{d}y}{y(y-x)}=\dfrac{\mathrm{d}z}{y^2-xz}$ 的通解。

解：利用比例的性质，首项与末项的分子和分母分别相加其比值不变，即

$$\frac{\mathrm{d}x+\mathrm{d}z}{x(z-y)+y^2-xz}=\frac{\mathrm{d}y}{y(y-x)}$$

从而　　　　　　　　　　　　$\mathrm{d}(x-y+z)=0$

即得第一个第一积分　　　　　　$x-y+z=C_1$

将其代入第一个方程消去 z 得

$$\frac{\mathrm{d}x}{x(C_1-x)}=\frac{\mathrm{d}y}{y(y-x)},\ 即\ y'+\frac{y}{C_1-x}-\frac{y^2}{x(C_1-x)}=0$$

这是一个伯努利方程，其通解为

$$y=\frac{x-C_1}{\ln|x|+C_2}$$

消去式中的常数 C_1，即得到第二个第一积分

$$1-\frac{z}{y}-\ln|x|=C_2$$

7.3.3　Hesse 代换法

对于形如

$$x'=X+xT,y'=Y+yT,z'=Z+zT \tag{7.3-4}$$

的非线性微分方程组，其中 X、Y、Z、T 是未知函数 x、y、z 的线性形式，黑塞（Hesse）发现利用代换

$$x=\frac{\xi(t)}{\tau(t)},\quad y=\frac{\eta(t)}{\tau(t)},\quad z=\frac{\zeta(t)}{\tau(t)} \tag{7.3-5}$$

可以将原方程组化为线性齐次方程组。因此，方程组(7.3-4) 称为 Hesse **方程组**。因为在化学反应动力学研究中，有些多组分非线性反应动力学具有 Hesse 方程组的形式，在此对其积分求解过程做一介绍。

将式(7.3-5) 的代换代入方程组(7.3-4)，得

$$x' = \frac{\mathrm{d}x}{\mathrm{d}t} = \frac{\xi'\tau - \tau'\xi}{\tau^2} = X\left(\frac{\xi}{\tau}, \frac{\eta}{\tau}, \frac{\zeta}{\tau}\right) + \frac{\xi}{\tau}T\left(\frac{\xi}{\tau}, \frac{\eta}{\tau}, \frac{\zeta}{\tau}\right)$$

$$y' = \frac{\mathrm{d}y}{\mathrm{d}t} = \frac{\eta'\tau - \tau'\eta}{\tau^2} = Y\left(\frac{\xi}{\tau}, \frac{\eta}{\tau}, \frac{\zeta}{\tau}\right) + \frac{\eta}{\tau}T\left(\frac{\xi}{\tau}, \frac{\eta}{\tau}, \frac{\zeta}{\tau}\right) \qquad (7.3\text{-}6)$$

$$z' = \frac{\mathrm{d}z}{\mathrm{d}t} = \frac{\zeta'\tau - \tau'\zeta}{\tau^2} = Z\left(\frac{\xi}{\tau}, \frac{\eta}{\tau}, \frac{\zeta}{\tau}\right) + \frac{\zeta}{\tau}T\left(\frac{\xi}{\tau}, \frac{\eta}{\tau}, \frac{\zeta}{\tau}\right)$$

由此可以求出 $\xi' = \dfrac{\tau'}{\tau}\xi + \tau X + \xi T$，　$\eta' = \dfrac{\tau'}{\tau}\eta + \tau Y + \eta T$，　$\zeta' = \dfrac{\tau'}{\tau}\zeta + \tau Z + \zeta T$ （7.3-7）

因为 X、Y、Z 是线性的，所以式中的函数

$$\tau X\left(\frac{\xi}{\tau}, \frac{\eta}{\tau}, \frac{\zeta}{\tau}\right), \quad \tau Y\left(\frac{\xi}{\tau}, \frac{\eta}{\tau}, \frac{\zeta}{\tau}\right), \quad \tau Z\left(\frac{\xi}{\tau}, \frac{\eta}{\tau}, \frac{\zeta}{\tau}\right)$$

也是线性的。由于式(7.3-5) 代换中的 $\tau(t)$ 函数并没有严格的定义，具有一定的任意性，因此不妨假设其满足

$$\frac{\tau'}{\tau} = -T\left(\frac{\xi}{\tau}, \frac{\eta}{\tau}, \frac{\zeta}{\tau}\right) \qquad (7.3\text{-}8)$$

因而，由方程组(7.3-7) 和方程(7.3-8) 可以得到一个新的线性齐次微分方程组

$$\xi' = \tau X, \quad \eta' = \tau Y, \quad \zeta' = \tau Z, \quad \tau' = -\tau T \qquad (7.3\text{-}9)$$

解此线性齐次方程组，然后再代回到原函数即得到问题的通解。

【例题 7-19】 求微分方程组 $\dfrac{\mathrm{d}x}{\mathrm{d}t} = y + xz$，$\dfrac{\mathrm{d}y}{\mathrm{d}t} = x + yz$，$\dfrac{\mathrm{d}z}{\mathrm{d}t} = x + z^2$ 的通解。

解： 对比 Hesse 方程组(7.3-4)，在原方程组中有 $X = y$，$Y = x$，$Z = x$，$T = z$，考虑代换 (7.3-5) 可知

$$X\left(\frac{\xi}{\tau}, \frac{\eta}{\tau}, \frac{\zeta}{\tau}\right) = \frac{\eta}{\tau}, \quad Y\left(\frac{\xi}{\tau}, \frac{\eta}{\tau}, \frac{\zeta}{\tau}\right) = \frac{\xi}{\tau}$$

$$Z\left(\frac{\xi}{\tau}, \frac{\eta}{\tau}, \frac{\zeta}{\tau}\right) = \frac{\xi}{\tau}, \quad T\left(\frac{\xi}{\tau}, \frac{\eta}{\tau}, \frac{\zeta}{\tau}\right) = \frac{\zeta}{\tau}$$

因此，原方程组可化为线性齐次方程组

$$\frac{\mathrm{d}\xi}{\mathrm{d}t} = \eta, \quad \frac{\mathrm{d}\eta}{\mathrm{d}t} = \xi, \quad \frac{\mathrm{d}\zeta}{\mathrm{d}t} = \xi, \quad \frac{\mathrm{d}\tau}{\mathrm{d}t} = -\zeta$$

从前两个方程中可以解得

$$\xi = C_1 \mathrm{e}^t + C_2 \mathrm{e}^{-t}, \quad \eta = C_1 \mathrm{e}^t - C_2 \mathrm{e}^{-t}$$

由于第二个方程与第三个方程的形式完全相同，所以其解应只差一个常数，即

$$\zeta = C_1 e^t - C_2 e^{-t} + C_3$$

将 ζ 代入最后一个方程求积分，得

$$\tau = -C_1 e^t - C_2 e^{-t} - C_3 t + C_4$$

最后回代到原变量 x、y、z，并令 $k_1 = C_2/C_1$，$k_2 = C_3/C_1$，$k_3 = C_4/C_1$，得

$$x = \frac{e^t + k_1 e^{-t}}{e^t - k_1 e^{-t} - k_2 t + k_3}$$

$$y = \frac{e^t - k_1 e^{-t}}{e^t - k_1 e^{-t} - k_2 t + k_3}$$

$$z = \frac{e^t - k_1 e^{-t} + k_2}{e^t - k_1 e^{-t} - k_2 t + k_3}$$

【例题 7-20】 求微分方程组

$$\frac{\mathrm{d}x}{\mathrm{d}t} = x + x(x+y), \qquad \frac{\mathrm{d}y}{\mathrm{d}t} = z + y(x+y), \qquad \frac{\mathrm{d}z}{\mathrm{d}t} = y + z(x+y)$$

的通解。

解： 同上例可知 $X = x$，$Y = z$，$Z = y$，$T = x + y$，并且

$$X\left(\frac{\xi}{\tau}, \frac{\eta}{\tau}, \frac{\zeta}{\tau}\right) = \frac{\xi}{\tau}, \qquad Y\left(\frac{\xi}{\tau}, \frac{\eta}{\tau}, \frac{\zeta}{\tau}\right) = \frac{\zeta}{\tau}$$

$$Z\left(\frac{\xi}{\tau}, \frac{\eta}{\tau}, \frac{\zeta}{\tau}\right) = \frac{\eta}{\tau}, \qquad T\left(\frac{\xi}{\tau}, \frac{\eta}{\tau}, \frac{\zeta}{\tau}\right) = \frac{\xi + \eta}{\tau}$$

因此，原方程组可写成

$$\frac{\mathrm{d}\xi}{\mathrm{d}t} = \xi, \qquad \frac{\mathrm{d}\eta}{\mathrm{d}t} = \zeta, \qquad \frac{\mathrm{d}\zeta}{\mathrm{d}t} = \eta, \qquad \frac{\mathrm{d}\tau}{\mathrm{d}t} = -\xi - \eta$$

从第一个方程可以解得 $\qquad\qquad\qquad \xi = C_1 e^t$

从第二个和第三个方程解得 $\qquad \eta = C_2 e^t + C_3 e^{-t}, \qquad \zeta = C_2 e^t - C_3 e^{-t}$

从最后一个方程解得 $\qquad \tau = -(C_1 + C_2) e^t + C_3 e^{-t} + C_4$

因此，原方程组的通解为

$$x = \frac{C_1 e^t}{-(C_1 + C_2) e^t + C_3 e^{-t} + C_4}$$

$$y = \frac{C_2 e^t + C_3 e^{-t}}{-(C_1 + C_2) e^t + C_3 e^{-t} + C_4}$$

$$z = \frac{C_2 e^t - C_3 e^{-t}}{-(C_1 + C_2) e^t + C_3 e^{-t} + C_4}$$

7.4　常微分方程组初边值问题

在化工数学中，我们不会去研究常微分方程组的纯数学问题，而是应用数学方法开展化工工艺过程或化工设备的研究开发或放大设计。因而在化工领域所涉及的微分方程组，均为与初值问题或边值问题有关的定解问题。理论上讲，前面介绍的所有求常微分方程组通解的方法，均可用于求解相关定解问题，具体方法就是由有关初值条件或边界条件确定通解中的积分常数，从而得到问题的定解。

对于很多初值问题或边值问题，采用一些特定的方法往往可使问题的求解得到简化，甚或有些方法已成为化工领域通用方法，比如拉普拉斯变换法、边初值转化法等。

7.4.1　初值问题

在化学反应动力学、一维流动多相反应器建模模拟、间歇操作的各种集中参数系统模拟等研发过程中，经常遇到常微分方程组初值问题的求解问题。在此以反应动力学模型和两相并流平推流反应器模型为例，介绍拉普拉斯变换法在求解此类问题中的应用。

（1）可逆反应动力学模型

首先考虑三组分串联可逆反应过程

$$A \underset{k_{-1}}{\overset{k_1}{\rightleftharpoons}} B \underset{k_{-2}}{\overset{k_2}{\rightleftharpoons}} C$$

的反应动力学问题，假设各步反应均为一级，在等温条件下列出反应动力学方程即得到以下常微分方程组

$$
\begin{cases}
\dfrac{dc_A}{dt} = -k_1 c_A + k_{-1} c_B \\[2mm]
\dfrac{dc_B}{dt} = k_1 c_A - (k_{-1} + k_2) c_B + k_{-2} c_C \\[2mm]
\dfrac{dc_C}{dt} = k_2 c_B - k_{-2} c_C
\end{cases}
\tag{7.4-1}
$$

如果反应开始，体系内只有组分 A，即微分方程组的初始条件为

$$t = 0: \quad c_A = c_{A0}, \quad c_B = c_C = 0 \tag{7.4-2}$$

常系数线性微分方程组（7.4-1）和初始条件（7.4-2）一起构成初值问题，对于这样的初值问题采用拉普拉斯变换法求解比较简便。利用初始条件（7.4-2）对微分方程组（7.4-1）取拉普拉斯变换，得各组分浓度像函数的代数方程组

$$
\begin{cases}
s\tilde{c}_A - c_{A0} = -k_1 \tilde{c}_A + k_{-1} \tilde{c}_B \\[2mm]
s\tilde{c}_B = k_1 \tilde{c}_A - (k_{-1} + k_2) \tilde{c}_B + k_2 \tilde{c}_C \\[2mm]
s\tilde{c}_C = k_2 \tilde{c}_B - k_{-2} \tilde{c}_C
\end{cases}
\tag{7.4-3}
$$

对于线性代数方程组的求解可采用消元法、行列式法、矩阵法等，与微分方程组的求解相比要简单得多，在此直接给出结果

$$\begin{cases} \widetilde{c}_A = \dfrac{s^2 + (k_{-1} + k_2 + k_{-2})s + k_{-1}k_{-2}}{s(s^2 + \alpha s + \beta)}c_{A0} \\[4mm] \widetilde{c}_B = \dfrac{k_1(k_{-2} + s)}{s(s^2 + \alpha s + \beta)}c_{A0} \\[4mm] \widetilde{c}_C = \dfrac{k_1 k_2}{s(s^2 + \alpha s + \beta)}c_{A0} \end{cases} \tag{7.4-4}$$

式中，$\alpha = k_1 + k_{-1} + k_2 + k_{-2}$，$\beta = k_1 k_2 + k_1 k_{-2} + k_{-1}k_{-2}$。

对结果(7.4-4)进行拉氏逆变换求取像原函数，即可得到所求的原问题的解。对形如(7.4-4)的像函数取拉氏逆变换，应用留数求逆变换的方法是比较方便的，为此首先求出像函数的极点，也即求出方程

$$s(s^2 + \alpha s + \beta) = 0 \tag{7.4-5}$$

的根。不难看出，方程(7.4-5)有三个不同的根，它们分别是

$$s_1 = 0，\quad s_2，\quad s_3 = \frac{1}{2}(-\alpha \pm \sqrt{\alpha^2 - 4\beta}) \tag{7.4-6}$$

根据留数理论，拉氏逆变换等于像函数诸留数之和。首先求取组分 A 的像原函数，将像函数的分母记为因式形式，然后求出式(7.4-6)中三个简单极点所对应的留数，即有

$$\mathrm{Re}_1 = \lim_{s \to 0} \frac{(s-0)[s^2 + (k_{-1} + k_2 + k_{-2})s + k_{-1}k_{-2}]}{(s-0)(s-s_2)(s-s_3)}c_{A0}\mathrm{e}^{st} = \frac{k_{-1}k_{-2}}{s_2 s_3}c_{A0} \tag{7.4-7a}$$

$$\begin{aligned} \mathrm{Re}_2 &= \lim_{s \to s_2} \frac{(s-s_2)[s^2 + (k_{-1} + k_2 + k_{-2})s + k_{-1}k_{-2}]}{s(s-s_2)(s-s_3)}c_{A0}\mathrm{e}^{st} \\[2mm] &= \frac{s_2^2 + (k_{-1} + k_2 + k_{-2})s_2 + k_{-1}k_{-2}}{s_2(s_2 - s_3)}c_{A0}\mathrm{e}^{s_2 t} \end{aligned} \tag{7.4-7b}$$

$$\begin{aligned} \mathrm{Re}_3 &= \lim_{s \to s_3} \frac{(s-s_3)[s^2 + (k_{-1} + k_2 + k_{-2})s + k_{-1}k_{-2}]}{s(s-s_2)(s-s_3)}c_{A0}\mathrm{e}^{st} \\[2mm] &= \frac{s_3^2 + (k_{-1} + k_2 + k_{-2})s_3 + k_{-1}k_{-2}}{s_3(s_3 - s_2)}c_{A0}\mathrm{e}^{s_3 t} \end{aligned} \tag{7.4-7c}$$

因此，将以上三个留数加和在一起即得到组分 A 的浓度随时间的变化函数关系

$$\begin{aligned} c_A(t) = \sum_i \mathrm{Re}_i = \Bigg[&\frac{k_{-1}k_{-2}}{s_2 s_3} + \frac{s_2^2 + (k_{-1} + k_2 + k_{-2})s_2 + k_{-1}k_{-2}}{s_2(s_2 - s_3)}\mathrm{e}^{s_2 t} + \\ &\frac{s_3^2 + (k_{-1} + k_2 + k_{-2})s_3 + k_{-1}k_{-2}}{s_3(s_3 - s_2)}\mathrm{e}^{s_3 t} \Bigg]c_{A0} \end{aligned} \tag{7.4-8a}$$

类似地，利用相同的方法得到组分 B 和 C 的浓度变化函数

$$c_B(t) = \left[\frac{k_1 k_{-2}}{s_2 s_3} + \frac{k_1 k_{-2} + k_1 s_2}{s_2(s_2 - s_3)}\mathrm{e}^{s_2 t} + \frac{k_1 k_{-2} + k_1 s_3}{s_3(s_3 - s_2)}\mathrm{e}^{s_3 t} \right]c_{A0} \tag{7.4-8b}$$

$$c_C(t) = \left[\frac{k_1 k_2}{s_2 s_3} + \frac{k_1 k_2}{s_2(s_2 - s_3)}\mathrm{e}^{s_2 t} + \frac{k_1 k_2}{s_3(s_3 - s_2)}\mathrm{e}^{s_3 t} \right]c_{A0} \tag{7.4-8c}$$

根据在不同时间测得的体系中三种组分的浓度数据，利用以上求解得到的反应动力学模型，回归得出动力学模型中的各个反应速率常数，即可最终得到具有实用价值的反应动力学数学模型。

（2）复杂反应动力学模型

这里以一个实际的复杂反应体系为例，简要介绍常微分方程组初值问题的解题方法和具

体应用。在 20 世纪 90 年代，德国 Tübingen 大学的一位教授曾做过大量研究，试图将廉价的茶籽油加工成为高价值可可脂的代用品。

实际上，茶籽油像其它植物油一样，也具有脂肪酸三甘酯的化学组成，具体分子结构式如以下所示

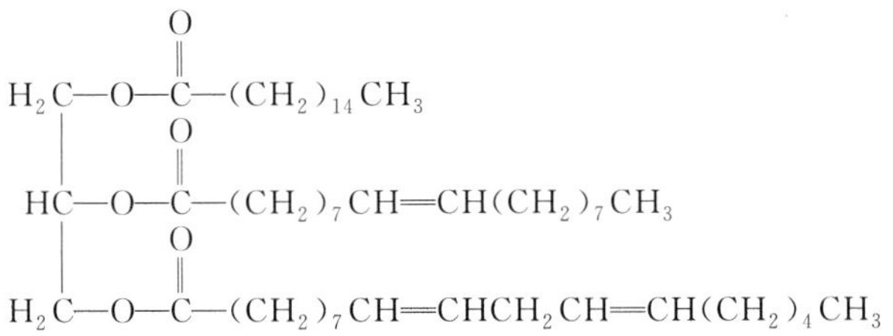

$$H_2C-O-\overset{\overset{O}{\|}}{C}-(CH_2)_{14}CH_3 \qquad\qquad (C16:0\ 棕榈酸)$$

$$HC-O-\overset{\overset{O}{\|}}{C}-(CH_2)_7CH=CH(CH_2)_7CH_3 \qquad (C18:1\ 油酸)$$

$$H_2C-O-\overset{\overset{O}{\|}}{C}-(CH_2)_7CH=CHCH_2CH=CH(CH_2)_4CH_3 \qquad (C18:2\ 亚油酸)$$

其中，侧链 C16：0 对应的饱和酸为棕榈酸（Hexadecanoic），C18：1 表示含有一个不饱和键，称为油酸（cis-9-Octadecenoic），C18：2 含有两个不饱和键，称亚油酸（cis-9，cis-12-Octadecadienoic）。

而可可脂同样也是由 C16：0、C18：0、C18：1 和 C18：2 构成，只是相应脂肪酸的含量不同。表 7-1 给出的即是国内外不同产区的茶籽油的和可可脂的组分对比，从中不难发现，茶籽油和可可脂的区别主要是茶籽油的 C18：1 和 C18：2 明显高于可可脂。如果把茶籽油中的 C18：1 加氢成为可可脂中的 C18：0，C18：2 加氢成为 C18：1，只要加氢比例适当，即可将廉价的茶籽油加工成为高价值可可脂的代用品。

表 7-1　茶籽油和可可脂的组分对比

成　分	C14：0	C16：0	C18：0	C18：1	C18：2
茶籽油（国外实例）	0	8.84	0	81.14	7.95
茶籽油（浙江产）	0.1	16.3	0	45.54	37.95
可可脂（国外实例）	0.09	25.39	35.02	35.38	2.86

应该指出的是，植物油脂的组成会因品种和产地不同而存在很大差异，表 7-1 列出的数据仅具有一般意义上的代表性。

在茶籽油体系中，C14：0 和 C16：0 均为饱和酸，加氢过程不会影响其组成，因而可将其作惰性组分处理。对于 C18 组分中的 C18：2 记为 A、C18：1 的同分异构体分别记为 B 和 C、C18：0 记为 D，由于在加氢反应过程中氢气大量过量且连续进料，从而也可忽略氢气浓度的影响，由此可得如图 7-1 所示的反应网络。

根据分析得到的反应机理，可以列出如下式的反应动力学模型

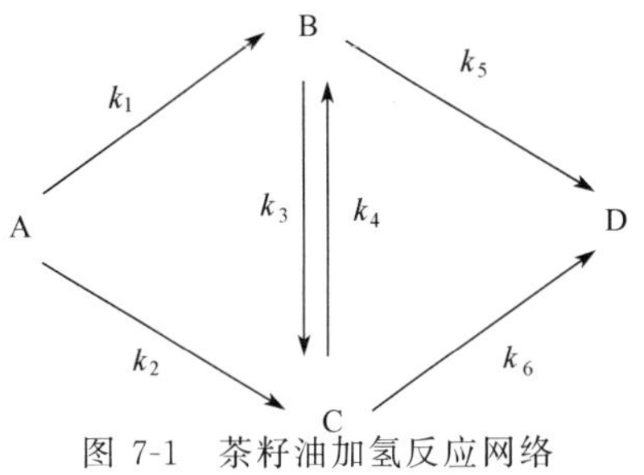

图 7-1　茶籽油加氢反应网络

$$\begin{cases} \dfrac{dc_A}{dt}=-(k_1+k_2)c_A \\[2mm] \dfrac{dc_B}{dt}=k_1c_A-(k_3+k_5)c_B+k_4c_C \\[2mm] \dfrac{dc_C}{dt}=k_2c_A+k_3c_B-(k_4+k_6)c_C \\[2mm] \dfrac{dc_D}{dt}=k_5c_B+k_6c_C \end{cases} \qquad (7.4\text{-}9)$$

将反应原料的初始组成作为初始条件

$$t = 0: c_{A0} = 7.64\%, \ c_{B0} = 89.92\%, \ c_{C0} = 0, \ c_{D0} = 2.44\% \tag{7.4-10}$$

可控加氢反应动力学实验得到的数据为各组分浓度随时间的变化。如果从式(7.4-9) 中求得浓度与时间的关系，将给动力学实验数据的处理带来极大的方便。为此，利用前面介绍的拉普拉斯变换法求解该初值问题，方程组 (7.4-9) 的拉氏变换结果为

$$
\begin{cases}
s\widetilde{c}_A - c_{A0} = -(k_1 + k_2)\widetilde{c}_A \\
s\widetilde{c}_B - c_{B0} = k_1\widetilde{c}_A - (k_3 + k_5)\widetilde{c}_B + k_4\widetilde{c}_C \\
s\widetilde{c}_C = k_2\widetilde{c}_A + k_3\widetilde{c}_B - (k_4 + k_6)\widetilde{c}_C \\
s\widetilde{c}_D - c_{D0} = k_5\widetilde{c}_B + k_6\widetilde{c}_C
\end{cases} \tag{7.4-11}
$$

求出以上线性代数方程组的解

$$
\begin{cases}
\widetilde{c}_A = \dfrac{c_{A0}}{s+a} \\[2mm]
\widetilde{c}_B = \dfrac{[k_1(s+c) + k_2 k_4]c_{A0} + (s+a)(s+c)c_{B0}}{(s+a)[(s+b)(s+c) - k_3 k_4]} \\[2mm]
\widetilde{c}_C = \dfrac{[k_2(s+b) + k_1 k_3]c_{A0} + k_3(s+a)c_{B0}}{(s+a)[(s+b)(s+c) - k_3 k_4]} \\[2mm]
\widetilde{c}_D = \dfrac{k_5\widetilde{c}_B}{s} + \dfrac{k_6\widetilde{c}_C}{s} + \dfrac{c_{D0}}{s}
\end{cases} \tag{7.4-12}
$$

式中，$a = k_1 + k_2$，$b = k_3 + k_5$，$c = k_4 + k_6$。

对式(7.4-12)中组分 A 浓度的像函数取拉氏逆变换得

$$c_A(t) = c_{A0} e^{-at} \tag{7.4-13}$$

而对于组分 B 和组分 C 浓度的像函数取拉氏逆变换要复杂一些，但利用留数理论求解还是可行的，这时需先求其极点，不难得出

$$s_1 = -a, \quad s_{2,3} = \frac{1}{2}\left[-(b+c) \pm \sqrt{(b+c)^2 - 4(bc - k_3 k_4)}\right] \tag{7.4-14}$$

根据留数理论可知

$$c_B(t) = \sum_{i=1}^{3} \lim_{s \to s_i} \frac{[k_1(s+c) + k_2 k_4]c_{A0} + (s+a)(s+c)c_{B0}}{(s-s_1)(s-s_2)(s-s_3)/(s-s_i)} e^{st} \tag{7.4-15}$$

$$c_C(t) = \sum_{i=1}^{3} \lim_{s \to s_i} \frac{[k_2(s+b) + k_1 k_3]c_{A0} + k_3(s+a)c_{B0}}{(s-s_1)(s-s_2)(s-s_3)/(s-s_i)} e^{st} \tag{7.4-16}$$

而对于组分 D 则有

$$c_D(t) = c_{A0} + \sum_{i=0}^{3} \lim_{s \to s_i} \frac{k_5[k_1(s+c) + k_2 k_4]c_{A0} + k_5(s+a)(s+c)c_{B0}}{s(s-s_1)(s-s_2)(s-s_3)/(s-s_i)} e^{st} +$$

$$c_{B0} + \sum_{i=0}^{3} \lim_{s \to s_i} \frac{k_6[k_2(s+b) + k_1 k_3]c_{A0} + k_3 k_6(s+a)c_{B0}}{s(s-s_1)(s-s_2)(s-s_3)/(s-s_i)} e^{st} + c_{D0} \tag{7.4-17}$$

以上即为所求出的各组分浓度随时间的变化函数关系，利用如图 7-2 所示的实验数据（图中符号点），采用非线性参数估值 Marquardt 法回归反应速率常数，结果见表 7-2。

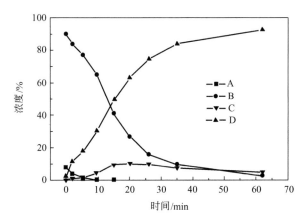

图 7-2　茶籽油加氢反应实验结果

表 7-2　速率常数回归结果

速率常数	k_1	k_2	k_3	k_4	k_5	k_6
回归值	0.3386	0	2.167×10^{-2}	1.069×10^{-4}	3.664×10^{-2}	0.1177

图 7-2 中的曲线为利用所建动力学模型和回归得到的反应速率常数计算得出的模拟结果，可以看出预测结果与实验结果吻合很好，证明所建立的反应动力学模型是正确的。

（3）两相平推流反应器模型

间歇操作的多组分全混釜反应器和一维流动的两相平推流反应器数学模型，均具有微分方程组初值问题的特征。为了讨论方便，在此以气液两相平推流反应器为例，简单介绍如何建立数学模型及相应的数学求解方法。

假定气液两相反应体系如图 7-3 所示，如果反应物 A 为气相，必须经过气液传质进入液相才能发生反应，则反应器数学模型就需要包括相际传质、流体流动和反应动力学模型。

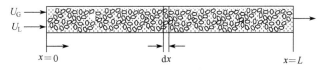

图 7-3　平推流反应器模型

考虑气液相际传质和一级反应动力学可用以下数学模型描述

$$\dot{N}_A = k_L a \left(\frac{p_A}{H} - c_A \right), \quad (-r_A) = k_A c_A \tag{7.4-18}$$

则平推流反应器数学模型可表示为

$$\begin{cases} \dfrac{U_G}{RT\varepsilon_G} \dfrac{\mathrm{d}p_A}{\mathrm{d}x} + k_L a \left(\dfrac{p_A}{H} - c_A \right) = 0 \\ \dfrac{U_L}{\varepsilon_L} \dfrac{\mathrm{d}c_A}{\mathrm{d}x} - k_L a \left(\dfrac{p_A}{H} - c_A \right) + \varepsilon_L k_A c_A = 0 \end{cases} \tag{7.4-19}$$

其中，U 和 ε 分别为表观速度和相含率，H 为 Henry 常数。引入无量纲特征数和变量

$$St_G = \frac{k_L aRT\varepsilon_G L}{HU_G}, \quad Da = \frac{k_A \varepsilon_L^2 L}{U_L}, \quad c_G = \frac{p_A}{p_{A0}}, \quad z = \frac{x}{L},$$

$$St_L = \frac{k_L a\varepsilon_L L}{U_L}, \quad \gamma = \frac{Hc_{A0}}{p_{A0}}, \quad c_G = \frac{Hc_A}{p_{A0}}$$

式(7.4-19)变为以下无量纲形式

$$\begin{cases} \dfrac{dc_G}{dz} + St_G(c_G - c_L) = 0 \\ \dfrac{dc_L}{dz} - St_L(c_G - c_L) + Dac_L = 0 \end{cases} \qquad (7.4\text{-}20)$$

如果平推流反应器采用两相并流操作，则方程组(7.4-20)的边界条件（在数学意义上应该是初始条件）为

$$z = 0: \ c_G = 1, \ c_L = \gamma \qquad (7.4\text{-}21)$$

对于由方程组(7.4-20)和初始条件(7.4-21)组成的初值问题，在此介绍以下两种求解方法。

拉氏变换法　利用初始条件(7.4-21)对方程组(7.4-20)取拉氏变换，得

$$\begin{cases} s\widetilde{c}_G - 1 + St_G(\widetilde{c}_G - \widetilde{c}_L) = 0 \\ s\widetilde{c}_L - \gamma - St_L(\widetilde{c}_G - \widetilde{c}_L) + Da\widetilde{c}_L = 0 \end{cases} \qquad (7.4\text{-}22)$$

解此代数方程组，得

$$\begin{cases} \widetilde{c}_G = \dfrac{(s + St_L + Da) + \gamma St_G}{(s + St_G)(s + St_L + Da) - St_G St_L} \\ \widetilde{c}_L = \dfrac{\gamma(s + St_G) + St_L}{(s + St_G)(s + St_L + Da) - St_G St_L} \end{cases} \qquad (7.4\text{-}23)$$

为了求出式(7.4-23)的像原函数，首先计算其极点，并有

$$s_{1,2} = \frac{1}{2}\left[-(St_G + St_L + Da) \pm \sqrt{(St_G + St_L + Da)^2 - 4St_G Da} \right] \qquad (7.4\text{-}24)$$

从而，可根据留数理论直接写出式(7.4-23)的拉氏逆变换结果

$$\begin{cases} c_G(z) = \dfrac{(s_1 + St_L + Da) + \gamma St_G}{(s_1 - s_2)}e^{s_1 z} + \dfrac{(s_2 + St_L + Da) + \gamma St_G}{(s_2 - s_1)}e^{s_2 z} \\ c_L(z) = \dfrac{\gamma(s_1 + St_G) + St_L}{(s_1 - s_2)}e^{s_1 z} + \dfrac{\gamma(s_2 + St_G) + St_L}{(s_2 - s_1)}e^{s_2 z} \end{cases} \qquad (7.4\text{-}25)$$

算子特征值法　算子特征值法既适用于求解初值问题，也适用于求解边值问题，尤其当所求解的微分方程组是齐次方程时，利用这种方法尤为方便。利用算子特征值法求解初值问题时，首先将方程组(7.4-20)中的原方程写成算子形式

$$\begin{cases} (D + St_G)c_G - St_G c_L = 0 \\ -St_L c_G + (D + St_L + Da)c_L = 0 \end{cases} \qquad (7.4\text{-}26)$$

令 λ 代替式中的 D 可以得到以上方程组的特征方程

$$(\lambda + St_G)(\lambda + St_L + Da) - St_G St_L = 0 \qquad (7.4\text{-}27)$$

从而可以得到与式(7.4-24) 的极点完全相同的特征值，即

$$\lambda_{1,2} = \frac{1}{2}\left[-(St_G + St_L + Da) \pm \sqrt{(St_G + St_L + Da)^2 - 4St_G Da}\right] \tag{7.4-28}$$

将微分方程组(7.4-26) 记为一般线性算子形式

$$\begin{cases} L_{11}c_G + L_{12}c_L = 0 \\ L_{21}c_G + L_{22}c_L = 0 \end{cases} \tag{7.4-29}$$

则形如式(7.4-29) 的方程组具有解

$$\begin{cases} c_G = A_1 e^{\lambda_1 z} + A_2 e^{\lambda_2 z} \\ c_L = A_1 \beta_1 e^{\lambda_1 z} + A_2 \beta_2 e^{\lambda_2 z} \end{cases} \tag{7.4-30}$$

其中

$$\beta_i = \frac{L_{11}(\lambda_i) - L_{21}(\lambda_i)}{L_{22}(\lambda_i) - L_{12}(\lambda_i)} = \frac{\lambda_i + St_G + St_L}{\lambda_i + St_L + Da + St_G} \tag{7.4-31}$$

利用初始条件确定积分常数 A_1 和 A_2，得

$$\begin{cases} A_1 + A_2 = 1 \\ A_1\beta_1 + A_2\beta_2 = \gamma \end{cases} \tag{7.4-32}$$

解得

$$A_1 = \frac{\gamma - \beta_2}{\beta_1 - \beta_2}, \qquad A_2 = \frac{\beta_1 - \gamma}{\beta_1 - \beta_2} \tag{7.4-33}$$

即

$$\begin{cases} c_G(z) = \dfrac{\gamma - \beta_2}{\beta_1 - \beta_2} e^{\lambda_1 z} + \dfrac{\beta_1 - \gamma}{\beta_1 - \beta_2} e^{\lambda_2 z} \\ c_L(z) = \dfrac{\gamma - \beta_2}{\beta_1 - \beta_2} \beta_1 e^{\lambda_1 z} + \dfrac{\beta_1 - \gamma}{\beta_1 - \beta_2} \beta_2 e^{\lambda_2 z} \end{cases} \tag{7.4-34}$$

7.4.2　边值问题

在化工领域常微分方程组描述的物理问题,通常要顾及入口条件、出口条件、边壁条件等因素,因而由常微分方程组描述的定解问题也多为边值问题。这里,仅以化工中常见的典型问题为例,重点介绍边值问题的求解方法。

(1) 气液两相平推流反应器逆流操作模型

对于图 7-3 所示的平推流两相反应器,如果采用气液两相逆流操作的方式,则反应器模型具有以下形式

$$\begin{cases} \dfrac{dc_G}{dz} + St_G(c_G - c_L) = 0 \\ \dfrac{dc_L}{dz} + St_L(c_G - c_L) - Da c_L = 0 \end{cases} \tag{7.4-35}$$

此时的边界条件为 $\qquad z = 0: c_G = 1; \ z = 1: c_L = \gamma \tag{7.4-36}$

对于由方程组(7.4-35) 和边界条件(7.4-36) 组成的边值问题, 无法直接利用拉普拉斯变换

法求解。但由于问题是齐次的，所以利用算子特征值法是很方便的。

首先将方程组(7.4-35)中的原方程写成算子形式

$$\begin{cases} (D+St_G)c_G-St_Gc_L=0 \\ St_Lc_G+(D-St_L-Da)c_L=0 \end{cases} \qquad (7.4-37)$$

以上方程组对应的特征方程是

$$(\lambda+St_G)(\lambda-St_L-Da)+St_GSt_L=0 \qquad (7.4-38)$$

解此二次方程得到微分方程组的两个特征值，即

$$\lambda_{1,2}=\frac{1}{2}\left[-(St_G-St_L-Da)\pm\sqrt{(St_G-St_L-Da)^2+4St_GDa}\right] \qquad (7.4-39)$$

则方程组(7.4-35)解的形式与式(7.4-30)相同，即

$$\begin{cases} c_G=A_1e^{\lambda_1z}+A_2e^{\lambda_2z} \\ c_L=A_1\beta_1e^{\lambda_1z}+A_2\beta_2e^{\lambda_2z} \end{cases} \qquad (7.4-40)$$

只是式中 β_i 的取值不同，并有

$$\beta_i=\frac{\lambda_i+St_G-St_L}{\lambda_i-St_L-Da+St_G} \qquad (7.4-41)$$

利用边界条件确定积分常数 A_1 和 A_2，得

$$\begin{cases} A_1+A_2=1 \\ A_1\beta_1e^{\lambda_1}+A_2\beta_2e^{\lambda_2}=\gamma \end{cases} \qquad (7.4-42)$$

解得

$$A_1=\frac{\gamma-\beta_2e^{\lambda_2}}{\beta_1e^{\lambda_1}-\beta_2e^{\lambda_2}}, \quad A_2=\frac{\beta_1e^{\lambda_1}-\gamma}{\beta_1e^{\lambda_1}-\beta_2e^{\lambda_2}} \qquad (7.4-43)$$

即

$$\begin{cases} c_G(z)=\dfrac{\gamma-\beta_2e^{\lambda_2}}{\beta_1e^{\lambda_1}-\beta_2e^{\lambda_2}}e^{\lambda_1z}+\dfrac{\beta_1e^{\lambda_1}-\gamma}{\beta_1e^{\lambda_1}-\beta_2e^{\lambda_2}}e^{\lambda_2z} \\ c_L(z)=\dfrac{\gamma-\beta_2e^{\lambda_2}}{\beta_1e^{\lambda_1}-\beta_2e^{\lambda_2}}\beta_1e^{\lambda_1z}+\dfrac{\beta_1e^{\lambda_1}-\gamma}{\beta_1e^{\lambda_1}-\beta_2e^{\lambda_2}}\beta_2e^{\lambda_2z} \end{cases} \qquad (7.4-44)$$

(2) 气液两相传质模型

根据大量实验研究发现，气液固三相循环流化床中相际传质系数，可以采用溶氧法实验测量。当利用空气作为气相，水为液相时，气液固三相循环流化床中气相返混的影响可以忽略，因而气液相际传质可用以下数学模型描述

$$\begin{cases} \dfrac{dc_G}{dz}+St_G[c_G-c_L]=0 \\ \dfrac{1}{Pe_L}\dfrac{d^2c_L}{dz^2}-\dfrac{dc_L}{dz}+St_L[c_G-c_L]=0 \end{cases} \qquad (7.4-45)$$

式中

$$c_G = \frac{p_{O_2}}{H}, \qquad St_G = \frac{k_L aL}{u_G}, \qquad Pe_L = \frac{u_L L}{D_{e,L}\varepsilon_L}$$

$$c_L = \frac{Hc_{O_2}}{p_{O_2}^{in}}, \qquad St_L = \frac{k_L aL}{u_L}, \qquad z = \frac{x}{L}$$

微分方程组(7.4-45) 的边界条件为

$$\begin{cases} z=0: c_G = c_{G0}, c_L = c_{L0} + \dfrac{1}{Pe_L}\dfrac{dc_L}{dz} \\ z=1: \dfrac{dc_L}{dz} = 0 \end{cases} \tag{7.4-46}$$

微分方程组(7.4-45) 为线性齐次方程组，因此采用算子特征值法求解是一个正确的选择。为方便求解，首先将原方程组写成算子形式

$$\begin{cases} (D + St_G)c_G - St_G c_L = 0 \\ Pe_L St_L c_G + (D^2 - Pe_L D - Pe_L St_L)c_L = 0 \end{cases} \tag{7.4-47}$$

方程组所对应的特征方程

$$(D + St_G)(D^2 - Pe_L D - Pe_L St_L) + Pe_L St_G St_L = 0 \tag{7.4-48}$$

由特征方程可求出三个特征根，其数值为 λ_1、λ_2、λ_3。根据公式(7.4-31) 可以直接写出问题的通解

$$\begin{cases} c_G = A_1 e^{\lambda_1 z} + A_2 e^{\lambda_2 z} + A_3 e^{\lambda_3 z} \\ c_L = A_1 \beta_1 e^{\lambda_1 z} + A_2 \beta_2 e^{\lambda_2 z} + A_3 \beta_3 e^{\lambda_3 z} \end{cases} \tag{7.4-49}$$

其中，A_1、A_2、A_3 为积分常数；β 为方程之间的关联系数，并且由下式确定

$$\beta_i = \frac{(\lambda_i + St_G) - Pe_L St_L}{(\lambda_i^2 - Pe_L \lambda_i - Pe_L St_L) + St_G} \tag{7.4-50}$$

将式(7.4-49) 代入边界条件(7.4-46) 可得到一个由 A_1、A_2、A_3 为未知数的线性代数方程组，即

$$\begin{pmatrix} 1 & 1 & 1 \\ \beta_1 - \dfrac{\beta_1 \lambda_1}{Pe_L} & \beta_2 - \dfrac{\beta_2 \lambda_2}{Pe_L} & \beta_3 - \dfrac{\beta_3 \lambda_3}{Pe_L} \\ \beta_1 \lambda_1 e^{\lambda_1} & \beta_2 \lambda_2 e^{\lambda_2} & \beta_3 \lambda_3 e^{\lambda_3} \end{pmatrix} \begin{pmatrix} A_1 \\ A_2 \\ A_3 \end{pmatrix} = \begin{pmatrix} 1 \\ c_{L0} \\ 0 \end{pmatrix} \tag{7.4-51}$$

解此方程组即可确定通解(7.4-49) 中的积分常数，从而得到问题的定解。

(3) 气液两相轴向扩散反应器模型

对于如图 7-3 所示的气液两相反应体系，化学反应只在液相进行，如果同时考虑气液两相轴向返混的影响，则反应器数学模型具有形式

$$\begin{cases} \dfrac{1}{Pe_G}\dfrac{d^2 c_G}{dz^2} - \dfrac{dc_G}{dz} - St_G(c_G - c_L) = 0 \\ \dfrac{1}{Pe_L}\dfrac{d^2 c_L}{dz^2} - \dfrac{dc_L}{dz} + St_L(c_G - c_L) - Dac_L = 0 \end{cases} \tag{7.4-52}$$

两相并流操作时的边界条件为

$$\begin{cases} z = 0 : c_G = 1 + \dfrac{1}{Pe_G}\dfrac{dc_G}{dz}, \quad c_L = \rho + \dfrac{1}{Pe_L}\dfrac{dc_L}{dz} \\ z = 1 : \dfrac{dc_G}{dz} = 0, \quad \dfrac{dc_L}{dz} = 0 \end{cases} \tag{7.4-53}$$

其中，ρ 为液相 A 组分入口无量纲浓度，即定义为 $\rho = c_{L0}/c_{G0}$。对于由方程组(7.4-52) 和边界条件(7.4-53) 组成的边值问题，同样也可利用算子特征值方法求解。

首先将方程组(7.4-52) 写成算子形式

$$\begin{cases} (D^2 - Pe_G D - Pe_G St_G)c_G + Pe_G St_G c_L = 0 \\ Pe_L St_L c_G + (D^2 - Pe_L D - Pe_L St_L - Pe_L Da)c_L = 0 \end{cases} \tag{7.4-54}$$

该方程组对应的特征方程是

$$(\lambda^2 - Pe_G\lambda - Pe_G St_G)(\lambda^2 - Pe_L\lambda - Pe_L St_L - Pe_L Da) - Pe_L St_G St_L = 0 \tag{7.4-55}$$

解此特征方程将得到四个特征根，记为 λ_1、λ_2、λ_3、λ_4，则得到方程组(7.4-52) 的通解

$$\begin{cases} c_G(z) = A_1 e^{\lambda_1 z} + A_2 e^{\lambda_2 z} + A_3 e^{\lambda_3 z} + A_4 e^{\lambda_4 z} \\ c_L(z) = A_1\beta_1 e^{\lambda_1 z} + A_2\beta_2 e^{\lambda_2 z} + A_3\beta_3 e^{\lambda_3 z} + A_4\beta_4 e^{\lambda_4 z} \end{cases} \tag{7.4-56}$$

式中方程组解耦参数 β_i 由式(7.4-57) 确定

$$\beta_i = \frac{(\lambda_i^2 - Pe_G\lambda_i - Pe_G St_G) - Pe_L St_L}{(\lambda_i^2 - Pe_L\lambda_i - Pe_L St_L - Pe_L Da) - Pe_G St_G} \tag{7.4-57}$$

利用边界条件确定积分常数 A_1、A_2、A_3、A_4，得以下线性代数方程组

$$\begin{bmatrix} \lambda_1 & \lambda_2 & \lambda_3 & \lambda_4 \\ \lambda_1\beta_1 & \lambda_2\beta_2 & \lambda_3\beta_3 & \lambda_4\beta_4 \\ e^{\lambda_1}\left(1 - \dfrac{\lambda_1}{Pe_G}\right) & e^{\lambda_2}\left(1 - \dfrac{\lambda_2}{Pe_G}\right) & e^{\lambda_3}\left(1 - \dfrac{\lambda_3}{Pe_G}\right) & e^{\lambda_4}\left(1 - \dfrac{\lambda_4}{Pe_G}\right) \\ e^{\lambda_1}\beta_1\left(1 - \dfrac{\lambda_1}{Pe_G}\right) & e^{\lambda_2}\beta_2\left(1 - \dfrac{\lambda_2}{Pe_G}\right) & e^{\lambda_3}\beta_3\left(1 - \dfrac{\lambda_3}{Pe_G}\right) & e^{\lambda_4}\beta_4\left(1 - \dfrac{\lambda_4}{Pe_G}\right) \end{bmatrix} \begin{bmatrix} A_1 \\ A_2 \\ A_3 \\ A_4 \end{bmatrix} = \begin{bmatrix} 0 \\ 0 \\ 1 \\ \rho \end{bmatrix}$$

$$\tag{7.4-58}$$

解出 A_1、A_2、A_3、A_4，然后代入式(7.4-56) 即得到原问题的定解。

7.4.3 非齐次边初值问题转换

从上面的几个实例不难发现，对于初值问题，不管微分方程是齐次的还是非齐次的，均可以比较方便地利用拉氏变换法对问题进行求解。而由于拉普拉斯变换域是在 $[0,\infty]$ 上，因而无法直接将其用于求解边值问题。本小节介绍如何将微分方程组边值问题化为两个初值问题，然后即可利用拉氏变换对问题进行求解。

（1）一阶微分方程组

为了利用拉普拉斯变换法求解边值问题，需要首先将边值问题转化成初值问题，然后再按初值问题的解法进行求解。一般而言，对于非齐次微分方程初值问题的求解，采用拉氏变换法是非常有效的。为了不失一般性，以以下线性非齐次微分方程组的边值问题为例，介绍从边值问题到初值问题的变换及求解过程。

$$\begin{cases} \dfrac{\mathrm{d}y}{\mathrm{d}x}=a_1 y+b_1 z+c_1 \\[2mm] \dfrac{\mathrm{d}z}{\mathrm{d}x}=a_2 y+b_2 z+c_2 \end{cases} ; \quad y(0)=y_a, z(1)=z_b \tag{7.4-59}$$

通过令 $y=y_p+\alpha y_h$，$z=z_p+\alpha z_h$ 将原边值问题化为两个初值问题

$$\begin{cases} \dfrac{\mathrm{d}y_p}{\mathrm{d}x}=a_1 y_p+b_1 z_p+c_1 \\[2mm] \dfrac{\mathrm{d}z_p}{\mathrm{d}x}=a_2 y_p+b_2 z_p+c_2 \end{cases} ; \quad y_p(0)=y_a, \ z_p(0)=0 \tag{7.4-60}$$

和

$$\begin{cases} \dfrac{\mathrm{d}y_h}{\mathrm{d}x}=a_1 y_h+b_1 z_h \\[2mm] \dfrac{\mathrm{d}z_h}{\mathrm{d}x}=a_2 y_h+b_2 z_h \end{cases} ; \quad y_h(0)=0, \ z_h(0)=1 \tag{7.4-61}$$

将 $y=y_p+\alpha y_h$，$z=z_p+\alpha z_h$ 代入原边值条件，即可求得 α 的值

$$\alpha=\frac{z_b-z_p(1)}{z_h(1)} \tag{7.4-62}$$

对非齐次初值问题（7.4-60）取拉普拉斯变换，得代数方程组

$$\begin{cases} s\widetilde{y}_p-y_a=a_1\widetilde{y}_p+b_1\widetilde{z}_p+c_1/s \\[2mm] s\widetilde{z}_p-0=a_2\widetilde{y}_p+b_2\widetilde{z}_p+c_2/s \end{cases} \tag{7.4-63}$$

解此方程组得

$$\begin{cases} \widetilde{y}_p=\dfrac{b_1 c_2+(s-b_2)(sy_a+c_1)}{s(s-b_2)(s-a_1)-sa_2 b_1} \\[3mm] \widetilde{z}_p=\dfrac{c_2(s-a_1)+a_2(sy_a+c_1)}{s(s-b_2)(s-a_1)-sa_2 b_1} \end{cases} \tag{7.4-64}$$

利用留数理论对上式求拉普拉斯逆变换，首先求出以上像函数的极点

$$s_0=0, \quad s_{1,2}=\frac{a_1+b_2\pm\sqrt{(a_1+b_2)^2-4(a_1 b_2-a_2 b_1)}}{2} \tag{7.4-65}$$

则根据单极点求逆变换公式得

$$\begin{cases} y_p(x)=\displaystyle\sum_{i=0}^{2}\lim_{s\to s_i}\frac{(s_i-s_i)[b_1 c_2+(s-b_2)(sy_a+c_1)]}{(s-s_0)(s-s_1)(s-s_2)}\mathrm{e}^{sx} \\[4mm] z_p(x)=\displaystyle\sum_{i=0}^{2}\lim_{s\to s_i}\frac{(s_i-s_i)[c_2(s-a_1)+a_2(sy_a+c_1)]}{(s-s_0)(s-s_1)(s-s_2)}\mathrm{e}^{sx} \end{cases} \tag{7.4-66}$$

对齐次初值问题（7.4-61）取拉普拉斯变换，得代数方程组

$$\begin{cases} s\widetilde{y}_h - 0 = a_1\widetilde{y}_h + b_1\widetilde{z}_h \\ s\widetilde{z}_h - 1 = a_2\widetilde{y}_h + b_2\widetilde{z}_h \end{cases} \tag{7.4-67}$$

解得
$$\begin{cases} \widetilde{y}_h = \dfrac{b_1}{(s-b_2)(s-a_1)-a_2 b_1} \\ \widetilde{z}_h = \dfrac{s-a_1}{(s-b_2)(s-a_1)-a_2 b_1} \end{cases} \tag{7.4-68}$$

以上像函数的极点是

$$s_{1,2} = \frac{a_1+b_2 \pm \sqrt{(a_1+b_2)^2 - 4(a_1 b_2 - a_2 b_1)}}{2} \tag{7.4-69}$$

则根据单极点求逆变换公式得

$$\begin{cases} y_h(x) = \dfrac{b_1}{s_1-s_2}e^{s_1 x} + \dfrac{b_1}{s_2-s_1}e^{s_2 x} \\ z_h(x) = \dfrac{s_1-a_1}{s_1-s_2}e^{s_1 x} + \dfrac{s_2-a_1}{s_2-s_1}e^{s_2 x} \end{cases} \tag{7.4-70}$$

将求得的非齐次解、齐次解和 α 组合即得到原问题的解

$$\begin{cases} y(x) = y_p(x) + \alpha y_h(x) \\ z(x) = z_p(x) + \alpha z_h(x) \end{cases} \tag{7.4-71}$$

（2）逆流操作两相平推流反应器模型

对于如式(7.4-35)所示逆流操作的两相平推流反应器模型

$$\begin{cases} \dfrac{\mathrm{d}c_G}{\mathrm{d}z} + St_G(c_G - c_L) = 0 \\ \dfrac{\mathrm{d}c_L}{\mathrm{d}z} + St_L(c_G - c_L) - Dac_L = 0 \end{cases} \tag{7.4-72}$$

及边界条件 $\qquad z=0：c_G=1；\ z=1：c_L=\gamma \tag{7.4-73}$

可以通过代换 $\qquad c_G^* = 1 - c_G \tag{7.4-74}$

将微分方程组(7.4-72)化为非齐次的形式，即

$$\begin{cases} \dfrac{\mathrm{d}c_G^*}{\mathrm{d}z} + St_G(c_G^* + c_L) = St_G \\ \dfrac{\mathrm{d}c_L}{\mathrm{d}z} - St_L(c_G^* + c_L) - Dac_L = -St_L \end{cases} \tag{7.4-75}$$

相应的边界条件变为 $\qquad z=0：c_G^*=0；\ z=1：c_L=\gamma \tag{7.4-76}$

由方程组(7.4-75)和边界条件(7.4-76)组成的非齐次边值问题，可以分解成两个初值问题，然后即可利用拉普拉斯变换法求解。为此，首先假设

$$c_{G}^{*} = c_{G,p}^{*} + \beta c_{G,h}^{*}, \quad c_{L} = c_{L,p} + \beta c_{L,h} \tag{7.4-77}$$

则得到相应的两个初值问题

$$\begin{cases} \dfrac{dc_{G,p}^{*}}{dz} + St_{G}(c_{G,p}^{*} + c_{L,p}) = St_{G} \\ \dfrac{dc_{L,p}}{dz} - St_{L}(c_{G,p}^{*} + c_{L,p}) - Dac_{L,p} = -St_{L} \end{cases} \quad 和 \ z = 0: \begin{cases} c_{G,p}^{*} = 0 \\ c_{L,p} = 0 \end{cases} \tag{7.4-78}$$

以及

$$\begin{cases} \dfrac{dc_{G,h}^{*}}{dz} + St_{G}(c_{G,h}^{*} + c_{L,h}) = 0 \\ \dfrac{dc_{L,h}}{dz} - St_{L}(c_{G,h}^{*} + c_{L,h}) - Dac_{L,h} = 0 \end{cases} \quad 和 \ z = 0: \begin{cases} c_{G,h}^{*} = 0 \\ c_{L,h} = 1 \end{cases} \tag{7.4-79}$$

根据原问题的边界条件，式(7.4-77) 中的 β 应取值

$$\beta = \frac{\gamma - c_{L,p}(1)}{c_{L,h}(1)} \tag{7.4-80}$$

分别利用拉氏变换法即可求出非齐次方程组(7.4-78) 初值问题和齐次方程组(7.4-79) 初值问题的解。省略具体变换求解过程，下面仅给出解的结果。对于非齐次方程组的解有

$$\begin{cases} c_{G,p}^{*}(z) = \sum_{i=0}^{2} \lim_{s \to s_i} \dfrac{St_{G}(s - St_{L} - Da) + St_{G}St_{L}}{(s - s_0)(s - s_1)(s - s_2)/(s - s_i)} e^{sz} \\ c_{L,p}(z) = \sum_{i=0}^{2} \lim_{s \to s_i} \dfrac{-St_{L}(s + St_{G}) + St_{G}St_{L}}{(s - s_0)(s - s_1)(s - s_2)/(s - s_i)} e^{sz} \end{cases} \tag{7.4-81}$$

式中

$$s_0 = 0, s_{1,2} = \frac{1}{2}\left[-(St_{G} - St_{L} - Da) \pm \sqrt{(St_{G} - St_{L} - Da)^2 + 4St_{G}Da} \right] \tag{7.4-82}$$

而对于齐次方程组的解有

$$\begin{cases} c_{G,h}^{*}(z) = \sum_{i=1}^{2} \lim_{s \to s_i} \dfrac{-St_{G}}{(s - s_1)(s - s_2)/(s - s_i)} e^{sz} \\ c_{L,h}(z) = \sum_{i=1}^{2} \lim_{s \to s_i} \dfrac{s + St_{G}}{(s - s_1)(s - s_2)/(s - s_i)} e^{sz} \end{cases} \tag{7.4-83}$$

式中，s_1、s_2 同样由式(7.4-82) 确定。将所得到的非齐次解和齐次解代入式(7.4-77)，即可得到解 c_{G}^{*} 和 c_{L}，然后再回代 $c_{G} = 1 - c_{G}^{*}$ 即得原问题的解。

7.4.4　双膜传质模型

相际传质存在于化工许多单元操作过程，是化工学科的基础之一。在化工领域有各种各样的传质理论和数学模型，相际传质双膜模型属于被广泛接受和应用的传质理论之一。这里以气液相际传质过程为例，介绍双膜理论的数学模型。

(1) 气液相际物理传质过程

考虑气液传质体系在传质相界面两侧分别存在气膜和液膜，其厚度已知且为 δ_{G}、δ_{L}，传质阻力只存在于气膜和液膜，传质过程符合 Fick 第二定律，传质组分的气相分压 p 和液相平衡浓度 c 符合 Henry 定律，则气液传质过程可用以下定解问题描述。

$$\begin{cases} \dfrac{\partial^2 p}{\partial x^2}=0 \quad (-\delta_G < x < 0) \\[2mm] \dfrac{\partial^2 c}{\partial x^2}=0 \quad (0 < x < \delta_L) \end{cases} \tag{7.4-84}$$

以及边界条件
$$\begin{cases} p(-\delta_G)=p_G,\ c(\delta_L)=c_L \\[2mm] p(0)=Hc(0),\ \dfrac{\partial p}{\partial x}\bigg|_{x=0}=\dfrac{D_L}{D_G}\dfrac{\partial c}{\partial x}\bigg|_{x=0} \end{cases} \tag{7.4-85}$$

解常微分方程组(7.4-84)，得

$$p(x)=Ax+B,\ c(x)=Cx+D \tag{7.4-86}$$

利用边界条件 (7.4-85)，即可求出上式中的四个积分常数分别为

$$\begin{aligned} A&=\frac{Hc_L-p_G}{H\delta_L D_G/D_L+\delta_G}, & B&=\frac{Hp_G\delta_L/D_L+Hc_L\delta_G/D_G}{H\delta_L/D_L+\delta_G/D_G}, \\[2mm] C&=\frac{Hc_L-p_G}{H\delta_L+\delta_G D_L/D_G}, & D&=\frac{p_G\delta_L/D_L+c_L\delta_G/D_G}{H\delta_L/D_L+\delta_G/D_G} \end{aligned} \tag{7.4-87}$$

将求得的积分常数代入式(7.4-86)，即得到传质组分的浓度在气膜和液膜的分布

$$\begin{cases} p(x)=\dfrac{Hc_L-p_G}{H\delta_L D_G/D_L+\delta_G}x+\dfrac{Hp_G\delta_L/D_L+Hc_L\delta_G/D_G}{H\delta_L/D_L+\delta_G/D_G} \\[4mm] c(x)=\dfrac{Hc_L-p_G}{H\delta_L+\delta_G D_L/D_G}x+\dfrac{p_G\delta_L/D_L+c_L\delta_G/D_G}{H\delta_L/D_L+\delta_G/D_G} \end{cases} \tag{7.4-88}$$

根据 Fick 第一定律，并令 $k_i=\delta_i/D_i$ 表示膜传质阻力，则

$$\overline{N}=-D_G\frac{\mathrm{d}p(x)}{\mathrm{d}x}\bigg|_{x=0}=-D_L\frac{\mathrm{d}c(x)}{\mathrm{d}x}\bigg|_{x=0}=\frac{p_G-Hc_L}{Hk_L+k_G} \tag{7.4-89}$$

该式即为相际传质双膜理论的核心内容，表示相际传质速率与传质驱动力两相的浓度差成正比，而与气膜和液膜传质阻力的和成反比。

（2）伴随化学反应的相际传质过程

当相际传质过程中，在体系中的其中一相伴随有化学反应时，相际传质行为完全不同。对于气液两相体系，在化工中将这两种传质过程分为物理吸收和化学吸收。当传质过程伴随化学反应时，由于在传质液膜中存在反应而对传质过程起到强化作用，在化工中通常引入增强因子的概念来描述反应对传质的影响。

由于化学反应的存在，给传质过程的数学建模和理论分析带来了难度。下面在双膜传质模型的基础上，考虑在液相存在一级不可逆化学反应的情况（图7-4），进而建立相际传质的数学模型。假设传质两主体相的组分浓度分别为 c_{1b} 和 c_{2b}，在相界面上的浓度分布符合 Henry 定律，在相界面两侧存在的传质阻力膜后分别为 δ_1 和 δ_2，则以上提出的问题可用如下定解问题描述

$$\begin{cases} D_1 \dfrac{\partial^2 c_1}{\partial x^2} = 0 \quad (-\delta_1 < x < 0) \\ D_2 \dfrac{\partial^2 c_2}{\partial x^2} = k_r c_2 \quad (0 < x < \delta_2) \end{cases}$$

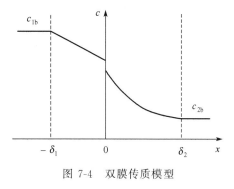

(7.4-90)

以及边界条件

$$\begin{cases} c_1(-\delta_1) = c_{1b}, \ c_2(\delta_2) = c_{2b} \\ c_1(0) = \kappa c_2(0), \ \dfrac{\partial c_1}{\partial x}\bigg|_{x=0} = \dfrac{D_2}{D_1}\dfrac{\partial c_2}{\partial x}\bigg|_{x=0} \end{cases}$$

图 7-4 双膜传质模型

(7.4-91)

解常微分方程组(7.4-90),得

$$\begin{cases} c_1(x) = Ax + B \\ c_2(x) = C\sinh\left[Ha\left(1-\dfrac{x}{\delta_2}\right)\right] + D\cosh\left[Ha\left(1-\dfrac{x}{\delta_2}\right)\right] \end{cases}$$

(7.4-92)

式中,A、B、C、D 为积分常数;Ha 为 Hatta 准数,定义为 $Ha = \delta_2 \text{sqrt}\,(k_r/D_2)$,表示液膜中反应速率与传质速率的相对比值。

利用边界条件(7.4-91),可求出上式中的四个积分常数

$$A = -\frac{Ha\cosh(Ha)c_{1b} - Ha\kappa c_{2b}}{Hak_1\cosh(Ha) + \kappa k_2\cosh(Ha)} \times \frac{k_1}{\delta_1}, \ B = c_{1b}$$

$$C = \frac{k_2 c_{1b} - [Hak_1\sinh(Ha) + \kappa k_2\cosh(Ha)]c_{2b}}{Hak_1\cosh(Ha) + \kappa k_2\cosh(Ha)}, \ D = c_{2b} \qquad (7.4\text{-}93)$$

式中,$k_1 = \delta_1/D_1$;$k_2 = \delta_2/D_2$。将求得的积分常数代入式(7.4-92),即得到传质组分在气膜和液膜的浓度分布

$$\begin{cases} c_1(x) = c_{1b} - \dfrac{Ha\cosh(Ha)c_{1b} - Ha\kappa c_{2b}}{Hak_1\cosh(Ha) + \kappa k_2\sinh(Ha)}k_1\left(1 + \dfrac{x}{\delta_1}\right) \\ c_2(x) = \dfrac{k_2 c_{1b} - [Hak_1\sinh(Ha) + \kappa k_2\cosh(Ha)]c_{2b}}{Hak_1\cosh(Ha) + \kappa k_2\sinh(Ha)}\sinh\left[Ha\left(1-\dfrac{x}{\delta_2}\right)\right] + c_{2b}\cosh\left[Ha\left(1-\dfrac{x}{\delta_2}\right)\right] \end{cases}$$

(7.4-94)

在 $x = 0$ 处对 $c_1(x)$ 求导,根据 Fick 第一定律可得到通过相界面的相际传质速率

$$\overline{N}_0 = -D_1 \frac{\mathrm{d}c_1(x)}{\mathrm{d}x}\bigg|_{x=0} = \frac{Ha\cosh(Ha)c_{1b} - Ha\kappa c_{2b}}{Hak_1\cosh(Ha) + \kappa k_2\sinh(Ha)} \qquad (7.4\text{-}95)$$

而在 $x = \delta_2$ 处对 $c_2(x)$ 求导,然后根据 Fick 第一定律则可得到进入液相主体的传质速率

$$\overline{N}_{\delta_2} = -D_2 \frac{\mathrm{d}c_2(x)}{\mathrm{d}x}\bigg|_{x=\delta_2} = \frac{Hac_{1b} - [Ha^2(k_1/k_2)\sinh(Ha) + \kappa Ha\cosh(Ha)]c_{2b}}{Hak_1\cosh(Ha) + \kappa k_2\sinh(Ha)}$$

(7.4-96)

式(7.4-95)与式(7.4-96)相减,即可得到液膜反应在整体反应过程中的贡献率。将式(7.4-

95）与式(7.4-89)相除，即可得到化学吸收过程的增强因子 E。

当化学反应非常快速，以致反应过程只在液膜中完成，而液体主体相的传质组分浓度为零，即 $c_{2b}=0$。将 $c_{2b}=0$ 代入(7.4-95)，即可得到快速反应时的相际传质速率

$$\overline{N}_0 = -D_1 \frac{\mathrm{d}c_1(x)}{\mathrm{d}x}\bigg|_{x=0} = \frac{Hac_{1b}}{Hak_1 + \kappa k_2 \tanh Ha} \qquad (7.4\text{-}97)$$

上式与日本学者 Hatta 发表的结果完全相同。而 $c_{2b}\neq 0$ 时的结果，在文献中并无报道。

习　题

- **7-1** 试计算下面矩阵的特征值及对应的特征向量。

  (1) $\begin{bmatrix} 1 & 2 \\ 4 & 3 \end{bmatrix}$；(2) $\begin{bmatrix} 2 & -3 & 3 \\ 4 & -5 & 3 \\ 4 & -4 & 2 \end{bmatrix}$；(3) $\begin{bmatrix} 1 & 2 & 1 \\ 1 & -1 & 1 \\ 2 & 0 & 1 \end{bmatrix}$。

- **7-2** 利用方程组 $\boldsymbol{x}'=\boldsymbol{Ax}$ 的基解矩阵，求满足初始条件的解 $\boldsymbol{\varphi}(t)=\boldsymbol{\eta}$，其中

  (1) $\boldsymbol{A}=\begin{bmatrix} 1 & 2 \\ 4 & 3 \end{bmatrix}$，$\boldsymbol{\eta}=\begin{bmatrix} 3 \\ 3 \end{bmatrix}$；(2) $\boldsymbol{A}=\begin{bmatrix} 1 & 2 & 1 \\ 1 & -1 & 1 \\ 2 & 0 & 1 \end{bmatrix}$，$\boldsymbol{\eta}=\begin{bmatrix} 1 \\ 0 \\ 0 \end{bmatrix}$。

- **7-3** 试求初值问题 $\boldsymbol{x}'=\begin{bmatrix} 0 & 1 & 0 \\ 0 & 0 & 1 \\ -6 & -11 & -6 \end{bmatrix}\boldsymbol{x}+\begin{bmatrix} 0 \\ 0 \\ \mathrm{e}^{-t} \end{bmatrix}$，$\boldsymbol{x}(0)=\boldsymbol{0}$ 的解。

- **7-4** 试用拉普拉斯变换法求初值问题 $\boldsymbol{x}'=\begin{bmatrix} 4 & -3 \\ 2 & -1 \end{bmatrix}\boldsymbol{x}+\begin{bmatrix} \sin t \\ -2\cos t \end{bmatrix}$，$\boldsymbol{x}(0)=\begin{bmatrix} \eta_1 \\ \eta_2 \end{bmatrix}$ 的解。

- **7-5** 求下列初值问题的解。

  (1) $\begin{cases} x'_1 + x'_2 = 0 \\ x'_1 - x'_2 = 1 \end{cases}$，$x_1(0)=1, x_2(0)=0$；(2) $\begin{cases} x''_1 + 3x'_1 + 2x_1 + x'_2 + x_2 = 0 \\ x'_1 + 2x_1 + x'_2 - x_2 = 0 \end{cases}$

  和 $\begin{cases} x_1(0) = -x'_1(0) = 1 \\ x_2(0) = 0 \end{cases}$。

- **7-6** 求以下齐次方程组的通解。

  (1) $x'=x+y+z$，$y'=x-y+2z$，$z'=x+y-2z$；(2) $x''=x-3y$，$y''=4x+5y$；

  (3) $x''+y''+x''+3y'+x-2y=0$，$x''-3y''+5x'+8y'+6x-4y=0$。

- **7-7** 用待定系数法求方程组 $\begin{bmatrix} 1 & 0 \\ 0 & 0 \end{bmatrix}\boldsymbol{y}''+\boldsymbol{y}'+\begin{bmatrix} 0 & 0 \\ 1 & 0 \end{bmatrix}\boldsymbol{y}=0$，$\boldsymbol{y}\in R^2$ 的通解。

- **7-8** 求方程组 $\begin{cases} 3\dfrac{\mathrm{d}y}{\mathrm{d}x}+8y-6z=x+\sin x \\[2mm] \dfrac{\mathrm{d}z}{\mathrm{d}x}+6y-5z=\mathrm{e}^x+\mathrm{e}^{2x} \end{cases}$ 的特解。

* **7-9** 将方程组 $x^2 \begin{bmatrix} 2 & -1 \\ 0 & -5 \end{bmatrix} \boldsymbol{y}'' + x \begin{bmatrix} 1 & 3 \\ -3 & -1 \end{bmatrix} \boldsymbol{y}' + \begin{bmatrix} 2 & 3 \\ -4 & 5 \end{bmatrix} \boldsymbol{y} = \begin{bmatrix} x \\ x^2 \end{bmatrix}$ 化为常系数方程组，

   并求其通解。

* **7-10** 对下列非线性方程组求积分。

   (1) $y' = y^2 z$，$z' = z/x - yz^2$；(2) $y' = z$，$z' = z\ (y+z)\ /y$。

* **7-11** 求以下方程组的首积分。

   (1) $\dfrac{\mathrm{d}x}{z^2 - y^2} = \dfrac{\mathrm{d}y}{z} = -\dfrac{\mathrm{d}z}{y}$；(2) $-\dfrac{\mathrm{d}x}{x^2} = \dfrac{\mathrm{d}y}{xy - 2z^2} = \dfrac{\mathrm{d}z}{xz}$；(3) $\dfrac{\mathrm{d}x}{2y-z} = \dfrac{\mathrm{d}y}{y} = \dfrac{\mathrm{d}z}{z}$。

* **7-12** 求以下方程组的通积分。

   (1) $\dfrac{\mathrm{d}x}{x^2} = \dfrac{\mathrm{d}y}{y^3} = \dfrac{\mathrm{d}z}{z^4} = \dfrac{\mathrm{d}u}{u^5}$；(2) $-\dfrac{\mathrm{d}x}{x^2} = \dfrac{\mathrm{d}y}{xy - 2z^2} = \dfrac{\mathrm{d}z}{xz}$。

* **7-13** 利用气液平推流反应器数学模型的解析解式(7.4-44)，计算模拟不同模型参数 Stanton 准数和 Damkökler 准数下，两相浓度在反应器轴向上的分布行为，并用 Origin 或 Matlab 等绘图工具表示出来。

* **7-14** 设在空间 $Oxyz$ 中存在一个液体流的速度场：$v = \{(y^2 - x^2)y,\ (x^2 + xy^2 + 1)y,\ (x^2 + xy^2 + 1)z\}$，求该液体流的流线。

* **7-15** 利用气液轴向扩散反应器数学模型的解析解式(7.4-56)，计算模拟不同模型参数 Peclet 准数、Stanton 准数和 Damkökler 准数下，两相浓度在反应器轴向上的分布行为，并用 Origin 或 Matlab 等绘图工具表示出来。

第8章

偏微分方程 I

偏微分方程在化学工程学科中有着广泛的应用。学习和了解偏微分方程的有关理论和求解方法，对于研究分析化工领域经常遇到的多维或/和时变动态系统具有重要的帮助。化工中的偏微分方程涉及数学含义上的线性偏微分方程、数理方程、特殊函数等内容，从方程种类到求解方法，均具有内容多、范围宽的特点，因此拟将有关内容分为一般基础和特殊方法两章进行介绍。

本章首先介绍偏微分方程的一些基本概念，然后介绍一阶偏微分方程的基本解法，包括初等解法、特征线解法、Green 函数解法，最后简要介绍变分法在求解偏微分方程定解问题中的应用。

8.1 偏微分方程的基本理论

在第 2 章微分方程概论中，已简要介绍了一些有关偏微分方程的内容，在此专门讨论有关偏微分方程的基本理论及其与常微分方程的区别。

8.1.1 偏微分方程的概念

常微分方程中的未知函数只有一个自变量，因而它只能用来描述一维空间变化问题或集中参数时变问题。若研究问题的空间维数超过一维，或是一维（包括一维）以上的时间发展问题，那么为确定问题各变量之间的相互关系需用偏微分方程建立数学模型。

当微分方程未知函数的自变量超过一个，并由相应的偏导数表示函数的变化，这样的微分方程称为偏微分方程。例如二维时变函数 $u(t,x,y)$ 和表示其随时间和在空间上变化的各阶偏导数 u_t、u_x、u_y、u_{tt}、u_{xx}、u_{xy}、u_{yy} 等，即可构成一系列不同的偏微分方程。偏微分方程的一般形式为

$$F(t,x,y,\cdots,u,u_t,u_x,u_y,\cdots,u_{tt},u_{xx},u_{yy},\cdots)=0 \qquad (8.1\text{-}1)$$

其中，t、x、y 为基于时间坐标和空间坐标的自变量；u 为未知函数。在方程(8.1-1) 中出现的未知函数的最高阶导数的阶称作偏微分方程的阶，未知函数空间自变量的个数称为偏微分方程的维数。如果方程(8.1-1) 是线性的，则可以将方程(8.1-1) 简写成算子的形式

$$Lu=0 \qquad (8.1\text{-}2)$$

式中，L 是一个线性算子，表示将 u 映射成的函数 $f(t,x,y,\cdots,u_t,u_x,u_y,\cdots,u_{tt},u_{xx},u_{xy},u_{yy}\cdots)$ 是线性的。

如果方程(8.1-1) 中含有未知函数的非线性项，则方程称为非线性偏微分方程。根据方程非

线性化的程度又进一步分为拟线性偏微分方程和完全非线性偏微分方程。若偏微分方程中未知函数的最高阶导数项属于非线性的情况，则方程为完全非线性偏微分方程；若偏微分方程中的全部最高阶导数项均是线性的，只是低阶导数或未知函数本身是非线性的，则方程为拟线性偏微分方程。

在化工和数学物理领域已做过广泛研究的偏微分方程很多，与化工有关的最具典型意义的包括以下几种。

对流方程 $\qquad u_t + u_x = f(t,x)$ (8.1-3)

激波方程 $\qquad u_t + uu_x = 0$ (8.1-4)

波动方程 $\qquad u_{tt} = c^2 u_{xx} + f(t,x)$ (8.1-5)

传递方程 $\qquad u_t = c^2 u_{xx} + f(t,x)$ (8.1-6)

拉普拉斯方程 $\qquad u_{xx} + u_{yy} = 0$ (8.1-7)

Navier-Stokes 方程 $\qquad u_t + (u \cdot \nabla)u - \nu \Delta u = -\nabla p + f$ (8.1-8)

薛定谔方程 $\qquad iu_x + \frac{1}{2}u_{tt} + |u|^2 u = 0$ (8.1-9)

KDV 方程 $\qquad u_t + \alpha uu_x + u_{xxx} = 0$ (8.1-10)

在以上方程中，方程(8.1-3)、方程(8.1-5)、方程(8.1-6) 和方程(8.1-7) 是线性偏微分方程，方程(8.1-4) 属于完全非线性偏微分方程，方程(8.1-8) ～方程(8.1-10) 为拟线性偏微分方程。由于方程(8.1-4)、方程(8.1-7)、方程(8.1-9) 和方程(8.1-10) 不含自变量的函数项，因而称为齐次偏微分方程，而其它各方程中因含有非齐次源项而称为非齐次偏微分方程。

与常微分方程相比，偏微分方程的通解（或称古典解）结构完全不同，首先是解的个数诸多，解的形式也多得少有限制。通常，一个偏微分方程会有无穷多个解。一般情况下，一阶偏微分方程依赖一个任意函数，而二阶偏微分方程将依赖两个任意函数。因此，没有附带定解条件的偏微分方程，是无法讨论解的适定性问题的。鉴于此，没有附带定解条件的偏微分方程通常被称作泛定方程。

一般而言，讨论泛定方程的古典解没有实际意义。下面举例说明偏微分方程解的任意性。

【例题 8-1】 齐次对流方程 $u_t + u_x = 0$ 是最简单的一阶偏微分方程，试讨论其解的形式。

解：事实上，只要 $u = f$ 满足一阶可导的条件，任何以 $(x-t)$ 为函数变量的函数均是方程的解，因为这时

$$\frac{\partial u}{\partial t} = -f'(x-t), \quad \frac{\partial u}{\partial x} = f'(x-t)$$

将其代入原方程总是成立的。因此，齐次对流方程的解将是多种多样的，例如

$(x-t)^2$，$\exp[-(x-t)^2]$，$3\sin(x-t)$，$\sinh^2(x-t)$，$e(x-t)$，…

图 8-1 给出了其中某些函数的函数值特征。

【例题 8-2】 设 $u = u(x,y)$，求二阶线性方程的一般解。

$$\frac{\partial^2 u}{\partial x \partial y} = 0$$

解：将方程改写为

$$\frac{\partial}{\partial x}\left(\frac{\partial u}{\partial y}\right) = 0$$

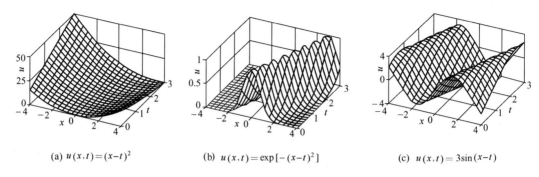

(a) $u(x,t)=(x-t)^2$ (b) $u(x,t)=\exp[-(x-t)^2]$ (c) $u(x,t)=3\sin(x-t)$

图 8-1 对流方程部分通解的函数值特征

对 x 积分

$$\frac{\partial u}{\partial y}=\int\frac{\partial}{\partial x}\left(\frac{\partial u}{\partial y}\right)\mathrm{d}x=\int 0\mathrm{d}x+\varphi(y)=\varphi(y)$$

其中，$\varphi(y)$ 是 y 的任意函数，再对 y 积分

$$u(x,y)=\int\frac{\partial u}{\partial y}\mathrm{d}y=\int\varphi(y)\mathrm{d}y+f(x)=f(x)+g(y)$$

式中，$f(x)$ 和 $g(y)$ 是两个任意一次可微函数。

即使对于相对复杂一些的偏微分方程，其古典解也是非常丰富广泛的。例如对于拟线性二阶微分方程

$$uu_{xy}-u_x u_y=0 \tag{8.1-11}$$

可以验证 $\sin x\sin y$，$\mathrm{e}^x y^3$，$\sqrt{x}\ln y$ 等均是方程(8.1-11) 的解。实质上，对任意二次可微函数 $f(x)$ 和 $g(y)$，$u(x,y)=f(x)g(y)$ 均满足方程(8.1-11)。一般来说，偏微分方程的解不仅依赖于任意积分常数，而且也依赖于任意函数，而常微分方程的解仅依赖于任意积分常数。因此，偏微分方程的解要比常微分方程的解多得多。通常，一个偏微分方程，将会有无穷多个解，并且一阶偏微分方程依赖于一个任意函数，二阶偏微分方程依赖于两个任意函数，为了确定这些任意函数，常需要一定的边界条件或初始条件。

综上所述，对偏微分方程的研究一般要与具体物理问题相结合，根据物理问题的初始条件和边界条件研究偏微分方程的解。因此在数学上，偏微分方程又称为数学物理方程，研究方法称为数学物理方法。

8.1.2 叠加原理

在化工中一些复杂的实际问题，往往受多种因素制约，当这些制约因素相互独立时，则它们所产生的影响也会相互独立，并且具有可叠加性。这种自然现象的叠加效应，反映在数学的微分方程上即表现为线性微分方程的叠加原理（linear superposition principle）。利用叠加原理，可把一个复杂的定解问题变成若干个简单问题的叠加，从而使问题得以简化。因此，叠加原理在偏微分方程的求解过程中非常有用，并且基于叠加原理还可以派生出一系列非常重要的数学原理和方法。偏微分方程的叠加原理包含以下两方面的含义。

叠加原理一　若 u_i 是线性方程

$$Lu=f_i \qquad (i=1,2,\cdots,n) \tag{8.1-12}$$

的解，则 $u=\sum_{i=1}^{n}c_i u_i$ 是方程 $\qquad Lu=\sum_{i=1}^{n}c_i f_i \tag{8.1-13}$

的解，其中 c_i 为任意常数。若 $f_i=0$，则线性齐次方程的有限个解之和仍是该方程的解。如果式中 $n\rightarrow\infty$，则要求无穷级数收敛，并且算子 L 中出现的求偏导数与求和运算满足可交换次序的条件。

　　叠加原理二　若 $u(\boldsymbol{x},\boldsymbol{p})$ 是非齐次方程

$$Lu=f(\boldsymbol{x},\boldsymbol{p})\tag{8.1-14}$$

的解，其中 $\boldsymbol{x}=(x_1,x_2,\cdots,x_n)$ 是自变量，$\boldsymbol{p}=(p_1,p_2,\cdots,p_k)$ 是参数，则满足一定条件的

$$U(\boldsymbol{x})=\int u(\boldsymbol{x},\boldsymbol{p})\mathrm{d}\boldsymbol{p}\tag{8.1-15}$$

是方程

$$LU=\int f(\boldsymbol{x},\boldsymbol{p})\mathrm{d}\boldsymbol{p}\tag{8.1-16}$$

的解，这里要求式(8.1-15) 中的积分收敛，并且算子 L 中出现的求偏导数与求积分运算满足可交换次序的条件。

　　利用线性叠加原理可以将复杂的定解问题分解为一些较简单的定解问题，从而使问题变得容易求解。

　　【例题 8-3】　求二维 Poisson 方程

$$\Delta u=x^2+3xy+y^2$$

的一般解。

　　解：这是一个非齐次方程，它的一般解可以利用线性叠加原理由齐次方程一般解加非齐次方程特解得到。首先求方程一个特解 u_p，由于右边为二次齐次，可以取

$$u_\mathrm{p}=ax^4+bxy+cy^4$$

代入原方程得　　　　$\Delta u_\mathrm{p}=12ax^2+6bxy+12cy^2=x^2+3xy+y^2$

利用两边同次幂系数相等得　　$a=\dfrac{1}{12},\quad b=\dfrac{1}{2},\quad c=\dfrac{1}{12}$

代入特解表达式，得　　　　$u_\mathrm{p}=\dfrac{1}{12}(x^4+6x^3y+y^4)$

　　再令 $u=u_\mathrm{p}+v$ 代入原方程得　　$v_{xx}+v_{yy}=0$

做代换，取 $x=\xi$，$y=i\eta$，上式变为　　$v_{\xi\xi}-v_{\eta\eta}=0$

不难求得该方程的一般解，形式为

$$v=f(\xi-\eta)+g(\xi+\eta)=f(x+iy)+g(x-iy)$$

其中，f 与 g 是任意二次可微函数，则利用线性叠加原理可得到原方程的一般解

$$u=f(x+iy)+g(x-iy)+\frac{1}{12}(x^4+6x^3y+y^4)$$

8.1.3　齐次化原理

　　微分方程叠加原理的一个重要应用是根据叠加原理可以把非齐次方程的求解转化为齐次方程的求解，即所谓的齐次化原理，又称 Duhamel 原理。

常微分方程齐次化原理　　如果已知下列初值问题

$$\begin{cases} p_k \dfrac{\mathrm{d}u}{\mathrm{d}t} = 0 \\ u\big|_{t=0} = u'\big|_{t=0} = \cdots = u^{(k-2)}\big|_{t=0} = 0 \\ u^{(k-1)}\big|_{t=0} = 1 \end{cases} \tag{8.1-17}$$

的解为 $u(t) = Y(t)$，其中 $k \geqslant 2$，$p_k(x) = a_k + a_{k-1}x + \cdots + a_1 x^{k-1} + x^k$ 为常系数多项式，则非齐次方程

$$\begin{cases} p_k \dfrac{\mathrm{d}u}{\mathrm{d}t} = f(t)\,(t>0) \\ u\big|_{t=0} = u'\big|_{t=0} = \cdots = u^{(k-1)}\big|_{t=0} = 0 \end{cases} \tag{8.1-18}$$

的解为

$$Q(t) = \int_0^t Y(t-\tau)f(\tau)\mathrm{d}\tau \tag{8.1-19}$$

　　由以上齐次化原理可知，对于线性常微分方程初值问题，当齐次方程未知函数关于时间的 $k-1$ 阶导数之初值条件非零，而其它各阶导数的初值条件为零时的初值问题是最基本的，并且可以用所得到的"基本解"和微分方程非齐次项的卷积来表示非齐次微分方程初值问题的解。

　　偏微分方程齐次化原理　　以一维波动方程初值问题为例，说明偏微分方程的叠加原理和齐次化原理。一般非齐次波动方程 Cauchy 问题

$$\begin{cases} U_{tt} = a^2 U_{xx} + f(x,t) \quad (x \in \Re^1, t>0) \\ U(x,0) = \varphi(x), \ U_t(x,0) = \psi(x) \end{cases} \tag{8.1-20}$$

可以分解成两个齐次波动方程的 Cauchy 问题

$$\begin{cases} u_{tt} = a^2 u_{xx} \quad (x \in \Re^1, t>0) \\ u(x,0) = 0, \ u_t(x,0) = \psi(x) \end{cases} \tag{8.1-21}$$

$$\begin{cases} v_{tt} = a^2 v_{xx} \quad (x \in \Re^1, t>0) \\ v(x,0) = \varphi(x), \ v_t(x,0) = 0 \end{cases} \tag{8.1-22}$$

和一个齐次初始条件的非齐次方程 Cauchy 问题

$$\begin{cases} w_{tt} = a^2 w_{xx} + f(x,t) \quad (x \in \Re^1, t>0) \\ w(x,0) = 0, \ w_t(x,0) = 0 \end{cases} \tag{8.1-23}$$

由于波动方程是线性的，容易验证 Cauchy 问题（8.1-20）的解等于后三个 Cauchy 问题的解之和，即 $U = u + v + w$。一般而言，后三个问题的解比较容易求得，从而使原问题求解得以简化。

　　与常微分方程初值问题类似，对于二阶偏微分方程初值问题，一阶时间导数的初始条件非零而其它初始条件为零时的 Cauchy 问题，也即问题（8.1-21）是最基本的。一旦基本初值问题的解已知，则其它问题（8.1-22）和（8.1-23）的解可以从基本问题的解推知。

　　齐次化定理　　如果初值问题（8.1-21）的解已知，并用 $M_\varphi = M_\varphi(x,t)$，则初值问题（8.1-22）和（8.1-23）的解可分别表示为

$$v(x,t) = \frac{\partial}{\partial t} M_\varphi(x,t) \tag{8.1-24}$$

$$w(x,\ t)=\int_0^t M_{f_\tau}(x,\ t-\tau)\mathrm{d}\tau \tag{8.1-25}$$

其中，f_τ 是一个函数，定义为 $f_\tau(x)=f_\tau(x,\tau)$。

　　证：根据定义，$M_\varphi(x,t)$ 满足下面的定解问题

$$\begin{cases}(M_\varphi)_{tt}-a^2(M_\varphi)_{xx}=0 & (x\in\Re^1,\ t>0)\\ M_\varphi(x,0)=0,\ (M_\varphi)_t(x,0)=\varphi(x)\end{cases}$$

因此　　$\left(\dfrac{\partial^2}{\partial t^2}-a^2\dfrac{\partial^2}{\partial x^2}\right)v=\left(\dfrac{\partial^2}{\partial t^2}-a^2\dfrac{\partial^2}{\partial x^2}\right)\dfrac{\partial}{\partial t}M_\varphi=\dfrac{\partial}{\partial t}\left(\dfrac{\partial^2}{\partial t^2}-a^2\dfrac{\partial^2}{\partial x^2}\right)M_\varphi=0$

$$v(x,0)=(M_\varphi)_t(x,0)=\varphi(x)$$

$$v_t(x,0)=(M_\varphi)_{tt}(x,0)=a^2(M_\varphi)_{xx}(x,0)=[M_\varphi(x,0)]_{xx}=0$$

所以 $v=[M_\varphi(x,t)]_t$ 是定解问题(8.1-22)的解，即齐次化定理(8.1-24)成立。对齐次化定理(8.1-25)的证明略。证毕。

　　又如在求得拉普拉斯（Laplace）方程狄里克莱（Dirichlet）问题

$$\begin{cases}u_{xx}+u_{yy}+u_{zz}=0 & (x,y,z)\in\Omega\\ u\mid_\Gamma=g\end{cases} \tag{8.1-26}$$

的解之后，求 Poisson 方程狄里克莱（Dirichlet）问题

$$\begin{cases}u_{xx}+u_{yy}+u_{zz}=f(x,y,z) & (x,y,z)\in\Omega\\ u\mid_\Gamma=g\end{cases} \tag{8.1-27}$$

的解就转化为只需求　　$u_{xx}+u_{yy}+u_{zz}=f(x,y,z)$ \tag{8.1-28}

的任一个特解即可，而求出 Poisson 方程的一个特解是比较容易的。

8.1.4　定解问题的适定性

　　偏微分方程（称泛定方程）本身无法确定一个物理问题的解。因此，为了完全确定一个物理问题的解，还必须附加一定的定解条件，包括初始条件（initial conditions）和边界条件（boundary conditions）。泛定方程加上相应的定解条件就构成了数学物理方法中的一个定解问题。数学物理方法的任务就是求定解问题的解。当一个问题中，其定解条件不完全，应用数学中称为病态问题（ill posed problems）。

　　将一个实际问题抽象成一个偏微分方程定解问题时，如果"抽象"合理，相应定解问题有解一般不成问题，但在"抽象"过程中，总要做某些假设和近似，并附加某些条件。因而，就会存在以下问题：如所提的定解条件合不合适；定解条件的个数是否恰当；各个定解条件之间是否矛盾；所有这些问题都将危及定解问题的合理性。所以，数学上对偏微分方程的解需要进行适定性分析。微分方程的适定性问题包括以下三个方面。

　　① 解的存在性问题，即要研究确定在一定定解条件下偏微分方程是否有解以及在什么区域解存在。

　　② 解的唯一性问题，即研究在给定的定解条件下方程的解是否唯一。对于具体物理或工程问题来说解的存在性和唯一性应该是不成问题的，因真实过程的解应是存在的而且是唯一的。但在实际数学建模过程中，有时也会出现定解条件过多，且互相矛盾，致使定解问题没有解；或定解条件过少，而使解不唯一。如果一个定解问题满足存在性与唯一性要求的

话，就可以保证我们不论用什么方法只要求出的解能满足方程和定解条件，也就是所需要的解，尽管有时采用不同方法所得到的解的形式会有所差异。

③ 解的稳定性问题，即研究当定解条件存在微小变化时，问题的解是否也只有微小的变化。从数学上讲就是要求解对定解条件具有连续依赖性，或者说解应该是光滑的，解的稳定性保证近似解的可靠性。

以上定解问题解的存在性、唯一性和稳定性统称为定解问题的适定性（well posed）。在利用计算机进行数值计算时，分析定解问题的存在性、唯一性和稳定性，对求解过程的可能性和解的可靠性是一个必要的保证。

大部分数学物理问题都是适定的，下面仅介绍一个不适定的例子，该问题是在 1917 年由 Hadamard 提出来的。

【例题 8-4】 试讨论了 Laplace 方程 Cauchy 问题的适定性。

解：Laplace 方程 Cauchy 问题由以下泛定方程和定解条件构成

$$\begin{cases} u_{xx} + u_{yy} = 0 \\ u(x,0) = u_y(x,0) = 0 \end{cases}$$

以上方程有一个明显解 $\qquad u_{\mathrm{I}}(x,y) = 0$

可以证明解 u_{I} 是不稳定的。考虑给零边界条件一个微小变化，如

$$\begin{cases} u(x,0) = \dfrac{1}{\lambda}\sin\lambda x \quad (\lambda \to \infty) \\ u_y(x,0) = 0 \end{cases}$$

式中，λ 为实参数，当 λ 很大时，定解条件接近于原始零边界规定，但这时的解为

$$u_{\mathrm{II}}(x,y) = \frac{1}{\lambda}\sin\lambda x \cosh\lambda y$$

将其直接代入可以证明方程解 u_{II} 完全满足原定解问题。因为

$$\cosh\lambda y = \frac{1}{2}(\mathrm{e}^{\lambda y} + \mathrm{e}^{-\lambda y})$$

当取 $x = \pi/2\lambda$，$y = 1$ 时，得 $\qquad u_{\mathrm{II}}(x,y) - u_{\mathrm{I}}(x,y) = \frac{1}{\lambda} \times \frac{\mathrm{e}^{\lambda y} + \mathrm{e}^{-\lambda y}}{2}$

当 λ 很大时，上式右边的值将是很大的，表明 Laplace 方程这一 Cauchy 问题是不稳定的，也说明这个问题的提法是不适定的。

从以上的分析可以看出，研究定解问题的适定性是很必要的，它可帮助我们初步判定所研究的定解问题是否合理，定解条件给得是否适当等。在未求得问题的解之前，即能起到一定的指导作用。但是，适定性的研究涉及较深的数学知识，作为化工专业人员，我们对有关概念有所了解就可以了。

8.2　一阶偏微分方程初等解法

在偏微分方程中，一阶偏微分方程是最简单的形式。像其它微分方程一样，一阶偏微分方程也有线性方程和非线性方程之分。由于非线性偏微分方程的求解过程比较复杂，本节只

讨论一阶线性方程的求解问题。

一般一阶线性偏微分方程均可写成以下形式

$$\sum_{i=1}^{n} X_i(x_1, x_2, \cdots, x_n, z) \frac{\partial z}{\partial x_i} = R(x_1, x_2, \cdots, x_n, z) \qquad (8.2\text{-}1)$$

其中，X_i 和 R 是已知函数；$z = z(x_1, x_2, \cdots, x_n, z)$ 是未知函数。式（8.2-1）所示的偏微分方程称为一阶拟线性偏微分方程。如果方程中的函数 X_i 和 R 不依赖于 z，即

$$\sum_{i=1}^{n} X_i(x_1, x_2, \cdots, x_n) \frac{\partial z}{\partial x_i} = R(x_1, x_2, \cdots, x_n) \qquad (8.2\text{-}2)$$

则此时方程（8.2-2）称为一阶线性方程，而当式中 $R \equiv 0$ 时，则方程（8.2-2）变为齐次的线性偏微分方程。

在一般情况下，一阶线性偏微分方程通常可以采用比较简单的积分方法求解。下面介绍如何求解一阶线性偏微分方程通解和定解问题。

8.2.1 通解积分

为了求解形如式（8.2-1）所示的一阶拟线性偏微分方程，可采取以下方法和步骤。首先根据原始方程（8.2-1）构成新的常微分方程组，形式为

$$\frac{\mathrm{d}x_1}{X_1} = \frac{\mathrm{d}x_2}{X_2} = \cdots = \frac{\mathrm{d}x_n}{X_n} = \frac{\mathrm{d}z}{R} \qquad (8.2\text{-}3)$$

实际上，以上方程组中每个方程（由两两微分项组成）均为可积方程。因此，对所有方程分别求积分，即求出 n 个独立的第一积分

$$\begin{cases} \Psi_1(x_1, x_2, \cdots, x_n, z) = C_1 \\ \Psi_2(x_1, x_2, \cdots, x_n, z) = C_2 \\ \qquad \vdots \\ \Psi_n(x_1, x_2, \cdots, x_n, z) = C_n \end{cases} \qquad (8.2\text{-}4)$$

如果假设方程（8.2-1）中的函数 X_i 和 R 是连续可微的，且在所研究的变量 $x_1, x_2, \cdots, x_n, z$ 的变化区域内不变为 0，则一阶拟线性偏微分方程（8.2-1）的通积分可以写成

$$\Phi(\Psi_1, \Psi_2, \cdots, \Psi_n) = 0 \qquad (8.2\text{-}5)$$

其中，Φ 是任意一阶可微函数。

【例题 8-5】 试求一阶偏微分方程 $(x+2y)\dfrac{\partial z}{\partial x} - y\dfrac{\partial z}{\partial y} = 0$ 的通解。

解：根据公式（8.2-3），原偏微分方程可组成方程组

$$\frac{\mathrm{d}x}{x+2y} = \frac{\mathrm{d}y}{-y} = \frac{\mathrm{d}z}{0}$$

从第二个方程可以得出第一积分 $z = C_1$。而第一个方程

$$y\,\mathrm{d}x + (x+2y)\,\mathrm{d}y = 0$$

为全微分方程，因此根据全微分的积分规则可得到原方程的通积分

$$\int_0^x y\,\mathrm{d}x_1 + \int_0^y 2y_1\mathrm{d}y_1 \equiv xy + y^2 = C_2$$

根据公式(8.2-5)，即可写出所求偏微分方程的通解

$$\Phi(z, xy + y^2) = 0$$

最后关于 z 解以上方程，得通解 $z = \varphi(xy + y^2)$

其中，φ 是任一可微函数。

【例题 8-6】   试求一阶偏微分方程 $\mathrm{e}^x \dfrac{\partial z}{\partial x} + y^2 \dfrac{\partial z}{\partial y} = y\mathrm{e}^x$ 的通解。

    解： 根据公式(8.2-3)，原偏微分方程可组成方程组

$$\frac{\mathrm{d}x}{\mathrm{e}^x} = \frac{\mathrm{d}y}{y^2} = \frac{\mathrm{d}z}{y\mathrm{e}^x}$$

从第一个方程可以求出一个第一积分 $1/y - \mathrm{e}^{-x} = C_1$。由所得到的第一积分可得等式 $\mathrm{e}^x = y/(1 - C_1 y)$，代入第二个方程求出另一个第一积分

$$z - \frac{\ln|y| - x}{\mathrm{e}^{-x} - y^{-1}} = C_2$$

因此，可知原偏微分方程的通积分是

$$\Phi\left(\frac{1}{y} - \mathrm{e}^{-x}, \ \frac{\ln|y| - x}{\mathrm{e}^{-x} - y^{-1}} - z\right) = 0$$

从中解出 z 即原方程的通解 $z = \dfrac{\ln|y| - x}{\mathrm{e}^{-x} - y^{-1}} + \varphi\left(\dfrac{1}{y} - \mathrm{e}^{-x}\right)$

其中，φ 是任一可微函数。

8.2.2   定解问题

    在实际应用中，偏微分方程往往需要在一定定解条件下求解。当定解条件具有形式

$$z\big|_{x_k = x_{k0}} = \varphi(x_1, x_2, \cdots, x_n)\big|_{x_k = x_{k0}} \tag{8.2-6}$$

时，方程(8.2-1)和定解条件(8.2-6)一起即构成柯西问题。构成柯西问题的定解条件既可以以显式的形式给出，也可以以非显式（即隐式）的形式给出。

(1) 显式定解条件

    当柯西问题的定解条件为如式(8.2-6)所示的显式形式时，此柯西问题的求解步骤如下：首先在式(8.2-4)中固定定解条件中的自变量 x_k，代入定解条件(8.2-6)，即得

$$\begin{cases} \Psi_1(x_1, x_2, \cdots, x_n, \varphi)\big|_{x_k = x_{k0}} = \overline{C}_1 \\[2mm] \Psi_2(x_1, x_2, \cdots, x_n, \varphi)\big|_{x_k = x_{k0}} = \overline{C}_2 \\[2mm] \qquad\qquad\qquad \vdots \\[2mm] \Psi_n(x_1, x_2, \cdots, x_n, \varphi)\big|_{x_k = x_{k0}} = \overline{C}_n \end{cases} \tag{8.2-7}$$

然后，即可从方程组(8.2-7)中消去除 x_{k0} 之外的变量 $x_1, x_2, \cdots, x_n$，并最终得到一个统一的方程

$$\Gamma(x_{k0}, \overline{C}_1, \overline{C}_2, \cdots, \overline{C}_n) = 0 \qquad (8.2\text{-}8)$$

将式(8.2-4)中的 $C_i = \psi_i, i = 1, 2, \cdots, n$ 代入式(8.2-8)中的 $\overline{C}_n$，最后得到一阶拟线性偏微分方程的解

$$\Gamma(x_{k0}, \Psi_1, \Psi_2, \cdots, \Psi_n) = 0 \qquad (8.2\text{-}9)$$

【例题 8-7】 试求偏微分方程 $\dfrac{\partial z}{\partial x} + (2e^x - y)\dfrac{\partial z}{\partial y} = 0$ 在满足初始条件 $x = 0$：$z = y$ 时的解。

解：根据上节所述方法，首先求出方程的通解。从原方程得

$$\frac{dx}{1} = \frac{dy}{2e^x - y} = \frac{dz}{0}$$

求出两个第一积分 $\qquad y e^x - e^{2x} = C_1$ 和 $z = C_2$

因此，通解为 $\qquad z = \varphi(y e^x - e^{2x})$

现在利用初始条件来确定函数 φ。考虑初始条件，并令 $y - 1 = u$，得 $\varphi(u) = u + 1$。因此

$$z = y e^x - e^{2x} + 1$$

是所要求的解。

【例题 8-8】 试求偏微分方程 $x \dfrac{\partial z}{\partial x} - 2y \dfrac{\partial z}{\partial y} = x^2 + y^2$ 在满足定解条件 $y = 1$：$z = x^2$ 时的解。

解：首先求下列方程组的第一积分

$$\frac{dx}{x} = \frac{dy}{-2y} = \frac{dz}{x^2 + y^2}$$

由此容易得到对应的两个第一积分

$$x^2 y = C_1, \qquad \frac{x^2}{2} - \frac{y^2}{4} - z = C_2$$

因此，通解具有如下形式 $\qquad z = \dfrac{x^2}{2} - \dfrac{y^2}{4} + \varphi(x^2 y)$

根据定解条件，当 $\varphi(\xi) = \xi/2 + 1/4$ 时，函数 φ 满足下列方程

$$x^2 = \frac{x^2}{2} - \frac{1}{4} + \varphi(x^2)$$

因此 $\qquad \varphi(x^2 y) = \dfrac{x^2 y}{2} + \dfrac{1}{4}$

于是原问题的解为 $\qquad z - \dfrac{x^2}{2} - \dfrac{y^2}{4} + \dfrac{x^2 y}{2} + \dfrac{1}{4}$

（2）隐式定解条件

在求解一阶拟线性偏微分方程时，有时定解条件并非以式（8.2-6）所示的显式形式给出，而是以非显式的形式给出

$$\begin{cases} \varphi_1(x_1,x_2,\cdots,x_n,z)=0 \\ \varphi_2(x_1,x_2,\cdots,x_n,z)=0 \end{cases} \tag{8.2-10}$$

此时对方程（8.2-1）的求解过程与显式定解条件的情形有所不同。

具体方法是联立方程组（8.2-4）和定解条件（8.2-10），消去联立方程组中的变量 x_1，$x_2,\cdots,x_n,z$，之后得出方程

$$\chi(C_1,C_2,\cdots,C_n)=0 \tag{8.2-11}$$

最后把式（8.2-4）中的积分值代入上式，从而得到方程的最终解

$$\chi(\Psi_1,\Psi_2,\cdots,\Psi_n)=0 \tag{8.2-12}$$

【例题 8-9】 试求偏微分方程 $z\dfrac{\partial z}{\partial x}-xy\dfrac{\partial z}{\partial y}=2xz$ 在满足隐式定解条件 $x+y=2$，$yz=1$ 时的解。

解： 首先由泛定方程构建方程组

$$\frac{\mathrm{d}x}{z}=\frac{\mathrm{d}y}{-xy}=\frac{\mathrm{d}z}{2xz}$$

求出相互独立的两个第一积分

$$x^2-z=C_1,\quad y^2z=C_2$$

结合定解条件组成以下方程组

$$x+y=2,\quad yz=1,\quad x^2-z=C_1,\quad y^2z=C_2$$

消去以上方程组中的变量 x、y、z，求出满足定解条件的两个第一积分之间的关系

$$(2-C_2)^2-C_1^{-1}-C_1=0$$

将第一积分中的 C_1 和 C_2 的值代入上式，即得所求问题的解

$$(2-zy^2)^2-y^{-2}z^{-1}-x^2+z=0$$

【例题 8-10】 在满足偏微分方程 $x\dfrac{\partial z}{\partial x}+y\dfrac{\partial z}{\partial y}=0$ 的函数中，求出也满足方程 $\left(\dfrac{\partial z}{\partial x}\right)^2+\left(\dfrac{\partial z}{\partial y}\right)^2=\dfrac{a^2}{x^2+y^2}$ 的函数。

解： 首先求第一个方程的通解，有

$$\frac{\mathrm{d}x}{x}=\frac{\mathrm{d}y}{y}=\frac{\mathrm{d}z}{0}$$

从而可得第一积分

$$\frac{y}{x}=C_1,\quad z=C_2$$

因此得通解

$$z=\varphi\left(\frac{y}{x}\right)$$

把所得通解代入问题的第二个方程，得出关于函数 φ 的微分方程

$$\frac{y^2}{x}\varphi'^2\left(\frac{y}{x}\right)+\frac{1}{x^2}\varphi'^2\left(\frac{y}{x}\right)=\frac{a^2}{x^2+y^2}$$

令 $\xi=y/x$，从而　　　　　$\varphi'^2(\xi)=\dfrac{a^2}{(1+\xi^2)^2}$,　$\varphi'(\xi)=\dfrac{|a|}{1+\xi^2}$

积分以上第二个方程得出　　　$\varphi(\xi)=\pm|a|\arctan\xi+C$

代回 $\xi=y/x$，即得出要求的解　$z=\pm|a|\arctan\dfrac{y}{x}+C$

8.3　特征线法

特征线法也称行波法，适用于对双曲型偏微分方程定解问题的求解。借助方程的特征线，可对所求解的偏微分方程进行简化，有时甚至可以将其化为常微分方程。此外，双曲型方程的特征线具有明显的物理意义，以此可以帮助理解数学方程所刻画的物理现象，进而加深对偏微分方程的理解。

8.3.1　一阶线性偏微分方程

考虑关于未知函数 $u(x,t)$ 的一阶线性方程的初值问题

$$\begin{cases}u_t+a(x,t)u_x+b(x,t)u=f(x,t),\ x\in\Re^1,\ t>0\\ u\mid_{t=0}=\phi(x)\end{cases}\tag{8.3-1}$$

为了使偏微分方程便于求解，一般希望将其转化为常微分方程进行求解。对于以上柯西问题 (8.3-1) 而言，因为 x,t 是独立的自变量，因而其未知函数值 $u(x,t)$ 应在二维曲面上变化。为了将偏微分方程转化成常微分方程进行求解，不妨设 x 是 t 的函数，即 $x=x(t)$，这样就将 x 和 t 限定在同一条曲线上。因此，偏微分方程也被限制在曲线 $x=x(t)$ 上变化，这时曲线 $x=x(t)$ 被称为特征曲线。由此以来，偏微分方程定解问题就被转化为常微分方程定解问题。如果这样的特征曲线能覆盖偏微分方程的整个定解区域，则使定解问题得到解决。特征曲线的概念如图 8-2 所示。

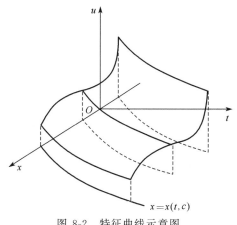

图 8-2　特征曲线示意图

曲线 $x=x(t,c)$ 称为方程 $u_t+a(x,t)u_x+b(x,t)u=f(x,t)$ 过 $(0,c)$ 的**特征线**，如果它满足常微分方程初值问题

$$\begin{cases}\dfrac{\mathrm{d}x}{\mathrm{d}t}=a(x,t)\\ x(0)=c\end{cases}\tag{8.3-2}$$

的解，其中 c 为常（参）数，则偏微分方程(8.3-1)沿着特征线转化为常微分方程。

实际上，将未知函数 $u(x,t)$ 限制到特征线上，使它变成仅依赖于时间的函数 $U(t)=u(x(t),t)$，$U(t)$ 关于时间的导数为

$$\frac{\mathrm{d}U}{\mathrm{d}t}=\frac{\partial u}{\partial t}+\frac{\partial u}{\partial x}\frac{\partial x}{\partial t}=u_t+a[x(t),t]u_x \tag{8.3-3}$$

这样偏微分方程定解问题(8.3-1) 就变成了常微分方程定解问题

$$\begin{cases}\dfrac{\mathrm{d}U(t)}{\mathrm{d}t}+b[x(t),t]U(t)=f[x(t),t]\\ U(0)=u[x(0),0]=u(c,0)=\phi(c)\end{cases} \tag{8.3-4}$$

以上常微分方程初值问题的解带有参数 c，即 $U(t)=U(t,c)$。令特征线中的常数 c 遍历整个定解区域，它即变成了一个参数。从特征线方程 $x=x(t,c)$ 反解出参数 c 然后代入 $U(t,c)$ 中，这样就求得了原定解问题(8.3-1) 的解。

下面举例说明如何利用特征线法求解线性偏微分方程定解问题。设 a 是常数，试求以下非齐次输运方程 Cauchy 问题

$$\begin{cases}u_t+au_x=f(x,t),\ x\in\Re^1,t>0\\ u\,|_{t=0}=\phi(x)\end{cases} \tag{8.3-5}$$

的解。

以上 Cauchy 问题的特征线方程为

$$\frac{\mathrm{d}x}{\mathrm{d}t}=a,\quad x(0)=c \tag{8.3-6}$$

其解为 $x(t)=at+c$。令 $U(t)=u[x(t),t]$，则原问题化为常微分方程初值问题

$$\begin{cases}\dfrac{\mathrm{d}U(t)}{\mathrm{d}t}=f(at+c,t)\\ U(0)=u[x(0),0]=u(c,0)=\phi(c)\end{cases} \tag{8.3-7}$$

该常微分方程初值问题的解为

$$U(t)=\phi(c)+\int_0^t f(a\xi+c,\ \xi)\mathrm{d}\xi \tag{8.3-8}$$

从特征线方程 $x(t)=at+c$ 反解出 $c=x-at$，代入 $U(t)$ 的表达式中得到定解问题的解

$$u(x,\ t)=\phi(x-at)+\int_0^t f[x-a(t-\xi),\ \xi]\mathrm{d}\xi \tag{8.3-9}$$

【例题 8-11】　求以下 Cauchy 问题的解

$$\begin{cases}u_t+(x+t)u_x+u=x,\ x\in\Re^1,t>0\\ u\,|_{t=0}=x\end{cases}$$

解：问题的特征线方程为

$$\frac{\mathrm{d}x}{\mathrm{d}t}=x+t,\quad x(0)=c$$

解此方程得　　　　　　　　　$x(t)=(1+c)\mathrm{e}^t-t-1$

令 $U(t)=u[x(t),t]$，原问题化为常微分方程初值问题，其形式为

$$\begin{cases}\dfrac{\mathrm{d}U(t)}{\mathrm{d}t}+U(t)=(1+c)\mathrm{e}^t-t-1\\ U(0)=u[x(0),0]=u(c,0)=c\end{cases}$$

该常微分方程初值问题的解为

$$U(t) = \frac{1}{2}(1+c)(\mathrm{e}^t - \mathrm{e}^{-t}) - t$$

根据特征线方程反解出常数 c 得

$$c = (x+t+1)\mathrm{e}^{-t} - 1$$

代入 $U(t)$ 最后得到定解问题的解

$$u(x,t) = \frac{1}{2}(x-t+1) - \mathrm{e}^{-t} + \frac{1}{2}(x+t+1)\mathrm{e}^{-2t}$$

　　当偏微分方程的空间维数高于一维时，其求解方法与一维的情况相比大同小异。考虑关于未知函数 $u(\boldsymbol{x},t)$ 的一阶线性方程的初值问题

$$\begin{cases} u_t + \sum_{i=1}^{n} a_i(\boldsymbol{x},t)u_{x_i} + b(\boldsymbol{x},t)u = f(\boldsymbol{x},t) & (\boldsymbol{x} \in \Re^n,\ t>0) \\ u\big|_{t=0} = \phi(\boldsymbol{x}) \end{cases} \tag{8.3-10}$$

此时称

$$\begin{cases} \dfrac{\mathrm{d}x_i}{\mathrm{d}t} = a_i(\boldsymbol{x},t) \\ x_i(0) = c_i \end{cases} \quad (i=1,2,\cdots,n) \tag{8.3-11}$$

为方程(8.3-10) 的特征线方程组。沿特征线方程组(8.3-11) 可以将偏微分方程定解问题转化为常微方程定解问题

$$\begin{cases} \dfrac{\mathrm{d}U(t)}{\mathrm{d}t} + b[\boldsymbol{x}(t),t]U(t) = f[\boldsymbol{x}(t),t] \\ U(0) = u[\boldsymbol{x}(0),0] = \phi(\boldsymbol{c}) \end{cases} \tag{8.3-12}$$

【例题 8-12】　求以下 Cauchy 问题

$$\begin{cases} u_t + xu_x + yu_y + u = 0 \\ u(x,y,0) = \phi(x,y) \end{cases}$$

的解。

　　解： 问题的特征线方程为

$$\begin{cases} \dfrac{\mathrm{d}x}{\mathrm{d}t} = x,\ \dfrac{\mathrm{d}y}{\mathrm{d}t} = y \\ x(0) = c_x,\ y(0) = c_y \end{cases}$$

解此特征方程得特征曲线

$$x(t) = c_x\mathrm{e}^t,\ y(t) = c_y\mathrm{e}^t$$

令 $U(t) = u[x(t),y(t),t]$，原问题化为常微分方程初值问题

$$\begin{cases} \dfrac{\mathrm{d}U(t)}{\mathrm{d}t} + U(t) = 0 \\ U(0) = \phi(c_x,c_y) \end{cases}$$

解此常微分方程初值问题得

$$U(t) = \phi(c_x,c_y)\mathrm{e}^{-t}$$

从特征线方程中反解出定解常数 $c_x = x\mathrm{e}^{-t}$，$c_y = y\mathrm{e}^{-t}$，然后代入上式得到所求定解问题的解

$$u(x,y,t) = \phi(x\mathrm{e}^{-t}, y\mathrm{e}^{-t})\mathrm{e}^{-t}$$

8.3.2 一阶拟线性方程

(1) 特征线方法

特征线法用于一阶拟线性偏微分方程定解问题的求解也是比较有效的，已经发展了一套切实可行的求解方法。为了便于介绍，考虑仅有 x 和 y 两个自变量的情况

$$\begin{cases} a(x,y,u)u_x + b(x,y,u)u_y = c(x,y,u) \\ u(x,y_0) = \varphi(x) \end{cases} \tag{8.3-13}$$

假设 $u(x,y)$ 为定解问题(8.3-13) 的解，则 $z = u(x,y)$ 在三维空间上即构成一个曲面，并且曲面上的点 $[x_0, y_0, u(x_0, y_0)]$ 存在法向向量 $\boldsymbol{N}_0 = \langle -u_x(x_0, y_0), -u_y(x_0, y_0), 1\rangle$。如果令 $z_0 = u(x_0, y_0)$，从方程(8.3-13) 出发可以得到向量 $\boldsymbol{V}_0 = \langle a(x_0, y_0, z_0), b(x_0, y_0, z_0), c(x_0, y_0, z_0)\rangle$ 与法向向量 $\boldsymbol{N}_0$ 垂直。由此可知，向量 $\boldsymbol{V}_0$ 一定在点 (x_0, y_0, z_0) 处与曲面 $z = u(x,y)$ 相切，如图 8-3 所示。

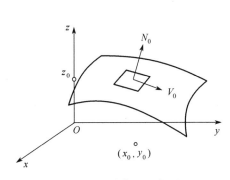

图 8-3　积分曲面示意图

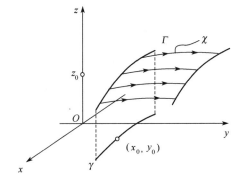

图 8-4　特征曲线的参数化

换言之，向量 $\boldsymbol{V} = \langle a(x,y,z), b(x,y,z), c(x,y,z)\rangle$ 在三维空间上定义了一个向量场，该向量场与方程的解曲面处处相切。与一个向量场处处相切的曲面被称为**积分曲面**。如果能找到包含有特定曲线 $\Gamma \subset \boldsymbol{R}^3$ 的积分曲面 V，即求得了定解问题(8.3-13) 的解。

接下来我们讨论如何利用方程和定解条件求出积分曲面。为此我们不妨利用方程的特征曲线作为向量场 $\boldsymbol{V}$ 上的积分曲线，该曲线 $\chi = [x(t), y(t), z(t)]$ 满足以下常微分特征方程组

$$\frac{\mathrm{d}x}{\mathrm{d}t} = a(x,y,z), \quad \frac{\mathrm{d}y}{\mathrm{d}t} = b(x,y,z), \quad \frac{\mathrm{d}z}{\mathrm{d}t} = c(x,y,z) \tag{8.3-14}$$

如果给定初始条件

$$x(t_0) = x_0, \quad y(t_0) = y_0, \quad z(t_0) = z_0 \tag{8.3-15}$$

并当方程组(8.3-14) 中的函数 a，b，c 均连续可微时，则方程组(8.3-14) 在 t_0 附近可解。

如果曲面 $z = u(x,y)$ 是一个由一系列特征曲线构成的平滑曲面 S，则在其各点处

$(x_0,\ y_0,\ z_0)$ 的切面上包含了向量 $\boldsymbol{V}(x_0,\ y_0,\ z_0)$。因此，曲面 S 是一个积分曲面，也即特征曲线的连续集合一定是积分曲面。这样的积分曲面可以用以下方法得到：首先给定非特征曲线 Γ，Γ 为非特征曲线是指 Γ 处处不与向量场 $\boldsymbol{V}$ 相切，然后从 Γ 各点处沿特征线方向引出射线 χ，如图 8-4 所示，全部射线的轨迹即构成了一个积分曲面。

理论上，包含 Γ 的积分曲面可以通过以下步骤实现：首先将曲线 Γ 看作是以 s 为参数的一条曲线 $[f(s),\ g(s),\ h(s)]$，然后以 $x_0=f(s)$，$y_0=g(s)$，$z_0=h(s)$ 替代初始条件 (8.3-15) 求解特征方程组 (8.3-14)。这样，我们即求出了一个以 s 和 t 为参数的积分曲面 S。

到此，要得到定解问题的最终解 $u(x,y)$，只需消去解中的参数 s 和 t 而用自变量 x，y 表示即可。以上利用特征曲线求解偏微分方程的方法即被称为特征线法。至此我们可以得出结论，在非特征曲线 Γ 附近，拟线性偏微分方程 (8.3-13) 的柯西问题是可解的。事实上可以证明，由向量场 $\boldsymbol{V}=\langle a,b,c\rangle$ 所确定的积分曲面与特征曲线集合是完全等价的。

因为定解问题 (8.3-13) 的特征方程组是唯一的，所以柯西问题的解也是唯一的，因而可得定理：如果 Γ 不是定解问题 (8.3-13) 的特征曲线，则此柯西问题在 Γ 附近存在唯一解。

现在我们将两自变量拟线性偏微分方程推广到更高维的情形。考虑 n 维的情形

$$\sum_{i=1}^{n} a_i(x_1,\ x_2,\ \cdots,\ x_n,\ u)u_{x_i}=c(x_1,\ x_2,\ \cdots,\ x_n,\ u) \tag{8.3-16}$$

此时，特征曲线簇由以下含有 $n+1$ 个未知数的 $n+1$ 个特征方程确定。

$$\frac{\mathrm{d}x_i}{\mathrm{d}t}=a_i(x_1,\cdots,x_n,z),\qquad \frac{\mathrm{d}z}{\mathrm{d}t}=c(x_1,\cdots,x_n,z) \tag{8.3-17}$$

以上特征方程可以结合在 $n-1$ 维空间域 Γ 上给定的初始条件求解

$$x_i=f_i(s_1,\cdots,s_{n-1}),\quad z=h(s_1,\cdots,s_{n-1}) \tag{8.3-18}$$

这样，就建立了一个以 $(s_1,s_2,\cdots,s_{n-1},t)$ 为参数的 n 维积分空间 M。所求定解问题的解 $u(x_1,\cdots,x_n)$ 通过消去解中的参数 $(s_1,s_2,\cdots,s_{n-1},t)$ 得到。下面分别讨论当一阶偏微分方程为准线性（semilinear）方程和拟线性（quasilinear）方程的情形。

（2）准线性方程

当一阶偏微分方程中未知函数导数项的系数函数与未知函数无关时，也即非线性项只存在于非导数项中，这样的偏微分方程称为准线性方程。两个自变量的准线性方程柯西问题具有形式

$$a(x,y)u_x+b(x,y)u_y=c(x,y,u) \tag{8.3-19}$$

问题的初始条件可以通过以 $[f(s),\ g(s),\ h(s)]$ 参数化的 Γ 给出。问题 (8.3-19) 具有以下特征方程

$$\frac{\mathrm{d}x}{\mathrm{d}t}=a(x,y),\qquad \frac{\mathrm{d}y}{\mathrm{d}t}=b(x,y),\qquad \frac{\mathrm{d}z}{\mathrm{d}t}=c(x,y,z) \tag{8.3-20}$$

特征方程所对应的初始条件为

$$x(s,0)=f(s),\quad y(s,0)=g(s),\quad z(s,0)=h(s) \tag{8.3-21}$$

通过观察不难发现，以上特征方程组中的前两个方程与 z 无关，因此可以只将前两个方程联立求解，在 xy 平面上得到解曲线 $[x(t)，y(t)]$。这样的解可以理解成特征曲线 χ 在 xy 平面上的投影，因而解曲线 $[x(t)，y(t)]$ 通常被称为投影特征曲线。求得投影特征曲线之后，即可将其代入第三个特征方程进行积分求得 z。

根据线性微分方程组的知识可知，式(8.3-20)中关于 $x，y$ 的常微分方程组初值问题可解的充要条件是以下雅克比矩阵是正定的，即

$$\det \begin{pmatrix} x_s & y_s \\ x_t & y_t \end{pmatrix} = x_s y_t - y_s x_t \neq 0 \tag{8.3-22}$$

当 $t=0$ 时，从式(8.3-20)和式(8.3-21)出发，式(8.3-22)可以写成

$$f'(s)b[f(s),g(s)] - g'(s)a[f(s),g(s)] \neq 0 \tag{8.3-23}$$

上式说明 Γ 投影到 xy 平面上的曲线 γ 不平行于向量场 $\langle a,b \rangle$，同时意味着问题的解在 Γ 附近是成立的。但是，在 $\mathrm{d}z/\mathrm{d}t$ 为非线性时，问题的解在远离 Γ 时会发展成为奇异的。

【例题 8-13】　试求解柯西问题 $u_x + 2u_y = u^2$，$u(x,0) = h(x)$。

解： 对于初值问题，Γ 是 xy 平面上的曲线 $[x,h(x)]$，因而初始条件可以以参数形式 $[s,0,h(s)]$ 表示。考虑所解柯西问题满足式(8.3-23)，则问题可以写成特征方程的形式

$$\frac{\mathrm{d}x}{\mathrm{d}t} = 1, \qquad \frac{\mathrm{d}y}{\mathrm{d}t} = 2, \qquad \frac{\mathrm{d}z}{\mathrm{d}t} = z^2$$

积分前两个方程得

$$x(s,t) = t + c_1(s), \qquad y(s,t) = 2t + c_2(s)$$

其中的参数函数 $c_1(s)$ 和 $c_2(s)$ 可利用参数表示的初始条件求出，即

$$x(s,0) = c_1(s) = s, \qquad y(s,0) = c_2(s) = 0$$

代入求得的特征方程的解得 $x = t+s$，$y = 2t$，由此并可求得 $s = x - y/2$ 和 $t = y/2$。利用初始条件 $z(s, 0) = h(s)$ 积分第三个特征方程，得

$$z(s,t) = \frac{h(s)}{1 - h(s)t}$$

最后消去 s 和 t 即得到问题的解

$$u(x,y) = \frac{h(x-y/2)}{1 - h(x-y/2)y/2}$$

注：由于原问题存在非线性项，解 u 只在一定 y 的范围内是稳定的，当 y 取很大值时可能产生解的奇异问题。

（3）拟线性方程

拟线性一阶偏微分方程(8.3-13)的求解过程与准线性方程相似，不同之处只是在求解特征方程组时，由于方程之间不存在解耦的现象，全部特征方程必须联立求解。因此，在确定 xy 平面上的投影特征曲线时，需要考虑 z 的影响。由此带来的结果不仅是使得求解过程变得复杂，而且会使得所得到的投影特征曲线相互交叉。投影特征曲线相互交叉的根源是方程的非线性造成的，因为非线性方程的积分曲面有时会产生折叠现象。

拟线性偏微分方程柯西问题解存在的充要条件与式(8.3-23)基本一样，只是需要考虑 a

和 b 也是未知函数的函数，因而其具体形式变为

$$f'(s)b[f(s),g(s),h(s)]-g'(s)a[f(s),g(s),h(s)]\neq 0 \tag{8.3-24}$$

该式的几何意义表明，Γ 的切线和沿 Γ 的向量场 $\langle a,b,c\rangle$ 投影到 xy 平面上所得到的两条曲线之间没有平行之处。条件(8.3-24) 只说明在 Γ 附近，柯西问题的解是存在的，而当 t 较大时将会出现积分曲面折叠、在 x 方向产生梯度突变现象，这时所得到的解 u 已不再是单值和连续的了。这些现象属于偏微分方程领域的非连续弱解问题，已超出了本书的讨论范围。

【例题 8-14】 试求解柯西问题 $uu_x+yu_y=x$，$u(x,1)=2x$。

解： 问题的特征方程为

$$\frac{\mathrm{d}x}{\mathrm{d}t}=z,\qquad \frac{\mathrm{d}y}{\mathrm{d}t}=y,\qquad \frac{\mathrm{d}z}{\mathrm{d}t}=x$$

将 Γ 参数化为 $(s,1,2s)$。利用初始条件容易验证所解柯西问题满足式(8.3-24)。注意特征方程中的第二个方程是解耦的，因而可单独求解，利用初始条件 $y(s,0)=1$ 得

$$y(s,t)=c(s)\mathrm{e}^t,\qquad y=\mathrm{e}^t$$

其余的两个方程需联立求解，或将两者线性组合后再积分求解，即

$$\frac{\mathrm{d}(x+z)}{\mathrm{d}t}=x+z,\qquad \frac{\mathrm{d}(x-z)}{\mathrm{d}t}=-(x-z)$$

因而得解

$$x+z=c_1(s)\mathrm{e}^t,\qquad x-z=c_2(s)\mathrm{e}^{-t}$$

利用初始条件 $x(s,0)=s$，$z(s,0)=2s$ 解得 $c_1=3s\mathrm{e}^t$，$c_2=-s\mathrm{e}^{-t}$，即

$$x=\frac{3}{2}s\mathrm{e}^t-\frac{1}{2}s\mathrm{e}^{-t},\qquad y=\mathrm{e}^t,\qquad z=\frac{3}{2}s\mathrm{e}^t+\frac{1}{2}s\mathrm{e}^{-t}$$

最后消去 s 和 t 即得到问题的解

$$u(x,y)=z=x\frac{3y^2+1}{3y^2-1}$$

解成立的区域是 $|y|<1/\sqrt{3}$。

8.3.3 一维波动方程的初值问题

一般非齐次波动方程的 Cauchy 问题可以表述为

$$\begin{cases} u_{tt}-a^2u_{xx}=f(x,t),\ x\in\mathfrak{R}^1,\ t>0 \\ u(x,0)=\varphi(x),\ u_t(x,0)=\psi(x) \end{cases} \tag{8.3-25}$$

下面介绍求解波动方程 Cauchy 问题的几种不同方法。

（1）齐次方程的行波变换法

考虑齐次波动方程的 Cauchy 问题

$$\begin{cases} u_{tt}-a^2u_{xx}=0,\ x\in\mathfrak{R}^1,\ t>0 \\ u(x,0)=\varphi(x),\ u_t(x,0)=\psi(x) \end{cases} \tag{8.3-26}$$

因为方程与初始条件均是线性的，所以该初值问题可以解析求解。一种非常简便的方法是利用变换

$$\xi = x - at, \qquad \eta = x + at \tag{8.3-27}$$

由于 $x = f(\xi, \eta)$，$at = g(\xi, \eta)$，即有

$$u_{xx} = (u_\xi + u_\eta)_\xi + (u_\xi + u_\eta)_\eta = u_{\xi\xi} + 2u_{\xi\eta} + u_{\eta\eta}$$

$$u_{tt} = a^2(u_\xi - u_\eta)_\xi - a^2(u_\xi - u_\eta)_\eta = a^2(u_{\xi\xi} - 2u_{\xi\eta} + u_{\eta\eta}) \tag{8.3-28}$$

将求得的二阶导数代入原方程，方程(8.3-26) 转化为

$$\frac{\partial^2 u}{\partial \xi \partial \eta} = 0 \tag{8.3-29}$$

利用例题 8-2 的结果，以上方程具有通解

$$u = f(\xi) + g(\eta) = f(x + at) + g(x - at) \tag{8.3-30}$$

式中，f 为 x 负方向传输的波；g 为 x 正方向传输的波；a 为波速，利用式(8.3-26) 中的初始条件可得

$$u(x, 0) = f(x) + g(x) = \varphi(x)$$

$$u_t(x, 0) = af'(x) + ag'(x) = \psi(x) \tag{8.3-31}$$

积分以上第二式得
$$f(x) - g(x) = \frac{1}{a}\int_0^x \psi(\tau)\mathrm{d}\tau + \frac{1}{a}C \tag{8.3-32}$$

将式(8.3-32) 与式(8.3-31) 中的第一个方程联立求出 f 和 g，得

$$f(x) = \frac{1}{2}\varphi(x) + \frac{1}{2a}\int_0^x \psi(\tau)\mathrm{d}\tau + \frac{1}{2a}C$$

$$\tag{8.3-33}$$

$$g(x) = \frac{1}{2}\varphi(x) - \frac{1}{2a}\int_0^x \psi(\tau)\mathrm{d}\tau - \frac{1}{2a}C$$

将其代入通解式(8.3-30) 得

$$u(x, t) = \frac{1}{2}\left[\varphi(x + at) + \varphi(x - at)\right] + \frac{1}{2a}\int_{x-at}^{x+at} \psi(\tau)\mathrm{d}\tau \tag{8.3-34}$$

以上所得到的解式(8.3-34) 称为一维波动方程 Cauchy 问题的 D'Alembert 公式。

解常微分方程初值问题时，一般是先解出方程的通解，然后用初始条件确定积分常数。上述方法也是通过先求偏微分方程的通解，然后再解定解，这种方法对绝大多数偏微分方程问题是不适用的。由于大多数偏微分方程通解很难求出，即使通解求出，要用定解条件去确定任意函数也很困难，它需要解函数方程或函数方程组，因此求解一般偏微分方程定解需另寻更有效的方法。

（2）齐次化特征线法

一般非齐次波动方程的 Cauchy 问题(8.3-25)，可根据偏微分方程定解问题的齐次化原理，将其分解成一阶齐次条件、零阶齐次条件和全齐次条件三个 Cauchy 问题来解。三个定解问题中，一阶齐次初始条件问题是求解问题的出发点，其形式为

$$\begin{cases} u_{tt} - a^2 u_{xx} = 0, \ x \in \Re^1, \ t > 0 \\ u(x, 0) = 0, \ u_t(x, 0) = \psi(x) \end{cases} \tag{8.3-35}$$

为了能够利用前面介绍的特征线法求解定解问题(8.3-35)，首先将微分算子 $\partial^2/\partial t^2 - a^2 \partial^2/\partial x^2$ 分解成两个一阶微分算子的乘积，即

$$\frac{\partial^2}{\partial t^2} - a^2 \frac{\partial^2}{\partial x^2} = \left(\frac{\partial}{\partial t} + a\frac{\partial}{\partial x}\right)\left(\frac{\partial}{\partial t} - a\frac{\partial}{\partial x}\right) \tag{8.3-36}$$

于是 $u_{tt} - a^2 u_{xx} = (\partial/\partial t - a\partial/\partial x)(\partial/\partial t - a\partial/\partial x)u$，令 $(\partial/\partial t - a\partial/\partial x)u = v$，从而把定解问题(8.3-35)转化成两个一维偏微分方程的初值问题

$$\begin{cases} u_t - au_x = v \\ u(x,0) = 0 \end{cases} \tag{8.3-37}$$

和

$$\begin{cases} v_t + av_x = 0 \\ v(x,0) = u_t(x,0) - au_x(x,0) = \psi(x) \end{cases} \tag{8.3-38}$$

对于一阶定解问题(8.3-38)，应用本节中式(8.3-9)的结果，可得定解

$$v(x,t) = \psi(x - at) \tag{8.3-39}$$

将所得结果代入定解问题(8.3-38)，再次应用式(8.3-9)得

$$u(x,t) = \int_0^t v[x + a(t-\xi),\xi]d\xi = \int_0^t \psi(x - 2a\xi + at)d\xi = \frac{1}{2a}\int_{x-at}^{x+at}\psi(\xi)d\xi \tag{8.3-40}$$

由齐次化定理(8.1-24)，可知零阶齐次条件定解问题

$$\begin{cases} u_{tt} - a^2 u_{xx} = 0, \ x \in \Re^1, \ t > 0 \\ u(x,0) = \varphi(x), \ u_t(x,0) = 0 \end{cases} \tag{8.3-41}$$

的解为

$$u(x,t) = \frac{\partial}{\partial t}\left(\frac{1}{2a}\int_{x-at}^{x+at}\varphi(\xi)d\xi\right) = \frac{1}{2}[\varphi(x+at) + \varphi(x-at)] \tag{8.3-42}$$

因而，根据偏微分方程的叠加原理，定解问题

$$\begin{cases} u_{tt} - a^2 u_{xx} = 0, \ x \in \Re^1, \ t > 0 \\ u(x,0) = \varphi(x), \ u_t(x,0) = \psi(x) \end{cases} \tag{8.3-43}$$

的解为

$$u(x,t) = \frac{1}{2}[\varphi(x+at) + \varphi(x-at)] + \frac{1}{2a}\int_{x-at}^{x+at}\psi(\xi)d\xi \tag{8.3-44}$$

进而，根据齐次化定理(8.1-25)，一般情形的非齐次波动方程 Cauchy 问题 (8.3-25) 的解为

$$u(x,t) = \frac{1}{2}[\varphi(x+at) + \varphi(x-at)] + \frac{1}{2a}\int_{x-at}^{x+at}\psi(\xi)d\xi + \frac{1}{2a}\int_0^t\int_{x-a(t-\tau)}^{x+a(t-\tau)}f(\xi,\tau)d\xi d\tau \tag{8.3-45}$$

（3）D'Alembert 公式的物理意义

考虑两簇特征曲线

$$x = at + \text{cos}st, \quad x = -at + \text{cos}st \tag{8.3-46}$$

对于理解一维波的传播有重要意义，人们通常称它们为波动方程的两簇特征曲线，它在物理上反映了波以速度 a 向两个不同的方向传播的特性。

以弦振动初值问题(8.3-43)为例，假定 $\psi(x) = 0$，由 D'Alembert 公式，在时刻 t 弦线在 x 处的位移为 $u(x,t) = [\varphi(x+at) + \varphi(x-at)]/2$。下面以其中的第二项 $\varphi(x-at)/2$ 为例说明它表示的物理意义。在 $t = 0$ 时第二项表示 x 处弦的位移为 $\varphi(x)/2$，而在 t 时刻在 $x+at$ 处

弦的位移也为 $\varphi(x)/2$，由于 x 是弦上任意一点，所以上述事实表明弦的波形经过时间 t 向 x 轴的正方向移动了 at 的距离。因此 $\varphi(x-at)/2$ 表示向 x 轴的正方向以速度 a 传播的波，同理 $\varphi(x+at)/2$ 表示向 x 轴负方向以速度 a 传播的波。

【例题 8-15】   求 Cauchy 问题

$$\begin{cases} u_{xx}-u_{xt}-2u_{tt}+u_x-2u_t=0, \ x\in\Re^1, t>0 \\ u(x,0)=2x^2, \ u_t(x,0)=x \end{cases}$$

解：显然这是一个双曲型方程的初值问题，可采用推导 D'Alembert 公式的方法来求解。首先将问题写成算子的形式

$$u_{xx}-u_{xt}-2u_{tt}+u_x-2u_t=\left(\frac{\partial}{\partial x}+\frac{\partial}{\partial t}+1\right)\left(\frac{\partial}{\partial x}-2\frac{\partial}{\partial t}\right)u$$

从而可以把二阶定解问题转化成两个一维偏微分方程的初值问题

$$\begin{cases} u_x-2u_t=v \\ u(x,0)=2x^2 \end{cases} \quad 和 \quad \begin{cases} v_x+v_t+v=0 \\ v(x,0)=u_x(x,0)-2u_t(x,0)=2x \end{cases}$$

由以上第二个初值问题可以解得

$$v(x,t)=2(x-t)\mathrm{e}^{-t}$$

将其代入第一个初值问题得到原问题的解

$$u(x,t)=\frac{3}{2}-x-\frac{t}{2}+2x^2+2xt+\frac{t^2}{2}+\left(x-t-\frac{3}{2}\right)\mathrm{e}^{-t}$$

8.4   格林函数法

格林（Green）函数方法对于求解具有齐次边界条件的非齐次二阶微分方程，以及具有非齐次边界条件的齐次方程是一种非常有用的方法。利用 Green 函数求解偏微分方程的方法基础是偏微分方程的叠加原理和齐次化原理。理解和熟练应用 Green 函数法求解偏微分方程，需要了解线性偏微分方程的基本解理论和偏微分方程的解的结构。本节除了介绍线性偏微分方程基本解概念以外，还将利用具体实例介绍应用 Green 函数求解偏微分方程定解问题的方法。

8.4.1   线性偏微分方程的基本解

线性偏微分方程的基本解及其结构可借用 δ 函数给出描述。若 L 为线性偏微分算子，则一个非齐次的线性偏微分方程可表示为

$$Lu=f(\boldsymbol{x}) \tag{8.4-1}$$

其中，$\boldsymbol{x}$ 表示一个变数向量，例如可取 $\boldsymbol{x}=(x_1,x_2,x_3)$，$u(\boldsymbol{x})$ 和 $f(\boldsymbol{x})$ 为变数向量的函数。如果存在函数 $G(\boldsymbol{x},\boldsymbol{\xi})$ 满足方程

$$LG(\boldsymbol{x},\boldsymbol{\xi})=\delta(\boldsymbol{x}-\boldsymbol{\xi}) \tag{8.4-2}$$

其中，Dirac 函数 $\delta(\boldsymbol{x}-\boldsymbol{\xi})$ 表示变数空间 $\boldsymbol{\xi}$ 处的一个点源，则称函数 $G(\boldsymbol{x},\boldsymbol{\xi})$ 为偏微分方程（8.4-1）的**基本解**，同时 $G(\boldsymbol{x},\boldsymbol{\xi})$ 被称为 **Green 函数**。

根据线性偏微分方程的叠加原理，可以近似地将方程(8.4-1) 分解为无穷个方程

$$Lu_i = f(\boldsymbol{\xi}_i)\Delta V_i \delta(\boldsymbol{x}-\boldsymbol{\xi}_i) \quad (i=1,2,\cdots,n) \tag{8.4-3}$$

式中，V 为定解问题(8.4-1) 的空间定义域；ΔV_i 为定义域微元，且有 $V = \sum \Delta V_i$。因而，具有关系

$$\lim_{n\to\infty}\sum_{i=1}^{n} f(\boldsymbol{\xi}_i)\Delta V_i \delta(\boldsymbol{x}-\boldsymbol{\xi}_i) = \int f(\boldsymbol{\xi})\delta(\boldsymbol{x}-\boldsymbol{\xi})\mathrm{d}V = \int_V f(\boldsymbol{\xi})\delta(\boldsymbol{x}-\boldsymbol{\xi})\mathrm{d}\boldsymbol{\xi} = f(\boldsymbol{x})$$

$$\tag{8.4-4}$$

显然偏微分方程(8.4-3) 的解可以表示为 $u_i = G(\boldsymbol{x},\boldsymbol{\xi})f(\boldsymbol{\xi})\Delta V_i$。根据偏微分方程的叠加原理，定解问题(8.4-1) 的解应等于子定解问题(8.4-3) 诸解的和，如果对 n 取无穷大时，则有

$$u(\boldsymbol{x}) = \lim_{n\to\infty}\sum_{i=1}^{n} u_i = \int_V G(\boldsymbol{x},\boldsymbol{\xi})f(\boldsymbol{\xi})\mathrm{d}\boldsymbol{\xi} \tag{8.4-5}$$

定理　如果满足微分方程(8.4-2) 的 Green 函数已知，则非齐次偏微分方程定解问题 (8.4-1) 的解可以利用(8.4-5) 式计算得到。

证：将式 (8.4-2) 两边乘以 $f(\boldsymbol{\xi})$ 并对 $\boldsymbol{\xi}$ 在 V 上积分，得

$$\int_V LG(\boldsymbol{x},\boldsymbol{\xi})f(\boldsymbol{\xi})\mathrm{d}\boldsymbol{\xi} = \int_V \delta(\boldsymbol{x}-\boldsymbol{\xi})f(\boldsymbol{\xi})\mathrm{d}\boldsymbol{\xi} = f(\boldsymbol{x}) \tag{8.4-6}$$

在式(8.4-6) 的左边交换算符 L 与积分符号，得

$$L\left[\int_V G(\boldsymbol{x},\boldsymbol{\xi})f(\boldsymbol{\xi})\mathrm{d}\boldsymbol{\xi}\right] = f(\boldsymbol{x}) \tag{8.4-7}$$

比较式(8.4-1)和式(8.4-7)即得式(8.4-5)。证毕。

因而，通过解(8.4-2) 求出 Green 函数，就可以用式(8.4-5) 求出非齐次偏微分方程 (8.4-1) 的解 $u(\boldsymbol{x})$。同时也可以看到，偏微分方程的基本解可以用来表示非齐次偏微分方程的解，并且不同的非齐次项 $f(\boldsymbol{x})$，方程(8.4-1) 的解也不一样；但对于相同的偏微分算子 L，所对应的基本解却是相同的。所以基本解更加根本地反映了偏微分方程解的结构。另外，在以上的分析中，也使我们充分感受到 δ 函数为求解偏微分方程带来极大的方便。

【例题 8-16】　试求 Laplace 方程 $-\Delta u = f(\boldsymbol{r})$ 的基本解。

解：满足 Laplace 方程 $-\Delta G = \delta(\boldsymbol{r}-\boldsymbol{r}')$ 的 Green 函数即方程的基本解。首先考虑三维的情形，为简化起见将点源置于原点，即取 $\boldsymbol{r}'=(0,0,0)$。这样三维 Laplace 方程变为一个球对称方程，于是方程简化成一个常微分方程

$$-\frac{1}{r^2}\frac{\mathrm{d}}{\mathrm{d}r}\left(r^2\frac{\mathrm{d}}{\mathrm{d}r}G\right) = \delta(r)$$

当 $r \neq 0$ 时，上面方程的解为

$$G(r) = c/r + c'$$

为确定积分常数 c 和 c'，取半径 ε 任意小的包含原点的球面 S_ε，方程 $-\Delta G = \delta(\boldsymbol{r}-\boldsymbol{r}')$ 两边对 S_ε 围成的小球体 V 积分，由 Остроградский-GauB 公式得

$$-c\oint_{S_\varepsilon}\frac{\partial}{\partial r}\left(\frac{1}{r}\right)\mathrm{d}\sigma = 1$$

所以 $c=1/4\pi$。因此 Laplace 方程的基本解为（通常取 $c'=0$）：

$$G(\boldsymbol{r},\boldsymbol{r}')=\frac{1}{4\pi|\boldsymbol{r}-\boldsymbol{r}'|}$$

同理可以推出二维 Laplace 方程（二维平面圆域）的基本解为

$$G(\boldsymbol{r},\boldsymbol{r}')=\frac{1}{2\pi}\ln\frac{1}{|\boldsymbol{r}-\boldsymbol{r}'|}$$

8.4.2　波动方程初值问题

满足一维波动方程初值问题

$$\begin{cases}G_{tt}-a^2G_{xx}=0,\ x\in\Re^1,\ t>0\\ G(x,0)=0,\ G_t(x,0)=\delta(x-\xi)\end{cases}\tag{8.4-8}$$

的解 $G=G(x,t;\xi)$ 为一维波动方程初值问题的基本解。Green 函数 G 的形式可以通过对方程（8.4-8）求解得到，对方程(8.4-8) 关于自变量 x 做傅里叶变换，得

$$\begin{cases}\hat{G}_{tt}+a^2\lambda^2\hat{G}=0\\ \hat{G}(\lambda,0)=0,\ \hat{G}_t(\lambda,0)=\mathrm{e}^{-i\lambda\xi}\end{cases}\tag{8.4-9}$$

以上常微分方程初值问题的解为

$$\hat{G}(\lambda,t;\xi)=\frac{\sin a\lambda t}{a\lambda}\mathrm{e}^{i\lambda\xi}\tag{8.4-10}$$

对其做傅里叶逆变换，并注意使用傅里叶变换的平移性质，得

$$G(x,t;\xi)=\begin{cases}\dfrac{1}{2a}&(|x-\xi|\leqslant at)\\[2mm] 0&(|x-\xi|>at)\end{cases}\tag{8.4-11}$$

根据 Heaviside 函数的定义

$$H(x-x_0)=\begin{cases}1&(x\geqslant x_0)\\ 0&(x<x_0)\end{cases}\tag{8.4-12}$$

及其与 δ 函数之间的关系

$$\delta(x-x_0)=\frac{\mathrm{d}}{\mathrm{d}x}H(x-x_0)\tag{8.4-13}$$

基本解(8.4-11) 可以利用 Heaviside 函数改写成

$$G(x,t;\xi)=\frac{1}{2a}\left[H(x-\xi+at)-H(x-\xi-at)\right]\tag{8.4-14}$$

并有
$$\frac{\partial}{\partial t}G(x,t;\xi)=\frac{1}{2}\left[\delta(x-\xi+at)-\delta(x-\xi-at)\right]\tag{8.4-15}$$

根据式(8.4-5)，可知齐次波动方程初值问题

$$\begin{cases}u_{tt}-a^2u_{xx}=0,\ x\in\Re^1,\ t>0\\ u(x,0)=0,\ u_t(x,0)=\psi(x)\end{cases}\tag{8.4-16}$$

的解可以表示为
$$u(x,t)=\int_{-\infty}^{+\infty}G(\boldsymbol{x},t;\boldsymbol{\xi})\psi(\boldsymbol{\xi})\mathrm{d}\boldsymbol{\xi}\tag{8.4-17}$$

再根据齐次化定理(8.1-25)，可得非齐次波动方程初值问题

$$\begin{cases} u_{tt} - a^2 u_{xx} = f(x,t), \ x \in \mathfrak{R}^1, \ t > 0 \\ u(x,0) = \varphi(x), \ u_t(x,0) = \psi(x) \end{cases} \tag{8.4-18}$$

的解为

$$u(x,t) = \int_{-\infty}^{+\infty} G(x,t;\xi)\psi(\xi)\mathrm{d}\xi + \frac{\partial}{\partial t}\int_{-\infty}^{+\infty} G(x,t;\xi)\varphi(\xi)\mathrm{d}\xi + \int_0^t \int_{-\infty}^{+\infty} G(x,t-\tau;\xi)f(\xi,\tau)\mathrm{d}\xi\mathrm{d}\tau$$

$$= \int_{-\infty}^{+\infty} G(x,t;\xi)\psi(\xi)\mathrm{d}\xi + \int_{-\infty}^{+\infty} \frac{\partial}{\partial t}G(x,t;\xi)\varphi(\xi)\mathrm{d}\xi + \int_0^t \int_{-\infty}^{+\infty} G(x,t-\tau;\xi)f(\xi,\tau)\mathrm{d}\xi\mathrm{d}\tau$$

$$= \frac{1}{2}\left[\varphi(x+at) + \varphi(x-at)\right] + \frac{1}{2a}\int_{x-at}^{x+at}\psi(\xi)\mathrm{d}\xi + \frac{1}{2a}\int_0^t \int_{x-a(t-\tau)}^{x+a(t-\tau)} f(\xi,\tau)\mathrm{d}\xi\mathrm{d}\tau \tag{8.4-19}$$

8.4.3 热传导方程初值问题

热传导方程初值问题的基本解 $G = G(r,t;\xi)$ 可以通过求解以下初值问题

$$\begin{cases} G_t - a^2 \Delta G = 0, \ r \in \mathfrak{R}^3, \ t > 0 \\ G(r,0) = \delta(r-\xi) \end{cases} \tag{8.4-20}$$

得到。对方程(8.4-20) 关于自变量 r 做 Fourier 变换，得

$$\begin{cases} \hat{G}_t + a^2 |\lambda|^2 \hat{G} = 0 \\ \hat{G}(\lambda,0) = \mathrm{e}^{-i\lambda\xi} \end{cases} \tag{8.4-21}$$

其中，$\lambda = (\lambda_1, \lambda_2, \lambda_3)$，$\lambda \cdot r' = \lambda_1 x' + \lambda_2 y' + \lambda_3 z'$。上式为一阶常微分方程初值问题，其解为

$$\hat{G}(\lambda,t;\xi) = \mathrm{e}^{-a^2|\lambda|^2 t - i\lambda\xi} \tag{8.4-22}$$

对其做 Fourier 逆变换，并注意使用 Fourier 变换的平移性质，得

$$G(r,t;\xi) = \frac{1}{2a\sqrt{\pi t}}\exp\left(-\frac{|r-\xi|^2}{4a^2(t-\tau)}\right) \tag{8.4-23}$$

根据式(8.4-5)，可知热传导方程的初值问题

$$\begin{cases} u_t - a^2 \Delta u = f(r,t), \ r \in \mathfrak{R}^3, \ t > 0 \\ u(x,0) = \varphi(r) \end{cases} \tag{8.4-24}$$

的解可以表示为

$$u(r,t) = \int_{\mathfrak{R}^3} G(r,t;\xi)\varphi(\xi)\mathrm{d}\xi + \int_0^t \int_{\mathfrak{R}^3} G(r,t-\tau;\xi)f(\xi,\tau)\mathrm{d}\xi\mathrm{d}\tau$$

$$= \frac{1}{2a\sqrt{\pi t}}\int_{\mathfrak{R}^3} \varphi(\xi)\exp\left(-\frac{|r-\xi|^2}{4a^2 t}\right)\mathrm{d}\xi + \int_0^t \int_{\mathfrak{R}^3} f(\xi,\tau)\frac{\exp\left[-|r-\xi|^2/4a^2 t\right]}{2a\sqrt{\pi(t-\tau)}}\mathrm{d}\xi\mathrm{d}\tau \tag{8.4-25}$$

8.4.4 传质扩散方程初值问题

由一维非齐次传质扩散偏微分方程和无穷边界及齐次初始条件构成的定解问题为

$$\begin{cases} u_t - a^2 u_{xx} = f(x)\delta(t), \ x \in \Re^1, \ t>0 \\ u(x,0)=0, u(\pm\infty,t)=0 \end{cases} \tag{8.4-26}$$

定解问题(8.4-26)可以应用积分变换的方法结合 Green 函数进行求解，通过求解过程会对 Green 函数法进一步加深认识和理解。

定义函数 $u(x，t)$ 的 Laplace 与 Fourier 联合变换函数

$$\widetilde{U}(\lambda,s) = \mathscr{L}\{\mathscr{F}[u(x,t)]\} = \frac{1}{\sqrt{2\pi}} \int_{-\infty}^{+\infty} e^{i\lambda x} \, dx \int_0^{\infty} e^{-st} u(x,t) dt \tag{8.4-27}$$

对定解问题(8.4-26)中的 t 进行 Laplace 变换而对 x 进行 Fourier 变换，定解问题变为一个代数方程

$$(s+a^2\lambda^2)\widetilde{U}(\lambda,s) = F(\lambda) \tag{8.4-28}$$

解得
$$\widetilde{U}(\lambda,s) = \frac{F(\lambda)}{s+a^2\lambda^2} \tag{8.4-29}$$

首先对式(8.4-29)进行 Laplace 逆变换，给出

$$U(\lambda,s) = F(\lambda)e^{-a^2\lambda^2 t} = F(\lambda)G(\lambda) \tag{8.4-30}$$

故
$$G(\lambda) = e^{-a^2\lambda^2 t} \tag{8.4-31}$$

对其取傅里叶逆变换，得

$$g(x) = \mathscr{F}^{-1}[e^{-a^2\lambda^2 t}] = \frac{1}{\sqrt{2a^2 t}} e^{-x^2/4a^2 t} \tag{8.4-32}$$

进而对式(8.4-30)进行傅里叶逆变换，并利用卷积定理，得问题的解

$$u(x,t) = \frac{1}{\sqrt{2\pi}} \int_{-\infty}^{+\infty} e^{i\lambda x} F(\lambda)G(\lambda) d\lambda = \frac{1}{\sqrt{2\pi}} \int_{-\infty}^{+\infty} f(\xi)g(x-\xi)d\xi$$

$$= \frac{1}{2a\sqrt{\pi t}} \int_{-\infty}^{+\infty} f(\xi) \, e^{-(x-\xi)^2/4a^2 t} d\xi = \int_{-\infty}^{+\infty} f(\xi)G(x,t;\xi)d\xi \tag{8.4-33}$$

其中 Green 函数 $G(x,t;\xi)$ 为

$$G(x,t;\xi) = \frac{1}{2a\sqrt{\pi t}} e^{-(x-\xi)^2/4a^2 t} \tag{8.4-34}$$

显然，$G(x,t)=G(x,t_0)$ 是 x 的偶函数，具有高斯（Gauss）形分布，其分布振幅随 $\sqrt{a^2 t}$ 增加而减少，其脉冲宽度而增加。

8.5   相似分析法

在化工中经常用到相似分析法，相似分析有时也称作量纲分析。我们知道，对于特定的研究体系，通过相似分析可将实际的物理变量用无量纲物理量表示，同时会使系统的变量数目减少，因而使所研究问题变量之间的关系更为简单和易于定量描述。基于相似性原理，有些描述化工过程的偏微分方程可通过相似分析使其本身得到简化，甚至简化成常微分方程。下面举例说明相似分析在求解偏微分方程定解问题中的应用。

8.5.1　热传导方程定解问题

考虑半轴区域的一维非稳态热传导问题，其控制方程及初边值条件为

$$\begin{cases} u_t - a^2 u_{xx} = 0, \ x \geqslant 0, \ t > 0 \\ u(x,0) = Q\delta(x), \ u(\infty,t) = 0 \end{cases} \tag{8.5-1}$$

其中，初始条件 $Q\delta(x)$ 表示一个在原点的强度为 Q 的点热源。根据以上定义，问题的有关变量包括一个因变量和四个自变量或参数，它们分别是：温度 u、空间坐标 x、时间坐标 t、电热系数 a^2、热强度 Q。基于对热传导物理过程的理解，因变量温度应该是自变量及参数的函数，即

$$u = f(x, t, a^2, Q) \tag{8.5-2}$$

为了对问题(8.5-2)进行相似分析，首先列出诸物理量的量纲：$[u] = \theta$，$[x] = L$，$[t] = T$，$[a^2] = L^2 T^{-1}$，$[Q] = \theta L$，然后应用第 1 章介绍的 Pawlowski 方法确定出两个无量纲特征数

$$\pi = \frac{u}{Q/a\sqrt{t}}, \quad \pi_1 = \frac{x}{a\sqrt{t}} \tag{8.5-3}$$

应用 π 定理可将问题(8.5-2)写成无量纲形式

$$\pi = \varphi(\pi_1) \tag{8.5-4}$$

即

$$u = \frac{Q}{a\sqrt{t}} \varphi\left(\frac{x}{a\sqrt{t}}\right) \tag{8.5-5}$$

令 $\xi = \pi_1$，则 $u = Q/(a\sqrt{t})\varphi(\xi)$。将其代入定解问题(8.5-1)，经整理后所求偏微分方程的定解问题变成一个常微分方程定解问题

$$\begin{cases} \varphi''(\xi) + \dfrac{1}{2}\xi\varphi'(\xi) + \dfrac{1}{2}\varphi(\xi) = 0 \\ \varphi(\infty) = 0, \quad \displaystyle\int_{-\infty}^{+\infty} \varphi(\xi)\,\mathrm{d}\xi = 1 \end{cases} \tag{8.5-6}$$

求解上述常微分方程边值问题，得到

$$\varphi(\xi) = \frac{1}{2\sqrt{\pi}} \exp\left(-\frac{1}{4}\xi^2\right) \tag{8.5-7}$$

于是

$$u(x,t) = \frac{Q}{2a\sqrt{\pi t}} \exp\left(-\frac{x^2}{4at}\right) \tag{8.5-8}$$

8.5.2　点源强爆炸问题

现在来研究空间中的强爆炸（比如说原子弹、氢弹爆炸）初期（即 t 很小）空间的温度分布情况。由于在爆炸初期，物质的移动可以忽略不计，只考虑能量传递对温度场的影响。在不含爆炸点处满足的能量平衡方程为

$$c\rho \frac{\partial u}{\partial t} + \mathrm{div}q = 0 \tag{8.5-9}$$

其中，c 为空气的比热容；ρ 为空气密度；q 为热流密度；u 表示温度。并且

$$q = -\lambda\,\mathbf{grad}\,u \tag{8.5-10}$$

由于在爆炸初始阶段的热传导主要是光辐射，根据辐射定律知其热导率与温度的关系为

$$\lambda = \lambda_0 u^n \tag{8.5-11}$$

其中，λ_0 为常数，$n \approx 5$。于是

$$\mathrm{div}\,q = -\lambda_0\,\mathrm{div}(u^n\,\mathbf{grad}\,u) = -\frac{\lambda_0}{n+1}\,\mathrm{div}(\mathbf{grad}\,u^{n+1}) = -\frac{\lambda_0}{n+1}\Delta(u^{n+1}) \tag{8.5-12}$$

取爆炸点为球心，设 $u=u(r,t)$，r 为空间一点到球心的距离，即研究在球对称的情况下温度的分布，由于

$$\Delta(u^{n+1}) = \frac{1}{r^2}\frac{\partial}{\partial r}\left(r^2\frac{\partial}{\partial r}u^{n+1}\right) \tag{8.5-13}$$

能量平衡方程(8.5-9) 变成

$$\frac{\partial u}{\partial t} = \chi\,\frac{1}{r^2}\frac{\partial}{\partial r}\left(r^2\frac{\partial}{\partial r}u^{n+1}\right) \tag{8.5-14}$$

其中，$\chi = \lambda_0/(n+1)c\rho$ 为常数。泛定方程(8.5-14) 加上下列初始条件和边界条件

$$\begin{cases} u(r,0)=0 \quad (r \neq 0) \\ 4\pi\displaystyle\int_0^\infty u(r,0)r^2\,\mathrm{d}r = Q \\ u(\infty,t)=0 \quad (t>0) \end{cases} \tag{8.5-15}$$

即可求解。

下面利用相似分析原理对以上定解问题进行简化，首先确定体系的全部物理量，然后找出有关的无量纲特征数。

因变量 u，自变量及参数 r、t、χ、Q，量纲 $[u]=\theta$，$[r]=L$，$[t]=T$，$[\chi]=L^2 T^{-1}\theta^{-2}$，$[Q]=\theta L^3$。因而可以得到两个无量纲特征数，分别为

$$\pi = \frac{u}{[Q^2(\chi t)^{-3}]^{1/(3n+2)}}, \quad \pi_1 = \frac{r}{[Q^n\chi t]^{1/(3n+2)}} = \xi \tag{8.5-16}$$

应用 π 定理，原问题的函数关系

$$u = f(r,t,\chi,Q) \tag{8.5-17}$$

可以写成无量纲的形式　　　　　　　　　$\pi = f(\pi_1)$ $\tag{8.5-18}$

即有　　　　　　　　　$u = [Q^2(\chi t)^{-3}]^{1/(3n+2)}\varphi(\xi)$ $\tag{8.5-19}$

于是，将关系(8.5-19) 代入原来的定解问题，经整理即将其化为一个常微分方程的定解问题

$$\begin{cases} \dfrac{\mathrm{d}^2\varphi^{n+1}}{\mathrm{d}\xi^2} + \dfrac{2}{\xi}\dfrac{\mathrm{d}\varphi^{n+1}}{\mathrm{d}\xi} + \dfrac{\xi}{3n+2}\dfrac{\mathrm{d}\varphi}{\mathrm{d}\xi} + \dfrac{3}{3n+2}\varphi = 0 \\ \displaystyle\int_0^\infty \varphi(\xi)\xi^2\,\mathrm{d}\xi = \frac{1}{4\pi},\ \varphi(\infty)=0 \end{cases} \tag{8.5-20}$$

由定解方程和第二个边界条件出发，可以求得问题的通解，形式为

$$\varphi(\xi) = \begin{cases} K(\xi_0^2 - \xi^2)^{\frac{1}{n}} & (\xi < \xi_0) \\ 0 & (\xi \geqslant \xi_0) \end{cases} \tag{8.5-21}$$

其中

$$K = \left(\frac{n}{2(n+1)(3n+2)}\right)^{\frac{1}{n}} \tag{8.5-22}$$

由第一个边界条件

$$\int_0^{\xi_0} \xi^2 (\xi_0^2 - \xi^2)^{\frac{1}{n}} \mathrm{d}\xi = K \xi_0^{\frac{3n+2}{n}} \int_0^1 (1-\zeta^2)^{\frac{1}{n}} \zeta^2 \mathrm{d}\zeta = \frac{1}{4\pi} \tag{8.5-23}$$

从而

$$\xi_0 = \left[2\pi K B\left(\frac{3}{2}, \frac{n+1}{n}\right)\right]^{-\frac{n}{3n+2}} \tag{8.5-24}$$

其中，B 为 Beta 函数，定义为

$$B(p,q) = \int_0^1 t^{p-1}(1-t)^{q-1}\mathrm{d}t \quad [\mathrm{Re}(p) > 0, \mathrm{Re}(q) > 0] \tag{8.5-25}$$

于是，当 $r < r_f(t) = \xi_0(n)[Q^n\chi t]^{1/(3n+2)}$ 时，爆炸对该区域才有影响，且温度场分布为

$$u(r,t) = \left(\frac{Q^2}{\chi^3 t^3}\right)^{\frac{1}{3n+2}} K\left[\xi_0^2 - \frac{r^2}{(Q^n\chi t)^{2/(3n+2)}}\right]^{\frac{1}{n}} \tag{8.5-26}$$

而当 $r \geqslant r_f(t)$ 时，$u(r,t) \equiv 0$。

8.6 变分原理与变分法

变分法对化工研究人员来讲是一个相对陌生的数学领域。然而，变分法却在工程应用领域，尤其对于数学建模、系统分析和过程优化，是一种非常有用的数学工具。在求解微分方程定解问题方面，变分法也是一种强有力的方法，通过将微分方程定解问题转化为一个泛函的极值问题，有时会使问题得到简化，尤其能使非线性微分方程定解得到近似解析求解。本节对变分原理及变分法做简要介绍。

8.6.1 古典变分问题

变分法（variational calculus）是一个古老课题，在微积分研究开始不久，就提出了变分法的一些问题。谈到变分法首先需引入泛函的概念，一个自变量为 x 的函数 $y = y(x)$，y 随自变量 x 变化。如果有另一个变量 J，其值取决于函数关系 $y(x)$，称 J 是 $y(x)$ 的**泛函**，记为 $J[y(x)]$，或简记为 Jy。注意泛函 J 依赖于 $y(x)$ 的函数形式，而不是简单的 y 值。下面介绍三个经典变分问题的例子，以引入变分及变分法概念。

(1) 速降线问题

1696 年伯努利（Johann Bernoulli）提出这样的问题：在垂直平面内限定两点 P_0 和 P_1，求一条联结这两点的光滑曲线，使得在没有摩擦力的情况下，质点仅在重力作用下沿该曲线从 P_0 降至 P_1 历时最短。

如图 8-5 所示，取 P_0 为坐标原点，x 轴为水平方向，y 轴垂直向下。设 $y=y(x)$ 是通过点 $P_0(0,0)$ 与点 $P_1(x_1,y_1)$ 的任一光滑曲线，m 为质点的质量，g 是重力加速度。由于没有摩擦力，动能的增加等于势能的减少，即

$$\frac{1}{2}mv^2 = mgy \tag{8.6-1}$$

因而质点在曲线上点 $P(x,y)$ 的速度为

$$v = \frac{\mathrm{d}s}{\mathrm{d}t} = \sqrt{2gy} \tag{8.6-2}$$

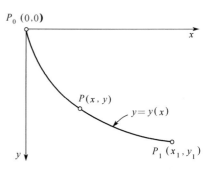

图 8-5　速降线问题

且曲线 $P(x,y)$ 的微元长度 $\mathrm{d}s$ 为

$$\mathrm{d}s = \sqrt{1+\left[y'(x)\right]^2}\,\mathrm{d}x \tag{8.6-3}$$

于是，质点沿曲线 $y=y(x)$ 从 P_0 降至 P_1 的时间为

$$Jy = \int \mathrm{d}t = \int_{P_0}^{P_1} \frac{\mathrm{d}s}{\sqrt{2gy}} = \frac{1}{\sqrt{2g}} \int_0^{x_1} \sqrt{\frac{1+\left[y'(x)\right]^2}{y(x)}}\,\mathrm{d}x \tag{8.6-4}$$

显然，映射 $J:\ y\ \mapsto Jy$ 是空间 $C^1[0,x]$ 的子集

$$D(J) = \{y \in C^1[0,x_1]\,|\,y(0)=0,\ y(x_1)=y_1\}$$

上的泛函。以上的问题是求 $y^* \in D(J)$，使得

$$Jy^* = \min_{y \in D(J)} Jy \tag{8.6-5}$$

这个问题的解是由伯努利兄弟、牛顿、罗必达和莱布尼兹各自独立解出的。

（2）短程线问题

在已知的光滑曲面 $\varphi(x,y,z)$ 上，求给定两点 $P_1(x_1,y_1,z_1)$ 与 $P_2(x_2,y_2,z_2)$ 之间长度最短的曲线，如图 8-6 所示。设

$$\begin{cases} y=y(x) \\ z=z(x) \end{cases} \quad (x_1 \leqslant x \leqslant x_2) \tag{8.6-6}$$

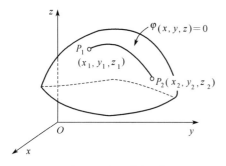

图 8-6　短程线问题

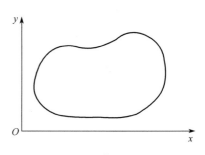

图 8-7　等周问题

是曲面上连结点 P_1 与点 P_2 的任一光滑曲线，则其长度为

$$J[y(x),z(z)]=\int_{x_1}^{x_2}\sqrt{1+[y'(x)]^2+[z'(x)]^2}\,\mathrm{d}x \tag{8.6-7}$$

此公式确定的映射 $J:(y,z)\mapsto J(y,z)$ 是集合

$$D(J)=\{(y,z)\in C^1[x_1,x_2]\times C^1[x_1,x_2]\,|\,\varphi(x,y,z)=0,\,y(x_1)=y_1,\,z(x_1)=z_1,\,y(x_2)=y_2,\,z(x_2)=z_2\}$$

上的泛函。问题是求 $(y^*,z^*)\in D(J)$，使得

$$J[y^*,z^*]=\min_{(y,z)\in D(J)}J(y,z) \tag{8.6-8}$$

伯努利在 1697 年解决了这个问题。

（3）等周问题

在平面上的所有长为 l 的光滑封闭曲线中，求所围面积最大的曲线，如图 8-7 所示。远在古希腊时，人们已经知道这个曲线是个圆周，只是当时不可能给出数学证明。

根据几何代数，用参数方程

$$\begin{cases}x=x(t)\\y=y(t)\end{cases}\quad(t_1\leqslant t\leqslant t_2) \tag{8.6-9}$$

可以表示平面上的任一长为 l 的光滑封闭曲线，于是

$$l=\int_{t_1}^{t_2}\sqrt{[x'(t)]^2+[y'(t)]^2}\,\mathrm{d}t \tag{8.6-10}$$

曲线所围的面积为

$$J[x,y]=\frac{1}{2}\int_{t_1}^{t_2}[x(t)y'(t)-y(t)x'(t)]\mathrm{d}t \tag{8.6-11}$$

现在 $J:(x,y)\mapsto J(x,y)$ 是集合

$$D(J)=\left\{(x,y)\in C^1[t_1,t_2]\times C^1[t_1,t_2]\,\Big|\int_{t_1}^{t_2}\sqrt{x'^2+y'^2}\,\mathrm{d}t=l\right\}$$

上的泛函。问题是求 $(x^*,y^*)\in D(J)$，使得

$$J[x^*,y^*]=\min_{(x,y)\in D(J)}J(x,y) \tag{8.6-12}$$

上面三个例子都具有一定的典型性，它们都是求泛函的极值问题，但问题的提法又各有不同。对于速降线问题，曲线 $y=y(x)$ 两端是固定的，属于不动边界的泛函的极值问题。而短程线问题和等周问题同属泛函的条件极值问题，前者包含的条件由某个函数方程给出，后者包含的条件则以积分形式出现。

8.6.2 泛函变分原理

变分法主要研究泛函的极值问题。随着泛函分析的发展，变分法的理论也不断扩展，它已成为泛函分析的一个重要部分。变分法的具体内容是讨论处理变分问题（泛函的极值）的方法。求解变分问题的方法分为两类：一类称为古典方法或间接方法，将变分问题转化为微分方程（称 Euler 方程）的定解问题，然后通过求解微分方程定解问题解出变分问题；另一类是直接方法，根据对问题的分析，直接引入含有若干待定系数的试探函数，利用极值条件，给出待定系数的值。

在正式介绍变分方法之前，让我们首先引入泛函的变分与极值等有关最基本的概念。设函数 $y\in D(J)$，通常称 y 与某一函数 $y_1\in D(J)$ 之差为 y 的**变分**（variation），记作 δy，即

$$\delta y = y - y_1 \tag{8.6-13}$$

泛函 J 的定义域 $D(J)$ 中函数的变分是普通函数 f 的自变量增量概念的推广。函数 f 的微分是导数与自变量增量之积，它可表示为

$$\mathrm{d}f = f'(x)\Delta x = \frac{\partial}{\partial \alpha}f(x+\alpha \Delta x)\Big|_{\alpha=0} \tag{8.6-14}$$

当函数 f 可导时，函数 f 的微分存在。对于泛函 J，当 $y \in D(J)$ 与 δy 固定时可确定一个函数 ϕ，$\phi(\alpha)=J(y+\alpha\delta y)$。如果 ϕ 可导，那么它的微分便是有意义的。由此引出泛函 J 的变分概念如下。

如果 $\dfrac{\partial}{\partial \alpha}f(x+\alpha \Delta x)\big|_{\alpha=0}$ 存在，则称它为泛函 J 的**变分**，并记作 δJ，即

$$\delta J = \frac{\partial}{\partial \alpha}J(y+\alpha\delta y)\Big|_{\alpha=0} \tag{8.6-15}$$

因此，泛函的变分是普通函数的微分概念的推广。

在函数集合 $D(J)$ 中可取距离 ρ 为

$$\rho(y_1,y_2) = \max_{k=0,1,2}\max_{a\leqslant x\leqslant b}\big|y_1^{(k)}(x)-y_2^{(k)}(x)\big|,\ \forall y_1,y_2\in D(J) \tag{8.6-16}$$

则函数 $y^* \in D(J)$ 的 ε-邻域

$$B(y^*,\varepsilon) = \{y\in D(J)\,|\,\rho(y,y^*)<\varepsilon\} \tag{8.6-17}$$

于是可以建立泛函的极值概念。

设 $y^* \in D(J)$，如果存在 $\varepsilon>0$，使得泛函 J 满足

$$Jy^* \leqslant Jy,\ \forall\ y\in B(y^*,\varepsilon) \tag{8.6-18}$$

则称泛函 J 在函数 y^* 达到**极小值**（minimum），y^* 称为**极值函数**或**极值曲线**（extremal）。如果式(8.6-18)对任何 $\varepsilon>0$ 成立，即

$$Jy^* \leqslant Jy,\ \forall\ y\in D(J) \tag{8.6-19}$$

则称泛函 J 在函数 y^* 达到**最小值**。类似地，可以定义泛函 J 的**极大值**（maximum）和**最大值**，并统称泛函 J 的极小值和极大值为 J 的**极值**（extremum）。利用泛函的变分，可以得到泛函极值存在的必要条件定理。

定理　若泛函 J 在 $y^* \in D(J)$ 达到极值，且 J 存在变分，则在 y^* 有

$$\delta J = \frac{\partial}{\partial \alpha}J(y^*+\alpha\delta y)\big|_{\alpha=0}=0 \tag{8.6-20}$$

泛函的极值问题就是寻求 $y\in D(J)$，使泛函 J 在 y 的值达到最大或最小。以上基本定义及定理(8.6-20)，容易推广于 J 是依赖一元函数 y 及其导数 $[y',y'',\cdots,y^{(n)}]$ 的泛函，也可推广于 J 是依赖于多个一元或多元函数即 $\boldsymbol{y}=(y_1,y_2,\cdots,y_n)$ 的泛函，其中 y_1，y_2，$\cdots$，y_n 是一元函数或多元函数。

8.6.3　欧拉方程解析法

欧拉方程解析法也称古典法，是将变分问题归结为欧拉方程的定解问题。欧拉方程是泛函极值的必要条件，但不是充分条件。按照古典方法处理变分问题时，通常不去考虑泛函极值的充分条件，而是从实际问题的性质出发，间接地判断泛函极值的存在性，直接利用欧拉

方程来求解。下面分类介绍应用欧拉方程法求解变分问题。

（1）$F(x, y, y')$ 积分不动边界问题

设 F 是已知的三元函数，而且是二阶可微的。函数 y 属于集合

$$D(J) = \{y \in C^2[a, b] \mid y(a) = y_a,\ y(b) = y_b\}$$

于是可定义 $D(J)$ 上的泛函 J：$y \longmapsto Jy$，

$$Jy = \int_a^b F[x,\ y(x),\ y'(x)]\mathrm{d}x, \quad \forall\ y \in D(J) \tag{8.6-21}$$

根据定理(8.6-20)，若根据(8.6-21)式定义的泛函 J 在 $y \in D(J)$ 达到最小值，则

$$\frac{\partial}{\partial \alpha} J(y + \alpha \delta y)\Big|_{\alpha=0} = \frac{\partial}{\partial \alpha}\int_a^b F(x, y + \alpha \delta y, y' + \alpha \delta y')\mathrm{d}x\Big|_{\alpha=0}$$

$$= \int_a^b \left[\frac{\partial F(x, y, y')}{\partial y}\delta y + \frac{\partial F(x, y, y')}{\partial y'}\delta y'\right]\mathrm{d}x = 0$$

$$\tag{8.6-22}$$

利用分部积分，并注意 y' 是针对 x 而言，因此可得

$$\int_a^b \left[\frac{\partial F}{\partial y} - \frac{\mathrm{d}}{\mathrm{d}x}\left(\frac{\partial F}{\partial y'}\right)\right]\delta y\,\mathrm{d}x = 0 \tag{8.6-23}$$

这里用到的 $\delta y|_{x=a} = y(a) - y_1(a) = y_a - y_a = 0$，同样 $\delta y|_{x=b} = 0$。再注意到 $\delta y = y - y_1 \in C_0^2[a, b]$，$\forall\ y_1 \in D(J)$，从而式(8.6-23)对任何 $\delta y \in C_0^2[a, b]$ 成立。

于是，得出集合 $D(J)$ 上极值函数 y 应当满足的必要条件是

$$\frac{\partial F}{\partial y} - \frac{\mathrm{d}}{\mathrm{d}x}\left(\frac{\partial F}{\partial y'}\right) = 0 \tag{8.6-24}$$

或者

$$F_{y'y'}y'' + F_{yy'}y' + F_{xy'} - F_y = 0 \tag{8.6-25}$$

以上方程称为**欧拉方程**。因此，所讨论的变分问题归结为解如下的微分方程边值问题

$$\begin{cases} \dfrac{\partial F}{\partial y} - \dfrac{\mathrm{d}}{\mathrm{d}x}\left(\dfrac{\partial F}{\partial y'}\right) = 0 \\ y(a) = y_a,\ y(b) = y_b \end{cases} \tag{8.6-26}$$

欧拉方程定解问题的求解有时也不是一件容易的事，但当 F 不显含 x，y，y' 中的一个或两个时，问题将得到很大程度的简化。特别在下列场合下非常容易求出欧拉方程的首次积分。

① 函数 F 不显含 y 时，式(8.6-24)经过一次积分得到一阶微分方程

$$F_{y'} = C \tag{8.6-27}$$

式中，C 为积分常数。

② 函数 F 不显含 x 时，式(8.6-24)变为 $F_{y'y'}y'' + F_{yy'}y' - F_y = 0$，由于

$$\frac{\mathrm{d}}{\mathrm{d}x}(y'F_{y'} - F) = y'(F_{y'y'}y'' + F_{yy'}y' - F_y) = 0$$

因而经过一次积分得到

$$y'F_{y'} - F = C \qquad\qquad (8.6\text{-}28)$$

【例题 8-17】 古典速降线问题属于 $\int_a^b F(x, y, y')\mathrm{d}x$ 型不动边界问题，而且

$$F(x, y, y') = \frac{1}{\sqrt{2g}}\sqrt{\frac{1+y'^2}{y}}$$

试利用欧拉方程法求出速降线问题的解。

解：由于 F 不显含 x，于是直接由式 (8.6-28) 得出

$$\frac{y'^2}{\sqrt{y(1+y'^2)}} - \sqrt{\frac{1+y'^2}{y}} = C$$

此式经化简后成为 $\qquad\qquad y(1+y'^2) = C_1$

结合三角函数的性质，令 $y' = \cot\theta$，即得

$$y = \frac{C_1}{2}(1-\cos 2\theta)$$

然后根据 $\mathrm{d}x = \mathrm{d}y/y' = C_1(1-\cos 2\theta)\mathrm{d}\theta$ 积分后，得

$$x = \frac{C_1}{2}(2\theta - \sin 2\theta) + C_2$$

利用边界条件 $y(0)=0$ 得出 $C_2=0$。于是，速降线问题的解（速降线）为

$$\begin{cases} x = \dfrac{C_1}{2}(2\theta - \sin 2\theta) \\[2mm] y = \dfrac{C_1}{2}(1-\cos 2\theta) \end{cases}$$

式中，C_1 可由边界条件 $y(x_1)=y_1$ 来确定。从解析几何中可以知道，上述方程是摆线的参数方程。因此速降线是半径为 $C_1/2$ 的圆沿 x 轴转动时圆周上一点所描出的曲线中的一段。

（2） $F(x, y_1, \cdots, y_n, y'_1, \cdots, y'_n)$ 积分型不动边界问题

上一小节（1）中得出的结论容易推广于依赖多个函数的泛函和依赖较高阶导数的泛函。这里仅考虑前一种情形。

设泛函 J 依赖于 n 个函数 $y_1, y_2, \cdots, y_n \in C^2[a,b]$，即

$$J(y_1, y_2, \cdots, y_n) = \int_a^b F(x, y_1, y_2, \cdots, y_n, y'_1, y'_2, \cdots, y'_n)\mathrm{d}x$$

$$(8.6\text{-}29)$$

并附有边界条件

$$y_i(a)=y_{ia}, \ y_i(b)=y_{ib} \quad (i=1,2,\cdots,n) \qquad (8.6\text{-}30)$$

在 $y_1, y_2, \cdots, y_n$ 中取某一函数 y_i 的变分，让其余函数保持不变。也即把泛函 J 看作只依赖于 y_i。于是，使 J 达到极值的函数 y_i 应当满足

$$\frac{\partial F}{\partial y_i} - \frac{\mathrm{d}}{\mathrm{d}x}\left(\frac{\partial F}{\partial y'_i}\right) = 0 \qquad\qquad (8.6\text{-}31)$$

以上分析适用于 y_1，y_2，$\cdots$，y_n 中的每个函数，因此泛函 J 关于函数 y_1，y_2，$\cdots$，y_n 的极值的必要条件是如下二阶微分方程组

$$F_{y_i} - \frac{\mathrm{d}}{\mathrm{d}x}F_{y'} = 0 \quad (i=1,2,\cdots,n) \tag{8.6-32}$$

这是式(8.6-29)型的泛函欧拉方程，它在 $n+1$ 维向量 $(x$，y_1，y_2，$\cdots$，$y_n)$ 空间确定一族含有 $2n$ 个参数的积分曲线，$2n$ 个参数由式(8.6-30)中的 $2n$ 个边界条件来确定。

【例题 8-18】 设泛函 J 为 $J(y,z) = \int_0^{\pi/2}(y'^2 + z'^2 + 2yz)\mathrm{d}x$，边界条件为

$$y(0)=0, y(\pi/2)=1; z(0)=0, z(\pi/2)=-1$$

试求该变分问题的解。

解： 由以上变分问题可得欧拉方程

$$y'' - z = 0, z'' - y = 0$$

消去 z，得方程 $y^{(4)} - y = 0$，由此解出

$$y = C_1\mathrm{e}^x + C_2\mathrm{e}^{-x} + C_3\cos x + C_4\sin x$$

再由 $z = y''$，得到

$$z = C_1\mathrm{e}^x + C_2\mathrm{e}^{-x} - C_3\cos x - C_4\sin x$$

利用边界条件有 $C_1=C_2=C_3=0$，$C_4=1$，因而极值曲线为

$$y = \sin x, z = -\sin x$$

(3) $F[x,y,y',\cdots,y^{(n)}]$ 积分型不动边界问题

现在考虑 J 是含有 $1\sim n$ 阶导数的泛函，

$$Jy = \int_a^b F[x, y, y', \cdots, y^{(n)}]\mathrm{d}x \tag{8.6-33}$$

其中，F 是 $n+1$ 阶可微的；$y \in C^{2n}[a,b]$，并假设 y 满足如下的边界条件

$$y^{(k)}(a) = y_a^{(k)}, y^{(k)}(b) = y_b^{(k)} \quad (k=0,1,\cdots,n-1) \tag{8.6-34}$$

这时，应用定理(8.6-20)得出欧拉方程为

$$F_y - \frac{\mathrm{d}}{\mathrm{d}x}F_{y'} + \frac{\mathrm{d}^2}{\mathrm{d}x^2}F_{y''} + \cdots + (-1)^n\frac{\mathrm{d}^n}{\mathrm{d}x^n}F_{y^{(n)}} = 0 \tag{8.6-35}$$

这是泛函 J 的极值函数 y 应当满足的方程，它的通解含有 $2n$ 个任意常数，并利用式(8.6-34)中的 $2n$ 个边界条件确定。

【例题 8-19】 在力学上求两端嵌住的弹性柱形梁的弯曲时可得到变分问题 $Jy = \int_{-l}^{l}(\mu y''^2/2 + \rho y)\mathrm{d}x$，边界条件为 $y(-l)=0, y'(-l)=0, y(l)=0, y'(l)=0$，试求此变分问题。

解： 假设梁是均匀的，即 ρ 与 μ 都是常数，由此可得欧拉方程

$$\mu y^{(4)} + \rho = 0$$

对欧拉方程连续积分 4 次得到

$$y = -\frac{\rho}{24\mu}x^4 + C_1x^3 + C_2x^2 + C_3x + C_4$$

利用边界条件，最后得到

$$y = -\frac{\rho}{24\mu}(x^2 - l^2)^2$$

（4）依赖多元函数的泛函

为简单起见，考虑仅依赖二元函数 u 的泛函 J 的极值，泛函 J 的定义如下

$$Ju = \iint_\Omega F(x, y, u, u_x, u_y) \mathrm{d}x \mathrm{d}y \tag{8.6-36}$$

假定 F 是二阶可微的，函数 $u:(x,y) \in \Omega \mapsto u(x,y)$ 是二阶可微的。在域 Ω 的边界 $\partial\Omega$ 上的值是给定的。在 $\partial\Omega$ 上引进参数 s，边界条件可表示为

$$u|_{\partial\Omega} = f(s) \tag{8.6-37}$$

这里 f 是已知函数，这样变分问题就是求泛函 J 在集合

$$D(J) = \{u \in C^2(\Omega) \mid u|_{\partial\Omega} = f(s)\}$$

上的极值。

设泛函 J 在 $u \in D(J)$ 达到极值，取 u 的变分 $\delta u = u - u_1$，$u_1 \in D(J)$，则 $\delta u|_{\partial\Omega} = 0$，并从定理（8.6.20）可知

$$\frac{\partial}{\partial\alpha}J(y+\alpha\delta y)\big|_{\alpha=0} = \iint_\Omega (F_u\delta u + F_{u_x}\delta u_x + F_{u_y}\delta u_y)\mathrm{d}x\mathrm{d}y = 0 \tag{8.6-38}$$

因为

$$\frac{\partial}{\partial x}(F_{u_x}\delta u) = \left[\frac{\partial}{\partial x}(F_{u_x})\right]\delta u + F_{u_x}\delta u_x, \quad \frac{\partial}{\partial y}(F_{u_y}\delta u) = \left[\frac{\partial}{\partial y}(F_{u_y})\right]\delta u + F_{u_y}\delta u_y \tag{8.6-39}$$

且由微积分学的格林公式及条件 $\delta u|_{\partial\Omega} = 0$，可知

$$\iint_\Omega \left[\frac{\partial}{\partial x}(F_{u_x}\delta u) + \frac{\partial}{\partial y}(F_{u_y}\delta u)\right]\mathrm{d}x\mathrm{d}y = \int_{\partial\Omega}(F_{u_x}\mathrm{d}y - F_{u_y}\mathrm{d}x)\delta u = 0 \tag{8.6-40}$$

所以

$$\iint_\Omega (F_u\delta u + F_{u_x}\delta u_x + F_{u_y}\delta u_y)\mathrm{d}x\mathrm{d}y = \iint_\Omega \left(F_u - \frac{\partial}{\partial x}F_{u_x} - \frac{\partial}{\partial y}F_{u_y}\right)\delta u\,\mathrm{d}x\mathrm{d}y = 0 \tag{8.6-41}$$

由此，从变分 δu 的任意性推出

$$F_u - \frac{\partial}{\partial x}F_{u_x} - \frac{\partial}{\partial y}F_{u_y} = 0 \tag{8.6-42}$$

方程（8.6-42）即是二元函数 u 泛函的欧拉方程，它显然属于二阶偏微分方程，是泛函 J 的极值函数 u 的必要条件。

【例题 8-20】 设泛函 J 为以下两种情况

(1)
$$Ju = \iint_\Omega \left[\left(\frac{\partial u}{\partial x}\right)^2 + \left(\frac{\partial u}{\partial y}\right)^2\right]\mathrm{d}x\mathrm{d}y$$

(2)
$$Ju = \iint_\Omega \left[\left(\frac{\partial u}{\partial x}\right)^2 + \left(\frac{\partial u}{\partial y}\right)^2 + 2uf(x,y)\right]\mathrm{d}x\mathrm{d}y$$

试求出其对应的欧拉方程。

解：情况（1）对应于著名的拉普拉斯方程

$$\frac{\partial^2 u}{\partial x^2} + \frac{\partial^2 u}{\partial y^2} = 0$$

情况（2）对应于泊松方程

$$\frac{\partial^2 u}{\partial x^2} + \frac{\partial^2 u}{\partial y^2} = f(x, y)$$

（5）可动边界问题

以上考虑的都是不动边界问题，极值函数在端点或边界上的值都是限定了的。然而很多变分问题属于可动边界，下面以最简单的情形对可动边界的变分问题进行讨论。设 $J：y \mid \rightarrow Jy$ 是依赖一元函数 y 的泛函，即

$$Jy = \int_a^b F(x, y, y') \mathrm{d}x \tag{8.6-43}$$

现在假设 $y \in C^2[a, b]$，并且在积分区间端点 a 与 b 中的一个点或两个点上，y 的值可以在一定条件或不附任何条件下变动，问题即是在此情况下求泛函 J 的极值。这时泛函 J 的极值函数 y 的必要条件除了仍然满足欧拉方程(8.6-24) 外，还需补充以下条件。

可动边界的极端情形是不加任何边界条件。对于式(8.6-43)型的泛函 J 来说，不加任何边界条件的变分问题就是在集合 $C^2[a, b]$ 上求泛函 J 的极值，该集合中每个函数曲线的端点分别在直线 $x = a$ 与 $x = b$ 上，如图 8-8 所示。这时，由于极值函数 y 满足欧拉方程，而且

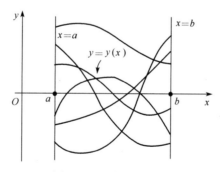

图 8-8　可动边界问题

$$\frac{\partial}{\partial \alpha} J(y + \alpha \delta y) \mid_{\alpha=0} = \int_a^b \left[\frac{\partial F}{\partial y} - \frac{\mathrm{d}}{\mathrm{d}x} \left(\frac{\partial F}{\partial y'} \right) \right] \delta y \mathrm{d}x + \left[\frac{\partial F}{\partial y'} \delta y \right]_a^b = 0 \tag{8.6-44}$$

因此有

$$\left[\frac{\partial F}{\partial y'} \delta y \right]_a^b = 0 \tag{8.6-45}$$

因为此式对一切 $\delta y \in C^2[a, b]$ 成立，所以

$$F_{y'} \mid_{x=a} = F_{y'} \mid_{x=b} = 0 \tag{8.6-46}$$

该条件是极值函数 y 应该满足的，但并不是从开始就附加的边界条件，因而称为**自然边界条件**。可动边界条件的变分问题就是根据自然边界条件再从欧拉方程的解中选出所要的函数。

此外，还可以考虑一端固定另一端自由的问题。例如，右端固定而左端自由时，极值函数 y 应当满足的边界条件是

$$F_{y'}\big|_{x=a}=0, \quad y(b)=y_b \tag{8.6-47}$$

【例题 8-21】 在速降线问题中，令左边界点固定，$y(0)=0$，而右边界点自由，$F_{y'}\big|_{x=x_1}=0$，试确定该问题的解。

解： 在例题 8-17 中利用条件 $y(0)=0$ 已经得到方程

$$\begin{cases} x=C_1(2\theta-\sin2\theta)/2 \\ y=C_1(1-\cos2\theta)/2 \end{cases}$$

现在利用条件 $F_{y'}\big|_{x=x_1}=0$ 来确定 C_1。由这个条件以及

$$F_{y'}=\frac{y'}{\sqrt{2gy(1+y'^2)}}$$

可知 $y'(x)=0$，即极值曲线 $y=y(x)$ 在点 (x_1,y_1) 的切线与直线 $x=x_1$ 相垂直，因此点 (x_1,y_1) 应当是摆线的顶点，如图 8-9 所示。由于顶点对应于 $2\theta=\pi$，因而

$$C_1=y_1=\frac{2x_1}{\pi}$$

所以，现在的速降线问题，其极值在如下摆线上达到

$$\begin{cases} x=\dfrac{x_1}{\pi}(2\theta-\sin2\theta) \\ y=\dfrac{x_1}{\pi}(1-\cos2\theta) \end{cases}$$

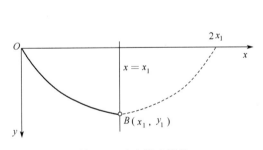

图 8-9   动边界速降线

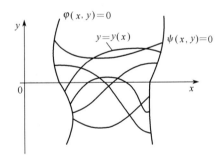

图 8-10   二维变动边界

更一般地，如果式 (8.6-43) 型的泛函 J 中，函数 y 的端点 (a,y_a) 与 (b,y_b) 可以分别在曲线 $\varphi(x,y)=0$ 与 $\psi(x,y)=0$ 上移动，如图 8-10 所示，则泛函 J 的极值函数 y 除满足欧拉方程外，还要满足所谓**横截条件**（transversality condition）

$$\left[\frac{F-y'F_{y'}}{\varphi_x}\right]_{x=a}=\left[\frac{F_{y'}}{\varphi_y}\right]_{x=a}, \quad \left[\frac{F-y'F_{y'}}{\psi_x}\right]_{x=b}=\left[\frac{F_{y'}}{\psi_y}\right]_{x=b} \tag{8.6-48}$$

这里 a 与 b 本身是待定参数。自然，横截条件也可以只在一个端点出现，而另一端点是固定端。当 $\varphi(x,y)=x-a$ 与 $\psi(x,y)=x-b$ 时，横截条件就是自然边界条件。

对于含有两个以上未知函数的 (8.6-29) 型泛函以及含有高阶导数的 (8.6-33) 型泛函，也能导出自然边界条件或横截条件。

【例题 8-22】　试求以下动边界变分问题解。

$$J y = \int_0^{x_1} \sqrt{1 + y'^2} / y \, \mathrm{d}x, \qquad y(0) = 0, \qquad y_1 = x_1 - 5$$

解： 不难推导，圆 $(x - c_1)^2 + y^2 = c_2^2$ 是欧拉方程的积分曲线。由第一个边界条件得到 $c_1 = c_2$。再利用横截条件，将 $\psi(x, y) = x - y - 5$，$b = x_1$，代入式（8.6-48）中的第二式，得方程

$$\left[F + (1 - y') F_{y'} \right]_{x = x_1} = 0$$

由此及

$$F + (1 - y') F_{y'} = \frac{1 + y'}{y \sqrt{1 + y'^2}}$$

推出 $y'(x) = -1$。这样，所求极值曲线 $y = y(x)$ 在点 (x_1, y_1) 的切线与直线 $y = x - 5$ 正交，因而 $y = x - 5$ 应在圆的直径上。于是圆心是直线 $y = x - 5$ 与横坐标轴的交点 $(5, 0)$，推出 $c_1 = c_2 = 5$。因此，所求的圆为 $(x - 5)^2 + y^2 = 25$，而极值曲线有两条，它们为 $y = \pm \sqrt{10x - x^2}$。

（6）条件极值问题

现在考虑如下简单的条件极值问题。设泛函 $J : (y, z) \mapsto J(y, z)$ 形如

$$J(y, z) = \int_{x_1}^{x_2} F(x, y, z, y', z') \mathrm{d}x \tag{8.6-49}$$

求函数 y 与 z 使 J 达到极值，并满足附加条件

$$\varphi(x, y, z) = 0 \tag{8.6-50}$$

及不动边界条件

$$y(x_i) = y_i, \quad z(x_i) = z_i \quad (i = 1, 2) \tag{8.6-51}$$

显然，端点 (x_1, y_1, z_1) 与 (x_2, y_2, z_2) 应满足附加条件。

这类问题的解法可应用微积分学中关于多元函数条件极值的拉格朗日乘数法进行直接推广。作辅助函数

$$F^* = F + \lambda \varphi \tag{8.6-52}$$

其中 λ 是 x 的一个待定函数。由 F^* 定义一个新的泛函 $J^* : (y, z) \mapsto J^*(y, z)$，即

$$J^*(y, z) = \int_{x_1}^{x_2} F^*(x, y, z, y', z') \mathrm{d}x \tag{8.6-53}$$

于是，上述条件极值问题化为泛函 J^* 的无条件极值问题。这样就得到欧拉方程

$$F_y^* - \frac{\mathrm{d}}{\mathrm{d}x} F_{y'}^* = 0, \quad F_z^* - \frac{\mathrm{d}}{\mathrm{d}x} F_{z'}^* = 0 \tag{8.6-54}$$

或者

$$F_y + \lambda \varphi_y - \frac{\mathrm{d}}{\mathrm{d}x} F_{y'} = 0, \quad F_z + \lambda \varphi_z - \frac{\mathrm{d}}{\mathrm{d}x} F_{z'} = 0 \tag{8.6-55}$$

以上欧拉方程和附加条件（8.6-50）一起，消去 λ 及 z（或 y），即归结为含一个函数 y（或 z）的二阶微分方程，它的积分的两个任意常数由边界条件（8.6-51）确定。

而对于等周问题是泛函的条件极值问题之一，其一般提法为：在满足等周条件

$$\int_{x_1}^{x_2} G(x, y, y') \mathrm{d}x = a \quad (a = \text{const}) \tag{8.6-56}$$

和边界条件
$$y(x_i) = y_i, \quad (i = 1, 2) \tag{8.6-57}$$

的一切曲线 y 中，确定这样一条曲线，使由

$$Jy = \int_{x_1}^{x_2} F(x, y, y') \mathrm{d}x \tag{8.6-58}$$

确定的泛函 J 达到极值。

为此作辅助函数
$$H = F + \lambda G \tag{8.6-59}$$

其中，λ 是一个待定常数。上述条件极值问题可以归结为由函数 H 的积分

$$\int_{x_1}^{x_2} H(x, y, y') \mathrm{d}x \tag{8.6-60}$$

所确定的泛函的无条件极值问题。于是，得到等周问题的欧拉方程为

$$(F_y + \lambda G_y) - \frac{\mathrm{d}}{\mathrm{d}x}(F_{y'} + \lambda G_{y'}) = 0 \tag{8.6-61}$$

这是关于 y 的二阶微分方程，其积分包含两个积分常
数及待定常数 λ，它们可以利用等周条件（8.6-56）及
边界条件（8.6-57）来确定。

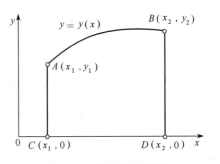

图 8-11　等周条件问题

【例题 8-23】　如图 8-11 所示，在连接点 $A(x_1, y_1)$ 与 $B(x_2, y_2)$ 的所有长度为 l 的光滑曲线中，求一条曲线 $y = y(x)$，使得曲边梯形 $CABD$ 的面积最大。

解： 这是一个等周问题，等周条件是

$$\int_{x_1}^{x_2} \sqrt{1 + y'^2} \, \mathrm{d}x = l$$

边界条件是
$$y(x_1) = y_1, \quad y(x_2) = y_2$$

要考察的泛函 J 的定义是
$$Jy = \int_{x_1}^{x_2} y \, \mathrm{d}x$$

要求 J 的极值，将 $G(x, y, y') = \sqrt{1 + y'^2}$，$F(x, y, y') = y$ 代入式（8.6-61）得到

$$1 - \lambda \frac{\mathrm{d}}{\mathrm{d}x} \frac{y'}{\sqrt{1 + y'^2}} = 0$$

不难推导得出此方程的积分曲线是一族圆

$$(x - C_1)^2 + (y - C_2)^2 = \lambda^2$$

常数 C_1、C_2 和 λ 由等周条件和边界条件确定。

8.6.4　变分问题直接法

在实际应用中，将变分问题归结为微分方程的定解问题，有时会将问题复杂化，难以求解。因此便产生了变分问题按其原有形式进行求解的直接法（direct method）。它不通过求解微分方程定解问题，而是直接从求极值的泛函的积分形式出发，用近似解法求解变分问题。在直接法中，比较有效的有欧拉差分法、里茨法和康托罗维奇法，下面分别给以介绍。

（1）欧拉有限差分法

在变分法的早期研究中，欧拉就使用了现在的所谓有限差分法，建立了解变分问题的一种直接法。为了便于说明问题，以如下类型的变分问题为例来介绍欧拉有限差分法。设泛函 $J:y\mapsto J_y$

$$Jy = \int_{x_1}^{x_2} F(x,y,y')\mathrm{d}x \tag{8.6-62}$$

边界条件为
$$y(a) = y_a, \quad y(b) = y_b \tag{8.6-63}$$

求泛函 J 的极值。

将积分区间 $[a,b]$ 等分为 $n+1$ 个子区间，分点为 $(x_0 = a, x_1, x_2, \cdots, x_{n+1} = b)$，记 $x_{i+1} - x_i = \Delta x = (b-a)/(n+1), i = 1, 2, \cdots, n$，欧拉有限差分法是用折线逼近极值曲线（图 8-12），在子区间 $[x_i, x_{i+1}]$ 上，用 x_i 近似 x，用 y_i 近似 y，用差商 $(y_{i+1} - y_i)/\Delta x$ 近似 y'，于是从（8.6-62）得到近似表达式

$$Jy \approx \varphi(y_1, y_2, \cdots, y_n) \cong \sum_{i=0}^{n} F\left(x_i, y_i, \frac{y_{i+1} - y_i}{\Delta x}\right) \Delta x \tag{8.6-64}$$

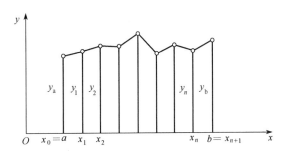

图 8-12　欧拉差分逼近

这里 $y_0 = y_a, y_{n+1} = y_b$，而 $y_1, y_2, \cdots, y_n$ 是待定参数。选取 $y_1, y_2, \cdots, y_n$，使函数 φ 达到极值，也就是由方程组

$$\frac{\partial \varphi}{\partial y_i} = 0 \quad (i = 1, 2, \cdots, n) \tag{8.6-65}$$

来确定 $y_1, y_2, \cdots, y_n$。然后用联结平面上的点 $(a, y_a), (x_1, y_1), \cdots, (x_n, y_n), (b, y_b)$ 的折线作为变分问题的近似解。如果对每个自然数 n 存在作为近似解的折线，那么存在着一个折线的序列。只要函数 F 满足一定的条件，就能保证这个折线序列存在，而且当 $n \to \infty$ 时的极限是变分问题的精确解。

如果从方程组（8.6-65）难以直接解出 $y_1, y_2, \cdots, y_n$，则可选用关于方程组的数值解法，也可改用直接从（8.6-64）式中 φ 的原始形式出发，选用最优化方法中的解法求解。

（2）里茨法

里茨（Ritz）法是用选定的函数序列的有限线性组合逼近变分问题的极值曲线。下面仍以由式（8.6-62）与式（8.6-63）所确定的变分问题为例。

适当选取一个函数序列
$$\varphi_i : x \in [a,b] \mapsto \varphi_i(x) \quad (i = 1, 2, \cdots) \tag{8.6-66}$$

通常，在可能情况下，取这个序列是变分问题所考察的函数空间中的一组基，因而称每个 φ_i 是**基函数**或**坐标函数**（coordinate function）；而且要使这个序列便于满足变分问题的边界条件。用 y_n 表示序列中前 n 个函数的线性组合，即有

$$y_n(x) = \sum_{i=1}^{n} \alpha_i \varphi_i(x), \quad \forall \ x \in [a, b] \tag{8.6-67}$$

其中，$\alpha_1, \alpha_2, \cdots, \alpha_n$ 是待定常数。从（8.6-62）可以得到

$$Jy_n = \int_a^b F\Big(x, \ \sum_{i=1}^{n} \alpha_i \varphi_i(x), \ \sum_{i=1}^{n} \alpha_i \varphi'_i(x)\Big) \mathrm{d}x \tag{8.6-68}$$

于是 Jy_n 是 $\alpha_1, \alpha_2, \cdots, \alpha_n$ 的函数。选取 $\alpha_1, \alpha_2, \cdots, \alpha_n$，使函数 Jy_n 达到极值，也就是由方程组

$$\frac{\partial}{\partial \alpha_k} Jy_n = 0 \quad (i = 1, 2, \cdots, n) \tag{8.6-69}$$

来确定 $\alpha_1, \alpha_2, \cdots, \alpha_n$。然后用这样得到的 y_n 作为变分问题的近似解，它是序列（8.6-66）前 n 个函数的所有可能的线性组合中使泛函 J 达到极值的函数。

如果变分问题所考察的函数空间即泛函 J 的定义域 $D(J)$ 是完备的，且序列（8.6-66）是 $D(J)$ 中的一组基，那么可以用序列（8.6-66）的有限线性组合任意逼近泛函 J 的极值函数 y。这时，在一定的条件下，用里茨法可以得到收敛于 y 的一个函数列 $y_1, y_2, \cdots, y_n$。假定所求的是 J 的极小值，就把这个收敛于 y 的序列称为**极小化序列**（minimizing sequence）。

一般，求方程组（8.6-69）的解仍是个复杂的问题，需要选用关于方程组的数值解法。自然也可直接从式（8.6-68）确定的目标函数 Jy_n 出发，选用最优化的解法。如果 $F(x, y, y')$ 关于 y 与 y' 是二次的，那么方程组（8.6-69）对于待定常数 $\alpha_1, \alpha_2, \cdots, \alpha_n$ 来说也是线性的，因此问题将大为简化。

【例题 8-24】 考虑泛函 $J: y \mapsto Jy, \ Jy = \int_0^1 (30xy'^2 + 12y)\mathrm{d}x$，边界条件为 $y(0) = y(1) = 0$，求 J 的极值。

解： 为了满足边界条件，可取坐标函数 φ_i 为

$$\varphi_i(x) = (x-1)x^i \quad (i = 1, 2, \cdots)$$

我们仅讨论前两个函数的线性组合

$$y_2(x) = \alpha_1 \varphi_1 + \alpha_2 \varphi_2 = (x-1)(\alpha_1 x + \alpha_2 x^2)$$

于是

$$Jy_2 = 30\int_0^1 x[3\alpha_2 x^2 + 2(\alpha_1 - \alpha_2)x - \alpha_1]^2 \mathrm{d}x + 12\int_0^1 [\alpha_2 x^3 + (\alpha_1 - \alpha_2)x^2 - \alpha_1 x]\mathrm{d}x$$

$$= 5\alpha_1^2 + 3\alpha_2^2 + 7\alpha_1\alpha_2 - 2\alpha_1 - \alpha_2$$

极值的必要条件是

$$\begin{cases} \dfrac{\partial}{\partial \alpha_1} Jy_2 = 10\alpha_1 + 7\alpha_2 - 2 = 0 \\[2mm] \dfrac{\partial}{\partial \alpha_2} Jy_2 = 7\alpha_1 + 6\alpha_2 - 1 = 0 \end{cases}$$

解此方程组得 $\alpha_1 = 5/11, \ \alpha_2 = -4/11$。因此

$$y_2(x) = \frac{1}{11}(x-1)(5x - 4x^2)$$

上面介绍的方法直接适用于依赖多个函数的泛函。同时，也可把上面的方法推广于依赖多元函数的泛函。自然，后者所取的坐标函数 φ_i 也应当是多元函数。

【例题 8-25】 设泛函 $J : u \mapsto Ju$，$Ju = \iint_\Omega \left[\left(\frac{\partial u}{\partial x} - y \right)^2 + \left(\frac{\partial u}{\partial y} + x \right)^2 \right] \mathrm{d}x\,\mathrm{d}y$，其中积分域 $\Omega = \left\{ (x, y) \,\middle|\, \frac{x^2}{a^2} + \frac{y^2}{b^2} \leqslant 1 \right\}$，试求 J 的极值。

解： 为了简单仅取一个坐标函数 $\varphi_1(x, y) = xy$，其线性组合为 $u = \alpha\varphi_1$，即

$$u_1(x, y) = \alpha\varphi_1(x, y) = \alpha xy$$

代入泛函积分得到

$$Ju_1 = \frac{\pi ab}{4} \left[(\alpha+1)^2 a^2 + (\alpha-1)^2 b^2 \right]$$

于是应用式(8.6-69)得

$$\frac{\partial}{\partial\alpha} Ju_1 = \frac{\pi ab}{2} \left[(\alpha+1)a^2 + (\alpha-1)b^2 \right] = 0$$

解此方程得 $\alpha = (b^2 - a^2)/(a^2 + b^2)$。因此极值问题的一个近似解为

$$u_1(x, y) = \frac{b^2 - a^2}{a^2 + b^2} xy$$

(3) 康托罗维奇法

康托罗维奇法一般用于求解依赖多元函数的泛函问题。以如下类型变分问题为例。设 $J : u \mapsto Ju$，具有形式

$$Ju = \int_a^b \int_{f(x)}^{g(x)} F\left(x, y, u, \frac{\partial u}{\partial x}, \frac{\partial u}{\partial y} \right) \mathrm{d}y\,\mathrm{d}x \tag{8.6-70}$$

求 J 的极值，其中 u 是定义在由两条直线 $x = a$，$x = b$ 和两条曲线 $y = f(x)$，$y = g(x)$ 围成的域 Ω（见图 8-13）上的二元函数。u 在域 Ω 的边界上的值是给定的。

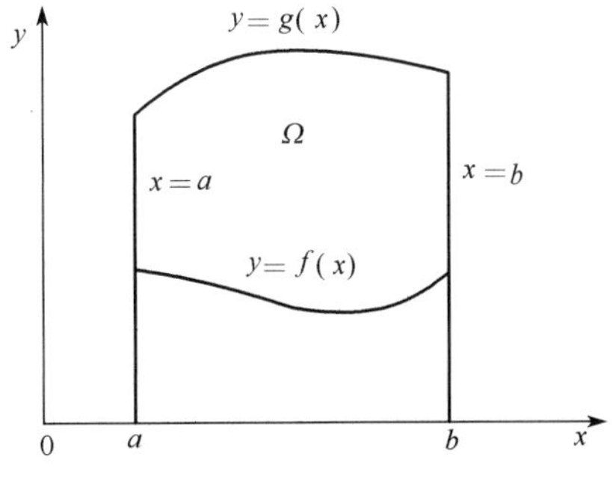

适当选取一个坐标函数序列

$$\varphi_i : (x, y) \in \Omega \mapsto \varphi_i(x, y) \quad (i = 1, 2, \cdots) \tag{8.6-71}$$

里茨法是把变分问题的近似解 u_n 取成

$$u_n(x, y) = \sum_{i=1}^n \alpha_i \varphi_i(x, y)$$

其中，$\alpha_i (i = 1, 2, \cdots, n)$ 是待定常数。康托罗维奇法不同之处在于将 α_i 改为某一自变量的待定函数。不失一般性，取变分问题的近似解 u_n 形如

图 8-13 二元函数的泛函

$$u_n(x, y) = \sum_{i=1}^n \alpha_i(x) \varphi_i(x, y) \tag{8.6-72}$$

这里 $\alpha_i (i = 1, 2, \cdots, n)$ 是待定函数。于是，从（8.6-70）有

$$Ju_n = \int_a^b \int_{f(x)}^{g(x)} F\left(x, y, u_n, \frac{\partial u_n}{\partial x}, \frac{\partial u_n}{\partial y} \right) \mathrm{d}y\,\mathrm{d}x \tag{8.6-73}$$

因为被积函数是 y 的已知函数，所以可以先对 y 进行积分，并把 Ju_n 写成

$$Ju_n = \int_a^b \Phi(x,\ \alpha_1(x),\ \cdots,\ \alpha_n(x),\ \alpha'_1(x),\ \cdots,\ \alpha'_n(x))\mathrm{d}x \qquad (8.6\text{-}74)$$

选取函数 $\alpha_i(i=1,2,\cdots,n)$，使 Ju_n 达到极值。这是式（8.6-29）型的变分问题，根据式（8.6-32），应由欧拉方程

$$\Phi_{\alpha_i} - \frac{\mathrm{d}}{\mathrm{d}x}\Phi_{\alpha'_i} = 0 \quad (i=1,2,\cdots,n) \qquad (8.6\text{-}75)$$

来确定 $\alpha_i(i=1,2,\cdots,n)$。该欧拉方程的解，包含 $2n$ 个任意常数，它们应当如此选取，即使得 u_n 满足变分问题在直线 $x=a$ 与 $x=b$ 上所给定的边界条件。

由于形如 $\sum\alpha_i(x)\varphi_i(x,y)$ 的函数全体要比形如 $\sum\alpha_i\varphi_i(x,y)$ 的函数全体远为广泛，因此一般地说，选用同样的坐标函数以及相同的项数 n 时，康托罗维奇法比里茨法要精确。

【例题 8-26】 设泛函 $J: u \mapsto Ju$，$Ju = \int_{-a}^{a}\int_{-b}^{b}\left[\left(\frac{\partial u}{\partial x}\right)^2 + \left(\frac{\partial u}{\partial y}\right)^2 - 2u\right]\mathrm{d}y\mathrm{d}x$，在矩形积分区域 $\{(x,y)|\ -a\leqslant x\leqslant a,\ -b\leqslant y\leqslant b\}$ 的边界上 $u=0$，求 J 的极值。

解： 下面求该变分问题的一个如下形式的近似解

$$u_1(x,y) = (b^2 - y^2)\alpha(x)$$

在直线 $y=-b$ 与 $y=b$ 上，u 满足所给定的边界条件。经过简单计算得到

$$Ju_1 = \int_{-a}^{a}\left(\frac{16}{15}b^5\alpha'^2 + \frac{8}{3}b^3\alpha^2 - \frac{8}{3}b^3\alpha\right)\mathrm{d}x$$

这个泛函的欧拉方程是

$$\alpha'' - \frac{5}{2b^2}\alpha = -\frac{5}{4b^2}$$

解此常系数线性方程，得其通解为

$$\alpha(x) = C_1\cosh\sqrt{\frac{5}{2}}\frac{x}{b} + C_2\sinh\sqrt{\frac{5}{2}}\frac{x}{b} + \frac{1}{2}$$

常数 C_1 与 C_2 由边界条件 $u_1(-a,y)=u_1(a,y)=0$ 来确定，由此得到

$$C_1 = -\left[2\cosh\sqrt{\frac{5}{2}}\frac{a}{b}\right]^{-1}, \quad C_2 = 0$$

从而最后有 $u_1(x,y) = \frac{1}{2}(b^2-y^2)\left[1 - \cosh\sqrt{\frac{5}{2}}\frac{x}{b}\Big/\cosh\sqrt{\frac{5}{2}}\frac{a}{b}\right]$

为了获得更准确的解答，我们可求形如 $u_2(x,y) = (b^2-y^2)\alpha_1(x) + (b^2-y^2)^2\alpha_2(x)$ 的近似解。

习 题

● **8-1** 求下列偏微分方程的通解。

(1) $yu_x - xu_y + (x^2-y^2)u_z = 0$；(2) $x^2z_x - xyz_y + y^2 = 0$；(3) $u_x + (2e^x - y)u_y = 0$。

● **8-2** 求下列偏微分方程的通解。

(1) $x^2uu_x + y^2uu_y = x+y$；(2) $yuu_x - xuu_y = e^u$；

(3) $(y^3x - 2x^4)z_x + (2y^4 - x^3y)z_y = 9z(x^3 - y^3)$。

- **8-3** 求下列偏微分方程满足给定条件的解。

    (1) $(y+z)z_x+(x+z)z_y=x+y$，$x=1,z=y$；　(2)$xz_x-yz_y=z$，$y=1,z=3x$；

    (3)$yzz_x+z_y=0$，$x=0,z=y^3$。

- **8-4** 求下列柯西问题的解。

    (1)$x\dfrac{\partial u}{\partial x}-y\dfrac{\partial u}{\partial y}=0$，$u\big|_{y=1}=2x$；　　(2) $y^2\dfrac{\partial u}{\partial x}+xy\dfrac{\partial u}{\partial y}=x$，$u\big|_{x=0}=y^2$；

    (3)$x\dfrac{\partial u}{\partial x}+y\dfrac{\partial u}{\partial y}=u-xy$，$u\big|_{x=2}=1+y^2$。

- **8-5** 求下列微分问题的解。

    (1) $(y+2u^2)\dfrac{\partial u}{\partial x}-2x^2u\dfrac{\partial u}{\partial y}=x^2$，$x=u,y=x^2$；　(2) $\tan x\dfrac{\partial u}{\partial x}+y\dfrac{\partial u}{\partial y}=u$，$y=x,u=x^3$。

- **8-6** 用特征线法求解下列一阶偏微分方程初值问题。

    (1) $\begin{cases}u_t+xu_x+u=x^2\\ u\big|_{t=0}=x\end{cases}$；　(2) $\begin{cases}\cos xu_t+u_x=\dfrac{1}{2}\sin2x\\ u(x,0)=\sin x\end{cases}$；　(3) $\begin{cases}xu_t-tu_x=u\\ u(x,0)=x\end{cases}$。

- **8-7** 用特征线法求解柯西问题。

$$\begin{cases}u_t-u_x=v\\ v_t+v_x=0\\ u\big|_{t=0}=2,v\big|_{t=0}=\sin x\end{cases}$$

- **8-8** 求解下列两个柯西问题。

    (1) $\begin{cases}u_{tt}=a^2u_{xx}\\ u(x,0)=\cos x,\ u_t(x,0)=1/e\end{cases}$；　(2) $\begin{cases}u_{tt}=a^2u_{xx}\\ u(x,0)=x^3,\ u_t(x,0)=x\end{cases}$。

- **8-9** 用行波法求解 Goursat 问题。

$$\begin{cases}u_{tt}=a^2u_{xx}\\ u\big|_{x-at=0}=\varphi(x),u\big|_{x+at=0}=\psi(x),\varphi(0)=\psi(0)\end{cases}$$

- **8-10** 求解定解问题 $\begin{cases}u_{tt}=a^2\left(u_{xx}+\dfrac{2}{x}u_x\right)\\ u(x,0)=\varphi(x),\ u_t(x,0)=\psi(x)\end{cases}$

    ［提示：令 $v(x,t)=xu(x,t)$］

- **8-11** 求解波动方程的柯西问题。

    (1) $\begin{cases}u_{tt}=u_{xx}+t\sin x\\ u(x,0)=0,u_t(x,0)=\sin x\end{cases}$；　(2) $\begin{cases}u_{tt}=a^2u_{xx}\ (-\infty<x<+\infty,\ t>1)\\ u(x,1)=\cos x,\ u_t(x,1)=x\end{cases}$。

- **8-12** 若柯西问题 $\begin{cases}u_{tt}=a^2u_{xx}\\ u(x,0)=\varphi(x),u_t(x,0)=\psi(x)\end{cases}$ 的解只含有右传播波，问 $\varphi(x)$ 和 $\psi(x)$ 满

    足什么条件？

- **8-13** 求解定解问题 $\begin{cases}u_{tt}=a^2(u_{xx}+u_{yy}+u_{zz})\\ u(x,y,z,0)=x+y+z,u_t(x,y,z,0)=0\end{cases}$。

- **8-14** 求解定解问题 $\begin{cases}u_{tt}=a^2(u_{xx}+u_{yy})\\ u(x,y,0)=x^2(x+y),\ u_t(x,y,0)=0\end{cases}$。

- **8-15** 求解非齐次方程的柯西问题。

$$\begin{cases} u_{tt}=a^2(u_{xx}+u_{yy}+u_{zz})+2(y-t) \\ u(x,y,z,0)=0,\ u_t(x,y,z,0)=x^2+yz \end{cases}$$

8-16 求一维 Helmholtz 方程的 Green 函数，即求定解问题。

$$\begin{cases} u_{xx}+k^2u=\delta(x-x') \\ u(a)=u(b)=0 \end{cases}。$$

8-17 用以下波动方程初值问题的基本解表示它的解。

$$\begin{cases} u_{tt}-a^2u_{xx}+k^2u=0,\ x\in R^1,t>0 \\ u\mid_{t=0}=0,u_t\mid_{t=0}=\varphi(x) \end{cases}$$

8-18 求圆域 $x^2+y^2\leqslant R^2$ 的 Green 函数，并求解边值问题。

$$\begin{cases} \Delta u=0,x^2+y^2<R^2 \\ u\mid^{x^2+y^2=R^2}=f(\theta) \end{cases}$$

8-19 求解定解问题 $\begin{cases} u_{xx}+u_{yy}=0,\ -\infty<x<+\infty,x>0 \\ u(0,y)=g(y),\ \lim\limits_{r\to\infty}u\ \text{有界},\ r=\sqrt{x^2+y^2} \end{cases}。$

8-20 求解定解问题 $\begin{cases} \Delta u=-xy,x^2+y^2<R^2 \\ u\mid_{x^2+y^2=R^2}=0 \end{cases}。$

第9章

偏微分方程 II

在上一章内容中讨论了偏微分方程的基本原理，介绍了偏微分方程定解问题的特征线解法和 Green 函数解法，同时对变分原理及变分问题的求解做了简单的介绍。本章内容将重点介绍数学物理方法中求解偏微分方程定解问题的分离变量法、积分变换法和特殊函数法。

9.1 分离变量法

在微积分中计算诸如多元函数的微分及重积分时，总希望将它们转化为单元函数的相应问题来求解。与此类似，求解偏微分方程的定解问题也是尽可能设法将它们转化为常微分方程问题，然后再进行求解。分离变量法就是常用的一种转化方法，是求解化工中传质传热和波动偏微分方程的基本的方法。

历史上傅里叶在对传热问题的研究中，就是采用了分离变量法对热传导偏微分方程进行了分析求解，并得到了热传导方程的级数解。在此背景下，傅里叶级数理论和求解偏微分方程的分离变量法得到了系统的发展。因此，分离变量法又称为傅里叶法。

求解偏微分方程的分离变量法，主要应用了线性方程的叠加原理、傅里叶级数理论和二阶常微分方程固有值（特征值）理论等，其理论原理是建立在波传递中"任何一个波形可以分解为许多个驻波的叠加"这一物理模型基础之上的。在物理学中，我们知道驻波可用只含位置变量 x 的函数与只含时间变量 t 的函数之乘积的形式 $X(x)T(t)$ 来描述，而一个有界弦的振动又可分解为无穷多个驻波的叠加，因而使有界弦在时空域上的振动问题得到分解简化。

9.1.1 热传导定解问题

（1）一维热传导问题

长度为 l 的均匀细杆，侧面绝热，在细杆一端（设长度坐标为 $x=0$）的温度为零，而在另一端 $x=l$ 处热量自由扩散到周围温度为 0 的介质中，若细杆的初始温度分布为 $\varphi(x)$，则细杆上的温度分布随时间的变化即构成了一维热传导问题。在第 1 章讨论了建立热传导过程数学模型的方法，这里直接给出一维热传导过程的微分方程。微分方程的定解条件包括初始条件和细杆两端的边界条件，根据题意，0 端点属于 Dirichlet 第一类边界条件，而 l 端点属于 Robin 第三类边界条件。

因此，根据以上对问题的分析，求解均匀细杆上温度变化规律的问题即归结为一维热传导方程的初边值混合问题

$$\begin{cases} u_t - a^2 u_{xx} = 0,\ 0 < x < l,\ t > 0 \\ u(0,t) = 0,\ u_x(l,t) + hu(l,t) = 0 \\ u(x,0) = \varphi(x) \end{cases} \tag{9.1-1}$$

用分离变量法来解定解问题（9.1-1），设 $u(x,t) = X(x)T(t)$ 是满足方程和齐次边界条件的非零特解，则代入原方程使其可分离变量，从而得

$$\frac{T'(t)}{a^2 T(t)} = \frac{X''(x)}{X(x)} \tag{9.1-2}$$

上式左端不含有 x，右端不含有 t，所以只有当两端均为常数时才可能相等。因此不妨令此常数为 $-\beta^2$，即

$$\frac{T'(t)}{a^2 T(t)} = \frac{X''(x)}{X(x)} = -\beta^2 \tag{9.1-3}$$

从而得到两个线性常微分方程

$$T'(t) + a^2 \beta^2 T(t) = 0 \tag{9.1-4}$$

$$X''(x) + \beta^2 X(x) = 0 \tag{9.1-5}$$

方程(9.1-5) 对应的齐次边界条件为

$$X(0) = 0, \qquad X'(l) + hX(l) = 0 \tag{9.1-6}$$

使常微分方程齐次边值问题 （9.1-5）具有非零解的那些 β^2 称为该边值问题的**特征值**；相应的非零解称为该特征值的**特征函数**；这个齐次边值问题以及所有求特征值和特征函数的问题统称为**固有值问题或特征值问题**，或称为 Sturm-Liouville 问题，有时也简称为 S-L 型问题。

特征值问题(9.1-5) 对应的特征值 $\beta^2 > 0$ 具有非零解，因而得通解

$$X(x) = A\cos\beta x + B\sin\beta x \tag{9.1-7}$$

利用边界条件(9.1-6) 可知 $A = 0$ 和

$$\beta\cos\beta l + h\sin\beta l = 0 \tag{9.1-8}$$

为了确定特征值 β^2，将上式改写成

$$\tan\gamma = \alpha\gamma \tag{9.1-9}$$

其中，$\gamma = \beta l$；$\alpha = -1/hl$。方程(9.1-9) 的根可以看作是曲线 $y = \tan\gamma$ 与直线 $y = \alpha\gamma$ 交点的横坐标，如图 9-1 所示。显然它们的交点有无穷多个，于是方程(9.1-9) 有无穷多个根，由这些根可以确定得到特征值 β^2。将正负成对出现的无穷多个根，按照绝对值从小到大排序，即可得到无穷多个特征值

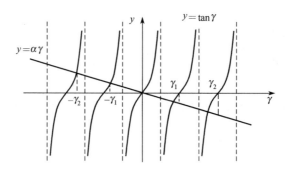

图 9-1　固有值示意

$$\beta_k^2 = \gamma_k^2 / l^2 \quad (k=1,2,\cdots) \tag{9.1-10}$$

及对应的特征函数
$$X_k(x) = B_k \sin\beta_k x \tag{9.1-11}$$

再由方程(9.1-4) 解出关于 t 的解

$$T_k(t) = A_k \mathrm{e}^{-a^2\beta_k^2 t} \tag{9.1-12}$$

将求得的特征函数解(9.1-11) 和式(9.1-12) 相乘得定解问题满足齐次边界条件的一组特解

$$u_k(x,t) = C_k \mathrm{e}^{-a^2\beta_k^2 t} \sin\beta_k x \quad (k=1,2,\cdots) \tag{9.1-13}$$

其中 $C_k = A_k B_k$。由于微分方程和定解条件均是齐次的，利用微分方程的叠加原理将它们叠加起来得到问题的通解

$$u(x,t) = \sum_{k=1}^{\infty} u_k(x,t) = \sum_{k=1}^{\infty} C_k \mathrm{e}^{-a^2\beta_k^2 t} \sin\beta_k x \tag{9.1-14}$$

现在确定通解(9.1-14) 中的积分常数 C_k，根据混合问题的初始条件得

$$\sum_{k=1}^{\infty} C_k \sin\frac{\gamma_k}{l}x = \varphi(x) \tag{9.1-15}$$

可以证明，函数系 $\{\sin\beta_k x, k=1,2,\cdots\}$ 在 $[0,l]$ 上是正交系，即

$$\int_0^l \sin\frac{\gamma_j}{l}x \sin\frac{\gamma_k}{l}x \,\mathrm{d}x = \begin{cases} 0 & (j \neq k) \\ \dfrac{l}{2} - \dfrac{l}{4\gamma_k}\sin 2\gamma_k & (j=k) \end{cases} \tag{9.1-16}$$

因此，作为初始条件的温度分布函数 $\varphi(x)$，总可以展开为以函数簇 $\{\sin\beta_k x\}$ 为基底的广义傅里叶级数。所以，可以用求通常傅里叶级数展开的办法，通过对比式(9.1-15) 两端的系数即可求出待定系数 C_k，即

$$C_k = \frac{1}{L_k}\int_0^l \varphi(x)\sin\frac{\gamma_k}{l}x \,\mathrm{d}x \tag{9.1-17}$$

其中，L_k 是特征函数的模长，其数值可以根据边界条件和式(9.1-9) 求得，即

$$L_k = \int_0^l \sin^2\frac{\gamma_k}{l}x \,\mathrm{d}x = \frac{l}{2} - \frac{l}{4\gamma_k}\sin 2\gamma_k = \frac{l}{2} - \frac{\alpha l}{8(1+\alpha^2\gamma_k^2)} \tag{9.1-18}$$

将求得的 L_k 和 C_k 代入式(9.1-14) 就得到了有限杆的热传导混合问题的解

$$u(x,t) = \sum_{k=1}^{\infty} \frac{1}{L_k}\left(\int_0^l \varphi(\xi)\sin\frac{\gamma_k}{l}\xi \,\mathrm{d}\xi\right)C_k \mathrm{e}^{-a^2\frac{\gamma_k^2}{l^2}t}\sin\frac{\gamma_k}{l}x \tag{9.1-19}$$

通过以上的讨论，可对应用分离变量法求解偏微分方程定解问题的主要步骤作如下概括。

① 首先将偏微分方程的定解问题通过分离变量转化为常微分方程的定解问题，这对线性齐次偏微分方程来说是容易做到的。

② 确定特征值和特征函数。当定解条件为齐次边界条件时，求特征函数就是求一个常微分方程满足零边界条件的非零解。

③ 确定特征值和特征函数后，再解其它的常微分方程，把所得到的解与特征函数相乘得到 $u_n(x,t)$，这时 $u_n(x,t)$ 中还包含着任意常数 C_k。

④ 最后为了使解满足其余的定解条件，需要把所有的 $u_n(x,t)$ 叠加起来成为级数形式，并利用其余的定解条件确定这些任意常数。在最后一步工作中，需要把已知函数展开成特征函数项的傅里叶级数。

（2） 一维非齐次热传导问题

当偏微分方程的非齐次项与边界条件的非齐次项都只含有相同变量而不含不同变量时，这样的定解问题称为稳定的非齐次问题。以初边值混合问题为例，如果方程的非齐次项与边界条件的非齐次项都与时间变化无关则属于一类比较常见的稳定非齐次问题。对于稳定非齐次问题，可以将方程和边界条件同时齐次化，从而使求解问题得到简化。

例如具有稳定非齐次特征的热传导定解问题

$$\begin{cases} u_t - u_{xx} = f(x) , \ 0 < x < l , \ t > 0 \\ u(0,t) = A , \ u(l,t) = B \\ u(x,0) = \varphi(x) \end{cases} \tag{9.1-20}$$

式中，A、B 是非零常数，即可通过一定变换将其化为齐次定解问题。为此令

$$u(x,t) = v(x,t) + w(x) \tag{9.1-21}$$

将其代入原方程得

$$v_t - v_{xx} = w''(x) + f(x) \tag{9.1-22}$$

取 $w(x)$ 满足二阶常微分方程边值问题

$$\begin{cases} w''(x) + f(x) = 0 \\ w(0) = A , \ w(l) = B \end{cases} \tag{9.1-23}$$

解得

$$w(x) = A + \frac{B-A}{l} x - \int_0^x \int_0^\eta f(\xi) \mathrm{d}\xi \mathrm{d}\eta + \frac{x}{l} \int_0^x \int_0^\eta f(\xi) \mathrm{d}\xi \mathrm{d}\eta \tag{9.1-24}$$

而式(9.1-21) 中的 $v(x,t)$ 满足以下齐次边界、齐次方程的定解问题

$$\begin{cases} v_t - v_{xx} = 0 , \ 0 < x < l , \ t > 0 \\ v(0,t) = 0 , \ v(l,t) = 0 \\ v(x,0) = \varphi(x) - w(x) \end{cases} \tag{9.1-25}$$

以上定解问题可以应用分离变量法求解，求得 $v(x,t)$ 后再与 $w(x)$ 相加即得到原问题的解 $u(x,t)$。

除了稳定齐次方程的边界条件和方程可以同时齐次化外，有些方程非齐次项或边界条件存在变量分离的形式，这时选取适当的辅助函数也能使边界条件和方程得到齐次化，从而可简化定解问题的求解过程。

例如对于具有时间周期均匀热源 $A\sin\omega t$、两端绝热、初始温度为零的细杆传热问题，可建立具有齐次边界条件的非齐次热传导定解问题

$$\begin{cases} u_t = a^2 u_{xx} + A\sin\omega t , \ 0 < x < l , \ t > 0 \\ u_x(0,t) = 0 , \ u_x(l,t) = 0 \\ u(x,0) = 0 \end{cases} \tag{9.1-26}$$

以上定解问题的边界条件属于第二类边界条件（Neumann 边界），此类定解问题具有固有函数 $\cos(k\pi x/l)$。故偏微分方程有解

$$u(x,t) = \sum_{k=0}^\infty T_k(t) \cos \frac{k\pi}{l} x \tag{9.1-27}$$

代入定解问题(9.1-26) 中的泛定方程得

$$\sum_{k=0}^{\infty}\left[T'_k(t)+\left(\frac{k\pi a}{l}\right)^2 T_k(t)\right]\cos\frac{k\pi}{l}x=A\sin\omega\, t \tag{9.1-28}$$

比较上式两端的系数，得

$$T'_0(t)=A\sin\omega\, t \tag{9.1-29}$$

$$T'_k(t)+\left(\frac{k\pi a}{l}\right)^2 T_k(t)=0\quad(k=1,2,\cdots) \tag{9.1-30}$$

将定解问题(9.1-26) 中的初始条件按 $\cos(k\pi x/l)$ 展开，其系数为

$$T_0(t)=0\qquad(k=0,1,2,\cdots) \tag{9.1-31}$$

现在解初值问题(9.1-29)～(9.1-31)，得到时间相关的分离函数

$$T_0(t)=\frac{A}{\omega}(1-\cos\omega t) \tag{9.1-32}$$

$$T_k(t)=0\qquad(k=1,2,\cdots) \tag{9.1-33}$$

从而定解问题(9.1-26) 的解为

$$u(x,t)=\frac{A}{\omega}(1-\cos\omega t) \tag{9.1-34}$$

(3) 稳态热传导问题

现在考虑圆域内的稳态热传导问题，假设一个半径为 ρ_0 的薄圆盘，上下两面绝热，圆周边缘温度分布已知，求达到稳恒状态时圆盘内的温度分布。根据传热数学模型，热传导问题达到稳恒状态时的温度分布与时间无关，应满足拉普拉斯方程

$$\mathbf{\nabla}^2 u=0 \tag{9.1-35}$$

因为边界形状是圆周，它在极坐标下的方程为 $\rho=\rho_0$，所以在极坐标系下边界条件可表示为 $u(\rho_0,\theta)=f(\theta)$。因此，在极坐标系中，由二维拉普拉斯方程构成的稳态热传导定解问题可以表示为

$$\begin{cases}\mathbf{\nabla}^2 u=\dfrac{1}{\rho}\dfrac{\partial}{\partial\rho}\left(\rho\,\dfrac{\partial u}{\partial\rho}\right)+\dfrac{1}{\rho^2}\dfrac{\partial^2 u}{\partial\theta^2}=0,\ \rho<\rho_0\\ u(\rho_0,\theta)=f(\theta)\end{cases} \tag{9.1-36}$$

由于自变量 ρ，θ 的取值范围分别是 $[0,\rho_0]$ 与 $[0,2\pi]$，而圆盘内部的温度值又不可能是无限的，特别是圆盘中心点的温度值应该是有限的，并且 (ρ,θ) 与 $(\rho,\theta+2\pi)$ 实际上表示同一点，温度应该相同，即应该有以下附加条件

$$|u(\rho,\theta)|<+\infty,\quad u(\rho,\theta)=u(\rho,\theta+2\pi) \tag{9.1-37}$$

现在应用分离变量法求解满足方程(9.1-36) 及附加条件(9.1-37) 的解。首先令

$$u(\rho,\theta)=R(\rho)\Phi(\theta) \tag{9.1-38}$$

将其代入原方程，经分离变量得

$$\frac{\rho^2 R''+\rho R'}{R}=-\frac{\Phi''}{\Phi} \tag{9.1-39}$$

令比值为常数 λ 即得两个常微分方程

$$\Phi'' + \lambda\Phi = 0 \tag{9.1-40}$$

$$\rho^2 R'' + \rho R' - \lambda R = 0 \tag{9.1-41}$$

附加条件变为
$$|R(0)| < +\infty, \quad \Phi(\theta) = \Phi(\theta + 2\pi) \tag{9.1-42}$$

由此，我们得到两个常微分方程的定解问题

$$\begin{cases} \Phi'' + \lambda\Phi = 0 \\ \Phi(\theta) = \Phi(\theta + 2\pi) \end{cases} \tag{9.1-43}$$

和
$$\begin{cases} \rho^2 R'' + \rho R' - \lambda R = 0 \\ |R(0)| < +\infty \end{cases} \tag{9.1-44}$$

对于以上两个定解问题，应该先求解容易确定特征值的方程。由于定解问题(9.1-43)满足可加性，所以先解问题(9.1-43)。

可以分析，只有当 $\lambda \geqslant 0$ 时，定解问题(9.1-43)才有非平凡解。当 $\lambda = 0$ 时，问题的解为

$$\Phi_0(\theta) = a'_0 \tag{9.1-45}$$

当 $\lambda > 0$ 时，取 $\lambda = k^2$，此时定解问题 (9.1-43) 的解为

$$\Phi_k(\theta) = a'_k \cos k\theta + b'_k \sin k\theta \tag{9.1-46}$$

为使 $\Phi(\theta)$ 为以 2π 为周期，k 必须是整数，即 $k = 1, 2, 3, \cdots$ 至此，我们已经定出了特征值问题 (9.1-43) 的特征值 $\lambda = k^2$ 和特征函数 $\Phi_n(\theta)$。

接下来求解定解问题(9.1-44)，问题的泛定方程为欧拉方程，它的通解为

$$\begin{cases} R_0(\rho) = c_0 + d_0 \ln\rho & (\lambda = 0) \\ R_k(\rho) = c_k \rho^k + d_k \rho^{-k} & (\lambda > 0, \ k = 1, 2, \cdots) \end{cases} \tag{9.1-47}$$

为了满足定解条件 $|R(0)| < +\infty$，需有 $d_k = 0$，即

$$R_k(\rho) = c_k \rho^k \quad (k = 0, 1, 2, \cdots) \tag{9.1-48}$$

利用偏微分方程解的叠加原理，定解问题(9.1-36)的解可以表示成级数形式

$$u(\rho, \theta) = \frac{a_0}{2} + \sum_{k=1}^{\infty} \rho^n (a_k \cos k\theta + b_k \sin k\theta) \tag{9.1-49}$$

式中，$a_0/2 = a'_0 c_0$，$a_k = a'_k c_k$，$b_k = b'_k c_k$。为了确定式(9.1-49)中的系数 a_k 和 b_k，利用定解问题(9.1-36)中的边界条件，得

$$f(\theta) = \frac{a_0}{2} + \sum_{k=1}^{\infty} \rho_0^k (a_k \cos k\theta + b_k \sin k\theta) \tag{9.1-50}$$

因此，a_0、$\rho_0^k a_k$、$\rho_0^k b_k$ 就是 $f(\theta)$ 展开为傅氏级数时的系数，即有

$$\begin{cases} a_0 = \dfrac{1}{\pi} \displaystyle\int_0^{2\pi} f(\theta) \mathrm{d}\theta \\[2mm] a_k = \dfrac{1}{\rho_0^k \pi} \displaystyle\int_0^{2\pi} f(\theta) \cos k\theta \mathrm{d}\theta \\[2mm] b_k = \dfrac{1}{\rho_0^k \pi} \displaystyle\int_0^{2\pi} f(\theta) \sin k\theta \mathrm{d}\theta \end{cases} \tag{9.1-51}$$

将所求得的系数代入式(9.1-49)即得所求的解。

为了以后应用方便，还可将解(9.1-49)写成另一种形式。为此，利用三角函数公式可

将解简化为

$$u(\rho,\theta)=\frac{1}{\pi}\int_0^{2\pi}f(t)\left[\frac{1}{2}+\sum_{k=1}^{\infty}\left(\frac{\rho}{\rho_0}\right)^k\cos k(\theta-t)\right]\mathrm{d}t \qquad (9.1\text{-}52)$$

利用下面已知的恒等式

$$\frac{1}{2}+\sum_{k=1}^{\infty}k^n\cos n(\theta-t)=\frac{1-k^2}{2[1-2k\cos(\theta-t)+k^2]} \qquad (\mid k\mid<1) \qquad (9.1\text{-}53)$$

可将式(9.1-52) 中的解 $u(\rho,\theta)$ 表达为

$$u(\rho,\theta)=\frac{1}{2\pi}\int_0^{2\pi}f(t)\frac{\rho_0^2-\rho^2}{\rho_0^2+\rho^2-2\rho_0\rho\cos(\theta-t)}\mathrm{d}t \qquad (9.1\text{-}54)$$

上式称为**圆域内的泊松公式**。它的作用在于把解写成了积分形式，这样便于应用和进行理论上的研究。

【例题 9-1】 求解以下定解问题

$$\begin{cases}\dfrac{\partial^2 u}{\partial\rho^2}+\dfrac{1}{\rho}\dfrac{\partial u}{\partial\rho}+\dfrac{1}{\rho^2}\dfrac{\partial^2 u}{\partial\theta^2}=0,\ \rho<\rho_0\\[2mm] u(\rho_0,\theta)=A\cos\theta\end{cases}$$

解： 利用公式(9.1-51)，并注意三角函数系的正交性，可得

$$a_1=A/\rho_0,\qquad a_k=0,\qquad b_k=0$$

代入式(9.1-49) 即得所求的解

$$u(\rho,\theta)=\frac{A\rho}{\rho_0}\cos\theta$$

9.1.2 波动方程定解问题

（1）有界弦自由振动

考虑两端固定的弦的自由振动问题，假设长为 l，两端固定的弦，初始位移和初始速度分别为 $\varphi(x)$，$\psi(x)$ 的微小振动，可归结为初边值混合定解问题

$$\begin{cases}u_{tt}-a^2u_{xx}=0,\ 0<x<l,\ t>0\\ u(0,t)=0,\ u(l,t)=0\\ u(x,0)=\varphi(x),\ u_t(x,0)=\psi(x)\end{cases} \qquad (9.1\text{-}55)$$

该定解问题的特点是，方程是线性齐次的，边界条件也是线性齐次的。这样的定解问题，可以直接使用叠加原理。首先寻找具有变量分离形式的非零特解

$$u(x,t)=X(x)T(t) \qquad (9.1\text{-}56)$$

它满足方程和齐次边界条件，将其代入定解问题(9.1-55) 中的齐次方程，然后整理得

$$\frac{T''}{a^2T}=\frac{X''}{X} \qquad (9.1\text{-}57)$$

而将其代入定解问题(9.1-55) 中的边界条件，得

$$X(0)T(t)=X(l)T(t)=0 \qquad (9.1\text{-}58)$$

式(9.1-57) 的左端是变量 t 的函数，右端是变量 x 的函数，因而若要等式两端具有独立变

量的函数相等，唯一可能是它们必须等于一个公共常数，令其取值$-\lambda$，则得到两个独立的常微分方程

$$T''+\lambda a^2 T=0 \tag{9.1-59}$$

$$X''+\lambda X=0 \tag{9.1-60}$$

下面分别讨论求未知函数 T 和 X 的方法。

首先求 X。在式(9.1-58)中，$T(t)$ 不能恒等于零，否则 $u(x,t)=X(x)T(t)$ 成为等于零的平凡解。于是得到关于 X 的常微分方程齐次边值问题

$$\begin{cases} X''(x)+\lambda X(x)=0,\ 0<x<l \\ X(0)=X(l)=0 \end{cases} \tag{9.1-61}$$

以上为典型的特征值问题，该问题的解与特征值 λ 的取值有关。当 $\lambda \leqslant 0$ 时，定解问题(9.1-61) 没有非平凡解。只有当 $\lambda > 0$ 时，常微分方程(9.1-61) 具有通解

$$X(x)=A\cos\sqrt{\lambda}\,x+B\sin\sqrt{\lambda}\,x \tag{9.1-62}$$

根据定解问题(9.1-61) 中的边界条件可得

$$A=0,\ \ A+B\sin\sqrt{\lambda}\,l=0 \tag{9.1-63}$$

为了求非平凡解，必须有 $B\neq 0$，从而 $\sin\sqrt{\lambda}\,l=0$，解这个三角方程得一系列特征值

$$\lambda_k=\frac{k^2\pi^2}{l^2}\ \ (k=1,2,\cdots) \tag{9.1-64}$$

相应的特征值问题(9.1-61) 有一组特征函数

$$X_k(x)=B_k\sin\frac{k\pi}{l}x\ \ (k=1,2,\cdots) \tag{9.1-65}$$

现在求 $T(t)$。将上面求得的特征值 λ_k 代入方程 (9.1-59)，得

$$T''_k(t)+\frac{a^2 k^2\pi^2}{l^2}T_k(t)=0 \tag{9.1-66}$$

此常微分方程的通解为

$$T_k(t)=C_k\cos\frac{ak\pi}{l}t+D_k\sin\frac{ak\pi}{l}t\ \ (k=1,2,\cdots) \tag{9.1-67}$$

将式(9.1-65)与式(9.1-67) 相乘并注意特征函数的正交性，从而可得无穷多个满足齐次方程 (9.1-55) 和齐次边界条件的解

$$u_k(x,t)=\left(a_k\cos\frac{ak\pi}{l}t+b_k\sin\frac{ak\pi}{l}t\right)\sin\frac{k\pi}{l}x\ \ (k=1,2,\cdots) \tag{9.1-68}$$

其中，$a_k=C_k B_k$，$b_k=D_k B_k$ 仍为任意常数。根据偏微分方程的叠加原理，将所有的 $u_k(x,t)$ 加起来，得到的和函数

$$u(x,t)=\sum_{k=1}^{\infty}\left(a_k\cos\frac{ak\pi}{l}t+b_k\sin\frac{ak\pi}{l}t\right)\sin\frac{k\pi}{l}x \tag{9.1-69}$$

仍然是满足齐次方程和齐次边界条件(9.1-55) 的解。但这个和函数中有无穷多个参数 a_k，b_k，这里可以通过令 $u(x,t)$ 满足定解问题(9.1-55) 中的初值条件来确定它们的值。利用混合问题的初值条件得

$$
\begin{cases}
\varphi(x) = u(x,0) = \displaystyle\sum_{k=1}^{\infty} a_k \sin\frac{k\pi}{l}x \\[3mm]
\psi(x) = u_t(x,0) = \displaystyle\sum_{k=1}^{\infty} b_k \frac{ak\pi}{l}\sin\frac{k\pi}{l}x
\end{cases}
\tag{9.1-70}
$$

在上式中，将右边的级数分别看成函数 $\varphi(x)$ 和 $\psi(x)$ 在区间 $[0,l]$ 上的傅里叶级数，根据傅里叶级数理论，即可确定出通解中的参数 a_k 和 b_k

$$
\begin{cases}
a_k = \dfrac{2}{l}\displaystyle\int_0^l \varphi(\xi)\sin\frac{k\pi}{l}\xi \mathrm{d}\xi \\[3mm]
b_k = \dfrac{2}{ak\pi}\displaystyle\int_0^l \psi(\xi)\sin\frac{k\pi}{l}\xi \mathrm{d}\xi
\end{cases}
\tag{9.1-71}
$$

将根据 $\varphi(x)$ 和 $\psi(x)$ 得到的参数 a_k 和 b_k 代入式(9.1-69)，即得到混合问题的解。

以上只是形式地推导出混合问题的解，该推导过程称为分析过程。在分析过程中，有些地方是不严格的，如无穷多个特解叠加后是否仍然是原方程的解？ $\varphi(x)$ 和 $\psi(x)$ 需满足哪些条件才能展为正弦傅里叶级数？因而在数学上，通常还要验证所得解的唯一性和稳定性，这一验证过程称为综合过程。对定解问题综合过程的讨论一般都比较繁杂，而在科技工程问题中，所得解一般均满足解的存在性、唯一性和稳定性条件，因而只要不是特别要求，一般不讨论定解问题的综合过程。

下面直接从式(9.1-68)出发，说明定解问题(9.1-55)通解的物理意义，在式(9.1-68)中令 $N_k=\sqrt{a_k^2+b_k^2}$，$\delta_k=\arctan a_k/b_k$，$\omega_k=ak\pi/l$，则

$$
u_k(x,t) = N_k\sin(\omega_k t+\delta_k)\sin\frac{k\pi}{l}x
\tag{9.1-72}
$$

从上式可以看出特解(9.1-68)具有如下特点。

① 振动弦上各点的频率 ω_k 和初相位 δ_k 均相同，因而没有波形的传播现象。

② 弦上各点的振幅 $|N_k\sin k\pi x/l|$ 因点而异：

在 $x=0$，l/k，$2l/k$，$\cdots$，$(k-1)l/k$，l 处，振幅永远为零，称这些点为节点；

在 $x=l/2k$，$3l/2k$，$\cdots$，$(2k-1)l/2k$ 处，振幅最大，为 N_k，称这些点为腹点。

纵观全局，看出分离变量法的脉络是先求满足齐次方程、齐次边界条件的特解，叠加这些特解，再由初值条件定出系数。求特解时遇到的固有值问题是分离变量法的精髓和难点，不同的方程，不同的边界条件，将会碰到各种不同的固有值问题。

（2）有界弦强迫振动

下面以两端固定，受强迫力的弦振动问题为例，给出利用特征函数展开法求解非齐次方程的步骤。考虑定解问题

$$
\begin{cases}
u_{tt} - a^2 u_{xx} = f(x,t),\ 0<x<l,\ t>0 \\
u(0,t)=0,\ u(l,t)=0 \\
u(x,0)=\varphi(x),\ u_t(x,0)=\psi(x)
\end{cases}
\tag{9.1-73}
$$

根据上一小节，可知该问题对应的 Sturm-Liouville 问题的特征函数为 $\sin k\pi x/l$。根据偏微分方程解的特征，只要定解条件是相容的，就可以把初值 $\varphi(x)$ 和 $\psi(x)$ 按照特征函数展开。假定非齐次项 $f(x,t)$ 对任意 $t>0$ 满足边界条件，则它也可以按照特征函数展开，于

是有

$$\begin{cases} f(x,t) = \sum_{k=1}^{\infty} f_k(t)\sin\frac{k\pi}{l}x \\[2ex] \varphi(x) = \sum_{k=1}^{\infty} \varphi_k \sin\frac{k\pi}{l}x \\[2ex] \psi(x) = \sum_{k=1}^{\infty} \psi_k \sin\frac{k\pi}{l}x \end{cases} \tag{9.1-74}$$

其中，$f_k(t)$、φ_k、ψ_k 分别是 $f(x,t)$、$\varphi(x)$ 和 $\psi(x)$ 的 Fourier 级数的系数。把方程的解 $u(x,t)$ 也展开成 Fourier 级数

$$u(x,\ t) = \sum_{k=1}^{\infty} T_k(t)\sin\frac{k\pi}{l}x \tag{9.1-75}$$

其中，$T_k(t)$ 是待定的未知函数。将它们代入定解问题(9.1-73) 的泛定方程和初值条件，由于特征函数 $\sin k\pi x/l$ 的正交完备性，可以比较每一项 $\sin k\pi x/l$ 的系数，从而得到如下常微分方程初值问题

$$\begin{cases} T_k''(t) + \dfrac{a^2 k^2 \pi^2}{l^2} T_k(t) = f_k(t),\, t>0 \\[2ex] T_k(0) = \varphi_k,\ T_k'(0) = \psi_k \end{cases} \tag{9.1-76}$$

对于这样的具有齐次初值条件的非齐次方程定解问题，可以应用齐次化原理、常数变易法或 Laplace 变换法求解，这里直接给出该初值问题的解

$$T_k(t) = \varphi_k \cos\frac{ak\pi}{l}t + \frac{\psi_k}{ak\pi}\sin\frac{ak\pi}{l}t + \frac{l}{ak\pi}\int_0^t f_k(t-\tau)\sin\frac{ak\pi}{l}\tau\,\mathrm{d}\tau \tag{9.1-77}$$

把它代入式(9.1-75) 就得到定解问题(9.1-73) 的解。

以上求解定解问题(9.1-73) 的办法称为特征函数展开法，这种办法处理有非齐次项的定解问题不仅有效，而且简便。当然还有其它办法可以求解有非齐次项的定解问题，比如后面将要介绍的积分变换法。

9.1.3　Sturm-Liouville 问题

使用分离变量法的关键是求含有参数的二阶齐次常微分方程在齐次边界条件下的非零解，即求固有值和固有函数。但固有值是否一定存在？相应的固有函数是否存在？固有函数系是否正交完备？满足什么条件的函数才能按固有函数系展开？这些问题属于分离变量法的理论基础，Sturm 和 Liouville 的研究很好地回答了上面这些问题。

对于系数不一定为常数的更一般的二阶线性偏微分方程

$$a(t)u_{tt} + b(x)u_{xx} + c(t)u_t + d(x)u_x + [e(t)+f(x)]u = 0 \tag{9.1-78}$$

可以用分离变量法求解。实际上，令 $u(x,t) = X(x)T(t)$ 为非零特解，代入以上方程并分离变量得

$$a(t)\frac{T''}{T} + c(t)\frac{T'}{T} + e(t) = -\left[b(x)\frac{X''}{X} + d(x)\frac{X'}{X} + f(x)\right] \tag{9.1-79}$$

这个等式左、右两边分别是 t 和 x 的函数，因此必等于常数，若记为 λ，于是得到以下两个常微分方程

$$aT'' + cT' + (e-\lambda)T = 0 \tag{9.1-80}$$

$$bX'' + dX' + (f+\lambda)X = 0 \tag{9.1-81}$$

为方便讨论，对式(9.1-81) 做一些变形。令

$$p(x) = \exp\left(\int \frac{d(x)}{b(x)}\mathrm{d}x\right), \quad q(x) = -\frac{f(x)}{b(x)}p(x), \quad w(x) = \frac{1}{b(x)}p(x) \tag{9.1-82}$$

则特征值方程(9.1-81) 变为

$$\frac{\mathrm{d}}{\mathrm{d}x}\left[p(x)\frac{\mathrm{d}X}{\mathrm{d}x}\right] - q(x)X + \lambda w(x)X = 0 \tag{9.1-83}$$

上式就是著名的 **Sturm-Liouville 型方程**，有时候也把它写成

$$X'' + \frac{p'(x)}{p(x)}X' + \frac{\lambda w(x)-q(x)}{p(x)}X = 0 \tag{9.1-84}$$

在求解偏微分方程(9.1-78) 的混合问题或其它类型的定解问题时，通常还需要附加一些边界条件，经过分离变量，这些边界条件自然会变成常微分方程(9.1-80) 和 (9.1-83) 的定解条件。Sturm-Liouville 方程(9.1-83) 和相应的边界条件一起构成的定解问题称为 Sturm-Liouville 型问题。满足 S-L 问题的 λ 的值称为特征值，相应的非零解函数称为 λ 对应的特征函数。

S-L 型问题的边界条件通常有三类边界条件，即 Robin 齐次边界条件、周期性边界条件和自然边界条件。

① Robin 齐次边界条件   特征值问题

$$\begin{cases} \dfrac{\mathrm{d}}{\mathrm{d}x}\left[p(x)\dfrac{\mathrm{d}X}{\mathrm{d}x}\right] - q(x)X + \lambda w(x)X = 0, \ a < x < b \\ -\alpha_1 X'(a) + \beta_1 X(a) = 0, \ \alpha_2 X'(b) + \beta_2 X(b) = 0 \end{cases} \tag{9.1-85}$$

其中，α_i、β_i 为非负实常数，且 α_i 和 β_i 不同时为零。它以已经碰到的 Robin 齐次边界条件混合问题经分离变量法得到的 S-L 型问题为特殊情形。

② 周期性条件   特征值问题

$$\begin{cases} \dfrac{\mathrm{d}}{\mathrm{d}x}\left[p(x)\dfrac{\mathrm{d}X}{\mathrm{d}x}\right] - q(x)X + \lambda w(x)X = 0, \ a < x < b \\ X(a) = X(b), \ X'(a) = X'(b) \end{cases} \tag{9.1-86}$$

的特征函数 $X(x)$ 及其导数 $X'(x)$ 是以区间 $[a,b]$ 的长度为周期的函数。

③ 自然边界条件   特征值问题

$$\begin{cases} \dfrac{\mathrm{d}}{\mathrm{d}x}\left[p(x)\dfrac{\mathrm{d}X}{\mathrm{d}x}\right] - q(x)X + \lambda w(x)X = 0, \ a < x < b \\ |X(a)| < +\infty, \ |X(b)| < +\infty \end{cases} \tag{9.1-87}$$

的特征函数 $X(x)$ 在边界 a、b 上的确定值不知道，但肯定是有限值，这样的边界条件称为自然边界条件。本例中端点 a、b 的边界条件都是自然边界条件。

Sturm-Liouville 定理　如果 Sturm-Liouville 方程（9.1-83）满足条件：

① 在有限闭区间 $[a,b]$ 上 $q(x)$，$w(x)$ 连续，$p(x)$ 有连续微商；

② 在有限闭区间 $[a,b]$ 上 $p(x)>0$，$q(x)\geqslant 0$，$w(x)>0$。

则附加 Robin 边界条件或周期边界条件的 Sturm-Liouville 问题，其解具有下列重要性质：

① 特征值存在，且均为非负实数（特征值非负定理）；

② 特征值为无穷多个，并构成一个单调递增以无穷大为极限的序列（特征值离散定理），即

$$0\leqslant\lambda_1<\lambda_2<\cdots<\lambda_n<\cdots, \qquad \lim_{n\to\infty}\lambda_n=+\infty$$

与之对应存在无穷多个特征函数 $y_1(x)$，$y_2(x)$，$\cdots$，$y_n(x)$，$\cdots$；

③ 对应不同特征值的特征函数关于权函数 $w(x)$ 互相正交（特征函数正交定理），即

$$\int_a^b w(x)X_m(x)X_n(x)\mathrm{d}x=0 \quad (m\neq n)$$

④ 特征函数系 $\{y_n(x)\}$ 是完备系，即任一二次连续可微函数 $f(x)$，若满足特征值问题的 Robin 齐次边界条件，则 $f(x)$ 可按 $\{y_n(x)\}$ 展开为绝对且一致收敛级数（展开定理）

$$f(x)=\sum_{n=1}^{\infty}c_n X_n(x)$$

其中
$$c_n=\frac{\displaystyle\int_a^b X_n(x)f(x)w(x)\mathrm{d}x}{\displaystyle\int_a^b |X_n(x)|^2 w(x)\mathrm{d}x}$$

此函数项级数称为广义傅氏级数，c_n 称为广义傅氏级数的系数，上式分母积分值的平方根为 y_n 的模。

以上有关定理的证明比较复杂，限于篇幅在此不做讨论，有兴趣的读者可参阅有关专著。表 9-1 列出了一些常见特征值问题供参考。

表 9-1　不同边界条件下方程 $X''(x)+\lambda X(x)=0$ 的特征值解

序号	边界条件	特征值	特征函数	备注
1	$X(0)=X(l)=0$	$\lambda_k=(k\pi/l)^2$	$X_k=\sin\dfrac{k\pi}{l}x$	$k=1,2,\cdots$
2	$X'(0)=X(l)=0$	$\lambda_k=[(2k+1)\pi/2l]^2$	$X_k=\cos\dfrac{2k+1}{2l}\pi x$	$k=0,1,2,\cdots$
3	$X(0)=X'(l)=0$	$\lambda_k=[(2k+1)\pi/2l]^2$	$X_k=\sin\dfrac{2k+1}{2l}\pi x$	$k=0,1,2,\cdots$
4	$X'(0)=X'(l)=0$	$\lambda_k=(k\pi/l)^2$	$X_k=\cos\dfrac{k\pi}{l}x$	$k=0,1,2,\cdots$
5	$X(0)=X'(l)+hX(l)=0$	$\lambda_k=(\gamma_k/l)^2$	$X_k=\sin\dfrac{\gamma_k}{l}x$	$\tan\gamma=-hl/\gamma$ $k=1,2,\cdots$
6	$X'(0)=X'(l)+hX(l)=0$	$\lambda_k=(\gamma_k/l)^2$	$X_k=\cos\dfrac{\gamma_k}{l}x$	$\tan\gamma=hl/\gamma$ $k=1,2,\cdots$

序号	边界条件	特征值	特征函数	备注
7	$X(0)+h_1 X'(0)=0$ $X(l)+h_2 X'(l)=0$	$\sqrt{\lambda_k}, k=1,2,\cdots$	$X_k = \sin\sqrt{\lambda_k}\,x + h_1\sqrt{\lambda_k}$ $\cos\sqrt{\lambda_k}\,x$	$\tan\sqrt{\lambda}\,l = \dfrac{(h_1+h_2)\sqrt{\lambda}}{h_1 h_2 \lambda - 1}$
8	$X(\theta+2\pi)=X(\theta)=0$	$\lambda_k = k^2$	$X_k = A\cos k\theta + B\sin k\theta$	$k=0,1,2,\cdots$

9.1.4 非齐次边界条件的处理

用分离变量法求解偏微分方程定解问题时，如果边界条件是非齐次的，则求解起来是很困难的。因而在这种情况下，一般需要设法将非齐次边界条件转化成齐次边界条件，然后再进行求解。具体地说，就是取一个适当的未知函数之间的代换，使对由新的未知函数构成的定解问题，其边界条件是齐次的。现在以强迫振动的定解问题为例，说明如何采取函数代换的方法将非齐次边界条件转化为齐次边界条件。

设有非齐次边界条件的定解问题

$$\begin{cases} u_{tt}=a^2 u_{xx}+f(x,t),\ 0<x<l,\ t>0 \\ u(0,t)=u_1(t),\ u(l,t)=u_2(t) \\ u(x,0)=\varphi(x),\ u_t(x,0)=\psi(x) \end{cases} \tag{9.1-88}$$

设法做一函数代换将边界条件化为齐次的，为此令

$$u(x,t)=v(x,t)+w(x,t) \tag{9.1-89}$$

适当选取 $w(x,t)$ 使 $v(x,t)$ 的边界条件化为齐次的，即

$$v(0,t)=v(l,t)=0 \tag{9.1-90}$$

对比定解问题 (9.1-88) 中的边界条件和式 (9.1-89) 不难看出，要使式 (9.1-90) 成立，只需要

$$w(0,t)=u_1(t),\qquad w(l,t)=u_2(t) \tag{9.1-91}$$

即可。也就是说，只要所选取的函数 w 满足上式就能达到目的，显然这样的函数是不难找到的，例如取 w 为 x 的线性一次式就能满足要求，即

$$w(x,t)=A(t)x+B(t) \tag{9.1-92}$$

利用条件 (9.1-91) 确定式中的 A 和 B，得

$$A(t)=\frac{1}{l}\left[u_2(t)-u_1(t)\right],\ B(t)=u_1(t) \tag{9.1-93}$$

显然，只要做函数代换

$$u(x,t)=v(x,t)+\left[u_1(t)+\frac{u_2(t)-u_1(t)}{l}x\right] \tag{9.1-94}$$

就能使新的未知函数 v 满足齐次的边界条件。

事实上，经过以上函数代换后，得到一个关于 v 的定解问题，其形式为

$$\begin{cases} v_{tt}=a^2 v_{xx}+f_1(x,t),\ 0<x<l,\ t>0 \\ v(0,t)=0,\ v(l,t)=0 \\ v(x,0)=\varphi_1(x),\ v_t(x,0)=\psi_1(x) \end{cases} \tag{9.1-95}$$

其中

$$\begin{cases} f_1(x,t)=f(x,t)-\left[u''_1(t)+\dfrac{u''_2(t)-u''_1(t)}{l}x\right] \\[2mm] \varphi_1(x)=\varphi(x)-\left[u_1(0)+\dfrac{u_2(0)-u_1(0)}{l}x\right] \\[2mm] \psi_1(x)=\psi(x)-\left[u'_1(0)+\dfrac{u'_2(0)-u'_1(0)}{l}x\right] \end{cases} \tag{9.1-96}$$

定解问题(9.1-95)的边界条件是齐次的，可用前面介绍的方法求解。将解得的（9.1-95）的解代入式(9.1-94)即得原问题的解。

通过以上讨论可知，如果定解问题的边界条件（不管初始条件如何）是非齐次的，又没有其它条件可以用来确定固有函数，则不论方程是否为齐次，必须先做函数的代换以使其化为具有齐次边界条件的问题，然后再行求解。而当定解问题的泛定方程是非齐次的，但具有齐次边界条件时，这样的定解问题可以分解为两个定解问题进行求解，其一是具有原来初始条件的齐次方程的定解问题，其二是具有齐次边界条件的非齐次方程的定解问题。第一个问题可用分离变量法求解，而第二个问题按固有函数法求解。

为了加深对用分离变量法求解非齐次边界定解问题的了解，下面以非齐次振动问题为例，进一步介绍利用分离变量法求解非齐次边界定解问题的全过程。考虑定解问题

$$\begin{cases} u_{tt}=a^2 u_{xx}+A,\ 0<x<l,\ t>0 \\ u(0,t)=0,\ u(l,t)=B \\ u(x,0)=u_t(x,0)=0 \end{cases} \tag{9.1-97}$$

其中，A，B 均为常数。现在利用以上介绍的方法求解该定解问题的形式解。由于方程及边界条件都是非齐次的，所以需要首先将边界条件化成齐次的。又因方程(9.1-97)的自由项及边界条件都与 t 无关，所以有可能通过一次代换将方程与边界条件都变成齐次的。具体做法是，首先令

$$u(x,t)=v(x,t)+w(x) \tag{9.1-98}$$

并将其代入方程(9.1-97)得

$$\frac{\partial^2 v}{\partial t^2}=a^2\left[\frac{\partial^2 v}{\partial x^2}+w''(x)\right]+A \tag{9.1-99}$$

为了使该方程及边界条件同时化成齐次的，只要选 $w(x)$ 满足

$$\begin{cases} a^2 w''(x)+A=0 \\ w(0)=0,\ w(l)=B \end{cases} \tag{9.1-100}$$

式(9.1-100)是一个二阶常系数线性非齐次方程的边值问题，它的解可以通过两次积分求得

$$w(x)=-\frac{A}{2a^2}x^2+\left(\frac{Al}{2a^2}+\frac{B}{l}\right)x \tag{9.1-101}$$

求出函数 $w(x)$ 之后，再由式(9.1-97)和式(9.1-98)可知函数 $v(x,t)$ 为以下具有齐次边界条件的定解问题

$$\begin{cases} v_{tt}=a^2 v_{xx},\ 0<x<l,\ t>0 \\ v(0,t)=0,\ v(l,t)=0 \\ v(x,0)=-w(x),\ v_t(x,0)=0 \end{cases} \tag{9.1-102}$$

的解。

采用分离变量法，可得定解问题(9.1-102) 的解为

$$v(x,t)=\sum_{k=1}^{\infty}\left(C_k\cos\frac{ka\pi}{l}t+D_k\sin\frac{ka\pi}{l}t\right)\sin\frac{k\pi}{l}x \qquad (9.1\text{-}103)$$

利用式(9.1-102) 中的第二个初始条件可得 $D_k=0$。于是定解问题(9.1-102) 的解为

$$v(x,t)=\sum_{k=1}^{\infty}C_k\cos\frac{ka\pi}{l}t\sin\frac{k\pi}{l}x \qquad (9.1\text{-}104)$$

利用式(9.1-102) 中的第一个初始条件得

$$\frac{A}{2a^2}x^2-\left(\frac{Al}{2a^2}+\frac{B}{l}\right)x=\sum_{k=1}^{\infty}C_k\sin\frac{k\pi}{l}x \qquad (9.1\text{-}105)$$

由傅氏级数的系数公式可得

$$C_k=\frac{2}{l}\int_0^l\left[\frac{A}{2a^2}x^2-\left(\frac{Al}{2a^2}+\frac{B}{l}\right)x\right]\sin\frac{k\pi}{l}x\,\mathrm{d}x=-\frac{2Al^2}{a^2k^3\pi^3}+\frac{2}{k\pi}\left(\frac{Al^2}{a^2k^2\pi^2}+B\right)\cos k\pi$$

$$(9.1\text{-}106)$$

因此，原定解问题的解为

$$u(x,t)=-\frac{A}{2a^2}x^2+\left(\frac{Al}{2a^2}+\frac{B}{l}\right)x+\sum_{k=1}^{\infty}C_k\cos\frac{ka\pi}{l}t\sin\frac{k\pi}{l}x \qquad (9.1\text{-}107)$$

其中 C_k 由 (9.1-106) 确定。

【例题 9-2】　解以下定解问题

$$\begin{cases} u_t=a^2u_{xx}-b^2u,\ 0<x<l,\ t>0 \\ u_x(0,t)=0,\ u(l,t)=u_1 \\ u(x,0)=\dfrac{u_1}{l^2}x^2 \end{cases}$$

其中，b、u_1 均为常数。

　　解：首先，将边界条件化成齐次的，为此令

$$u(x,t)=v(x,t)+u_1$$

并代入原定解问题得到

$$\begin{cases} v_t=a^2v_{xx}-b^2v-b^2u_1,\ 0<x<l,\ t>0 \\ v_x(0,t)=0,\ v(l,t)=0 \\ v(x,0)=\dfrac{u_1}{l^2}x^2-u_1 \end{cases}$$

显然这个定解问题可分为如下两个定解问题

(1)
$$\begin{cases} v_t^{\mathrm{I}}=a^2v_{xx}^{\mathrm{I}}-b^2v^{\mathrm{I}},\ 0<x<l,\ t>0 \\ v_x^{\mathrm{I}}(0,t)=0,\ v^{\mathrm{I}}(l,t)=0 \\ v^{\mathrm{I}}(x,0)=\dfrac{u_1}{l^2}x^2-u_1 \end{cases}$$

$$(2) \quad \begin{cases} v_t^{2} = a^2 v_{xx}^{\mathrm{II}} - b^2 v^{\mathrm{II}} - b^2 u_1, \ 0 < x < l, \ t > 0 \\ v_x^{\mathrm{II}}(0,t) = 0, \ v^{\mathrm{II}}(l,t) = 0 \\ v^{\mathrm{II}}(x,0) = 0 \end{cases}$$

对于问题（1）可以直接用分离变量法求解，首先令 $v^{\mathrm{I}}(x,t) = X(x)T(t)$，代入问题（1）得

$$\frac{T'' + b^2 T}{a^2 T} = \frac{X''}{X} = -\beta^2$$

由此得到下列两个常微分方程

$$T' + (b^2 + a^2 \beta^2)T = 0 \quad \text{和} \quad X'' + \beta^2 X = 0$$

利用条件 $X'(0) = X(l) = 0$，可得关于 X 的固有值与固有函数

$$\beta^2 = \frac{(2k+1)^2 \pi^2}{4l^2}, \ X_k(x) = B_k \cos \frac{(2k+1)\pi}{2l}x \quad (k = 0, 1, 2, \cdots)$$

将上式中的 β^2 代入关于 T 的常微分方程，得

$$T' + \left(b^2 + \frac{(2k+1)^2 a^2 \pi^2}{4l^2} \right)T = 0$$

它的通解为
$$T_k(t) = \exp\left\{ -\left[b^2 + \frac{(2k+1)^2 a^2 \pi^2}{4l^2} \right]t \right\}$$

从而问题（1）的解可表示为

$$v^{\mathrm{I}}(x,t) = \sum_{k=0}^{\infty} C_k \mathrm{e}^{-\frac{[b^2 + (2k+1)^2 a^2 \pi^2]}{4l^2}t} \cos \frac{(2k+1)\pi}{2l}x$$

其中，常数 C_k 由问题（1）中的初始条件确定

$$C_k = \frac{2}{l}\int_0^l \left(\frac{u_1}{l^2}x^2 - u_1 \right)\cos \frac{(2k+1)\pi}{2l}x\,\mathrm{d}x = (-1)^{k+1}\frac{32u_1}{(2k+1)^3 \pi^3}$$

故所求的解 $v^{\mathrm{I}}(x,t)$ 为

$$v^{\mathrm{I}}(x,t) = \frac{32u_1}{\pi^3}\mathrm{e}^{-b^2 t}\sum_{k=0}^{\infty}\frac{(-1)^{k+1}}{(2k+1)^3}\mathrm{e}^{-\frac{(2k+1)^2 a^2 \pi^2}{4l^2}t}\cos\frac{(2k+1)\pi}{2l}x$$

对于问题（2），可以用固有函数法求解。将方程的自由项 $-b^2 u_1$ 及解 $v^{\mathrm{II}}(x,t)$ 都按固有函数系 $[\cos(2k+1)\pi/2l]x$ 展开，得

$$-b^2 u_1 = \frac{4b^2 u_1}{\pi}\sum_{k=0}^{\infty}\frac{(-1)^{k+1}}{2k+1}\cos\frac{(2k+1)\pi}{2l}x$$

$$v_k^{\mathrm{II}}(x,t) = \sum_{k=0}^{\infty}v_k(t)\cos\frac{(2k+1)\pi}{2l}x$$

其中，$v_k(t)$ 满足

$$\begin{cases} v_k'(t) + \left[b^2 + \frac{(2k+1)^2 a^2 \pi^2}{4l^2} \right]v_k(t) = (-1)^{k+1}\frac{4b^2 u_1}{(2k+1)\pi} \\ v_k(0) = 0 \end{cases}$$

由此可解得 $v_k(t)$

$$v_k(t) = \frac{(-1)^k 16 b^2 u_1 l^2}{(2k+1)\pi[4b^2 l^2 + (2k+1)^2 a^2 \pi^2]} [e^{-b^2 t - \frac{(2k+1)^2 a^2 \pi^2}{4l^2} t} - 1]$$

从而问题（2）的解为

$$v^{II}(x,t) = \frac{16 b^2 u_1 l^2}{\pi} \sum_{k=0}^{\infty} \frac{(-1)^k}{(2k+1)[4b^2 l^2 + (2k+1)^2 a^2 \pi^2]} [e^{-b^2 t - \frac{(2k+1)^2 a^2 \pi^2}{4l^2} t} - 1] \cos \frac{(2k+1)\pi}{2l} x$$

将求得的 $v^{I}(x,t)$ 和 $v^{II}(x,t)$ 相加，即得到 $v(x,t)$，然后再加上 u_1 即最后得到原问题的解。

【例题 9-3】 将定解问题

$$\begin{cases} u_t = a^2 u_{xx}, \ 0 < x < l, \ t > 0 \\ u_x(0,t) = \omega_1(t), \ u_x(l,t) = \omega_2(t) \\ u(x,0) = \varphi(x) \end{cases}$$

转换为齐次边界条件的定解问题。

解：令 $u(x,t) = U(x,t) + v(x,t)$，仿照式(9.1-94)设

$$U_x(x,t) = \omega_1(t) + \frac{x}{l}[\omega_2(t) - \omega_1(t)]$$

然后对 x 积分得

$$U(x,t) = x\omega_1(t) + \frac{x^2}{2l}[\omega_2(t) - \omega_1(t)]$$

最终得齐次边界条件的定解问题

$$\begin{cases} v_t = a^2 v_{xx} + \frac{1}{l}(\omega_2 - \omega_1) - x\omega_{1t} - \frac{x^2}{2l}(\omega_{2t} - \omega_{1t}) \\ v_x(0,t) = 0, \ v_x(l,t) = 0 \\ v(x,0) = \varphi(x) - x\omega_1(0) + \frac{x^2}{2l}[\omega_2(0) - \omega_1(0)] \end{cases}$$

9.1.5 高维及高阶方程的定解问题

本小节通过三维钢锭传热和结构梁横振动两个具体例子，介绍用分离变量法求解规则空间域上的高维偏微分方程和一维高阶偏微分方程的定解问题。

（1）三维钢锭传热问题

轧制钢材之前，需要对钢锭加热到适当温度，使其硬度降低以宜于轧制。为了节约时间和燃料，必须研究最佳出炉时间，该问题可以简化为求表面（相对）温度为零度，初始温度为已知函数 $\varphi(x,y,z)$ 的长方体的热传导问题

$$\begin{cases} u_t - a^2(u_{xx} + u_{yy} + u_{zz}) = 0, \ (x,y,z) \in \Re^3, \ t > 0 \\ u\big|_{t=0} = \varphi(x,y,z) \\ u\big|_{(x,y,z)=\Gamma} = 0 \end{cases} \tag{9.1-108}$$

求解过程与一维问题一样，首先设 $u(x,y,z,t) = X(x)Y(y)Z(z)T(t)$ 为偏微分方程定解问题的非零解，代入原方程可得

$$\frac{T'}{a^2 T} = \frac{X''}{X} + \frac{Y''}{Y} + \frac{Z''}{Z} \tag{9.1-109}$$

该方程的左边只是 t 的函数，右边 X''/X，Y''/Y，Z''/Z 分别只是 x,y,z 的函数，因此它们都必须是常数。令 $X''/X = -\alpha$，$Y''/Y = -\beta$，$Z''/Z = -\gamma$，其中 α,β,γ 都是待定实常数。从而得到一个关于 T 的常微分方程

$$T' + a^2(\alpha + \beta + \gamma)T = 0 \tag{9.1-110}$$

和三个特征值问题

$$\begin{cases} X'' + \alpha X = 0 \\ X(0) = X(l_1) = 0 \end{cases} \tag{9.1-111}$$

$$\begin{cases} Y'' + \beta Y = 0 \\ Y(0) = Y(l_2) = 0 \end{cases} \tag{9.1-112}$$

$$\begin{cases} Z'' + \gamma Z = 0 \\ Z(0) = Z(l_3) = 0 \end{cases} \tag{9.1-113}$$

对应的特征函数分别是

$$\alpha_m = \left(\frac{m\pi}{l_1}\right)^2, \ X_m(x) = \sin\frac{m\pi}{l_1}x \quad (m = 1,2,\cdots)$$

$$\beta_n = \left(\frac{m\pi}{l_2}\right)^2, \ Y_n(y) = \sin\frac{n\pi}{l_2}y \quad (n = 1,2,\cdots)$$

$$\gamma_k = \left(\frac{m\pi}{l_3}\right)^2, \ Z_k(z) = \sin\frac{k\pi}{l_3}z \quad (k = 1,2,\cdots)$$

方程(9.1-110)的解为

$$T_{mnk}(t) = T_{mnk}\exp\left[-\left(\frac{m^2}{l_1^2} + \frac{n^2}{l_2^2} + \frac{k^2}{l_3^2}\right)a^2\pi^2 t\right] \tag{9.1-114}$$

满足方程和齐次边界条件的解为

$$u(x,y,z,t) = \sum_{m=1}^{\infty}\sum_{n=1}^{\infty}\sum_{k=1}^{\infty} T_{mnk} e^{-\left(\frac{m^2}{l_1^2} + \frac{n^2}{l_2^2} + \frac{k^2}{l_3^2}\right)a^2\pi^2 t} \sin\frac{m\pi}{l_1}x\sin\frac{n\pi}{l_2}y\sin\frac{k\pi}{l_3}z$$

$$\tag{9.1-115}$$

利用初值条件可以求出上式中的系数 T_{mnk}

$$T_{mnk} = \frac{8}{l_1 l_2 l_3}\int_0^{l_1}\int_0^{l_2}\int_0^{l_3}\varphi(\xi,\zeta,\eta)\sin\frac{m\pi}{l_1}\xi\sin\frac{n\pi}{l_2}\zeta\sin\frac{k\pi}{l_3}\eta\,\mathrm{d}\xi\mathrm{d}\zeta\mathrm{d}\eta \tag{9.1-116}$$

(2) 梁的横振动

梁发生横振动时，由于出现了切应力和挠矩，方程出现了四阶导数项，边界条件也相应

增加。若梁的两端固定，切应力和挠矩为零，初始位移和初始速度分别为 $\varphi(x)$ 和 $\psi(x)$，则振动满足定解问题

$$\begin{cases} u_{tt}+b^4u_{xxxx}=0,\ 0<x<l\,,\ t>0 \\ u(0,t)=u(l,t)=u_{xx}(0,t)=u_{xx}(l,t)=0 \\ u(x,0)=\varphi(x)\,,\ u_t(x,0)=\psi(x,0) \end{cases} \tag{9.1-117}$$

解此一维高阶问题，同样设 $u(x,t)=X(x)T(t)$ 为方程的非零解，代入原方程得以下变量分离方程

$$-\frac{T''}{b^4T}=\frac{X^{(4)}}{X} \tag{9.1-118}$$

该方程的左边是 t 的函数，右边是 x 的函数，因此它们必须是常数。根据前面的分析可知，只有该常数非负时特解才是非零的，不妨记这个常数为 λ^2，则得常微分方程

$$T''+\lambda^2b^4T=0 \tag{9.1-119}$$

和特征值问题

$$\begin{cases} X^{(4)}-\lambda^2X=0 \\ X(0)=X(l)=X''(0)=X''(l)=0 \end{cases} \tag{9.1-120}$$

该特征值问题只有在 $\lambda>0$ 时才有非零解，且等于

$$X(x)=A\mathrm{e}^{\sqrt{\lambda}x}+B\mathrm{e}^{-\sqrt{\lambda}x}+C\cos\sqrt{\lambda}x+D\sin\sqrt{\lambda}x \tag{9.1-121}$$

其中，待定常数 A、B、C、D 由边界条件求得：$A=B=C=0$。因而得到特征值和特征函数

$$\lambda_n=\frac{n^2\pi^2}{l^2},\quad X_n(x)=\sin\frac{n\pi}{l}x\quad(n=1,2,\cdots) \tag{9.1-122}$$

对应地，方程(9.1-119)的解为

$$T_n(t)=A_n\cos\frac{n^2b^2\pi^2}{l^2}t+B_n\sin\frac{n^2b^2\pi^2}{l^2}t \tag{9.1-123}$$

于是原定解问题的解为

$$u(x,t)=\sum_{n=1}^{\infty}\left(A_n\cos\frac{n^2b^2\pi^2}{l^2}t+B_n\sin\frac{n^2b^2\pi^2}{l^2}t\right)\sin\frac{n\pi}{l}x \tag{9.1-124}$$

代入初值条件可以求得积分常数

$$A_n=\frac{2}{l}\int_0^l\varphi(\xi)\sin\frac{n\pi}{l}\xi\mathrm{d}\xi,\ B_n=\frac{2l}{n^2b\pi^2}\int_0^l\psi(\xi)\sin\frac{n\pi}{l}\xi\mathrm{d}\xi \tag{9.1-125}$$

9.2　积分变换法

积分变换是工程技术中经常用到的一种数学方法，也是求解数学物理方程的基本方法之一。傅氏变换与拉氏变换不仅可以用来求解常微分方程，也能用来求解偏微分方程。通过对偏微分方程两端的某个变量取积分变换，就能消去未知函数对该自变量求偏导数的运算，从而减少方程中的偏导数直到把偏微分方程化为常微分方程，把常微分方程化为代数方程来求

解。如果原来的偏微分方程中只包含有两个自变量，则通过一次积分变换就能得到像函数的常微分方程。

由于利用积分变换法能使求解某些偏微分方程的问题易于奏效，能够求解上节介绍的级数展开和分离变量法无法处理的问题，并且解题模式固定，因而广受科技工作者的欢迎。本章主要介绍应用傅里叶变换和拉普拉斯变换求解偏微分方程定解问题的方法。

9.2.1 热传导问题

(1) 一维热传导 Poisson 公式

现在考虑一维热传导问题，假设一根具有热源强度为 $F(x,t)$ 的无限长的杆，杆的初始温度为 $\varphi(x)$，现需要研究确定 $t>0$ 时杆上温度的分布规律。对这样的问题可以建立以下 Cauchy 定解问题

$$\begin{cases} u_t = a^2 u_{xx} + f(x,t), & -\infty < x < +\infty, \ t>0 \\ u(x,0) = \varphi(x) \end{cases} \tag{9.2-1}$$

其中，$f(x,t) = F(x,t)/c\rho$。

由于定解问题(9.2-1) 中的偏微分方程是非齐次的，且求解的区域又是无界的，因此用分离变量法求解比较复杂。现在考虑用傅里叶变换法求解，变换过程得到的像函数用符号"$\wedge$"表示。首先对定解问题(9.2-1) 中的偏微分方程及初始条件对变量 x 做傅里叶变换，利用傅里叶变换的微分性质，得到如下常微分方程的 Cauchy 问题

$$\begin{cases} \hat{u}_t = -a^2\lambda^2\hat{u} + \hat{f}(\lambda,t) \\ \hat{u}(\lambda,0) = \hat{\varphi}(\lambda) \end{cases} \tag{9.2-2}$$

求解以上一阶常微分方程初值问题，解为

$$\hat{u}(\lambda,t) = \hat{\varphi}(\lambda)e^{-a^2\lambda^2 t} + \int_0^t \hat{f}(\lambda,\tau)e^{-a^2\lambda^2(t-\tau)}\,\mathrm{d}\tau \tag{9.2-3}$$

利用卷积定理对上式作傅里叶逆变换，即

$$u(x,t) = F^{-1}[\hat{u}(\lambda,t)] = F^{-1}[\hat{\varphi}(\lambda)e^{-a^2\lambda^2 t}] + F^{-1}\left[\int_0^t \hat{f}(\lambda,\tau)e^{-a^2\lambda^2(t-\tau)}\,\mathrm{d}\tau\right]$$

$$= F^{-1}[e^{-a^2\lambda^2 t}] * F^{-1}[\hat{\varphi}(\lambda)] + \int_0^t F^{-1}[e^{-a^2\lambda^2(t-\tau)}] * F^{-1}[\hat{f}(\lambda,\tau)]\,\mathrm{d}\tau \tag{9.2-4}$$

注意到以上两个指数函数的傅里叶逆变换分别为

$$F^{-1}[e^{-a^2\lambda^2 t}] = \frac{1}{2a\sqrt{\pi t}}e^{-x^2/4a^2 t}, \quad F^{-1}[e^{-a^2\lambda^2(t-\tau)}] = \frac{1}{2a\sqrt{\pi(t-\tau)}}e^{-x^2/4a^2(t-\tau)} \tag{9.2-5}$$

所以，最终得到问题的解为

$$u(x,t) = \frac{1}{2a\sqrt{\pi t}}e^{-\frac{x^2}{4a^2 t}} * \varphi(x) + \int_0^t \frac{1}{2a\sqrt{\pi(t-\tau)}}e^{-\frac{x^2}{4a^2(t-\tau)}} * f(x,\tau)\mathrm{d}\tau$$

$$= \frac{1}{2a\sqrt{\pi t}}\int_{-\infty}^{+\infty}\varphi(\xi)e^{-\frac{(x-\xi)^2}{4a^2 t}}\,\mathrm{d}\xi + \frac{1}{2a\sqrt{\pi}}\int_0^t\mathrm{d}\tau\int_{-\infty}^{+\infty}\frac{f(\xi,\tau)}{\sqrt{t-\tau}}e^{-\frac{(x-\xi)^2}{4a^2(t-\tau)}}\,\mathrm{d}\xi \tag{9.2-6}$$

如果式(9.2-6) 中的 φ 和 f 连续可积，则 Cauchy 问题(9.2-1) 具有显式的解析解。另外，式(9.2-6)中的第一项对应于齐次 Cauchy 问题［即 $f(x,t)=0$ 的情形］的解，即

$$u(x,t)=\frac{1}{2a\sqrt{\pi t}}\int_{-\infty}^{+\infty}\varphi(\xi)\mathrm{e}^{-\frac{(x-\xi)^2}{4a^2t}}\,\mathrm{d}\xi \qquad (9.2\text{-}7)$$

式(9.2-7) 称为热传导方程的 **Poisson 积分公式**。

由此看出用积分变换法求解定解问题的一般过程为：

① 对方程和定解条件做积分变换，将偏微分方程的定解问题，转化为像函数的常微分方程定解问题；

② 解常微分方程定解问题，求出像函数；

③ 对像函数取逆变换，得原偏微分方程定解问题的解。

值得注意的是，根据傅氏变换的定义，对某个变量取傅氏变换，须要求该变量的变化范围为 $(-\infty,+\infty)$，显然这里对时间 t 做傅氏变换是不行的，因 t 的变化范围是 $(0,+\infty)$。

（2）半无限杆的热传导问题

考虑一条半无限长的一维杆件，端点温度变化情况为已知，杆的初始温度为 0℃，求杆上温度的分布规律。此问题可归结为求解下列定解问题

$$\begin{cases} u_t=a^2u_{xx}, \ x>0, \ t>0 \\ u(x,0)=0, \ u(0,t)=\varphi(t) \end{cases} \qquad (9.2\text{-}8)$$

由于定解问题(9.2-8) 中 x,t 的变化范围均为 $(0,+\infty)$，因而不能用傅里叶积分变换求解，这里我们用拉氏变换来求解。从 x,t 的变化范围来看，对二者都能取拉氏变换，但由于定解问题缺少关于 x 一阶导数的初始条件，故对变量 t 取拉氏变换更为方便。

观察定解问题(9.2-8) 可以发现，该定解问题的边界条件是不完备的，因此需要补充一个自然边界条件：$u(+\infty,t)<M$，也即当 $x\to\infty$ 时，问题的解是有界的。用函数变量上面加符号"～"表示变换函数的像函数，对定解问题(9.2-8) 做拉氏变换，即得到以下常微分方程定解问题

$$\begin{cases} \tilde{u}_{xx}(x,s)-\dfrac{s}{a^2}\tilde{u}(x,s)=0 \\ \tilde{u}(0,s)=\tilde{\varphi}(s), \ \tilde{u}(+\infty,s)<M/s \end{cases} \qquad (9.2\text{-}9)$$

定解问题(9.2-9) 中的微分方程是关于 $\tilde{u}(x,s)$ 的线性二阶常系数常微分方程，其中 s 可视作常数，因而它的通解为

$$\tilde{u}(x,s)=C_1\mathrm{e}^{-\frac{\sqrt{s}}{a}x}+C_2\mathrm{e}^{\frac{\sqrt{s}}{a}x} \qquad (9.2\text{-}10)$$

利用边界条件可知：$C_1=\tilde{\varphi}(s)$，$C_1=0$，从而得

$$\tilde{u}(x,s)=\tilde{\varphi}(s)\mathrm{e}^{-\frac{\sqrt{s}}{a}x} \qquad (9.2\text{-}11)$$

为了求得原定解问题的解 $u(x,t)$，利用拉氏变换表中的函数变换关系

$$L^{-1}\left[\frac{1}{s}\mathrm{e}^{-\frac{x}{a}\sqrt{s}}\right]=\frac{2}{\sqrt{\pi}}\int_{\frac{x}{2a\sqrt{t}}}^{\infty}\mathrm{e}^{-\xi^2}\,\mathrm{d}\xi \qquad (9.2\text{-}12)$$

和根据拉氏变换的微分性质

$$L^{-1}\left[e^{-\frac{x}{a}\sqrt{s}}\right]=L^{-1}\left[s\cdot\frac{1}{s}e^{-\frac{x}{a}\sqrt{s}}\right]=\frac{d}{dt}\left[\frac{2}{\sqrt{\pi}}\int_{\frac{x}{2a\sqrt{t}}}^{\infty}e^{-\xi^2}d\xi\right]=\frac{x}{2a\sqrt{\pi}t^{3/2}}e^{\frac{-x^2}{4a^2t}}$$

$$(9.2\text{-}13)$$

最后由拉氏变换的卷积性质得所求问题的最终解

$$u(x,t)=L^{-1}\left[\widetilde{\varphi}(s)e^{-\frac{x}{a}\sqrt{s}}\right]=\frac{x}{2a\sqrt{\pi}}\int_0^t\varphi(\tau)\frac{1}{(t-\tau)^{3/2}}e^{\frac{-x^2}{4a^2(t-\tau)}}d\tau \quad (9.2\text{-}14)$$

对于半无限杆热传导问题，有时只要对边界条件进行适当的函数延拓，将自变量的变化区域由 $(0,+\infty)$ 拓展到 $(-\infty,+\infty)$，即可仍然利用傅里叶变换或借助于 Poisson 公式求解。例如对于定解问题

$$\begin{cases}u_t=a^2u_{xx} & (x>0,\ t>0)\\ u(x,0)=\varphi(x),\ u(0,t)=0\end{cases} \quad (9.2\text{-}15)$$

在对初始函数进行延拓时要考虑其奇偶性。当始点边界条件满足 $u(0,t)=0$ 时，则初始函数 $\varphi(x)$ 应为奇函数 $\varphi(-x)=-\varphi(x)$；而当始点边界条件满足 $u_x(0,t)=0$ 时，则初始函数 $\varphi(x)$ 应为偶函数 $\varphi(-x)=\varphi(x)$。因为本题的始点边界条件满足 $u(0,t)=0$，即初始函数 $\varphi(x)$ 应为奇函数，因而可对 $\varphi(x)$ 做奇延拓到整个 x 轴，令

$$\Phi(x)=\begin{cases}\varphi(x) & (x\geq0)\\ -\varphi(-x) & (x<0)\end{cases} \quad (9.2\text{-}16)$$

从而将问题(9.2-15)转化为

$$\begin{cases}U_t=a^2U_{xx},\ -\infty<x<+\infty,\ t>0\\ U(x,0)=\Phi(x),\ U(0,t)=0\end{cases} \quad (9.2\text{-}17)$$

根据 Poisson 积分公式(9.2-7)，可以直接写出以上问题的解

$$U(x,t)=\frac{1}{2a\sqrt{\pi t}}\int_{-\infty}^{+\infty}\Phi(\xi)e^{-(\xi-x)^2/4a^2t}d\xi \quad (9.2\text{-}18)$$

当回到 $x>0$ 的原始定义时，上式变为

$$u(x,t)=U(x,t)=\frac{1}{2a\sqrt{\pi t}}\left[\int_{-\infty}^0+\int_0^{+\infty}\right]\Phi(\xi)e^{\frac{-(\xi-x)^2}{4a^2t}}d\xi$$

$$=\frac{1}{2a\sqrt{\pi t}}\int_0^{+\infty}\varphi(\xi)\left[e^{-(\xi-x)^2/4a^2t}-e^{-(\xi+x)^2/4a^2t}\right]d\xi \quad (9.2\text{-}19)$$

上式即为所求问题的解。

(3) 稳态二维热传导问题

考虑二维半平面 $y>0$ 上的稳态热传导问题，假设 y 轴始点垂直平面上的温度分布为已知函数 $\varphi(x)$，由此形成 y 方向上的狄里克莱边界条件，在 x 方向附加温度有界的自然边界条件，则该问题可用二维拉普拉斯方程构成的定解问题描述

$$\begin{cases} u_{xx} + u_{yy} = 0 , \ x \in \Re^1 , \ y > 0 \\ u(x,0) = \varphi(x) , \ |u(x,\infty)| < M \\ u(\pm\infty,y) = 0 , \ u_x(\pm\infty,y) = 0 \end{cases} \tag{9.2-20}$$

因为 $x \in (-\infty,+\infty)$，故对变量 x 做傅里叶变换，方程变为

$$\begin{cases} \hat{u}_{yy}(\lambda,y) - \lambda^2 \hat{u}(\lambda,y) = 0 , \ y > 0 \\ \hat{u}(\lambda,0) = \hat{\varphi}(\lambda) , \ |\hat{u}(\lambda,\infty)| < \breve{M} \end{cases} \tag{9.2-21}$$

这个常微分方程的通解是

$$\hat{u}(\lambda,y) = A(\lambda)\mathrm{e}^{\lambda y} + B(\lambda)\mathrm{e}^{-\lambda y} \tag{9.2-22}$$

在通解中取 $\lambda > 0$，利用边界条件可得

$$A(\lambda) = 0 , \quad B(\lambda) = \hat{\varphi}(\lambda) \tag{9.2-23}$$

考虑到 λ 不能取负值，因此得到傅氏变换像函数的解为

$$\hat{u}(\lambda,y) = \hat{\varphi}(\lambda)\mathrm{e}^{-|\lambda|y} \tag{9.2-24}$$

对上式关于 λ 做傅里叶逆变换，利用傅里叶变换的卷积性质得问题的最终解

$$u(x,y) = \varphi(x) * \frac{y}{\pi(x^2+y^2)} = \frac{y}{\pi}\int_{-\infty}^{+\infty} \frac{\varphi(\xi)}{(\xi-x)^2+y^2}\mathrm{d}\xi \tag{9.2-25}$$

9.2.2　停留时间分布问题

反应物料在反应器中的停留时间分布（RTD）是进行化学反应器设计和放大的重要参数。人们在研究开发一种新型反应器时，一般都需要对其停留时间分布行为开展研究以获取设计基础数据，不仅需采用示踪实验的方法进行系统的冷模实验，而且也要建立完整的数学模型用于分析处理实验数据和为反应器的设计放大提供理论指导。

化学反应器的停留时间分布模型很多，其中最被广泛使用的模型当属一维平推流返混扩散模型，下面分脉冲示踪和阶跃示踪两种情况进行讨论介绍。

（1）开式边界脉冲示踪

当 RTD 实验采用脉冲示踪，边界条件为开式边界时，无量纲形式的一维平推流扩散模型可表示成以下偏微分方程定解问题

$$\begin{cases} \dfrac{\partial c}{\partial \theta} = \dfrac{1}{Pe}\dfrac{\partial^2 c}{\partial z^2} - \dfrac{\partial c}{\partial z} , \ 0 < x < \infty , \ t > 0 \\ c(z,0) = 0 \\ c(0,\theta) = \delta(\theta) , \ c(\infty,\theta) < M \end{cases} \tag{9.2-26}$$

定解问题(9.2-26)利用拉普拉斯变换，可以将其化为求解常微分方程的定解问题。

在一维扩散模型中分别对偏微分方程和边界条件的 θ 取拉氏变换，得到一个二阶常微分方程的边值问题

$$\begin{cases} \dfrac{\partial^2 \tilde{c}}{\partial z^2} - Pe\dfrac{\partial \tilde{c}}{\partial z} - sPe\tilde{c} = 0 \\ \tilde{c}(0,s) = 1 , \ \tilde{c}(\infty,s) < M/s \end{cases} \tag{9.2-27}$$

该常微分方程具有通解

$$\tilde{c}(z,s) = A\,e^{\frac{1}{2}(Pe+\sqrt{Pe^2+4sPe}\,)z} + B\,e^{\frac{1}{2}(Pe-\sqrt{Pe^2+4sPe}\,)z} \qquad (9.2\text{-}28)$$

利用边值问题中的自然边界条件得 $A=0$；而利用第一个边界条件得 $B=1$，因此得到边值问题的定解

$$\tilde{c}(z,s) = e^{\frac{Pe}{2}z}\,e^{-\sqrt{Pe}\,z\,\sqrt{s+Pe/4}} \qquad (9.2\text{-}29)$$

为了求得示踪剂浓度在反应器内的时空变化规律，需对上式进行拉普拉斯逆变换。

首先利用拉氏变换表中的基本变换关系

$$L^{-1}\left[e^{-a\sqrt{s}}\right] = \frac{a}{2\sqrt{\pi}\,t^{3/2}}e^{-\frac{a^2}{4t}}$$

可得

$$L^{-1}\left[e^{-\sqrt{Pe}\,z\sqrt{s}}\right] = \frac{\sqrt{Pe}\,z}{2\sqrt{\pi}\,\theta^{3/2}}e^{-\frac{Pe}{4\theta}z^2} \qquad (9.2\text{-}30)$$

利用拉氏变换的平移性质

$$L\left[e^{at}f(t)\right] = \tilde{f}(s-a)$$

得

$$L^{-1}\left[e^{-\sqrt{Pe}\,z\,\sqrt{s+Pe/4}}\right] = \frac{\sqrt{Pe}\,z}{2\sqrt{\pi}\,\theta^{3/2}}e^{-\frac{Pe}{4}\theta}e^{-\frac{Pe}{4\theta}z^2} = \frac{\sqrt{Pe}\,z}{2\sqrt{\pi}\,\theta^{3/2}}e^{-\frac{Pe(z^2+\theta^2)}{4\theta}} \qquad (9.2\text{-}31)$$

两边同乘以 $e^{Pez/2}$，得

$$L^{-1}\left[e^{\frac{Pe}{2}z}\,e^{-\sqrt{Pe}\,z\,\sqrt{s+Pe/4}}\right] = \frac{\sqrt{Pe}\,z}{2\sqrt{\pi}\,\theta^{3/2}}e^{-\frac{Pe(z-\theta)^2}{4\theta}} \qquad (9.2\text{-}32)$$

因而得到示踪剂浓度的时空变化函数

$$c(z,\theta) = \frac{\sqrt{Pe}\,z}{2\sqrt{\pi}\,\theta^{3/2}}e^{-\frac{Pe(z-\theta)^2}{4\theta}} \qquad (9.2\text{-}33)$$

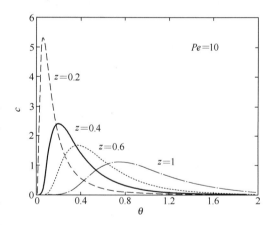

图 9-2　示踪剂浓度分布图

图 9-2 是根据式(9.2-33)计算得到的不同 Peclet 准数条件下反应器出口处的示踪剂浓度响应曲线。Peclet 准数大小与体系的返混强度成反比，即 Peclet 准数越小，出口浓度响应越宽，反之则越窄。

根据一维扩散模型的原始定义，在示踪剂浓度响应的检测位置 $z=1$，而脉冲示踪时所检测得到的无量纲浓度响应与停留时间分布密度函数是一致的，从而得到停留时间分布密度函数 $E(\theta)$

$$E(\theta) = c(1,\theta) = \frac{\sqrt{Pe}}{2\sqrt{\pi}\,\theta^{3/2}}\exp\left(-\frac{Pe(1-\theta)^2}{4\theta}\right) \qquad (9.2\text{-}34)$$

（2）开式边界阶跃示踪

如果 RTD 实验采用阶跃示踪时，无量纲形式的一维扩散模型的微分方程形式与脉冲示

踪时完全一样，只是入口边界条件不同，其定解问题变为

$$\begin{cases} \dfrac{\partial c}{\partial \theta} = \dfrac{1}{Pe} \dfrac{\partial^2 c}{\partial z^2} - \dfrac{\partial c}{\partial z}, \ 0 < x < \infty, \ t > 0 \\ c(z,0) = 0 \\ c(0,\theta) = 1, \ c(\infty,\theta) < M \end{cases} \tag{9.2-35}$$

这一定解问题的求解过程与脉冲示踪时类似，首先将其取拉普拉斯变换，得到二阶常微分方程的边值问题

$$\begin{cases} \dfrac{\partial^2 \tilde{c}}{\partial z^2} - Pe \dfrac{\partial \tilde{c}}{\partial z} - sPe\tilde{c} = 0 \\ \tilde{c}(0,s) = 1/s, \ \tilde{c}(\infty,s) < M/s \end{cases} \tag{9.2-36}$$

因为常微分方程的形式没有变化，其通解也与式（9.2-28）相同，而由于边界条件不同了，所以问题的定解是不同的。利用边值问题中的自然边界条件得通解式（9.2-28）中的 $A=0$；而利用第一个边界条件得 $B=1/s$，故得定解

$$\tilde{c}(z,s) = \dfrac{1}{s} e^{\frac{Pe}{2}z} \ e^{-\sqrt{Pe}\,z\,\sqrt{s+Pe/4}} \tag{9.2-37}$$

为了求出上式的拉普拉斯逆变换，利用脉冲示踪情形的变换结果

$$L^{-1}\left[e^{\frac{Pe}{2}z} \ e^{-\sqrt{Pe}z\,\sqrt{s+Pe/4}}\right] = \dfrac{\sqrt{Pe}\,z}{2\sqrt{\pi}\ \theta^{3/2}} e^{-\frac{Pe(z-\theta)^2}{4\theta}}$$

结合拉普拉斯变换的积分性质

$$L\left[\int_0^t f(t)\,\mathrm{d}t\right] = \dfrac{1}{s}\tilde{f}(s)$$

即可得到问题的解

$$c(z,\theta) = \int_0^\theta \dfrac{\sqrt{Pe}\,z}{2\sqrt{\pi}\,\tau^{3/2}} e^{-\frac{Pe(z-\tau)^2}{4\tau}}\,\mathrm{d}\tau \tag{9.2-38}$$

式中的积分结果即表示示踪剂浓度的时空变化。考虑阶跃示踪所检测到的无量纲浓度响应与停留时间分布函数 $F(\theta)$ 是一致的，从而对 $z=1$ 处的浓度响应 $c(1,\theta)$ 求导即可得到停留时间分布的密度函数 $E(\theta)$

$$E(\theta) = \dfrac{\mathrm{d}c(1,\theta)}{\mathrm{d}\theta} = \dfrac{\sqrt{Pe}}{2\sqrt{\pi}\ \theta^{3/2}} \exp\left[-\dfrac{Pe(1-\theta)^2}{4\theta}\right] \tag{9.2-39}$$

经比较可知式（9.2-34）和式（9.2-39）是完全一样的，也即相同的反应器体系尽管采用不同的示踪方法，但所得到的示踪响应应该是一样的。只要知道了停留时间分布密度函数 $E(\theta)$，即可利用以下关系式计算得到示踪剂的平均停留时间和分布方差

$$\bar{\theta} = \int_0^\infty \theta E(\theta)\,\mathrm{d}\theta, \ \sigma_\theta^2 = \int_0^\infty (\theta-1)^2 E(\theta)\,\mathrm{d}\theta \tag{9.2-40}$$

（3）闭式边界的情况

根据对开式边界情形的分析，RTD 实验采用脉冲示踪和阶跃所得到的模型最终结果是完全一样的。这里对闭式边界的情况只讨论脉冲示踪的情形，闭式边界 RTD 实验的定解问

题定义为

$$
\begin{cases}
\dfrac{\partial c}{\partial \theta}=\dfrac{1}{Pe}\dfrac{\partial^2 c}{\partial z^2}-\dfrac{\partial c}{\partial z}, \ 0<z<1, \ \theta>0 \\[2mm]
c(z,0)=0 \\[2mm]
c(0^+,\theta)-\dfrac{1}{Pe}\dfrac{\partial c(0,\theta)}{\partial z}=\delta(\theta), \quad \dfrac{\partial c(1,\theta)}{\partial z}=0
\end{cases}
\tag{9.2-41}
$$

式中入口处的边界条件称为 Danckwerts 边界条件，已在化工中被广泛接受；出口处的边界条件表示示踪剂的浓度分布一旦到达出口即被冻结，意味着示踪剂的扩散过程全部是在反应器内部完成的，忽略反应器出口对扩散过程的影响。

首先对定解问题的微分方程和边界条件取拉普拉斯变换，得到一个二阶常微分方程的边值问题

$$
\begin{cases}
\dfrac{\partial^2 \tilde{c}}{\partial z^2}-Pe\dfrac{\partial \tilde{c}}{\partial z}-sPe\tilde{c}=0 \\[2mm]
\tilde{c}(0,s)-\dfrac{1}{Pe}\dfrac{\partial \tilde{c}(0,s)}{\partial z}=1, \quad \dfrac{\partial \tilde{c}(1,s)}{\partial z}=0
\end{cases}
\tag{9.2-42}
$$

因为常微分方程的形式没有变化，其通解也与式(9.2-28)相同，即

$$
\tilde{c}(z,s)=A\,\mathrm{e}^{\frac{1}{2}\left(Pe+\sqrt{Pe^2+4sPe}\right)z}+B\,\mathrm{e}^{\frac{1}{2}\left(Pe-\sqrt{Pe^2+4sPe}\right)z}
$$

由于边界条件变了，通解中的积分常数就不同于前面的问题了。利用边值问题中的边界条件可积分常数分别为

$$
\begin{aligned}
A&=\frac{2Pe\left[Pe-\sqrt{Pe(4s+Pe)}\ \right]}{\left[Pe-\sqrt{Pe(4s+Pe)}\ \right]^2-\left[Pe+\sqrt{Pe(4s+Pe)}\ \right]^2\mathrm{e}^{2\sqrt{Pe(s+Pe/4)}}} \\[3mm]
B&=\frac{-2Pe\left[Pe+\sqrt{Pe(4s+Pe)}\ \right]\mathrm{e}^{\sqrt{Pe(s+Pe/4)}}}{\left[Pe-\sqrt{Pe(4s+Pe)}\ \right]^2-\left[Pe+\sqrt{Pe(4s+Pe)}\ \right]^2\mathrm{e}^{2\sqrt{Pe(s+Pe/4)}}}
\end{aligned}
\tag{9.2-43}
$$

将其代入通解，得

$$
\tilde{c}(z,s)=\frac{2Pe(Pe-\sqrt{Pe(4s+Pe)})\mathrm{e}^{-\sqrt{Pe(s+Pe/4)}}\mathrm{e}^{\left[\frac{1}{2}Pe+\sqrt{Pe(s+Pe/4)}\right]z}}{(Pe-\sqrt{Pe(4s+Pe)})^2\mathrm{e}^{-\sqrt{Pe(s+Pe/4)}}-(Pe+\sqrt{Pe(4s+Pe)})^2\mathrm{e}^{\sqrt{Pe(s+Pe/4)}}}
$$
$$
\frac{-2Pe(Pe+\sqrt{Pe(4s+Pe)})\mathrm{e}^{\sqrt{Pe(s+Pe/4)}}\mathrm{e}^{\left[\frac{1}{2}Pe-\sqrt{Pe(s+Pe/4)}\right]z}}{(Pe-\sqrt{Pe(4s+Pe)})^2\mathrm{e}^{-\sqrt{Pe(s+Pe/4)}}-(Pe+\sqrt{Pe(4s+Pe)})^2\mathrm{e}^{\sqrt{Pe(s+Pe/4)}}}
$$

$$\tag{9.2-44}$$

上式可以进一步整理写成双曲函数的形式

$$
\tilde{c}(z,s)=\frac{\left\{Pe\,\sinh\left[\sqrt{Pe\left(s+\dfrac{Pe}{4}\right)}\,(1-z)\right]+\sqrt{Pe(4s+Pe)}\cosh\left[\sqrt{Pe\left(s+\dfrac{Pe}{4}\right)}\,(1-z)\right]\right\}}{(Pe+2s)\sinh\sqrt{Pe\left(s+\dfrac{Pe}{4}\right)}+\sqrt{Pe(4s+Pe)}\cosh\sqrt{Pe\left(s+\dfrac{Pe}{4}\right)}}\mathrm{e}^{\frac{1}{2}Pez}
$$

$$\tag{9.2-45}$$

若要求取示踪剂浓度的空间分布和时间分布，需要对式(9.2-45)进行拉普拉斯逆变换。观

察上式不难发现，在拉普拉斯变换表中找不到与式(9.2-45)相近的函数形式，因而不能利用查表法求取像原函数。在第 4 章中我们学过利用留数理论也可求取拉普拉斯逆变换，并且更为方便实用。

　　根据留数理论，对式(9.2-45)求取拉氏逆变换需要先求得像函数的所有极点。对于式(9.2-45)来讲，也即求像函数分母的零点。为此可以通过求解方程

$$(Pe+2s)\sinh\sqrt{Pe\left(s+\frac{Pe}{4}\right)}+\sqrt{Pe(4s+Pe)}\cosh\sqrt{Pe\left(s+\frac{Pe}{4}\right)}=0 \quad (9.2\text{-}46)$$

的根而得到所求的极点。观察可知，当 $s+Pe/4>0$ 时方程无根，而当 $s+Pe/4<0$ 时方程才有根。因而，如令 $\alpha=-s$，则式(9.2-46)可改写为

$$f(\alpha)=(Pe-2\alpha)\sin\sqrt{Pe\left(\alpha-\frac{Pe}{4}\right)}+$$
$$\sqrt{Pe(4\alpha-Pe)}\cos\sqrt{Pe\left(\alpha-\frac{Pe}{4}\right)}=0$$
$$(9.2\text{-}47)$$

将式中 $f(\alpha)$ 的值计算出来标于图 9-3，由图可知方程(9.2-46)有无穷多个根 s_1,s_2，…且有 $s_i<Pe/4$。

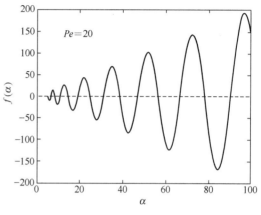

图 9-3　像函数的极点

　　当求得像函数的全部极点后，即可根据拉普拉斯逆变换与留数的关系式(5.4-7)，直接写出拉氏逆变换的结果

$$c(z,\theta)=\sum_{i=1}^{\infty}\frac{\{2Pe\phi_i\sin[\phi_i(1-z)]-Pe(4s_i+Pe)\cos[\phi_i(1-z)]\}}{2(2+Pe)\phi_i\sin\phi_i-[Pe^2+2Pe(1+s_i)]\cos\phi_i}e^{\frac{1}{2}Pez+s_i\theta} \quad (9.2\text{-}48)$$

式中，$\phi=\sqrt{-Pe(s_i+Pe/4)}$。因而，停留时间的分布密度函数为

$$E(\theta)=c(1,\theta)=\sum_{i=1}^{\infty}\frac{-Pe(4s_i+Pe)\exp(Pe/2+s_i\theta)}{2(2+Pe)\phi_i\sin\phi_i-(Pe^2+2Pe(1+s_i))\cos\phi_i} \quad (9.2\text{-}49)$$

9.2.3　相际传质问题

　　化工的学科基础是"三传一反"，虽然传质、传热和动量传递过程和数学模型有其相似性，但又有各自的特殊性。传质控制方程与传热方程在形式上是一样的，但在化工领域的实际应用过程中，已经发展了一些非常具有特色的传质理论和研究方法，例如 Whitman 和 Lewis 提出的双膜理论、Higbie 和 Danckwerts 提出的溶质渗透理论、Wang 和 Langemann 提出的动态双膜传质理论等。本小节仅讨论忽略气膜传质阻力时的相际传质问题。

（1）溶质渗透传质模型

　　Whitman 和 Lewis 提出的膜理论是稳态传质问题，其控制方程属于常微分方程，这里不做探讨。现在讨论气液或液液两相相际传质过程，假设传质阻力仅存在于其中一相的液膜，在液膜中的传质过程符合 Fick 第二定律，并且传质液膜具有无穷边界（即液膜厚度 $\delta\rightarrow$

∞），则此传质问题可用以下定解问题描述

$$\begin{cases} \dfrac{\partial c}{\partial t} = D\,\dfrac{\partial^2 c}{\partial x^2},\ 0<x<\infty,\ t>0 \\ c(x,0)=c_L \\ c(0,t)=c_i,\ c(\infty,t)<M \end{cases} \tag{9.2-50}$$

式中，D 为传递组分的分子扩散系数；c_L 为组分的液相主体浓度；c_i 为相界面处的组分浓度并可用 Henry 定律根据气相浓度确定。

对定解问题(9.2-50)解析求解，用拉普拉斯积分变换法是比较简便的。首先对微分方程和边界条件的时间变量 t 取拉普拉斯变换，得到一个常微分方程两点边值问题

$$\begin{cases} D\,\dfrac{\partial^2 \tilde{c}}{\partial x^2}=s\tilde{c}-c_L \\ \tilde{c}(0,s)=c_i/s,\ |\tilde{c}(\infty,s)|<\check{M} \end{cases} \tag{9.2-51}$$

求解边值问题中的常微分方程，得其通解

$$\tilde{c}(x,s)=A\mathrm{e}^{\sqrt{s/D}\,x}+B\mathrm{e}^{-\sqrt{s/D}\,x}+\frac{c_L}{s} \tag{9.2-52}$$

利用自然边界条件得 $A=0$，利用第一个边界条件得 $B=(c_i-c_L)/s$，即得定解

$$\tilde{c}(x,s)=\frac{c_L}{s}+\frac{c_i-c_L}{s}\mathrm{e}^{-\sqrt{s/D}\,x} \tag{9.2-53}$$

对以上定解可以通过查拉氏变换表求得拉普拉斯逆变换，结果为

$$c(x,t)=c_L+(c_i-c_L)\,\mathrm{erfc}\!\left(\frac{x}{2\sqrt{Dt}}\right) \tag{9.2-54}$$

$\mathrm{erfc}(x)$ 为余误差函数，其定义请参阅附录。式(9.2-54)即定量描述了传质液膜中传质组分的浓度分布。

理论上，当液膜中的传质浓度分布已知时，就应该根据 Fick 第一定律得到相际传质速率。但实际上问题并非这么简单，大量实验结果证明实际体系的传质速率要比根据式(9.2-54)计算得到的结果高出许多，甚至是数量级的差别。针对这样的事实，Higbie 首先提出溶质渗透模型，即假设传质液膜只存在一定寿命 θ，并且体系中的所有液膜均具有相同的寿命周期，传质只在该寿命周期内进行，超过时间寿命周期的液膜将消失并同时生成等量的新的传质液膜。由此 Higbie 定义了以下液膜寿命分布函数

$$\psi(t)=1/\theta,\ 0<t<\theta \tag{9.2-55}$$

利用 Higbie 液膜寿命分布函数和式(9.2-54)，即可得到相际传质速率方程

$$\overline{N}(\theta)=\int_0^\theta -D\,\frac{\partial c(x,t)}{\partial x}\bigg|_{x=0}\psi(t)\mathrm{d}t=\frac{c_i-c_L}{\theta\sqrt{\pi D}}D\int_0^\theta t^{-\frac{1}{2}}\,\mathrm{d}t=(c_i-c_L)\sqrt{\frac{4D}{\pi\theta}} \tag{9.2-56}$$

式中，θ 为模型参数。

根据式(9.2-56)可知，Higbie 溶质渗透模型表明相际传质速率与分子扩散系数的平方根成正比，而与液膜寿命周期的平方根成反比。溶质渗透模型通过引入一个模型参数 θ，在一定程度上解决了理论分析结果与实验结果存在较大差别的问题。

　　为了改善溶质渗透模型的预测精度，在 Higbie 之后 Danckwerts 又提出了一个新的液膜寿命分布函数，形式为

$$\psi(t) = S e^{-St}, \quad 0 < t < \infty \tag{9.2-57}$$

Danckwerts 认为液膜寿命周期满足上式给出的概率分布，而不是一个常数。这时模型参数变成了分布函数中的参数 S，Danckwerts 给出的寿命分布函数为传质问题的数学分析提供了方便，也使得数学模型的最终表达更为简捷。利用式(9.2-57)定义的寿命分布函数得到的平均相际传质速率为

$$\overline{N}(\theta) = \int_0^\theta - D \frac{\partial c(x,t)}{\partial x} \bigg|_{x=0} S e^{-St} \, dt = \frac{S\sqrt{D}(c_i - c_L)}{\sqrt{\pi}} \int_0^\theta t^{-\frac{1}{2}} e^{-St} \, dt = (c_i - c_L)\sqrt{SD} \tag{9.2-58}$$

式(9.2-58)即为化工领域被广泛使用的改进溶质渗透模型，在很多教科书中也被称作表面更新模型。

（2）膜渗透传质模型

　　在 20 世纪 60 年代，Huang 和 Kuo 发表了有界传质液膜的相际传质模型，被称为膜渗透传质模型（film-penetration model）。Huang 和 Kuo 的膜渗透传质模型假设传质液膜具有厚度 δ，而不是像渗透模型那样假设传质液膜无界。膜渗透模型的物理概念清晰，具有较好的预测精度，但缺点是增加了一个模型参数。在计算平均传质速率时，不仅需要知道液膜寿命分布参数 S，同时还需要确定液膜的平均厚度。

　　膜渗透传质模型定义的数学定解问题为

$$\begin{cases} \dfrac{\partial c}{\partial t} = D \dfrac{\partial^2 c}{\partial x^2}, \ 0 < x < \infty, \ t > 0 \\ c(x,0) = c_L \\ c(0,t) = c_i, \ c(\delta,t) = c_L \end{cases} \tag{9.2-59}$$

由于模型中采用了有界边界条件，因而其求解过程也略有不同。同样先对偏微分方程和边界条件取拉普拉斯变换，得到常微分方程边值问题

$$\begin{cases} D \dfrac{\partial^2 \tilde{c}}{\partial x^2} = s\tilde{c} - c_L \\ \tilde{c}(0,s) = c_i/s, \ \tilde{c}(\delta,s) = c_L/s \end{cases} \tag{9.2-60}$$

解此边值问题中的常微分方程得到与前面相同的通解

$$\tilde{c}(x,s) = A e^{\sqrt{s/D}\,x} + B e^{-\sqrt{s/D}\,x} + \frac{c_L}{s} \tag{9.2-61}$$

利用边界条件得积分常数

$$A = \frac{c_i - c_L}{s(1 - e^{2\delta\sqrt{s/D}})}, \qquad B = \frac{c_i - c_L}{s(1 - e^{2\delta\sqrt{s/D}})} \tag{9.2-62}$$

将 A，B 代入通解（9.2-61），得到问题的定解

$$\tilde{c}(x,s) = \frac{c_L}{s} + \frac{c_i - c_L}{s(1 - e^{2\delta\sqrt{s/D}})} e^{\sqrt{s/D}\,x} + \frac{c_i - c_L}{s(1 - e^{-2\delta\sqrt{s/D}})} e^{-\sqrt{s/D}\,x} \tag{9.2-63}$$

为了方便求取拉普拉斯逆变换，将上式重新整理写成双曲函数的形式

$$\tilde{c}(x,s)=\frac{c_{\mathrm{L}}}{s}+\frac{\sinh\left[\sqrt{s/D}\,(\delta-x)\right]}{s\sinh(\sqrt{s/D}\delta)}(c_{\mathrm{i}}-c_{\mathrm{L}}) \tag{9.2-64}$$

利用留数理论对式(9.2-64)进行拉普拉斯逆变换，显然 $s_0=0$ 为像函数第二项的一个一级极点，其它极点可以通过求解方程

$$\sinh(\sqrt{s/D}\delta)=0 \tag{9.2-65}$$

利用关系 $\sin(\sqrt{-s/D}\delta)=\sin n\pi=0$ 或 $\mathrm{e}^{2\sqrt{-s/D}\delta}=\mathrm{e}^{2n\pi i}=1$，得

$$s_n=-\left(\frac{n\pi}{\delta}\right)^2 D \quad (n=1,2,\cdots) \tag{9.2-66}$$

从而得到式(9.2-64)的拉普拉斯逆变换

$$c(x,t)=c_{\mathrm{L}}+(c_{\mathrm{i}}-c_{\mathrm{L}})\left\{\frac{\delta-x}{\delta}+\sum_{n=1}^{\infty}\frac{2\sin[n\pi(\delta-x)/\delta]}{n\pi\cos n\pi}\exp\left[-\left(\frac{n\pi}{\delta}\right)^2 Dt\right]\right\} \tag{9.2-67}$$

式(9.2-67)为解析求得的液膜内传质组分的在不同微观时间的浓度分布，若要计算相际传质速率，只要相界面处的浓度梯度已知，然后利用 Fick 第一定律和液膜寿命分布即可计算得到。在 $x=0$ 处对式(9.2-67)求导，得相界面处的浓度梯度

$$\left.\frac{\partial c(x,t)}{\partial x}\right|_{x=0}=-\frac{(c_{\mathrm{i}}-c_{\mathrm{L}})}{\delta}\left[1+2\sum_{n=1}^{\infty}\mathrm{e}^{-\left(\frac{n\pi}{\delta}\right)^2 Dt}\right] \tag{9.2-68}$$

利用 Danckwerts 液膜寿命分布函数（9.2-57）和 Fick 定律，对上式的时间变量积分即得到平均相际传质速率

$$\bar{N}(\theta)=\int_0^{\theta}-D\left.\frac{\partial c(x,t)}{\partial x}\right|_{x=0}S\mathrm{e}^{-St}\,\mathrm{d}t=\frac{D}{\delta}(c_{\mathrm{i}}-c_{\mathrm{L}})\sqrt{\frac{S\delta^2}{D}}\coth\sqrt{\frac{S\delta^2}{D}} \tag{9.2-69}$$

在上式的推导过程中，利用了如下级数关系式

$$\coth\frac{1}{x}=x\left[1+2\sum_{n=1}^{\infty}\frac{1}{1+(n\pi x)^2}\right] \tag{9.2-70}$$

(3) 伴随化学反应的相际传质模型

在气液相际传质过程的同时，如果在传质液膜内就能与液相内的另一组分发生化学反应，这样的吸收过程称为化学吸收。化学反应会使传质过程在很大程度上得到增强，其传质速率得到加快。下面以一级化学反应为例，定量讨论伴随化学反应的相际传质过程。

在溶质渗透模型的基础上，考虑一级不可逆反应动力学，伴随化学反应的相际传质过程可用以下数学模型描述

$$\begin{cases}\dfrac{\partial c_{\mathrm{A}}}{\partial t}=D_{\mathrm{A}}\dfrac{\partial^2 c_{\mathrm{A}}}{\partial x^2}-k_{\mathrm{A}}c_{\mathrm{A}},\ 0<x<\infty,\ t>0\\ c_{\mathrm{A}}(x,0)=c_{\mathrm{AL}}\\ c_{\mathrm{A}}(0,t)=c_{\mathrm{Ai}},\ c_{\mathrm{A}}(\infty,t)\leqslant c_{\mathrm{AL}}\end{cases} \tag{9.2-71}$$

对上式取拉普拉斯变换，得到如下常微分方程边值问题

$$\begin{cases} D_A \dfrac{\partial^2 \tilde{c}_A}{\partial x^2} - (s + k_A)\tilde{c}_A + c_{AL} = 0 \\ \tilde{c}_A(0,s) = c_{Ai}/s, \ |\tilde{c}_A(\infty,s)| \leqslant \breve{c}_{AL} \end{cases} \tag{9.2-72}$$

此常微分方程定解问题的通解为

$$\tilde{c}_A(x,s) = A e^{x\sqrt{(s+k_A)/D_A}} + B e^{-x\sqrt{(s+k_A)/D_A}} + \frac{c_{AL}}{s+k_A} \tag{9.2-73}$$

利用边界条件得积分常数 $A = 0$，及

$$B = \frac{(s+k_A)c_{Ai} - s c_{AL}}{s(s+k_A)} \tag{9.2-74}$$

将 A、B 代入通解 (9.2-73)，即得定解

$$\tilde{c}_A(x,s) = \frac{1}{s+k_A}\left[c_{AL} + \left(\frac{s+k_A}{s}c_{Ai} - c_{AL}\right) e^{-x\sqrt{\frac{s+k_A}{D_A}}}\right] \tag{9.2-75}$$

如果我们只关心相际传质速率，就不需要对式 (9.2-75) 进行拉氏逆变换，只要将拉普拉斯变换定义

$$\tilde{c}_A(x,s) = \int_0^\infty e^{-st} c_A(x,t)\,\mathrm{d}t \tag{9.2-76}$$

中的参数 s 与 Danckwerts 液膜寿命分布函数

$$\psi(t) = s e^{-st} \tag{9.2-77}$$

中的参数 s 统一起来，即能从式 (9.2-75) 出发，直接得到相际传质速率

$$\bar{N}_A = \int_0^\infty -s e^{-st} D_A \frac{\partial c_A(x,t)}{\partial x}\bigg|_{x=0} \mathrm{d}t = -sD_A\left[\frac{\partial}{\partial x}\int_0^\infty e^{-st} c_A(x,t)\,\mathrm{d}t\right]_{x=0}$$

$$= -s D_A \frac{\partial \tilde{c}_A(x,s)}{\partial x}\bigg|_{x=0} = \sqrt{(s+k_A)D_A}\left(c_{Ai} - \frac{s}{s+k_A}c_{AL}\right) \tag{9.2-78}$$

对比上式与式 (9.2-58) 可以看到，化学反应的存在不仅增大了相际传质的有效系数，而且也同时增大了相际传质的驱动力。

另外，借助式 (9.2-75) 还可得到液膜中的平均反应速率

$$\bar{R}_A = \frac{1}{\delta}\int_0^\delta s k_A\left[\int_0^\infty e^{-st} c_A(x,t)\,\mathrm{d}t\right]\mathrm{d}x = \int_0^\delta \frac{s k_A}{\delta}\tilde{c}_A(x,s)\,\mathrm{d}x$$

$$= \frac{k_A}{\delta}\sqrt{\frac{D_A}{s+k_A}}\left(1 - e^{-\delta\sqrt{\frac{s+k_A}{D_A}}}\right)\left(c_{Ai} - \frac{s}{s+k_A}c_{AL}\right) + \frac{s k_A}{s+k_A}c_{AL} \tag{9.2-79}$$

如果液膜厚度 δ 和相界面积已知，即可根据式 (9.2-79) 计算在传质液膜中化学反应进行的程度，并可将其与液体主体相中的反应程度进行对比以确定传质液膜对化学反应的作用，进而提供气液反应器优化设计的措施。

【例题 9-4】　硅片表面暴露于具有均匀定常浓度 u_0 杂质的气体中，假定 u_0 不随时间而变化，求杂质在硅片中的扩散过程。硅半导体的制作关键，是在硅片表面渗入硼或磷等元

素，它是利用物质浓度不均匀时将产生扩散现象的原理，采取真空镀膜的手段来完成制作过程。现考虑一维扩散过程，令 $u(x,t)$ 表示硅片含杂质的浓度，杂质通过硅片表面 $x=0$，沿 x 轴方向扩散渗透，则扩散问题归结为

$$\begin{cases} u_t = Du_{xx}, & 0 < x < \infty, \ t > 0 \\ u(x,0) = 0 \\ u(0,t) = u_0, \ u(\infty,t) = 0 \end{cases}$$

解： 首先对问题取拉普拉斯变换，得

$$\begin{cases} D\dfrac{\partial^2 \tilde{u}}{\partial x^2} = s\tilde{u} \\ \tilde{u}(0,s) = u_0/s, \ \tilde{u}(\infty,s) = 0 \end{cases}$$

解得问题的通解　　　　　$\tilde{u}(x,s) = A\mathrm{e}^{\sqrt{s/D}\,x} + B\mathrm{e}^{-\sqrt{s/D}\,x}$

利用边界条件得 $A=0$，$B=u_0/s$，即得定解

$$\tilde{u}(x,s) = \frac{u_0}{s}\mathrm{e}^{-\sqrt{s/D}\,x}$$

查拉氏变换表求得拉普拉斯逆变换，结果为

$$u(x,t) = u_0\,\mathrm{erfc}\left(\frac{x}{2\sqrt{Dt}}\right)$$

9.3　贝赛尔函数法

分离变量法适用于定解问题的边界区域比较简单，微分方程和边界条件易于分离变量的情形。当边界区域形状为圆域、扇形域、圆柱体或球体时，在直角坐标系中，定解问题的边界方程难以找到变量分离的形式，因而无法采用分离变量法求解。然而如果选用其它适当的坐标系，如极坐标系、柱坐标系、球坐标系等，相应的边界方程就能找到变量分离的形式，此时采用分离变量法解得的特征函数通常无法用初等函数描述，因而被人们称为特殊函数。一般而言，在柱坐标系条件下得到的特殊函数均属于贝赛尔（Bessel）函数类，因而 Bessel 函数有时也称为柱函数。

9.3.1　Bessel 函数的定义

Bessel 函数的定义源于对 Bessel 方程通解的研究。19 世纪初，Bessel 在研究天体运动时系统地研究了形如

$$x^2\frac{\mathrm{d}^2 y}{\mathrm{d}x^2} + x\frac{\mathrm{d}y}{\mathrm{d}x} + (x^2 - \gamma^2)y = 0 \tag{9.3-1}$$

的变系数二阶微分方程，其中参数 γ 为任意实数或复数。方程(9.3-1) 称为 γ 阶 Bessel 方程。当参数取不同的数值类型时，将得到不同类型的 Bessel 函数。

（1）第一类 Bessel 函数

考虑方程(9.3-1) 中的参数是以平方的形式出现的，不妨假定 $\gamma > 0$。由于微分方程的

系数都是关于 x 的多项式，因而求其通解可应用幂级数解法，设方程(9.3-1) 的通解形式为

$$y(x) = x^c \sum_{k=0}^{\infty} a_k x^k = \sum_{k=0}^{\infty} a_k x^{c+k} \tag{9.3-2}$$

将其代入原方程(9.3-1) 得

$$\sum_{k=0}^{\infty} [(c+k)(c+k-1)+c+k+(x^2-\gamma^2)]a_k x^k = 0 \tag{9.3-3}$$

合并整理得

$$(c^2-\gamma^2)a_0 x^c + [(c+1)^2-\gamma^2]a_1 x^{c+1} + \sum_{k=0}^{\infty} \{[(c+k)^2-\gamma^2]a_k + a_{k-2}\}x^{c+k} = 0 \tag{9.3-4}$$

由 x 各次幂的系数为 0 得式(9.3-2) 中的系数 a_k

$$\begin{cases} (c^2-\gamma^2)a_0 = 0 \\ [(c+1)^2-\gamma^2]a_1 = 0 \\ [(c+k)^2-\gamma^2]a_k + a_{k-2} = 0 \quad (k=2,3,\cdots) \end{cases} \tag{9.3-5}$$

由前面两式得 $c = \pm\gamma$，$a_1 = 0$。由于 c 值可正可负，下面分两种情况分别进行讨论。

① 当 $c = \gamma$ 时，可根据式(9.3-5) 的第三式递推得到

$$\begin{cases} a_1 = a_3 = \cdots = a_{2m-1} = \cdots = 0 \\ a_{2m} = \dfrac{(-1)^m a_0}{2^{2m} m! (\gamma+1)(\gamma+2)\cdots(\gamma+m)} \end{cases} \tag{9.3-6}$$

其中，a_0 是任意常数，每个 a_0 即对应方程(9.3-1) 的一个特解。为了方便，在 a_0 取值时不妨考虑补齐式(9.3-6) 中连乘项和使 $x/2$ 变为齐次，即令

$$a_0 = \frac{(-1)^m}{a^\gamma \Gamma(\gamma+1)} \tag{9.3-7}$$

而得到

$$a_{2m} = \frac{(-1)^m}{2^{2m+\gamma} m! \Gamma(\gamma+m+1)} \tag{9.3-8}$$

将所得到的 a_k 代入式(9.3-2) 得方程(9.3-1) 的一个特解

$$y_1(x) = \sum_{m=0}^{\infty} \frac{(-1)^m}{m! \Gamma(\gamma+m+1)} \left(\frac{x}{2}\right)^{2m+\gamma} \tag{9.3-9}$$

该级数形式的特解在整个实轴上收敛，称为 **γ 阶第一类 Bessel 函数**，记为

$$J_\gamma(x) = \sum_{m=0}^{\infty} \frac{(-1)^m}{m! \Gamma(\gamma+m+1)} \left(\frac{x}{2}\right)^{2m+\gamma} \tag{9.3-10}$$

② 当 $c = -\gamma$ 时，同理可得方程(9.3-1) 的另一个特解

$$J_{-\gamma}(x) = \sum_{m=0}^{\infty} \frac{(-1)^m}{m! \Gamma(-\gamma+m+1)} \left(\frac{x}{2}\right)^{2m-\gamma} \tag{9.3-11}$$

式(9.3-11) 称为 **$-\gamma$ 阶第一类 Bessel 函数**。可以证明，当方程(9.3-1) 中的 γ 为非整实数时，$J_\gamma(x)$ 和 $J_{-\gamma}(x)$ 是两个线性无关的函数，因而方程(9.3-1) 的通解可写为

$$y(x) = AJ_\gamma(x) + BJ_{-\gamma}(x) \tag{9.3-12}$$

（2）第二类 Bessel 函数

当 γ 为非整数的情况，方程（9.3-1）的通解除了可以写成（9.3-12）的形式以外，还可写成其它的形式，只要能够找到该方程另一个与 $J_\gamma(x)$ 线性无关的特解即可。研究发现，这样的特解是容易找到的，例如在式（9.3-12）中取 $A=\cot\gamma\pi$，$B=-\csc\gamma\pi$，即可得到满足条件的一个新的特解

$$Y_\gamma(x)=\frac{J_\gamma(x)\cos\gamma\pi-J_{-\gamma}(x)}{\sin\gamma\pi} \tag{9.3-13}$$

上式即称为**第二类 Bessel 函数**，或称为 Neumann 函数。显然，$Y_\gamma(x)$ 与 $J_\gamma(x)$ 是线性无关的。因此，方程（9.3-1）的通解又可写成

$$y(x)=AJ_\gamma(x)+BY_\gamma(x) \tag{9.3-14}$$

当 $\gamma=n$ 为整数时，第一类 Bessel 函数的 $J_n(x)$ 和 $J_{-n}(x)$ 是线性相关的，因为

$$J_{-n}(x)=\sum_{m=n}^\infty\frac{(-1)^m}{m!\ \Gamma(-n+m+1)}\left(\frac{x}{2}\right)^{2m-n}=\sum_{k=0}^\infty\frac{(-1)^{n+k}}{(n+k)!\ \Gamma(k+1)}\left(\frac{x}{2}\right)^{2k+n}$$

$$=(-1)^n\sum_{k=0}^\infty\frac{(-1)^k}{k!\ \Gamma(n+k+1)}\left(\frac{x}{2}\right)^{2k+n}=(-1)^n\sum_{m=0}^\infty\frac{(-1)^m}{m!\ \Gamma(n+m+1)}\left(\frac{x}{2}\right)^{2m+n}$$

$$=(-1)^nJ_n(x) \tag{9.3-15}$$

因而也需要像第二类 Bessel 函数一样，为微分方程寻求一个与 $J_n(x)$ 线性无关的特解。为此，参照式（9.3-13）定义 Neumann 函数的方法，定义如下整数阶 Bessel 函数

$$N_n(x)=\frac{J_\alpha(x)\cos\alpha\pi-J_{-\alpha}(x)}{\sin\alpha\pi} \tag{9.3-16}$$

但是，应该注意到，式（9.3-16）中的 α 如果取整数 n 时，式（9.3-16）的分子和分母均为零。因此需利用 L'Hospital 法则，以极限的形式确定 $N_n(x)$

$$N_n(x)=\lim_{\alpha\to n}\frac{J_\alpha(x)\cos\alpha\pi-J_{-\alpha}(x)}{\sin\alpha\pi}=\lim_{\alpha\to n}\left[\frac{\partial J_\alpha(x)}{\partial\alpha}-\frac{1}{\cos\alpha\pi}\frac{\partial J_{-\alpha}(x)}{\partial\alpha}\right] \tag{9.3-17}$$

利用 Γ 函数的导数公式，即可得到 $N_n(x)$ 的表达式

$$N_n(x)=\frac{2}{\pi}J_n(x)\left(\ln\frac{x}{2}+\varepsilon\right)-\frac{1}{\pi}\sum_{m=0}^{n-1}\frac{(n-m-1)!}{m!}\left(\frac{x}{2}\right)^{-n+2m}$$

$$-\frac{1}{\pi}\sum_{m=0}^{n-1}\frac{(-1)^m}{m!\ (n+m)!}\left(\sum_{k=0}^{n+m-1}\frac{1}{k+1}+\sum_{k=0}^{m-1}\frac{1}{k+1}\right)\left(\frac{x}{2}\right)^{n+2m} \tag{9.3-18}$$

式中，ε 为 Euler 常数，其值定义为

$$\varepsilon=\lim_{n\to\infty}\left(1+\frac{1}{2}+\frac{1}{3}+\cdots+\frac{1}{n}-\ln n\right)\approx0.5772157\cdots \tag{9.3-19}$$

当 $n=0$ 时，$N_0(x)$ 具有形式

$$N_0(x)=\frac{2}{\pi}J_0(x)\left(\ln\frac{x}{2}+\varepsilon\right)-\frac{2}{\pi}\sum_{m=0}^\infty\frac{(-1)^m}{(m!)^2}\left(\sum_{k=0}^{m-1}\frac{1}{k+1}\right)\left(\frac{x}{2}\right)^{2m} \tag{9.3-20}$$

整数阶 Bessel 函数有很重要的应用，图 9-4 绘了 $0 \sim 2$ 阶 Bessel 函数的函数值。在各种数学手册和数学软件中，都可以直接查到或计算各种 Bessel 函数的值。

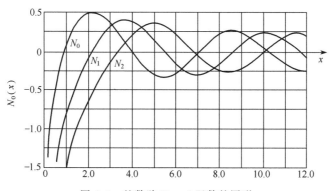

图 9-4　整数阶 Bessel 函数的图形

所以，整数阶 Bessel 方程的通解为

$$y(x) = A J_n(x) + B N_n(x) \tag{9.3-21}$$

（3）第三类 Bessel 函数

Bessel 方程（9.3-1）在复数域上的解可表示成第一类 Bessel 函数和第二类 Bessel 函数的线性组合，且定义为

$$
\begin{aligned}
H_\gamma^{(1)}(x) &= J_\gamma(x) + i Y_\gamma(x) \\
H_\gamma^{(2)}(x) &= J_\gamma(x) - i Y_\gamma(x)
\end{aligned}
\tag{9.3-22}
$$

由以上两式定义的函数称为**第三类 Bessel 函数**，又叫做 **Hankel 函数**。将 $Y_\gamma(x)$ 的定义式（9.3-13）代入以上两式可得到用第一类 Bessel 函数表示的 Hankel 函数

$$
\begin{aligned}
H_\gamma^{(1)}(x) &= \frac{i}{\sin\gamma\pi}\left[J_\gamma(x) \mathrm{e}^{-i\gamma\pi} - J_{-\gamma}(x) \right] \\
H_\gamma^{(2)}(x) &= -\frac{i}{\sin\gamma\pi}\left[J_\gamma(x) \mathrm{e}^{i\gamma\pi} - J_{-\gamma}(x) \right]
\end{aligned}
\tag{9.3-23}
$$

显然，以上两个 Hankel 函数在复数域和实数域上都是线性无关的，从而可作为 Bessel 方程（9.3-1）的一对特解。

（4）其它类型的 Bessel 函数

除了以上介绍的三类 Bessel 函数以外，还有很多其它的 Bessel 函数类型，下面仅简要讨论变形的 Bessel 函数、Kelvin 函数和球 Bessel 函数。

① 变形的 Bessel 函数　对关于自变量 z 的 γ 阶 Bessel 方程 $z^2 y'' + z y' + (z^2 - \gamma^2) y = 0$ 作自变量代换 $z = ix$，则得到变形的 Bessel 方程

$$x^2 \frac{\mathrm{d}^2 y}{\mathrm{d}x^2} + x \frac{\mathrm{d}y}{\mathrm{d}x} - (x^2 + \gamma^2) y = 0 \tag{9.3-24}$$

在圆柱域内求解定解问题时，如果圆柱上下两底的边界条件是齐次的，侧面的边界条件是非齐次的，就会遇到变形 Bessel 方程。这时，变形 Bessel 方程的一个特解为

$$I_\gamma(x) = i^{-\gamma} J_\gamma(ix) = \sum_{m=0}^{\infty} \frac{1}{m! \; \Gamma(\gamma+m+1)} \left(\frac{x}{2}\right)^{2m+\gamma} \tag{9.3-25}$$

$I_\gamma(x)$ 称为第一类变形的 Bessel 函数，也叫做第一类虚变量 Bessel 函数。第二类变形的 Bessel 函数记为 $K_\gamma(x)$，定义如下

$$K_\gamma(x) = \frac{\pi \left[I_{-\gamma}(x) - I_\gamma(x)\right]}{2\sin\gamma\pi} \tag{9.3-26}$$

若 $\gamma = n$ 为整数，则

$$K_n(x) = \lim_{\gamma \to n} \frac{\pi \left[I_{-\gamma}(x) - I_\gamma(x)\right]}{2\sin\gamma\pi} \tag{9.3-27}$$

因而变形 Bessel 方程(9.3-24) 的通解可以写成

$$y(x) = AI_\gamma(x) + BK_\gamma(x) \tag{9.3-28}$$

　　② Kelvin 函数（或称 Thomson 函数） n 阶 Kelvin 函数有两种形式，它们分别被定义为 $J_\gamma(x\sqrt{-i})$ 的实部和虚部，记作 $Br_\gamma(x)$ 和 $Bi_\gamma(x)$。下面给出 0 阶和 1 阶 Kelvin 函数的表达式。根据定义

$$J_0(x\sqrt{-i}) = \sum_{m=0}^{\infty} \frac{(-1)^m}{(m!)^2} \left(\frac{xi\sqrt{i}}{2}\right)^{2m} = \sum_{k=0}^{\infty} \frac{(-1)^k}{\left[(2k)!\right]^2} \left(\frac{x}{2}\right)^{4k} + i \sum_{k=0}^{\infty} \frac{(-1)^k}{\left[(2k+1)!\right]^2} \left(\frac{x}{2}\right)^{4k+2} \tag{9.3-29}$$

所以两个 0 阶 Kelvin 函数分别为

$$Br_0(x) = \sum_{k=0}^{\infty} \frac{(-1)^k}{\left[(2k)!\right]^2} \left(\frac{x}{2}\right)^{4k} , \; Bi_0(x) = \sum_{k=0}^{\infty} \frac{(-1)^k}{\left[(2k+1)!\right]^2} \left(\frac{x}{2}\right)^{4k+2} \tag{9.3-30}$$

类似地，可以得到 1 阶 Kelvin 函数

$$Br_1(x) = \frac{1}{\sqrt{2}} \left[\frac{x}{2} + \frac{1}{1!\,2!}\left(\frac{x}{2}\right)^3 - \frac{1}{2!\,3!}\left(\frac{x}{2}\right)^5 - \frac{1}{3!\,4!}\left(\frac{x}{2}\right)^7 + \cdots\right]$$

$$Bi_1(x) = \frac{1}{\sqrt{2}} \left[-\frac{x}{2} + \frac{1}{1!\,2!}\left(\frac{x}{2}\right)^3 + \frac{1}{2!\,3!}\left(\frac{x}{2}\right)^5 - \frac{1}{3!\,4!}\left(\frac{x}{2}\right)^7 - \cdots\right] \tag{9.3-31}$$

　　③ 球 Bessel 函数　球 Bessel 函数是方程

$$x^2 \frac{d^2 y}{dx^2} + 2x \frac{dy}{dx} + \left[x^2 - l(l+1)\right]y = 0 \tag{9.3-32}$$

的解。若令 $y = \sqrt{\pi/2x}\; z$，方程(9.3-32) 可以化成 $(l+1/2)$ 阶 Bessel 方程

$$x^2 \frac{d^2 z}{dx^2} + x \frac{dz}{dx} + \left[x^2 - \left(l+\frac{1}{2}\right)^2\right]z = 0 \tag{9.3-33}$$

于是球方程(9.3-32) 的通解为

$$y(x) = AS_l(x) + BQ_l(x) \tag{9.3-34}$$

其中，$S_l(x)$ 和 $Q_l(x)$ 分别是 l 阶第一类和第二类球 Bessel 函数，定义为

$$S_l(x) = \sqrt{\frac{\pi}{2x}} J_{l+\frac{1}{2}}(x) = \sum_{k=0}^{\infty} \frac{(-1)^k 2^l (l+k)!}{k! \; (2l+2k+1)!} x^{2k+l} \tag{9.3-35}$$

$$Q_l(x) = \sqrt{\frac{\pi}{2x}} N_{l+\frac{1}{2}}(x) = \sum_{k=0}^{\infty} \frac{(-1)^{k+l+1} 2^{-2k+l} \sqrt{\pi}}{k! \; \Gamma(k-l+1/2)} x^{2k-l-1} \tag{9.3-36}$$

9.3.2　Bessel 函数的性质

（1）Bessel 函数的递推公式

不同阶的 Bessel 函数之间不是彼此孤立的，而是存在一定的内在联系，反映这种内在联系的方式之一就是 Bessel 函数的递推公式。首先以第一类 Bessel 函数为例建立不同阶 Bessel 函数之间的关系。将 $J_\gamma(x)$ 乘以 x^γ 然后求导数，得

$$\frac{\mathrm{d}}{\mathrm{d}x} [x^\gamma J_\gamma(x)] = \frac{\mathrm{d}}{\mathrm{d}x} \sum_{m=0}^{\infty} \frac{(-1)^m x^{2\gamma+2m}}{2^{2m+\gamma} m! \; \Gamma(\gamma+m+1)}$$

$$= x^\gamma \sum_{m=0}^{\infty} \frac{(-1)^m x^{2\gamma+2m-1}}{2^{2m+\gamma-1} m! \; \Gamma(\gamma+m)} = x^\gamma J_{\gamma-1}(x) \tag{9.3-37}$$

即

$$\frac{\mathrm{d}}{\mathrm{d}x} [x^\gamma J_\gamma(x)] = x^\gamma J_{\gamma-1}(x) \tag{9.3-38}$$

同理可得

$$\frac{\mathrm{d}}{\mathrm{d}x} [x^{-\gamma} J_\gamma(x)] = -x^{-\gamma} J_{\gamma+1}(x) \tag{9.3-39}$$

将式（9.3-38）和式（9.3-39）中的导数具体求出，然后将两式相加减，即可得到两个非常重要的公式

$$J_{\gamma-1}(x) + J_{\gamma+1}(x) = \frac{2\gamma}{x} J_\gamma(x) \tag{9.3-40}$$

$$J_{\gamma-1}(x) - J_{\gamma+1}(x) = 2J'_\gamma(x) \tag{9.3-41}$$

式（9.3-38）至式（9.3-41）便是 Bessel 函数的递推公式。它们在 Bessel 函数的有关分析运算中非常有用。特别值得一提的是，应用式（9.3-40）可以用较低阶的 Bessel 函数把较高阶的 Bessel 函数表示出来。如果我们已有零阶与一阶 Bessel 函数值，则利用递推公式即可计算得到任意正整数阶的 Bessel 函数的数值。

第二类 Bessel 函数和第三类 Bessel 函数也具有与第一类 Bessel 函数完全相同的递推公式。而对于虚变量的 Bessel 函数 $I_\gamma(x)$ 和 $K_\gamma(x)$，其递推公式的形式略有不同，主要是在正负号的差别。

$$\frac{\mathrm{d}}{\mathrm{d}x} [x^\gamma I_\gamma(x)] = x^\gamma I_{\gamma-1}(x), \qquad \frac{\mathrm{d}}{\mathrm{d}x} [x^\gamma K_\gamma(x)] = -x^\gamma K_{\gamma-1}(x) \tag{9.3-42}$$

$$\frac{\mathrm{d}}{\mathrm{d}x} [x^{-\gamma} I_\gamma(x)] = x^{-\gamma} I_{\gamma+1}(x), \quad \frac{\mathrm{d}}{\mathrm{d}x} [x^{-\gamma} K_\gamma(x)] = -x^{-\gamma} K_{\gamma+1}(x) \tag{9.3-43}$$

$$I_{\gamma-1}(x) - I_{\gamma+1}(x) = \frac{2\gamma}{x} I_\gamma(x), \quad K_{\gamma-1}(x) - K_{\gamma+1}(x) = -\frac{2\gamma}{x} K_\gamma(x) \tag{9.3-44}$$

$$I_{\gamma-1}(x) + I_{\gamma+1}(x) = 2I'_\gamma(x), \quad K_{\gamma-1}(x) + K_{\gamma+1}(x) = -2K'_\gamma(x) \tag{9.3-45}$$

作为 Bessel 函数递推公式应用的一个例子，现在我们讨论半奇数阶 Bessel 函数的情形。根据第一类 Bessel 函数的定义

$$J_{\frac{1}{2}}(x) = \sum_{m=0}^{\infty} \frac{(-1)^m}{m! \ \Gamma(3/2+m)} x^{\frac{1}{2}+2m} \tag{9.3-46}$$

式中的 Gamma 函数取值

$$\Gamma\left(\frac{3}{2}+m\right) = \frac{1 \cdot 3 \cdot 5 \cdots (2m+1)}{2^{m+1}} \Gamma\left(\frac{1}{2}\right) = \frac{1 \cdot 3 \cdot 5 \cdots (2m+1)}{2^{m+1}} \sqrt{\pi} \tag{9.3-47}$$

从而得到

$$J_{\frac{1}{2}}(x) = \sqrt{\frac{2}{\pi x}} \sum_{m=0}^{\infty} \frac{(-1)^m}{(2m+1)!} x^{2m+1} = \sqrt{\frac{2}{\pi x}} \sin x \tag{9.3-48}$$

同理可求得

$$J_{-\frac{1}{2}}(x) = \sqrt{\frac{2}{\pi x}} \cos x \tag{9.3-49}$$

利用递推公式得到

$$J_{1+\frac{1}{2}}(x) = \frac{1}{x} J_{\frac{1}{2}}(x) - J_{-\frac{1}{2}}(x) = \sqrt{\frac{2}{\pi x}} \left(-\cos x + \frac{1}{x} \sin x\right)$$

$$= -\sqrt{\frac{2}{\pi}} x^{\frac{3}{2}} \frac{1}{x} \frac{\mathrm{d}}{\mathrm{d}x} \left(\frac{\sin x}{x}\right) = -\sqrt{\frac{2}{\pi}} x^{\frac{3}{2}} \left(\frac{1}{x} \frac{\mathrm{d}}{\mathrm{d}x}\right) \left(\frac{\sin x}{x}\right) \tag{9.3-50}$$

同理得

$$J_{-\left(1+\frac{1}{2}\right)}(x) = \sqrt{\frac{2}{\pi}} x^{\frac{3}{2}} \left(\frac{1}{x} \frac{\mathrm{d}}{\mathrm{d}x}\right) \left(\frac{\cos x}{x}\right) \tag{9.3-51}$$

推广到一般情况

$$J_{n+\frac{1}{2}}(x) = (-1)^n \sqrt{\frac{2}{\pi}} x^{n+\frac{1}{2}} \left(\frac{1}{x} \frac{\mathrm{d}}{\mathrm{d}x}\right)^n \left(\frac{\sin x}{x}\right) \tag{9.3-52}$$

$$J_{-\left(n+\frac{1}{2}\right)}(x) = \sqrt{\frac{2}{\pi}} x^{n+\frac{1}{2}} \left(\frac{1}{x} \frac{\mathrm{d}}{\mathrm{d}x}\right)^n \left(\frac{\cos x}{x}\right) \tag{9.3-53}$$

从上面的公式可以看出，半奇数阶的 Bessel 函数都是初等函数。

（2）Bessel 函数的对称性和奇偶性

Bessel 函数具有典型的对称性，例如第一类、第二类和第三类 Bessel 函数均具有以下对称特性

$$B_{-n}(x) = (-1)^n B_n(x) \tag{9.3-54}$$

其中，B_γ 代表 J_γ、Y_γ、N_γ、H_γ。而对于复变量的 Bessel 函数，则存在以下对称关系

$$I_{-n}(x) = I_n(x), \ K_{-n}(x) = K_n(x) \tag{9.3-55}$$

同时，Bessel 函数也具如下的奇偶性

$$J_n(-x) = (-1)^n J_n(x), \ I_n(-x) = (-1)^n I_n(x) \tag{9.3-56}$$

（3）Bessel 函数的渐进公式

由于 Bessel 函数的展开式是无穷级数，在处理许多理论尤其是实际问题时，使用起来

不太方便。有时常常需要计算当自变量 x 很大或很小时 Bessel 函数的值，这时用较简单的函数来逼近 Bessel 函数，既节约了计算，又便于了解 Bessel 函数的主要性质。一般将这些逼近函数称为 Bessel 函数的渐近展开函数。下面以表格的形式列出 Bessel 函数常见的渐近展开函数（表 9-2）。

表 9-2　Bessel 函数的渐近公式

Bessel 函数	$x \to 0$ 时的渐进函数	$|x| \to \infty$ 时的渐进函数
$J_\gamma(x)$	$\dfrac{1}{\Gamma(\gamma+1)}\left(\dfrac{x}{2}\right)^\gamma$	$\sqrt{\dfrac{2}{\pi x}}\cos\left(x-\dfrac{\gamma\pi}{2}-\dfrac{\pi}{4}\right)$
$Y_\gamma(x)$	$\begin{cases} \dfrac{2}{\pi}\ln\dfrac{x}{2}, & \gamma=0 \\[2mm] -\dfrac{\Gamma(\gamma)}{\pi}\left(\dfrac{x}{2}\right)^{-\gamma}, & \gamma>0 \end{cases}$	$\sqrt{\dfrac{2}{\pi x}}\sin\left(x-\dfrac{\gamma\pi}{2}-\dfrac{\pi}{4}\right)$
$H_\gamma^{(1)}(x)$	$\begin{cases} i\dfrac{2}{\pi}\ln\dfrac{x}{2}, & \gamma=0 \\[2mm] -i\dfrac{\Gamma(\gamma)}{\pi}\left(\dfrac{x}{2}\right)^{-\gamma}, & \gamma>0 \end{cases}$	$\sqrt{\dfrac{2}{\pi x}}\,\mathrm{e}^{\,i\left(x-\frac{\gamma\pi}{2}-\frac{\pi}{4}\right)}$
$H_\gamma^{(2)}(x)$	$\begin{cases} -i\dfrac{2}{\pi}\ln\dfrac{x}{2}, & \gamma=0 \\[2mm] i\dfrac{\Gamma(\gamma)}{\pi}\left(\dfrac{x}{2}\right)^{-\gamma}, & \gamma>0 \end{cases}$	$\sqrt{\dfrac{2}{\pi x}}\,\mathrm{e}^{\,-i\left(x-\frac{\gamma\pi}{2}-\frac{\pi}{4}\right)}$
$I_\gamma(x)$	$\dfrac{1}{\Gamma(\gamma+1)}\left(\dfrac{x}{2}\right)^\gamma$	$\dfrac{\mathrm{e}^x}{\sqrt{2\pi x}}$
$K_\gamma(x)$	$\begin{cases} -\ln\dfrac{x}{2}, & \gamma=0 \\[2mm] \dfrac{\Gamma(\gamma)}{2}\left(\dfrac{x}{2}\right)^{-\gamma}, & \gamma>0 \end{cases}$	$\sqrt{\dfrac{\pi}{2x}}\,\mathrm{e}^{-x}$
$S_\gamma(x)$	$\begin{cases} \dfrac{\sin x}{x}, & n=0 \\[2mm] \dfrac{x^n}{(2n+1)!!}, & n>0 \end{cases}$	$-\dfrac{1}{x}\sin\left(x-\dfrac{\gamma\pi}{2}\right)$
$Q_\gamma(x)$	$-\dfrac{(2n-1)!!}{x^{n+1}}$	$-\dfrac{1}{x}\cos\left(x-\dfrac{\gamma\pi}{2}\right)$

通过对有关 Bessel 函数取 $x \to 0$ 或 $x \to \infty$ 的极限，可以得到一些值得记住的在零点和无穷点处的函数值，例如

$$J_0(0)=I_0(0)=S_0(0)=1;\ J_\gamma(0)=I_\gamma(0)=S_\gamma(0)=0;$$

$$Y_\gamma(0)=H_\gamma^{(1)}(0)=H_\gamma^{(2)}(0)=K_\gamma(0)=Q_n(0)=\infty;\ I_\gamma(\infty)=\infty;$$

$$J_\gamma(\infty)=Y_\gamma(\infty)=H_\gamma^{(1)}(\infty)=H_\gamma^{(2)}(\infty)=K_\gamma(\infty)=S_n(\infty)=Q_n(\infty)=0$$

9.3.3　函数的 Bessel 级数展开

利用 Bessel 函数求解数学物理方程的定解问题，最终都要把已知函数按 Bessel 方程的特征函数系进行展开。为了将已知函数进行 Bessel 级数展开，在此讨论 Bessel 函数的零点特性和正交性两个问题。

（1）Bessel 函数的零点特性

考虑 Bessel 方程的特征值问题

$$\begin{cases} x^2 y''(x) + x y'(x) + (\lambda x^2 - n^2) y(x) = 0, \ 0 < x < l \\ y(l) = 0, \ |y(0)| < +\infty \end{cases} \tag{9.3-57}$$

定解问题（9.3-57）中的微分方程具有通解

$$y(x) = A J_n(\sqrt{\lambda} x) + B Y_n(\sqrt{\lambda} x) \tag{9.3-58}$$

利用自然边界条件得 $B = 0$，利用另一边界条件和为使方程有非平凡解，得

$$J_n(\sqrt{\lambda} x) = 0 \tag{9.3-59}$$

以上分析说明，为了求出上述定解问题的特征值 λ，必须要计算 $J_n(x)$ 的零点。关于 Bessel 函数零点的特性，数学家经过长期研究，得出以下几个重要结论：

① $J_n(x)$ 有无穷多个单重实零点，并且这无穷多个零点在 x 轴上关于原点是对称分布的，因而 $J_n(x)$ 必存在无穷多个正的零点；

② $J_n(x)$ 的零点与 $J_{n+1}(x)$ 的零点是彼此相间分布的，即 $J_n(x)$ 的任意两个相邻零点之间必存在一个且仅有一个 $J_{n+1}(x)$ 的零点；

③ 若以 μ_m 表示 $J_n(x)$ 的正零点，则 $\mu_{m+1} - \mu_m$ 当 $m \to \infty$ 时无限地接近于 π，即 $J_n(x)$ 几乎是以 π 为周期的周期函数。

图 9-5 列出了有关整数阶 Bessel 函数的图形，由图可以直观地看出 Bessel 函数的零点特性。

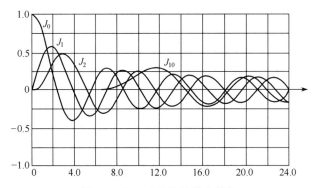

图 9-5 Bessel 函数的零点特性

利用上述关于 Bessel 函数零点的结论，方程（9.3-57）的解为

$$\sqrt{\lambda} l = \mu_m \quad (m = 1, 2, \cdots) \tag{9.3-60}$$

即

$$\lambda_m = \left(\frac{\mu_m}{l}\right)^2 \quad (m = 1, 2, \cdots) \tag{9.3-61}$$

与这些特征值相对应的特征函数为

$$y_m(x) = J_n\left(\frac{\mu_m}{l} x\right) \quad (m = 1, 2, \cdots) \tag{9.3-62}$$

（2）Bessel 函数的正交性

现在讨论特征函数系 $\{J_n(\mu_m x/l)\}$ 的正交性，也即需要证明式

$$\int_0^l x J_n\left(\frac{\mu_m}{l}x\right) J_n\left(\frac{\mu_k}{l}x\right) \mathrm{d}x = \begin{cases} 0 \,(m \neq k) \\ \dfrac{l^2}{2}J_{n-1}^2(\mu_m) = \dfrac{l^2}{2}J_{n+1}^2(\mu_m) \ (m=k) \end{cases} \tag{9.3-63}$$

成立。由于 Bessel 函数系 $\{J_n(\mu_m x/l)\}$ 是特征值问题的特征函数系，所以它的正交性可以由著名的 Sturm-Liouville 理论直接推出。这里将 Bessel 函数系的正交系再做一个简略证明，以加深对 Bessel 函数性质的理解。

为了证明起来书写方便，将式(9.3-63)中的 Bessel 函数简记为

$$F_1(x) = J_n\left(\frac{\mu_m}{l}x\right), \quad F_2(x) = J_n(\alpha x)$$

按定义，$F_1(x)$ 和 $F_2(x)$ 均应满足特征值问题（9.3-57）的原始微分方程，即有

$$\begin{cases} \dfrac{\mathrm{d}}{\mathrm{d}x}\left[x\dfrac{\mathrm{d}F_1(x)}{\mathrm{d}x}\right] + \left[\left(\dfrac{\mu_m}{l}\right)^2 x - \dfrac{n^2}{x}\right]F_1(x) = 0 \\ \dfrac{\mathrm{d}}{\mathrm{d}x}\left[x\dfrac{\mathrm{d}F_2(x)}{\mathrm{d}x}\right] + \left[\alpha^2 x - \dfrac{n^2}{x}\right]F_2(x) = 0 \end{cases} \tag{9.3-64}$$

用 $F_2(x)$ 乘上面第一个方程，$F_1(x)$ 乘第二个方程，然后两式相减并对 x 从 0 到 l 积分得到一个新的方程

$$\left[\left(\frac{\mu_m}{l}\right)^2 - \alpha^2\right]\int_0^l x F_1(x)F_2(x)\mathrm{d}x + \int_0^l F_2(x)\frac{\mathrm{d}}{\mathrm{d}x}\left[x\frac{\mathrm{d}F_1(x)}{\mathrm{d}x}\right]\mathrm{d}x - \int_0^l F_1(x)\frac{\mathrm{d}}{\mathrm{d}x}\left[x\frac{\mathrm{d}F_2(x)}{\mathrm{d}x}\right]\mathrm{d}x = 0 \tag{9.3-65}$$

因为上式中的后两项可以写成全微分的形式，所以积分后得

$$\left[\left(\frac{\mu_m}{l}\right)^2 - \alpha^2\right]\int_0^l x F_1(x)F_2(x)\mathrm{d}x + \left[x F_2(x)F'_1(x) - x F_1(x)F'_2(x)\right]_0^l = 0 \tag{9.3-66}$$

由此可得

$$\int_0^l x F_1(x)F_2(x)\mathrm{d}x = -\frac{l\left[F_2(l)F'_1(l) - F_1(l)F'_2(l)\right]}{(\mu_m/l)^2 - \alpha^2} \tag{9.3-67}$$

因 μ_m 是 Bessel 函数的零点，即 $F_1(l) = J_n(\mu_m) = 0$，故上式可写成

$$\int_0^l x J_n\left(\frac{\mu_m}{l}x\right)J_n(\alpha x)\mathrm{d}x = -\frac{l F_2(l)F'_1(l)}{(\mu_m/l)^2 - \alpha^2} = -\frac{\mu_m J_n(\alpha l)J'_n(\mu_m)}{(\mu_m/l)^2 - \alpha^2} \tag{9.3-68}$$

若取 $\alpha = \mu_k/l$，$k \neq m$，则

$$J_n(\alpha l) = J_n(\mu_k) = 0 \tag{9.3-69}$$

从而式(9.3-68) 的右端为零；而当 $\alpha = \mu_k/l$，$k = m$ 时，式(9.3-68) 右端的分子和分母均为零，利用 L'Hospital 法则对其取极限可得

$$\int_0^l x J_n\left(\frac{\mu_m}{l}x\right) J_n(\alpha x)\mathrm{d}x = \lim_{\alpha \to \mu_m/l} \frac{-\mu_m l J'_n(\mu_m) J'_n(\alpha l)}{-2\alpha} = \frac{l^2}{2}\left[J'_n(\mu_m)\right]^2 \quad (9.3\text{-}70)$$

由递推公式 $xJ'_n(x)+nJ_n(x)=xJ_{n-1}(x)$， $xJ'_n(x)-nJ_n(x)=-xJ_{n+1}(x)$ (9.3-71)

和 $J_n(\mu_m)=0$ 可知 $J'_n(\mu_m)=J_{n-1}(\mu_m)=-J_{n+1}(\mu_m)$ (9.3-72)

代入式(9.3-70)得 $\int_0^l x J_n\left(\frac{\mu_m}{l}x\right) J_n(\alpha x)\mathrm{d}x = \frac{l^2}{2}\left[J_{n-1}(\mu_m)\right]^2 = \frac{l^2}{2}\left[J_{n+1}(\mu_m)\right]^2$ (9.3-73)

将上式和式(9.3-69) 的结果与式(9.3-63)进行对比，证明式(9.3-63) 是成立的。通常把式(9.3-63) 中 $k=m$ 时的定积分

$$\int_0^l J_n^2\left(\frac{\mu_m}{l}x\right)\mathrm{d}x$$

的平方根称为 Bessel 函数 $J_n(\mu_m x/l)$ 的模。

（3）Bessel 级数展开

利用特征函数系的完备性可知，任意在 $[0,l]$ 上具有一阶偏导数及分段连续的二阶导数的函数 $f(x)$，只要它在 $x=0$ 处有界，在 $x=l$ 处等于零，则 $f(x)$ 必能展开成如下形式的绝对且一致收敛的级数

$$f(x) = \sum_{m=1}^{\infty} A_m J_n\left(\frac{\mu_m}{l}x\right) \quad (9.3\text{-}74)$$

为了确定以上展开式的系数 A_m，在上式的两端同乘以 $xJ_n(\mu_m x/l)$，并对 x 从 0 到 l 积分，由正交关系式(9.3-63) 得

$$\int_0^l x f(x) J_n\left(\frac{\mu_k}{l}x\right)\mathrm{d}x = A_k \int_0^l x J_n^2\left(\frac{\mu_m}{l}x\right)\mathrm{d}x \quad (9.3\text{-}75)$$

即 $$A_k = \frac{2}{l^2 J_{n-1}^2(\mu_k)}\int_0^l x f(x) J_n\left(\frac{\mu_k}{l}x\right)\mathrm{d}x \quad (9.3\text{-}76)$$

注意上式中积分前的系数，实际上是 Bessel 函数模平方的倒数。利用式(9.3-74) 和式(9.3-76) 即可将已知函数展开成 Bessel 函数。

9.3.4 Bessel 函数的应用

Bessel 函数主要应用于求解柱坐标条件下的常微分方程和偏微分方程，而化工设备的几何形状绝大多数是圆柱体的，因而 Bessel 函数在化工中有着非常广泛和重要的应用。本小节以圆柱体的热传导问题为例，介绍应用 Bessel 函数求解偏微分方程的方法。

（1）动态传热问题

考虑一均匀无穷长圆柱体，柱体内无热源，通过柱体表面的沿法向的热量流率为常数 q，若柱体的初始温度也为常数 U_0，求不同时刻柱体的温度分布。若以柱体轴线为 z 轴建立柱坐标系 (r,θ,z)，则柱体温度 $u(r,\theta,z)$ 满足定解问题

$$\begin{cases} u_t = a^2\left(u_{rr} + \dfrac{1}{r}u_r\right),\ 0<r\leqslant l,\ t>0 \\ u(r,0)=U_0 \\ u(0,t)<\infty,\ u_r(l,t)=q \end{cases} \tag{9.3-77}$$

　　为了使用分离变量法，需要将边界条件齐次化。为此，令 $u(r,t)=v(r,t)+w(r,t)$，其中 v 满足齐次边界条件，因此 $w_r(l,t)=q$。令 $w=f(t)+g(r)$，并假定它也满足齐次方程。因此 $g'(l)=q$，可以取 $g'(r)=qr$，$qr^2/2l$，…将有待定函数 $f(t)$ 的 $w(r,t)$ 代入齐次方程，求出 $f(t)=qa^2t/r$，$2qa^2t/l$，…注意到要求 $f(t)$ 是与 r 无关的函数，所以取 $w(r,t)=qr^2/2l+2qa^2t/l=q(4a^2t+r^2)/2l$。为使初值条件进一步简化，取

$$u(r,t)=v(r,t)+[U_0+q(4a^2t+r^2)/2l] \tag{9.3-78}$$

其中 $v(r,t)$ 是新的未知函数。从而得定解问题

$$\begin{cases} v_t = a^2\left(v_{rr} + \dfrac{1}{r}v_r\right),\ 0<r\leqslant l,\ t>0 \\ v(r,0)=-qr^2/2l \\ v(0,t)<\infty,\ v_r(l,t)=0 \end{cases} \tag{9.3-79}$$

令 $v(r,t)=R(r)T(t)$ 是满足方程和齐次边界条件的非零特解，则

$$\frac{R''+R'/r}{R}=\frac{T''}{a^2T}=-\kappa \tag{9.3-80}$$

从而得到一个常微分方程

$$T''+a^2\kappa T=0 \tag{9.3-81}$$

和特征值问题

$$\begin{cases} R''+R'/r+\kappa R=0 \\ |R(0)|<\infty,\ R'(l)=0 \end{cases} \tag{9.3-82}$$

　　若 $\kappa=0$，则特征值问题的解为 $R_0(r)=C_0$ 为常数，相应的常微分方程(9.3-81)的解为 $T_0(t)=T_0$ 也为常数。

　　若 $\kappa>0$，令 $\rho=r\sqrt{\kappa}$，则方程(9.3-82)变成零阶 Bessel 方程

$$\rho^2R''(\rho)+\rho R'(\rho)+\rho^2R(\rho)=0 \tag{9.3-83}$$

它的通解为

$$R(\rho)=AJ_0(\rho)+BN_0(\rho) \tag{9.3-84}$$

代回原变量得

$$R(r)=AJ_0(r\sqrt{\kappa})+BN_0(r\sqrt{\kappa}) \tag{9.3-85}$$

　　由于 $\lim\limits_{r\to0}N_0(r\sqrt{\kappa})=\infty$，由 $R(0)$ 的边界条件知 $B=0$，$R(l)$ 边界条件得

$$R'(l)=A\sqrt{\kappa}J_0'(l\sqrt{\kappa})=0 \tag{9.3-86}$$

由于零阶 Bessel 函数的导数等于零，$J_0'(x)$ 有一组正实根 $\{\mu\}=\mu_1,\mu_2,\cdots$从而得到定解问题的特征值

$$\kappa_n=\left(\frac{\mu_n}{l}\right)^2\quad(n=1,2,\cdots) \tag{9.3-87}$$

其对应的特征函数为

$$R_n(r)=J_0\left(\frac{\mu_n r}{l}\right)\quad(n=1,2,\cdots) \tag{9.3-88}$$

另外，将式(9.3-87)代入方程(9.3-81)求得解

$$T_n(t)=A_n\mathrm{e}^{-\left(\frac{\mu_n a}{l}\right)^2 t}\quad(n=1,2,\cdots)\tag{9.3-89}$$

根据偏微分方程的叠加原理，将以上求得的 $R_n(r)$ 和 $T_n(t)$ 相乘，所得乘积包括 $R_0(r)$ 和 $T_0(t)$ 相加后得齐次方程的解

$$v(r,t)=A_0+\sum_{n=0}^{\infty}A_n\mathrm{e}^{-\left(\frac{\mu_n a}{l}\right)^2 t}J_0\left(\frac{\mu_n r}{l}\right)\tag{9.3-90}$$

其中，$A_0=C_0 T_0$。由初值条件有

$$A_0+\sum_{n=0}^{\infty}A_n J_0\left(\frac{\mu_n r}{l}\right)=-\frac{qr^2}{2l}\tag{9.3-91}$$

因此根据 Bessel 级数展开公式(9.3-75)知

$$A_0\int_0^l r\,\mathrm{d}r=-\frac{q}{2l}\int_0^l r^3\,\mathrm{d}r\tag{9.3-92}$$

$$A_n\int_0^l J_0^2\left(\frac{\mu_n r}{l}\right)r\,\mathrm{d}r=-\frac{q}{2l}\int_0^l J_0\left(\frac{\mu_n r}{l}\right)r^3\,\mathrm{d}r\tag{9.3-93}$$

利用 Bessel 函数的性质，积分以上两式得

$$A_0=-\frac{ql}{4},\quad A_n=-\frac{2ql}{\mu_n^2 J_0(\mu_n)}\tag{9.3-94}$$

将求得的展开系数代入式(9.3-90)，然后进一步代入式(9.3-78)而得到定解问题的最终解

$$u(r,t)=U_0+\frac{q}{2l}(4a^2 t+r^2)-\frac{ql}{4}\left[1+\sum_{n=1}^{\infty}\frac{8\exp\left[-(\mu_n a/l)^2 t\right]}{\mu_n^2 J_0(\mu_n)}J_0\left(\frac{\mu_n r}{l}\right)\right]\tag{9.3-95}$$

（2）稳态传热问题

现在考虑一半径为 l 高度为 h 的均匀圆柱，上底面温度保持 $\varphi(r)$，下底面温度为零度，侧面在温度为零度的空气中自由冷却，求柱体内部的稳定温度分布。以上问题归结为如下定解问题

$$\begin{cases}u_{rr}+\dfrac{1}{r}u_r+u_{zz}=0,\ 0<r\leqslant l,\ 0<z<h\\[2mm]u(r,0)=0,\ u(r,h)=\varphi(r),\ \left(u+H\dfrac{\partial u}{\partial r}\right)\Big|_{r=l}=0\end{cases}\tag{9.3-96}$$

利用分离变量法解此定解问题，首先令 $u(r,z)=R(r)Z(z)$ 是满足方程和齐次边界条件的非零特解，则

$$\frac{R''+R'/r}{R}=-\frac{Z''}{Z}=-\lambda\tag{9.3-97}$$

从而得到常微分方程 $\qquad\qquad Z''-\lambda Z=0\tag{9.3-98}$

和特征值问题 $\qquad\begin{cases}R''+R'/r+\lambda R=0\\|R(0)|<\infty,\ [R+HR'(r)]|_{r=l}=0\end{cases}\tag{9.3-99}$

当 $\lambda \geqslant 0$ 时，由特征值问题的微分方程和自然边界条件可得

$$R(r) = J_0(r\sqrt{\lambda}) \tag{9.3-100}$$

代入 $x = l$ 处的第三类边界条件得

$$J_0(l\sqrt{\lambda}) + H\sqrt{\lambda}J_0'(l\sqrt{\lambda}) = 0 \tag{9.3-101}$$

令 $x = l\sqrt{\lambda}$，则从以上方可以求得无穷多正根 $\{\mu_n\}$，因此得到方程（9.3-99）的特征值和特征函数分别为

$$\lambda_n = \left(\frac{\mu_n}{l}\right)^2, \quad R_n(r) = J_0\left(\frac{\mu_n r}{l}\right) \quad (n = 1, 2, \cdots) \tag{9.3-102}$$

将特征值代入方程（9.3-98）可以求得

$$Z_n(z) = A_n \sinh\left(\frac{\mu_n z}{l}\right) \tag{9.3-103}$$

把 $R_n(r)$ 和 $Z_n(z)$ 相乘得到的积累加在一起即得到齐次方程的解

$$u(r, z) = \sum_{n=1}^{\infty} A_n \sinh\left(\frac{\mu_n z}{l}\right) J_0\left(\frac{\mu_n r}{l}\right) \tag{9.3-104}$$

由边界条件 $u(r, h) = \varphi(r)$ 得

$$\varphi(r) = \sum_{n=1}^{\infty} A_n \sinh\left(\frac{\mu_n h}{l}\right) J_0\left(\frac{\mu_n r}{l}\right) \tag{9.3-105}$$

利用 Bessel 函数的正交性，可以计算得出零阶 Bessel 函数的模长

$$\int_0^l J_0^2\left(\frac{\mu_n r}{l}\right) r \, dr = \frac{l^2}{2}\left[1 + \frac{l^2}{H\mu_n^2}\right] J_0^2(\mu_n) \tag{9.3-106}$$

然后根据 Bessel 级数展开系数与 Bessel 函数模长之间的关系，即可求出积分常数 A_n

$$A_n = 2\int_0^l \varphi(r) J_0\left(\frac{\mu_n r}{l}\right) r \, dr \Big/ \left[l^2\left(1 + \frac{l^2}{H\mu_n^2}\right) J_0^2(\mu_n) \sinh\frac{\mu_n h}{l}\right] \tag{9.3-107}$$

将求得的 A_n 代入式（9.3-104）即得问题的解。

9.4 勒让德函数法

上一节介绍了在柱坐标条件下，利用 Bessel 函数求解偏微分方程的方法和过程。本节则介绍在球坐标情况下，利用勒让德（Legendre）函数求解偏微分方程的方法。Legendre 函数是在分析球坐标系下的偏微分方程时导出的，因而 Legendre 函数有时也称为球函数。

9.4.1 Legendre 函数的定义

（1）Legendre 方程

在对球坐标系中的偏微分方程进行变量分离时，会得到一类称为 Legendre 方程的具有特殊形式的常微分方程。这里以球坐标系中的拉普拉斯方程为例，通过分离变量分析引入 Legendre 方程。在球坐标系中拉普拉斯方程为

$$\frac{1}{r^2}\frac{\partial}{\partial r}\left(r^2\frac{\partial u}{\partial r}\right)+\frac{1}{r^2\sin\theta}\frac{\partial}{\partial\theta}\left(\sin\theta\frac{\partial u}{\partial\theta}\right)+\frac{1}{r^2\sin^2\theta}\frac{\partial^2 u}{\partial\varphi^2}=0 \tag{9.4-1}$$

对方程分离变量，首先令 $u(r,\theta,\varphi)=R(r)\Theta(\theta)\Phi(\varphi)$，然后代入式（9.4-1）得

$$\Theta\Phi\frac{1}{r^2}\frac{\partial}{\partial r}\left(r^2\frac{\partial R}{\partial r}\right)+R\Phi\frac{1}{r^2\sin\theta}\frac{\partial}{\partial\theta}\left(\sin\theta\frac{\partial\Theta}{\partial\theta}\right)+R\Theta\frac{1}{r^2\sin^2\theta}\frac{\partial^2\Phi}{\partial\varphi^2}=0 \tag{9.4-2}$$

以 $r^2/R\Theta\Phi$ 乘上式中各项得

$$\frac{1}{R}\frac{\partial}{\partial r}\left(r^2\frac{\partial R}{\partial r}\right)=-\frac{1}{\Theta\sin\theta}\frac{\partial}{\partial\theta}\left(\sin\theta\frac{\partial\Theta}{\partial\theta}\right)-\frac{1}{\Phi\sin^2\theta}\frac{\partial^2\Phi}{\partial\varphi^2} \tag{9.4-3}$$

上式左端只与 r 有关，右端只与 θ 和 φ 有关，若要等式两边相等只有当它们都是常数时才有可能。为了需要，将这个常数写成 $\lambda(\lambda+1)$ 的形式。实际上，$\lambda(\lambda+1)$ 可以表示一个任何实数，其中 λ 可为实数，也可为复数。由于在实际工程应用中，λ 为整数的情形尤为重要，因而在本书仅讨论 $\lambda=n$ 为整数的情况。因而由式（9.4-3）可得

$$r^2\frac{\mathrm{d}^2 R}{\mathrm{d}r^2}+2r\frac{\mathrm{d}R}{\mathrm{d}r}-n(n+1)R=0 \tag{9.4-4}$$

和

$$\frac{1}{\Theta\sin\theta}\frac{\partial}{\partial\theta}\left(\sin\theta\frac{\partial\Theta}{\partial\theta}\right)+\frac{1}{\Phi\sin^2\theta}\frac{\partial^2\Phi}{\partial\varphi^2}=-n(n+1) \tag{9.4-5}$$

式（9.4-4）是一个欧拉方程，它的通解为

$$R(r)=A_1 r^n+A_2 r^{-(n+1)} \tag{9.4-6}$$

其中，A_1 和 A_2 为任意常数。

下面进一步对式（9.4-5）进行分离，以 $\sin^2\theta$ 乘以方程的两端得

$$\sin\theta\frac{1}{\Theta}\frac{\partial}{\partial\theta}\left(\sin\theta\frac{\partial\Theta}{\partial\theta}\right)+n(n+1)\sin^2\theta=-\frac{1}{\Phi}\frac{\partial^2\Phi}{\partial\varphi^2} \tag{9.4-7}$$

此式的左端只与 θ 有关，而右端只与 φ 有关，因而可以进一步分离变量。考虑式（9.4-7）等号右边的微分项形式，等号两边应等于整常数，设为 $m^2(m=0,1,2,\cdots)$，从而得到

$$\sin\theta\frac{1}{\Theta}\frac{\mathrm{d}}{\mathrm{d}\theta}\left(\sin\theta\frac{\mathrm{d}\Theta}{\mathrm{d}\theta}\right)+n(n+1)\sin^2\theta=m^2 \tag{9.4-8}$$

和

$$\frac{\mathrm{d}^2\Phi}{\mathrm{d}\varphi^2}+m^2\Phi=0 \tag{9.4-9}$$

由方程（9.4-9）得
$$\Phi(\varphi)=B_1\cos m\varphi+B_2\sin m\varphi \tag{9.4-10}$$

而式（9.4-8）经整理可写成
$$\frac{\mathrm{d}^2\Theta}{\mathrm{d}\theta^2}+\cot\theta\frac{\mathrm{d}\Theta}{\mathrm{d}\theta}+\left[n(n+1)-\frac{m^2}{\sin^2\theta}\right]\Theta=0 \tag{9.4-11}$$

该方程称为**连带的勒让德（Legendre）方程**。

如果引入新的自变量 $x = \cos\theta$（$-1 \leqslant x \leqslant 1$），并将 $\Theta(\theta)$ 改记成 $P(x)$，则式(9.4-11)变为

$$(1-x^2)\frac{\mathrm{d}^2 P}{\mathrm{d}x^2} - 2x\frac{\mathrm{d}P}{\mathrm{d}x} + \left[n(n+1) - \frac{m^2}{1-x^2}\right]P = 0 \tag{9.4-12}$$

如果 $u(r, \theta, \varphi)$ 与 φ 无关，则从式(9.4-9) 可知 $m = 0$，这时式(9.4-12) 简化为

$$(1-x^2)\frac{\mathrm{d}^2 P}{\mathrm{d}x^2} - 2x\frac{\mathrm{d}P}{\mathrm{d}x} + n(n+1)P = 0 \tag{9.4-13}$$

以上方程就是我们要讨论的 Legendre 方程，并称为 n 阶 Legendre 方程。求解 Legendre 方程的定解问题也即归结为求 Legendre 方程的固有值与固有函数。

（2）Legendre 函数

Legendre 函数定义为 Legendre 方程(9.4-13) 的解。如同求解 Bessel 方程一样，求解 Legendre 方程时同样也设方程(9.4-13) 的解具有幂级数形式，即

$$P(x) = x^c(a_0 + a_1 x + a_2 x^2 + \cdots + a_m x^m + \cdots) = \sum_{m=0}^{\infty} a_m x^{c+m} \tag{9.4-14}$$

求出上式的一阶和二阶导数，并与上式一起代入方程(9.4-13)，整理合并同类项，由 x 各次幂的系数等于零得

$$\begin{cases} a_0 c(c-1) = 0, \ a_1 c(c+1) = 0 \\ a_{m+2} = \dfrac{(m+c)(m+c+1) - n(n+1)}{(m+c+1)(m+c+2)} a_m \quad (m = 0, 1, 2, \cdots) \end{cases} \tag{9.4-15}$$

由上式中的前两式可以解得，$c = 0$ 或 $c = \pm 1$。根据 c 的两种取值情况，即可得到 Legendre 方程(9.4-13) 的两个特解。

当 $c = 0$ 时，可由式(9.4-15) 得到幂系数的递推公式

$$a_m = \frac{(m-n-2)(m+n-1)}{m(m-1)} a_{m-2} \quad (m = 2, 3, 4, \cdots) \tag{9.4-16}$$

假设式(9.4-15) 中的 a_0 和 a_1 为非零的任意常数，利用式(9.4-16) 递推求得 a_m，代入式(9.4-14) 即得到 Legendre 方程(9.4-13) 的解

$$P(x) = a_0\left[1 - \frac{n(n-1)}{2!}x^2 + \frac{n(n-2)(n+1)(n+3)}{4!}x^4 - \cdots\right] +$$

$$a_1\left[x - \frac{(n-1)(n+2)}{3!}x^3 + \frac{(n-1)(n-3)(n+2)(n+4)}{5!}x^5 - \cdots\right]$$

$$= a_0 p_1(x) + a_1 p_2(x) \tag{9.4-17}$$

根据 a_0 和 a_1 的任意性，上式中的 $p_1(x)$ 和 $p_2(x)$ 都是 Legendre 方程(9.4-13) 的特解，并且二者是线性无关的。

当 $c = 1$ 时，得 $a_1 = 0$，因而经推导只能得到与式(9.4-17) 中的 $p_1(x)$ 完全一样的一个特解。而当 $c = -1$ 时，得 $a_0 = 0$，因而经推导只能得到与式(9.4-17) 中的 $p_2(x)$ 完全一样的一个特解，因此，$c = \pm 1$ 的情况不具特殊性，没有必要做进一步的讨论。

利用比值判断法可知，式(9.4-17) 定义的两个级数 $p_1(x)$ 和 $p_2(x)$ 的收敛区间均为 $(-1,1)$。因此，方程(9.4-13) 在闭区间 $[-1,1]$ 上的通解就是式(9.4-17)。当 n 为整数时，$p_1(x)$ 和 $p_2(x)$ 中总有一个为多项式。若 n 是正偶数（或负奇数），则 $p_1(x)$ 是 n 次 $[$或$-(n+1)$ 次$]$ 多项式；若 n 是正奇数（或负偶数），则 $p_2(x)$ 是 n 次 $[$或$-(n+1)$ 次$]$ 多项式。

为使表示方程(9.4-13) 特解的多项式表达简洁，并使多项式在 $x=1$ 处的值也为 1，选取多项式中 x 幂次最高为 n 的项的系数为

$$a_n = \frac{(2n)!}{2^n(n!)^2} = \frac{1 \cdot 3 \cdot 5 \cdots (2n-1)}{n!} \tag{9.4-18}$$

其余各低次项的系数按递推公式(9.4-16) 确定，即

$$a_{n-2m} = (-1)^m \frac{(2n-2m)!}{2^n m!(n-m)!(n-2m)!} \quad (n \geqslant 2m) \tag{9.4-19}$$

从而，如果 n 为正偶数，将式(9.4-19) 代入式(9.4-17) 得

$$p_1(x) = \sum_{m=0}^{n/2} (-1)^m \frac{(2n-2m)!}{2^n m!(n-m)!(n-2m)!} x^{n-2m} \tag{9.4-20}$$

而如果 n 为正奇数，则得到

$$p_2(x) = \sum_{m=0}^{(n-1)/2} (-1)^m \frac{(2n-2m)!}{2^n m!(n-m)!(n-2m)!} x^{n-2m} \tag{9.4-21}$$

以上两个多项式形式相同，只有累加上限有所区别，因而可以不分偶数和奇数而写成统一的形式

$$P_n(x) = \sum_{m=0}^{\mathrm{Int}(n/2)} (-1)^m \frac{(2n-2m)!}{2^n m!(n-m)!(n-2m)!} x^{n-2m} \tag{9.4-22}$$

该多项式即称为 **n 次 Legendre 多项式**，或**第一类 n 阶 Legendre 函数**。

当 n 是整数时，适当选取 a_n 后，$p_1(x)$ 和 $p_2(x)$ 其中之一是 n 次 Legendre 多项式，另一个仍然是无穷级数，记为 $Q_n(x)$，当然它在闭区间 $[-1,1]$ 上是无界函数，称它为第二类 Legendre 函数。因此方程(9.4-13) 的通解为

$$P(x) = AP_n(x) + BQ_n(x) \tag{9.4-23}$$

其中，A、B 为任意常数。

(3) 连带 Legendre 函数

直接用幂级数方法求解连带的 Legendre 方程

$$(1-x^2)\frac{\mathrm{d}^2 y}{\mathrm{d}x^2} - 2x\frac{\mathrm{d}y}{\mathrm{d}x} + \left[n(n+1) - \frac{m^2}{1-x^2}\right]y = 0 \tag{9.4-24}$$

非常复杂，下面利用函数变换的方法推导求出连带 Legendre 方程的解，从而定义连带 Legendre 函数。

首先在以 v 为未知函数的 Legendre 方程两端对 x 微分 m 次，得到

$$\frac{\mathrm{d}^{(m)}}{\mathrm{d}x^{(m)}}\left[(1-x^2)\frac{\mathrm{d}^2 v}{\mathrm{d}x^2}\right]-\frac{\mathrm{d}^{(m)}}{\mathrm{d}x^{(m)}}\left(2x\,\frac{\mathrm{d}v}{\mathrm{d}x}\right)+n(n+1)\frac{\mathrm{d}^{(m)}v}{\mathrm{d}x^{(m)}}=0 \tag{9.4-25}$$

将式中微分项进一步展开得

$$(1-x^2)\frac{\mathrm{d}^{(m+2)}v}{\mathrm{d}x^{(m+2)}}-(m+1)2x\,\frac{\mathrm{d}^{(m+1)}v}{\mathrm{d}x^{(m+1)}}+\left[n(n+1)-m(m+1)\right]\frac{\mathrm{d}^{(m)}v}{\mathrm{d}x^{(m)}}=0 \tag{9.4-26}$$

令 $u=\mathrm{d}^{(m)}v/\mathrm{d}x^{(m)}$，则上式变为

$$(1-x^2)\frac{\mathrm{d}^2 u}{\mathrm{d}x^2}-(m+1)2x\,\frac{\mathrm{d}u}{\mathrm{d}x}+\left[n(n+1)-m(m+1)\right]u=0 \tag{9.4-27}$$

若再引入新的函数 $w=(1-x^2)^{m/2}u$，则有

$$\frac{\mathrm{d}u}{\mathrm{d}x}=mx(1-x^2)^{-\frac{m}{2}-1}w+(1-x^2)^{-\frac{m}{2}}\frac{\mathrm{d}w}{\mathrm{d}x}$$

$$\frac{\mathrm{d}^2 u}{\mathrm{d}x^2}=m(1-x^2)^{-\frac{m}{2}-2}w\left[(1-x^2)+(m+2)x^2\right]+2mx(1-x^2)^{-\frac{m}{2}-1}\frac{\mathrm{d}w}{\mathrm{d}x}+(1-x^2)^{-\frac{m}{2}}\frac{\mathrm{d}^2 w}{\mathrm{d}x^2}$$

将所定义的 u 和其相应的一阶及二阶导数代入式(9.4-27)，化简整理后得

$$(1-x^2)\frac{\mathrm{d}^2 w}{\mathrm{d}x^2}-2x\,\frac{\mathrm{d}w}{\mathrm{d}x}+\left[n(n+1)-\frac{m^2}{1-x^2}\right]w=0 \tag{9.4-28}$$

上式与连带 Legendre 方程(9.4-24) 的形式完全一样，这就说明，若 v 是 Legendre 方程的解，则 $w=(1-x^2)^{m/2}\mathrm{d}^{(m)}v/\mathrm{d}x^{(m)}$ 一定是连带的 Legendre 方程(9.4-24) 的解。

　　前面我们已经做过讨论，当 n 为正整数时，Legendre 函数 $v=P_n(x)$ 在 $[-1,1]$ 上有界。从而，当 n 为正整数时，函数

$$w=(1-x^2)^{-\frac{m}{2}}\frac{\mathrm{d}^{(m)}P_n(x)}{\mathrm{d}x^{(m)}} \tag{9.4-29}$$

是连带的 Legendre 方程(9.4-24) 在 $[-1,1]$ 上的有界解，并用 $P_n^m(x)$ 表示，即

$$P_n^m(x)=(1-x^2)^{-\frac{m}{2}}\frac{\mathrm{d}^{(m)}P_n(x)}{\mathrm{d}x^{(m)}}\quad(m\leqslant n,\ |x|\leqslant 1) \tag{9.4-30}$$

我们称它为 n 次 m 阶连带的 Legendre 多项式，或 n 次 m 阶第一类连带的 Legendre 函数。

　　而连带的 Legendre 方程(9.4-24) 的另一个特解

$$Q_n^m(x)=(1-x^2)^{-\frac{m}{2}}\frac{\mathrm{d}^{(m)}Q_n(x)}{\mathrm{d}x^{(m)}}\quad(m\leqslant n,\ |x|\leqslant 1) \tag{9.4-31}$$

被称为 n 次 m 阶第二类连带的 Legendre 函数。并且，第二类连带的 Legendre 函数在 $x=\pm1$ 附近无界，与第一类连带的 Legendre 函数线性无关。所以，连带的 Legendre 方程(9.4-24) 的通解为

$$y(x)=AP_n^m(x)+BQ_n^m(x) \tag{9.4-32}$$

　　因 Legendre 多项式的最高参数为 n，所以当 $m>n$ 时，$P_n^m(x)=0$。整数 m 的取值范围是 $m=0,1,2,\cdots,n$。作为特例，下面给出 $n=0,1,\cdots,4$ 时第一类连带 Legendre 函数的具体表达式，并在图 9-6 中给出 0 阶函数的形状。

$n=0$：$P_0^0(x)=P_0(x)=1$

$n=1$：$P_1^0(x)=P_1(x)=x$，$P_1^1(x)=(1-x^2)^{\frac{1}{2}}$

$n=2$：$P_2^0(x)=P_2(x)=\dfrac{1}{2}(3x^2-1)$，$P_2^1(x)=3x(1-x^2)^{\frac{1}{2}}$，$P_2^2(x)=3(1-x^2)$

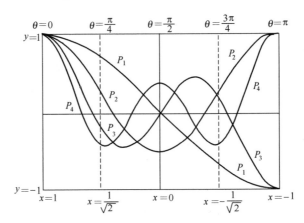

图 9-6　连带 Legendre 函数的形状

$n=3$：$P_3^0(x)=P_3(x)=\dfrac{1}{2}(5x^2-3x)$，$P_3^1(x)=\dfrac{3}{2}(5x^2-1)(1-x^2)^{\frac{1}{2}}$，

$P_3^2(x)=15x(1-x^2)$，$P_3^3(x)=15(1-x^2)^{\frac{3}{2}}$

$n=4$：$P_4^0(x)=P_4(x)=\dfrac{1}{8}(35x^4-30x^2+3)$，$P_4^1(x)=\dfrac{5}{2}x(7x^2-3)(1-x^2)^{\frac{3}{2}}$，

$P_4^2(x)=\dfrac{15}{2}(1-x^2)(7x^2-1)$，$P_4^3(x)=105x(1-x^2)^{\frac{3}{2}}$，$P_4^4(x)=105(1-$

$x^2)^2$

（4）Legendre 函数的微分和积分表示

为了应用方便，有时可将 Legendre 函数及连带 Legendre 函数写成微分的形式

$$P_n(x)=\frac{1}{2^n n!}\frac{\mathrm{d}^{(n)}}{\mathrm{d}x^{(n)}}(x^2-1)^n \tag{9.4-33}$$

和
$$P_n^m(x)=\frac{(1-x^2)^{m/2}}{2^n n!}\frac{\mathrm{d}^{(n+m)}}{\mathrm{d}x^{(n+m)}}(x^2-1)^n \tag{9.4-34}$$

以上两式称为 Rodrigues 公式或 Legendre 函数的微分公式。这些公式很容易验证，只需将二项式展开逐项求导，然后与 Legendre 函数比较即可。

利用复变函数中的 Cauchy 型积分的高阶导数公式

$$f^{(n)}(z_0)=\frac{n!}{2\pi i}\oint_C \frac{f(z)}{(z-z_0)^{n+1}}\mathrm{d}z \tag{9.4-35}$$

连带 Legendre 函数又可写成积分的形式

$$P_n^m(x) = \frac{(1-x^2)^{m/2}}{2^n n!} \frac{(n+m)!}{2\pi i} \oint_C \frac{(z^2-1)^n}{(z-x)^{n+m+1}} dz \tag{9.4-36}$$

式中，C 是围绕 x 的任意简单闭曲线。上式称作 Schläfli 公式或 Legendre 函数的积分公式。如果取 C 为以 $z=x$ 为圆心，$r(r^2=1-x^2)$ 为半径的圆周，然后做变量代换 $z-x=re^{i\theta}$，则式(9.4-36)可以改写为

$$P_n^m(x) = \frac{1}{2\pi} \frac{(n+m)!}{n!} \int_0^{2\pi} e^{im\theta} \left(x + i\sqrt{1-x^2}\sin\theta\right)^n d\theta \tag{9.4-37}$$

再对上式做变量代换 $\theta = \pi/2 + \varphi$，且利用周期函数积分限的平移不变性，上式又可写成余弦函数的积分形式

$$P_n^m(x) = \frac{(-1)^m}{2\pi} \frac{(n+m)!}{n!} \int_0^{2\pi} e^{-im\theta} \left(x + i\sqrt{1-x^2}\cos\varphi\right)^n d\varphi \tag{9.4-38}$$

以上两个积分公式称为 Laplace 积分公式。用拉普拉斯公式可以方便地研究（连带）Legendre 函数的对称性和奇偶性以及它们在特殊点的取值情况。

9.4.2　Legendre 函数的性质

（1）Legendre 函数的递推公式

Legendre 函数和连带 Legendre 函数有如下递推公式

$$(n+1)P_{n+1}(x) = (2n+1)xP_n(x) - nP_{n-1}(x) \tag{9.4-39}$$
$$P_n(x) = P'_{n+1}(x) - 2xP'_n(x) + P'_{n-1}(x) \tag{9.4-40}$$
$$P'_{n+1}(x) = xP'_n(x) + (n+1)P_n(x) \tag{9.4-41}$$
$$P'_{n-1}(x) = xP'_n(x) - nP_n(x) \tag{9.4-42}$$
$$(1-x^2)P'_n(x) = n[P_{n-1}(x) - xP_n(x)] \tag{9.4-43}$$
$$(1-x^2)P'_{n-1}(x) = n[xP_{n-1}(x) - P_n(x)] \tag{9.4-44}$$
$$(2n+1)xP_n^m(x) = (n+m)P_{n-1}^m(x) + (n-m+1)P_{n+1}^m(x) \tag{9.4-45}$$
$$(2n+1)(1-x^2)^{1/2}P_n^m(x) = P_{n+1}^{m+1}(x) - P_{n-1}^{m+1}(x) \tag{9.4-46}$$
$$(1-x^2)^{1/2}P'^m_n(x) = P_n^{m+1}(x) - m(1-x^2)^{-1/2}P_n^m(x) \tag{9.4-47}$$
$$(1-x^2)P'^m_n(x) = (n+m)P_{n-1}^m(x) - mxP_n^m(x) \tag{9.4-48}$$

以上递推公式为 Legendre 多项式和连带 Legendre 多项式级数的建立以及相关计算带来了极大的方便。

（2）Legendre 对称性和奇偶性

Legendre 函数具有如下对称性

$$P_n^{-m}(x) = (-1)^m \frac{(n-m)!}{(n+m)!} P_n^m(x) \tag{9.4-49}$$

和奇偶性　　$P_n(-x) = (-1)^n P_n(x), \quad P_n^m(-x) = (-1)^{n+m} P_n^m(x) \tag{9.4-50}$

(3) 函数的 Legendre 多项式级数展开

在应用 Legendre 函数解决数理方程定解问题时，需要将方程的非齐次项函数和定解函数在给定区间 $(-1,1)$ 内展开为 Legendre 多项式无穷级数。下面首先讨论 Legendre 函数的正交完备性，然后介绍把定义在区间 $(-1,1)$ 内的函数展成 Legendre 多项式无穷级数的方法。

从 Sturm 和 Liouville 常微分方程理论可知，Legendre 方程和连带的 Legendre 方程均属于 S-L 型特征值问题，基于方程的特征值推导出的特征函数 Legendre 函数和连带 Legendre 函数均为正交函数系。根据其正交完备性，连带 Legendre 函数具有以下正交关系

$$\int_{-1}^{1} P_k^m(x) P_l^m(x) \mathrm{d}x = \begin{cases} 0 & (k \neq l) \\ \dfrac{(k+m)!}{(k-m)!} \times \dfrac{2}{2k+1} & (k=l) \end{cases} \qquad (9.4\text{-}51)$$

特别地当 $m=0$ 时，Legendre 函数具有以下正交关系

$$\int_{-1}^{1} P_k(x) P_l(x) \mathrm{d}x = \begin{cases} 0 & (k \neq l) \\ \dfrac{2}{2k+1} & (k=l) \end{cases} \qquad (9.4\text{-}52)$$

和 Bessel 函数一样，这里也将定积分 $\int_{-1}^{1} [P_n^m(x)]^2 \mathrm{d}x$ 和 $\int_{-1}^{1} P_n^2(x) \mathrm{d}x$ 的平方根分别称为连带 Legendre 函数和 Legendre 函数的**模值**。

鉴于 Legendre 函数和连带 Legendre 函数的正交完备性，任何一个在闭区间 $[-1,1]$ 上分段连续且平方可积的函数，只要在两个端点有界，就可以展开成 Legendre 多项式或（连带）Legendre 多项式级数，这样的级数又称为广义傅里叶级数。如果已知函数 $f(x)$ 满足按 Legendre 函数展开的条件，则 $f(x)$ 可以表示成

$$f(x) = \sum_{n=0}^{\infty} C_n P_n(x) \qquad (-1 < x < 1) \qquad (9.4\text{-}53)$$

为了求出系数 C_n，在式(9.4-53) 的两端同乘以 $P_n(x)$ 并在区间 $(-1,1)$ 上积分，得

$$\int_{-1}^{1} f(x) P_n(x) \mathrm{d}x = \sum_{k=0}^{\infty} C_k \int_{-1}^{1} P_k(x) P_n(x) \mathrm{d}x = C_n \frac{2}{2n+1} \qquad (9.4\text{-}54)$$

也即

$$C_n = \frac{2n+1}{2} \int_{-1}^{1} f(x) P_n(x) \mathrm{d}x \qquad (n=0,1,2,\cdots) \qquad (9.4\text{-}55)$$

将其代入式(9.4-53)，即得到 $f(x)$ 的展开式。

而当函数 $f(x)$ 满足按连带 Legendre 函数展开的条件，则 $f(x)$ 可以表示成

$$f(x) = \sum_{n=0}^{\infty} C_n P_n^m(x) \qquad (-1 < x < 1) \qquad (9.4\text{-}56)$$

利用连带 Legendre 函数的正交关系式(9.4-51)，同样也可求出展开系数 C_n，即

$$C_n = \frac{(2n+1)(n-m)!}{2(n+m)!} \int_{-1}^{1} f(x) P_n^m(x) \mathrm{d}x \qquad (n=0,1,2,\cdots) \qquad (9.4\text{-}57)$$

从而得到 $f(x)$ 的连带 Legendre 函数展开式。

当在球坐标系内求解不具有轴对称（即与 φ 有关）的边值问题时，要求将已知函数

$f(\theta,\varphi)$ 按照函数系 $\{P_n^m(\cos\theta)\cos m\varphi, P_n^m(\cos\theta)\sin m\varphi\}$ $(n=0,1,2,\cdots;m=0,1,\cdots,n)$ 进行展开，即要将 $f(\theta,\varphi)$ 表示成

$$f(\theta,\varphi)=\sum_{n=0}^{\infty}\sum_{m=0}^{n}(A_n^m\cos m\varphi+B_n^m\sin m\varphi)P_n^m(\cos\theta) \tag{9.4-58}$$

为了确定以上展开式中的系数，利用式(9.4-58) 中函数系的正交关系

$$\int_0^\pi\int_0^{2\pi}P_n^m(\cos\theta)P_k^l(\cos\theta)\sin\theta\begin{Bmatrix}\cos m\varphi\\\sin m\varphi\end{Bmatrix}\begin{Bmatrix}\cos l\varphi\\\sin l\varphi\end{Bmatrix}\mathrm{d}\theta\mathrm{d}\varphi=\begin{cases}0 & (m\neq l \text{ 或 } n\neq k)\\\dfrac{2\pi\delta_m(n+m)!}{(2n+1)(n-m)!} & (m=l,\ n=k)\end{cases}$$

$$\tag{9.4-59}$$

其中
$$\delta_m=\begin{cases}2 & (m=0)\\1 & (m\neq0)\end{cases} \tag{9.4-60}$$

即可得到所求的系数

$$\begin{cases}A_n^m=\dfrac{(2n+1)(n-m)!}{2\pi\delta_m(n+m)!}\int_0^\pi\int_0^{2\pi}f(\theta,\varphi)P_n^m(\cos\theta)\cos m\varphi\times\sin\theta\mathrm{d}\theta\mathrm{d}\varphi\\B_n^m=\dfrac{(2n+1)(n-m)!}{2\pi(n+m)!}\int_0^\pi\int_0^{2\pi}f(\theta,\varphi)P_n^m(\cos\theta)\sin m\varphi\times\sin\theta\mathrm{d}\theta\mathrm{d}\varphi\end{cases} \tag{9.4-61}$$

9.4.3　Legendre 函数的应用

（1）半球稳态导热问题

考虑一个半球形热良导体，在球坐标系 (r,θ,φ) 下，其表面维持温度为函数 $\cos^2\theta$，底面温度维持为 0。由于球体表面温度分布函数与 φ 无关，因此球体温度分布将是轴对称的，也即温度分布函数与 φ 无关，于是确定该导热体内部的稳定温度分布就变成求解以下 Dirichlet 边值问题

$$\begin{cases}\dfrac{1}{r^2}\dfrac{\partial}{\partial r}\left(r^2\dfrac{\partial u}{\partial r}\right)+\dfrac{1}{r^2\sin\theta}\dfrac{\partial}{\partial\theta}\left(\sin\theta\dfrac{\partial u}{\partial\theta}\right)=0,\ 0<r<l,\ 0<\theta\leqslant\dfrac{\pi}{2}\\u(l,\theta)=\cos^2\theta\\u\left(r,\dfrac{\pi}{2}\right)=0\end{cases} \tag{9.4-62}$$

由半球底面上的边界条件 $u(r,\pi/2)=0$ 以及方程关于 θ 的奇偶不变性，可以对 $u(r,\theta)$ 关于 $\theta=\pi/2$ 做奇延拓为新未知函数 $\hat{u}(r,\theta)$，使半球底面的定解问题变成完整球面上的定解问题

$$\begin{cases}\dfrac{1}{r^2}\dfrac{\partial}{\partial r}\left(r^2\dfrac{\partial\hat{u}}{\partial r}\right)+\dfrac{1}{r^2\sin\theta}\dfrac{\partial}{\partial\theta}\left(\sin\theta\dfrac{\partial\hat{u}}{\partial\theta}\right)=0,\ 0<r<l,\ 0<\theta\leqslant\pi\\\hat{u}(l,\theta)=\cos^2\theta\end{cases} \tag{9.4-63}$$

设 $\hat{u}(r,\theta)=R(r)\Theta(\theta)$ 进行变量分离，并做代换 $x=\cos\theta$，记 $\Theta(\theta)$ 为 $P(x)$，则得以下 Euler 方程和 Legendre 方程

$$r^2 R'' + 2rR' - n(n+1)R = 0 \tag{9.4-64}$$

$$(1-x^2)P'' - 2xP' + n(n+1)P = 0 \tag{9.4-65}$$

它们有物理意义的特解分别为 $R(r) = r^n$ 和 $P(x) = P_n(x)$。根据叠加原理，可以设方程有物理意义的级数解为

$$\hat{u}(r,\theta) = \sum_{n=0}^{\infty} A_n r^n P_n(x) \tag{9.4-66}$$

在变换 $x = \cos\theta$ 下，边界条件可以变为 $\hat{u}(l,\theta) = x^2$。因此

$$x^2 = \sum_{n=0}^{\infty} A_n l^n P_n(x) \tag{9.4-67}$$

因为 $P_n(x)$ 是 n 次多项式，而等式左边的次数为 2，因而当 $n > 2$ 时，$A_n = 0$。由 Legendre 多项式级数展开式(9.4-55)可以求出 A_n

$$A_n = \frac{2n+1}{2l^2} \int_{-1}^{1} x^2 P_n(x) \mathrm{d}x \quad (n = 0,1,2) \tag{9.4-68}$$

由于 $P_1(x)$ 是奇函数，所以 $A_1 = 0$，而

$$A_0 = \frac{1}{2} \int_{-1}^{1} x^2 \mathrm{d}x = \frac{1}{3}$$

$$A_2 = \frac{5}{2l^2} \int_{-1}^{1} x^2 \frac{3x^2-1}{2} \mathrm{d}x = \frac{2}{3l^2}$$

从而得到问题的解为

$$u(r,\theta) = \hat{u}(r,\theta) = \frac{1}{3} + \frac{2r^2}{3l^2} P_2(\cos\theta) = \frac{1}{3} - \frac{r^2}{3l^2} + \frac{r^2}{l^2}\cos^2\theta \quad \left(0 < \theta < \frac{\pi}{2}\right) \tag{9.4-69}$$

（2）稳态球壳传热问题

考虑一热的良导体球壳，球壳内径为 1，外径为 2，内部球壁维持一定温度，外球面与周围介质通过热交换进行冷却，求球壳的稳定温度分布可以简化成以下边值问题

$$\begin{cases} \nabla^2 u = 0, \ 1 < r < 2, \ 0 < \theta \leqslant \pi, \ 0 < \varphi < 2\pi \\ u(1,\theta,\varphi) = \dfrac{T_1}{4}(3\cos2\theta + 1) \\ u(2,\theta,\varphi) + u_r(2,\theta,\varphi) = 15T_2 \sin^3\theta \cos3\varphi \end{cases} \tag{9.4-70}$$

其中，T_1、T_2 是常数。

为了使求解边值问题(9.4-70)得到简化，首先考察边界条件

$$\frac{T_1}{4}(3\cos2\theta + 1) = P_2^0(\cos\theta)$$

$$15T_2 \sin^3\theta \cos3\varphi = P_3^3(\cos\theta)\cos3\varphi$$

由球坐标系中拉普拉斯方程的通解公式，可知方程(9.4-70)的通解为

$$u(r,\theta,\varphi) = (Ar^2 + Br^{-3})P_2^0(\cos\theta) + (Cr^3 + Dr^{-4})P_3^3(\cos\theta)\cos3\varphi \tag{9.4-71}$$

利用内球壁边界条件可得

$$\begin{cases} A+B=T_1 \\ C+D=0 \end{cases} \tag{9.4-72}$$

而利用外球面边界条件可得

$$\begin{cases} 8A-\dfrac{1}{16}B=0 \\ 20C-\dfrac{1}{16}D=T_2 \end{cases} \tag{9.4-73}$$

联立以上四个方程求出四个常数，可得

$$A=\frac{1}{129}T_1,\quad B=\frac{128}{129}T_1,\quad C=-D=\frac{16}{321}T_2$$

因此边值问题(9.4-70) 的解为

$$u(r,\theta,\varphi)=\left(\frac{1}{129}r^2+\frac{128}{129}r^{-3}\right)T_1P_2^0(\cos\theta)+\frac{16}{321}(r^3-r^{-4})P_3^3(\cos\theta)\cos3\varphi \tag{9.4-74}$$

习　题

●**9-1**　求下列特征值问题的特征函数。

(1) $\begin{cases} X''+\lambda X=0,\ 0<x<2\pi \\ X(0)=X(2\pi),\ X'(0)=X'(2\pi) \end{cases}$;　　(2) $\begin{cases} X''+4X'+\lambda X=0,\ 0<x<1 \\ X|_{x=0}=X|_{x=1}=0 \end{cases}$;

(3) $\begin{cases} X''+\lambda X=0,\ 0<x<l \\ X|_{x=0}=X'|_{x=l}=0 \end{cases}$。

●**9-2**　求下列混合问题的形式解。

(1) $\begin{cases} u_t-u_{xx}=0,\ 0<x<l,\ t>0 \\ u|_{x=0}=u|_{x=l}=0 \\ u|_{t=0}=x^2-1,\ 0<x<l \end{cases}$;　(2) $\begin{cases} u_{tt}-a^2u_{xx}=0,\ 0<x<l,\ t>0 \\ u|_{x=0}=u_x|_{x=l}=0 \\ u|_{t=0}=\sin(3\pi x/2l),\ u_t|_{t=0}=\sin(5\pi x/2l) \end{cases}$;

(3) $\begin{cases} u_{xx}+u_{yy}=0,\ 0<x<a,\ 0<y<b \\ u(0,y)=0,\ u(a,y)=0 \\ u(x,0)=B\sin(\pi x/a),\ u(0,b)=0 \end{cases}$。

●**9-3**　用分离变量法求解下列混合问题。

(1) $\begin{cases} u_{tt}-u_{xx}+2u_t-8u=2x\ (1-4t)+\cos3x,\ 0<x<\pi/2,\ t>0 \\ u_x|_{x=0}=t,\ u|_{x=\pi/2}=\pi t/2,\ t>0 \\ u|_{t=0}=0,\ u_t|_{t=0}=x,\ 0<x<\pi/2 \end{cases}$;

(2) $\begin{cases} u_{tt}-u_{xx}-7u_t-2u_x=-2t-7x-e^{-x}\sin3x,\ 0<x<\pi,\ t>0 \\ u|_{x=0}=0,\ u|_{x=\pi}=\pi t,\ t>0 \\ u|_{t=0}=0,\ u_t|_{t=0}=x,\ 0<x<\pi \end{cases}$。

* **9-4** 用分离变量法求解混合问题 $\begin{cases} u_{tt} - u_{xx} - u_{yy} = 0, \ 0 < (x,y) < \pi, \ t > 0 \\ u\mid_{x=0,\pi} = u\mid_{y=0,\pi} = 0 \\ u\mid_{t=0} = 3\sin x \sin 2y, \ u_t\mid_{t=0} = 5\sin 3x \sin 4y \end{cases}$。

* **9-5** 用分离变量法求解混合问题 $\begin{cases} u_{tt} + u_{xxxx} = 0, \ 0 < x < l, \ t > 0 \\ u\mid_{x=0,l} = u_{xx}\mid_{x=0,l} = 0 \\ u\mid_{t=0} = 0, \ u_t\mid_{t=0} = \sin\left(2\pi x / l\right) \end{cases}$。

* **9-6** 用傅里叶积分变换法求解下列柯西问题。

    (1) $\begin{cases} u_t = a^2 u_{xx}, \ -\infty < x < +\infty, \ t > 0 \\ u(x,0) = \sin x \end{cases}$;

    (2) $\begin{cases} u_t = a^2 u_{xx}, \ -\infty < x < +\infty, \ t > 0 \\ u(x,0) = x^2 + 1 \end{cases}$。

* **9-7** 用适当的积分变换法求解下列柯西问题。

    (1) $\begin{cases} u_t - a^2 u_{xx} = tu, \ x \in \mathscr{R}^1, \ t > 0 \\ u(x,0) = \varphi(x) \end{cases}$;

    (2) $\begin{cases} u_t - a^2 u_{xx} - bu_x - cu = f(x,t), \ x \in \mathscr{R}^1, \ t > 0 \\ u(x,0) = \varphi(x) \end{cases}$。

* **9-8** 求解定解问题 $\begin{cases} u_t = a^2 u_{xx}, \ x > 0, \ t > 0 \\ u_x(0,t) = 0, \ u(x,0) = \varphi(x) \end{cases}$。

* **9-9** 一根初始温度为零的半无限长细杆，若在 $x = 0$ 端有热量 Q 流入，其温度分布归结为定解问题。

$$\begin{cases} u_t = a^2 u_{xx}, \ 0 < x < +\infty, \ t > 0 \\ -ku_x\mid_{x=0} = Q, \ u\mid_{t=0} = 0 \end{cases}$$

其中 k 为热导率，求细杆的时空温度分布。

* **9-10** 求解半平面 $y > 0$ 上的狄里克雷问题。

$$\begin{cases} u_{xx} + u_{yy} = 0, \ -\infty < x < +\infty, \ y > 0 \\ u(x,0) = f(x), \ \lim\limits_{r \to \infty} u = 0, \ r^2 = x^2 + y^2 \end{cases}$$

* **9-11** 试将函数 $\delta(x - x_0)$ 在区间 $[0,l]$ 上展为余弦傅里叶级数。

* **9-12** 求解定解问题 $\begin{cases} u_{tt} = a^2 u_{xx} - b^2 u, \ 0 < x < l, \ t > 0 \\ u(0,t) = 0, \ u(l,t) = 0 \\ u(x,0) = 0, \ u_t(x,0) = 0 \end{cases}$。

* **9-13** 在 xoy 平面上放置一个各方向可无限扩展的平板，其厚度为 l，已知平板的最初的湿含量（单位体积中的水量）为 A，今水分在平板两面以等速率 β 扩散，求平板内各点的湿含量 $u(x,t)$，即求解

$$\begin{cases} u_t = a^2 u_{xx}, \ 0 < x < l, \ t > 0 \\ u_x(0,t) = \beta/k, \ u_x(l,t) = -\beta/k, \ u(x,0) = A \end{cases}$$

* **9-14** 在 $x = 0$ 的邻域内用幂级数展开，分别求以下常微分方程的两个线性无关的幂级数解。

(1) $y'-xy=0$；(2) $xy''-xy'+y=0$。

- **9-15** 按指定的变换将所给的方程化成 Bessel 方程，并用 Bessel 函数表示原方程的通解。

  (1) 方程 $\dfrac{d^2u}{dx^2}+\dfrac{1+2\gamma}{x}\dfrac{du}{dx}+u=0$，做新未知函数 v 的变换 $v=x^\gamma u$；

  (2) 方程 $\dfrac{d^2u}{dx^2}+\dfrac{1}{x}\dfrac{du}{dx}+4(x^2-n^2/x^2)u=0$，做新自变量 t 的变换 $t=x^2$。

- **9-16** 求解圆柱域内的定解问题。

$$\begin{cases} u_{tt}=a^2(u_{rr}+u_r/r+u_{zz}), & 0<r<R,\ -\infty<z<+\infty,\ t>0 \\ u|_{r=R}=0,\ u|_{t=0}=U_0 \end{cases}$$

- **9-17** 试求方程 $\dfrac{d^2y}{dx^2}+\left(a^2-\dfrac{n^2-1/4}{x^2}\right)y=0$ 的通解，其中 a,n 为常数。

  (提示：令 $y=x^{1/2}z$。)

- **9-18** 验证 $P_n(x)=\dfrac{1}{2^n n!}\dfrac{d}{dx^n}(x^2-1)^n$ 满足 n 阶 Legendre 方程。

- **9-19** 在两个无限长的同心圆柱内装有黏性液体，从时刻零开始外圆柱以常角速度 ω 旋转，求任意时刻液体的速度。此问题可归结为求解以下定解问题

$$\begin{cases} v_t=\gamma(v_{rr}+v_r/r-v/r^2), & a<r<b,\ t>0 \\ v|_{r=a}=0,\ v|_{r=b}=\omega_0 b,\ v|_{t=0}=0 \end{cases}$$

  求任意时刻液体的速度（提示：先同时齐次化方程和边界条件）。

- **9-20** 一半球球面保持一定温度 $T_0\cos^3\theta$，半球底面绝热，半球的温度分布归结为定解问题

$$\begin{cases} \Delta u=0, & 0<r<l,\ 0<\theta<\pi/2 \\ u|_{r=l}=T_0\cos^3\theta,\ u_\theta|_{\theta=\pi/2}=0 \end{cases}$$

  求半球的温度分布（提示：先用偶延拓的办法将问题化为整个球面上的边值问题）。

第 10 章

偏微分方程组

在化工领域时常需要同时研究多相、多维和动态系统，这时仅用单一的偏微分方程已不能够描述这样的复杂系统，而往往需要两个以上的偏微分方程所构成的偏微分方程组，才足以描述系统的特性。一般而言，联立解析求解偏微分方程组是比较困难的，并且关于偏微分方程组解析求解方法方面的专著和教科书也非常有限，几乎找不到一本可供化工专业人士学习和参考的书籍。本章以化工领域常见的相际传质问题和停留时间分布问题所构成的偏微分方程组为例，系统介绍偏微分方程组的解析求解方法。

10.1　非稳态双膜相际传质过程

在上一章的 9.2 节中，详细讨论了相际传质过程中著名的溶质渗透和表面更新理论的数学模型及其求解方法。由于在第 9 章的讨论中，忽略了相际传质过程中气膜的传质阻力，从而所得到的数学模型是由单一偏微分方程构成的定解问题。本节在建立相际传质数学模型时，同时考虑存在气膜传质阻力，从而得到的相际传质模型将是一个由两个偏微分方程构成的偏微分方程组。

10.1.1　相际传质数学模型

Whitman 和 Lewis 提出的双膜理论适合于描述传质速率较慢的稳态传质过程，而化工实际体系的相际传质过程绝大多数是在搅拌、混合、湍动等强化条件下进行的，其传质速率通常要高出分子扩散速率一到两个数量级，因而将相际传质视为动态过程是合理的。现在讨论气液或液液两相动态传质过程，假设在气膜和液膜中的传质过程均符合 Fick 第二定律，并且传质阻力膜有界，此问题的物理定义如图 10-1 所示。根据图 10-1 的描述，非稳态双膜传质过程的数学模型可表示为以下偏微分方程组

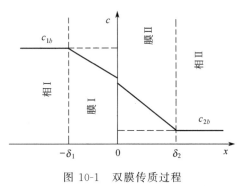

图 10-1　双膜传质过程

$$\begin{cases} \dfrac{\partial c_1}{\partial t}=D_1\dfrac{\partial^2 c_1}{\partial x^2} & (\delta_1<x<0) \\[2mm] \dfrac{\partial c_2}{\partial t}=D_2\dfrac{\partial^2 c_2}{\partial x^2} & (0<x<\delta_2) \end{cases} \qquad (10.1\text{-}1)$$

式中，D_1 和 D_2 分别为传递组分在相 I 和相 II 中的分子扩散系数；下标 b 表示传递组分在相应主体相中的浓度。假设在相界面处，传递组分在界面附近的浓度处于平衡，并根据传递过程的物料衡算及有界阻力膜假设，非稳态双膜传质过程应满足以下初始条件

$$t=0: \ c_1=c_{1b}, \ c_2=c_{2b} \tag{10.1-2}$$

和边界条件

$$t>0, \ x=-\delta_1: \ c_1=c_{1b}; \ t>0, \ x=\delta_2: \ c_2=c_{2b};$$

$$t>0, \ x=0: \ c_1=\kappa c_2, \ \left.\frac{\partial c_1}{\partial x}\right|_{x=0}=\frac{1}{\rho^2}\left.\frac{\partial c_2}{\partial x}\right|_{x=0} \tag{10.1-3}$$

式中，κ 表示界面处两相浓度的平衡常数，对于气液体系可由 Henry 常数确定，而对于液液体系则可由两相分配系数确定；ρ 根据两相的分子扩散系数由下式确定

$$\rho=\sqrt{D_1/D_2} \tag{10.1-4}$$

10.1.2　数学模型求解

对于由偏微分方程组(10.1-1) 和初始条件(10.1-2) 及边界条件(10.1-3) 组成的定解问题，可以参照求解偏微分方程和常微分方程组的方法进行求解。首先利用拉氏变换将偏微分方程组转化为常微分方程组，即

$$\begin{cases} D_1 \dfrac{\partial^2 \tilde{c}_1}{\partial x^2}=s\tilde{c}_1-c_{1b} \\[2mm] D_2 \dfrac{\partial^2 \tilde{c}_2}{\partial x^2}=s\tilde{c}_2-c_{2b} \end{cases} \tag{10.1-5}$$

同时，对边界条件也取拉氏变换得

$$\begin{cases} \tilde{c}_1(-\delta_1,s)=c_{1b}/s, \ \tilde{c}_2(\delta_2,s)=c_{2b}/s \\[2mm] \tilde{c}_1(0,s)=\kappa\tilde{c}_2(0,s), \ \left.\dfrac{\partial \tilde{c}_1}{\partial x}\right|_{x=0}=\dfrac{1}{\rho^2}\left.\dfrac{\partial \tilde{c}_2}{\partial x}\right|_{x=0} \end{cases} \tag{10.1-6}$$

方程组(10.1-5) 中的两个方程均为线性常微分方程，并且两个方程是自然解耦的，无需联立求其通解。由于边界条件(10.1-6) 中存在耦联边界，因而在求解此边值问题时，只需在确定微分方程通解的积分常数时联立求解一个代数方程组即可。由于常微分方程组(10.1-5) 中的两个方程均不含有一阶微分项，此时直接选取双曲函数作为微分方程的解函数可使求解过程大为简化，如果进一步将解函数的零点移至传质液膜的左右边界上，则不难直接写出该常微分方程组的通解

$$\begin{cases} \tilde{c}_1=A\sinh[\varphi_1(\delta_1+x)]+A'\cosh[\varphi_1(\delta_1+x)]+\dfrac{c_{1b}}{s} \\[2mm] \tilde{c}_2=B\sinh[\varphi_2(\delta_2-x)]+B'\cosh[\varphi_2(\delta_2-x)]+\dfrac{c_{2b}}{s} \end{cases} \tag{10.1-7}$$

式中，$\varphi_1=\sqrt{s/D_1}$；$\varphi_2=\sqrt{s/D_2}$ 及 $\varphi_2=\rho\varphi_1$。

利用边界条件(10.1-6) 中的前两个边界条件，可得 $A'=B'=0$，即有

$$\begin{cases} \tilde{c}_1=A\sinh[\varphi_1(\delta_1+x)]+\dfrac{c_{1b}}{s} \\[2mm] \tilde{c}_2=B\sinh[\varphi_2(\delta_2-x)]+\dfrac{c_{2b}}{s} \end{cases} \tag{10.1-8}$$

利用边界条件(10.1-6) 中的后两个边界条件，可得以下关于积分常数 A 和 B 的一个线性代数方程组

$$\begin{cases} A\sinh(\varphi_1\delta_1) - B\kappa\sinh(\varphi_2\delta_2) = \dfrac{\kappa c_{2b}}{s} - \dfrac{c_{1b}}{s} \\[3mm] A\varphi_1\cosh(\varphi_1\delta_1) + B\dfrac{\varphi_2}{\rho^2}\cosh(\varphi_2\delta_2) = 0 \end{cases} \qquad (10.1\text{-}9)$$

求解以上方程组可得积分常数

$$A = \frac{-\left[(c_{1b} - \kappa c_{2b})/s\right]\cosh(\varphi_2\delta_2)}{\sinh(\varphi_1\delta_1)\cosh(\varphi_2\delta_2) + \kappa\rho\cosh(\varphi_1\delta_1)\sinh(\varphi_2\delta_2)}$$

$$B = \frac{\rho\left[(c_{1b} - \kappa c_{2b})/s\right]\cosh(\varphi_1\delta_1)}{\sinh(\varphi_1\delta_1)\cosh(\varphi_2\delta_2) + \kappa\rho\cosh(\varphi_1\delta_1)\sinh(\varphi_2\delta_2)} \qquad (10.1\text{-}10)$$

将所得积分常数代入式(10.1-8) 即得到常微分方程组(10.1-5) 的解，其形式为

$$\begin{cases} \widetilde{c}_1(x,s) = \dfrac{-(c_{1b} - \kappa c_{2b})\cosh(\varphi_2\delta_2)\sinh\left[\varphi_1(\delta_1 + x)\right]}{s\left[\sinh(\varphi_1\delta_1)\cosh(\varphi_2\delta_2) + \kappa\rho\cosh(\varphi_1\delta_1)\sinh(\varphi_2\delta_2)\right]} + \dfrac{c_{1b}}{s} \\[4mm] \widetilde{c}_2(x,s) = \dfrac{\rho(c_{1b} - \kappa c_{2b})\cosh(\varphi_1\delta_1)\sinh\left[\varphi_2(\delta_2 - x)\right]}{s\left[\sinh(\varphi_1\delta_1)\cosh(\varphi_2\delta_2) + \kappa\rho\cosh(\varphi_1\delta_1)\sinh(\varphi_2\delta_2)\right]} + \dfrac{c_{2b}}{s} \end{cases} \qquad (10.1\text{-}11)$$

    为了求得真实时空域上的浓度变化规律，需要求取浓度像函数表达式(10.1-11) 的像原函数，也即求式(10.1-11) 的 Laplace 逆变换。尽管式(10.1-11) 的形式比较复杂，但利用我们在第 4 章和第 5 章学过的知识和方法，利用留数理论对式(10.1-11) 进行 Laplace 逆变换并不困难。为此，我们首先确定像函数表达式的极点。显然 $s_0 = 0$ 是像函数第一项的一个一级极点，其它极点可以通过求解方程

$$\sinh\varphi_1\delta_1\cosh\varphi_2\delta_2 + \kappa\rho\cosh\varphi_1\delta_1\sinh\varphi_2\delta_2 = 0 \qquad (10.1\text{-}12)$$

求得。考察方程(10.1-12) 可知，只有当 $s < 0$ 时方程才有解，因此不妨令

$$\varphi_1 = i\widehat{\varphi}_1, \qquad \varphi_2 = i\widehat{\varphi}_2 \qquad (10.1\text{-}13)$$

并有 $\widehat{\varphi}_2 = \rho\widehat{\varphi}_1$。基于三角函数与双曲函数之间的等价关系，方程(10.1-12) 可以写成三角函数的形式

$$\sin\widehat{\varphi}_1\delta_1\cos\widehat{\varphi}_2\delta_2 + \kappa\rho\cos\widehat{\varphi}_1\delta_1\sin\widehat{\varphi}_2\delta_2 = 0 \qquad (10.1\text{-}14)$$

为了求解方便，利用三角函数关系式

$$a\sin\alpha\cos\beta + b\cos\alpha\sin\beta = \frac{a+b}{2}\sin(\alpha+\beta) + \frac{a-b}{2}\sin(\alpha-\beta) \qquad (10.1\text{-}15)$$

方程(10.1-14) 又可以进一步写成

$$f(\widehat{\varphi}_1) = (1+\kappa\rho)\sin\left[\widehat{\varphi}_1(\delta_1 + \rho\delta_2)\right] + (1-\kappa\rho)\sin\left[\widehat{\varphi}_1(\delta_1 - \rho\delta_2)\right] = 0 \qquad (10.1\text{-}16)$$

关于方程(10.1-16) 的极点分布如图 10-2 所示，由图可知方程存在无穷多个单根，也即除了零以外像函数还存在无穷多个一级非零极点。

    至于具体极点的求取可以有很多方法，例如可用 Matlab 提供的求根函数，也可用相关的数值方法求解。图 10-3 就是利用数值方法求解方程(10.1-16) 诸根的程序框图，其算法策略和思路可为求解此类问题提供非常有益的参考。

    当在一定的范围内求得方程(10.1-16) 的根之后，即可根据

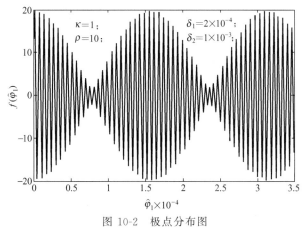

图 10-2 极点分布图

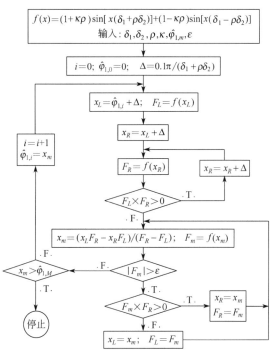

图 10-3 求根程序框图

$$s_n = -D_1\hat{\varphi}_{1,n}^2 = -D_2\hat{\varphi}_{2,n}^2 \quad (n=1,2,\cdots) \tag{10.1-17}$$

确定所求拉氏变换像函数的一系列非零极点。从而可以利用留数理论对式(10.1-11)进行拉氏逆变换，首先对 c_1 像函数进行拉氏逆变换

$$c_1(x,t) = c_{1b} + \lim_{s\to 0} \frac{-s(c_{1b}-\kappa c_{2b})\cosh(\varphi_2\delta_2)\sinh[\varphi_1(\delta_1+x)]}{s[\sinh(\varphi_1\delta_1)\cosh(\varphi_2\delta_2)+\kappa\rho\cosh(\varphi_1\delta_1)\sinh(\varphi_2\delta_2)]}e^{st} +$$

$$\sum_{n=1}^{\infty}\lim_{s\to s_n}\frac{-(c_{1b}-\kappa c_{2b})\cosh(\varphi_2\delta_2)\sinh[\varphi_1(\delta_1+x)]}{[s\sinh(\varphi_1\delta_1)\cosh(\varphi_2\delta_2)+\kappa\rho s\cosh(\varphi_1\delta_1)\sinh(\varphi_2\delta_2)]}e^{st}$$

$$\tag{10.1-18}$$

经取极限和将双曲函数代换成三角函数之后，即得

$$c_1(x,t)=c_{1b}-(c_{1b}-\kappa c_{2b})\left\{\frac{\delta_1+x}{\delta_1+\kappa\rho^2\delta_2}-2\sum_{n=1}^{\infty}\frac{\sin[\hat{\varphi}_{1,n}(\delta_1+x)]\,\mathrm{e}^{-D_1\hat{\varphi}_{1,n}^2t}}{\Delta_1\cos\hat{\varphi}_{1,n}\delta_1-\Delta_2\sin\hat{\varphi}_{1,n}\delta_1\tan\hat{\varphi}_{2,n}\delta_2}\right\}$$

$$(10.1\text{-}19)$$

式中，$\Delta_1=\hat{\varphi}_{1,n}\delta_1+\kappa\rho\hat{\varphi}_{2,n}\delta_2$，$\Delta_2=\hat{\varphi}_{2,n}\delta_2+\kappa\rho\hat{\varphi}_{1,n}\delta_1$。类似地，可以得到 c_2 的拉普拉斯逆变换结果

$$c_2(x,t)=c_{2b}+(c_{1b}-\kappa c_{2b})\left\{\frac{\rho^2(\delta_2-x)}{\delta_1+\kappa\rho^2\delta_2}-2\sum_{n=1}^{\infty}\frac{\rho\sin[\hat{\varphi}_{2,n}(\delta_2-x)]\,\mathrm{e}^{-D_2\hat{\varphi}_{2,n}^2t}}{\Delta_1\cos\hat{\varphi}_{2,n}\delta_2-\Delta_2\tan\hat{\varphi}_{1,n}\delta_1\sin\hat{\varphi}_{2,n}\delta_2}\right\}$$

$$(10.1\text{-}20)$$

上面得到的式(10.1-19) 和式(10.1-20) 分别描述了两相传质阻力膜内的浓度分布，如果两相传质过程趋于稳态，也即 $t\to\infty$ 时，传质阻力膜内的浓度分布可通过取 $t\to\infty$ 的极限得到，结果为

$$\begin{cases}c_1(x,t)=c_{1b}-(c_{1b}-\kappa c_{2b})\dfrac{\delta_1+x}{\delta_1+\kappa\rho^2\delta_2}\\[3mm]c_2(x,t)=c_{2b}+(c_{1b}-\kappa c_{2b})\dfrac{\rho^2(\delta_2-x)}{\delta_1+\kappa\rho^2\delta_2}\end{cases}$$

$$(10.1\text{-}21)$$

10.1.3　相际传质过程分析

在上一小节，基于非稳态双膜传质模型(10.1-11)解析求得了在不同微观时间传质阻力膜内的浓度分布。如要计算相际传质速率，只需计算相界面处的浓度梯度，然后利用 Fick 第一定律和液膜寿命分布即可计算得到。为此，我们在 $x=0$ 处对式(10.1-19) 或式(10.1-20) 求导得到相界面处的浓度梯度，然后再乘以分子扩散常数，即得到不同微观时间的相际传质速率

$$N(t)=-D_1\frac{\partial c_1(x,t)}{\partial x}\bigg|_{x=0}=-D_2\frac{\partial c_2(x,t)}{\partial x}\bigg|_{x=0}$$

$$=\frac{(c_{1b}-\kappa c_{2b})}{\delta_1/D_1+\kappa\delta_2/D_2}-2\sum_{n=1}^{\infty}\frac{D_1(c_{1b}-\kappa c_{2b})\,\mathrm{e}^{-D_1\hat{\varphi}_{1,n}^2t}}{(\delta_1+\kappa\rho^2\delta_2)-(\rho\delta_2+\kappa\rho\delta_1)\tan\hat{\varphi}_{1,n}\delta_1\tan\hat{\varphi}_{2,n}\delta_2}$$

$$(10.1\text{-}22)$$

利用 Danckwerts 传质阻力膜寿命分布函数(9.2-57) 对上式的时间变量积分即得到时均相际传质速率

$$\bar{N}=\int_0^{\infty}N(t)S\mathrm{e}^{-St}\,\mathrm{d}t=\frac{(c_{1b}-\kappa c_{2b})}{\delta_1/D_1+\kappa\delta_2/D_2}-$$

$$2\sum_{n=1}^{\infty}\frac{D_1(c_{1b}-\kappa c_{2b})S}{(S+D_1\hat{\varphi}_{1,n}^2)\left[(\delta_1+\kappa\rho^2\delta_2)-(\rho\delta_2+\kappa\rho\delta_1)\tan\hat{\varphi}_{1,n}\delta_1\tan\hat{\varphi}_{2,n}\delta_2\right]}$$

$$(10.1\text{-}23)$$

式中，S 为非稳态传质模型参数，其数值大小表示非稳态传质与稳态传质相比在传质速率上的强化程度。

事实上，如果我们只关心相际传质速率，并不需要计算传质阻力膜中的浓度分布，则只需利用 Laplace 变换的定义

$$\tilde{c}(x,S) = \int_0^\infty e^{-St} c(x,t) \mathrm{d}t \tag{10.1-24}$$

将拉氏变换参数 S 与 Danckwerts 寿命分布函数中的参数 S 等价处理，即可直接由式(10.1-11)求出时均相际传质速率

$$\overline{N} = \int_0^\infty -S e^{-St} D_1 \frac{\partial c_1(x,t)}{\partial x}\bigg|_{x=0} \mathrm{d}t = -SD_1 \left[\frac{\partial}{\partial x} \int_0^\infty e^{-St} c_1(x,t)\mathrm{d}t \right]_{x=0}$$

$$= -SD_1 \frac{\partial \tilde{c}_1(x,S)}{\partial x}\bigg|_{x=0} = \frac{\sqrt{D_1 S}(c_{1b} - \kappa c_{2b})}{\tanh\varphi_1\delta_1 + \kappa\rho\tanh\varphi_2\delta_2} \tag{10.1-25}$$

对比式(10.1-25)和式(10.1-23)，可以发现两式中三角函数级数与双曲函数表达式之间的等价关系

$$\frac{\sqrt{SD_1}}{\tanh\varphi_1\delta_1 + \kappa\rho\tanh\varphi_1\delta_1} = \frac{1}{\delta_1/D_1 + \kappa\delta_2/D_2} -$$

$$2\sum_{n=1}^\infty \frac{D_1 S/(S + D_1\hat{\varphi}_{1,n}^2)}{(\delta_1 + \kappa\rho^2\delta_2) - (\rho\delta_2 + \kappa\rho\delta_1)\tan\hat{\varphi}_{1,n}\delta_1\tan\hat{\varphi}_{2,n}\delta_2} \tag{10.1-26}$$

10.2　伴随化学反应的相际传质过程

在化工相际传质过程中，有相当一部分体系在传质的同时还伴随着化学反应的存在。如传质体系为气液体系，这时的相际传质过程即所谓的化学吸收或化学解吸过程。上一节讨论的是相际物理传质过程，而从某种意义上讲化学反应才是化工过程的实质，因而探讨化学吸收或解吸更具实际意义。

10.2.1　数学模型

对于化学吸收传质过程，不同的反应与传质过程的相对速率，其传质行为也存在明显不同的差异。一般情况下，当相对反应速率较快时，反应过程将发生在传质界面或传质液膜内，传质组分在到达液相主体相之前即已被消耗完，此时对应的化学反应称为极快反应和快速反应；而当相对反应速率较慢时，反应过程不仅发生在传质液膜内，同时也发生在液体主体相，根据反应过程在液膜和主体相中完成的比例，此时将所对应的化学反应称为中速反应和慢速反应。

对于极快和快速反应过程，由于反应仅发生在相界面或传质液膜内，相应的传质数学模型及过程模拟相对简单。本节则针对具有一般性的中慢速反应过程，基于双膜理论建立非稳态相际传质模型，利用前面学过的求解偏微分方程的知识和方法，对所建立的数学模型进行解析求解。

像物理传质过程一样，化学传质过程在气膜和液膜中的传质过程同样也应符合 Fick 第二定律，只是在液膜中应考虑化学反应对传质过程的影响。假设气相和液相的传质阻力膜有

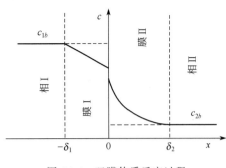

图 10-4　双膜传质反应过程

界，化学反应发生在液膜和液体主体相，且反应动力学为一级不可逆反应过程，液体主体相的浓度可以通过物料衡算确定，则此问题的物理定义如图 10-4 所示。根据图 10-4 的描述，伴随化学反应时的非稳态双膜传质过程的数学模型可表示为以下偏微分方程组

$$
\begin{cases}
\dfrac{\partial c_1}{\partial t}=D_1\dfrac{\partial^2 c_1}{\partial x^2} & (\delta_1<x<0) \\[3mm]
\dfrac{\partial c_2}{\partial t}=D_2\dfrac{\partial^2 c_2}{\partial x^2}-k_r c_2 & (0<x<\delta_2)
\end{cases}
$$

$$(10.2\text{-}1)$$

式中，D_1 和 D_2 分别为传递组分在气相和液相中的分子扩散系数；k_r 为化学反应过程的速率常数。假设在相界面处，传递组分在界面附近的浓度处于平衡，并根据传递过程的物料衡算及有界阻力膜假设，伴随化学反应时的非稳态双膜传质过程应满足以下初始条件

$$t=0:\ c_1=c_{1b},\ c_2=c_{2b} \tag{10.2-2}$$

和边界条件

$$t>0,\ x=-\delta_1:\ c_1=c_{1b};\ t>0,\ x=\delta_2:\ c_2=c_{2b}$$

$$t>0,\ x=0:\ c_1=\kappa c_2,\quad \left.\frac{\partial c_1}{\partial x}\right|_{x=0}=\frac{1}{\rho^2}\left.\frac{\partial c_2}{\partial x}\right|_{x=0} \tag{10.2-3}$$

式中，下标 b 表示传递组分在相应主体相中的浓度；κ 表示界面处两相浓度的平衡常数；ρ 根据两相的分子扩散系数由下式确定

$$\rho=\sqrt{D_1/D_2} \tag{10.2-4}$$

　　对比本节的传质数学模型与上节的物理传质模型，从数学意义上看，不同之处只是关于液膜浓度分布的偏微分方程多出了一个源项，而其初始条件与边界条件则完全一样。虽然偏微分方程只增加了一个反应项，但这一变化给解析求解带来了明显的难度，下面将给出详细的讨论。

10.2.2　模型求解

　　为了求解由偏微分方程组（10.2-1）和相应的初始条件及边界条件构成的定解问题，首先利用初始条件（10.2-2）对偏微分方程组（10.2-1）和边界条件（10.2-3）进行 Laplace 变换，将偏微分方程组转化成常微分方程组，然后利用 Sturm-Liouville 理论求解常微分方程组定解问题，最后将所得结果进行拉氏逆变换即得问题的最终解。偏微分方程组（10.2-1）的拉氏变换结果为

$$
\begin{cases}
D_1\dfrac{\partial^2 \tilde{c}_1}{\partial x^2}=s\tilde{c}_1-c_{1b} \\[3mm]
D_2\dfrac{\partial^2 \tilde{c}_2}{\partial x^2}=(s+k_r)\tilde{c}_2-c_{2b}
\end{cases}
$$

$$(10.2\text{-}5)$$

而边界条件的拉氏变换结果为

$$\begin{cases} \tilde{c}_1(-\delta_1,s)=c_{1b}/s,\tilde{c}_2(\delta_2,s)=c_{2b}/s \\ \tilde{c}_1(0,s)=\kappa\tilde{c}_2(0,s),\dfrac{\partial\tilde{c}_1}{\partial x}\bigg|_{x=0}=\dfrac{1}{\rho^2}\dfrac{\partial\tilde{c}_2}{\partial x}\bigg|_{x=0} \end{cases} \tag{10.2-6}$$

方程组(10.2-5) 中的两个方程均为线性常微分方程。由于方程组中的两个方程是自然解耦的，因此无需联立求其通解。然而，由于边界条件(10.2-6) 中存在耦联边界，因此在确定微分方程通解的积分常数时，需要利用边界条件联立求解一个代数方程组。参照上一节求解常微分方程组(10.1-5) 的方法，直接选取双曲函数作为微分方程的解函数，并将解函数的零点移至传质液膜的左右边界上，则可直接写出该常微分方程组的通解

$$\begin{cases} \tilde{c}_1=A\sinh[\varphi_1(\delta_1+x)]+A'\cosh[\varphi_1(\delta_1+x)]+\dfrac{c_{1b}}{s} \\ \tilde{c}_2=B\sinh[\varphi_2(\delta_2-x)]+B'\cosh[\varphi_2(\delta_2-x)]+\dfrac{c_{2b}}{s+k_r} \end{cases} \tag{10.2-7}$$

式中，$\varphi_1=\sqrt{s/D_1}$；$\varphi_2=\sqrt{(s+k_r)/D_2}$。

利用边界条件 (10.2-6) 中的前两个边界条件，可得 $A'=0$ 和

$$B'=\frac{k_r c_{2b}}{s(s+k_r)} \tag{10.2-8}$$

将 A' 和 B' 代入式(10.2-7)得

$$\begin{cases} \tilde{c}_1(x,s)=A\sinh[\varphi_1(\delta_1+x)]+\dfrac{c_{1b}}{s} \\ \tilde{c}_2(x,s)=B\sinh[\varphi_2(\delta_2-x)]+\dfrac{k_r c_{2b}\cosh(\varphi_2\delta_2)}{s(s+k_r)}+\dfrac{c_{2b}}{s+k_r} \end{cases} \tag{10.2-9}$$

利用边界条件(10.2-6) 中的后两个边界条件，可得以下关于积分常数 A 和 B 的一个线性代数方程组

$$\begin{cases} A\sinh(\varphi_1\delta_1)-B\kappa\sinh(\varphi_2\delta_2)=\dfrac{\kappa k_r c_{2b}\cosh(\varphi_2\delta_2)}{s(s+k_r)}+\dfrac{\kappa c_{2b}}{s(s+k_r)}-\dfrac{c_{1b}}{s} \\ A\varphi_1\cosh(\varphi_1\delta_1)+B\dfrac{\varphi_2}{\rho^2}\cosh(\varphi_2\delta_2)=-\dfrac{k_r c_{2b}\varphi_2\sinh(\varphi_2\delta_2)}{\rho^2 s(s+k_r)} \end{cases} \tag{10.2-10}$$

求解以上方程组可得积分常数

$$A=\frac{[\kappa k_r c_{2b}-(s+k_r)c_{1b}\cosh(\varphi_2\delta_2)+s\kappa c_{2b}\cosh(\varphi_2\delta_2)]\varphi_2}{s(s+k_r)[\varphi_2\sinh(\varphi_1\delta_1)\cosh(\varphi_2\delta_2)+\kappa\rho^2\varphi_1\cosh(\varphi_1\delta_1)\sinh(\varphi_2\delta_2)]} \tag{10.2-11a}$$

设　$C=(s+k_r)\rho^2\varphi_1 c_{1b}\cosh(\varphi_1\delta_1)-\kappa\rho^2\varphi_1 k_r c_{2b}\cosh(\varphi_1\delta_1)\cosh(\varphi_2\delta_2)$

$$B=\frac{C-s\kappa\rho^2\varphi_1 c_{2b}\cosh(\varphi_1\delta_1)-k_r c_{2b}\varphi_2\sinh(\varphi_1\delta_1)\sinh(\varphi_2\delta_2)}{s(s+k_r)[\varphi_2\sinh(\varphi_1\delta_1)\cosh(\varphi_2\delta_2)+\kappa\rho^2\varphi_1\cosh(\varphi_1\delta_1)\sinh(\varphi_2\delta_2)]}$$

$$\tag{10.2-11b}$$

将所得积分常数代入式(10.2-9) 即得到常微分方程组(10.2-5) 的解，其形式为

$$\tilde{c}_1(x,s)=\frac{\{\kappa k_r c_{2b}-[(s+k_r)c_{1b}-s\kappa c_{2b}]\cosh\xi_2\}\varphi_2\sinh(\xi_1+\varphi_1 x)}{s(s+k_r)(\varphi_2\sinh\xi_1\cosh\xi_2+\kappa\rho^2\varphi_1\cosh\xi_1\sinh\xi_2)}+\frac{c_{1b}}{s} \tag{10.2-12}$$

$$\tilde{c}_2(x,s) = \frac{\rho^2 \varphi_1 \left[(s+k_r)c_{1b} - \kappa k_r c_{2b}\cosh\xi_2\right]\cosh\xi_1 \sinh(\xi_2 - \varphi_2 x)}{s(s+k_r)(\varphi_2 \sinh\xi_1 \cosh\xi_2 + \kappa\rho^2 \varphi_1 \cosh\xi_1 \sinh\xi_2)} -$$

$$\frac{c_{2b}\left[k_r \varphi_2 \sinh\xi_1 \sinh\xi_2 + s\kappa\rho^2 \varphi_1 \cosh\xi_1\right]\sinh(\xi_2 - \varphi_2 x)}{s(s+k_r)(\varphi_2 \sinh\xi_1 \cosh\xi_2 + \kappa\rho^2 \varphi_1 \cosh\xi_1 \sinh\xi_2)} + \frac{k_r c_{2b}\cosh(\xi_2 - \varphi_2 x)}{s(s+k_r)} + \frac{c_{2b}}{s+k_r}$$

$$(10.2\text{-}13)$$

式中，$\xi_1 = \varphi_1 \delta_1$，$\xi_2 = \varphi_2 \delta_2$。

对上式进行 Laplace 逆变换，即得到真实时空域传质膜内传递物质的浓度变化规律。通过考察可知，利用留数理论求取式（10.2-12）和式（10.2-13）的像原函数是可行的。为此，我们首先确定像函数表达式的极点。显然，像函数第一项存在两个一级极点，即 $s_0 = 0$ 和 $s_k = -k_r$，其它极点可以通过求解代数方程

$$\varphi_2 \sinh\varphi_1 \delta_1 \cosh\varphi_2 \delta_2 + \kappa\rho^2 \varphi_1 \cosh\varphi_1 \delta_1 \sinh\varphi_2 \delta_2 = 0 \qquad (10.2\text{-}14)$$

求得。方程（10.2-14）只有当 $s < 0$ 时才有解，因此不妨令

$$\varphi_1 = i\hat{\varphi}_1, \qquad \varphi_2 = i\hat{\varphi}_2 \qquad (10.2\text{-}15)$$

基于三角函数与双曲函数之间的等价关系，方程（10.2-14）可以写成三角函数的形式

$$\hat{\varphi}_2 \sin\hat{\varphi}_1 \delta_1 \cos\hat{\varphi}_2 \delta_2 + \kappa\rho^2 \hat{\varphi}_1 \cos\hat{\varphi}_1 \delta_1 \sin\hat{\varphi}_2 \delta_2 = 0 \qquad (10.2\text{-}16)$$

利用三角函数关系式（10.1-15），方程（10.2-16）又可以进一步写成

$$(\kappa\rho^2 \hat{\varphi}_1 + \hat{\varphi}_2)\sin(\hat{\varphi}_1 \delta_1 + \hat{\varphi}_2 \delta_2) + (\kappa\rho^2 \hat{\varphi}_1 - \hat{\varphi}_2)\sin(\hat{\varphi}_1 \delta_1 - \hat{\varphi}_2 \delta_2) = 0 \quad (10.2\text{-}17)$$

或 $$\sin\left(\delta_1 \sqrt{-\frac{s}{D_1}} + \delta_2 \sqrt{-\frac{s+k_r}{D_2}}\right) + \frac{\sqrt{-s-k_r} - \kappa\rho\sqrt{-s}}{\sqrt{-s-k_r} + \kappa\rho\sqrt{-s}}\sin\left(\delta_1 \sqrt{-\frac{s}{D_1}} - \delta_2 \sqrt{-\frac{s+k_r}{D_2}}\right) = 0$$

$$(10.2\text{-}18)$$

关于方程（10.2-18）的函数形态如图 10-5 所示，由图可知方程存在无穷多个单根，也即除了零和 $-k_r$ 以外像函数还存在无穷多个一级非零极点。由图 10-5 可知，由方程（10.2-18）确定的极点均为负值。并且，由于化学反应的存在，极点在 x 轴上向左呈发散式分布。

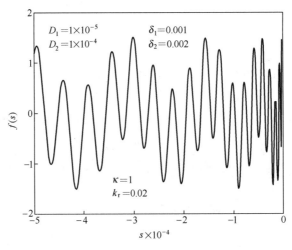

图 10-5　极点分布图

正如上一节求解方程(10.1-16) 一样，同样不难借鉴图 10-3 中的计算程序框图，根据图中的算法策略编写出相应的计算机计算程序。

当求得极点 s_n ，$n=1,2,\cdots$ 之后，由式(10.2-15) 即可计算出

$$\hat{\varphi}_{1,n}=\sqrt{-s_n/D_1}\,, \hat{\varphi}_{2,n}=\sqrt{-(s_n+k_r)/D_2} \qquad (n=1,2\cdots) \tag{10.2-19}$$

和
$$\hat{\xi}_{1,n}=\hat{\varphi}_{1,n}\delta_1\,, \hat{\xi}_{2,n}=\hat{\varphi}_{2,n}\delta_2 \tag{10.2-20}$$

当求得像函数的全部极点 s_0 ，s_k ，s_n 之后，即可利用留数理论对式(10.2-12) 进行拉氏逆变换。首先对 c_1 像函数进行拉氏逆变换

$$
\begin{aligned}
c_1(x,t)=c_{1b}&+\lim_{s\to 0}\frac{s\{\kappa k_r c_{2b}-[(s+k_r)c_{1b}-s\kappa c_{2b}]\cosh\xi_2\}\varphi_2\sinh(\xi_1+\varphi_1 x)}{s(s+k_r)(\varphi_2\sinh\xi_1\cosh\xi_2+\kappa\rho^2\varphi_1\cosh\xi_1\sinh\xi_2)}e^{st}\\
&+\lim_{s\to -k_r}\frac{(s+k_r)\{\kappa k_r c_{2b}-[(s+k_r)c_{1b}-s\kappa c_{2b}]\cosh\xi_2\}\varphi_2\sinh(\xi_1+\varphi_1 x)}{s(s+k_r)(\varphi_2\sinh\xi_1\cosh\xi_2+\kappa\rho^2\varphi_1\cosh\xi_1\sinh\xi_2)}e^{st}\\
&+\sum_{n=1}^{\infty}\lim_{s\to s_n}\frac{\{\kappa k_r c_{2b}-[(s+k_r)c_{1b}-s\kappa c_{2b}]\cosh\xi_2\}\varphi_2\sinh(\xi_1+\varphi_1 x)}{[s(s+k_r)(\varphi_2\sinh\xi_1\cosh\xi_2+\kappa\rho^2\varphi_1\cosh\xi_1\sinh\xi_2)]'}e^{st}
\end{aligned}
\tag{10.2-21}
$$

经取极限和将双曲函数代换成三角函数之后，即得

$$
c_1(x,t)=c_{1b}-\frac{\alpha(c_{1b}\cosh\alpha-\kappa c_{2b})(\delta_1+x)}{\alpha\delta_1\cosh\alpha+\kappa\rho^2\delta_2\sinh\alpha}+
$$
$$
\frac{2}{\rho^2}\sum_{n=1}^{\infty}\frac{[2\kappa\alpha^2 c_{2b}\sin\hat{\xi}_{2,n}/\delta_2^2+\gamma_n\sin(2\hat{\xi}_{2,n})]\sin\hat{\xi}_{1,n}\sin(\hat{\xi}_{1,n}+\hat{\varphi}_{1,n}x)e^{-D_1\hat{\varphi}_{1,n}^2 t}}{\hat{\varphi}_{1,n}^2\sin^2\hat{\xi}_{1,n}[2\hat{\xi}_{2,n}-\sin(2\hat{\xi}_{2,n})]+\kappa\hat{\varphi}_{1,n}\hat{\varphi}_{2,n}\sin^2\hat{\xi}_{2,n}[2\hat{\xi}_{1,n}-\sin(2\hat{\xi}_{1,n})]}
\tag{10.2-22}
$$

式中 $\alpha=\delta_2\sqrt{k_r/D_2}$ ，$\gamma_n=\hat{\varphi}_{2,n}^2 c_{1b}-\kappa\rho^2\hat{\varphi}_{1,n}^2 c_{2b}$ 。

类似地，我们可以得到 c_2 的拉氏逆变换结果

$$
c_2(x,t)=c_{2b}\cosh[\alpha(1-x/\delta_2)]+\frac{(\rho^2\delta_2 c_{1b}-\kappa\rho^2\delta_2 c_{2b}\cosh\alpha-\alpha\delta_1 c_{2b}\sinh\alpha)\sinh[\alpha(1-x/\delta_2)]}{\alpha\delta_1\cosh\alpha+\kappa\rho^2\delta_2\sinh\alpha}-
$$
$$
\frac{2}{\rho^2}\sum_{n=1}^{\infty}\frac{[\rho^2\hat{\varphi}_{1,n}\gamma_n\sin(2\hat{\xi}_{1,n})\sin\hat{\xi}_{2,n}-2\alpha^2\hat{\varphi}_{2,n}c_{2b}\sin^2\hat{\xi}_{1,n}/\delta_2^2]\sin[\hat{\xi}_{2,n}-\hat{\varphi}_{2,n}x]e^{-D_1\hat{\varphi}_{1,n}^2 t}}{\hat{\varphi}_{1,n}^2\sin^2\hat{\xi}_{1,n}[2\hat{\xi}_{2,n}-\sin(2\hat{\xi}_{2,n})]+\kappa\hat{\varphi}_{1,n}\hat{\varphi}_{2,n}\sin^2\hat{\xi}_{2,n}[2\hat{\xi}_{1,n}-\sin(2\hat{\xi}_{1,n})]}
\tag{10.2-23}
$$

式(10.2-22) 和式(10.2-23) 分别描述了两相传质阻力膜内的浓度分布，图 10-6 为在给定条件下根据解析结果式(10.2-20) 和式(10.2-21) 计算得到的浓度分布。

当传质时间趋于无穷，也即 $t\to\infty$ 时，两相传质过程趋于稳态，传质阻力膜内的浓度分布可通过对式(10.2-22) 和式(10.2-23) 取极限得到，结果为

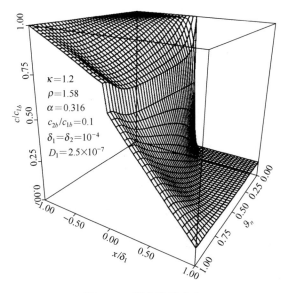

图 10-6　膜内浓度分布

$$\begin{cases} c_1(x) = c_{1b} - \dfrac{\alpha(c_{1b}\cosh\alpha - \kappa c_{2b})(\delta_1 + x)}{\alpha\delta_1\cosh\alpha + \kappa\rho^2\delta_2\sinh\alpha} \\[4mm] c_2(x) = c_{2b}\cosh[\alpha(1 - x/\delta_2)] + \dfrac{(\rho^2\delta_2 c_{1b} - \kappa\rho^2\delta_2 c_{2b}\cosh\alpha - \alpha\delta_1 c_{2b}\sinh\alpha)\sinh[\alpha(1 - x/\delta_2)]}{\alpha\delta_1\cosh\alpha + \kappa\rho^2\delta_2\sinh\alpha} \end{cases}$$

$$(10.2\text{-}24)$$

　　如果令式（10.2-24）中的 $k_r = 0$，也即不存在化学反应，则式（10.2-24）可以进一步简化为与式（10.1-21）完全等价的结果

$$\begin{cases} c_1(x) = c_{1b} - \dfrac{(c_{1b} - \kappa c_{2b})(\delta_1 + x)}{\delta_1 + \kappa\rho^2\delta_2} \\[4mm] c_2(x) = c_{2b} + \dfrac{\rho^2(c_{1b} - \kappa c_{2b})(\delta_2 - x)}{\delta_1 + \kappa\rho^2\delta_2} \end{cases}$$

$$(10.2\text{-}25)$$

10.2.3　传质速率分析

　　根据传质液膜内浓度分布的表达式（10.2-22）或式（10.2-23），可以很方便地计算出传质相界面处的浓度梯度，然后应用 Fick 第一定律即可得到不同时刻通过相界面的传质速率。为此，我们在 $x = 0$ 处对式（10.2-22）求导得到相界面处的浓度梯度，然后再乘以分子扩散常数，即得到不同时刻的相际传质速率

$$N(t) = -D_1 \frac{\partial c_1(x,t)}{\partial x}\bigg|_{x=0} = \frac{\alpha D_1(c_{1b}\cosh\alpha - \kappa c_{2b})}{\alpha\delta_1\cosh\alpha + \kappa\rho^2\delta_2\sinh\alpha} -$$

$$\frac{1}{\rho^2}\sum_{n=1}^{\infty}\frac{[2\kappa\alpha^2 c_{2b}\sin\hat{\xi}_{2,n}/\delta_2^2 + \gamma_n\sin(2\hat{\xi}_{2,n})]\sin(2\hat{\xi}_{1,n})\mathrm{e}^{-D_1\hat{\varphi}_{1,n}^2 t}}{\hat{\varphi}_{1,n}\sin^2\hat{\xi}_{1,n}[2\hat{\xi}_{2,n} - \sin(2\hat{\xi}_{2,n})] + \kappa\hat{\varphi}_{2,n}\sin^2\hat{\xi}_{2,n}[2\hat{\xi}_{1,n} - \sin(2\hat{\xi}_{1,n})]}$$

$$(10.2\text{-}26)$$

如要计算宏观时均相际传质速率，则需要知道传质阻力膜的寿命及其定量分布。在此假设传质阻力膜的寿命符合 Danckwerts 寿命分布函数(9.2-57)，则可得到时均相际传质速率

$$\overline{N} = \int_0^\infty N(t)Se^{-St}\,dt = \frac{\alpha D_1(c_{1b}\cosh\alpha - \kappa c_{2b})}{\alpha\delta_1\cosh\alpha + \kappa\rho^2\delta_2\sinh\alpha} -$$

$$\frac{1}{\rho^2}\sum_{n=1}^\infty \frac{[2\kappa\alpha^2 c_{2b}\sin\hat{\xi}_{2,n}/\delta_2^2 + \gamma_n\sin(2\hat{\xi}_{2,n})]\sin(2\hat{\xi}_{1,n})/(1+\hat{\xi}_{1,n}\vartheta^2)}{\hat{\varphi}_{1,n}\sin^2\hat{\xi}_{1,n}[2\hat{\xi}_{2,n} - \sin(2\hat{\xi}_{2,n})] + \kappa\hat{\varphi}_{2,n}\sin^2\hat{\xi}_{2,n}[2\hat{\xi}_{1,n} - \sin(2\hat{\xi}_{1,n})]}$$

$$(10.2\text{-}27)$$

式中，ϑ 为宏观无量纲传质模型参数，与传质膜厚度 δ_1、分子扩散常数 D_1 和传质膜寿命分布参数 S 有关，其具体定义为

$$\vartheta = \sqrt{D_1/S}/\delta_1 \tag{10.2-28}$$

其数值大小表示非稳态传质与稳态传质相比在传质速率上的强化程度，ϑ 值越大传质速率越慢，反之则越快。

考察时均相际传质速率的表达式(10.2-27) 不难发现，式中的第一项为在相界面处存在静止传质阻力膜时的稳态传质速率，而第二项则表示因传质表面更新造成的传质速率的增加。当传质相界面更新速率减缓而趋于稳定时，模型参数 ϑ 趋于无穷大，则对式(10.2-27)取极限即得静止膜时的时均传质速率

$$\overline{N} = \frac{\alpha D_1(c_{1b}\cosh\alpha - \kappa c_{2b})}{\alpha\delta_1\cosh\alpha + \kappa\rho^2\delta_2\sinh\alpha} \tag{10.2-29}$$

进而，若令式中的反应速率常数 $k_r=0$，则得到不存在化学反应时物理传质双膜模型的传质速率表达式

$$\overline{N} = \frac{c_{1b} - \kappa c_{2b}}{\delta_1/D_1 + \kappa\delta_2/D_2} \tag{10.2-30}$$

像上一节所讨论的一样，如果我们只关心相际传质速率，并不需要计算传质阻力膜中的浓度分布，即能得到与式(10.2-27) 等价的宏观时均传质速率。这时，只需利用 Laplace 变换的定义

$$\tilde{c}(x,S) = \int_0^\infty e^{-St}c(x,t)\,dt \tag{10.2-31}$$

将拉氏变换参数 S 与 Danckwerts 寿命分布函数中的参数 S 等价处理，即可直接由式(10.2-12) 求出时均相际传质速率

$$\overline{N} = \int_0^\infty -Se^{-St}D_1\frac{\partial c_1(x,t)}{\partial x}\bigg|_{x=0}\,dt = -SD_1\frac{\partial \tilde{c}_1(x,S)}{\partial x}\bigg|_{x=0}$$

$$= \frac{\sqrt{SD_1}\{[(s+k_r)c_{1b} - s\kappa c_{2b}] - \kappa k_r c_{2b}\,\text{sech}\xi_2\}}{\sqrt{(S+k_r)D_2}(\varphi_2\tanh\xi_1 + \kappa\rho^2\varphi_1\tanh\xi_2)} \tag{10.2-32}$$

对比式(10.2-27) 和式(10.2-32)，同样也可以发现两式中三角函数级数与双曲函数表达式之间的一个新的等价关系

$$\frac{\sqrt{SD_1}\{[(s+k_r)c_{1b} - s\kappa c_{2b}] - \kappa k_r c_{2b}\,\text{sech}\xi_2\}}{\sqrt{(S+k_r)D_2}(\varphi_2\tanh\xi_1 + \kappa\rho^2\varphi_1\tanh\xi_2)} = \frac{\alpha D_1(c_{1b}\cosh\alpha - \kappa c_{2b})}{\alpha\delta_1\cosh\alpha + \kappa\rho^2\delta_2\sinh\alpha} -$$

$$\frac{1}{\rho^2}\sum_{n=1}^{\infty}\frac{[2\kappa a^2 c_{2b}\sin\hat{\xi}_{2,n}/\delta_2^2+\gamma_n\sin(2\hat{\xi}_{2,n})]\sin(2\hat{\xi}_{1,n})/(1+\hat{\xi}_{1,n}\vartheta^2)}{\hat{\varphi}_{1,n}\sin^2\hat{\xi}_{1,n}[2\hat{\xi}_{2,n}-\sin(2\hat{\xi}_{2,n})]+\kappa\hat{\varphi}_{2,n}\sin^2\hat{\xi}_{2,n}[2\hat{\xi}_{1,n}-\sin(2\hat{\xi}_{1,n})]}$$

$$(10.2\text{-}33)$$

10.3 填充塔 RTD 模型

填充塔作为化工领域的一种重要设备，被广泛应用于气液反应和气液分离过程。由于填充塔内各种不同形式填料的存在，导致流体微元在设备内的停留时间分布（RTD，residence time distribution）与在固定床、流化床等常见反应器内的 RTD 存在明显差异，其典型的特点表现为停留时间分布较宽，并存在比较严重的拖尾现象。本节基于填充塔内流体流动的特殊性，参考文献报道建立填充塔的 RTD 数学模型，进而讨论数学模型的解析求解和计算模拟。

10.3.1 数学模型

对化学反应器中停留时间分布（RTD）的研究，一般是以实验研究为基础的。在研发和放大化学反应器之前，通常要对其停留时间分布行为进行示踪实验以获取示踪和响应的基础数据。然后，建立相应的 RTD 数学模型，采用关联回归的方法确定模型参数，而后即可将其应用于反应器的设计和放大。

（1）示踪实验设计

RTD 示踪实验一般在常温常压条件下进行，选择与真实体系相近的气体和液体作为实验介质，用转子流量计或质量流量计计量气相和液相的流量，尽量在实际工况条件下开展实验。为了减少示踪剂的消耗，示踪方法一般情况下采用脉冲示踪法。填充床 RTD 实验装置示意图如图 10-7 所示。

在实验测量填充床反应器中液相的 RTD 时，可采用饱和 KCl 溶液作为示踪剂，在填充床上部液体的入口处，使用电磁阀或手动注射器快速注入脉冲示踪，以使示踪剂的输入信号接近理想的单位脉冲函数。在填充塔底部液相的出口处，设置电导探头采集示踪剂浓度的响应信号。在实验测量的浓度范围内，如果测得的电导率与示踪剂浓度成线性关系，即可用电导率数据直接回归 RTD 特征参数。

（2）RTD 数学模型

由于填充塔示踪实验存在比较严重的拖尾现象，很多学者在建立 RTD 数学模型时，建议在轴向扩散模型的基础上考虑滞流区对停留时间拖尾的影响，提出了平推流轴向扩散即滞流交换模型（plug flow＋dispersion＋exchange，PDE）。PDE 模型的物理意义如图 10-8 所示，将填充塔中的填料对液相流动的阻滞作用用总体积分率（$1-\varphi$）的滞流区表征。图中符号 φ、$K_m a_s$ 分别表示流动区体积分数和区域质量交换系数，C 表示示踪剂浓度。

当 RTD 实验采用脉冲示踪，边界条件取 Danckwerts 闭式边界时，PDE 数学模型可表示成以下偏微分方程组

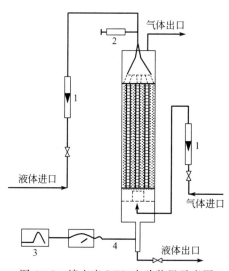

图 10-7　填充床 RTD 实验装置示意图　　　　　　　　图 10-8　　PDE 模型的物理意义

1—流量计；2—示踪脉冲；3—记录仪；4—浓度探头

$$\begin{cases} \dfrac{\partial C_d}{\partial t} = E_d\,\dfrac{\partial^2 C_d}{\partial x^2} - u_d\,\dfrac{\partial C_d}{\partial x} - \dfrac{K_m a_s}{\varepsilon\varphi L}(C_d - C_s) \\[3mm] \dfrac{\partial C_s}{\partial t} = \dfrac{K_m a_s}{\varepsilon(1-\varphi)L}(C_d - C_s) \end{cases} \tag{10.3-1}$$

式中，$u_d = U/(\varepsilon\varphi)$ 为液相实际平均流速，ε 为液相含率。

引入无量纲变量 $z = x/L$，$c_d = C_d/C_0$，$c_s = C_s/C_0$，$C_0 = M/(\varepsilon V)$ 和无量纲特征数

$$Pe = \frac{u_d L}{E_d}, \qquad \theta = \frac{u_d t}{L}, \qquad N = \frac{K_m a_s}{\varepsilon u_d}$$

偏微分方程组可以写成无量纲的形式

$$\begin{cases} \dfrac{\partial c_d}{\partial \theta} = \dfrac{1}{Pe}\dfrac{\partial^2 c_d}{\partial z^2} - \dfrac{\partial c_d}{\partial z} - \dfrac{N}{\varphi}(c_d - c_s) \\[3mm] \dfrac{\partial c_s}{\partial \theta} = \dfrac{N}{1-\varphi}(c_d - c_s) \end{cases} \tag{10.3-2}$$

具有初始条件　　　　　　　　$c_d(z,0) = c_s(z,0) = 0 \tag{10.3-3}$

和边界条件

$$\begin{cases} z = 0: \ \delta(\theta) = c_d - \dfrac{1}{Pe}\dfrac{\partial c_d}{\partial z} \\[3mm] z = 1: \ \dfrac{\partial c_d}{\partial z} = 0 \end{cases} \tag{10.3-4}$$

由线性偏微分方程组(10.3-2) 和线性初边界条件(10.3-3) 及（10.3-4）构成的定解问题，应该解析求解。比较方便的方法是利用 Laplace 变换，将偏微分方程组化为常微分方程，求得常微分方程组的定解后再取拉氏逆变换即可。

10.3.2　模型求解

首先利用初始条件对偏微分方程组(10.3-2) 和边界条件(10.3-4) 取拉氏变换，得到如下常微分方程组定解问题

$$
\begin{cases}
s\tilde{c}_d = \dfrac{1}{Pe}\dfrac{\partial^2 \tilde{c}_d}{\partial z^2} - \dfrac{\partial \tilde{c}_d}{\partial z} - \dfrac{N}{\varphi}(\tilde{c}_d - \tilde{c}_s) \\[3mm]
s\tilde{c}_s = \dfrac{N}{1-\varphi}(\tilde{c}_d - \tilde{c}_s)
\end{cases}
\tag{10.3-5}
$$

和边界条件

$$
\begin{cases}
z=0: \ 1 = \tilde{c}_d - \dfrac{1}{Pe}\dfrac{\partial \tilde{c}_d}{\partial z} \\[3mm]
z=1: \ \dfrac{\partial \tilde{c}_d}{\partial z} = 0
\end{cases}
\tag{10.3-6}
$$

利用消去法将方程组(10.3-5) 中第二个方程的 $\tilde{c}_s$ 代入第一个方程，进而得到一个关于 $\tilde{c}_d$ 的常微分方程

$$
\frac{\partial^2 \tilde{c}_d}{\partial z^2} - Pe \frac{\partial \tilde{c}_d}{\partial z} - \alpha Pe\tilde{c}_d = 0
\tag{10.3-7}
$$

式中

$$
\alpha = \frac{(1-\varphi)sN}{[(1-\varphi)s+N]\varphi} + s
\tag{10.3-8}
$$

根据特征值法，可以方便地得到常微分方程(10.3-7) 的通解

$$
\tilde{c}_d(z,s) = A\exp\left(\frac{Pe}{2}z + \varphi z\right) + B\exp\left(\frac{Pe}{2}z - \varphi z\right)
\tag{10.3-9}
$$

式中

$$
\varphi = \sqrt{Pe(\alpha + Pe/4)}
\tag{10.3-10}
$$

利用边界条件(10.3-6)，可以得到一个关于积分常数 A 和 B 的代数方程组，形式为

$$
\begin{cases}
A(Pe/2+\varphi)e^{\varphi} + B(Pe/2-\varphi)e^{-\varphi} = 0 \\
A(Pe/2-\varphi) + B(Pe/2+\varphi) = Pe
\end{cases}
\tag{10.3-11}
$$

解此方程组得到通解中的两个积分常数

$$
\begin{cases}
A = \dfrac{-2Pe(Pe-2\varphi)e^{-\varphi}}{(Pe+2\varphi)^2 e^{\varphi} - (Pe-2\varphi)^2 e^{-\varphi}} \\[4mm]
B = \dfrac{2Pe(Pe-2\varphi)e^{-\varphi}}{(Pe+2\varphi)^2 e^{\varphi} - (Pe-2\varphi)^2 e^{-\varphi}}
\end{cases}
\tag{10.3-12}
$$

将求得的积分常数 A 和 B 代入式(10.3-9) 的通解，即得所求边值问题(10.3-7) 的定解

$$
\tilde{c}_d(z,s) = \frac{2Pe(Pe+2\varphi)e^{\varphi(1-z)} - 2Pe(Pe-2\varphi)e^{-\varphi(1-z)}}{(Pe+2\varphi)^2 e^{\varphi} - (Pe-2\varphi)^2 e^{-\varphi}}\exp\left(\frac{Pe}{2}z\right)
$$

$$
= \frac{Pe\sinh[\varphi(1-z)] + 2\varphi\cosh[\varphi(1-z)]}{(Pe+2\alpha)\sinh\varphi + 2\varphi\cosh\varphi}\exp\left(\frac{Pe}{2}z\right)
\tag{10.3-13}
$$

为了求得示踪剂浓度在反应器内的时空变化规律，需对上式进行 Laplace 逆变换。观察式中像函数的结构，只要求得分母的零点即得到了像函数的极点。因而需求解方程

$$f(s) = (Pe + 2\alpha)\sinh\varphi + 2\varphi\cosh\varphi = 0 \tag{10.3-14}$$

根据双曲函数的性质，方程(10.3-14) 在 $s > 0$ 时没有解，只有满足条件 $\alpha < -Pe/4$ 时方程才有解。此时，式(10.3-10) 中的根号下增加一个负号其开平方才有意义，因而可令 $\varphi = i\hat{\varphi}$，即

$$\hat{\varphi} = \sqrt{-Pe(\alpha + Pe/4)} \tag{10.3-15}$$

因而，方程(10.3-14) 则变为

$$f(s) = (Pe + 2\alpha)\sin\hat{\varphi} + 2\hat{\varphi}\cos\hat{\varphi} = 0 \tag{10.3-16}$$

方程(10.3-16) 存在无穷多个根，其分布情况如图 10-9 所示。

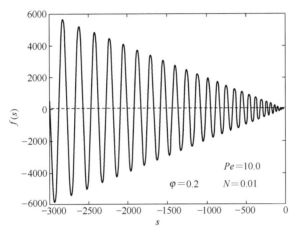

图 10-9　像函数的极点分布

利用三角函数的周期性质，不难求出像函数的全部极点 s_i，并由式(10.3-8) 和式(10.3-10) 确定 α_i 和 $\hat{\varphi}_i$，然后即可应用留数理论求出 $\tilde{c}_{\mathrm{d}}(z, s)$ 的 Laplace 逆变换，即

$$c_{\mathrm{d}}(z, \theta) = \sum_{i=1}^{\infty} \lim_{s \to s_i} \frac{Pe\sinh[\varphi(1-z)] + 2\varphi\cosh[\varphi(1-z)]}{[(Pe+2\alpha)\sinh\varphi + 2\varphi\cosh\varphi]'} \exp\left(\frac{Pe}{2}z\right)$$

$$= \sum_{i=1}^{\infty} \frac{\{2\hat{\varphi}_i Pe\sin[\hat{\varphi}_i(1-z)] + 4\hat{\varphi}_i^2\cos[\hat{\varphi}_i(1-z)]\} \mathrm{e}^{\frac{Pe}{2}z + s_i\theta}}{2\alpha'_i\hat{\varphi}_i(Pe+2)\sin\hat{\varphi}_i - \alpha'_i(Pe+2\alpha_i+2)Pe\cos\hat{\varphi}_i} \tag{10.3-17}$$

式中

$$\alpha'_i = \frac{(1-\varphi)N^2}{[(1-\varphi)s_i + N]^2\varphi} + 1 \tag{10.3-18}$$

式(10.3-17) 即为所求的示踪剂浓度在填充床反应器内的时空分布。

10.3.3　计算模拟

利用式(10.3-17)可以计算出在任意设备参数和模型参数条件下，示踪剂浓度在反应器内部的时空分布。例如，图 10-10 即为在图中给出的模型参数条件下计算得到的示踪剂浓度在反应器内部的时空分布。当反应器内的返混扩散参数 Pe 和区间质量交换参数 N 一定时，

示踪剂浓度在轴向上的分散程度随无量纲时间 θ 变得越来越宽。并且示踪剂浓度的最大值也随时间向流体流动方向移动。

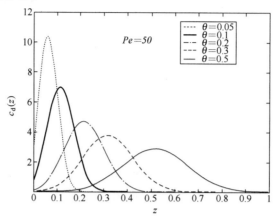

图 10-10　示踪物在反应器内部的时空分布

若要考察示踪剂浓度在反应器出口位置，即 $z=1$ 时的变化规律，只需令式(10.3-17)中的 $z=1$ 即可，故有

$$c_d(\theta) = \sum_{i=1}^{\infty} \frac{4\hat{\varphi}_i^2 \exp(Pe/2 + s_i\theta)}{2\alpha_i'\hat{\varphi}_i(Pe+2)\sin\hat{\varphi}_i - \alpha_i'(Pe+2\alpha_i+2)Pe\cos\hat{\varphi}_i} \tag{10.3-19}$$

图 10-11 即为根据式(10.3-19)计算得到的不同模型参数条件下示踪剂在反应器出口位置的浓度响应。

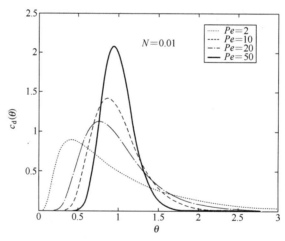

图 10-11　反应器出口位置示踪剂的浓度响应

考虑脉冲示踪时，所检测到的无量纲浓度响应与停留时间分布密度函数 $E_d(\theta)$ 是一致的，从而可得停留时间分布的密度函数 $E(\theta)$ 表达式

$$E_d(\theta) = \sum_{i=1}^{\infty} \frac{4\hat{\varphi}_i^2 \exp(Pe/2 + s_i\theta)}{2\alpha_i'\hat{\varphi}_i(Pe+2)\sin\hat{\varphi}_i - \alpha_i'(Pe+2\alpha_i+2)Pe\cos\hat{\varphi}_i} \tag{10.3-20}$$

当已知体系的停留时间分布密度函数 $E(\theta)$ 后，即可利用以下关系式计算得到示踪剂的平均停留时间及其分布方差

$$\bar{\theta} = \int_0^{\infty} \theta E(\theta)d\theta, \ \sigma_\theta^2 = \int_0^{\infty} (\theta-1)^2 E(\theta)d\theta \tag{10.3-21}$$

10.4　循环反应器 RTD 模型

本节讨论气液或气液固三相环流反应器中液相的停留时间分布数学模型。

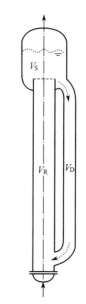

工业上常用的循环反应器如图 10-12 所示，主要由提升管（riser）、下降管（downer）和上部的气液分离段组成。由于提升管和下降管的长径比一般均比较大，因而可以用轴向扩散模型描述提升管和下降管中液相的停留时间分布特性。而对于气液分离扩大段，由于轴向速度较小且存在气相和液相的湍动，从而导致其混合行为具有全混釜的特征。因此，我们可在轴向扩散和全混流 RTD 模型的基础上，对循环反应器建立 RTD 数学模型，并利用我们已经熟悉的解析方法对其进行求解。

10.4.1　数学模型

假定循环反应器具有以下特征尺寸：提升管长度和截面积分别为 L_R 和 A_R，下降管的长度和截面积分别为 L_D 和 A_D，分离段的有效体积为 V_S。由于在循环反应器提升管、下降管和分离段中的气相含率、液相流速、湍流程度各不相同，因而各自的混合扩散特性也不一样。将轴向扩散模型和全混流模型分别应用于提升管、下降管和气液分离段，并令提升管和下降管的轴向坐标与流动方向一致，由此可写出如下偏微分方程组

图 10-12　循环反应器示意

$$\begin{cases} \dfrac{\partial C_R}{\partial t}=D_R\,\dfrac{\partial^2 C_R}{\partial x^2}-u_R\,\dfrac{\partial C_R}{\partial x} & \text{（上升管）} \\[2mm] \dfrac{\partial C_D}{\partial t}=D_D\,\dfrac{\partial^2 C_D}{\partial x^2}-u_D\,\dfrac{\partial C_D}{\partial x} & \text{（下降管）} \\[2mm] \dfrac{\partial C_S}{\partial t}=\dfrac{1}{\tau}\left[C_R(L_R,t)-C_S\right] & \text{（分离段）} \end{cases} \quad (10.4\text{-}1)$$

式中，D 为有效扩散系数；u 为液相的实际平均流速；τ 为气液分离段的实际空时。

考虑 RTD 实验的示踪位置在提升管的入口处（$x=0$），则偏微分方程组（10.4-1）有初始条件

$$C_R(x,0)=C_D(x,0)=C_S(0)=0 \quad (10.4\text{-}2)$$

和初始时刻的入口边界与无穷边界条件

$$\begin{cases} C_R(0,t)=g(t) \\ C_R(\infty,t)=C_D(\infty,t)=0 \end{cases} \quad (10.4\text{-}3)$$

以及循环耦合边界条件

$$\begin{cases} C_D(0,t)=C_S(t) \\ C_R(0,t)=C_D(L_D,t) \end{cases} \quad (10.4\text{-}4)$$

当 RTD 实验采用脉冲示踪时，初始入口边界条件中 $g(t)=\delta(t)$；当采用阶跃示踪时，初始入口边界条件中 $g(t)=u(t)$。下面利用传递函数和卷积的方法对循环反应器的 RTD 数学模型进行求解。

10.4.2　模型求解

（1）偏微分方程组的解耦

偏微分方程组(10.4-4) 中除了第三个方程为常微分方程外，另外两个方程均为常系数线性偏微分方程。尽管这三个方程均可单独求得各自的解析解，但由于方程组存在循环耦合边界条件，使得对方程组进行解析求解变得非常困难。然而，如果将循环反应器中的循环流动视作如图 10-13 所示的一维周期流动，然后再引入传递函数的概念，则问题变得相对容易进行解析求解。

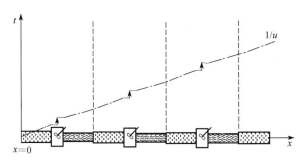

图 10-13　循环反应器模型分解

如图中所示，示踪剂在反应器中的循环流动，无异于流过一个无限周期的由两个管式反应器和一个全混流反应器构成的组合。如果在反应器坐标始点 $x=0$ 处注入一个脉冲示踪，则示踪剂将沿图 10-13 中所示的对角线路径在时空域内移动，移动曲线的斜率即为液相流动速度的倒数。由于提升管和下降管内的液速通常并不相等，所以图中示踪剂的运动轨迹应是一条折线而不是直线。

反应器中液相在 x 轴方向上的流动过程中，将示踪剂输运到下游方向，同时由于混合扩散的作用，示踪剂浓度将向上下游两个方向分散。当液相流过边界时，相当于跨区域的传递过程。因此，示踪剂在区域内和跨区域的浓度变化完全可以用传递函数描述。经过这样的处理，偏微分方程组(10.4-1) 可以被解耦成三个相互独立的微分方程，从而可以单独求解。

（2）传递函数的建立

根据以上分析，在某时刻循环反应器内轴向位置 x 处的示踪剂浓度应等于在无限长坐标上 x，$(L_R+L_D)+x$，$2(L_R+L_D)+x$，$\cdots$，$j(L_R+L_D)+x$，$\cdots$ 各处浓度的加和。由线性微分方程的叠加原理可知，此无穷长坐标中各相应位置处示踪剂浓度的加和即为方程(10.4-1) 在初始条件(10.4-2) 和边界条件(10.4-3) 及(10.4-4) 下的解。

现在首先考虑提升管中混合扩散问题，对其可归纳为以下偏微分方程定解问题

$$\begin{cases} \dfrac{\partial C_R}{\partial t}=D_R\dfrac{\partial^2 C_R}{\partial x^2}-u_R\dfrac{\partial C_R}{\partial x} \\ C_R(x,0)=0,\ C_R(0,t)=g(t),\ C_R(\infty,t)=0 \end{cases} \tag{10.4-5}$$

参照 9.2.2 节，定解问题(10.4-5) 可以利用 Laplace 变换方法求解，经 Laplace 变换后，问题 （10.4-5） 变为

$$\begin{cases} D_R \dfrac{\partial^2 \widetilde{C}_R}{\partial x^2} - u_R \dfrac{\partial \widetilde{C}_R}{\partial x} - s\widetilde{C}_R = 0 \\[2mm] \widetilde{C}_R(0,s) = \widetilde{g}(s),\ \widetilde{C}_R(\infty,0) = 0 \end{cases} \tag{10.4-6}$$

以上常微分方程的通解可以应用特征值方法比较容易地求得，其形式为

$$\widetilde{C}_R(x,s) = A\exp\left(\frac{u_R + \sqrt{u_R^2 + 4D_R s}}{2D_R}x\right) + B\exp\left(\frac{u_R - \sqrt{u_R^2 + 4D_R s}}{2D_R}x\right) \tag{10.4-7}$$

利用自然边界条件无限远处示踪剂的浓度等于 0，可以得到 $A = 0$，而利用第二个边界条件，可得到另外一个积分常数为

$$B = \widetilde{g}(s) \tag{10.4-8}$$

将 B 代入 （10.4-7)，然后求 Laplace 逆变换得到问题的解

$$C_R(x,t) = g(t) * \left\{\frac{x}{2\sqrt{\pi D_R t^3}}\exp\left[-\frac{(x - u_R t)^2}{4D_R t}\right]\right\} \tag{10.4-9}$$

分析式(10.4-9) 中各项之间的关系，$C_R(x,t)$ 可以理解成信号 $g(t)$ 经过在时空域 (x,t) 上传输后的变化结果，因此卷积号右边一项可看成提升管中混合扩散的传递函数，并简记成

$$H_R(x,t) = \frac{x}{2\sqrt{\pi D_R t^3}}\exp\left[-\frac{(x - u_R t)^2}{4D_R t}\right] \tag{10.4-10}$$

同理，可以得到下降管的传递函数

$$H_D(x,t) = \frac{x}{2\sqrt{\pi D_D t^3}}\exp\left[-\frac{(x - u_D t)^2}{4D_D t}\right] \tag{10.4-11}$$

式中，x 表示距下降管入口处的坐标位置。

对于气液分离段的传递函数，可以通过求解偏微分方程组(10.4-1) 中的最后一个微分方程得到，其形式为

$$H_S(t) = \frac{1}{\tau}\exp\left(-\frac{t}{\tau}\right) \tag{10.4-12}$$

如果示踪剂在反应器中的循环次数记为 j，循环 1 圈后 $j = 1$，循环开始时 $j = 0$，则对于整个循环过程均普适的传递函数具有形式

$$H_{R,j}(x,t) = \frac{jL_R + x}{2\sqrt{\pi D_R t^3}}\exp\left[-\frac{(jL_R + x - u_R t)^2}{4D_R t}\right] \tag{10.4-13}$$

$$H_{D,j}(x,t) = \frac{jL_D + x}{2\sqrt{\pi D_D t^3}}\exp\left[-\frac{(jL_D + x - u_D t)^2}{4D_D t}\right] \tag{10.4-14}$$

$$H_{S,j}(t) = \frac{1}{j\tau}\exp\left(-\frac{t}{j\tau}\right) \tag{10.4-15}$$

（3）浓度分布

若示踪位置为提升管的入口 $x=0$ 处，且示踪剂的浓度函数为 $g(t)$，则提升管中 x 处在开始时示踪剂的浓度分布可表示为

$$C_R(x,t)=g(t)*H_{R,0}(x,t) \tag{10.4-16}$$

当示踪剂循环 1 圈时，提升管 x 处示踪剂的浓度分布为

$$C_R(x,t)=\frac{1}{\tau}g(t)*H_{R,1}(x,t)*H_{D,1}(0,t)*\exp\left(-\frac{t}{\tau}\right) \tag{10.4-17}$$

而当示踪剂循环第 j 圈时，提升管 x 处示踪剂的浓度分布为

$$C_R(x,t)=\frac{1}{j\tau}g(t)*H_{R,j}(x,t)*H_{D,j}(0,t)*\exp\left(-\frac{t}{j\tau}\right) \tag{10.4-18}$$

考虑示踪剂在循环过程中，既可以向上游扩散，也可以向下游扩散，并且其浓度可以扩散至其它循环周期的液相中，因而在某一时刻 x 处示踪剂的浓度将受前后各个循环的影响，实际是一个各个循环周期浓度分布的叠加过程，为了方便将该叠加过程记为

$$C_R(x,t)=\sum_{j=0}^{+\infty}\frac{1}{j\tau}g(t)*H_{R,j}(x,t)*H_{D,j}(0,t)*\exp(-\frac{t}{j\tau}) \tag{10.4-19}$$

该式即为由偏微分方程(10.4-1) 构成的定解问题的解析解。

10.4.3　计算模拟

如果循环反应器的气液分离段体积很小，则分离段对示踪剂浓度分布的影响可以忽略，这时式(10.4-19)可简化为

$$C_R(x,t)=\sum_{j=0}^{+\infty}g(t)*H_{R,j}(x,t)*H_{D,j}(0,t) \tag{10.4-20}$$

根据上式计算得到的在不同轴向位置处的示踪剂浓度响应如图 10-14 所示。计算结果显示，只要循环反应器的结构尺寸已知，设定混合扩散的模型参数 Peclet 准数 Pe_R 和 Pe_D，即可根据公式(10.4-20) 计算得到提升管中任意位置处的示踪物浓度响应。将计算结果与实际实验测量结果进行对比，如存在差异，则表示模型参数设定不正确，可利用附录 E 中给出的参数估值方法，用计算机进行参数优化估值，最终得到使计算值与实验值接近的模型参数。

在很多实际工业过程中，反应器中的液相并非完全间歇式操作，经常存在液相的连续流入和流出，而排出的部分液相通常经气液分离段流出反应器，剩余部分进入下降管，因而可定义回流比 r 定量描述二者之间的关系。回流比定义为进入下降管的流量与上升管的流量之比，即

$$r=Q_D/Q_R \tag{10.4-21}$$

对于液相连续进排料的循环反应器，只要液相回流比已知，即可根据液相每经过一个循环后示踪剂的质量减为原来的 r 倍，据此得到带一定回流比的循环反应器的 RTD 的解析解

$$C(x,t)=\sum_{j=0}^{+\infty}\frac{r^j}{j\tau}g(t)*H_{R,j}(x,t)*H_{D,j}(0,t)*\exp(-\frac{t}{j\tau}) \tag{10.4-22}$$

图 10-15 给出了考虑气液分离段液相并在不同回流比条件下循环反应器内示踪剂浓度的响应曲线。结果表明，当液相间歇操作时，反应器内示踪剂的浓度波动将因扩散作用而产生

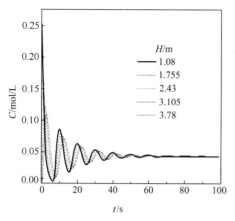

图 10-14　不同轴向位置处的示踪剂浓度响应

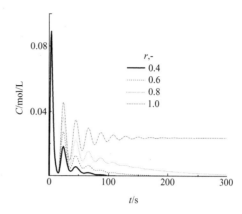

图 10-15　不同回流比时的浓度响应

阻尼减弱，最终稳定在 C_0 的浓度水平。如果系统存在一定回流比时，回流比值越小，表示流入下降管内的示踪剂质量越少，流出反应器的示踪剂质量越多，则反应器内示踪剂浓度降低得越快。

本节给出的混合扩散模型，可以模拟比较接近工程实际的情形。因为可以得 RTD 模型的解析解，在关联确定模型参数时，不需要进行数值计算，因而也就不存在数值计算通常要碰到的收敛及稳定性问题。

习　题

- **10-1**　设定气液相际传质模型(10.1-1)中的模型参数 D_1，D_2，δ_1，δ_2，参照图 10-3 所示的计算程序框图，用 FORTRAN 或 C 程序语言编写计算机程序，计算求出方程(10.1-16)的前 1000 个根，打印输出其中的前 20 个根。
- **10-2**　利用上题求得的极点，代入式(10.1-19)和式(10.1-20)，计算模拟相邻传质膜中不同时刻的浓度分布，用绘图软件工具表示模拟得到的结果。
- **10-3**　采用数值方法验证式(10.1-26)的正确性。
- **10-4**　利用推导得出的模型解析解(10.4-22)，计算模拟考虑气液分离区混合效应时的示踪剂浓度分布变化，将所得到的结果与图 10.4 中没有考虑气液分离区时的结果进行对比，并讨论其影响规律。
- **10-5**　对已完成的或将来的学位论文中的数学问题进行建模、分析和模拟。要求：(1) 自己选题或命题；(2) 以学术论文的形式写作完成，篇幅 6～8 打印页；(3) 需包括引言、数学建模、模型分析求解、模拟及结果讨论、〈模型验证〉、结论等内容。

第 11 章

化工过程数学建模案例分析

　　自编者于清华大学开设"化工数学分析"课程以来，每学期都会布置课程大作业，学生通过自选课题，针对化工过程中的具体问题，建立数学模型，并利用本门课程所学的基础理论知识获得模型的解析解。经过十几年的教学积累，课程大作业中涌现了不少优秀的建模案例。本章从课程大作业精选了几篇典型的建模案例，经修改整理后供学生和读者参考，从而对具体的建模过程建立直观概念。本章所选的案例从实际化工过程出发，考虑到实际数学模型的复杂性，求解过程中进行了适当的假设和简化处理，目的是尽可能获得模型的解析解。

1.1　固定床轴向传热的温度分布

　　固定床反应器是一种常见的反应器形式，在丙烯氧化制丙烯酸、乙炔氢氯化制氯乙烯、乙烯环氧化制环氧乙烷和烃类加氢等过程中都有广泛的应用。热量传递是固定床反应器的一个重要问题。对于强放热化学反应，反应器中常存在热点。通过建立数学模型，分析固定床反应器内的温度变化，对实际反应器的操作与优化具有重要意义。

11.1.1　固定床轴向传热数学模型

　　图 11-1 为固定床单管反应器的示意图。实际生产过程中反应器通常由多根反应管束组成，单根管束一般用于技术开发前期阶段的实验评价。为了简化建模过程，本节只考虑单根管束的绝热反应器。如图 11-1 所示，填充催化剂反应管的管径小，为毫米级，长度为米级，反应管可视为无限长圆柱模型。在反应管中建立坐标系，沿轴线方向为 z 轴，沿径向方向为 r 轴，并取中轴线 $r = 0$，反应器半径为 R。此反应器从 $z = -\infty$ 延伸到 $z = +\infty$ 分为三段，其中 $0 < z < L$ 段为反应段，管内装填有催化剂颗粒，进口段和出口段装填有物理性质和催化剂颗粒相似的惰性颗粒。

　　假定该反应器为平推流反应器，忽略径向速度和浓度梯度，同时反应管管壁良好绝热，忽略温度的径向梯度，温度只与轴向位置相关 $T = T(z)$。设定从 $z = -\infty$ 处进入的流体温度为 T_1，流速 $v_1 = w / (\pi R^2 \rho_1)$，其中 w 为质量流量。

　　轴向导热服从傅里叶定律，即 $q = -k \mathrm{d}T/\mathrm{d}z$，其中 k 取固定床的轴向有效导热系数 $k_{z,\,\mathrm{eff}}$，其值与催化剂物性、形状和孔隙率等因素有关。

　　化学反应产生的能量变化用容积发热率 S（$\mathrm{J/m^3}$）表示，S 与温度、压强、组成和催化剂活性等因素有关。为简化模型参数，假定 S 仅是温度 T 的函数，且与温度成线性关系。

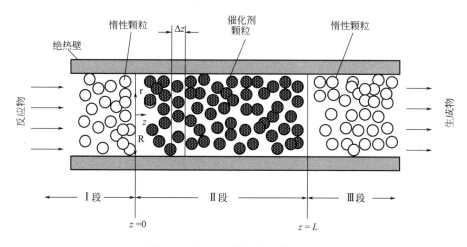

图 11-1　固定床单管反应器示意图

$$S_c = S_{c1}\left(\frac{T - T_0}{T_1 - T_0}\right) \tag{11.1-1}$$

式中，T 是催化剂床层的局部温度（假定催化剂与流体的温度相同），S_{c1} 和 T_0 是在给定的反应器进口条件下的常数，可由反应的反应热等数值求得。

在催化剂中选取厚度为 Δz 的圆盘，Δz 的值应远大于催化剂颗粒的尺寸。对这一段小控制体建立能量衡算。

表 11-1　固定床轴向微元能量衡算

	z	$z + \Delta z$
颗粒导热输入的热能	$\pi R^2 q_z \mid_z$	$\pi R^2 q_z \mid_{z+\Delta z}$
流体流动输入的热能	$\pi R^2 \rho_1 v_1 C_p (T - T_0) \mid_z$	$\pi R^2 \rho_1 v_1 C_p (T - T_0) \mid_{z+\Delta z}$
化学反应生成的热能	$(\pi R^2 \Delta z) S_c$	

表 11-1 中 C_p 是反应混合物的比热容。质量流率 $\pi R^2 \rho_1 v_1$ 以进口条件计算，T_0 为基准温度。

稳态条件下反应器中能量没有累积，由能量守恒关系可得到

$$\pi R^2 q_z \mid_z + \pi R^2 \rho_1 v_1 C_p (T - T_0) \mid_z - \pi R^2 q_z \mid_{z+\Delta z} - \pi R^2 \rho_1 v_1 C_p (T - T_0) \mid_{z+\Delta z} + (\pi R^2 \Delta z) S_c = 0 \tag{11.1-2}$$

整理后得到

$$\frac{q_z \mid_{z+\Delta z} - q_z \mid_z}{\Delta z} + \rho_1 v_1 C_p \frac{T \mid_{z+\Delta z} - T \mid_z}{\Delta z} = S_c \tag{11.1-3}$$

在 $\Delta z \to 0$ 时取极限，可得到

$$\frac{\mathrm{d}q_z}{\mathrm{d}z} + \rho_1 v_1 C_p \frac{\mathrm{d}T}{\mathrm{d}z} = S_c \tag{11.1-4}$$

轴向导热服从傅里叶定律，并假定轴向有效导热系数 $k_{z,\text{eff}}$ 为常数，则

$$-k_{z,\,\text{eff}} \frac{\mathrm{d}^2 T}{\mathrm{d}z^2} + \rho_1 v_1 C_p \frac{\mathrm{d}T}{\mathrm{d}z} = S_c \tag{11.1-5}$$

在第 Ⅰ 段和 Ⅲ 段中，不发生化学反应，S_c 为 0。三段中温度分布可表示为以下微分方程组

$$\begin{cases} -k_{z,\,\text{eff}} \dfrac{\mathrm{d}^2 T^{\text{Ⅰ}}}{\mathrm{d}z^2} + \rho_1 v_1 C_p \dfrac{\mathrm{d}T^{\text{Ⅰ}}}{\mathrm{d}z} = 0 \, (z \leqslant 0) \\[3mm] -k_{z,\,\text{eff}} \dfrac{\mathrm{d}^2 T^{\text{Ⅱ}}}{\mathrm{d}z^2} + \rho_1 v_1 C_p \dfrac{\mathrm{d}T^{\text{Ⅱ}}}{\mathrm{d}z} = S_{c1}\left(\dfrac{T^{\text{Ⅱ}} - T_0}{T_1 - T_0}\right) (0 < z \leqslant L) \\[3mm] -k_{z,\,\text{eff}} \dfrac{\mathrm{d}^2 T^{\text{Ⅲ}}}{\mathrm{d}z^2} + \rho_1 v_1 C_p \dfrac{\mathrm{d}T^{\text{Ⅲ}}}{\mathrm{d}z} = 0 \, (z > L) \end{cases} \tag{11.1-6}$$

根据模型中的已知条件可得到下述的边界条件

$$\begin{cases} z = -\infty, \ T^{\text{Ⅰ}} = T_1; \ z = +\infty, \ T^{\text{Ⅲ}} \ \text{为有限值} \\[3mm] z = 0, \ T^{\text{Ⅰ}} = T^{\text{Ⅱ}}, \ k_{z,\,\text{eff}} \dfrac{\mathrm{d}T^{\text{Ⅰ}}}{\mathrm{d}z} = k_{z,\,\text{eff}} \dfrac{\mathrm{d}T^{\text{Ⅱ}}}{\mathrm{d}z} \\[3mm] z = L, \ T^{\text{Ⅱ}} = T^{\text{Ⅲ}}, \ k_{z,\,\text{eff}} \dfrac{\mathrm{d}T^{\text{Ⅱ}}}{\mathrm{d}z} = k_{z,\,\text{eff}} \dfrac{\mathrm{d}T^{\text{Ⅲ}}}{\mathrm{d}z} \end{cases} \tag{11.1-7}$$

11.1.2 数学模型求解

为求解方便，引入下列无量纲量

$$Z = \frac{z}{L}, \ \Theta = \frac{T - T_0}{T_1 - T_0}, \ A = \frac{\rho_1 v_1 C_p L}{k_{z,\,\text{eff}}}, \ B = \frac{S_{c1} L}{\rho_1 v_1 C_p (T_1 - T_0)} \tag{11.1-8}$$

用上述无量纲量可把微分方程 (11.1-6) 化简为

$$\begin{cases} -\dfrac{1}{A} \dfrac{\mathrm{d}^2 \Theta^{\text{Ⅰ}}}{\mathrm{d}Z^2} + \dfrac{\mathrm{d}\Theta^{\text{Ⅰ}}}{\mathrm{d}Z} = 0 \, (Z \leqslant 0) \\[3mm] -\dfrac{1}{A} \dfrac{\mathrm{d}^2 \Theta^{\text{Ⅱ}}}{\mathrm{d}Z^2} + \dfrac{\mathrm{d}\Theta^{\text{Ⅱ}}}{\mathrm{d}Z} = B\Theta^{\text{Ⅱ}} \, (0 < Z \leqslant 1) \\[3mm] -\dfrac{1}{A} \dfrac{\mathrm{d}^2 \Theta^{\text{Ⅲ}}}{\mathrm{d}Z^2} + \dfrac{\mathrm{d}\Theta^{\text{Ⅲ}}}{\mathrm{d}Z} = 0 \, (Z > 1) \end{cases} \tag{11.1-9}$$

上述三个微分方程均为常系数线性方程，其特征方程分别为

$$\begin{cases} \lambda^2 - A\lambda = 0 \, (Z \leqslant 0) \\ \lambda^2 - A\lambda + AB = 0 \, (0 < Z \leqslant 1) \\ \lambda^2 - A\lambda = 0 \, (Z > 1) \end{cases} \tag{11.1-10}$$

特征根为

$$\begin{cases} \lambda_1 = 0, \ \lambda_2 = A \, (Z \leqslant 0) \\[2mm] \lambda_1 = \dfrac{1}{2} A \left(1 - \sqrt{1 - \dfrac{4B}{A}}\right), \ \lambda_2 = \dfrac{1}{2} A \left(1 + \sqrt{1 - \dfrac{4B}{A}}\right) (0 < Z \leqslant 1) \\[2mm] \lambda_1 = 0, \ \lambda_2 = A \, (Z > 1) \end{cases} \tag{11.1-11}$$

微分方程 (11.1-9) 的通解可表示如下

$$
\begin{cases}
\Theta^{\mathrm{I}} = c_1 + c_2 \mathrm{e}^{AZ} & (Z \leqslant 0) \\
\Theta^{\mathrm{II}} = c_3 \mathrm{e}^{m_3 Z} + c_4 \mathrm{e}^{m_4 Z} & (0 < Z \leqslant 1) \\
\Theta^{\mathrm{III}} = c_5 + c_6 \mathrm{e}^{AZ} & (Z > 1)
\end{cases}
\tag{11.1-12}
$$

其中

$$
m_3 = \frac{1}{2}A\left[1 - \sqrt{1 - (4B/A)}\,\right], \quad m_4 = \frac{1}{2}A\left[1 + \sqrt{1 - (4B/A)}\,\right] \tag{11.1-13}
$$

代入式（11.1-7）的边界条件，可得到反应管三段中的温度分布如下

$$
\begin{cases}
\Theta^{\mathrm{I}} = 1 + \dfrac{m_3 m_4 (\mathrm{e}^{m_4} - \mathrm{e}^{m_3})}{m_4^2 \mathrm{e}^{m_4} - m_3^2 \mathrm{e}^{m_3}} \mathrm{e}^{(m_3 + m_4)Z} & (Z \leqslant 0) \\[4mm]
\Theta^{\mathrm{II}} = \dfrac{m_4 \mathrm{e}^{m_4 + m_3 Z} - m_3 \mathrm{e}^{m_3 + m_4 Z}}{m_4^2 \mathrm{e}^{m_4} - m_3^2 \mathrm{e}^{m_3}}(m_3 + m_4) & (0 < Z \leqslant 1) \\[4mm]
\Theta^{\mathrm{III}} = \dfrac{m_4^2 - m_3^2}{m_4^2 \mathrm{e}^{m_4} - m_3^2 \mathrm{e}^{m_3}} \mathrm{e}^{m_3 + m_4} & (Z > 1)
\end{cases}
\tag{11.1-14}
$$

11.1.3　固定床轴向传热分析

从温度分布的表达式可以看出，Ⅰ、Ⅱ段的温度与反应管的位置相关，Ⅰ段中受到反应区导热的影响，存在热量扩散。反应管超过催化剂床层后（$z > L$），反应管内的温度不再变化。

由无量纲量 A 和 B 的定义式（11.1-8）可知，A 值为流动传递热量能力和催化剂导热能力的比值，B 值为反应热量源和流动传递热量能力的比值。查阅文献可知，A 值的取值范围为 1~8。对于不同类型的反应，B 值差别较大。对于放热反应，$B > 0$；对于吸热反应，$B < 0$；对于没有热效应的反应，$B = 0$。对于 A 为 8，B 分别为 1、0、-1，可做出温度轴向分布图 11-2。

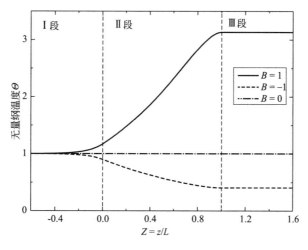

图 11-2　固定床单管反应器轴向温度分布

11.2　包膜控释化肥释放过程

现代农业利用化肥使农作物的产率得到了大幅提高，但化肥直接施用在土壤时释放速率快，与植物的养分吸收曲线不匹配，一方面造成了养分的流失，另一方面也会造成水体富营养化等环境问题。发展缓控释化肥是解决此问题的一个途径。包膜控释是通过物理阻隔的方法，降低核心颗粒有效成分的释放速率。建立包膜化肥养分释放的数学模型，可根据肥料颗粒的一些基本参数预测其释放期和释放曲线，同时定量化地分析决定包膜化肥释放过程的关键因素，对包膜化肥的膜层结构设计有重要的指导意义。

11.2.1　包膜控释化肥释放过程数学模型

对于半径为 R、体积为 V_F 的球形包膜化肥颗粒，其膜层内部初始溶质浓度 C_0 均匀分布在整个球形膜层内，并向搅拌良好、化肥初始浓度为零和体积为 V_S 的溶液内扩散。假设球形颗粒内部的化肥浓度 C 在任意时刻都是均匀的，则化肥球形壳上的非稳态质量平衡方程可以表示为

$$\frac{\partial C}{\partial t} = D \frac{\partial^2 C}{\partial r^2} + \frac{2D}{r}\frac{\partial C}{\partial r} \tag{11.2-1}$$

质量平衡方程的初边条件如下

$$\begin{cases} \frac{\partial C}{\partial r} = 0 \quad (r=0,\ t>0) \\ C = C_0 \quad (r<R,\ t=0) \\ C = 0 \quad (r=R,\ t=0) \\ \frac{V_S}{k}\frac{\partial C}{\partial t}\Big|_{r=R} = -AJ = -4\pi R^2 D\left(\frac{\partial C}{\partial r}\right)_{r=R} \quad (r=R,\ t>0) \end{cases} \tag{11.2-2}$$

11.2.2　模型求解

为求解方便，引入下列无量纲量

$$\varphi = \frac{C - C_\infty}{C_0 - C_\infty},\ \tau = \frac{Dt}{R^2},\ \eta = r/R \tag{11.2-3}$$

质量平衡方程和初边条件可以用无量纲变量来表示。质量平衡方程（11.2-1）可以表示为

$$\frac{\partial \varphi}{\partial \tau} = \frac{\partial^2 \varphi}{\partial \eta^2} + \frac{2}{\eta}\frac{\partial \varphi}{\partial \eta} \tag{11.2-4}$$

初边条件式（11.2-2）可以用无量纲变量表示为

$$\begin{cases} \frac{\partial \varphi}{\partial \eta} = 0 & (\eta=0,\ \tau>0) \\ \varphi = 1 & (\eta<1,\ \tau=0) \\ \varphi = -\alpha & (\eta=1,\ \tau=0) \\ \frac{\partial \varphi}{\partial \tau} = -4\pi R^3 \frac{k}{V_S}\frac{\partial \varphi}{\partial \eta} = \frac{-3}{3}4\pi R^3 \frac{k}{V_S}\frac{\partial \varphi}{\partial \eta}\Big|_{\eta=1} = -3\frac{V_F k}{V_S}\frac{\partial \varphi}{\partial \eta}\Big|_{\eta=1} = -3\alpha\frac{\partial \varphi}{\partial \eta}\Big|_{\eta=1} & (\eta=1,\ \tau>0) \end{cases}$$

$$\tag{11.2-5}$$

式中

$$\alpha = \frac{C_\infty}{C_{sat} - C_\infty} = \frac{V_F k}{V_S} \tag{11.2-6}$$

对于由偏微分方程（11.2-4）和初始边界条件（11.2-5）组成的定解问题，可以参照求解偏微分方程的方法进行求解。首先利用拉氏变换将偏微分方程组转化为常微分方程组，即

$$\frac{d^2 \tilde{\varphi}}{d\eta^2} + \frac{2}{\eta}\frac{d\tilde{\varphi}}{d\eta} - S\tilde{\varphi} + 1 = 0 \tag{11.2-7}$$

令 $\tilde{\varphi} = \dfrac{U}{\eta}$ ，则有

$$\frac{d\tilde{\varphi}}{d\eta} = \frac{dU}{\eta d\eta} - \frac{U}{\eta^2} \tag{11.2-8}$$

$$\frac{d^2 \tilde{\varphi}}{d\eta^2} = \frac{d^2 U}{\eta d\eta^2} - \frac{2dU}{\eta^2 d\eta} + \frac{2U}{\eta^3} \tag{11.2-9}$$

代入式（11.2-7）并化简得

$$\frac{d^2 U}{\eta d\eta^2} - \frac{2dU}{\eta^2 d\eta} + \frac{2U}{\eta^3} + \frac{2dU}{\eta^2 d\eta} - \frac{2U}{\eta^3} - S\frac{U}{\eta} + 1 = 0 \tag{11.2-10}$$

该常微分方程有如下形式的通解

$$\tilde{\varphi} = \frac{A}{\eta}\sinh\sqrt{S}\,\eta + \frac{B}{\eta}\cosh\sqrt{S}\,\eta + \frac{1}{S} \tag{11.2-11}$$

根据边界条件可以确定 A、B 取值

$$B = 0,\ A = \frac{1+\alpha}{(3\alpha - S)\sinh\sqrt{S} - 3\alpha\cosh\sqrt{S}} \tag{11.2-12}$$

将式（11.2-12）代入式（11.2-11）得到式（11.2-10）的解

$$\tilde{\varphi} = \frac{(1+\alpha)}{\eta}\frac{\sinh\sqrt{S}\,\eta}{(3\alpha - S)\sinh\sqrt{S} - 3\alpha\cosh\sqrt{S}} + \frac{1}{S} \tag{11.2-13}$$

采用留数方法将式（11.2-13）逆变回时间域

$$\varphi = \frac{-6\alpha(1+\alpha)}{\eta}\sum_{n=1}^{\infty}\frac{\sin(\lambda_n\eta)\exp(-\lambda_n^2\tau)}{[9\alpha(1+\alpha) + \lambda_n^2]\sin(\lambda_n)} \tag{11.2-14}$$

其中 λ_n 为式（11.2-15）的非零正根

$$\tan\lambda_n = \frac{3\alpha\lambda_n}{3\alpha + \lambda_n^2} \tag{11.2-15}$$

任意 t 时刻的质量平衡可以通过下式计算

$$\frac{M_t}{M_\infty} = 1 + \frac{\varphi(1,\ t)}{\alpha} = 1 - \sum_{n=1}^{\infty}\frac{6(1+\alpha)}{9\alpha(1+\alpha) + \lambda_n^2}\exp(-\lambda_n^2\tau) \tag{11.2-16}$$

该质量平衡方程可以用来描述任意数目的球形颗粒化肥在溶液中短期或长期的释放过程。式（11.2-16）为无穷级数，在计算长期的化肥释放时，能很快收敛；在计算短时间释放时，收敛较慢。在计算短时间的释放时，可以有如下近似形式

$$\frac{M_t}{M_\infty} = \frac{(1+\alpha)}{\alpha}[1 - e^{9\alpha^2\tau}\mathrm{erf}(3\alpha\sqrt{\tau}\,)] \tag{11.2-17}$$

在 α 取较小值时可以简化为

$$\frac{M_t}{M_\infty} = \frac{6(1+\alpha)}{\sqrt{\pi}} \tau^{1/2} \qquad (11.2\text{-}18)$$

11.2.3　包膜控释化肥释放过程分析

图 11-3 为不同 α 值下，时间与传质速率的关系曲线。α 是影响化肥释放速率的一个重要参数，从图中可以看出增大 α 值，会提高化肥的释放速率。式（11.2-6）给出了 α 的计算式，增加球形化肥颗粒的体积 V_F、减小溶液的体积 V_S 和提高分配系数都将增大 α 值，从而提高化肥的释放速率。在评价化肥缓释性能时，应充分考虑实验条件差异带来的差别。

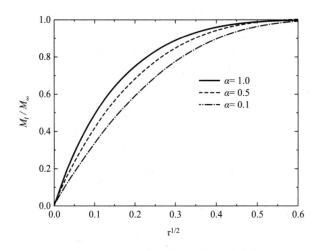

图 11-3　不同 α 值的球形颗粒释放曲线

11.3　喷雾塔连续水解过程

连续水解法用于制备羧酸和甘油，其过程为在喷雾塔中加入甘油酯、脂肪酶和水，在一定温度和压力条件下，甘油酯水解成脂肪酸和甘油。喷雾塔中，动物脂和高压热水混合后进入喷雾塔的底部；相同温度和压力的水喷入塔顶，并以小液滴的形式穿过上升的油脂流向塔底。油脂水解产生的丙三醇被向下流动的水萃取出，含丙三醇的萃取液从塔底流出，含部分丙三醇的脂肪酸从塔顶流出。本节针对这一过程建立数学模型，考察丙三醇在塔内的浓度分布，进而指导实际生产过程，提高生产效率。

11.3.1　喷雾塔连续水解数学模型

图 11-4 为喷雾塔连续水解的示意图。丙三醇从油相到水相中的传质系数为 K_a，喷雾塔截面积为 S，油相主体的甘油浓度为 x，水相的甘油浓度为 y，萃余液中可水解的油脂的质量分数为 z。丙三醇从油相传递到水相的速率为 $K_aS(y^* - y)\delta h$，油脂的分解速率为 $k\rho Sz\delta h$，丙三醇生产的速率为 $k\rho Sz\delta h/w$。

在喷雾塔中选取一高度为 δh 的圆盘，对这一段小控制体建立能量衡算。丙三醇的物料

衡算方程为

$$Lx + \frac{k\rho S z \delta h}{w} - L\left(x + \frac{\mathrm{d}x}{\mathrm{d}h}\delta h\right) = Gy - G\left(y + \frac{\mathrm{d}y}{\mathrm{d}h}\delta h\right) = K_a S(y^* - y)\delta h \quad (11.3\text{-}1)$$

丙三醇在 L 处和塔底之间的物料衡算方程为

$$\frac{Lz_0}{w} + Gy = Lx + \frac{Lz}{w} + Gy_0$$

(11.3-2)

甘油在油相和水相中的分配系数为 m，则两相间甘油的平衡方程为

$$y^* = mx$$

(11.3-3)

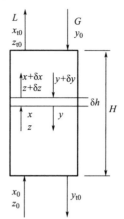

图 11-4　连续操作条件下的油脂水解塔

由式（11.3-1）和式（11.3-3）可以得出

$$K_a S m x = K_a S y - G\frac{\mathrm{d}y}{\mathrm{d}h}$$

(11.3-4)

将式（11.3-2）代入式（11.3-1）可得

$$k\rho S\left[\frac{z_0}{w} + \frac{G}{L}(y - y_0) - x\right]\delta h - L\frac{\mathrm{d}x}{\mathrm{d}h}\delta h = -G\frac{\mathrm{d}y}{\mathrm{d}h}\delta h \quad (11.3\text{-}5)$$

联立式（11.3-4）和式（11.3-5），得到

$$\frac{k\rho S^2 K_a}{LG}\left[\frac{mz_0}{w} + \frac{mG}{L}(y - y_0)\right] - \frac{k\rho S}{L}\left(\frac{K_a S}{G}y - \frac{\mathrm{d}y}{\mathrm{d}h}\right) - \left(\frac{K_a S}{G}\frac{\mathrm{d}y}{\mathrm{d}h} - \frac{\mathrm{d}^2 y}{\mathrm{d}h^2}\right) + \frac{K_a S m}{L}\frac{\mathrm{d}y}{\mathrm{d}h} = 0$$

(11.3-6)

因此，喷雾塔中的数学模型为

$$\begin{cases} y^* = mx \\ K_a S m x = K_a S y - G\dfrac{\mathrm{d}y}{\mathrm{d}h} \\ \dfrac{k\rho S^2 K_a}{LG}\left[\dfrac{mz_0}{w} + \dfrac{mG}{L}(y - y_0)\right] = \dfrac{k\rho S}{L}\left(\dfrac{K_a S}{G}y - \dfrac{\mathrm{d}y}{\mathrm{d}h}\right) + \left(\dfrac{K_a S}{G}\dfrac{\mathrm{d}y}{\mathrm{d}h} - \dfrac{\mathrm{d}^2 y}{\mathrm{d}h^2}\right) - \dfrac{K_a S m}{L}\dfrac{\mathrm{d}y}{\mathrm{d}h} \end{cases}$$

(11.3-7)

边界条件为

$$x\,|_{h=0} = 0, \quad y\,|_{h=H} = 0, \quad y\,|_{h=0} = y_0 \quad (11.3\text{-}8)$$

11.3.2　模型求解

为求解方便，引入下列无量纲量

$$r = \frac{mG}{L}, \quad p = \frac{k\rho S}{L}, \quad q = \frac{K_a S}{G}(r - 1) \quad (11.3\text{-}9)$$

将式（11.3-9）代入式（11.3-6）整理得到

$$\frac{\mathrm{d}^2 y}{\mathrm{d}h^2} + (p + q)\frac{\mathrm{d}y}{\mathrm{d}h} + pqy = \frac{pq}{r - 1}\left(ry_0 - \frac{mz_0}{w}\right) \quad (11.3\text{-}10)$$

该方程为二阶常系数线性微分方程，其余函数为

$$y_e = A\mathrm{e}^{-ph} + B\mathrm{e}^{-qh} \quad (11.3\text{-}11)$$

其特解为

$$y_{\mathrm{p}} = \frac{r y_0 - m z_0 / w}{r - 1} = C \tag{11.3-12}$$

因此式（11.3-10）的通解为

$$y = y_{\mathrm{e}} + y_{\mathrm{p}} = A \mathrm{e}^{-ph} + B \mathrm{e}^{-qh} + \frac{r y_0 - m z_0 / w}{r - 1} \tag{11.3-13}$$

式中 A 和 B 是常数，可由边界条件计算，联立式（11.3-4）和式（11.3-9），得到

$$m x = y - \frac{r - 1}{q} \frac{\mathrm{d} y}{\mathrm{d} h} \tag{11.3-14}$$

根据式（11.3-13）得到

$$\frac{\mathrm{d} y}{\mathrm{d} h} = - p A \mathrm{e}^{-ph} - q B \mathrm{e}^{-qh} \tag{11.3-15}$$

根据边界条件（11.3-8），联立式（11.3-3）和式（11.3-15），得到

$$\begin{cases} A + B + (\frac{r - 1}{q})(p A + q B) + C = 0 \\ A \mathrm{e}^{-pH} + B \mathrm{e}^{-qH} + C = 0 \end{cases} \tag{11.3-16}$$

　　式（11.3-16）是关于 A 和 B 的联立方程，为了计算方便，特定义另外的常数计算 A 和 B。令

$$v = \frac{q + rp - p}{q} = 1 + \frac{k \rho G}{K_{\mathrm{a}} L} \tag{11.3-17}$$

并将（11.3-17）代入式（11.3-16）联立求解得到

$$\begin{cases} B (v \mathrm{e}^{-qH} - r \mathrm{e}^{-pH}) = C (\mathrm{e}^{-pH} - v) \\ A (v \mathrm{e}^{-qH} - r \mathrm{e}^{-pH}) = C (r - \mathrm{e}^{-pH}) \end{cases} \tag{11.3-18}$$

将式（11.3-18）代入式（11.3-13）得到

$$y (v \mathrm{e}^{-qH} - r \mathrm{e}^{-pH}) = C \big[(r - \mathrm{e}^{-qH}) \mathrm{e}^{-ph} + (\mathrm{e}^{-pH} - v) \mathrm{e}^{-qh} + v \mathrm{e}^{-qH} - r \mathrm{e}^{-pH} \big] \tag{11.3-19}$$

根据 $y \mid_{h=0} = y_0$ 得到

$$y_0 = \frac{m z_0}{w (r - \mathrm{e}^{-qH})} \left[1 - \frac{r - 1}{r - v} \mathrm{e}^{-pH} + \left(\frac{v - 1}{r - v} \right) \mathrm{e}^{-qH} \right] \tag{11.3-20}$$

联立式（11.3-12）、式（11.3-19）和式（11.3-20）得到

$$y = \frac{m z_0}{w (r - v)} \left[\mathrm{e}^{-ph} + \left(\frac{\mathrm{e}^{-pH} - v}{r - \mathrm{e}^{-qH}} \right) \mathrm{e}^{-qh} + \left(\frac{v \mathrm{e}^{-qH} - r \mathrm{e}^{-pH}}{r - \mathrm{e}^{-qH}} \right) \right] \tag{11.3-21}$$

不难发现式（11.3-21）描述的是萃取相中丙三醇的质量分数是塔高的函数。联立式（11.3-4）和式（11.3-21）得到喷雾塔中水相丙三醇的浓度分布

$$x = \frac{z_0}{w (r - v)} \left[\mathrm{e}^{-ph} + \left(\frac{\mathrm{e}^{-pH} - v}{r - \mathrm{e}^{-qH}} \right) \mathrm{e}^{-qh} + \left(\frac{v \mathrm{e}^{-qH} - r \mathrm{e}^{-pH}}{r - \mathrm{e}^{-qH}} \right) \right] - \frac{z_0 (r - 1)}{q w (r - v)} \left[- p \mathrm{e}^{-ph} - q \left(\frac{\mathrm{e}^{-pH} - v}{r - \mathrm{e}^{-qH}} \right) \mathrm{e}^{-qh} \right]$$

$$\tag{11.3-22}$$

11.3.3　喷雾塔连续水解过程分析

　　基于式（11.3-22），通过计算机编程模拟可以分析两相中丙三醇浓度沿塔高的分布。假设 1.017kg/s 的动物脂和 0.286kg/s 的高压热水混合进入喷雾塔的底部，喷雾塔的操作温度

为 232℃，操作压力为 $4.14\ MN/m^2$。水以 $0.519kg/s$ 的流量喷入塔顶，并以小液滴的形式穿过上升的油脂相下降到塔底。由于水解反应，在油脂相产生的丙三醇最终被向下流动的水所萃取。含 12.16% 丙三醇的萃取液以 $0.701kg/s$ 的流量从塔底连续流出，含 0.24% 丙三醇的脂肪酸萃余液以 $1.121kg/s$ 的流量从塔顶流出。塔的有效高度为 22m，直径为 0.66m，进料油脂中丙三醇的质量浓度为 8.53%，在操作条件下丙三醇在两相的分配比为 10.3。

从图 11-5 可看出，随着喷雾塔内高度的变化，两相中丙三醇的浓度分布情况。通过改变操作条件，根据模型的解析解可以计算出塔内不同高度处丙三醇的浓度分布，进而指导喷雾塔的实际操作条件和优化喷雾塔的结构。

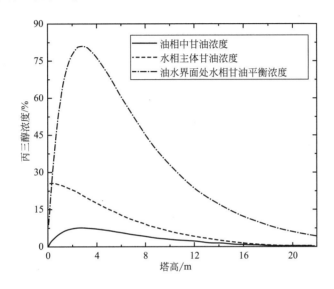

图 11-5　丙三醇的浓度分布趋势图

11.4　二甲苯异构化动力学求解

二甲苯异构化是组成芳烃联合装置成套技术的单元之一。在一定条件下，C8 芳烃各异构体组分间存在着动态化学平衡，当某一组分增加或减少时，反应体系会向减弱这个组分变化的方向反应。二甲苯异构化工艺的目标是将邻二甲苯和间二甲苯在催化剂的作用下转化为对二甲苯。建立二甲苯异构反应动力学，对指导反应器的设计和优化催化剂开发过程具有重要意义。建立合理的动力学模型并求解是研究反应动力学的首要目标。本节针对二甲苯异构反应建立动力学模型，并用拉普拉斯变换方法进行求解，获得异构化反应动力学的解析解。

11.4.1　二甲苯异构化动力学数学模型

二甲苯异构化主要涉及三种同分异构体之间的相互转化，包括邻二甲苯、间二甲苯和对二甲苯。三种异构体之间可以相互转化，形成三组分循环可逆反应动力学模型，如图 11-6 所示。

该反应网络的动力学模型表达式为

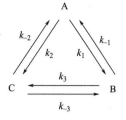

$$
\begin{cases}
\dfrac{\mathrm{d}c_A}{\mathrm{d}t} = -(k_1+k_2)c_A + k_{-1}c_B + k_{-2}c_C \\[2mm]
\dfrac{\mathrm{d}c_B}{\mathrm{d}t} = k_1 c_A - (k_{-1}+k_3)c_B + k_{-3}c_C \\[2mm]
\dfrac{\mathrm{d}c_C}{\mathrm{d}t} = k_2 c_A + k_3 c_B - (k_{-2}+k_{-3})c_C
\end{cases}
\tag{11.4-1}
$$

图 11-6 二甲苯异构动力学网络

A—邻二甲苯；B—间二甲苯；C—对二甲苯

模型的初始条件为

$$
t=0: c_A=c_{A0},\; c_B=0,\; c_C=0
\tag{11.4-2}
$$

11.4.2 模型求解

分析模型可知，二甲苯异构反应动力学模型是一个线性齐次常微分方程组。各速率表达式强偶联，不能直接积分求解。下面用拉普拉斯变换将模型变为代数方程的办法对其进行求解。

对模型进行拉普拉斯变换有

$$
\begin{cases}
s\widetilde{c}_A - c_{A0} = -(k_1+k_2)\widetilde{c}_A + k_{-1}\widetilde{c}_B + k_{-2}\widetilde{c}_C \\[2mm]
s\widetilde{c}_B - c_{B0} = k_1\widetilde{c}_A - (k_{-1}+k_3)\widetilde{c}_B + k_{-3}\widetilde{c}_C \\[2mm]
s\widetilde{c}_C - c_{C0} = k_2\widetilde{c}_A + k_3\widetilde{c}_B - (k_{-2}+k_{-3})\widetilde{c}_C
\end{cases}
\tag{11.4-3}
$$

代入初值条件后变成

$$
\begin{cases}
s\widetilde{c}_A - c_{A0} = -(k_1+k_2)\widetilde{c}_A + k_{-1}\widetilde{c}_B + k_{-2}\widetilde{c}_C \\[2mm]
s\widetilde{c}_B = k_1\widetilde{c}_A - (k_{-1}+k_3)\widetilde{c}_B + k_{-3}\widetilde{c}_C \\[2mm]
s\widetilde{c}_C = k_2\widetilde{c}_A + k_3\widetilde{c}_B - (k_{-2}+k_{-3})\widetilde{c}_C
\end{cases}
\tag{11.4-4}
$$

对上述代数方程进行求解得

$$
\begin{cases}
\widetilde{c}_A = \dfrac{s^2+(k_{-1}+k_{-2}+k_{-3}+k_3)s+k_{-1}k_{-2}+k_{-1}k_{-3}+k_{-2}k_{-3}}{s\big(s^2+(k_1+k_2+k_3+k_{-1}+k_{-2}+k_{-3})s+k_1k_3+k_2k_3+k_1k_{-3}+k_1k_{-2}+k_2k_{-1}+k_3k_{-2}+k_2k_{-3}+k_{-1}k_{-2}+k_{-1}k_{-3}\big)}c_{A0} \\[4mm]
\widetilde{c}_B = \dfrac{k_1 s+k_1k_{-2}+k_1k_{-3}+k_2k_{-3}}{s\big(s^2+(k_1+k_2+k_3+k_{-1}+k_{-2}+k_{-3})s+k_1k_3+k_2k_3+k_1k_{-3}+k_1k_{-2}+k_2k_{-1}+k_3k_{-2}+k_2k_{-3}+k_{-1}k_{-2}+k_{-1}k_{-3}\big)}c_{A0} \\[4mm]
\widetilde{c}_C = \dfrac{k_2 s+k_1k_3+k_2k_3+k_2k_{-1}}{s\big(s^2+(k_1+k_2+k_3+k_{-1}+k_{-2}+k_{-3})s+k_1k_3+k_2k_3+k_1k_{-3}+k_1k_{-2}+k_2k_{-1}+k_3k_{-2}+k_2k_{-3}+k_{-1}k_{-2}+k_{-1}k_{-3}\big)}c_{A0}
\end{cases}
$$

$$
\tag{11.4-5}
$$

进一步通过留数法求拉普拉斯逆变换，求出各浓度随时间变化的规律。为书写方便，令

$$
\begin{cases}
\alpha = k_1+k_2+k_3+k_{-1}+k_{-2}+k_{-3} \\[2mm]
\beta = k_1k_3+k_2k_3+k_1k_{-3}+k_1k_{-2}+k_2k_{-1}+k_3k_{-2}+k_2k_{-3}+k_{-1}k_{-2}+k_{-1}k_{-3}
\end{cases}
$$

$$
\tag{11.4-6}
$$

首先需要求出像函数式（11.4-7）的极点

$$s(s^2 + \alpha s + \beta) = 0 \tag{11.4-7}$$

不难得出式（11.4-7）有三个根

$$s_1 = 0, \qquad s_{2,3} = \frac{1}{2}(-\alpha \pm \sqrt{\alpha^2 - 4\beta}) \tag{11.4-8}$$

留数可以通过海维赛德展开式的第一种形式来求解，对于 A 组分

$$
\left\{
\begin{aligned}
Re_1 &= \lim_{s \to 0} \frac{(s-0)(s^2 + (k_{-1}+k_{-2}+k_{-3}+k_3)s + k_{-1}k_{-2}+k_{-1}k_{-3}+k_{-2}k_{-3})}{(s-0)(s-s_2)(s-s_3)} c_{A0} e^{st} \\
&= \frac{k_{-1}k_{-2}+k_{-1}k_{-3}+k_{-2}k_{-3}}{s_2 s_3} c_{A0} \\
Re_2 &= \lim_{s \to s_2} \frac{(s-s_2)(s^2 + (k_{-1}+k_{-2}+k_{-3}+k_3)s + k_{-1}k_{-2}+k_{-1}k_{-3}+k_{-2}k_{-3})}{s(s-s_2)(s-s_3)} c_{A0} e^{st} \\
&= \frac{s_2{}^2 + (k_{-1}+k_{-2}+k_{-3}+k_3)s_2 + k_{-1}k_{-2}+k_{-1}k_{-3}+k_{-2}k_{-3}}{s_2(s_2-s_3)} c_{A0} e^{s_2 t} \\
Re_3 &= \lim_{s \to s_3} \frac{(s-s_3)(s_3{}^2 + (k_{-1}+k_{-2}+k_{-3}+k_3)s + k_{-1}k_{-2}+k_{-1}k_{-3}+k_{-2}k_{-3})}{s(s-s_2)(s-s_3)} c_{A0} e^{st} \\
&= \frac{s_3{}^2 + (k_{-1}+k_{-2}+k_{-3}+k_3)s_3 + k_{-1}k_{-2}+k_{-1}k_{-3}+k_{-2}k_{-3}}{s_3(s_3-s_2)} c_{A0} e^{s_3 t}
\end{aligned}
\right.
\tag{11.4-9}
$$

则 A 组分浓度随时间的变化关系为

$$
\begin{aligned}
c_A(t) = \sum_i Re_i &= \frac{k_{-1}k_{-2}+k_{-1}k_{-3}+k_{-2}k_{-3}}{s_2 s_3} c_{A0} + \frac{s_2{}^2 + (k_{-1}+k_{-2}+k_{-3}+k_3)s_2 + k_{-1}k_{-2}+k_{-1}k_{-3}+k_{-2}k_{-3}}{s_2(s_2-s_3)} c_{A0} e^{s_2 t} \\
&+ \frac{s_3{}^2 + (k_{-1}+k_{-2}+k_{-3}+k_3)s_3 + k_{-1}k_{-2}+k_{-1}k_{-3}+k_{-2}k_{-3}}{s_3(s_3-s_2)} c_{A0} e^{s_3 t}
\end{aligned}
\tag{11.4-10}
$$

同理 B 组分浓度随时间的变化关系为

$$
c_B(t) = \frac{k_1 k_{-2}+k_1 k_{-3}+k_2 k_{-3}}{s_2 s_3} c_{A0} + \frac{k_1 s_2 + k_1 k_{-2}+k_1 k_{-3}+k_2 k_{-3}}{s_2(s_2-s_3)} c_{A0} e^{s_2 t} + \frac{k_1 s_3 + k_1 k_{-2}+k_1 k_{-3}+k_2 k_{-3}}{s_3(s_3-s_2)} c_{A0} e^{s_3 t}
\tag{11.4-11}
$$

C 组分的浓度随时间的变化关系为

$$
c_C(t) = \frac{k_1 k_3 + k_2 k_3 + k_2 k_{-1}}{s_2 s_3} c_{A0} + \frac{k_2 s_2 + k_1 k_3 + k_2 k_3 + k_2 k_{-1}}{s_2(s_2-s_3)} c_{A0} e^{s_2 t} + \frac{k_2 s_3 + k_1 k_3 + k_2 k_3 + k_2 k_{-1}}{s_3(s_3-s_2)} c_{A0} e^{s_3 t}
\tag{11.4-12}
$$

11.4.3　二甲苯异构化动力学求解分析

　　某条件下，二甲苯异构化的实验中测得实验数据如图 11-7 所示。基于动力学模型求解的三组分随时间变化的表达式，进行动力学数据拟合。利用 Matlab 进行最小二乘法拟合，可获得三组分之间的动力学参数，如表 11-2 所示。

　　总体上实验数据与计算值吻合较好，说明模型对描述异构反应过程具有一定的可行性。从反应速率回归值可以看出，邻二甲苯到间二甲苯的反应速率远高于其它路径。通过优化催化剂可以改变三种路径的反应速率，在实际催化剂优化开发过程中，结合实验数据和理论模型，可获得不同催化剂的速率常数，从而定量评价催化剂对获得目标产物对二甲苯的催化

性能。

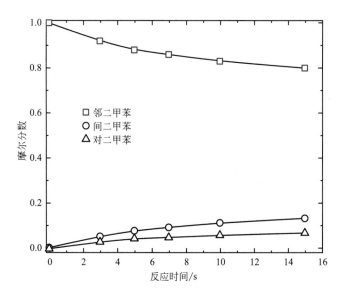

图 11-7　二甲苯组成随时间的变化规律

表 11-2　速率常数回归结果

速率常数	k_1	k_2	k_3
回归值	30.02	0.0129	0.0750
速率常数	k_{-1}	k_{-2}	k_{-3}
回归值	0.0707	0.1946	0.0752

11.5　乙炔加氢反应器模拟

乙烯是石油化工生产中重要的原料之一。石脑油裂解生产的乙烯中含有少量乙炔，乙炔杂质在乙烯聚合反应中会导致催化剂中毒。因此需通过选择性加氢除去少量的乙炔杂质，一方面将少量乙炔选择性加氢成乙烯，另一方面避免原料中的乙烯被进一步加氢形成乙烷。对乙炔加氢反应器进行建模分析，可考察反应内各组分浓度随床层高度的变化。当前广泛使用的乙炔加氢过程的模型是一维拟均相模型，对乙炔加氢过程做一定的简化处理，能够在误差允许范围内较为准确地反映乙炔加氢过程的实际运行情况。本节基于一维拟均相模型，对乙炔加氢反应器进行建模，通过适当的简化处理得到模型的解析解。

11.5.1　乙炔加氢反应器数学模型

采用一维拟均相动态机理模型对碳二加氢反应器进行模拟，一维拟均相动态机理模型忽略径向的温度和浓度梯度，而只考虑轴向的温度和浓度梯度。模型的基本假设为：拟均相、无轴向和径向的扩散、忽略压降、绝热反应、无总体的质量积累。模型方程包括物料平衡方程（11.5-1）、能量平衡方程（11.5-2）和反应动力学模型方程（11.5-3）。具

体表达式如下

$$\varepsilon \frac{\partial C_i}{\partial t} = -\frac{\partial (\varepsilon u_z C_i)}{\partial z} + \sum_{j=1}^{2} v_{i,j} r_j \ (i = 1 \sim 4，j = 1，2) \tag{11.5-1}$$

$$[\varepsilon \rho c_p + (1-\varepsilon) p_s c_{ps}] \frac{\partial T}{\partial t} = -\varepsilon u_z \rho c_p \frac{\partial T}{\partial z} + \sum_{j=1}^{2} (-\Delta H_{rj}) r_j \tag{11.5-2}$$

$$\begin{cases} -r_1 = \dfrac{k_1 C_1 C_H \rho_s (1-\varepsilon)}{[1 + (K_H C_H)^{1/2} + K_{CO} C_{CO}]^3} \\[4mm] k_1 = k_{10} e^{[-E_1/(RT)]} \\[4mm] -r_2 = \dfrac{k_2 C_2 C_H \rho_s (1-\varepsilon)}{[1 + (K_H C_H)^{1/2} + K_{CO} C_{CO}]^3} \\[4mm] k_2 = k_{20} e^{[-E_2/(RT)]} \end{cases} \tag{11.5-3}$$

式中，ε 是催化床的空隙率；C_i 是各组分的摩尔浓度，$i = 1，2，3，4$，分别代表乙炔、乙烯、乙烷、氢气；t 是反应时间；u_z 是反应的空速；z 是沿反应器轴向的位置；$v_{i,j}$ 是化学反应方程式中的系数；r_1 和 r_2 分别是乙炔和乙烯的加氢反应速率；ρ 和 ρ_s 分别是反应器中气体和固体的密度；c_p 和 c_{ps} 分别是反应器内气体和固体的比热容；T 是反应温度；ΔH_{rj} 是反应过程中的反应热。

11.5.2　模型求解

首先对稳态模拟的模型进行求解。在较短的时间内，反应器内的浓度和温度变化处于恒定值，近似为不随时间变化。因此乙炔加氢反应器的数学模型表达式为

$$\begin{cases} \varepsilon u_z \dfrac{d(C_i)}{dz} = \sum_{j=1}^{2} v_{i,j} r_j \ (i = 1 \sim 4) \\[4mm] \varepsilon u_z \rho c_p \dfrac{dT}{dz} = \sum_{j=1}^{2} (-\Delta H_{rj}) r_j \\[4mm] -r_1 = \dfrac{k_1 C_1 C_H \rho_s (1-\varepsilon)}{[1 + (K_H C_H)^{1/2} + K_{CO} C_{CO}]^3} \\[4mm] k_1 = k_{10} e^{[-E_1/(RT)]} \\[4mm] -r_2 = \dfrac{k_2 C_2 C_H \rho_s (1-\varepsilon)}{[1 + (K_H C_H)^{1/2} + K_{CO} C_{CO}]^3} \\[4mm] k_2 = k_{20} e^{[-E_2/(RT)]} \end{cases} \tag{11.5-4}$$

在乙炔前加氢工艺中，原料中氢气的浓度远高于乙炔浓度，实际反应体系中氢气浓度的变化可以忽略，因此氢气浓度可以采用入口浓度近似处理。此外反应器温度的变化相对于它的系数变化也不大，为了便于解析解的求解，认为乙炔和乙烯的加氢反应速率 r_1 和 r_2 只与浓度相关，忽略温度对反应速率的影响。经过简化后，描述乙炔加氢反应器的常微分方程组为

$$\begin{cases} \dfrac{dC_1}{dz} = A_1 C_1 \\[2mm] \dfrac{dC_2}{dz} = A_2 C_2 + B_2 C_1 \\[2mm] \dfrac{dC_3}{dz} = A_3 C_2 \\[2mm] \dfrac{dC_4}{dz} = A_4 C_1 + B_4 C_2 \\[2mm] \dfrac{dT}{dz} = A_5 C_1 + B_5 C_2 \end{cases} \tag{11.5-5}$$

式中，A 和 B 为常数项，具体的参数由式（11.5-4）中的各个参数值确定。微分方程组的初始条件为

$$z = 0, \quad C_1 = C_{10}, \quad C_2 = C_{20}, \quad C_3 = C_{30}, \quad C_4 = C_{40}, \quad T = T_0 \tag{11.5-6}$$

微分方程组（11.5-5）为线性常微分方程组，采用拉普拉斯变换求解该初值问题，方程组（11.5-5）的拉式变换结果为

$$\begin{cases} s\widetilde{C}_1 - C_{10} = A_1 \widetilde{C}_1 \\[2mm] s\widetilde{C}_2 - C_{20} = A_2 \widetilde{C}_1 + B_2 \widetilde{C}_2 \\[2mm] s\widetilde{C}_3 - C_{30} = B_3 \widetilde{C}_2 \\[2mm] s\widetilde{C}_4 - C_{40} = A_4 \widetilde{C}_1 + B_4 \widetilde{C}_2 \\[2mm] s\widetilde{T} - T_0 = A_5 \widetilde{C}_1 + B_5 \widetilde{C}_2 \end{cases} \tag{11.5-7}$$

求出以上线性代数方程组的解

$$\begin{cases} \widetilde{C}_1 = \dfrac{C_{10}}{s + A_1} \\[3mm] \widetilde{C}_2 = \dfrac{C_{20}}{s + B_2} + \dfrac{A_2}{s + B_2} \dfrac{C_{10}}{s + A_1} \\[3mm] \widetilde{C}_3 = \dfrac{C_{30}}{s} + \dfrac{B_3}{s}\left(\dfrac{C_{20}}{s + B_2} + \dfrac{A_2}{s + B_2} \dfrac{C_{10}}{s + A_1}\right) \\[3mm] \widetilde{C}_4 = \dfrac{C_{40}}{s} + \dfrac{A_4}{s} \dfrac{C_{10}}{s + A_1} + \dfrac{B_4}{s}\left(\dfrac{C_{20}}{s + B_2} + \dfrac{A_2}{s + B_2} \dfrac{C_{10}}{s + A_1}\right) \\[3mm] \widetilde{T} = \dfrac{T_0}{s} + \dfrac{A_5}{s} \dfrac{C_{10}}{s + A_1} + \dfrac{B_5}{s}\left(\dfrac{C_{20}}{s + B_2} + \dfrac{A_2}{s + B_2} \dfrac{C_{10}}{s + A_1}\right) \end{cases} \tag{11.5-8}$$

对式（11.5-8）进行拉式逆变换

$$
\begin{cases}
C_1(z) = C_{10}\,\mathrm{e}^{-A_1 z} \\
C_2(z) = P_2 + M_2\,\mathrm{e}^{-B_2 z} + N_2\,\mathrm{e}^{-A_1 z} \\
C_3(z) = P_3 + M_3\,\mathrm{e}^{-B_2 z} + N_3\,\mathrm{e}^{-A_1 z} \\
C_4(z) = P_4 + M_4\,\mathrm{e}^{-B_2 z} + N_4\,\mathrm{e}^{-A_1 z} \\
T(z) = P_5 + M_5\,\mathrm{e}^{-B_2 z} + N_5\,\mathrm{e}^{-A_1 z}
\end{cases}
\tag{11.5-9}
$$

式中，P、M 和 N 为常数项，具体的参数由式（11.5-8）中的各个参数值确定。

11.5.3　乙炔加氢反应器模拟分析

表 11-3 给出了乙炔加氢反应器典型工艺条件的各个参数值。

表 11-3　乙炔加氢反应器参数

组分	C_2H_2	C_2H_4	C_2H_6	H_2	CO
摩尔浓度/(kmol/m^3)	0.0042	0.4185	0.2476	0.4849	3.22×10^{-4}
$\lg k_{0,i}/[\text{m}^6/(\text{kmol} \cdot \text{g}_{\text{cat}} \cdot \text{s})]$	27.4	23.3			
$\lg k_{0,i}/(\text{m}^3/\text{kmol})$				17.2	10.2
$E_i/(\text{kJ/mol})$	190.50	179.78		88.84	41.66
$u_z/(\text{m/s})$	0.3412				
$\varepsilon/\%$	54.5				
T_0/K	342.5				
固体参数	$\rho_s(\text{kg/m}^3)$			$c_{ps}[\text{kJ/(kg} \cdot \text{K)}]$	
	3610			0.77	
混合气体参数	$\rho\;(\text{kg/m}^3)$			$c_p[\text{kJ/(kg} \cdot \text{K)}]$	
	22.6			2.4	
反应器参数	长度（m）			直径（m）	
	1.8			1.7	
反应热	$\Delta H_{r1}(\text{kJ/kmol})$			$\Delta H_{r2}(\text{kJ/kmol})$	
	$-29.22T - 1.6559 \times 10^5$			$-29.24T - 1.2798 \times 10^5$	

将表 11-3 中的各个参数代入式（11.5-9），得到各组分和温度与反应器轴向位置 z 的表达式

$$
\begin{cases}
C_1(z) = 0.0042\,\mathrm{e}^{-1.08 z} \\
C_2(z) = 0.42\,\mathrm{e}^{-0.0037 z} - 0.0042\,\mathrm{e}^{-1.08 z} \\
C_3(z) = 0.68 - 0.43\,\mathrm{e}^{-0.0037 z} + 0.0001\,\mathrm{e}^{-1.08 z} \\
C_4(z) = 0.0557 + 0.43\,\mathrm{e}^{-0.0037 z} + 0.0041\,\mathrm{e}^{-1.08 z} \\
T(z) = 1399.8 - 1044.1\,\mathrm{e}^{-0.0037 z} - 13.2\,\mathrm{e}^{-1.08 z}
\end{cases}
\tag{11.5-10}
$$

利用式（11.5-10）计算得到反应器内各组分的浓度分布后，可进一步计算得到乙炔加氢的转化率和选择性参数。如图 11-8 所示，反应器内乙炔的转化率不断提高，与此同时乙烯的选择性下降。实际过程中，为获得聚合级别的乙烯，乙炔的转化率需要达到一定的值，但过高转化率也容易导致原料中原有的乙烯被加氢损失。通过建立乙炔加氢反应器的模型，定量分析组分的浓度分布，可进一步优化反应器结构和操作条件。

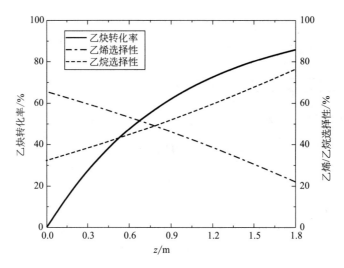

图 11-8　转化率和选择性随反应器轴向位置的变化规律

附录

附录 A 傅里叶积分变换表

序号	$f(t)$ 函 数	$f(t)$ 图 像	$F(\omega)$ 频 谱	$F(\omega)$ 图 像
1	矩形单脉冲 $f(t)=\begin{cases}E,\|t\|\leqslant\dfrac{r}{2};\\0,其它\end{cases}$		$2E\dfrac{\sin\dfrac{\omega r}{2}}{\omega}$	
2	指数衰减函数 $f(t)=\begin{cases}0,t<0;\\\mathrm{e}^{-\beta t},t\geqslant0\end{cases}$ $(\beta>0)$		$\dfrac{1}{\beta+j\omega}$	
3	三角形脉冲 $f(t)=\begin{cases}\dfrac{2A}{\tau}\left(\dfrac{\tau}{2}+t\right),\\\quad-\dfrac{\tau}{2}\leqslant t<0;\\\dfrac{2A}{\tau}\left(\dfrac{\tau}{2}-t\right),\\\quad0\leqslant t<\dfrac{\tau}{2}\end{cases}$		$\dfrac{4A}{r\omega^2}\left(1-\cos\dfrac{\omega^2}{2}\right)$	
4	钟形脉冲 $f(t)=A\mathrm{e}^{-\beta t^2}(\beta>0)$		$\sqrt{\dfrac{\pi}{\beta}}A\mathrm{e}^{-\frac{\omega^2}{4\beta}}$	
5	傅里叶核 $f(t)=\dfrac{\sin\omega_0 t}{\pi t}$		$F(\omega)=\begin{cases}1,\|\omega\|\leqslant\omega_0;\\0,其它\end{cases}$	

序号	$f(t)$		$F(\omega)$	
	函　数	图　像	频　谱	图　像
6	高斯分布函数 $f(t)=\dfrac{1}{\sqrt{2\pi}\sigma}\mathrm{e}^{-\frac{t^2}{2\sigma^2}}$	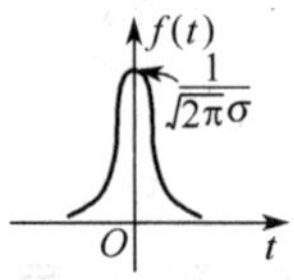	$\mathrm{e}^{-\frac{\sigma^2\omega^2}{2}}$	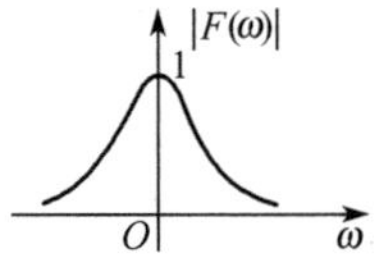
7	矩形射频脉冲 $f(t)=$ $\begin{cases} E\cos\omega_0 t, & |t|\leqslant\dfrac{\tau}{2}, \\ 0, & \text{其它} \end{cases}$	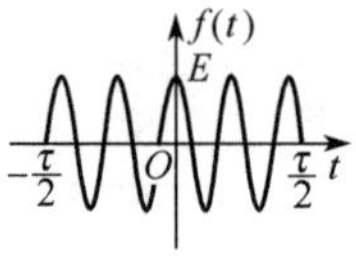	$\dfrac{E\tau}{2}\left[\dfrac{\sin(\omega-\omega_0)\dfrac{\tau}{2}}{(\omega-\omega_1)\dfrac{\tau}{2}}+\dfrac{\sin(\omega+\omega_0)\dfrac{\tau}{2}}{(\omega+\omega_1)\dfrac{\tau}{2}}\right]$	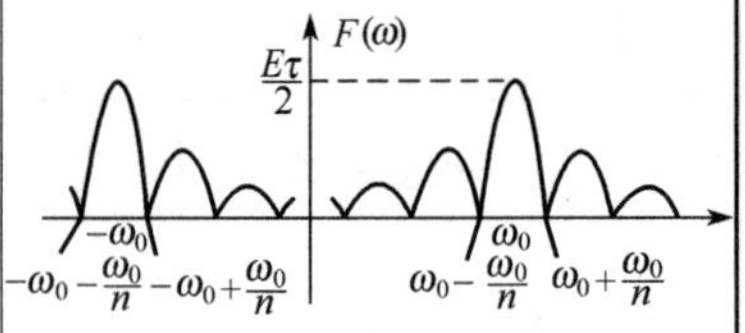
8	单位脉冲函数 $f(t)=\delta(t)$	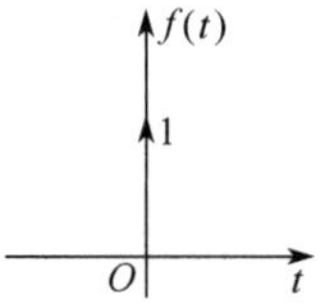	1	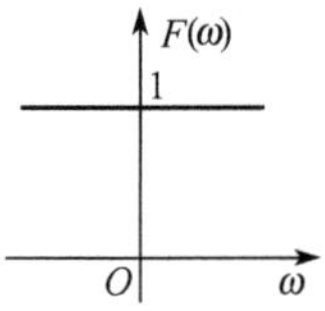
9	周期性脉冲函数 $f(t)=\displaystyle\sum_{n=-\infty}^{+\infty}\delta(t-nT)$ （T 为脉冲函数的周期）	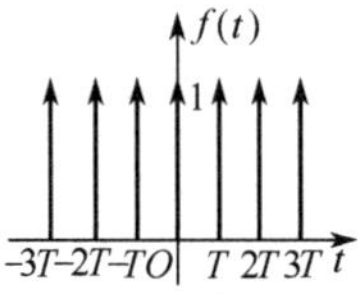	$\dfrac{2\pi}{T}\displaystyle\sum_{n=-\infty}^{+\infty}\delta\left(\omega-\dfrac{2n\pi}{T}\right)$	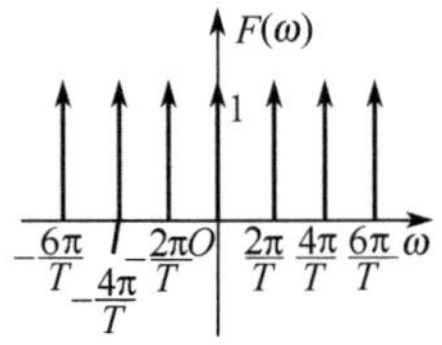
10	$f(t)\cos\omega_0 t$	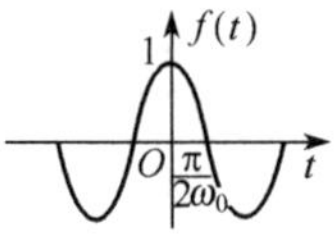	$\pi[\delta(\omega+\omega_0)+\delta(\omega-\omega_0)]$	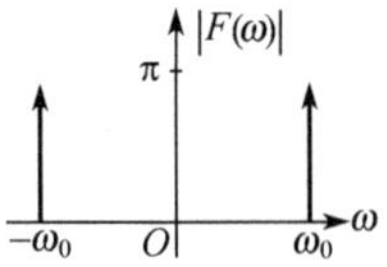
11	$f(t)\sin\omega_0 t$	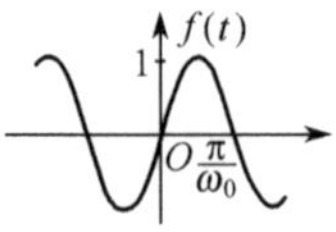	$j\pi[\delta(\omega+\omega_0)-\delta(\omega-\omega_0)]$	同上图
12	单位函数 $f(t)=u(t)$	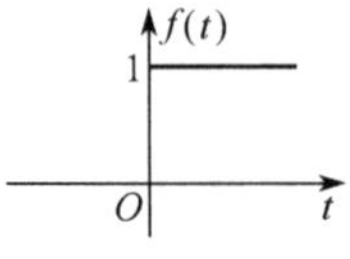	$\dfrac{1}{j\omega}+\pi\delta(\omega)$	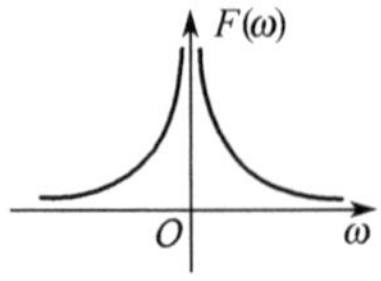

序号	$f(t)$	$F(\omega)$
13	$u(t-c)$	$\dfrac{1}{j\omega}e^{-j\omega c}+\pi\delta(\omega)$
14	$u(t)\cdot t$	$-\dfrac{1}{\omega^2}+\pi j\delta'(\omega)$
15	$u(t)\cdot t^n$	$\dfrac{n!}{(j\omega)^{n+1}}+\pi j^n\delta^{(n)}(\omega)$
16	$u(t)\sin at$	$\dfrac{a}{a^2-\omega^2}+\dfrac{\pi}{2j}[\delta(\omega-\omega_0)-\delta(\omega+\omega_0)]$
17	$u(t)\cos at$	$\dfrac{j\omega}{a^2-\omega^2}+\dfrac{\pi}{2}[\delta(\omega-\omega_0)+\delta(\omega+\omega_0)]$
18	$u(t)e^{jat}$	$\dfrac{1}{j(\omega-a)}+\pi\delta(\omega-a)$
19	$u(t-c)e^{jat}$	$\dfrac{1}{j(\omega-a)}e^{-j(\omega-a)c}+\pi\delta(\omega-a)$
20	$u(t)e^{jat}t^n$	$\dfrac{n!}{[j(\omega-a)]^{n+1}}+\pi j^n\delta^{(n)}(\omega-a)$
21	$e^{a|t|},\mathrm{Re}(a)<0$	$\dfrac{-2a}{\omega^2+a^2}$
22	$\delta(t-c)$	$e^{-j\omega c}$
23	$\delta'(t)$	$j\omega$
24	$\delta^{(n)}(t)$	$(j\omega)^n$
25	$\delta^{(n)}(t-c)$	$(j\omega)^n e^{j\omega c}$
26	1	$2\pi\delta(\omega)$
27	t	$2\pi j\delta'(\omega)$
28	t^n	$2\pi j^n\delta^{(n)}(\omega)$
29	e^{jat}	$2\pi\delta(\omega-a)$
30	$t^n e^{jat}$	$2\pi j^n\delta^{(n)}(\omega-a)$
31	$\dfrac{1}{a^2+t^2},\mathrm{Re}(a)<0$	$-\dfrac{\pi}{a}e^{a|\omega|}$
32	$\dfrac{t}{(a^2+t^2)^2},\mathrm{Re}(a)<0$	$\dfrac{j\omega\pi}{2a}e^{a|\omega|}$
33	$\dfrac{e^{jbt}}{a^2+t^2},\mathrm{Re}(a)<0,b$ 为实数	$-\dfrac{\pi}{a}e^{a|\omega-b|}$
34	$\dfrac{\cos bt}{a^2+t^2},\mathrm{Re}(a)<0,b$ 为实数	$-\dfrac{\pi}{2a}[e^{a|\omega-b|}+e^{a|\omega+b|}]$

序号	$f(t)$	$F(\omega)$
35	$\dfrac{\sin bt}{a^2+t^2}$, $\mathrm{Re}(a)<0$, b 为实数	$-\dfrac{\pi}{2aj}\left[\mathrm{e}^{a\lvert\omega-b\rvert}+\mathrm{e}^{a\lvert\omega+b\rvert}\right]$
36	$\dfrac{\sin at}{\sinh\pi t}$, $-\pi<a<\pi$	$\dfrac{\sin a}{\cosh\omega+\cos a}$
37	$\dfrac{\cosh at}{\cosh\pi t}$, $-\pi<a<\pi$	$-2j\,\dfrac{\sin\dfrac{a}{2}\sinh\dfrac{\omega}{2}}{\cosh\omega+\cos a}$
38	$\dfrac{\cosh at}{\cosh\pi t}$, $-\pi<a<\pi$	$2\,\dfrac{\cos\dfrac{a}{2}\sinh\dfrac{\omega}{2}}{\cosh\omega+\cos a}$
39	$\dfrac{1}{\cosh at}$	$\dfrac{\pi}{a}\dfrac{1}{\cosh\dfrac{\pi\omega}{2a}}$
40	$\sin at^2$	$\sqrt{\dfrac{\pi}{a}}\cos\left(\dfrac{\omega^2}{4a}+\dfrac{\pi}{4}\right)$
41	$\cos at^2$	$\sqrt{\dfrac{\pi}{a}}\cos\left(\dfrac{\omega^2}{4a}-\dfrac{\pi}{4}\right)$
42	$\dfrac{1}{t}\sin at$	$\begin{cases}\pi, & \lvert\omega\rvert\leqslant a\\ 0, & \lvert\omega\rvert>a\end{cases}$
43	$\dfrac{1}{t^2}\sin^2 at$	$\begin{cases}\pi\left(a-\dfrac{\lvert\omega\rvert}{2}\right), & \lvert\omega\rvert\leqslant 2a\\ 0, & \lvert\omega\rvert>2a\end{cases}$
44	$\dfrac{\sin at}{\sqrt{\lvert t\rvert}}$	$j\sqrt{\dfrac{\pi}{2}}\left(\dfrac{1}{\sqrt{\lvert\omega+a\rvert}}-\dfrac{1}{\sqrt{\lvert\omega-a\rvert}}\right)$
45	$\dfrac{\cos at}{\sqrt{\lvert t\rvert}}$	$\sqrt{\dfrac{\pi}{2}}\left(\dfrac{2}{\sqrt{\lvert\omega+a\rvert}}+\dfrac{1}{\sqrt{\lvert\omega-a\rvert}}\right)$
46	$\dfrac{1}{\sqrt{\lvert t\rvert}}$	$\sqrt{\dfrac{2\pi}{\lvert\omega\rvert}}$
47	$\mathrm{sgn}\,t$	$\dfrac{2}{j\omega}$
48	e^{-at^2}, $\mathrm{Re}(a)>0$	$\sqrt{\dfrac{\pi}{2}}\mathrm{e}^{-\frac{\omega^2}{4a}}$
49	$\lvert t\rvert$	$-\dfrac{2}{\omega^2}$
50	$\dfrac{1}{\lvert t\rvert}$	$\dfrac{\sqrt{2\pi}}{\lvert\omega\rvert}$

附录 B　拉普拉斯积分变换表

序号	$f(t)$	$F(s)$	序号	$f(t)$	$F(s)$
1	1	$\dfrac{1}{s}$	17	$e^{-bt}\sin(at+c)$	$\dfrac{(s+b)\sin c+a\cos c}{(s+b)^2+a^2}$
2	e^{at}	$\dfrac{1}{s-a}$	18	$\sin^2 t$	$\dfrac{1}{2}\left(\dfrac{1}{s}-\dfrac{s}{s^2+4}\right)$
3	$t^m\,(m>-1)$	$\dfrac{\Gamma(m+1)}{s^{m+1}}$	19	$\cos^2 t$	$\dfrac{1}{2}\left(\dfrac{1}{s}+\dfrac{s}{s^2+4}\right)$
4	$t^m e^{at}\,(m>-1)$	$\dfrac{\Gamma(m+1)}{(s-a)^{m+1}}$	20	$\sin at\,\sin bt$	$\dfrac{2abs}{[s^2+(a+b)^2][s^2+(a-b)^2]}$
5	$\sin at$	$\dfrac{a}{s^2+a^2}$	21	$e^{at}-e^{bt}$	$\dfrac{a-b}{(s-a)(s-b)}$
6	$\cos at$	$\dfrac{s}{s^2+a^2}$	22	$a\,e^{at}-b\,e^{bt}$	$\dfrac{(a-b)s}{(s-a)(s-b)}$
7	$\sinh at$	$\dfrac{a}{s^2-a^2}$	23	$\dfrac{1}{a}\sin at-\dfrac{1}{b}\sin bt$	$\dfrac{b^2-a^2}{(s^2+a^2)(s^2+b^2)}$
8	$\cosh at$	$\dfrac{s}{s^2-a^2}$	24	$\cos at-\cos bt$	$\dfrac{(b^2-a^2)s}{(s^2+a^2)(s^2+b^2)}$
9	$t\sin at$	$\dfrac{2as}{(s^2+a^2)^2}$	25	$\dfrac{1}{a^2}(1-\cos at)$	$\dfrac{1}{s(s^2+a^2)}$
10	$t\cos at$	$\dfrac{s^2-a^2}{(s^2+a^2)^2}$	26	$\dfrac{1}{a^3}(at-\sin at)$	$\dfrac{1}{s^2(s^2+a^2)}$
11	$t\sinh at$	$\dfrac{2as}{(s^2-a^2)^2}$	27	$\dfrac{1}{a^4}(\cos at-1)+\dfrac{1}{2a^2}t^2$	$\dfrac{1}{s^3(s^2+a^2)}$
12	$t\cosh at$	$\dfrac{s^2+a^2}{(s^2+a^2)^2}$	28	$\dfrac{1}{a^4}(\cosh at-1)-\dfrac{1}{2a^2}t^2$	$\dfrac{1}{s^3(s^2-a^2)}$
13	$t^m\sin at\,(m>-1)$	$\dfrac{\Gamma(m+1)}{2j(s^2+a^2)^{m+1}}\cdot[(s+ja)^{m+1}-(s-ja)^{m+1}]$	29	$\dfrac{1}{2a^3}(\sin at-at\cos at)$	$\dfrac{1}{(s^2+a^2)^2}$
14	$t^m\cos at\,(m>-1)$	$\dfrac{\Gamma(m+1)}{2(s^2+a^2)^{m+1}}\cdot[(s+ja)^{m+1}+(s-ja)^{m+1}]$	30	$\dfrac{1}{2a}(\sin at+at\cos at)$	$\dfrac{s^2}{(s^2+a^2)^2}$
15	$e^{-bt}\sin at$	$\dfrac{a}{(s+b)^2+a^2}$	31	$\dfrac{1}{a^4}(1-\cos at)-\dfrac{1}{2a^3}t\sin at$	$\dfrac{1}{s(s^2+a^2)^2}$
16	$e^{-bt}\cos at$	$\dfrac{s+b}{(s+b)^2+a^2}$			

序号	$f(t)$	$F(s)$	序号	$f(t)$	$F(s)$
32	$(1-at)e^{-at}$	$\dfrac{s}{(s+a)^2}$	49	$\dfrac{1}{2\sqrt{\pi t^3}}(e^{bt}-e^{at})$	$\sqrt{s-a}-\sqrt{s-b}$
33	$t\left(1-\dfrac{a}{2}t\right)e^{-at}$	$\dfrac{s}{(s+a)^3}$	50	$\dfrac{1}{\sqrt{\pi t}}\cos 2\sqrt{at}$	$\dfrac{1}{\sqrt{s}}e^{-\frac{a}{s}}$
34	$\dfrac{1}{a}(1-e^{-at})$	$\dfrac{1}{s(s+a)}$	51	$\dfrac{1}{\sqrt{\pi t}}\cosh 2\sqrt{at}$	$\dfrac{1}{\sqrt{s}}e^{\frac{a}{s}}$
35①	$\dfrac{1}{ab}+\dfrac{1}{b-a}\left(\dfrac{e^{-bt}}{b}-\dfrac{e^{-at}}{a}\right)$	$\dfrac{1}{s(s+a)(s+b)}$	52	$\dfrac{1}{\sqrt{\pi t}}\sin 2\sqrt{at}$	$\dfrac{1}{s\sqrt{s}}e^{-\frac{a}{s}}$
36①	$\dfrac{e^{-at}}{(b-a)(c-a)}+\dfrac{e^{-bt}}{(a-b)(c-b)}+\dfrac{e^{-ct}}{(a-c)(b-c)}$	$\dfrac{1}{(s+a)(s+b)(s+c)}$	53	$\dfrac{1}{\sqrt{\pi t}}\sinh 2\sqrt{at}$	$\dfrac{1}{s\sqrt{s}}e^{\frac{a}{s}}$
			54	$\dfrac{1}{t}(e^{bt}-e^{at})$	$\ln\dfrac{s-a}{s-b}$
37①	$\dfrac{ae^{-at}}{(c-a)(a-b)}+\dfrac{be^{-bt}}{(a-b)(b-c)}+\dfrac{ce^{-ct}}{(b-c)(c-a)}$	$\dfrac{s}{(s+a)(s+b)(s+c)}$	55	$\dfrac{2}{t}\sinh at$	$\ln\dfrac{s+a}{s-a}=2\arctan\dfrac{a}{s}$
			56	$\dfrac{2}{t}(1-\cos at)$	$\ln\dfrac{s^2+a^2}{s^2}$
38①	$\dfrac{a^2e^{-at}}{(c-a)(b-a)}+\dfrac{b^2e^{-bt}}{(a-b)(c-b)}+\dfrac{c^2e^{-ct}}{(b-c)(a-c)}$	$\dfrac{s^2}{(s+a)(s+b)(s+c)}$	57	$\dfrac{2}{t}(1-\cosh at)$	$\ln\dfrac{s^2-a^2}{s^2}$
			58	$\dfrac{1}{t}\sin at$	$\arctan\dfrac{a}{s}$
39①	$\dfrac{e^{-at}-e^{-bt}[1-(a-b)t]}{(a-b)^2}$	$\dfrac{1}{(s+a)(s+b)^2}$	59	$\dfrac{1}{t}(\cosh at-\cos bt)$	$\ln\sqrt{\dfrac{s^2+b^2}{s^2-a^2}}$
40①	$\dfrac{[a-b(a-b)t]e^{-bt}-ae^{-at}}{(a-b)^2}$	$\dfrac{s}{(s+a)(s+b)^2}$	60②	$\dfrac{1}{\pi t}\sin(2a\sqrt{t})$	$\text{erf}\left(\dfrac{a}{\sqrt{s}}\right)$
41	$e^{-at}-e^{\frac{at}{2}}\left(\cos\dfrac{\sqrt{3}at}{2}-\sqrt{3}\sin\dfrac{\sqrt{3}at}{2}\right)$	$\dfrac{3a^2}{s^2+a^2}$	61②	$\dfrac{1}{\sqrt{\pi t}}e^{-2a\sqrt{t}}$	$\dfrac{1}{\sqrt{s}}e^{\frac{a^2}{s}}\text{erfc}\left(\dfrac{a}{\sqrt{s}}\right)$
			62	$\text{erfc}\left(\dfrac{a}{2\sqrt{t}}\right)$	$\dfrac{1}{s}e^{-a\sqrt{s}}$
42	$\sin at\cosh at-\cos at\sinh at$	$\dfrac{4a^3}{s^4+4a^4}$	63	$\text{erf}\left(\dfrac{t}{2a}\right)$	$\dfrac{1}{s}e^{a^2s^2}\text{erfc}(as)$
43	$\dfrac{1}{2a^2}\sin at\sinh at$	$\dfrac{s}{s^4+4a^4}$	64	$\dfrac{1}{\sqrt{\pi t}}e^{-2\sqrt{at}}$	$\dfrac{1}{\sqrt{s}}e^{\frac{a}{s}}\text{erfc}\left(\sqrt{\dfrac{a}{s}}\right)$
44	$\dfrac{1}{2a^3}(\sinh at-\sin at)$	$\dfrac{1}{s^4-a^4}$	65	$\dfrac{1}{\sqrt{\pi(t+a)}}$	$\dfrac{1}{\sqrt{s}}e^{as}\text{erfc}(\sqrt{as})$
45	$\dfrac{1}{2a^2}(\cosh at-\cos at)$	$\dfrac{s}{s^4-a^4}$	66	$\dfrac{1}{\sqrt{a}}\text{erf}(\sqrt{at})$	$\dfrac{1}{s\sqrt{s+a}}$
46	$\dfrac{1}{\sqrt{\pi t}}$	$\dfrac{1}{\sqrt{s}}$	67	$\dfrac{1}{\sqrt{a}}e^{at}\text{erf}(\sqrt{at})$	$\dfrac{1}{\sqrt{s}(s-a)}$
47	$2\sqrt{\dfrac{t}{\pi}}$	$\dfrac{1}{s\sqrt{s}}$	68	$u(t)$	$\dfrac{1}{s}$
48	$\dfrac{1}{\sqrt{\pi t}}e^{at(1+2at)}$	$\dfrac{s}{(s-a)\sqrt{s-a}}$	69	$tu(t)$	$\dfrac{1}{s^2}$

序号	$f(t)$	$F(s)$	序号	$f(t)$	$F(s)$
70	$t^m u(t)(m>-1)$	$\dfrac{1}{s^{m+1}}\Gamma(m+1)$	76	$J_0(2\sqrt{at})$	$\dfrac{1}{s}\mathrm{e}^{-\frac{a}{s}}$
71	$\delta(t)$	1	77	$\mathrm{e}^{-bt}I_0(at)$	$\dfrac{1}{\sqrt{(s+b)^2-a^2}}$
72	$\delta^{(n)}(t)$	s^n			
73	$\operatorname{sgn}t$	$\dfrac{1}{s}$	78	$tJ_0(at)$	$\dfrac{s}{(s^2+a^2)^{3/2}}$
74[③]	$J_0(at)$	$\dfrac{1}{\sqrt{s^2+a^2}}$	79	$tI_0(at)$	$\dfrac{s}{(s^2-a^2)^{3/2}}$
75	$I_0(at)$	$\dfrac{1}{\sqrt{s^2-a^2}}$	80	$J_0[a\sqrt{t(t+2b)}]$	$\dfrac{1}{\sqrt{s^2+a^2}}\mathrm{e}^{b(s-\sqrt{s^2+a^2})}$

① 式中 a、b、c 为不相等的常数。

② $\operatorname{erf}(x)=\dfrac{2}{\sqrt{\pi}}\displaystyle\int_0^x \mathrm{e}^{-t^2}\mathrm{d}t$，称为误差函数。$\operatorname{erfc}(x)=1-\operatorname{erf}(x)=\dfrac{2}{\sqrt{\pi}}\displaystyle\int_x^{+\infty}\mathrm{e}^{-t^2}\mathrm{d}t$，称为余误差函数。

③ $I_n(r)=j^{-n}J_n(jx)$，J_n 称为第一类 n 阶贝塞尔（Bessel）函数，I_n 称为第一类 n 阶变形的贝塞尔函数，或称为虚宗量的贝赛尔函数。

附录 C　三角函数和双曲函数公式

（1）重要三角函数公式

$$\sin x = x - \frac{x^3}{3!} + \frac{x^5}{5!} - \cdots + (-1)^n \frac{x^{2n+1}}{(2n+1)!} + \cdots$$

$$\cos x = 1 - \frac{x^2}{2!} + \frac{x^4}{4!} - \cdots + (-1)^n \frac{x^{2n}}{(2n)!} + \cdots$$

$$\tan x = x + \frac{1}{3}x^3 + \frac{2}{15}x^5 + \frac{17}{315}x^7 + \frac{62}{2835}x^9 + \cdots$$

$$A\cos x + B\sin x = \sqrt{A+B}\,\sin(x+\alpha)，其中：\alpha = \arctan\frac{A}{B}$$

$$A\sin\alpha\cos\beta + B\cos\alpha\sin\beta = \frac{A+B}{2}\sin(\alpha+\beta) + \frac{A-B}{2}\sin(\alpha-\beta)$$

（2）双曲函数展开

$$\sinh x = x + \frac{x^3}{3!} + \frac{x^5}{5!} + \cdots + \frac{x^{2n+1}}{(2n+1)!} + \cdots$$

$$\cosh x = 1 + \frac{x^2}{2!} + \frac{x^4}{4!} + \cdots + \frac{x^{2n}}{(2n)!} + \cdots$$

$$\tanh x = x - \frac{1}{3}x^3 + \frac{2}{15}x^5 - \frac{17}{315}x^7 + \frac{62}{2835}x^9 - \cdots$$

$$\sinh x = x\left(1+\frac{x^2}{\pi^2}\right)\left(1+\frac{x^2}{2^2\pi^2}\right)\left(1+\frac{x^2}{3^2\pi^2}\right)\cdots$$

$$\cosh x = \left(1+\frac{4x^2}{\pi^2}\right)\left(1+\frac{4x^2}{3^2\pi^2}\right)\left(1+\frac{4x^2}{5^2\pi^2}\right)\cdots$$

$$\operatorname{ctanh}\frac{1}{x} = x\left[1 + 2\sum_{n=1}^{\infty}\frac{1}{1+(n\pi x)^2}\right]$$

（3）三角函数与双曲函数的关系

$$\sinh z = -i\sin iz，\qquad \sin z = -i\sinh iz$$
$$\cosh z = \cos iz，\qquad \cos z = \cosh iz$$
$$\tanh z = -i\tan iz，\qquad \tan z = -i\tanh iz$$
$$\coth z = i\cot iz，\qquad \cot z = i\coth iz$$

附录 D　误差函数

（1）误差函数

$$\operatorname{erf}(x) = \frac{2}{\sqrt{\pi}} \int_0^x \mathrm{e}^{-u^2} \mathrm{d}u$$

（2）余误差函数

$$\operatorname{erfc}(x) = \frac{2}{\sqrt{\pi}} \int_x^{\infty} \mathrm{e}^{-u^2} \mathrm{d}u$$

（3）相关性质

$$\frac{\mathrm{d}}{\mathrm{d}x} \operatorname{erf}(x) = \frac{2}{\sqrt{\pi}} \mathrm{e}^{-x^2}$$

$$\int \operatorname{erfc}(x) \mathrm{d}x = \frac{1}{\sqrt{\pi}} \mathrm{e}^{-x^2} - x \operatorname{erfc}(x)$$

$$\operatorname{erf}(x) = \frac{2}{\sqrt{\pi}} \sum_{n=1}^{\infty} (-1)^n \frac{x^{2n+1}}{n!\,(2n+1)}$$

$$\operatorname{erfc}(x) = 1 - \operatorname{erf}(x) \approx \frac{\mathrm{e}^{-x^2}}{\sqrt{\pi}\,x} \left[1 + \sum_{n=1}^{\infty} (-1)^n \frac{1 \cdot 3 \cdots (2n-1)}{(2x^2)^n} \right]$$

附录 E　参数估值程序框图

（1）Marquardt 法计算框图

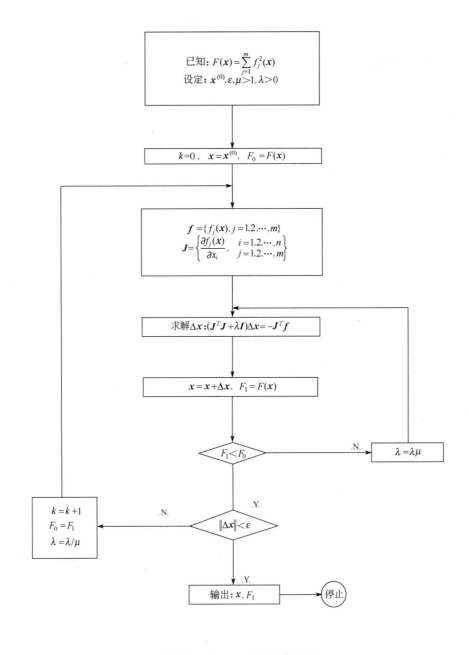

图 E-1　Marquardt 法计算框图

（2）Powell 法计算框图

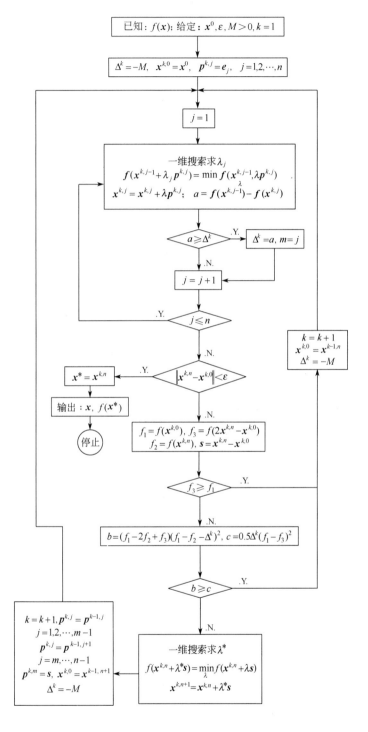

图 E-2　Powell 法计算框图

习题参考答案

第 1 章

1-1　$c\rho u_t = k u_{xx} + j^2 r$

1-4　$N_t = a^2 (N_{xx} + N_{yy} + N_{zz})$，$a^2 = D/\rho$

1-5　$u_t = a^2 u_{xx}$，$x \in [0,\ l]$，$t > 0$，I. C.：$u(x,0) = \varphi(x)$；B. C.：$-k u_x(0,t) = q$，$u_x(l,t) + \sigma u(l,t) = 0$

1-6　$(1/R^2) u_{\theta\theta} - bu = (1/a^2) u_t$，$a = \sqrt{k/c\rho}$，$b = hl/\sigma k$

1-8　$u_t = a^2 u_{xx} - bu$，$a^2 = k/c\rho$，$b = 2\pi k_1 r/c\rho A$

1-9　$Fr = \dfrac{u^2}{gl}$，$Re = \dfrac{lu\rho}{\eta}$，$St = \dfrac{l}{vt}$，$Eu = \dfrac{p}{\rho u^2}$

第 2 章

2-3　（1）$x=0$ 和/或 $y=0$ 时为抛物形，否则为双曲形；（2）双曲形；（3）椭圆形；（4）椭圆形。

2-4　Tricomi 方程在全平面是混合型的：当 $x>0$ 时，为椭圆形；当 $x<0$ 时，为双曲形；当 $x=0$ 时，为抛物形。

2-5　（1）$\mathrm{e}^{\alpha x}(\alpha^2 + a\alpha + b)$；（2）$2\mathrm{ctan}x + \ln\sin x/(1+x) - 1$；（3）$\mathrm{e}^{2x}(11x^2 + 41x + 40)$

2-6　$y = (C_1 + C_2 x)\mathrm{e}^{2x} - \mathrm{e}^{2x}\ln x$

2-8　$\begin{cases} \left(\dfrac{\partial u}{\partial r} + \dfrac{H}{k}u\right)\bigg|_{r=R} = \dfrac{M}{k}\sin\phi & (0 \leqslant \phi \leqslant \pi) \\[3mm] \left(\dfrac{\partial u}{\partial r} + \dfrac{H}{k}u\right)\bigg|_{r=R} = 0 & (\pi \leqslant \phi \leqslant 2\pi) \end{cases}$

2-10　$\begin{cases} u_t = a_1^2 u_{xx} & (0 < x < l,\ t > 0) \\ u_t = a_2^2 u_{xx} & (l_1 < x < l_2,\ t > 0) \end{cases}$，I. C.：$u(x,0) = \begin{cases} u_1^0 & (0 < x < l_1) \\ u_2^0 & (l_1 < x < l_1 + l_2) \end{cases}$

C. C.：$u_1\big|_{l_1^-} = u_2\big|_{l_1^+}$ 和 $k_1 \dfrac{\partial u}{\partial x}\bigg|_{l_1^-} = k_2 \dfrac{\partial u}{\partial x}\bigg|_{l_1^+}$

2-11　$\begin{cases} u_t = a^2 u_{xx} & (0 < x < l, t > 0) \\ u\big|_{t=0} = x(l-x)/2 & (0 \leqslant x \leqslant l) \\ u\big|_{x=0} = 0, u_x\big|_{x=l} = q/k & (t > 0) \end{cases}$

2-12　$u_t = D[u_{rr} + (1/r)u_r]$，I. C.：$u\big|_{t=0} = u_0$，B. C.：$(u + hu_r)\big|_{r=r_2} = u_1$

第 3 章

3-3　$f'(\boldsymbol{x}) = \begin{bmatrix} 2x_1 x_2^3 & 3x_1^2 x_2^2 \\ \mathrm{e}^{x_1+x_2} & \mathrm{e}^{x_1+x_2} \\ 0 & 1 \\ \ln x_2 & x_1/x_2 \end{bmatrix}$，$f'(1,1) = \begin{bmatrix} 2 & 3 \\ \mathrm{e}^2 & \mathrm{e}^2 \\ 0 & 1 \\ 0 & 1 \end{bmatrix}$

3-4 $\quad t=\left[x'(\theta),y'(\theta),z'(\theta)\right]^{T}\big|_{\theta=\pi/4}=\left(-\dfrac{\sqrt{2}}{2}a,\dfrac{\sqrt{2}}{2}a,b\right)^{T}$

3-5 $\quad f\left[g(x,y)\right]=(e^{2x},e^{2x}\sin2y),\ \boldsymbol{F}'(x,y)=\begin{pmatrix}2e^{2x}&0\\2e^{2x}\sin2y&2e^{2x}\cos2y\end{pmatrix}$

3-6 $\quad$ (1) $x^{2}+y^{2}+z^{2}=c$; $\qquad$ (2) $x^{2}+y^{2}=c^{2}z^{2}$

3-7 $\quad x-2y-z=5,\ \dfrac{x-2}{1}=\dfrac{y+4}{-2}=\dfrac{z-5}{-1}$

3-8 $\quad 62/7$

3-9 $\quad \boldsymbol{\nabla}u(0)=(3,-2,-6)^{T},\ \boldsymbol{\nabla}u(A)=(6,3,0)^{T}$

3-10 $\quad \displaystyle\iint\limits_{S}z^{2}\,\mathrm{d}x\,\mathrm{d}y=\iint\limits_{\sigma_{xy}}\left[1-(x^{2}+y^{2})\right]\mathrm{d}x\,\mathrm{d}y=\int_{0}^{\frac{\pi}{2}}\mathrm{d}\theta\int_{0}^{1}(1-r^{2})r\,\mathrm{d}r=\dfrac{\pi}{8}$，由对称性得 Φ

$=3\pi/8$

3-11 $\quad$ (1) $\boldsymbol{\nabla}\cdot\boldsymbol{F}=2x+2y+2z$; $\qquad$ (2) $\boldsymbol{\nabla}\cdot\boldsymbol{F}=-x\sin y+\cos x$;

$\qquad$ (3) $\boldsymbol{\nabla}\cdot\boldsymbol{F}=3x^{2}+3y^{2}+3z^{2}$

3-12 $\quad 3x^{2}yz^{2}(z^{2}-yz+2x^{2}y)$

3-13 $\quad$ (1) $(0,0,4y)^{T}$; $\quad$ (2) $(0,0,-2)^{T}$; $\quad$ (3) $(0,0,0)^{T}$

3-14 $\quad u(x,y,z)=\dfrac{q}{2\pi\varepsilon_{0}}\ln\dfrac{x^{2}+y^{2}}{x_{0}^{2}+y_{0}^{2}},w(x,y,z)=-u(x,y,z)=\dfrac{q}{2\pi\varepsilon_{0}}\ln\dfrac{x_{0}^{2}+y_{0}^{2}}{x^{2}+y^{2}}$

3-16 $\quad R(x,y,z)=3xy^{2}$，$\boldsymbol{F}$ 不是管形场

第 4 章

4-1 $\quad$ (1) $1+i=\sqrt{2}\left[\cos(\pi/4)+i\sin(\pi/4)\right]=\sqrt{2}\,e^{i\pi/4}$;

$\qquad$ (2) $-\sqrt{12}-2i=4\left[\cos(5\pi/6)-i\sin(5\pi/6)\right]=4e^{-i5\pi/6}$;

$\qquad$ (3) $1-\cos\theta+i\sin\theta=2\sin\left(\dfrac{\theta}{2}\right)\left[\cos\left(\dfrac{\pi-\theta}{2}\right)+i\sin\left(\dfrac{\pi-\theta}{2}\right)\right]=2\sin\left(\dfrac{\theta}{2}\right)e^{i\frac{\pi-\theta}{2}}$, $(0<\theta<\pi)$

4-2 $\quad$ (1) $\sqrt[4]{2}\,e^{i(\pi/8+k\pi)},k=0,1$; $\quad$ (2) $\sqrt{2}\,e^{i(\pi/4+2k\pi/3)},k=0,1,2$;

$\qquad$ (3) $12(2-\sqrt{3})^{\frac{1}{4}}e^{i(\pi/24+k\pi)},k=0.1$; $\quad$ (4) $\sqrt{2}\left[\cos(2\theta-\pi/12)+i\sin(\theta-\pi/12)\right]$

4-3 $\quad$ (1) 过 $(-3,0)$ 平行虚轴的直线; $\quad$ (2) 以 i 为起点的射线 $y=x+1,(x>0)$;

$\qquad$ (3) 椭圆 $x^{2}/2.5^{2}+y^{2}/1.5^{2}=1$; $\quad$ (4) 圆周 $(x+5/3)^{2}+y^{2}=(4/3)^{2}$

4-4 $\quad$ (1) 圆周 $u^{2}+v^{2}=1/4$; $\quad$ (2) 直线 $u+v=0$; $\quad$ (3) $(u-1/2)^{2}+v^{2}=1/4$;

$\qquad$ (4) 直线：$u=1/2$

4-5 $\quad$ (1) $5(z-1)^{4}$，在 z 平面上处处解析；(2) $3z^{2}+2i$，在 z 平面上处处解析；

$\qquad$ (3) $-2z/(z^{2}-1)^{2}$，在 z 平面上去掉 $z=1$ 及 $z=-1$ 的区域内解析；

$\qquad$ (4) $(ad-bc)/(cz+d)^{2}$，在 z 平面上去掉 $z=-d/c$ 的区域内解析

4-6 $\quad$ (1) 存在，$3/2$; $\quad$ (2) 存在，0; $\quad$ (3) 不存在; $\quad$ (4) 存在 $-1/2$

4-8 $\quad$ (1) $z=k\pi,\ k=0,\pm1,\pm2,\cdots$; $\qquad$ (2) $z=(1/2+k)\pi,\ k=0,\pm1,\pm2,\cdots$;

$\qquad$ (3) $z=i(2k+1)\pi,\ k=0,\pm1,\pm2,\cdots$; $\quad$ (4) $z=(k-1/4)\pi,\ k=0,\pm1,\pm2,\cdots$

4-9　(1) $-\pi i$；　　(2) π/e；　　(3) 0；　　(4) 0

4-10　$\displaystyle\int_0^{2\pi}\cos^n\theta\mathrm{d}\theta=\begin{cases}0,&n=2k-1\\[2mm]2\pi\dfrac{(2k-1)!!}{(2k)!!}&\end{cases}\quad(k=1,2,\cdots)$

4-11　(1) 级数发散；　　(2) 级数发散；　　(3) 绝对收敛；　　(4) 绝对收敛

4-12　(1) $\displaystyle\sum_{n=0}^{\infty}(-1)^n z^{2n}$，$R=1$；　　　　(2) $\displaystyle\sum_{n=0}^{\infty}(-1)^n(n+1)z^{2n}$，$R=1$；

　　(3) $\displaystyle\sum_{n=0}^{\infty}(-1)^n\frac{z^{4n}}{(2n)!}$，$R=+\infty$；　(4) $\displaystyle\sum_{n=0}^{\infty}\frac{2^{n/2}}{n!}\sin\frac{n\pi}{4}z^{2n}$，$R=+\infty$；

　　(5) $f(z)=1-z-\dfrac{1}{2!}z^2-\dfrac{1}{3!}z^3+\dfrac{1}{4!}z^4+\dfrac{19}{5!}z^5+\cdots,R=1$；

　　(6) $\sin\dfrac{1}{z-1}=\sin 1-z\cos 1+\left(\dfrac{1}{2}\sin 1-\cos 1\right)z^2+\left(\sin 1-\dfrac{5}{6}\cos 1\right)z^3$

　　　　$+\left(\dfrac{35}{24}\sin 1-\dfrac{1}{2}\cos 1\right)z^4+\cdots,R=1$

4-13　(1) $\displaystyle\sum_{n=1}^{\infty}\frac{(-1)^{n-1}}{2^n}(z-1)^n,|z-1|<2,R=2$；

　　(2) $\dfrac{1}{3}\displaystyle\sum_{n=0}^{\infty}(-1)^n\left(\dfrac{1}{3^n}-\dfrac{1}{4^n}\right)(z-2)^n,\quad|z-2|<3,\quad R=3$；

　　(3) $\displaystyle\sum_{n=0}^{\infty}\left[(-1)^n-\dfrac{1}{2^{n+1}}\right],\quad|z|<1,\ R=1$；

　　(4) $\displaystyle\sum_{n=0}^{\infty}\frac{3^n}{(1+3i)^{n+1}}[z-(1+i)]^n,\quad|z-(1+i)|<\dfrac{\sqrt{10}}{3},\ R=\dfrac{\sqrt{10}}{3}$；

　　(5) $1+2\left(z-\dfrac{\pi}{4}\right)+\dfrac{4}{2!}\left(z-\dfrac{\pi}{4}\right)^2+\dfrac{8}{3!}\left(z-\dfrac{\pi}{4}\right)^3+\dfrac{16}{4!}\left(z-\dfrac{\pi}{4}\right)^4+\cdots,R=\dfrac{\pi}{4}$；

　　(6) $\displaystyle\sum\sin\left(1-\dfrac{n\pi}{2}\right)\frac{(z-1)^{2n}}{n!},\quad|z-1|<+\infty,\ R=+\infty$

4-14　(1) $-\dfrac{1}{10}\displaystyle\sum_{n=0}^{\infty}\dfrac{1}{2^n}z^n-\dfrac{1}{5}(z+2)\sum_{n=0}^{\infty}(-1)^n\dfrac{1}{z^{2n+2}}$；

　　(2) $\displaystyle\sum_{n=0}^{\infty}\frac{(-1)^n}{n!}\frac{1}{z^n(1-1/z)^n}$；

　　(3) $1-\dfrac{1}{z}-\dfrac{1}{2!}\dfrac{1}{z^2}-\dfrac{1}{3!}\dfrac{1}{z^3}+\dfrac{1}{4!}\dfrac{1}{z^4}+\dfrac{1}{5!}\dfrac{1}{z^5}+\cdots$；

　　(4) $-\displaystyle\sum_{n=1}^{\infty}(-1)^{n+1}\frac{n(z-i)^{n-2}}{i^{n+1}}$

4-15　(1) $z=0$ 为一级极点，$z=\pm i$ 为二级极点；

　　(2) $z=1$ 为二级极点，$z=-1$ 为一级极点；

(3) $z=0$ 为可去奇点；(4) $z=\pm i$ 为二级极点；

(5) 对 $z>1$ 或 $z<1$ 和 $n>0$ 或 $n<0$ 分别讨论；

(6) $z=\pm\sqrt{k\pi}$，其中 $z=0$ 为二阶极点，其余为一阶极点。

4-17   (1) $\mathrm{Res}(f,0)=-\dfrac{1}{2}$， $\mathrm{Res}(f,2)=\dfrac{3}{2}$；(2) $\mathrm{Res}(f,0)=-\dfrac{4}{3}$；

(3) $\mathrm{Res}(f,i)=-\dfrac{3i}{8}$， $\mathrm{Res}(f,-i)=\dfrac{3i}{8}$；

(4) $\mathrm{Res}(f,z_k)=\left(\dfrac{\pi}{2}+k\pi\right)$，$k=0,\pm 1,\pm 2,\cdots$；

(5) $\mathrm{Res}(f,0)=0$， $\mathrm{Res}(f,k\pi)=(-1)^k\dfrac{1}{k\pi}$，$k=\pm 1,\pm 2,\cdots$；

(6) $\mathrm{Res}(f,z_k)=\dfrac{\sinh z}{(\cosh z)'}$，$k=0,\pm 1,\pm 2,\cdots$

4-18   (1) 0；(2) $4\pi i\mathrm{e}^2$；(3) $2\pi i$；(4) $-1/\pi$；(5) $4\pi bi$ $(a=b)$，$2\pi\ (a+b)\ i\ (a\neq b)$

4-19   (1) $\pi/2$；   (2) $\pi/(1+a^2)^{1/2}$；   (3) $\pi/(2\sqrt{2})$；   (4) $\pi\cos z/\mathrm{e}$

4-20   (1) $2\pi i$；(2) $2\pi i$；(3) $2\pi i$

第5章

5-1   (1) $\pi i[\delta(\omega+\omega_0)-\delta(\omega-\omega_0)]$；   (2) $\dfrac{\pi i}{2}[\delta(\omega+2)-\delta(\omega-2)]$；

(3) $\dfrac{\pi i}{4}[\delta(\omega-3)-3\delta(\omega-1)+\delta(\omega+1)-\delta(\omega+3)]$；

(4) $\dfrac{1}{2i}\left(\dfrac{1}{\omega-\omega_0}+\dfrac{1}{\omega+\omega_0}\right)+\dfrac{\pi}{2}[\delta(\omega-\omega_0)+\delta(\omega+\omega_0)]$；

(5) $\dfrac{1}{i(\omega-\omega_0)}+\pi\delta(\omega+\omega_0)$

5-2 $F(\omega)=\begin{cases}\dfrac{2i}{\omega}(\cos\omega-1) & (\omega\neq 0) \\ 0 & (\omega=0)\end{cases}$ 和 $|F(\omega)|=\begin{cases}2(\cos\omega-1)/\omega & (\omega\neq 0) \\ 0 & (\omega=0)\end{cases}$

5-3   (1) $\dfrac{2i\sin\omega t}{\omega^2-1}$；(2) $\dfrac{\pi}{a}\mathrm{e}^{-a|\omega|}$；(3) $\dfrac{A}{2\pi}\cos\omega_0 t$

5-6 $f(t)=\begin{cases}1/2 & (|t|<1) \\ 1/4 & (|t|=1) \\ 0 & (|t|>1)\end{cases}$

5-7 $F_s(\omega)=\displaystyle\int_a^b t\sin\omega\,t\,\mathrm{d}t=\dfrac{a\cos\omega\,a-b\cos\omega\,b}{\omega}+\dfrac{\sin\omega\,b-\sin\omega\,a}{\omega^2}$

5-8   (1) $2+t$；(2) 当 $t\leqslant 0$ 时，0；当 $0<t\leqslant\pi/2$ 时，$0.5(\sin t-\cos t+\mathrm{e}^{-t})$；当 $t>\pi/2$ 时，$0.5\mathrm{e}^{-t}(1+\mathrm{e}^{\pi/2})$

5-9 (1) π；　(2) $\pi/2$；　(3) $\pi/2$；　(4) $\pi/2$

5-10 $U(x,t)=\dfrac{q_0 a}{k\sqrt{\omega_0}}\mathrm{e}^{-\frac{x}{a}\sqrt{\frac{\omega_0}{2}}}\sin\left(\omega_0 t-\dfrac{x}{a}\sqrt{\dfrac{\omega_0}{2}}-\dfrac{\pi}{4}\right)$

5-11 (1) $\dfrac{1}{s}(3-4\mathrm{e}^{-2s}+\mathrm{e}^{-4s})$；　　(2) $\dfrac{3}{s}(1-\mathrm{e}^{-\frac{\pi}{2}s})-\dfrac{1}{s^2+1}\mathrm{e}^{-\frac{\pi}{2}s}$

5-12 (1) 当 $\mathrm{Re}(s)>0$ 时，$2!\,\mathrm{e}^{-s}/s^3$；当 $\mathrm{Re}(s)>1$ 时，$2!\,\mathrm{e}^{-(s-1)}/(s-1)^3$；

(2) $2as/(s^2+a^2)^2$；　(3) $\mathrm{e}^{-5s/3}/s$；　(4) $1/s$；　(5) 当 $\mathrm{Re}(s)>0$ 时，$\sqrt{\pi/s}$；当 $\mathrm{Re}(s)>2$ 时，$\sqrt{\pi/(s-2)}$

5-13 (1) $\dfrac{1}{s^3}(2s^2+3s+2)$；　　(2) $\dfrac{1}{s}-\dfrac{1}{(s-1)^2}$；　　(3) $\dfrac{2}{(s-1)^3}-\dfrac{2}{(s-1)^2}+\dfrac{1}{s-1}$；

(4) $\dfrac{s^2-a^2}{(s^2+a^2)^2}$；　　(5) $\dfrac{6}{(s+6)^2+36}$；　　(6) $\dfrac{n!}{(s-a)^{n+1}}$

5-14 (1) $\dfrac{4(s+3)}{[(s+3)^2+4]^2}$；　　(2) $\dfrac{4(s+3)}{s[(s+3)^2+4]^2}$；　(3) $\dfrac{2}{t}\sinh t$

5-15 (1) $\mathrm{arccot}\dfrac{s+3}{2}$；　　(2) $\dfrac{t}{2}\sinh t$；　　(3) e^t-t-1

5-16 (1) $\dfrac{1}{2}(t\cos t+\sin t)$；　(2) $\dfrac{\mathrm{e}^{-t}}{3}(\sqrt{3}\sin\sqrt{3}t-2\cos\sqrt{3}t+2)$；　(3) $4\mathrm{e}^t+\dfrac{1}{3}\mathrm{e}^{-t}-\dfrac{7}{3}\mathrm{e}^{2t}$；

(4) $\dfrac{2\sinh t}{t}$；　　(5) $\mathrm{e}^{-2t}(2\cos 3t+\dfrac{1}{3}\sin 3t)$；　　(6) $t\cos at$

5-17 (1) $\dfrac{m!\,n!}{(m+n+1)!}t^{m+n+1}$；　(2) e^t-t-1；　(3) $\dfrac{1}{2}(\sin t-t\cos t)$；

(4) $\sinh t-t$

5-18 (1) $0.5\ln 2$；　(2) $3/13$；　(3) $1/4$；　(4) $0.25\ln 5$；　(5) 0；(6) $\pi/2$

5-19 (1) $x(t)=3+4t-2\mathrm{e}^t$；

(2) $x(t)=\dfrac{1}{4}t^2\mathrm{e}^t-\dfrac{3}{4}t\mathrm{e}^t+\dfrac{3}{8}\mathrm{e}^t-\dfrac{1}{24}\mathrm{e}^{-t}+\dfrac{1}{\sqrt{3}}\mathrm{e}^{\frac{t}{2}}\sin\dfrac{\sqrt{3}}{2}t-\dfrac{1}{3}\mathrm{e}^{\frac{t}{2}}\cos\dfrac{\sqrt{3}}{2}t$；

(3) $x(t)=\dfrac{\omega\mathrm{e}^{-2t}}{\omega^2+4}\left(t+\dfrac{4}{\omega^2+4}\right)+\dfrac{4-\omega^2}{(4+\omega^2)^2}\sin\omega t-\dfrac{4\omega}{(4+\omega^2)^2}\cos\omega t+(2x_0+x_1)t\mathrm{e}^{-2t}$

5-20 $x(t)=\dfrac{1}{\omega^4}\cos\omega t+\dfrac{1}{\sqrt{3}\,\omega^4}\sinh\dfrac{\omega t}{2}\sin\dfrac{\sqrt{3}}{2}\omega t-\dfrac{1}{\omega^4}\cosh\dfrac{\omega t}{2}\cos\dfrac{\sqrt{3}}{2}\omega t$

第 6 章

6-1 (1) $s=-\ln(1+C\mathrm{e}^t)$；　(2) $x-\cot\dfrac{y-x}{2}=C$；　(3) $x^2-xy+y^2+x-y=C$；

(4) $(y^2-x^2+2)=C(x^2+y^2)$

6-2 (1) $y=\arctan(1-2/x)+2\pi$；　(2) $y=2$

6-3 (1) $y=x^2(1+C\mathrm{e}^{1/x})$；　(2) $y(Cx^2+2\ln x+1)=1$，$y=0$；　(3) $y^2=x+Cx^2$

6-4　(1) $(x^2-2x+2)e^x+x^3y^2=C$;　(2) $\sin^2 y+x^2=Cx$;　(3) $xy+1=Ce^x$;

　　(4) $(x^2+\ln y)x^{-3}=C$, $x=0$

6-5　(1) $y=\dfrac{3}{2}t^2+2t+C$;　　　(2) $y=x-\dfrac{1}{x-C}-C$;

　　(3) $y=p^2e^p$, $x=(p+1)e^p+C$, $y=0$

6-6　(1) $x=t+\ln t$, $y=\dfrac{t^3}{6}+\dfrac{3t^2}{4}+(C_1+1)t+C_1\ln t+C_2$;

　　(2) $(y-C_2+C_3)^2=\sin^2(x+C_1)$, $y=\pm\dfrac{x^2}{2}+C_4 x+C_5$;

　　(3) $x=te^t+C_1$, $y=(t^2-t+1)e^t+C_2$

6-7　(1) $(y-1)(C_1 x+C_2)=1$;　　　(2) $y=\sin(x+C_1)+C_2$; $y=\pm x+C_3$;

　　(3) $12(C_1 y-x)=C_1^2(x+C_2)^3+C_3$

6-8　(1) $y=e^x(C_1+C_2 x)+e^{-x}(C_3+C_4 x)+x^2+1$;

　　(2) $y=C_1 e^x+C_2 e^{-2x}-\dfrac{2}{5}\cos 2x-\dfrac{6}{5}\sin 2x$;

　　(3) $y=e^x(C_1\cos x+C_2\sin x)+\dfrac{1}{4}xe^x(\cos x+x\sin x)$

6-9　$y=\dfrac{1}{3}(e^{3x}-\cos 3x-\sin 3x)$

6-10　$y=\dfrac{85}{128}+\dfrac{21}{32}x+\dfrac{5}{16}x^2+\dfrac{1}{12}x^3-\dfrac{2}{3}e^x+\dfrac{1}{384}e^{4x}$

6-11　$y=e^x-2$

6-12　$y=C_1(x\ln|x|+1)+C_2 x$

6-13　(1) $y=x-\dfrac{x^3}{3}+\dfrac{x^5}{1\cdot 3\cdot 5}-\cdots+\dfrac{(-1)^{n+1}x^{2n-1}}{1\cdot 3\cdot 5\cdots(2n-1)}+\cdots$

　　(2) $y=1+\dfrac{x^3}{2\cdot 3}+\dfrac{x^6}{2\cdot 3\cdot 5\cdot 6}+\cdots+\dfrac{x^{3n}}{2\cdot 3\cdot 5\cdot 6\cdots(3n-1)3n}+\cdots$

6-14　$y=C_1 J_{1/2}(x)+C_2 J_{-1/2}(x)=\sqrt{\dfrac{2}{\pi x}}(C_1\sin x+C_2\cos x)$

6-15　(1) $y=C_1 e^{-x}+(C_2+C_3 x)e^{2x}+xe^{-x}/9+x^2 e^{2x}/6$;

　　(2) $y=C_1\cos x+C_2\sin x-x^2/3\sin 2x-8x/9\cos 2x+26/27\sin 2x$;

　　(3) $y=C_1(2x-3)+C_2(2x-3)^2$

6-16　$t=\dfrac{40}{9\pi}\times\dfrac{R^{3/2}H}{r^2\sqrt{g}}\approx 1040\text{s}$

第 7 章

7-1　(1) $\lambda=-1$, $x=\alpha[1,-1]^{\mathrm{T}}$;　$\lambda=5$, $x=\beta[1,2]^{\mathrm{T}}$;

　　(2) $\lambda=-1$, $x=\alpha[1,1,0]^{\mathrm{T}}$; $\lambda=-2$, $x=\beta[0,1,1]^{\mathrm{T}}$; $\lambda=2$, $x=\gamma[1,1,1]^{\mathrm{T}}$;

　　(3) $\lambda=3$, $x=\alpha[2,1,2]^{\mathrm{T}}$; $\lambda=-1$, $x=\beta[2,-1,-2]^{\mathrm{T}}$

7-2 (1) $\varphi(t)=\begin{bmatrix}2e^{5t}+e^{-t}\\4e^{5t}-e^{-t}\end{bmatrix}$; (2) $\varphi(t)=\begin{bmatrix}\dfrac{1}{2}e^{3t}+\dfrac{1}{2}e^{-t}\\[2mm]\dfrac{1}{4}e^{3t}-\dfrac{1}{4}e^{-t}\\[2mm]\dfrac{1}{2}e^{3t}-\dfrac{1}{2}e^{-t}\end{bmatrix}$

7-3 $x(t)=\begin{bmatrix}e^{-2t}-\dfrac{1}{4}e^{-3t}-\dfrac{3}{4}e^{-t}+\dfrac{1}{2}te^{-t}\\[2mm]-2e^{-2t}+\dfrac{3}{4}e^{-3t}+\dfrac{5}{4}e^{-t}-\dfrac{1}{2}te^{-t}\\[2mm]4e^{-2t}-\dfrac{9}{4}e^{-3t}-\dfrac{7}{4}e^{-t}+\dfrac{1}{2}te^{-t}\end{bmatrix}$

7-4 $x(t)=\begin{bmatrix}\cos t-2\sin t+e^{t}(-4-2\eta_1+3\eta_2)+3e^{2t}(1+\eta_1-\eta_2)\\2\cos t-2\sin t+e^{t}(-4-2\eta_1+3\eta_2)+2e^{2t}(1+\eta_1-\eta_2)\end{bmatrix}$

7-5 (1) $x(t)=\begin{bmatrix}t/2+1\\-t/2\end{bmatrix}$;   (2) $x(t)=\begin{bmatrix}\dfrac{1}{4}e^{-2t}+\dfrac{2}{3}e^{-t}+\dfrac{1}{12}e^{2t}\\[2mm]\dfrac{1}{3}(e^{-t}-e^{2t})\end{bmatrix}$

7-6 (1) $\begin{cases}x=2.5C_1e^{2t}-2C_2e^{-t}\\y=1.5C_1e^{2t}+3C_2e^{-t}-C_3e^{-3t}\\z=C_1e^{2t}+C_2e^{-t}+C_3e^{-3t}\end{cases}$;   (2) $\begin{cases}x=\displaystyle\sum_{k=1}^{4}A_ke^{\lambda_k t},\\y=\dfrac{1}{3}\displaystyle\sum_{k=1}^{4}A_k(1-\lambda_k^2)e^{\lambda_k t}\end{cases}$

  (3) $\begin{cases}x=\displaystyle\sum_{k=1}^{4}A_ke^{\lambda_k t},\\y=-\displaystyle\sum_{k=1}^{4}A_k\dfrac{\lambda_k^2+3\lambda_k-2}{\lambda_k^2+3\lambda_k+1}e^{\lambda_k t}\end{cases}$

7-7 $y=\begin{bmatrix}-C_2&0&C_3\\C_1&C_2&C_3\end{bmatrix}\begin{pmatrix}1\\x\\e^{-x}\end{pmatrix}$

7-8 $\begin{cases}\bar{y}=\dfrac{46}{35}\sin x+\dfrac{3}{5}\cos x+\dfrac{5}{4}x-\dfrac{39}{16}-\dfrac{3}{4}e^{x}-2e^{2x}\\[2mm]\bar{z}=\dfrac{9}{7}\sin x+\dfrac{10}{7}\cos x+\dfrac{3}{2}x-\dfrac{99}{40}-\dfrac{11}{8}e^{x}-\dfrac{14}{3}e^{2x}\end{cases}$

7-9 $y=\begin{pmatrix}A_1&A_2&A_3&A_4\\B_1&B_2&B_3&B_4\end{pmatrix}(x^{\lambda_1}\quad x^{\lambda_2}\quad x^{\lambda_3}\quad x^{\lambda_4})^{\mathrm{T}}+\bar{y}$, $A_k=-A_k\dfrac{-\lambda_k^2+4\lambda_k+3}{2\lambda_k^2-\lambda_k+2}$,

$\begin{vmatrix}2\lambda_k^2-\lambda_k+2&-\lambda_k^2+4\lambda_k+3\\-3\lambda_k-4&-5\lambda_k^2+4\lambda_k+5\end{vmatrix}=0$, $x=e^{t}$, $\bar{y}=\begin{pmatrix}\dfrac{2}{27}e^{t}+\dfrac{311197}{107\times27\times540}e^{2t}\\[2mm]\dfrac{7}{54}e^{t}+\dfrac{916}{214\times27}e^{2t}\end{pmatrix}$

7-10 (1) $y=C_2\mathrm{e}^{C_1x^2}$, $z=2C_1C_2^{-1}x\mathrm{e}^{-C_1x^2}$; (2) $y=C_1\exp(C_1\mathrm{e}^x)$, $z=y'$

7-11 (1) $y^2+z^2=C_1$, $x-zy=C_2$; (2) $xz=C_1$, $xy+z^2=C_2$;

(3) $y=C_1z$, $x-2y+z=C_2$

7-12 (1) $\dfrac{1}{x}-\dfrac{1}{2y^2}=C_1$, $\dfrac{1}{2y^2}-\dfrac{1}{3z^3}=C_2$, $\dfrac{1}{3z^3}-\dfrac{1}{4u^4}=C_3$;

(2) $xz=C_1$, $xy+z^2=C_2$

7-14 $\begin{cases}2(x^3-y^3)+3x^2y^2+6x=C_1\\ y=C_2z\end{cases}$

第 8 章

8-1 (1) $u=\Phi(x^2+y^2,xy+z)$; (2) $\Phi(xy,y^2/x-3z)=0$;

(3) $u=f(y\mathrm{e}^x-\mathrm{e}^{2x})$

8-2 (1) $\Phi\left(\dfrac{x-y}{xy},\ln|x-y|-\dfrac{u^2}{2}\right)=0$, $\Rightarrow u=\pm\left\{2\left[\ln|x-y|+f\left(\dfrac{x-y}{xy}\right)\right]\right\}^{1/2}$;

(2) $\Phi\left(x^2-y^2,\dfrac{2}{\sqrt{x^2+y^2}}\arcsin\dfrac{x}{\sqrt{x^2+y^2}}+\mathrm{e}^{-u}\right)=0$;

(3) $\Phi\left(zx^3y^3,\dfrac{x^3+y^3}{x^2y^2}\right)=0$

8-3 (1) $\Phi\left((x-y)^2(x+y+z),\dfrac{x-y}{z-x}\right)=0$; (2) $\Phi(xy,zy)=0$, $z=3x$;

(3) $\Phi(z,2x-zy^2)=0$, $z^5=(zy^2-2x)^3$

8-4 (1) $u=f(xy)$, $u=2xy$;

(2) $\Phi(x^2-y^2,u-\ln|y|)=0$, $\Rightarrow u=\ln|y|+f(x^2-y^2)$, $u=y^2-x^2+\ln\dfrac{|y|}{\sqrt{y^2-x^2}}$;

(3) $\Phi\left(\dfrac{y}{x},\dfrac{u+xy}{\sqrt{xy}}\right)=0$, $\Rightarrow u=\sqrt{xy}f\left(\dfrac{y}{x}\right)-xy$, $u=[2xy(2-x)+x^2+4y^2](2x)^{-1}$

8-5 (1) $2(x^3-4u^3-3yu)^2=9(y+u^2)^3$; (2) $\sqrt{\dfrac{u}{y^3}}\sin x=\sin\sqrt{\dfrac{u}{y}}$

8-6 (1) $u=x\mathrm{e}^{-2t}+\dfrac{1}{3}x^2(\mathrm{e}^t-\mathrm{e}^{-2t})$; (2) $u=(t+1)\sin x-\dfrac{1}{2}t^2-t$;

(3) $u=\sqrt{x^2+y^2}\exp\left(\arctan\dfrac{y}{x}\right)$

8-7 $\begin{cases}u=\dfrac{1}{2}\cos(x-t)-\dfrac{1}{2}\cos(x+t)+2\\ v=\sin(x-t)\end{cases}$

8-8 (1) $u=\cos x\cos at+t/\mathrm{e}$; (2) $u=x^3+3a^2xt^2+xt$

8-9 $u=\varphi\left(\dfrac{x+at}{2}\right)+\psi\left(\dfrac{x-at}{2}\right)-\varphi(0)$

8-10 $u=\dfrac{1}{2x}\left[(x-at)\varphi(x-at)+(x+at)\varphi(x+at)\right]+\dfrac{1}{2xa}\displaystyle\int_{x-at}^{x+at}\xi\psi(\xi)\mathrm{d}\xi$

8-11　（1）$u = t\sin x$；　　　　（2）$u = \cos x\cos a(t-1) + x(t-1)$

8-12　$a\varphi'(x) + \psi(x) = 0$

8-13　$u(x,y,z,t) = x + y + z$

8-14　$u(x,y,t) = x^2(x+y) + (3x+y)a^2t^2$

8-15　$u(x,y,z,t) = tx^2 + \dfrac{a^2-1}{3}t^3 + tyz + t^2y$

8-16　$G(x,x') = \begin{cases} \dfrac{\sin k(x'-b)\sin k(x-a)}{k\sin k(b-a)}, & x < x' \\[2mm] \dfrac{\sin k(x'-a)\sin k(x-b)}{k\sin k(b-a)}, & x > x' \end{cases}$，　$u(x) = \displaystyle\int_a^b G(x,x')f(x')\,\mathrm{d}x'$

8-17　$u(x,t) = \dfrac{1}{2a}\displaystyle\int_{x-at}^{x+at} J_0\left(\dfrac{k}{a}\sqrt{a^2t^2 - (x-x')^2}\right)\varphi(x')\,\mathrm{d}x'$

8-18　$u(\rho_0,\theta_0) = \dfrac{1}{2\pi}\displaystyle\int_0^{2\pi} \dfrac{(R^2 - \rho_0^2)f(\theta)}{R^2 - 2R\rho_0\cos\gamma + \rho_0^2}\,\mathrm{d}\theta$，$\gamma = \theta_0 - \theta$

8-19　$u(M_0) = \dfrac{x_0}{\pi}\displaystyle\int_{-\infty}^{+\infty} \dfrac{g(y)}{(y-y_0)^2 + x_0^2}\,\mathrm{d}y$

8-20　$u = \dfrac{xy}{12}\left[a^2 - (x^2+y^2)\right]$

第 9 章

9-1　（1）$\lambda_n = n^2$，　$X_n(x) = A_n\cos nx + B_n\sin nx$，　$n = 0, 1, 2, \cdots$

　　　　（2）$\lambda_n = n^2\pi^2 + 4$，　$X_n(x) = \mathrm{e}^{-2x}\sin n\pi x$，　$n = 0, 1, 2, \cdots$

　　　　（3）$\lambda_n = \left(\dfrac{(2n+1)\pi}{2l}\right)^2$，　$X_n(x) = \sin\dfrac{(2n+1)\pi}{2l}x$，　$n = 0, 1, 2, \cdots$

9-2　（1）$u(x,t) = \dfrac{32}{\pi^3}\displaystyle\sum_{n=0}^{+\infty} \dfrac{(-1)^n}{(2n+1)^3}\exp\left(-\dfrac{(2n+1)^2\pi^2}{4}t\right)\cos\dfrac{(2n+1)\pi x}{2}$

　　　　（2）$u(x,t) = \sin\dfrac{3\pi x}{2l}\cos\dfrac{3a\pi t}{2l} + \dfrac{2l}{5a\pi}\sin\dfrac{5\pi x}{2l}\cos\dfrac{5a\pi t}{2l}$

　　　　（3）$u(x,y) = \sin\dfrac{\pi x}{a}B\sinh\left(\dfrac{b-y}{a}\right)\Big/\sinh\left(\dfrac{\pi b}{a}\right)$

9-3　（1）$u(x,t) = xt + (1 - \mathrm{e}^{-t} - t\mathrm{e}^{-t})\cos 3x$

　　　　（2）$u(x,t) = xt + \left(\dfrac{1}{10} - \dfrac{1}{6}\mathrm{e}^{2t} + \dfrac{1}{15}\mathrm{e}^{5t}\right)\mathrm{e}^{-x}\sin 3x$

9-4　$u(x,t) = 3\cos\sqrt{5}\,t\sin x\sin 2y + \sin 5t\sin 3x\sin 4y$

9-5　$u(x,t) = \dfrac{l^2}{4\pi^2}\sin\left[\left(\dfrac{2\pi}{l}\right)^2 t\right]\sin\dfrac{2\pi x}{l}$

9-6　（1）$u(x,t) = \mathrm{e}^{-a^2t}\sin x$；　　　　（2）$u(x,t) = x^2 + 1 + 2a^2t$

9-7 (1) $u(x, t) = \dfrac{\exp(t^2/2)}{2a\sqrt{\pi t}} \displaystyle\int_{-\infty}^{+\infty} \varphi(\xi) \exp\left[-\dfrac{(x-\xi)^2}{4a^2 t}\right] \mathrm{d}\xi$

(2) $u(x, t) = \dfrac{\exp(ct)}{2a\sqrt{\pi t}} \displaystyle\int_{-\infty}^{+\infty} \varphi(\xi) \exp\left[-\dfrac{(x-\xi+bt)^2}{4a^2 t}\right] \mathrm{d}\xi +$

$\dfrac{1}{2a\sqrt{\pi t}} \displaystyle\int_0^t \mathrm{d}\tau \int_{-\infty}^{+\infty} f(\xi, \tau) \exp\left[c(t-\tau) - \dfrac{[x-\xi+b(t-\tau)]^2}{4a^2 t}\right] \Big/ \sqrt{t-\tau}\, \mathrm{d}\xi$

9-8 $u(x, t) = \dfrac{1}{2a\sqrt{\pi t}} \displaystyle\int_0^{+\infty} \varphi(\xi)\left[\exp\left(-\dfrac{(\xi-x)^2}{4a^2 t}\right) + \exp\left(-\dfrac{(\xi+x)^2}{4a^2 t}\right)\right]\mathrm{d}\xi$

9-9 $u(x, t) = -\dfrac{Qx}{k} + \dfrac{2aQ}{k}\sqrt{\dfrac{t}{\pi}} + \dfrac{Qx}{ak\sqrt{\pi t}} \displaystyle\int_0^x \exp\left[-\dfrac{\xi^2}{4a^2 t}\right]\mathrm{d}\xi$

9-10 $u(x, y) = \dfrac{y}{\pi} \displaystyle\int_{-\infty}^{+\infty} \dfrac{f(\xi)}{(\xi-x)^2 + y^2}\mathrm{d}\xi$

9-11 $\delta(x-x_0) = \dfrac{1}{l} + \dfrac{2}{l}\displaystyle\sum_{n=1}^{\infty} \cos\dfrac{n\pi x_0}{l}\cos\dfrac{n\pi x}{l}$

9-12 $u(x, t) = \dfrac{2bl^2 \sinh l}{a^2 \pi}\displaystyle\sum_{n=1}^{\infty} \dfrac{(-1)^n[\cos(n\pi at/l)-1]}{n(n^2\pi^2 + l^2)}\sin\dfrac{n\pi x}{l}$

9-13 $u(x, t) = -\dfrac{\beta x^2}{kl} + \dfrac{\beta x}{k} + A - \dfrac{2a^2\beta t}{kl} - \dfrac{\beta l}{6k} + \displaystyle\sum_{n=1}^{\infty}\dfrac{2l\beta}{kn^2\pi^2}[1+(-1)^n]\exp\left[-\left(\dfrac{na\pi}{l}\right)^2 t\right]$

$\cos\dfrac{n\pi x}{l}$

9-14 (1) $y_1(x) = \displaystyle\sum_{n=0}^{+\infty}\dfrac{\Gamma(3/4)}{n!\,\Gamma(n+3/4)}\left(\dfrac{x}{2}\right)^{4n}$, $y_2(x) = \displaystyle\sum_{n=0}^{+\infty}\dfrac{\Gamma(5/4)}{n!\,\Gamma(n+5/4)}\left(\dfrac{x}{2}\right)^{4n+1}$;

(2) $y_1(x) = x$, $y_2(x) = x\ln x - 1 + \displaystyle\sum_{n=1}^{\infty}\dfrac{1}{n(n+1)!}x^{n+1}$

9-15 (1) $u(x) = x^{-\gamma}[aJ_\gamma(x) + bN_\gamma(x)]$; (2) $u(x) = x^{-\gamma}[aJ_n(x^2) + bN_n(x^2)]$

9-16 $u(r,t) = \displaystyle\sum_{n=0}^{+\infty}\dfrac{2U_0}{\mu_n J_1(\mu_n)}\exp(-a^2\mu_n^2 t)J_0(\mu_n r)$，其中 μ_n 是方程 $J_0(x)=0$ 的正根。

9-17 $y(x) = x^n[c_1 J_n(x) + c_2 Y_n(x)]$

9-19 $v(r, t) = \dfrac{\omega_0 b^2(r^2-a^2)}{r(b^2-a^2)} - \pi\omega_0 b\displaystyle\sum_{n=1}^{+\infty}\dfrac{J_1(\mu_n a)J_1(\mu_n b)\mathrm{e}^{-\gamma\mu_n^2 t}}{\mu_n J_1^2(\mu_n b) - J_1^2(\mu_n a)}w_n(r)$，其中 μ_n 是方程 $J_1(ax)N_1(bx) - N_1(ax)J_1(bx) = 0$ 的根，$w_n(r) = J_1(\mu_n a)N_1(\mu_n r) - N_1(\mu_n a)J_1(\mu_n r)$。

9-20 $u(r, \theta) = \dfrac{T_0}{4} + \dfrac{15T_0 r^2}{24l^2} + T_0\displaystyle\sum_{n=2}^{+\infty}(-1)^2\dfrac{6(4n+1)(2n-4)!!}{2^{2n}(n-2)!\,(n+2)!}\left(\dfrac{r}{l}\right)^{2n}P_{2n}(\cos\theta)$

参考文献

［1］ 江体乾．化工数学模型．北京：中国石化出版社，1999．

［2］ 刘谦．传递过程原理．北京：高等教育出版社，1990．

［3］ 周爱月．化工数学．3 版．北京：化学工业出版社，2011．

［4］ Levenspiel O. Chemical Reaction Engineering，3rd Ed. New York：John Wiley & Sons Inc.，1999．

［5］ Song X Q，Jin Y，Yu Z Q. Influence of Outward Radial Gas-Flow on Particle Movement in an Annular Moving-Bed. Powder Technology，1994，79（3）：247-256．

［6］ Pawlowski J. Die Ähnlichkeitstheorie in der Physikalischen Forschung. Berlin：Springer-Verlag，1971．

［7］ Finlayson B A. Nonlinear Analysis in Chemical Engineering. New York：McGraw-Hill College，1980．

［8］ Wang J F，Langemann H. Unsteady Two-Film Model for Mass Transfer Accompanied by Chemical Reaction. Chemical Engineering Science，1994，49（20）：3457-3463．

［9］ 南京工学院数学教研组．数学物理方程与特殊函数．北京：人民教育出版社，1982．

［10］ 刘盾．实用数学物理方程．重庆：重庆大学出版社，1999．

［11］ 杨永发，金大永，于慎根．工程数学基础．天津：南开大学出版社，2003．

［12］ 袁乃驹，丁富新．分离和反应工程的场流分析．北京：中国石化出版社，1996．

［13］ 西安交通大学高等数学教研室．工程数学：复变函数．2 版．北京：人民教育出版社，1981．

［14］ 南京工学院数学教研组．工程数学：积分变换．2 版．北京：人民教育出版社，1978．

［15］ 林武忠，汪志鸣，张九超．常微分方程．北京：科学出版社，2003．

［16］ 王高雄，周之铭，朱思铭，等．常微分方程．2 版．北京：高等教育出版社，1983．

［17］ 周义仓，靳祯，秦军林．常微分方程及其应用．2 版．北京：科学出版社，2010．

［18］ Yang W G，Wang J F，Zhou L M，et al. Gas-Liquid Mass Transfer Behavior in Three-Phase Circulating Fluidized Beds. Chemical Engineering Science，1999，54（22）：5523-5528．

［19］ Wang J F，Han S J，Wei F，et al. An Axial-Dispersion Model for Gas-Liquid Reactors Based on the Penetration Theory. Chemical Engineering and Processing，1997，36（4）：291-299．

［20］ Wang J F. Flow Reactor Models for Fluid-fluid Systems Based on the Two-film Theory. Chemical Engineering Journal，1995，60：105-110．

［21］ Wang J F. Kinetical Behavours of a Reactions Network. Chemische Technik，1993，45（2）：99-102．

［22］ 杨奇林．数学物理方程与特殊函数．北京：清华大学出版社，2004．

［23］ 刘盾．实用数学物理方程．重庆：重庆大学出版社，1999．

［24］ 杨伯君，赵玉芳．高等数学物理方法．北京：北京邮电大学出版社，2003．

［25］ 博亚尔丘克 A K，戈洛瓦奇 ГП．郑元禄译．常微分方程：高等数学例题与习题集（四）．北京：清华大学出版社，2005．

［26］ McOwen R C. Partial Differential Equations：Methods and Applications. New York：Prentice Hall Inc.，1996．

［27］ 姜礼尚，孙和生，陈志浩，等．偏微分方程选讲．北京：高等教育出版社，1997．

［28］ 马振华．现代应用数学手册：现代应用分析卷．北京：清华大学出版社，1998．

［29］ Wang J G. Flow Reactor Models for Gas-Liquid Reactions Based on the Penetration Theory. Heat and Mass Transfer，1995，30：447-454．

［30］ 张同旺．气升式环流浆态床流动与传质行为的研究．博士学位论文．北京：清华大学，2005．